Biology And
Management Of The
German Cockroach

チャバネゴキブリ
生態と防除

Changlu Wang
Chow-Yang Lee
Michael K. Rust Eds.

平尾 素一 訳

丸善出版

Originally published in Australia as

Biology And Management Of The German Cockroach

Edited by

Changlu Wang, Chow-Yang Lee, Michael K. Rust

This translation is published by arrangement with CSIRO Publishing through Japan UNI Agency, Inc., Tokyo.

Japanese language edition published by Maruzen Publishing Co., Ltd.,

まえがき

チャバネゴキブリは世界的にも主要な屋内害虫である．数多くの製品がこの害虫防除のため開発されてきたが，依然として，家庭，レストラン，船舶，交通システム，病院，その他多くの近代的施設，屋内環境などで蔓延している．小さい体，短いライフサイクル，殺虫剤抵抗性を発達させる能力までもつことなどで，食物を汚染し，病原菌を運び，喘息の引き金になるアレルゲンを作り出している．住宅やビル環境に対しては，長期間にわたる経済的コストをかけさせることになった．都市化，貿易活動，旅行の増加などとともに，我々はこの害虫の増加と経済的な重要性に悩まされ続けることになりそうである．チャバネゴキブリに特化した最近の包括的な参考書は1995年にRust，Owen，Reiersonらによって出版されている．

それ以来，世界保健機関（WHO）はゴキブリを公衆衛生上の重要な脅威であると認識するようになった．ゴキブリアレルゲンとアレルギーや喘息との関係についての理解が深まるにつれ，医学的にも重要な害虫としてチャバネゴキブリの重要性と，より効果的なゴキブリ管理の必要性が強調されるようになった．過去25年間にわたって，防除技術，製品，基礎研究および応用研究において，数多くの進歩が見られた．ベイトはスプレーに代ってゴキブリ管理の主なる手段となっている．ゴキブリのマイクロバイオーム情報は，ゴキブリの生理機能に関する新たな洞察により，新しい防除手法の可能性がもたらされた．集団遺伝学の研究により，ゴキブリの分散と集合構造をより深く理解できるようになった．チャバネゴキブリの総合害虫管理プログラムに関する研究は，都市環境におけるこれらのプログラムの価値と実現の可能性を実証してくれている．

この本は過去25年間のチャバネゴキブリの生物学と管理に重点を置いてまとめたものである．14名の著者の協力があったが，その中には，大学での研究者と1名の害虫管理のプロが含まれている．この本の中で，私たちは，過去25年間の研究の進歩を批判的（critical）にレビューするとともに，チャバネゴキブリの生物学と管理に関する参考書とした．

この本は，読者にチャバネゴキブリについての包括的な理解を提供している．研究者，大学院生，害虫管理専門家，医療従事者，都市害虫や殺虫剤を扱う政府機関にとっても貴重な参考書となると思われる．

編者は，この本をチャバネゴキブリに関する真の権威ある参考文献にするために貢献したすべての著者に心からの感謝の意を表す．この本の1つの章，あるいは数章をレビューしていただいた，以下の仲間にも感謝する．

Rebecca Baldwin (University of Florida), Joe Barile (Bayer Environmental Science), Warren Booth (The University of Tulsa), Richard Cooper (Rutgers University), Ameya Gondhalekar (Purdue University), Shripat Kamble (University of Nebraska-Lincoln), Alexander Ko (Bayer Environmental Science), Michael E. Scharf (Purdue University), Shannon Sked (Western Pest Services), Daniel Suiter (University of Georgia), and Kunyan Zhu (Kansas State University).

2020年8月

編者　Changlu Wang, Chow-Yang Lee, Michael K. Rust

訳者まえがき

世界中に約 4,300 種いるとされるゴキブリの中で，30 種が都市に生息する．その中でチャバネゴキブリ（German cockroach）は世界中のあらゆる都市環境に生息し，食品を汚染し，病原菌を運び，住宅・レストラン・病院等で，多大な長期に渡る経済的損失を与えている．その防除のため，近年多くの系統の殺虫剤が次々と開発されてきたが，数年にしてゴキブリの抵抗性が発達し，防除が困難になっている．

チャバネゴキブリに特化した包括的な参考書として 1995 年に Rust，Owens，Reierson ら 19 名の研究者による幅広い研究成果が出版された．それ以降，世界保健機関（WHO）はゴキブリを公衆衛生上の重要な脅威と認識するようになり，約 25 年におよぶ基礎研究，生態，防除剤，防除技術など数多くの進歩が見られるようになった．その結果，殺虫剤スプレーに代わり，ベイト剤がゴキブリ防除の主たる手段になった．最近のゴキブリのバイオーム情報や生理機能に関する数多くの新たな研究により，新たな防除手法の可能性ももたらされている．IPM（Integrated Pest Management）とよばれる総合害虫管理プログラムの研究は，都市環境において，その価値と実現の可能性を実証している．

日本の都市で，チャバネゴキブリが問題になり始めたのは 1964 年の東京オリンピック以降のことで，この頃から全国各地に大型ビルが林立し，温かい快適な室内環境が確保されてきた．日本の木造一般住宅ではいまもクロゴキブリが主体である．しかし，2018 年の WHO の「健康のため室内環境は 18℃以上に保つべき」という勧告に従い，日本も 2025 年から従来は住宅の最高級の断熱基準であった断熱等性能等級 4 級が最低基準となり，これまで以上に断熱性能が要求されるようになるといわれているが，アメリカ並みに暖かくなった日本の住宅にもチャバネゴキブリの生息が蔓延しそうである．

2024 年 11 月

平　尾　素　一

執筆者一覧

Arthur G. Appel

Department of Entomology and Plant Pathology, Auburn University, Auburn, Alabama, USA

Judith B. Black

Technical Service, Rollins Support Cente, Atlanta, Georgia, USA

Zachary C. DeVries

Department of Entomology, Department of Kentucky, Lexington, Kentucky, USA

Ameya D. Gondhalekar

Department Entomology, Purdue University, West Lafayette, Indiana, USA

Madhavi L. Kakumanu

Department of Entomology and Plant Pathology, North Carolina State University, Raleigh, North Carolina, USA

Chow-Yang Lee

Department of Entomology, University of California, Riverside, California, USA

Dini M. Miller

Department of Entomology, Virginia Polytechnic Institute and State University, Blacksburg, Virginia, USA

Jose E. Pietri

Sanford School of Medicine, The University of South Dakota, Vermillion, South Dakota, USA

Michael K. Rust

Department of Entomology, University of California, Riverside, California, USA

Coby Schal

Department Entomology and Plant Pathology, North Carolina State University, Raleigh, North Carolina, USA

Michael E. Scharf

Department of Entomology, Purdue University, West Lafayette, Indiana, USA

Edward L. Vargo

Department of Entomology, Texas A&M University, College Station, Texas, USA

Ayako Wada-Katsumata

Department of Entomology and Plant Pathology, North Carolina State University, Raleigh, North Calolina, USA

Changlu Wang

Department of Entomology, Rutgers University, New Brunswick, New Jersey, USA

ゴキブリ研究の功労者

私たちは，この本を，過去50年にわたる研究で，チャバネゴキブリ管理に関する科学的進歩に貢献した以下の10名の研究者に捧げる．

Gary W. Bennett（1942～） 1970年にノースカロライナ州立大学の博士課程を修了し，パデュー大学へ．彼とその卒業生はチャバネゴキブリの都市のアパートでの行動，ポピュレーション・ダイナミック，IGRの室内および屋外での評価，チャバネゴキブリに対するIPMなどのパイオニアとして知られている．1990年にCenter for Urban and Industrial Pest Management Centerを設立し，センター長となった．センターはUrban and Industrial IPMのオンラインコース（以前はPurdue Pest Control通信教育として知られていた）を提供し，4,500人のペストマネージメント技術者を訓練している．毎年，Purdue Pest Management Conferenceを開催している．フィールド昆虫学とペストマネージメントに関する多数の貢献に対し，多くの賞を受賞している．その1つにPest Control Magazineの“Hall of Fame”（2006年殿堂入り）がある．都市昆虫学に対する素晴らしい貢献に対し，ESA（アメリカ昆虫学会）からDistinguished Achievement賞も受賞している（1990）．その他，NPMA（全米ペストマネージメント協会）の名誉会員（1991），Mallis Distinguish Achievement Award賞（1998），The Orkin Research Award（1989，1991，1997）なども受賞している．

Donald G. Cochran（1927～2016） チャバネゴキブリの遺伝学，生理学，殺虫剤抵抗性の研究で知られている．ラトガーズ大学で博士号を習得後，アメリカメリーランド州エッジウッドの陸軍化学センター（Entomological Department of Medical Laboratories）に加わり，その後1957年バージニア工科大学で研究を行っている．チャバネゴキブリに対する殺虫剤抵抗性に関する重要事項を初めて発見している．DDT抵抗性の継承メカニズム，交差抵抗性，異なるクラスの殺虫剤間の抵抗性などの初期の重要な発見をしている．窒素化合物の利用と排泄に関する彼の研究により，ゴキブリの生理機能をより深く理解できるようになった．1990年代に，チャバネゴキブリの殺虫剤抵抗性の状況について全国規模で大規模な調査を実施し，広範なカーバメート抵抗性とピレスロイド抵抗性を記録した一連の論文を発表している．彼はまた，チャバネゴキブリの遺伝学に関して同僚のMary H. Ross博士と長期にわたり共同研究を行っている．Cochran 博士は生涯にわたる研究期間中に多くの表彰を受けている．Gamma Sigma Delta Research 賞（1975，Virginia Tech），Alumni Award of Teaching excellence（1978，Virginia Tech.），Fellow of the Virginia Academy of Science（1983），Fellow of the American Association of the Advancement of Society（1984），Entomological Society of America Eastern Branch L.O., Howard distinguished Achievement Award（1994）などである．

Philip G. Koehler（1947～）　カトバー大学で学士，コーネル大学で博士号を修得後，アメリカ海軍で医用昆虫学，医療部隊の中尉としてキャリアをスタートし，フロリダ大学の博士課程に進学し，1975 年に博士号を修得し，1999 年に 2 つの寄付口座の教授に任命された．1982～85 年まで，フロリダ州ゲインズビルの USDA-ARS 研究所の客員教授として勤務した．リチャード・パターソン博士とともに農務省の都市害虫研究プログラムの開発を支援している．長年にわたり，彼は昆虫学を専攻する博士課程の 29 名と修士課程の 59 名を指導した．ケラー博士は奨学金による 181 本の査読済み論文，4 冊の書籍を出版し，752 を超える Extension Fact シートを発行している．彼はまた，その研究から 28 件の特許を取得している．USDA の優秀功績賞，フロリダ大学優秀教授賞，フロリダ功績賞，大学院教授賞を受賞（4 回），Advisor of the Year 賞受賞（2 回），フロリダ大学カレッジに選出，農業生命科学 Academy of Teaching の Excellence など受賞している．

Donald A. Reierson（1942～）　Walter Ebeling 博士の研究員としてキャリアをスタートした．UCLA（カリフォルニア大学ロサンゼルス校）で 12 年間学び，その後マイケル・ラスト博士をパートナーとして 2012 年に退職するまでカリフォルニア大学に在籍．UCLA で学士を終了し，UC ロングビーチ校で修士を修得．彼の研究分野はゴキブリや他の都市害虫の生物学，行動，防除，そしてどのように行動や環境が殺虫剤の作用や有効期間に影響するかを研究した．ゴキブリの忌避剤，殺虫剤の忌避性，殺虫剤を避ける（avoidance）行為，学習効果やその保持（retention），抵抗性のモニタリング，乾燥剤やホウ酸のような無機粉末の利用，など多岐にわたっている．彼はまた，新時代のゴキブリベイトのフィールドでの効果を初めてテストしている．エッセンシャルオイルのゴキブリに対する作用も初めて行っている．著者として，あるいは共著者として 145 本の論文を書き，Ebeling 博士とともに古典ともいえる Urban Entomology 誌の写真撮影に協力し，Osman 博士や Rust 博士と“Understanding the German cockroach”の共同執筆者になっている．政府や業界などのコンサルティングも行い，数多くの賞を受賞している．その中には National Conference of Urban Entomology Distinguished Achievement Award, The Orkin Award for Outstanding Scientific Achievement（2回）, Entomology Social of American Recognition Award in Urban Entomology を受賞している．

William H. Robinson（1943〜）　地質学の副専攻で生物学の学士と修士を修得．アメリカオハイオ州のケント州立大学で昆虫学の博士を修得した．1970年アイオワ州立大に入学，1970年にバージニア工科大学昆虫学部に加わり，The urban pest control research center を設立し学生を指導した．また，中国浙江農業大学客員教授（1985〜2000）として，Urban Entomology Research Center を設立し学生を指導している．彼はゴキブリの生物学，応用技術，建物害虫，木材保護，家庭害虫分野で2人の修士と博士課程の大学院生を育てた．さらに彼は，National Conference on Urban Entomology Conference と International Conference on Urban Pests の2つの大会を共同設立した．教科書，参考書および4冊のトレーニングマニュアルを執筆している．*Urban Entomology; Urban Insects and Arachnids, Technician's Field Manual; Technician's inspection and Identification Manual, Application and Equipment Manual, Fogging Application and Equipment* などを出版している．1999年彼はB&G社の技術部長となり，殺虫剤処理のためのツール開発に貢献した．

Mary H. Ross（1925〜2012）　1959年にバージニア工科大学に入学し，チャバネゴキブリの遺伝学と細胞遺伝学に関する先駆的な研究で最もよく知られている．彼女は Donald Cochrn 博士とともに，1970〜90年代にかけてバージニア工科大学で70種類以上のチャバネゴキブリの突然変異株と殺虫剤耐性株を確立した．これらには，翅に泡状の模様がある，胸骨に切れ込みがある，黒体，オレンジ体，黄色体の突然変異体が含まれていた．これらの株が利用可能であったため，チャバネゴキブリの遺伝的変異性に関する多くの研究が行われ，突然変異体の相互転座，ケモソームの同定，連鎖関係に関する論文が発表された．1980年代，ロス博士は，ピレスロイドにさらに曝露されたときの感受性チャバネゴキブリと耐性チャバネゴキブリの行動の違いを報告した．彼女の学生の研究は，プロポクスルの蒸気が少量存在することでゴキブリが拡散する可能性があることも実証した．彼女はまた Jules Silverman 博士とともに，1990年代初頭に常染色体半優性形質であるブドウ糖嫌悪の一般的な基礎を説明した．彼女の研究が認められ，1983年にバージニア工科大学から Alumni Award for Excellence を受賞した．

Louis M. Roth（1918〜2003）　ゴキブリの行動，生理学，系統学の世界的な専門家．ニューヨーク大学で学士と修士を修得．第二次世界大戦中は陸軍医療部隊でマラリア研究に従事している．マサチューセッツ州ネイティックの開発研究所 United Research and Development Laboratories（USDL）で蚊の研究を続けた．この間，彼は飼育の容易さ，軍としても重要なゴキブリの行動，生理，分類などの研究を始める．USDL を引退し，ハーバード大学博物館で比較動物学の研究を続け，そこで 400 種以上の新種のゴキブリについて記述した．ロス博士はゴキブリに関する 40 本以上の論文と数冊の本と共著ともあわせて執筆している．注目すべきものとして，*The Biotic Associations of cockroaches*（1960），*The Medical and Veterinary Importance of Cockroaches*（1957）（ともに E.R Willis との共著），*A Taxonomic Revision of the Genus Blattella Caudell*（*Dictyoptera Bllataria:Blattellidae*）（1985），*and Cockroaches:Ecology, Behavior and Natural History*（2007）（W.J. Bell, C.A. Nalepa と共著）を発刊している．

Michael K. Rust（1948～） ハイラム大学で学士号を修得し，カンサス大で修士号と博士号を修得．1975 年にカリフォルニア大学リバーサイド校で都市昆虫学分野の確立に貢献している．長年にわたり．都市昆虫学の博士コースの学生 17 名と修士コースの学生 14 名を指導している．ゴキブリとその防除に関し，共著者とともに 22 本の論文を執筆している．セミナー用教科書として“*Understanding and Controlling the German Cockroach*（1995）”を執筆している．長年にわたり，多くの賞を受賞しているが，その中には，Distinguished Achievement Award in Urban Entomology, Entomological Society of America（1993），W.W Woodworth Award, Pacific Branch of Entomology, Entomological Society of America（2021）．Fellow of American Association for the Advancement of the Science（2002）などある．2013 年に退官して以来，キャンパスの研究室で働いている．最近の研究は「チャバネゴキブリ防除のためのスプレーとベイトとの交流（interaction）」に焦点をあてている．

Coby Schal（1954～） ニューヨーク州立大学オールバニ校で学士を取り，カンサス大学で博士を修得し，マサチューセッツ大学でポスドクのトレーニング，ノースカロライナ州立大学で J. Whitmire Distinguished professorship を受け，ラトガース大学に在籍．彼のゴキブリプロジェクトは，化学生態学（chemical ecology），喫食特性，微生物生態（microbial ecology），集団遺伝学（population genetics），抵抗性管理，室内環境の質など．彼は 300 本以上の論文（うち 190 本はゴキブリ），10 の特許を取り，41 名の卒業生，42 名のポスドク研究者を育てている．Schal 博士は 6 つの学会誌の編集者であり，アメリカ昆虫学会（ESA）の理事で，International Society of Chemical Ecology of America（ISCE）の会長である．受賞歴にはNan Yao，Su Award for Innovation and Creativity in Entomology，Crown Leadership Award，Research Excellence in Urban Entomology，Lifetime honorary Membership（North Carolina Pest Management Association），Silverstein—Simeone Award（ISCE），and Department of Housing and Urban Development Secretary's Award for Health Home，North Carolina state honors include the Holiday Medal，Outstanding Mentor Awardがある．

Jules Silverman（1953～）　ニューヨーク州立大学で学士，カリフォルニア大学リバーサイド校で修士を修得し，American Cyanamid Co.，Clorox Co.に18年勤務し，フィールドで殺虫ベイトで駆除できないグルコース嫌悪（aversion）集団を発見し，Donald Biemanとともにそれを研究した．1992年にはノースカロライナ州立大学の昆虫学教室にCharles G. Wright特別教授とともに加わり，そこで彼の生徒，ポスドクの人々と行動生態学（behavioral ecology），化学生態学（chemical ecology），侵入外来アリ（invasive ant），特にアルゼンチンアリに焦点を絞った研究を行っている．その後，チャバネゴキブリのグルコース嫌悪の研究に力を入れ，この珍しい形質の栄養生態学（nutritional ecology）と化学感覚生理学（chemosensory physiology）の側面を研究している．100を超える研究データを発表し，2014年の都市昆虫学のDistinguished Achievement賞などを受賞している．

目　次

第1章
世界中で発生するチャバネゴキブリの蔓延とその社会的・経済的インパクト

Chow-Yang Lee and Changlu Wang

はじめに

500以上の属に分類される約4,300種のゴキブリは世界中の色々な場所で見ることができる（Roth 2003）．そのうちの約30種が都市環境で害虫として報告されている．*Blattella*属の54種のうち（Wang *et al.* 2010; Beccaloni 2014），チャバネゴキブリ（*Blattella germanica*）は最も広く分布し，種類も多い．これらは人間とその食物・廃棄物が関係するすべての大陸で見ることができる（Atkinsonら1991）．適切な温度と食料源や廃棄物のあるキッチン，ホテル，レストラン，病院，食品製造業，養豚場，交通機関などでは繰り返し発生される害虫である．そして，重要な病気の運び屋であり，アレルゲンを生み出す（Brenner 1955; Gore & Schal 2007; Ahmadら2011）．

チャバネゴキブリは，極端に汎用性であり，雑食性であるという特性と，殺虫剤やアレロケミカルの解毒力，病原菌に対する防御力，消化力，感覚，知覚および遺伝子調節に関連する機能をもつ遺伝子ファミリーを大幅に拡張することにより，主要な屋内害虫として非常に成功している（Harrison *et al.* 2018）．その存在はおもに温度によって制限されるため，都市化と生活水準の向上に大きな影響を受ける．この種類は，屋内環境でのみ見ることができるが，場合によっては建物の周囲でも見ることができる（Friauf 1953; Apple & Tucker 1986）．人間環境との密接な関係により，世界の多くの地域で最も問題となる屋内害虫とされている．

標本の起源については議論の余地が大きい．デンマークから収集された標本に基づいて，Linne（1767）により，*Blatta germanica*として記載されたが，Rehn（1945）はアフリカ北東部の15の近縁種に基づいて，アフリカに由来すると推定した．このことはのちに何人かの著者によって誤りであることが暴かれている．彼らは*Blattella* 49種の半数以上がアジアの固有種であったため，この種がアジア起源であると示唆した数人の著者らにより，アフリカ起源が誤りであることが証明された（Princis

1950; Roth 1977; Wang *et al.* 2010）．しかし．*Blatta germanica* は自然の生息地で発見されたことがないため，最近では，*Blatta germanica* の祖先は南アジアからヨーロッパに運ばれ，暖房の効いた建物の中で自然に選択され，屋内種として進化し，その後，人為的な活動によってヨーロッパから世界の他の地域に貿易や探検など（Tang *et al.* 2019）により広がったのではないかという仮説が立てられている．アジアの最古の博物館標本は，ヨーロッパよりも1世紀遅れたというのはありうることである（例：1877年のスマトラ島，1980年のボルネオ島，1881年のインド，1900年の中国〔Tang *et al.* 2016〕）．

チャバネゴキブリの発生

北アメリカ

さまざまなコミュニティにおけるゴキブリ蔓延に関する最良のデータは，1990年のアメリカ環境庁（EPA）の調査である（Whitmore *et al.* 1993）．29州の2,078戸の住宅のうち，9.84% が大規模なゴキブリ汚染を経験し，24.46% は過去にゴキブリ防除を行っている．ゴキブリは，最も一般的な2つの迷惑害虫（nuisance pest）のうちの1つである（もう1つのグループはアリ）．チャバネゴキブリは建物内で発見される種の中では優先種である．建物内でのさまざまなゴキブリの発生は，建物の種類と場所によって影響を受ける．Wright（1965）はノースカロライナ州の建物で，チャバネゴキブリ，トウヨウゴキブリ（*Blatta orientalis*），ワモンゴキブリ（*Periplaneta americana*），およびチャオビゴキブリ（*Supella longipalpa*）が見つかったと報告している．構造の種類に関係なく，4つの種は54%，34%，8%，4% の割合で発生していた．インディアナ州ゲーリーの庭付き低所得者住宅では，チャバネゴキブリ（49%）とトウヨウゴキブリ（26%）が2つの主要なゴキブリ種であった（Wang *et al.* 2008）．ニュージャージー州の2つの都市の高層アパートに仕掛けられたトラップで見つかった3,342匹のゴキブリは，すべてチャバネゴキブリであった（Wang *et al.* 2019）．ラトガース大学の研究者らが2018〜19年にかけて，ニュージャージー州の4都市の低所得者が居住する低層および高層アパート19棟（1,753戸）を対象に行った最新の調査では640戸にゴキブリが侵入していることが判明している．チャバネゴキブリ，ワモンゴキブリ，トウヨウゴキブリがそれぞれ97.8%，0.8%，2.5% の割合で発生していた（Abbar *et al.* 未発表データ）．ゴキブリが発生した640のアパートのうち，2種類のゴキブリが発生したアパートは1.1% だった．

住宅で，社会的経済的地位が低い，または荒廃している地域では，チャバネゴキブリの高い感染率がしばしば記録されている（表1.1）．塗装の剥がれ，水漏れ，劣悪

表1.1　アメリカの住宅調査によるチャバネゴキブリの汚染率

場所	集合住宅のタイプ	調査法	汚染率（サンプル数）	調査実施者（実施年）
フロリダ州中北部	低所得（家族）向けアパート	各アパートに3～5粘着トラップ，1晩	97.5%（1022）	Koehler *et al.*（1987）
カリフォルニア州サリナス・バレー	低所得アパート	目視と粘着トラップ	60%（644）	Bradman *et al.*（2005）
ニューヨーク市	低所得アパート（高齢者，家族向け）	各アパートに7粘着トラップ，7日間	77%（324）	Chew *et al.*（2006）
インディアナ州ゲイリ	低所得アパート（家族向け）	各アパートに6粘着トラップ，1晩	49%（150）	Wang *et al.*（2008）
ノースカロライナ	農場労働者キャンプ	目視検査	45.9%（182）	Quand *et al.*（2013）
ニュージャージー州ニューブラウンズビック	低所得アパート（高齢者，家族向け）	各アパートに6粘着トラップ，1～4日	28%（258）	Zha *et al.*（2018）
ニュージャージー州の2つの村	低所得アパート（高齢者）	各アパート4トラップ，14日間	30%（344）	Wang（2019）
ニュージャージー州の4つの村	低所得アパート（高齢者，家族向け）	各アパート4トラップ，14日間	36%（1753）	Abbar *et al.* 未発表（2018）

な衛生状態は，ゴキブリの侵入リスク増加と関連していた（Bradman *et al.* 2005）．同様に，Wangら（2019）も，キッチンやバスルームの衛生状態が「悪い」アパートでは，衛生状態が良いアパートに比べてチャバネゴキブリを保有する可能性が2.7倍高いことを発見している．適切に管理しないとチャバネゴキブリの侵入が頻繁になる可能性がある．

2006年には，居住中のアパートの一室に設置された6つの粘着トラップに24時間で3,675匹ものゴキブリが捕獲された（Wang & Bennett 2010）．ゴキブリはわずか3% しか捕獲できないという推定に基づけば，アパートには約122,000匹のゴキブリが生息していると推定された（Wang & Bennett 2010）．最も高密度にチャバネゴキブリが生息する場所の1つが養豚場から報告されている．ノースカロライナの16の養豚舎では1か所で15分間の目視調査で，チャバネゴキブリを平均1万2,818匹発見している（範囲：4,900～2万1,000匹）（Waldvogel *et al.* 1999）．

チャバネゴキブリに対する否定的な認識はそのゴキブリの侵入と関連している．Dinghaら（2013）は，チャバネゴキブリに関する住民の観察結果に基づいて，ノースカロライナ州の地方の100軒の家庭を調査している．これらの家庭のうち，チャバネゴキブリが家庭の主要な屋内害虫であると指摘したのはわずか23% で，48% は蚊が問題で，50％はアリが問題だと答えた．ゴキブリを問題にしている住民の割合が低いのは，ゴキブリの存在に関する社会的偏見が原因であり，多くの回答者がゴキブリに対して高い忍耐力をもっていることが原因であった．別の研究では，ゴキブリに対する住民の忍耐力はゴキブリの存在と有意に関連していた（Wang *et al.* 2019）．2週間にわたりアパートごとに4枚の粘着トラップを設置した場合，住民がゴキブリに悩まされるときのゴキブリ頭数の中央値は3匹を超えていた．この研究では，出没したアパートの54％は，ゴキブリの捕獲数が3匹未満であった．したがって，ゴキブリのいる入居者の大部分は，ゴキブリの存在に悩まされることはないようであった．商業施設におけるチャバネゴキブリの蔓延に関するデータは十分ではない．

ロサンゼルスの食品を扱う100か所の商業施設対象としたランダム調査では，62か所でチャバネゴキブリが発生していた．すべての施設が専門の害虫駆除サービスを受けていた（Rust & Reierson 1991）．

チャバネゴキブリは通常，殺虫剤の処理によって防除される．歴史的に使用されている殺虫剤には，有機塩素系，有機リン系，ピレスロイド，無機物粉末，およびさまざまなベイト製品が含まれる．アメリカEPAは2000〜01年にかけて，一般的に使用されている有機リン系殺虫剤であるクロルピリホスとダイアジノンの室内使用登録を取り消している．害虫の汚染レベルに対するアメリカEPAの規制の影響を評価するため，Williamら（2008）は，アフリカ系アメリカ人とドミニカ人の女性が住むニューヨーク市中心部のコミュニティにおける害虫の蔓延レベルをモニターしている．登録した511人の被験者のうち，家庭内にゴキブリが出たと報告した被験者の数は，6か月ごとに2000年の63％から2006年には93％へと大幅に増加した．ピレスロイド剤に対する抵抗性が，ゴキブリ目撃数増加の考えうる理由の1つとして示唆された．多くの研究により，一般的に使用されるピレスロイド剤に対する高レベルのチャバネゴキブリ抵抗性があきらかになった（第11章を参照）．非常に効果的なゴキブリ用ジェルベイト製品は，1990年代後半以降，アメリカで広く入手できるようになった（第10章を参照）．専門業者はチャバネゴキブリ防除のおもな方法としてベイト剤を使用しているが，消費者がチャバネゴキブリ防除のためのベイト剤を使用することはあまりない．最近の研究では，調査対象の居住者の55％が殺虫剤スプレーを使用しているのに対し，アパートのゴキブリ駆除にベイトを使用しているのは6％であることが判明している（Wang *et al.* 2019）．RaidやHotshot（有効成分：imiprothrin，cypermethrin，prallethrin）などの市販スプレーが最も多く報告されている（Zha *et al.* 2018）．

ヨーロッパ

Cornwell（1986）は，戦前と戦後の建物におけるゴキブリの蔓延を比較している．英国では定期的に発生する2種の害虫には，チャバネゴキブリとトウヨウゴキブリが存在する．第二次世界大戦後の人々の食生活の変化，ホテルやケータリング産業の成長，セントラルヒーティングの段階的な導入などにより，この2種の相対的な優位性は変化している．戦前の物件におけるチャバネゴキブリとオリエンタルゴキブリ（*Blattella orientalis*）の侵入率は1：4.5であった．戦後の建物の比率は1：2.2であった．戦後の建物におけるチャバネゴキブリの発生件数の増加は，ほぼすべての種類の物件にチャバネゴキブリが存在することを反映している．イギリス諸島全体として，チャバネゴキブリが施設の21%で見つかり，トウヨウゴキブリが施設の89%で見つかっている．

Alexanderら（1991）は，427名の害虫防除サービス技術者へのアンケートの回答に基づいて，英国におけるチャバネゴキブリとトウヨウゴキブリの分布に関する最新の結果を発表している．その中で，回答者の84.5%がお客さんの施設でのトウヨウゴキブリの蔓延を報告し，51.5%がチャバネゴキブリの蔓延を報告している．Cornwell（1986）の調査と比較すると，チャバネゴキブリの割合がより高いことが判明している．

旧チェコスロバキアでは，1960〜80年代にかけて食品産業，特に乳製品産業ではチャバネゴキブリ蔓延の顕著な増加が観察された（Stejskal & Verner 1996）．ゴキブリ密度が最も高かったのは，温暖な環境にある建物で，おもにパン屋であった．このチャバネゴキブリの急増は，技術の変化（生産の集中，セントラルヒーティング）と殺虫剤に対する抵抗性の増加に関連していると考えられている．

ドイツでは，Weinder（1983）が，トウヨウゴキブリと比較してチャバネゴキブリの存在が増加していることを観察している．2種の比率（チャバネ：トウヨウ）は1938年には1.4：0.84から，1973年には6.5：1，1983年には30：1と増加している．

デンマークのおもなゴキブリの種類は，チャバネゴキブリで，ディルドリンに対する抵抗性が初めて発見された1960年代がピークであった．有機リン系殺虫剤の導入により，すべてのゴキブリ種の蔓延は1970年代には減少し，最近になってピレスロイド抵抗性が出現するまでは抑制されたままであった（Vagn Jensen1993）．ハンガリーでは元々オリエンタルゴキブリが優勢であったが，戦後のパネル方式建物ではチャバネゴキブリがより蔓延するようになった．

Shahら（1996）は，1993〜95年にかけて，目視とトラップを使用してロンドンの24,000軒の住宅のチャバネゴキブリの蔓延を調査した．ゴキブリの蔓延は衛生状態の悪さと関連していた．衛生状態が「良い」家庭の約95%にはゴキブリがいなかったが，「普通」または「悪い」と評価された家庭のほとんどにはゴキブリが発生していた．大規模なアパートの集合地では，地域暖房は個別暖房と比較して高レベルの侵入と関連していた．地域暖房を備えた住宅の入居者は，使用した熱量に関係なく，標準料金で暖房料金を支払っているが，このような住宅の居住者は，地域暖房のないアパートに比べ，より高いレベルで長時間暖房を使用する傾向があった．

Gliniewicz ら（2003）は，1990～95 年にかけてポーランドの病院で害虫調査を行った．チャバネゴキブリは，病院の約 70% に繁殖する最も一般的な害虫であった．次いで，トウヨウゴキブリとイエヒメアリ（*Monomorium pharaonis*）がそれぞれ 40% と 17% 発生していた．これらの病院で最も頻繁に出没したのはキッチン，ランドリー，トイレであった．

Milstead ら（2006）は，ヨーロッパの 3 都市（リトアニアのヴィリニュス，スロバキアのブラチスラヴァ，ハンガリーのブダペスト）の 1,239 軒で 2002～03 年までの住宅生息状況調査データを分析している．そのうち 18% の世帯ではゴキブリの侵入，または過去にゴキブリの侵入があったが，種類は特定されていなかった．大きな建物の居住者はゴキブリに暴露されるリスクが高くなっている．小規模な家族向けの住宅の集合パネルブロック建物（プレハブコンクリートで建設された住宅の一種）の居住者は，ゴキブリが侵入している確率がほぼ 3.5 倍高く，大規模な家族向けの集合住宅では，ゴキブリの侵入確率がほぼ 3 倍高かった．

アジア

アジア，オーストラリア，アフリカにおけるゴキブリの蔓延性に関する報告を表 1.2 にまとめた．熱帯性の東南アジアでは，チャバネゴキブリの蔓延はおもにレストラン，食品工場，フードコート，パン屋などの食品調理施設や電車やバスなどの交通システムで見ることができる（Lee & Lee 2002）．一般家庭やアパートではワモンゴキブリが優勢であるが（Lee & Lee 2002），住宅やアパートではワモンゴキブリが優勢である（Lee 2007）．マレーシアの主要都市で実施されたいくつかの調査では，住宅やアパートで捕獲されたチャバネゴキブリの数は，捕獲されたゴキブリの総数のわずか 0～0.4% であった（Oothuman *et al.* 1984; Yap *et al.* 1991,1999; Lee *et al.* 1993; Lee & Lee 2000）．対照的に，チャバネゴキブリは，マレーシアとシンガポールのホテル，レストラン，その他の調理場で見つかった唯一の種（90% 以上）であった（Lee *et al.* 1996; Lee 1998; Choo *et al.* 2000; Lee & Ng 2009; Chai & Lee 2010; Lee & Lee 2002）．Jeffery *et al.*（2012）はクアラルンプールのさまざまなレストランでゴキブリを収集したところ，チャバネゴキブリがすべての捕獲ゴキブリの 91.1% を占め，次いでワモンゴキブリ（6%）であった．

表1.2　アジア，オーストラリア，アフリカにおけるチャバネゴキブリ

国	都市など	採取場所	捕獲率(%)	参考文献
マレーシア	ケラン	住宅	0.4	Oothuman *et al.* (1984)
	ペナン	住宅	0	Yap *et al.* (1991)
		住宅	0	Lee *et al.* (1993)
	クアラルンプール，クアンタン，ペナン，ルムット	ホテル，レストラン，劇場，海軍の船舶	100	Lee *et al.* (1996)
	ペナン	レストラン，ホテル	100	Lee (1998)
		住宅	0	Yap *et al.* (1999)
		住宅	0.2	Lee & Lee (2000)
	ペナン，クアラルンプール，クアンタン，ジョホール・バール	ホテルのキッチン，レストラン，カフェテリア，バス，電車，ベーカリー，フードコートなど	n/s	Lee & Lee (2002)
	クアラルンプール	レストラン	91.1	Jeffery *et al.* (2012)
シンガポール	シンガポール	ホテルのキッチン	100	Choo *et al.* (2000)
		ショッピングモール，フードコート，レストラン，ベーカリー，カフェテリア，スーパーマーケット，アパートのゴミ箱	n/s	Lee & Ng (2009); Chai & Lee (2010)
インドネシア	バウバウ港	船舶	29.6	Supryatno *et al.* (2018)
タイ	チェンマイ，チェンライ，トラン，プーケット，パンガー	住宅	0.8〜2.9	Tawatsin *et al.* (2001)
	バンコク	住宅，アパート	0〜8.2	
		食料品店	26.7	Sriwichai *et al.* (2002)
ベトナム	ハノイ	商店，アパート，リゾート施設	14.8	Trinh *et al.* (2016)
インド	バラナシ	家庭	18	
		食品取扱施設	20	Wannigama *et al.* (2014)
	カルナータカ	n/s	n/s	Prabakaran (2010)
パキスタン	クエッタ市	洗面所，キッチン，庭	48	Masood *et al.* (2014)
	ラホール	住宅，病院	30.4	Memona *et al.* (2017)
日本	千葉県，大阪府，栃木県，東京都，神奈川県，兵庫県，静岡県，京都府，滋賀県	病院	n/s	Saitou *et al.* (2009)

（続き）

国	都市など	採取場所	捕獲率(%)	参考文献
韓国	韓国の 13 都市	病院	50.7	Lee（1995）
	釜山	アパート, 住宅, ヴィラ	43.6～72.9	
	ソウル	アパート, 住宅, ヴィラ	66.4～93.8	Lee *et al.*（2003）
台湾	高雄	病院，住宅	n/s	Pai *et al.*（2005）
中国	主要都市	アパート，レストラン	n/s	Woo & Guo（1984）; Woo（1987）
	上海	住宅	0.8	Zhai（1990）
		一般レストラン	75.9	
		ホテルレストラン	95.8	
	中国の大手航空会社	飛行機	84	Yuan（1999）
	舟山島	大型客船	96.9	Yan *et al.*（2007）
		小型客船	48.7	
		ボート（漁船を含む）	1.1～7	
	北京	病院，レストラン，オフィス	n/s	Fu *et al.*（2009）
		住宅，市場		
	中国高速鉄道	列車	19.1	Shang（2010）
	台州	リサイクル廃棄物船	99.9	Zhang & Chang（2014）
	中国大手航空会社 3 社	飛行機　89 機	100	Liang et al.（2016）
オーストラリア	亜熱帯・熱帯地域	レストランと病院	n/s	Rentz（2014）
イラン	サナンダジ	住宅	54	Vahabi *et al.*（2011）
	イラン南西部	アパート，寮	99.2	Shahraki *et al.*（2010）
	ヤスジ	アパート，病院，寮	96.7	Shahraki *et al.*（2013）
		ホテル，官公庁		
トルコ	ヴァン	住宅，アパート	100	Oğuz *et al.*（2017）
エチオピア	アディスアベバ ジウェイ	住宅	～50	Kinfu & Erko（2008）
ナイジェリア	イレ・イフェ	大学寮	39.9	Sosan *et al.*（2019）
	ソムル（ラゴス）	住宅，アパート	32	Adenusi *et al.*（2018）

n/s：記載なし

同様の観察はタイでも行われ，Tawasin *et al.*（2000）はタイの 14 県の家屋でゴキブリに関する広範な調査を実施し，10 種を登録した．最も一般的な種はワモンゴキブリ（60.9％）で，チャバネゴキブリはごく少量（0.6％）のみ発見された．Sriwichai *et al.*（2002）は，タイのバンコクの個人住宅，オフィス，食料品店におけるゴキブリの種の分布を調査し，ワモンゴキブリ，チャオビゴキブリ，チャバネゴキブリ，イエゴキブリ（*Neostylopyga rhombifola*），トビイロゴキブリ（*Periplaneta brunnea*），コワモンゴキブリ（*Periplaneta australasiae*），オガサワラゴキブリ（*Pycnosvelus surinamamensis*），およびヒメチャバネゴキブリ（*Blattella litruicollis*）を特定した．最も一般的な種はワモンゴキブリとチャオビゴキブリ，チャバネゴキブリで，ワモンゴキブリとチャオビゴキブリはおもに建物内で発見された．一方チャバネゴキブリはおもに建物内で発見された．ワモンゴキブリとチャオビゴキブリはおもに建物内で発見された．一方，チャバネゴキブリ（26.7%）は食料品店でのみ有意に多かった．

予想通り，タイ北部3県（チェンマイ，チェンライ，メーホンソン）の住宅と中国広西省の3都市（南寧，黄江，合肥）の住宅でゴキブリ調査が行われたが，チャバネゴキブリは1匹も発見されなかった（Chompoosri *et al*. 2004）．表1.2その他，日本の小笠原諸島で実施された別の屋内および屋外調査でも，捕獲されたゴキブリのサンプル中にチャバネゴキブリが存在しないことがあきらかになった（Komatsu *et al*. 2003）．

ベトナムでは，Trinh ら（2016）が187戸の住宅，マンション，店舗を調査し，44.9% にゴキブリがいることが判明した．ワモンゴキブリは最も優勢種（72.1%）で，次いでチャバネゴキブリ（14.8%），オガサワラゴキブリ（*Pycnoscelis surinamensis*）（7.3%），コワモンゴキブリ（2.9%），クロゴキブリ（*Periplaneta fuliginosa*）（1.9%），およびチャオビゴキブリ（1.0%）であった．

アジアの温帯地域では，チャバネゴキブリは家やアパートでより簡単に見つかった．朝比奈（1961）は，チャバネゴキブリがいつ日本に持ち込まれたかは不明ではあるが，都市，特に洋風の建物で一般的な家庭害虫となったことをあきらかにしている．

韓国では，釜山の21区の154戸とソウルの12区の170戸の住宅（マンション，一戸建て，ヴィラ）を対象に，粘着トラップを使って家住性ゴキブリの生息数と侵入率を調査した結果，チャバネゴキブリが最も多かったことが判明している．一般的な種であるクロゴキブリやワモンゴキブリがこれに続いている．チャバネゴキブリの蔓延率は釜山の住宅では72.9%，ソウルでは93.8%，次いでアパートでは釜山54.2%，ソウル63.8% で，ヴィラ（43.6%）が最も高く，釜山の平均は43.6% でソウルは66.4% であった．ゴキブリの侵入率は住居のタイプと関連していた．

中国の上海ではチャバネゴキブリ（96%）はホテルのレストラン（96%）で捕獲された最も一般的な種であり，クロゴキブリ（94%）はおもに家庭内で発見された（Zhai 1990）．著者は，上海におけるチャバネゴキブリおよびクロゴキブリの存在は，冬の建物の暖房システムと，食料，水の豊富さによって決定される可能性があると結論づけた．冬にはすべてのホテルのレストランに暖房がついているため，年間を通じてチャバネゴキブリが発生するのが一般的であった．一方，冬は家が暖房されていないため，クロゴキブリは夏の間だけ多くいた．

トルコでは，ヴァン県のアパートや住宅で実施された調査では捕獲されたゴキブリはすべてチャバネゴキブリであった（Oguz *et al.* 2017）．対照的に，イランではチャバネゴキブリ，ワモンゴキブリ，トウヨウゴキブリはすべて都市部の主要なゴキブリ種であり，住宅，ホテル，病院，レストラン，ショッピングセンターなどに侵入していた（Shahraki *et al.* 2013）．Shahraki ら（2010）は，イランのチャバネゴキブリの蔓延におけるサニテーション上の重要性を調査し，蔓延の程度と衛生との間に有意な相関関係があることを発見している．Vhabi ら（2001）は，イランにおけるゴキブリの細菌感染率を調査した．彼らはサナンダジュ市（Sanandaj）の住宅で650匹のゴキブリを採集し，その54% がチャバネゴキブリで，残りがワモンゴキブリであることを見つけている．

世界の他の地域での経験と同様に，チャバネゴキブリの殺虫剤抵抗性はアジアの害虫管理業界（pest management industry）にとって大きな問題となっている．殺虫剤抵抗性はマレーシア（Lee *et al.* 1996; Lee & Lee 2002b, 2004），シンガポール（Choo *et al.* 2000; Chai & Lee 2010），インドネシア（Ahmad *et al.* 2019），台湾（Pai *et al.* 2005; Hu *et al.* 2020），日本（Umeda *et al.* 1988），韓国（Jang *et al.* 2000），イラン（Rahimian *et al.* 2019）などから報じられている．フィールドのチャバネゴキブリの集団はおもにピレスロイド，カーバメート，有機リン，最近ではベイトに使用される殺虫成分に対して抵抗性があることが判明している（Ahmad *et al.* 2009; Chai & Lee 2010; Ang *et al.* 2013; Hu *et al.* 2020）.

アフリカ

ナイジェリアの大学キャンパスで行われた調査では，チャバネゴキブリ，チャオビゴキブリ，野外ゴキブリ（*Blattella vaga*），ワモンゴキブリ，トウヨウゴキブリ，コワモンゴキブリ，クロゴキブリの7種のゴキブリが確認された．チャバネゴキブリは，捕獲されたゴキブリ全体の約40% 以下であった．ナイジェリアのラゴスにある低～中価格のアパートと低価格のバンガローで行われた別の研究では，捕獲されたすべてのゴキブリの32% がチャバネゴキブリで，全体的に蔓延していたが，ワモンゴキブリがおもな種（68%）であったことがあきらかになった（Adenusi *et al.* 2018).

Kinfu と Erko（2008）は，エチオピアの2つの都市（アディスアベバとジウェイ）の住宅におけるヒトの腸内寄生虫の潜在的キャリアとしてのゴキブリの役割を評価する研究を行った．捕獲された6,480匹のゴキブリのうち，50% がチャバネゴキブリで，残りはトビイロゴキブリ，オガサワラゴキブリ，チャオビゴキブリであった．

交通システムにおけるチャバネゴキブリ

ゴキブリは長い間，現代の船舶害虫であった．2005年8月，港湾当局はドイツのハンブルク港で，標準化された手順（隠れ場所を照らしたり，除虫菊スプレーの使用など）に基づいて59隻の船舶におけるゴキブリの侵入を調査した．検査の結果，5隻（10.2%）にチャバネゴキブリが存在することが判明した．そのうちの4隻は定期的に熱帯地域に停船していた（Oldenburg & Baur 2008）．調理室と汚れた部屋はゴキブリが最も多く出没した場所であった．フェリーは昆虫の生存と成長に適した条件を提供している．アンケートと床置き型粘着トラップの設置により，ギリシャのフェリーの調査を行ったところ，11隻（52.3%）にゴキブリの発生が見られた（Mouchtouri *et al.* 2008）．ゴキブリは調理室，ダイニングルーム，バーで検出された．

アジアでは，チャバネゴキブリが船舶，飛行機，電車，バスなどの公共交通機関に侵入することが知られている（表1.2）．Supryanoら（2008）は，インドネシアのバウバウ港で24隻の旅客船と貨物船でゴキブリを捕獲し，うち3,196匹中の29.6%がチャバネゴキブリであることを発見した．最も優勢な種はワモンゴキブリ（69.5%）であった．Yanらは（2007），中国舟山市の船舶におけるゴキブリの侵入を調査し，チャバネゴキブリが旅客船（48.7〜96.9%）で発生していることを発見した．漁船ではあまり見かけなかった（1.1〜7%）．Liら（2015）はフッ化スルフリルで燻蒸し，2隻の外洋漁船で10万匹以上のゴキブリを殺した．ゴキブリのほとんどはチャバネゴキブリとトビイロゴキブリであった．

Yuan（1999）は中国南方航空のボーイング旅客航空会社（ボーイング737，757，767，777）に25機を調査し，21機にチャバネゴキブリが生息していることを発見した．Liangら（2016）は，中国の大手航空会社3社の航空機89機で調査を行い，その発見率は29.7〜84.2%で，トラップあたりのゴキブリ密度は0〜0.73匹であると報告した．おもな種はチャバネゴキブリであった．ゴキブリはおもに調理室と貨物保管エリアで発見された（100%）．その他，発生率の低い場所は，客室乗務員の座席の下（26.7%），トイレ（16.7%），客室（8.9%），コックピット（3.6%）であった．

Shang（2010）は中国鉄道の高速列車について広範な調査を行い，17の列車の230のコンパートメントでゴキブリを監視した．彼は，バーのテーブル，冷蔵倉庫下，座席の下でゴキブリの発生率が19.13%と高く，密度が最も高かったことを発見している．

経済的な重要性

ゴキブリの侵入を防ぎ，駆除するための資材や人件費，汚染による食品の廃棄，ゴキブリアレルゲンへの曝露による医療費，規制の順守に関連するコストなど，さまざまな形で経済的損失を引き起こす．

アメリカジョージア州では，昆虫による家計および建物の被害は1億2,365万米ドルと推定されており，ゴキブリはその40％を占めている（Douce & MacPherson 1989）．EPAによる1990年の調査では，全世帯の約20％にはゴキブリ，アリ，ノミなどの屋内害虫がペストコントロール業者によって管理されていることが示された（Whitmore *et al.* 1933）．少なくとも1種類の殺虫剤製品を保管している住宅の推定割合は，一戸建て住宅では90％，集合住宅では70％であった．調査時点では，全世帯の約85％が少なくとも1種類の殺虫剤製品を保管していた．インディアナ州ゲーリーにある低所得者住宅を目視検査したところ，アパートの67％にゴキブリベイト剤の残留物があり，10％にゴキブリのベイトステーションがあり，6％にゴキブリベイトの残留物があることが判明している．殺虫剤が見えなかったアパートは28％だけであった（Wangら2008）．

2011年のアメリカの害虫駆除業界の調査によると，製品とサービスの総費用は106億米ドルであった（IBIS-world 2011）．90％以上の害虫管理業者はゴキブリ駆除サービスも提供している．ゴキブリ防除に関連した業界売上高の割合は過去5年間安定しており，2011年には15.3％を占めると推定されている．2019年のアメリカにおける製品とサービスの総額は160億米ドルと推定されている．東南アジアでは，ゴキブリとネズミは，シロアリに次ぐ都市害虫の最も重要なグループであり，害虫防除の専門家がターゲットにしている．ゴキブリ防除の仕事は総売上高の15〜25％を占めている（Lee & Yap 2003; Lee 2007）．

ペストコントロール会社は，アメリカでは害虫駆除サービスに1時間あたり約100〜120米ドルを請求している．バージニア州ポートマスの公営住宅で，スプレーや粉剤を用いた従来の“割れ目・隙間”処理の費用と，チャバネゴキブリ吸引のための掃除機作業，ベイト，昆虫成長制御剤の費用などを比較している（Miller & Meek 2004）．総合的害虫管理（IPM）と従来の処理法の平均費用は，アパートあたり，月それぞれ4.06米ドルと1.50米ドルであった．このような状況においてはゴキブリIPM方式の金額的インセンティブは非常に低いため，合理的な防除努力が不足していることがよくある．別の方法の研究では，ゴキブリIPMプログラムの月々の平均コスト（材料費と人件費）は，アパート1棟あたり7.50米ドルであつた（Wang & Bennett 2009）．処理方法の1つとして，アパートごとに6枚の粘着トラップを使用して毎月モニタリングを行い，その結果に基づいて追加の粘着トラップ，ジェルベイト，ホウ酸ダストを適用することも含まれていた．

マレーシアでは，Lee（2002）は，レストランやホテルのキッチンにおけるチャバネゴキブリの汚染に対しIPMと従来の防除にかかる費用を算出している．IPMには駆除前後のモニタリングとヒドラメチルノンベイト投与が含まれている．従来の処理を行ったレストランでは，α シペルメトリンの残留処理をモニタリングなしで実施し，両方の実践のコストが同等であることを発見している（IPMの場合はMYR 0.59～1.13/m^2，従来の防除の場合MYR0.64～1.09/m^2）．しかし，ヒドラメチルノンベイトを使用したIPMでは駆除後4週間以内にトラップ数が85% 以上減少したが，α シペルメトリンの残留噴霧のみではコールバック処理が必要となり，同様の処理後の期間にトラップ数は15% 減少しただけであった．

アメリカ食品医薬品局（FDA）は，ゴキブリをカテゴリーIの害虫とみなしている．これは，食品に病気を伝染させたり，アレルギー反応を引き起こす可能性があるためで，最も深刻な害虫であることを示している．飲食店の食品の品質を確保するためには，少なくとも収入の一部を使用する必要がある．食品の取り扱いおよび調理施設にゴキブリが存在すると防除が完了するまでそれらの施設を閉鎖する必要がある．ゴキブリに関連した医学的問題の費用を見積もることは困難である．プールされたサンプルに基づくアメリカのアレルギーによる損失額は，2013年に819億米ドルであった（Nurmagambetov *et al.* 2018）．

ゴキブリのアレルゲンは喘息の引き金となるため，ゴキブリ関連の喘息に関連する実際の医療費と社会的費用は，その費用のかなりの部分を占める可能性がある．ゴキブリアレルゲンはアメリカに限定された問題ではない．世界の他の地域にも存在する．トルコの高齢者集団におけるアレルギー性鼻炎の有病率を調べたところ，そのうちの8% がチャバネゴキブリに感作されていることが判明している（Ozutruk *et al.* 2015）．中国の北京の全年齢層1,024人を対象としたアレルギー性鼻炎と非アレルギー性鼻炎の有病率に関する別の研究では，チャバネゴキブリ（16.6%）がアレルギー性鼻炎の最も一般的な空中アレルゲンであり，チリダニの中のコナヒョウヒダニ（14.6%）とそれに次ぐヤケヒョウヒダニ（13.9%）であることが報告された（Huang *et al.* 2018）．

結論と今後の展望

歴史的に，住宅や建物の設計は，それぞれの場所の気候とニーズに基づいている（NESCent Working Group on the Evolutionary Biology of the Built Environment *et al.* 2015)．温帯地域の住宅は断熱性が高く，屋内の配管や暖房装置やエアコンが優れているが，この地域の住宅では窓が多く，断熱性も優れていることが多い．これは，チャバネゴキブリがヨーロッパ，北アメリカ，北アジアなどの温帯地域の住宅でより一般的に発生するのに対し，熱帯では食品が調理され扱われる場所でのみ発生する理由を説明できる可能性がある．しかし，グローバリゼーション，技術の進歩，建築設計，冷暖房システムの一般化により，アジアやアフリカのより裕福な熱帯諸国の住宅の室内環境も，近いうちに北アメリカと同じくらい均一になるかもしれない．このような伝導条件は，将来的には温帯だけでなく熱帯地方でも人家にチャバネゴキブリが蔓延するきっかけとなる可能性が高くなるかもしれない．都市環境に住む人が増え，チャバネゴキブリに関連する健康リスクをより認識するようになると，チャバネゴキブリとともにこの害虫の経済的重要性が増し，ゴキブリ駆除サービスの需要も高まることが予想される．

参 考 文 献

Adenusi AA, Akinyemi MI, Akinsanya D (2018) Domiciliary cockroaches as carriers of human intestinal parasites in Lagos metropolis, Southwest Nigeria: implications for public health. *Journal of Arthropod-Borne Diseases* **12**, 141-151. doi:10.18502/jad.v12i2.40

Ahmad I, Sriwahjuningsih, Astari S, Putra RE, Permana AD (2009) Monitoring pyrethroid resistance in field collected *Blattella germanica* Linn. (Dictyoptera: Blattellidae) in Indonesia. *Entomological Research* **39**, 114-118. doi:10.1111/j.1748-5967.2009.00205.x

Ahmad A, Ghosh A, Schal C, Zurek L (2011) Insects in confined swine operations carry a large antibiotic resistant and potentially virulent enterococcal community. *BMC Microbiology* **11**, 23. doi:10.1186/1471-2180-11-23

Alexander JB, Newton J, Crowe GA (1991) Distribution of oriental and German cockroaches, *Blatta orientalis* and *Blattella germanica* (Dictyoptera), in the United Kingdom. *Medical and Veterinary Entomology* **5**, 395-402. doi:10.1111/j.1365-2915.1991.tb00567.x

Ang LH, Nazni WA, Kuah MK, Chong ASC, Lee C-Y (2013) Detection of the A302S *rdl* mutation in fipronil bait-selected strains of the German cockroach (Dictyoptera: Blattellidae). *Journal of Economic Entomology* **106**, 2167-2176. doi:10.1603/EC13119

Appel A, Tucker J (1986) Occurrence of the German cockroach, *Blattella germanica* (Dictyoptera: Blattellidae), outdoors in Alabama and Texas. *Florida Entomologist* **69**, 422-423. doi:10.2307/3494947

Asahina S (1961) A revised list of the Japanese cockroaches of sanitary importance (Insecta, Blattaria). *Japanese Journal of Medical Science & Biology* **14**, 147-156. doi:10.7883/yoken1952.14.147

Atkinson TH, Koehler PG, Paterson RS (1991) *Catalog and Atlas of the Cockroaches (Dictyoptera) of North America North of Mexico*. Entomological Society of America, Lanham, MD.

Beccaloni GW (2014) Cockroach Species File Online. Version 5.0/5.0. <http: //Cockroach.SpeciesFile.org>

Bradman A, Chevrier J, Tager I, Lipsett M, Sedgwick J, Macher J, Vargas AB, Cabrera EB, Camacho JM, Weldon R, Kogut K, Jewell NP, Eskenazi B (2005) Association of housing disrepair indicators with cockroach and rodent infestations in a cohort of pregnant Latina women and their children. *Environmental Health Perspectives* **113**, 1795-1801. doi:10.1289/ehp. 7588

Brenner R (1995) Economics and medical importance of German cockroaches. In *Understanding and Controlling the German Cockroach.* (Eds MK Rust, Owens JM, DA Reierson) pp. 77-92. Oxford University Press, New York.

Chai RY, Lee CY (2010) Insecticide resistance profiles and synergism in field populations of the German cockroach (Dictyoptera: Blattellidae) from Singapore. *Journal of Economic Entomology* **103**, 460-471. doi:10.1603/EC09284

Chew GL, Carlton EJ, Kass D, Hernandez M, Clarke B, Tiven J, Garfinkel R, Nagle S, Evans D (2006) Determinants of cockroach and mouse exposure and associations with asthma in families and elderly individuals living in New York City public housing. *Annals of Allergy, Asthma & Immunology* **97**, 502-513. doi:10.1016/S1081-1206(10)60942-8

Chompoosri J, Thavara U, Tawatsin A, Sathantriphop S, Yi T (2004) Cockroach surveys in the northern region of Thailand and Guangxi province of China. *Southeast Asian Journal of Tropical Medicine and Public Health* **35**, 46-49.

Choo LEW, Tang CS, Pang FY, Ho SH (2000) Comparison of two bioassay methods for determining deltamethrin resistance in German cockroaches (Blattodea: Blattellidae). *Journal of Economic Entomology* **93**, 905-910. doi:10.1603/0022-0493-93.3.905

Cornwell PB (1968) *The Cockroach. Vol. 1. A Laboratory Insect and An Industrial Pest.* Hutchinson, London.

Dingha B, Jackai L, Monteverdi RH, Ibrahim J (2013) Pest control practices for the German cockroach (Blattodea: Blattellidae): A survey of rural residents in North Carolina. *Florida Entomologist* **96**, 1009-1015. doi:10.1653/024.096.0339

Douce GK, McPherson RM (1989) *Summary of Losses from Insect Damage and Costs of Control in Georgia, 1988.* University of Georgia College of Agriculture and Environmental Sciences Miscellaneous Publication No. 106.

Friauf JJ (1953) An ecological study of the Dermaptera and Orthoptera of the Welaka area in northern Florida. *Ecological Monographs* **23**, 79-126. doi:10.2307/1948516

Fu X, Ye L, Ge F (2009) Habitat influences on diversity of bacteria found on German cockroach in Beijing. *Journal of Environmental Sciences (China)* **21**, 249-254. doi:10.1016/S1001-0742(08)62259-7

Gliniewicz A, Sawicka B, Czajka E (2003) Occurrence of insect pests in hospitals in Poland. *Przegląd Epidemiologiczny* **57**, 329-334.

Gore JC, Schal C (2007) Cockroach allergen biology and mitigation in the indoor environment. *Annual Review of Entomology* **52**, 439-463. doi:10.1146/annurev.ento.52.110405.091313

Harrison MC, Arning N, Kremer LPM, Ylla G, Belles X, Bornberg-Bauer E, Huylmans AK, Jongepier E, Piulachs M-D, Richards S, Schal C (2018) Expansions of key protein families in the German cockroach highlight the molecular basis of its remarkable success as a global indoor pest. *Journal of Experimental Zoology* **330**, 254-264 [Molecular and Developmental Evolution]. doi:10.1002/jez.b.22824

Hu IH, Chen SM, Lee CY, Neoh KB (2020) Insecticide resistance and its effects on bait performance in fieldcollected German cockroaches (Blattodea: Ectobiidae) from Taiwan. *Journal of Economic Entomology* **113**, 1389-1398.

Huang Y, Zhang Y, Zhang L (2018) Prevalence of allergic and nonallergic rhinitis in a rural area in northern China based on sensitization to specific aeroallergens. *Allergy, Asthma, and Clinical Immunology:Official Journal of the Canadian Society of Allergy and Clinical Immunology* **14**, 77. doi:10.1186/s13223-018-0299-9

IBIS-World (2011) IBIS World Industry Report 56171: Pest Control in the US. <http: //clients1.ibisworld.com/reports/us/industry/default.aspx?entid=1495 41>

Jang CW, Ju YR, Chang KS (2017) Insecticide susceptibility of field-collected *Blattella germanica* (Blattaria: Blattellidae) in Busan, Republic of Korea during 2014. *Entomological Research* **47**, 243-247. doi:10.1111/1748-5967.12219

Jeffery J, Sulaiman S, Oothuman P, Vellayan S, Zainol-Arriffin P, Paramaswaran S, Razak A, Muslimin M, Kamil-Ali OB, Rohela M, Abdul-Aziz NM (2012) Domiciliary cockroaches found in restaurants in five zones of Kuala Lumpur Federal Territory, peninsular Malaysia. *Tropical Biomedicine* **29**, 180-186.

Kinfu A, Erko B (2008) Cockroaches as carriers of human intestinal parasites in two localities in Ethiopia. *Transactions of the Royal Society of Tropical Medicine and Hygiene* **102**, 1143-1147. doi:10.1016/j. trstmh.2008.05.009

Koehler PG, Patterson RS, Brenner RJ (1987) German cockroach (Orthoptera, Blattellidae) infestations in lowincome apartments. *Journal of Economic Entomology* **80**, 446-450. doi:10.1093/jee/80.2.446

Komatsu N, Kishimoto T, Uchida A, Ooi HK (2013) Cockroach fauna in the Ogasawara Chain Islands of Japan and analysis of their habitats. *Tropical Biomedicine* **30**, 141-151.

Lee CY (1998) Control of insecticide-resistant German cockroaches, *Blattella germanica* (L.) (Dictyoptera: Blattellidae) in food-outlets with hydramethylnon-based bait stations. *Tropical Biomedicine* **15**, 45-51.

Lee CY (2007) *Perspective in Urban Insect Pest Management in Malaysia.* Vector Control Research Unit, Penang.

Lee DK (1995) Distribution and seasonal abundance of cockroaches (Blattellidae and Blattidae) in urban general hospitals. *Korean Journal of Entomology* **25**, 57-67.

Lee LC (2002) Insecticide resistance profile, mechanisms and management strategies for the German cockroach, *Blattella germanica* (L.) (Dictyoptera: Blattellidae) in Malaysia. PhD thesis. Universiti Sains Malaysia, Penang.

Lee KM, Lee CY (2002) Prevalence of insecticide resistance in field-collected populations of the German cockroach, *Blattella germanica* (Linnaeus) (Dictyoptera: Blattellidae) in peninsular Malaysia. *Medical Entomology and Zoology* **53**, 219-225. doi:10.7601/mez.53.219

Lee LC, Lee CY (2004) Insecticide resistance profiles and possible underlying mechanisms in German cockroaches, *Blattella germanica* (L.) (Dictyoptera: Blattellidae) from peninsular Malaysia. *Medical Entomology and Zoology* **55**, 77-93. doi:10.7601/mez.55.77_1

Lee CY, Lee LC (2000) Diversity of cockroach species and effect of sanitation on level of cockroach infestation in residential premises. *Tropical Biomedicine* **17**, 39-43.

Lee CY, Ng LC (2009) *Pest Cockroaches of Singapore:A Scientific Guide for Pest Management Professionals.* Singapore Pest Management Association, Singapore.

Lee CY, Yap HH (2003) Status of urban pest control in Malaysia. In *Urban Pest Control:A Malaysian Perspective.* (Eds CY Lee, J Zairi, HH Yap, NL Chong) pp. 1-8. Vector Control Research Unit, Penang.

Lee CY, Chong NL, Yap HH (1993) A study on domiciliary cockroach infestation in Penang, Malaysia. *Journal of Bio-Science* **4**, 95-98.

Lee CY, Yap HH, Chong NL, Lee RST (1996) Insecticide resistance and synergism in field-collected German cockroaches (Dictyoptera: Blattellidae) from peninsular Malaysia. *Bulletin of Entomological Research* **86**, 675-682. doi:10.1017/S0007485300039195

Lee DK, Lee WJ, Sim JK (2003) Population densities of cockroaches from human dwellings in urban areas in the Republic of Korea. *Journal of Vector Ecology* **28**, 90-96.

Li N, Li XB, Zhang JW, Ruan X, Zhang X, Liu MJ, Wang JL (2015) Investigation and treatment of cockroaches on ocean-going fishing vessels. *Chinese Journal of Hygienic Insecticides & Equipments* **21**, 213-216.

Liang CH, Zhou YJ, Feng XX, Fan JH, Peng WN, Qi YM, Li J, Li L (2016) Surveillance study of cockroach infestation in aircraft: prevalence and risk factors. *Space Medicine & Medical Engineering* **29**, 273-277.

Lin L, Lu W, Cai S, Liu L (2000) Monitoring for insecticide resistance in field-collected strains of the German cockroach in Guangdong. *Zhongguo Meijie Shengwuxue Ji Kongzhi Zazhi* **11**, 32-34.

Linnaeus C (1767) *Systema Naturae, Vol. 2.* 12th edn. Salvii, Holmiae, Sweden.

Masood A, Robert S, Ahmed HA, Sajjad N, Tariq N (2014) Detection of cockroaches as mechanical carrier of *Escherichia coli* and *Salmonella* species. *African Journal of Microbiological Research* **8**, 3625-3629. doi:10.5897/AJMR2014.7106

Memona H, Manzoor F, Anjum AA (2017) Cockroaches (Blattodea: Blattidae): a reservoir of pathogenic microbes in human-dwelling localities in Lahore. *Journal of Medical Entomology* **54**, 435-440.

Miller D, Meek F (2004) Cost and efficacy comparison of integrated pest management strategies with monthly spray insecticide applications for German cockroach (Dictyoptera: Blattellidae) control in public housing. *Journal of Economic Entomology* **97**, 559-569. doi:10.1093/jee/97.2.559

Milstead TM, Miles R, Robbel N (2006) Housing and neighborhood conditions and exposure to cockroaches in three central and eastern European cities. *Journal of Housing and the Built Environment* **21**, 397-411. doi:10.1007/s10901-006-9057-2

Mouchtouri VA, Anagnostopoulou R, Samanidou-Voyadjoglou A, Theodoridou K, Hatzoglou C, Kremastinou J, Hadjichristodoulou C (2008) Surveillance study of vector species on board passenger ships: risk factors related to infestations. *BMC Public Health* **8**, 100. doi:10.1186/1471-2458-8-100

NESCent Working Group on the Evolutionary Biology of the Built Environment, Martin LJ, Adams RI, Bateman A, Bik HM, Hawks J, Hird SM, Hughes D, Kembel SW, Kinney K, Kolokotronis S-O, Levy G, McClain C, Meadow JF, Medina RF, Mhuireach G, Moreau CS, Munshi-South J, Nichols LM, Palmer C, Popova L, Schal C, Taubel M, Trautwein M, Ugalde JA, Dunn RR (2015) Evolution of the indoor biome. *Trends in Ecology & Evolution* **30**, 223-232. doi:10.1016/j.tree.2015.02.001

Nurmagambetov T, Kuwahara R, Garbe P (2018) The economic burden of asthma in the United States, 2008-2013. *Annals of the American Thoracic Society* **15**, 348-356. doi:10.1513/AnnalsATS.201703-259OC

Oğuz B, Özdal N, Orunc Kilinc O, Değer MS (2017) First investigation on vectorial potential of *Blattella germanica* in Turkey. *Ankara Üniversitesi Veteriner Fakültesi Dergisi* **64**, 141-144.

Oldenburg M, Baur X (2008) Cockroach infestation on seagoing ships. *Archives of Environmental & Occupational Health* **63**, 41-46. doi:10.3200/AEOH.63.1.41-46

Oothuman P, Jeffery J, Daud MZ, Rampal L, Shekhar C (1984) Distribution of different species of cockroaches in the district of Kelang, Selangor. *Journal of the Malaysian Society of Health* **4**, 52-56.

Ozturk AB, Ozyigit LP, Olmez MO (2015) Clinical and allergic sensitization characteristics of allergic rhinitis among the elderly population in Istanbul, Turkey. *European Archives of Oto-Rhino-Laryngology* **272**, 1033-1035. doi:10.1007/s00405-015-3552-6

Pai HH, Wu SC, Hsu EL (2005) Insecticide resistance in German cockroaches (*Blattella germanica*) from hospitals and households in Taiwan. *International Journal of Environmental Health Research* **15**, 33-40. doi:10.1080/09603120400018816

Prabakaran S (2010) Studies on the cockroach fauna of Karnataka (Insecta: Blattodea). *Records of the Zoological Survey of India* **110** (Part 2), 109-119.

Princis K (1950) Entomological results from the Swedish expedition 1934 to Burma and British India. *Arkiv för Zoologi* **1**, 203-222.

Quandt SA, Summers P, Bischoff WE, Chen H, Wiggins MF, Spears CR, Arcury TA (2013) Cooking and eating facilities in migrant farmworker housing in North Carolina. *American Journal of Public Health* **103**, e78-e84. doi:10.2105/AJPH.2012.300831

Rahimian AA, Hanifi-Bojd AA, Vatandoost H, Zaim M (2019) A review on the insecticide resistance of three species of cockroaches (Blattodea: Blattidae) in Iran. *Journal of Economic Entomology* **112**, 1-10. doi:10.1093/jee/toy247

Rehn JA (1945) Man's uninvited fellow traveler: the cockroach. *Scientific Monthly* **61**, 265-276.

Rentz D (2014) *A Guide to the Cockroaches of Australia.* CSIRO Publishing, Melbourne.

Roth LM (1997) A new combination, and new records of species of *Blattella* Caudell (Blattaria: Blattellidae: Blattellinae). *Oriental Insects* **31**, 229-239. doi:10.1080/00305316.1997.10433757

Roth LM (2003) Systematics and phylogeny of cockroaches (Dictyoptera: Blattaria). *Oriental Insects* **37**, 1-186. doi:10.1080/00305316.2003.10417344

Rust MK, Reierson DA (1991) Chlorpyrifos resistance in German cockroaches (Dictyoptera, Blattellidae) from restaurants. *Journal of Economic Entomology* **84**, 736-740. doi:10.1093/jee/84.3.736

Saitou K, Furuhata K, Kawakami Y, Fukuyama M (2009) Isolation of *Pseudomonas aeruginosa* from cockroaches captured in hospitals in Japan, and their antibiotic susceptibility. *Biocontrol Science* **14**, 155-159. doi:10.4265/bio.14.155

Shah V, Learmont J, Pinniger D (1996) Infestations of German cockroach *Blattella germanica* in multi-occupancy dwellings in a London borough: a preliminary study into the relationship between environment, infestation and control success. In *Proceedings of the 2nd International Conference on Insects Pests in the Urban Environment.* 7-10 July, Edinburgh (Ed. KB Wildey) pp. 203-209.

Shahraki GH, Mohd Noor H, Rafinejad J, Shahar MK, Ibrahim Y (2010) Efficacy of sanitation and sanitary factors against the German cockroach (*Blattella germanica*) infestation and effectiveness of educational programs on sanitation in Iran. *Asian Biomedicine* **4**, 803-810. doi:10.2478/abm-2010-0105

Shahraki GH, Parhizkar S, Nejad ARS (2013) Cockroach infestation and factors affecting the estimation of cockroach population in urban communities. *International Journal of Zoology* **2013**, 649089. doi:10.1155/2013/649089

Shang Y (2010) Cockroach control methods for China Railway high-speed trains. *Zhongguo Meijie Shengwuxue Ji Kongzhi Zazhi* **21**, 288-289.

Sosan MB, Rjibade RO, Adeleye AO (2019) Survey of the distribution and diversity of cockroaches (Insecta: Blattaria) on the campus of a higher institution in south-western Nigeria. *International Journal of Applied Biological Research* **10**, 37-51.

Sriwichai P, Nacapunchai D, Pasuralertsakul S, Rongsriyam Y, Thavara U (2002) Survey of indoor cockroaches in some dwellings in Bangkok. *Southeast Asian Journal of Tropical Medicine and Public Health* **33**, 36-40. Stejskal V, Verner PH (1996) Long-term changes of cockroach infestations in Czech and Slovak food-processing plants. *Medical and Veterinary Entomology* **10**, 103-104.

doi:10.1111/j.1365-2915.1996.tb00090.x

Supryatno A, Hadi UK, Murtini S (2018) Potency of cockroaches (*Periplaneta americana* and *Blattella germanica*) on the ship as vector of salmonellosis in Baubau port. *Jurnal Riset Veteriner Indonesia* **2**, 63-69.

Tang Q, Bourguignon T, Willenmse L, De Coninck E, Evans T (2019) Global spread of the German cockroach, *Blattella germanica*. *Biological Invasions* **21**, 693-707. doi:10.1007/s10530-018-1865-2

Tang Q, Jiang H, Li Y, Bourguignon T, Evans TA (2016) Population structure of the German cockroach, *Blattella germanica*, shows two expansions across China. *Biological Invasions* **18**, 2391-2402. doi:10.1007/ s10530-016-1170-x

Tawatsin A, Thavara U, Chompoosri J, Kong-ngamsuk W, Chansang C, Paosriwong S (2001) Cockroach surveys in 14 provinces of Thailand. *Journal of Vector Ecology* **26**, 232-238.

Trinh VH, Nguyen TH, To TMD, Nguyen TM, Tran TTH, Nguyen VC (2016) Species composition and level of infestation of cockroaches in three areas in Hanoi. *Tropical Biomedicine* **33**, 500-505.

Umeda K, Yano T, Hirano H (1988) Pyrethroid resistance mechanism in German cockroach, *Blattella germanica* (Orthoptera: Blattellidae). *Applied Entomology and Zoology* **23**, 373-380. doi:10.1303/aez.23.373

Vagn Jensen KM (1993) Insecticide resistance in *Blattella germanica* (L.) (Dictyoptera: Blattellidae) from food producing establishments in Denmark. In *Proceedings of the 1st International Conference of Urban Pests*. BPCC Wheatons, Exeter (Eds KB Widley, WH Robinson) pp. 135-139.

Vahabi A, Shemshad K, Mohammadi P, Sayyadi M, Shemshad M, Rafinejad J (2011) Microbiological study of domestic cockroaches in human dwelling localities. *African Journal of Microbiological Research* **5**, 5790-5792.

Waldvogel MG, Moore CB, Nalyanya GW, Stringham SM, Watson D, Schal C (1999) Integrated cockroach (Dictyoptera: Blattellidae) management in confined swine production. In *Proceedings of the 3rd International Conference of Urban Pests*. 19-22 July, Prague (Eds WH Robinson, F Rettich, GW Rambo) pp. 183-188.

Wang C, Bennett GW (2009) Cost and effectiveness of community-wide integrated pest management for German cockroach, cockroach allergen, and insecticide use reduction in low-income housing. *Journal of Economic Entomology* **102**, 1614-1623. doi:10.1603/029.102.0428

Wang C, Bennett GW (2010) Least toxic strategies for managing German cockroaches. In *Pesticides in Household, Structural and Residential Pest Management*. (Eds C Peterson, D Stout II) pp. 125-141. American Chemical Society.

Wang C, Abou El-Nour MM, Bennett GW (2008) Survey of pest infestation, asthma, and allergy in low-income housing. *Journal of Community Health* **33**, 31-39. doi:10.1007/s10900-007-9064-6

Wang C, Bischoff E, Eiden AL, Zha C, Cooper R, Graber JM (2019) Residents' attitudes and home sanitation predict presence of German cockroaches (Blattodea: Ectobiidae) in apartments for low-income senior residents. *Journal of Economic Entomology* **112**, 284-289. doi:10.1093/jee/toy307

Wang ZQ, Che YL, Feng PZ (2010) A taxonomic study of the genus *Blattella* Caudell, 1903 from China with description of one new species (Blattaria: Blattellidae). *Acta Entomologica Sinica* **53**, 908-913.

Wannigama DL, Dwivedi R, Zahraei-Ramazani A (2014) Prevalence and antibiotic resistance of gram-negative pathogenic bacteria species isolated from *Periplaneta americana* and *Blattella germanica* in Varanasi, India. *Journal of Arthropod-Borne Diseases* **8**, 10-20.

Weidner H (1983) New studies on occurrence and distribution of cockroaches in the DDR (former East Germany) and some remarks on the relative increase in occurrence of the German cockroach. *Der prakt Schädlingsbek* **35**, 151-153.

Whitmore R, Kelly J, Reading P (1993) National home and garden pesticide use survey. In *Pesticides in Urban Environments*. (Eds ARL Kenneth, D Racke). US Environmental Protection Agency, Washington, DC.

Williams MK, Rundle A, Holmes D, Reyes M, Hoepner LA, Barr DB, Camann DE, Perera FP, Whyatt RM (2008) Changes in pest infestation levels, self-reported pesticide use, and permethrin exposure during pregnancy after the 2000-2001 US Environmental Protection Agency restriction of organophosphates. *Environmental Health Perspectives* **116**, 1681-1688. doi:10.1289/ehp. 11367

Woo FC (1987) Investigations on domiciliary cockroaches from China. *Acta Entomologica Sinica* **30**, 430-438.

Woo FC, Guo Y (1984) The specific identification, distribution, bionomics, and economic importance of the genus *Blattella* Caudell (Blattaria: Blattidae) from China. *Acta Entomologica Sinica* **27**, 439-442.

Wright C (1965) Identification and occurrence of cockroaches in dwellings and business establishments in North Carolina. *Journal of Economic Entomology* **58**, 1032-1033. doi:10.1093/jee/58.5.1032

Yan JB, Le KP, Wang HQ, Zhou MK, Zhang RD (2007) Investigation on species composition of cockroaches on boats and ships at Zhoushan island. *Chinese Journal of Hygienic Insecticides & Equipments* **13**, 291-293.

Yap HH, Chong NL, Loh PY, Baba R, Yahaya AM (1991) Survey of domiciliary cockroaches in Penang, Malaysia. *Journal of Bio-Science* **2**, 71-75.

Yap HH, Lee YW, Ong CH, Ridzuan I, Quah ES, Chong NL (1999) The abundance and control of household pests in Penang, Malaysia: questionnaire and trapping survey. *Journal of Bio-Science* **10**, 62-69.

Yuan H (1999) Prevention and control of *Blattella germanica* infestation in CSN Boeing passenger aircraft. *Zhongguo Meijie Shengwuxue Ji Kongzhi Zazhi* **10**, 125-126.

Zha C, Wang C, Buckley B, Yang I, Wang D, Eiden AL, Cooper R (2018) Pest prevalence and evaluation of community-wide integrated pest management for reducing cockroach infestations and indoor insecticide residues. *Journal of Economic Entomology* **111**, 795-802. doi:10.1093/jee/tox356

Zhai J (1990) Habitat preference of cockroaches in urban environments in Shanghai, China. *Japanese Journal of Sanitary Zoology* **41**, 353-357. doi:10.7601/mez.41.353

Zhang WJ, Chang PL (2014) The investigation and analysis of medical vectors carried by entry bulk waste items ships. *Chinese Journal of Frontier Health and Quarantine* **37**, 403-406.

第2章
公衆衛生と獣医学上の重要性

Coby Shal and Zachary C. DeVries

は じ め に

チャバネゴキブリ（*Bllattella germanica*）は，記載されている約4,300種のゴキブリの内の10種ほどの居住性種のどの種よりも，人間とのかかわりに強く依存している．実際，人間が作った構造物から独立して生存するチャバネゴキブリ集団は存在しない．チャバネゴキブリが人間や動物に及ぼす公衆衛生および経済的影響は，直接的影響と間接的影響に分類される（図2.1）．

公衆衛生上の重要性：直接的影響

チャバネゴキブリの汚染には2つの主要な直接的リスクがある．病原菌（および抗生物質耐性遺伝子の伝播）とアレルギーや喘息を引き起こす代謝産物の産生である

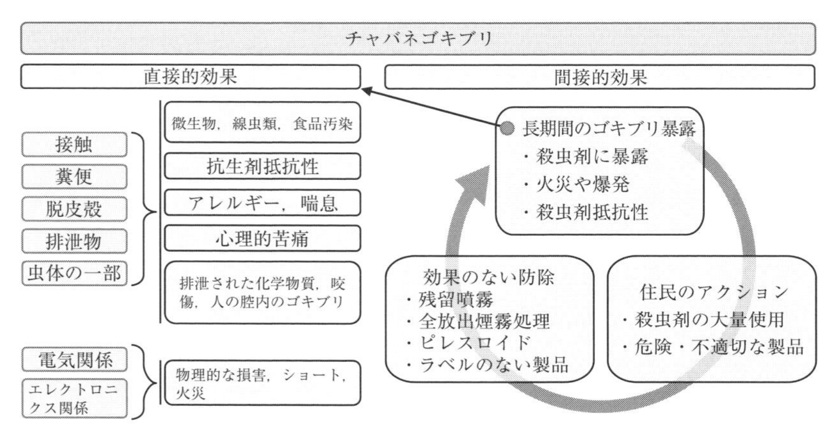

図2.1　チャバネゴキブリの医学的，公衆衛生上の重要性．チャバネゴキブリの蔓延の影響は，直接的（左）および間接的（右）な影響に分けられる．効果のない防除製品の使用と殺虫剤抵抗性により，ゴキブリの蔓延と健康リスクが持続する正のフィードバックループが発生する

(図2.1). チャバネゴキブリのその他の直接的リスクは, 室内環境の汚染, 心理的な苦痛, 人体の隙間 (human cavity, 特に耳) への侵入である. 電子機器に関連する暖かい所や隠れ場所に引き寄せられ, 自身の体や排泄物によって機器やコンピューター, 重要なインフラを制御する回路基板などをショートさせる可能性がある. もう1つの被害は通常, 機械的で局所的な電気回路のショートによって引き起こされる火災や停電は, 重大な身体的および精神的苦痛を引き起こす可能性がある.

微生物と寄生虫

重要な屋内生活への適応は, 雑食性の習慣であり, ジェネラリスト型の咀嚼口器と, ゴミや食糞でも採食する戦略によって支えられているが, これらすべてがチャバネゴキブリを公衆衛生上の重要な懸念事項にする重要な要素である. 建築物の利便性を考慮して, 今日では調理エリア, 廃棄物エリア, トイレなどが近接しており, 食料源, 水, 良好な環境条件が豊富にあるエリアとなっている. したがって, 飛べないチャバネゴキブリは食料, 水, 潜伏場所との間の長い距離を移動して採餌する必要はない. にもかかわらず, 人による移動は広大な地形全体に分散し (第7章を参照), ひどく汚染された環境 (たとえば, 家畜小屋, ゴミや廃棄物容器など) と人間が占有する環境 (住宅, 病院, レストラン, 船舶など) との広がりを促進する可能性がある.

廃棄物と食品の間のチャバネゴキブリの移動により, 病原性細菌, 蠕虫(ぜんちゅう) (寄生虫), 菌類, 原虫, およびウイルスを外部から, または消化器系内で獲得し, 運搬, 蔓延させる可能性がある. 人間や動物の環境内 (農場, 動物園, 鳥小屋, 犬小屋) およびその周囲で捕獲されたゴキブリから, 100を超える潜在的な病原体が分離されている. 生物工学関連 (Roth & Willis 1960) とゴキブリの医学的および獣医学的重要性 (Roth & Willis 1957) に関する2つの初期の編集物は, 微生物や寄生虫との関連を含む, ゴキブリと環境の相互作用が注釈付きのリストで構成されている. これらのリストは, 細菌および真核生物の遺伝子の標的配列決定を通じて, 近年大幅に拡大された. それにもかかわらず, 微生物とゴキブリとの関連に関する初期および現代の研究の多くは, 共生, 日和見, 非病原性および病原性の株および関連を区別してはいない. ゴキブリの公衆衛生および獣医学的重要性に関するこれまでの総説には, Brenner ら (1987), Shal と Hamilton (1990), Brenner (1995), Schal (2011), Wright (2011), Wright (2011), Brenner と Kramer (2019), Donkor (2019) がある. 実際の環境において, ゴキブリと感染症との間のはっきりした疫学的関係を示す研究は存在していない.

◇ チャバネゴキブリから単離された微生物叢の研究

特に開発途上国や熱帯諸国からの多くの記事が, おもに病院, 家庭, 調理場で収集されたチャバネゴキブリの体表や消化管からの培養可能で潜在的に病原性のある細菌や菌類の分離について報告している（レビュー：Donkor 2019）．特定の抗生剤耐性の表現型（phenotypes）と遺伝子型（genotypes）について説明しているものもある．これらのレポートのほとんどは同様の結論に達している．

1. 複数の種の細菌および真菌が日常的にチャバネゴキブリから分離される．
2. ほとんどのゴキブリは，潜在的な病原性細菌の検査で陽性反応を示す．
3. グラム陰性菌とグラム陽性菌の両方がゴキブリから日常的に分離される（表2.1）．（レビュー：Nasirian 2019）．
4. 少数の例外を除いて，ゴキブリの表面および内部の病原菌の種類とゴキブリが採取された場所との間には一致があるようで，局所的な伝播が限定的であることを示唆している．

細菌に加えて，ウイルス，真菌，原虫（protozoan），蠕虫（ぜんちゅう）（helminth）を含む他のさまざまな病原体がゴキブリから分離されている．初期の報告ではゴキブリからHIV様（よう）DNAが分離されたが，この発見や他の節足動物に関する同様の発見は疑わしいとされ，ほとんど無視されている．チャバネゴキブリはカリフォルニアでの肝炎ウイルスの流行に関与しているとされているが（Tarhis 1962），このウイルスはゴキブリから分離されたことはなく，ゴキブリからの他のウイルス（ポリオウイルスなど）の初期の頃の分離は依然として実証されていない．医学に関係するすべての記事で，チャバネゴキブリと関連する非細菌性のものとの関連性は，感染症との疫学的な関連性ではなく，分類学的な調査である．

病院や住居から収集された細菌の調査では，カンジダ，リゾプス，ムコール，アルテルナリア，アスペルギルスが発見されている（例：Fotedar & Banerjee 1992）．医学的に関連のある真菌とゴキブリの関連性に関する最近のレビューとメタ分析（meta-analysis）では，156件の出版物に用いられているが，そのうちゴキブリと真菌の関連性についてはっきりと言及しているのは19件のみである．小規模で地理的に限られた調査にもかかわらず，19科と12目から38種がリストアップされ，ほとんどの種（38種）がワモンゴキブリ（*Periplaneta americana*）から分離され，25種と13種がチャバネゴキブリおよびチャオビゴキブリ（*Supella longipalpa*）からそれぞれ分離されている（Nasirian 2017）．

このレビューはまた，病院と住宅環境の間に大きな違いがないことも示唆している．細菌と同様に，ゴキブリと関係する原生生物（protists）は共生生物（*Nyctotherus ovalis*）であり，あるものはゴキブリの病原菌（*Gregarina blattarum*）であり，他のものは機械的にあるいは空気感染によりヒトの健康に関連しているかもしれない．スペインの病院で捕獲されたチャバネゴキブリの成虫から，*Nyctotherus* sp.，*Gergarina* sp.，*Amoeba* sp. *Lop.blattarum*（*Martinez-Giron et al.* 2017）の4種類の

表2.1　さまざまな場所から採取されたチャバネゴキブリから単離培養された病原細菌類

細菌類*1	門*2	国	生息場所*3	文献
グラム陰性菌				
Acinetobacter baumannii	Pro	イラン	Hom	Chitsazi *et al.* (2013)
Acinetobacter calcoaceticus	Pro	フランス	Hom	Cloarec *et al.* (1992)
Acinetobacter spp.**	Pro	エチオピア，フランス，イラン，リビア	Hos	Cloarec *et al.* (1992); Elgderi *et al.* (2006); Fakoorziba *et al.* (2010); Tilahun *et al.* (2012); Fakoorziba *et al.* (2014)
Aeromonas caviae	Pro	リビア，スペイン	Hom, Hos, Hot	Elgderi *et al.* (2006); Garcia *et al.* (2012)
Aeromonas hydrophila	Pro	フランス，リビア，スペイン	Hom, Hos, Hot	Cloarec *et al.* (1992); Elgderi *et al.* (2006); Garcia *et al.* (2012)
Aeromonas sobria	Pro	スペイン	Hot	Garcia *et al.* (2012)
*Alcaligenes faecalis*** *Alcaligenes* spp.	Pro	イラン	Hos	Fakoorziba *et al.* (2010)
*Burkholderia cepacia***	Pro	スペイン	Hot	Garcia *et al.* (2012)
Buttiauxella agrestis	Pro	フランス	Hom	Cloarec *et al.* (1992)
Buttiauxella spp.**	Pro	ボツワナ	Hom	Mpuchane *et al.* (2006)
*Citrobacter amalonaticus*** *Citrobacter braakii*	Pro	リビア，スペイン	Hot	Elgderi *et al.* (2006); Garcia *et al.* (2012)
*Citrobacter diversus***	Pro	エチオピア，フランス，イラン	Hos, Hom	Cloarec *et al.* (1992); Zarchi & Vatani (2009); Tilahun *et al.* (2012)
Citrobacter farmer	Pro	スペイン	Hot	Garcia *et al.* (2012)
*Citrobacter freundii***	Pro	アルジェリア，チェコスロバキア，中国，フランス，ガーナ，イラン，リビア，ナイジェリア，ポーランド，スペイン，台湾	Hos, Hom, M, R	Cloarec *et al.* (1992); Šrámová *et al.* (1992); Gliniewicz *et al.* (2003); Pai *et al.* (2005); Elgderi *et al.* (2006); Xue *et al.* (2009); Zarchi & Vatani (2009); Akinjogunla *et al.* (2012); Garcia *et al.* (2012); Chitsazi *et al.* (2013); Menasria *et al.* (2014)
*Citrobacter koseri***	Pro	中国，スペイン	Hos, Hom, M, R	Xue *et al.* (2009); Garcia *et al.* (2012)
Citrobacter youngae	Pro	リビア，スペイン	Hot, Hom	Elgderi *et al.* (2006); Garcia *et al.* (2012)
Citrobacter spp.**	Pro	ボツワナ，エチオピア	Hos, Hom	Mpuchane *et al.* (2006); Tilahun *et al.* (2012); Fakoorziba *et al.* (2014); Moges *et al.* (2016)

（続き）

細菌類*1	門*2	国	生息場所*3	文献
Edwardsiellae trada	Pro	イラン	Hos	Zarchi & Vatani (2009)
Enterobacter agglomerans	Pro	フランス，マレーシア，台湾	Hom, Hos	Oothuman *et al.* (1989); Cloarec *et al.* (1992); Pai *et al.* (2005)
Enterobacter amnigenus	Pro	スペイン	Hot	Garcia *et al.* (2012)
*Enterobacter cloacae***	Pro	アルジェリア，チェコスロバキア，中国，エチオピア，フランス，ガーナ，リビア，ナイジェリア，ポーランド，スペイン，台湾	Hom, Hos, Hot, M, R	Cloarec *et al.* (1992); Šrámová *et al.* (1992); Gliniewicz *et al.* (2003); Pai *et al.* (2005); Elgderi *et al.* (2006); Pancer *et al.* (2006); Xue *et al.* (2009); Akinjogunla *et al.* (2012); Garcia *et al.* (2012); Tilahun *et al.* (2012); Menasria *et al.* (2014)
*Enterobacter gergoviae***	Pro	マレーシア，台湾	Hom, Hos	Oothuman *et al.* (1989); Pai *et al.* (2005)
Enterobacter intermedium	Pro	フランス	Hom	Cloarec *et al.* (1992)
Enterobacter sakazakii	Pro	フランス，スペイン	Hom, Hot	Cloarec *et al.* (1992); Garcia *et al.* (2012)
Enterobacter spp.**	Pro	アルジェリア，バングラデシュ，ボツワナ，インド，イラン，マレーシア	Hom, Hos	Oothuman *et al.* (1989); Fotedar *et al.* (1991); Mpuchane *et al.* (2006); Salehzadeh *et al.* (2007); Vahhabi *et al.* (2011); Fakoorziba *et al.* (2014); Menasria *et al.* (2014); Naher *et al.* (2018)
Erwinia spp.**	Pro	ボツワナ，スペイン	Hom, Hot	Mpuchane *et al.* (2006); Garcia *et al.* (2012)
Escherichia adecarboxylata	Pro	フランス	Hom, Hos	Cloarec *et al.* (1992)
*Escherichia coli***	Pro	バングラデシュ，ボツワナ，中国，エチオピア，フランス，ガーナ，インド，イラン，リビア，マレーシア，ナイジェリア，パキスタン，台湾，アメリカ	Hom, Hos, R	Alcamo & Frishman (1980); Oothuman *et al.* (1989); Fotedar *et al.* (1991); Pai *et al.* (2005); Elgderi *et al.* (2006); Mpuchane *et al.* (2006); Salehzadeh *et al.* (2007); Zarchi & Vatani (2009); Vahhabi *et al.* (2011); Akinjogunla *et al.* (2012); Tilahun *et al.* (2012); Chitsazi *et al.* (2013); Gan *et al.* (2013); Masood *et al.* (2014); Wannigama *et al.* (2014); Moges *et al.* (2016); Solomon *et al.* (2016); Naher *et al.* (2018)

（続き）

細菌類＊1	門＊2	国	生息場所＊3	文献
Escherichia hermannii	Pro	リビア	Hom, Hos	Elgderi *et al.* (2006)
Escherichia vulneris	Pro	フランス	Hom	Cloarec *et al.* (1992)
Haemophilus spp.＊＊	Pro	バングラデシュ，イラン	Hos	Salehzadeh *et al.* (2007); Naher *et al.* (2018)
Hafnia alvei＊＊	Pro	リビア	Hos	Elgderi *et al.* (2006)
Hafnia spp.＊＊	Pro	ボツワナ	Hom	Mpuchane *et al.* (2006)
Klebsiella (form. *Enterobacter*) *aerogenes*＊＊	Pro	アルジェリア，中国，フランス，インド，イラン，リビア，マレーシア，スペイン，台湾	Hom, Hos, Hot, M, R	Oothuman *et al.* (1989); Cloarec *et al.* (1992); Pai *et al.* (2005); Elgderi *et al.* (2006); Xue *et al.* (2009); Zarchi & Vatani (2009); Garcia *et al.* (2012); Tilahun *et al.* (2012); Chitsazi *et al.* (2013); Menasria *et al.* (2014); Wannigama *et al.* (2014)
Klebsiella oxytoca＊＊	Pro	エチオピア，フランス，イラン，リビア，マレーシア，ポーランド，スペイン，台湾	Hom, Hos	Oothuman *et al.* (1989); Cloarec *et al.* (1992); Gliniewicz *et al.* (2003); Pai *et al.* (2005); Elgderi *et al.* (2006); Zarchi & Vatani (2009); Garcia *et al.* (2012); Tilahun *et al.* (2012); Chitsazi *et al.* (2013)
Klebsiella ozaenae＊＊	Pro	エチオピア，マレーシア	Hos	Oothuman *et al.* (1989); Tilahun *et al.* (2012)
Klebsiella pneumoniae＊＊	Pro	アルジェリア，中国，チェコスロバキア，エチオピア，フランス，ガーナ，イラン，リビア，ナイジェリア，南アフリカ，スペイン	Hom, Hos, R	Cloarec *et al.* (1992); Šrámová *et al.* (1992); Cotton *et al.* (2000); Elgderi *et al.* (2006); Zarchi & Vatani (2009); Akinjogunla *et al.* (2012); Garcia *et al.* (2012); Tilahun *et al.* (2012); Chitsazi *et al.* (2013); Gan *et al.* (2013); Menasria *et al.* (2014); Wannigama *et al.* (2014); Moges *et al.* (2016)
Klebsiella spp.＊＊	Pro	バングラデシュ，ボツワナ，インド，イラン，マレーシア	Hom, Hos, R	Oothuman *et al.* (1989); Fotedar *et al.* (1991); Mpuchane *et al.* (2006); Salehzadeh *et al.* (2007); Vahhabi *et al.* (2011); Fakoorziba *et al.* (2014); Solomon *et al.* (2016); Naher *et al.* (2018)
Kluyvera spp.＊＊	Pro	ボツワナ，フランス，スペイン	Hom, Hos	Cloarec *et al.* (1992); Mpuchane *et al.* (2006); Garcia *et al.* (2012)

（続き）

細菌類[*1]	門[*2]	国	生息場所[*3]	文献
Morganella morganii	Pro	フランス，マレーシア，ナイジェリア	Hom, Hos, R	Oothuman *et al.* (1989); Cloarec *et al.* (1992); Akinjogunla *et al.* (2012)
Pantoea dispersa	Pro	中国	Hom, Hos, M, R	Xue *et al.* (2009)
Pantoea spp.	Pro	アルジェリア，イラン，リビア，スペイン	Hom, Hos	Elgderi *et al.* (2006); Garcia *et al.* (2012); Chitsazi *et al.* (2013); Menasria *et al.* (2014)
*Proteus mirabilis***	Pro	イラン，リビア，ナイジェリア，台湾	Hom, Hos, R	Pai *et al.* (2005); Elgderi *et al.* (2006); Zarchi & Vatani (2009); Akinjogunla *et al.* (2012); Chitsazi *et al.* (2013)
*Proteus vulgaris***	Pro	ガーナ，イラン，リビア，ナイジェリア	Hom, Hos, R	Elgderi *et al.* (2006); Zarchi & Vatani (2009); Akinjogunla *et al.* (2012); Chitsazi *et al.* (2013)
Proteus spp.**	Pro	バングラデシュ，ボツワナ，エチオピア，インド，イラン	Hom, Hos, R	Fotedar *et al.* (1991); Mpuchane *et al.* (2006); Vahhabi *et al.* (2011); Fakoorziba *et al.* (2014); Moges *et al.* (2016); Naher *et al.* (2018)
Providencia alcalifaciens	Pro	フランス	Hom	Cloarec *et al.* (1992)
*Providencia rettgeri***	Pro	エチオピア，イラン	Hom, Hos	Tilahun *et al.* (2012); Chitsazi *et al.* (2013)
Providencia spp.**	Pro	エチオピア，マレーシア，ナイジェリア	Hom, Hos, R	Oothuman *et al.* (1989); Akinjogunla *et al.* (2012); Moges *et al.* (2016)
*Pseudomonas aeruginosa***	Pro	アルジェリア，バングラデシュ，中国，エチオピア，フランス，ガーナ，インド，イラン，日本，リビア，ナイジェリア，ポーランド	Hom, Hos, R	Fotedar *et al.* (1989); Fotedar *et al.* (1991); Gliniewicz *et al.* (2003); Elgderi *et al.* (2006); Saitou *et al.* (2009); Zarchi & Vatani (2009); Saitou *et al.* (2010); Akinjogunla *et al.* (2012); Tilahun *et al.* (2012); Chitsazi *et al.* (2013); Gan *et al.* (2013); Menasria *et al.* (2014); Wannigama *et al.* (2014); Naher *et al.* (2018)
*Pseudomonas cepacia*** *Pseudomonas maltophilia* *Pseudomonas paucimobilis*	Pro	フランス，台湾	Hom	Cloarec *et al.* (1992); Pai (2013)

（続き）

細菌類*1	門*2	国	生息場所*3	文献
Pseudomonas fluorescens	Pro	フランス	Hom, Hos	Cloarec *et al.* (1992)
Pseudomonas luteola	Pro	スペイン	Hot	Garcia *et al.* (2012)
*Pseudomonas putida***	Pro	アルジェリア，フランス，ポーランド	Hos	Gliniewicz *et al.* (2003); Menasria *et al.* (2014); Loucif *et al.* (2016)
Pseudomonas spp.**	Pro	アルジェリア，ボツワナ，イラン，リビア，フランス	Hom, Hos	Cloarec *et al.* (1992); Elgderi *et al.* (2006); Mpuchane *et al.* (2006); Salehzadeh et al. (2007); Fakoorziba *et al.* (2010); Vahhabi *et al.* (2011); Fakoorziba *et al.* (2014); Menasria et al. (2015)
Raoultella ornithinolytica *Raoultella planticola*	Pro	スペイン	Hot	Garcia *et al.* (2012)
Salmonella enteritidis	Pro	スペイン	Hot	Garcia *et al.* (2012)
*Salmonella typhimurium***	Pro	ボツワナ，マレーシア	Hom, Hos	Oothuman *et al.* (1989); Mpuchane *et al.* (2006)
Salmonella spp.**	Pro	バングラデシュ，中国，エチオピア，イラン，ナイジェリア，パキスタン，スペイン	Hom, Hos, Hot, R	Fathpour *et al.* (2003); Tachbele *et al.* (2006); Akinjogunla *et al.* (2012); Garcia *et al.* (2012); Tilahun *et al.* (2012); Gan *et al.* (2013); Masood *et al.* (2014); Moges *et al.* (2016); Solomon *et al.* (2016); Naher *et al.* (2018)
Serratia fonticola	Pro	スペイン	Hot	Garcia *et al.* (2012)
Serratia liquefaciens	Pro	フランス，リビア，スペイン	Hom, Hos	Cloarec *et al.* (1992); Elgderi *et al.* (2006); Garcia *et al.* (2012)
*Serratia marcescens***	Pro	アルジェリア，フランス，イラン，リビア，マレーシア，ポーランド，スペイン，台湾	Hom, Hos, Hot, M, R	Oothuman *et al.* (1989); Cloarec *et al.* (1992); Gliniewicz *et al.* (2003); Pai *et al.* (2005); Elgderi *et al.* (2006); Xue *et al.* (2009); Garcia *et al.* (2012); Chitsazi *et al.* (2013); Menasria *et al.* (2014)
Serratia odorifera	Pro	フランス，スペイン，台湾	Hom, Hot	Cloarec *et al.* (1992); Pai *et al.* (2005); Garcia *et al.* (2012)
Serratia plymuthica	Pro	フランス	Hom	Cloarec *et al.* (1992)
Serratia rubidaea	Pro	フランス，リビア，台湾	Hom	Cloarec *et al.* (1992); Pai *et al.* (2005); Elgderi *et al.* (2006)
Serratia spp.**	Pro	ボツワナ，エチオピア，イラン	Hom, Hos	Mpuchane *et al.* (2006); Vahhabi *et al.* (2011); Moges *et al.* (2016)

（続き）

細菌類[*1]	門[*2]	国	生息場所[*3]	文献
Shigella boydii Shigella dysenteriae	Pro	マレーシア	Hos	Oothuman *et al.* (1989)
*Shigella flexneri***	Pro	エチオピア	Hos, R	Tachbele *et al.* (2006); Tilahun *et al.* (2012); Solomon *et al.* (2016)
Shigella spp.**	Pro	バングラデシュ，ボツワナ，中国，エチオピア，イラン，ナイジェリア	Hom, Hos, R	Mpuchane *et al.* (2006); Salehzadeh *et al.* (2007); Akinjogunla *et al.* (2012); Gan *et al.* (2013); Moges *et al.* (2016); Naher *et al.* (2018)
*Stenotrophomonas maltophilia***	Pro	ボツワナ	Hom	Mpuchane *et al.* (2006)
Vibrio fluvialis	Pro	フランス	Hom	Cloarec *et al.* (1992)
*Vibrio metschnikovii***	Pro	ボツワナ	Hom	Mpuchane *et al.* (2006)
グラム陰性菌陽性菌				
*Actinomyces radingae***	Act	ボツワナ	Hom	Mpuchane *et al.* (2006)
*Bacillus cereus***	Fir	バングラデシュ，中国，エチオピア ナイジェリア	Hom, Hos, M, R	Tachbele *et al.* (2006); Xue *et al.* (2009); Akinjogunla *et al.* (2012); Solomon *et al.* (2016); Naher *et al.* (2018)
Bacillus licheniformis *Bacillus pumilus* *Bacillus Simplex*	Fir	中国	Hom, Hos, M, R	Xue *et al.* (2009)
Bacillus subtilis	Fir	中国，台湾	Hom, Hos, M, R	Pai *et al.* (2005); Xue *et al.* (2009)
Bacillus spp.**	Fir	ボツワナ，エチオピア，インド，イラン，台湾，アメリカ	Hom, Hos, R, Z	Alcamo & Frishman (1980); Fotedar *et al.* (1991); Pai *et al.* (2005); Mpuchane *et al.* (2006); Zarchi & Vatani (2009); Fakoorziba *et al.* (2010); Solomon *et al.* (2016)
Brevibacterium spp.**	Act	ボツワナ	Hom	Mpuchane *et al.* (2006)
Clostridium spp.	Fir	アメリカ	Hos, R	Alcamo & Frishman (1980)
Corynebacterium spp.**	Act	ボツワナ	Hom	Mpuchane *et al.* (2006)
Enterococcus avium	Fir	中国，ポーランド	Hom, Hos, M, R	Gliniewicz *et al.* (2003); Xue *et al.* (2009)
*Enterococcus casseliflavus*** *Enterococcus faecium*** *Enterococcus hirae***	Fir	アメリカ	F	Ahmad *et al.* (2011)

（続き）

細菌類[*1]	門[*2]	国	生息場所[*3]	文献
Enterococcus durans	Fir	ポーランド		Gliniewicz *et al.* (2003)
*Enterococcus faecalis***	Fir	バングラデシュ，中国，アメリカ	Hom, Hos, F, M, R	Xue *et al.* (2009); Ahmad *et al.* (2011); Naher *et al.* (2018)
Enterococcus raffinosus	Fir	中国	Hom, Hos, M, R	Xue *et al.* (2009)
Enterococcus spp.**	Fir	イラン，台湾	Hom, Hos	Pai *et al.* (2005); Salehzadeh *et al.* (2007); Fakoorziba *et al.* (2010); Chitsazi *et al.* (2013)
Listeria grayi	Fir	中国	Hom, Hos, M, R	Xue *et al.* (2009)
Micrococcus luteus	Act	中国，ポーランド	Hom, Hos, M, R	Gliniewicz *et al.* (2003); Xue *et al.* (2009)
Micrococcus lylae	Act	中国	Hom, Hos, M, R	Xue *et al.* (2009)
Micrococcus spp.**	Act	ボツワナ，インド	Hom, Hos	Fotedar *et al.* (1989); Mpuchane *et al.* (2006)
Pseudoglutamicibacter cumminsii	Act	中国	Hom, Hos, M, R	Xue *et al.* (2009)
Rathayibacter agropyri	Act	中国	Hom, Hos, M, R	Xue *et al.* (2009)
*Staphylococcus aureus***	Fir	アルジェリア，バングラデシュ，中国，エチオピア，フランス，インド，イラン，ナイジェリア，台湾	Hom, Hos, R	Fotedar *et al.* (1989); Fotedar *et al.* (1991); Pai *et al.* (2005); Tachbele *et al.* (2006); Zarchi & Vatani (2009); Akinjogunla *et al.* (2012); Tilahun *et al.* (2012); Chitsazi *et al.* (2013); Gan *et al.* (2013); Menasria *et al.* (2014); Moges *et al.* (2016); Naher *et al.* (2018); Abdolmaleki *et al.* (2019)
*Staphylococcus epidermidis***	Fir	イラン，ポーランド，台湾	Hom, Hos, R	Gliniewicz *et al.* (2003); Pai *et al.* (2005); Zarchi & Vatani (2009); Naher *et al.* (2018)
*Staphylococcus equorum*** *Staphylococcus hominis***	Fir	ポーランド	Hos	Gliniewicz *et al.* (2003)
Staphylococcus pasteuri *Staphylococcus sciuri***	Fir	中国	Hom, Hos, M, R	Xue *et al.* (2009)
*Staphylococcus saprophyticus***	Fir	エチオピア，イラン，台湾	Hom, Hos, M, R	Xue *et al.* (2009); Zarchi & Vatani (2009); Pai (2013); Solomon *et al.* (2016)

（続き）

細菌類*1	門*2	国	生息場所*3	文献
Staphylococcus spp.**	Fir	アルジェリア，ボツワナ，イラン，アメリカ	Hom, Hos, R, Z	Alcamo & Frishman (1980); Mpuchane *et al.* (2006); Salehzadeh *et al.* (2007); Fakoorziba *et al.* (2010); Vahhabi *et al.* (2011); Chitsazi *et al.* (2013); Menasria et al. (2015)
Streptococcus epidermidis *Streptococcus viridans*	Fir	インド	Hom, Hos	Fotedar *et al.* (1991)
Streptococcus faecalis	Fir	インド	Hom, Hos	Fotedar *et al.* (1989); Fotedar *et al.* (1991)
Streptococcus oestibularis *Streptococcus salivarius*	Fir	ポーランド	Hos	Gliniewicz *et al.* (2003)
Streptococcus pneumoniae	Fir	中国	Hom	Gan *et al.* (2013)
*Streptococcus pyogenes***	Fir	バングラデシュ	Hos, R	Naher *et al.* (2018)
Streptococcus spp.**	Fir	エチオピア，イラン，リビア，台湾，アメリカ	Hom, Hos, R, Z	Alcamo & Frishman (1980); Pai *et al.*(2005); Elgderi *et al.*(2006); Salehzadeh *et al.* (2007); Tilahun *et al.*(2012); Chitsazi *et al.* (2013)
*Tsukamurella inchonensis***	Act	ボツワナ	Hom	Mpuchane *et al.* (2006)

*1　**は抗生物質耐性菌

*2　Act＝放線菌門，Fir＝グラム陽性菌門のファミキューテス門，Pro＝プロテオバクテリオ門

*3　F＝農場，Hom＝家庭，Hos＝病院，Hot＝ホテル，M＝マーケット，R＝レストラン，Z＝動物園

原虫が観察されている．後者は喘息患者や肺感染症患者の気道から回収されているため，特に重要であるが特定は依然として曖昧であり，分子ツールで確認する必要がある．*Lophomonas blattarum* は，ニューヨークのアパートで捕獲されたチャバネゴキブリにも見つかっている（Tsai & Cahill 1970）．

Graczyk ら（2005）は，ゴキブリに寄生するヒト寄生原虫の機械的伝播に関する報告を再検討している．台湾とナイジェリアの学校と家庭を調査したところ，チャバネゴキブリのクチクラと消化管の嚢胞（のうほう）（Cyst）が *Entamoeba hisrolytica*, *Entamoeba dispar*, *Giardia lamblia*, *Cryptosporidium* spp. に感染していることが判明している．感染性嚢胞はゴキブリの排泄物に沈着し，ヒトに感染する可能性がある（Pai *et al.* 2003; Adenusi *et al.* 2018）．

◇ ゴキブリ関連微生物と環境微生物の同時発生

食餌は，ヒトと同様に，チャバネゴキブリにおいても腸内マイクロバイオームの構造を形成する強力な要因であると考えられている（Perez-Cobas *et al.* 2015）．いくつかの研究で，さまざまな場所でチャバネゴキブリから微生物が分離されている．関連のある文献より，ゴキブリから分離された細菌の多様性が場所によって異なることがあきらかになっている．興味深いことに，病院の外来エリアや食品を扱う施設の微生物は，病院の看護エリアや低所得者住宅の細菌と同じように集中しているが，ゴキブリ関連細菌は環境を越えて共有されている可能性を示唆している（Rivault *et al.* 1993）．この研究と同様の研究で注意すべきところは，細菌が複数種のゴキブリ（チャバネゴキブリ，チャオビゴキブリ，トウヨウゴキブリ〔*Blatta orientalis*〕）から分離されたため，環境タイプごとの細菌クラスター化は，特定の環境に対するゴキブリ種の好みによって混乱する可能性があることである．しかし，以前の論文では，自宅からのみチャバネゴキブリだけがサンプリングされた結果，ゴキブリに関連する細菌の多様性は，より離れたアパート間よりも隣接するアパート間で共有されることを示唆しており（Cloarec *et al.* 1992），アパート間のゴキブリの局所的な移動とゴキブリの局所的な環境マイクロバイオームの両方を示している．

先進国と開発途上国の両方で行われたいくつかの研究では，病院やその他の医療機関で収集されたチャバネゴキブリを含むゴキブリから一連の病原微生物が分離されている（レビュー：Donkor 2019，Nasirian 2019）．一般に，各国間で明確な特定なパターンは現れておらず，同じような重要病原体が医療機関で発見され，そこに寄生するゴキブリによって運ばれることが示唆されている．集団遺伝的およびゲノム的アプローチは，関連性に基づきさまざまな場所からの分類群を分類するのに最も正確である．残念ながら，ゴキブリ関連微生物についてはそのような研究は存在しない．その代わりに，いくつかの論文は，チャバネゴキブリの微生物群集とその局所環境との間の局所的な重複を示す説得力のある微生物生態学的証拠として，抗生物質耐性の表現型と遺伝子型の特徴付けを組み合わせている．

これらの形質は，さまざまな環境（病院，農場，地域社会）を通じて病原性細菌や抗生物質耐性細菌を広める際のゴキブリの相対的な役割を描写できる生態学的マーカーとして使用されている．病院（Abdolmaleki *et al.* 2019）と農場（Ahmad *et al.* 2011）を含むこれらの研究は，抗生物質耐性因子の貯留層とベクターとして議論されている（p. 35 を参照）．

病院やヘルスケア施設関係の院内感染に関係するヒトの病原体（例：*Enterobactor cloacae*，*Klebsilla* spp. *Pseudomonas aeruginosa*，*Salmonella* spp.，*Serratia marcescents*，*Shigella* spp. *Staphylococcus aureus*）は，住宅にいるゴキブリから分離され

た細菌よりも，容易にバイオフィルムを形成し，抗菌剤および消毒剤に対し高い耐性を示す傾向がある（表 2.1）．（レビュー：Donkor 2019; Nasirian 2019; Fotedar *et al.* 1991; Samova *et al.* 1992; Gliniewicz *et al.* 2003; Pai *et al.* 2005; Elgderi *et al.* 2006; Mpuchane *et al.* 2006; Pancer *et al.* 2006; Saitou *et al.* 2009; Akinjogunla *et al.* 2012; Tilahun *et al.* 2012; Pai 2013; Fakooziba *et al.* 2014; Menasria *et al.* 2014; Mogen *et al.* 2016）．

ゴキブリ関連細菌と局所環境の細菌における抗バイオテック耐性の表現型パターンの重複は，ゴキブリが摂食および毛づくろいの際にこれらの分離菌を獲得していることを示唆している．ただし，家庭と医療施設の間の対応分析が混乱する可能性があることに注意することが大切である．

微生物叢分析を使用して，Kakumanu *et al.*（2018）は，アパートで収集されたゴキブリが実験室で飼育されたゴキブリとは異なる微生物叢をもっていることを強力に実証し，チャバネゴキブリがその地域の環境から，新しい住居に移された後にでも，病原体微生物を含む細菌を獲得できることを示している．彼らは糞便中の微生物を広める可能性もある（図 2.2）．

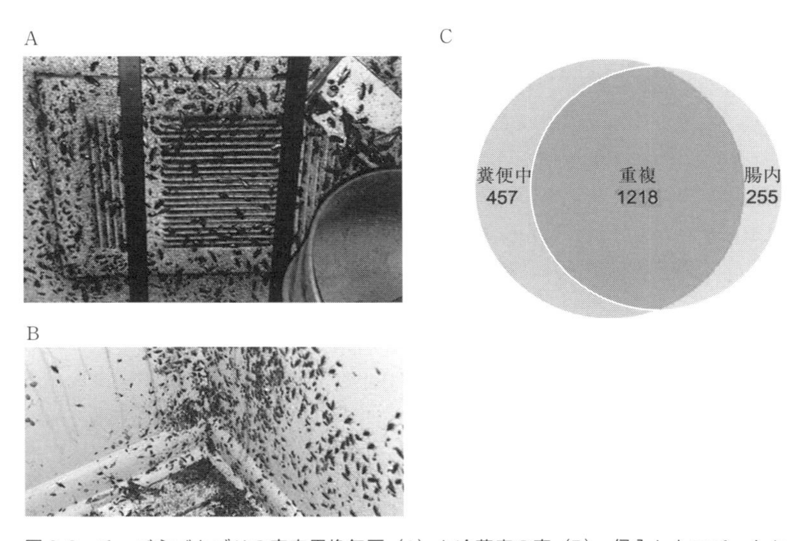

図 2.2　チャバネゴキブリの家庭用換気扇（A）と冷蔵庫の裏（B）．侵入したアパートから採取したばかりのゴキブリの腸内細菌叢と糞便微生物叢の細菌分類群（操作分類単位）の重複（C）．［出典：Kakumanu ら 2018，写真：Zachary DeVries］

◇ 実験による研究：病原性微生物の伝播

ゴキブリは形態学的にも，解剖学的にも，行動学的にも，生存している微生物を捕らえ，運び，時には後に吐き戻し，排便し，または排泄するのに特に適している．細菌類はクチクラの剛毛によって表面から容易に拾い上げられるが，それらは続くゴキブリの毛づくろい活動を通じて摂取され（Broczky *et al.* 2013），おそらく外部および内部の微生物を均質化する可能性があることに注意するのが重要である．食糞（coprophagy）はまた，ゴキブリの集合に役立つので，お互いに体内微生物の共有を促進することになる（Kopanic *et al.* 2001）．実験研究では，2つのおもなプロセスに取り組んでいる．

(a)　汚染された表面および感染したゴキブリから，感染していないゴキブリへの微生物の伝達様式．

(b)　ゴキブリの消化器系および排泄器官系における細菌生存率と細菌集団の多様性と量の変化．

Ash と Greenberg（1980）は，サルモネラ菌で汚染されたチャバネゴキブリは食物源に対し，感染に必要な量の菌を与える可能性があること，サルモネラ菌は腸内で生き残って増殖し，糞便中に排出されることを示した．Kopanic ら（1994）は，ネズミチフス耐性菌株（*Salmonella typhimurium*）を使用して，感染した食物源からテラリウム（透明ガラスの飼育容器）内のゴキブリ集団への菌の移動を研究した．ゴキブリの大型種（ワモンゴキブリおよびトウヨウゴキブリ）の糞はチャバネゴキブリの糞よりも常に多く感染していたが，ゴキブリが感染して少なくとも4日間はネズミチフス菌を，水源から確実に回収することができた．残念ながら，チャバネゴキブリはその後のすべての検査から除外されたが，その結果は注目に値する．

感染したワモンゴキブリに24時間曝露されるうちに未感染のゴキブリや鶏の卵を交差汚染（cross-contamination）する．チャバネゴキブリの体表と体内の病原微生物の生存率に関する報告では，同じ微生物であっても非常にばらつきがあった．たとえば，サルモネラ菌はチャバネゴキブリの腸内で約11日間（Cardone & Gauthier 1979），あるいは約40日間（Mackerras & Mackerras 1949），あるいは10か月以上生存したと報じている（Fathpour *et al.* 2003）．ゴキブリの腸内で増殖した証拠はないが，5～8日間にわたってチャバネゴキブリの糞便中には排泄されている（Anacarso *et al.* 2016）．しかし，報告によると，サルモネラ菌や大腸菌（*E. coli*）などを含む多くの病原性細菌が消化管の中で蔓延すると報じている．緑膿菌（*Pse. aeeginosa*）は接種後，最大114日間も排泄され続けた（Foster & Banerjee-Shriniwas 1993）．

この変化のいくつかは，実験用ゴキブリのライフステージと生理学的状態に起因している可能性がある．なぜなら，それらはゴキブリ腸内の微生物の多様性と豊富さに従っている可能性が高いためである．たとえば，メスのチャバネゴキブリは，オスよりも7つの潜在的な病原性細菌を多く保有している（Menasria *et al.* 2014）．この観察が確認された場合，メスは他のどの段階でも，オス成虫よりも体が大きいこと（表面積が大きい），産卵前期間中により多く食べること，そして約3週間卵鞘を運ぶ間はほとんど食べず排便しないという事実によるものかもしれないが（Hamilton & Schal 1988），おそらく腸内微生物の滞留時間が長くなる可能性のためと思われる．

アメリカの一部の養豚場ではチャバネゴキブリが大量に発生している．Zurek と Schal（2004）はブタが離乳後に下痢や浮腫を起こし，高い死亡率を引き起こす重要な細菌性病原体である毒素産生性大腸菌 F18 に対するチャバネゴキブリのベクターとしての能力を調査している．大腸菌 F18 を飲料水で与えられたゴキブリは，最初に与えられたあと，最大8日間は大腸菌を排泄し続けた．これはチャバネゴキブリが病原性大腸菌の重要な機械的ベクターとして機能する可能性があることを実証している（Zurek & Schal 2004）．

◇ 抗生物質耐性因子の保菌者とベクター

抗生物質耐性菌は世界的な健康問題となっており，感染症の治療はより困難かつ高価になっている（WHO 2014）．この懸念は，複数の抗生剤に対して抵抗性をもつ「スーパーバグ」が出現したことと新規の効果のある抗生剤の発見が遅れていることにある（Lewis 2013）．

チャバネゴキブリは傷，感染症，糞便で汚染された表面に直接接触する可能性があるが，病院では微生物を軽減するために大量の抗生剤，化学療法剤，消毒剤が使用されている．そのため，チャバネゴキブリは病院内での抗生物質耐性菌の蔓延を起こすうえで，重要な可能性をもっている．多くの耐性分離株が病院のゴキブリから培養されている（表2.1）（Donkor 2019; Nasirian 2019）．それにもかかわらず，チャバネゴキブリから分離された微生物の調査結果（p. 22 を参照）で指摘されているように，いくつかの調査では，家庭で収集されたゴキブリには，驚くほど広範囲の抗生物質耐性をもつ細菌が生息していることが記録されている．

抗生物質耐性の表現型（phenotypes）と遺伝子型（genotype）の最も明確な特徴付けは，イランの病院から分離されたメチシリン耐性黄色ブドウ球菌（MRSA）のものであった（Abdolmaleki *et al.* 2019）．驚くべきことに，これらの株はチャバネゴキブリから分離された黄色ブドウ球菌の40％を占め，その85％が多剤耐性であり，10の抗生物質クラスに属する耐性遺伝子の蔓延が高くなっていた（Abdolmaleki *et al.* 2019）．チャバネゴキブリに関して，多くの病院の同様の調査では，85％が多剤耐性であり，10種類の抗生物質に属する耐性遺伝子の有病率が高かった（Abdolmaleki *et al.* 2019）．他の病院でのチャバネゴキブリ関連細菌の同様の調査（Tchbele *et al.*

2006; Tilahun *et al.* 2012; Naher *et al.* 2018）では，さまざまな細菌属の多くの分離株に対する多剤耐性をあきらかにした．これらの結果は，特にチャバネゴキブリに広く分布し，抗生物質が安価で容易に入手できる国では，チャバネゴキブリが抗生物質耐性菌伝播の重要な要因である可能性があることを示唆している．

生産方法が小規模な放し飼い作業から大規模で垂直統合された，閉じ込められた動物の給餌作業に移行するにつれて，これらの動物の生産に使用する抗生物質の使用が増加している．畜産場での治療および成長促進を目的とした抗生物質の日常的な使用（低用量，長期投与）は，薬剤耐性菌の出現を促進し，その結果，人々に影響を与える可能性がある（Marshall & Levey 2011; Landers *et al.* 2012）．しかし，抗生物質耐性遺伝子の伝播経路と，その発生源から農村部や都市部への伝播範囲は，ほとんどわかっていない．チャバネゴキブリがブタの糞便の近くにいること，およびゴキブリや子ブタの糞便中の同様の糞便性大腸菌群の集団に近接していること（Zurek & Schal 2004）は，ゴキブリが農場と住宅コミュニティ内，および場合によっては農場と住宅コミュニティの間での毒性病原体の蔓延に重要な役割を果たしている可能性があることを示唆している．Ahmad ら（2001）は，ブタとゴキブリの糞便が共通の多剤耐性エンテロコッカス菌と抗生物質耐性遺伝子を共有していることを発見し（図2.3），このことはゴキブリがブタの糞便から腸球菌を獲得したことを示している．12の養豚場から収集されたゴキブリの最近の予備分析では，いくつかの主要なクラスの抗生物質（β-ラクタム，テトラサイクリン，アミノグリコシド，スルホンアミド，マクロライドを含む）から抗生物質耐性遺伝子が検出された．対照的に，ラーレーの都市部のアパートで収集されたゴキブリでは，これらの抗生物質耐性遺伝子の量がはるかに低かった（Kakumanu & Schal，未発表）．

最後に，さらに3つの側面が注目に値する．

1. チャバネゴキブリはベクターとしてだけでなく，病原菌の貯蔵庫としても機能する．
2. 抗生物質に継続的に曝露されると，ゴキブリの腸や糞便の中で増殖し，耐性微生物が選択的に残る可能性がある．
3. 抗生物質への曝露による微生物のバランスの崩れ（Dysbiosis；腸内毒素症）により，病原性真菌が放出され，ゴキブリの腸や糞便の中で増殖し繁栄する可能性がある．

しかし，驚くべきことに，チャバネゴキブリの実験室コロニー，さらにはおそらく抗生物質や抗生物質耐性菌に曝露されていない熱帯のゴキブリ種でさえ，広域抗菌薬に対する耐性をもつ細菌を抱えている．いくつかの最近の研究では，ゴキブリの腸には，微生物に対抗する働きをする殺菌性化合物（グラム陰性菌とグラム陽性菌の両方

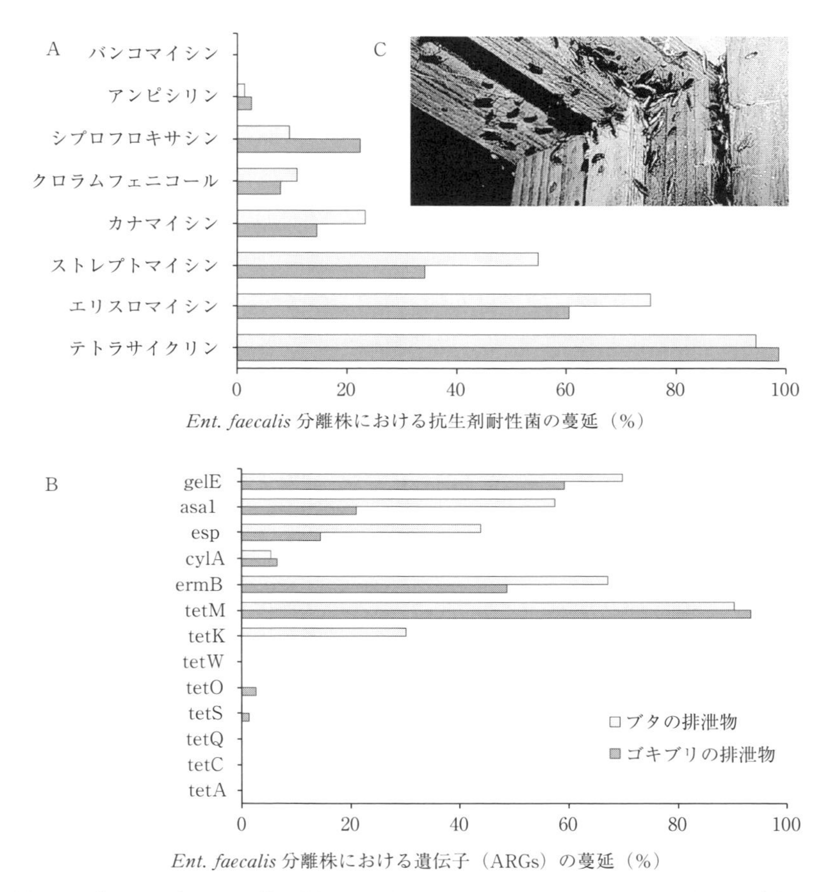

図2.3　ブタおよびゲルマン菌の糞便から分離された *Enterococcus faecalis* の表現型（A）と遺伝子型（B）の抗生物質耐性プロファイルを解析した．両者の耐性プロファイルと抗生物質耐性遺伝子（ARG）の有病率はほぼ重なっていた．他の腸球菌のパターンも同様であった．（C）は，養豚場のドア枠に（B）の侵入を示す［出典：Ahmad *et al*.;Ahmad 他（2011）を改変，BMC Microbiology（Springer Nature）］

x に対応）および殺アメーバ性化合物（amoebicidal）が含まれていることが文書化されている（Akbar *et al.* 2018; Lee *et al.* 2019）．これらのゴキブリが生成する抗菌剤は，抗生物質耐性についてもさらなる選択を行う．

◇ 腸内寄生虫：公衆衛生および獣医学上の関心事

チャバネゴキブリは，特に動物園，動物生産施設および犬小屋，場合によってはヒトの病原性原生動物および線虫の中間宿主として機能する可能性がある．ゴキブリを唯一または最終宿主（final host）として使用する蠕虫（helminths）には，オキシウリッド（oxyurid）やヘアワーム（hairworm）が含まれる．ゴキブリにおける糸片虫類（mermithidae）の発生と生活環は未解決のままである．Adler *et al.*（2011）は，動物園で発生する病気を調査した際，ゴキブリの存在を要約したが，ほとんどは因果関係ではなく共発生（co-occurrence）に限定されていた．エチオピア，トルコ，ナイジェリア，カメルーンでの最近の研究では，回虫 *Ascaris lumbricoides*, *Trichuris trichiura*, *Entamoeba histolytica* と *dispar*, *Giardia lamblia*, *Enterobius vermicularis*, *Cryptosporidium* sp., *Strongyloides stercoridas*, *Hymenolepis nana*, *Taenia* spp., *Echinococcus* spp., Hook worm（鉤虫：*Anyclostoma duodenale*, *Necator americanus*）が分離された（Hamu *et al.* 2014; Atiokeng Tatang *et al.* 2017; Oguz *et al.* 2017; Adenusi *et al.* 2018）．注目すべきことに，トイレで捕まったゴキブリはキッチンからのゴキブリよりも多くの蠕虫を運んでいたことを強調している．感染サイクルは糞便との接触に依存しており，糞便から虫，卵，嚢胞またはオーシストがゴキブリによって拾いあげられている．

犬回虫（*Toxocara canis*）と猫回虫（*Toxocara cati*）はトキソカラ症（toxocariasis）のおもな原因物質であり，ペットの顔に寄生するゴキブリはトキソカラの卵を食品に広げ，さらに感染性の虫卵や幼虫を誤って摂取したヒトにも感染させる可能性がある．第3期幼虫を含む犬回虫の卵をチャバネゴキブリに与えた場合，感染後5～6日間は生存可能な虫卵と幼虫が保持された（Gonzalez-Garcia 2017）．感染したチャバネゴキブリまたはその糞便を接種したラットの脳，肺，腎臓および肝臓から幼虫が回収され，ゴキブリが回虫（*Tetrameres americana*）の卵を機械的に媒介する能力があることが実証されている．

鳥（ニワトリや七面鳥を含む）に感染する別の線虫は，回虫である．実験感染ではチャバネゴキブリは100％感染するがワモンゴキブリは感染しない．このことは，鶏舎でときおり発生する害虫であるチャバネゴキブリが中間宿主として機能する可能性があることを示している（Fink *et al.* 2005）．

◇ ゴキブリ介入と微生物疾患の発生率

チャバネゴキブリの雑食性が人間の健康へどう影響するかを確定することは困難である．摂食行動によってに病原体を直接伝播する多くの吸血性節足動物とは異なり，ゴキブリは食品や調理場の汚染を介して，またまれにゴキブリの誤飲によって病原体を機械的に伝播することもある．

ベルギーのブリュッセル大学病院の小児科で胃腸炎（gastroenteritis）が発生したが，感染伝播を排除するためのスタッフの再訓練や乳児の隔離などの感染防止対策をとらなかった（Graffar & Mertens 1995）．病棟で収集された30匹のチャバネゴキブリのうち1匹のみからネズミチフス菌（*Salmonella typhimurium*）が分離されたが，チャバネゴキブリはサルモネラ菌の伝播における重要な媒介物質であると考えられていた．ゴキブリの侵入をDDTの粉末処理で胃腸炎の症例は沈静化している（Graffar & Mertens 1950）．残念ながら，この相関関係の研究では，ゴキブリの侵入はこの前後の定量的な評価はなかった．

遺伝子学的またはゲノム的アプローチによってゴキブリに関連する病原体と患者に関連する病原体を関連付けた研究は2件のみである．Saitiouら（2010）は，病院から採取したゴキブリ（種は特定されていないが，おそらくチャバネゴキブリ）と緑膿菌（*Pseudomonas aeruginosa*）からのランダム増幅多型DNA（RAPD）マーカーを使用して，緑膿菌分離株の遺伝子型を尿サンプルから特定している．残念ながら，ゴキブリと尿のサンプルが異なる時間に異なる場所で採集されたため，分析は重大な混乱を招くことになった．ゴキブリと病原菌の蔓延を関連付けた最も決定的な直接介入は，南アフリカの病院で実施された．新生児病棟における死亡率の増加により，病原体と潜在的な媒介物質の調査が行われた（Cotton *et al.* 2000）．肺炎の一般的な原因である拡張スペクトルβ-ラクタマーゼ産生肺炎桿菌（*Klebsiella pneumoniae*-ESKP）は，作業台，医療機器，使用済みの針の容器，乳児などに広範囲に分布していることが，検出され，潜在的な媒介物質（potential vector）であると考えられた．ESKPは，他の潜在的な病原性細菌とともに，これらの病棟から収集されたゴキブリの25%から分離されたが，新生児病棟以外からは分離されなかった．さらに，DNA分析により，ゴキブリ由来のESKP株は新生児の院内感染の顕著な減少と一致し，チャバネゴキブリが発生の原因であることが示唆された（Cotton *et al.* 2000）．それにもかかわらず，複数の介入が同時に開始されたため，ESKP発生における機械的媒介物としてのチャバネゴキブリの関与は依然として状況的なものである．このプログラムは「ゴキブリ根絶」と併記されていたが，介入の前後でゴキブリの侵入は定量的に評価されなかった（喘息を軽減するためのゴキブリ介入，p. 44を参照）．

アレルゲンと喘息の病原体

喘息は，息切れ，喘鳴，咳，胸の圧迫感や痛みなどの症状の再発を引き起こす気管支炎症，およびさまざまな環境誘因に対する過敏性の増加を特徴とする多因子の慢性肺疾患である．喘息は小児期に発症することが多く，小児の入院の原因として最も多い．アメリカでは，620万人の子どもを含む2,520万人が喘息と診断されており，年間の経済的コストは推定820億米ドルに上っている（Centers for Disaster Control & Prevention 2017; Nurmagambetov *et al.* 2018）．喘息の正確な原因は不明であるが，遺伝学，社会経済的地位，環境精神的要因，特に室内環境の質が相互作用して患者を感作し，喘息を引き起こす（図2.4）．喘息の有病率は，過去50年間で劇的に増加した．これは表向きには，住宅設計の変化と屋内で過ごす時間が増え，その結果，多年生の屋内アレルゲンに長期間さらされることになった結果である（Krieger *et al.* 2000）．

ゴキブリに関連するアレルゲンは，何十年も前から喘息の引き金になるとして知られてきたが（Berntin & Brown 1967），ゴキブリが吸入性アレルゲンの主要な供給源であり，特に都市部の家庭において喘息の罹患率増加のおもな原因であると認識されたのは近年になってからのことである．ここでは，持続的で大規模な蔓延がしばしば発生している（図2.3 A, B）National Cooperative Inner Ashma Studyがアメリカの8つの主要都市部エリアで喘息を患う476人の子どもを対象に実施した疫学調査では，37％がゴキブリアレルゲンに対してアレルギーがあり，ゴキブリアレルゲンへの曝露と感作が子どもの喘息罹患率と強く関連していることがあきらかになった（Rosenstreich *et al.* 1997）．また，これらの子どもたちは，他の原因に比べて医療利用（例：喘息関連の入院，予定外の医師の診察）および喘息関連の罹患率（例：喘鳴，学校欠席）の発生率が有意に高かった．最近の研究では，研究対象集団を南西部および西部の都市に拡大したところ，ゴキブリ過敏症の罹患率が高く（全体で69％），全国協同組合都市部喘息研究の罹患率とほぼ同じであることが判明した（Gruchalla *et al.* 2005）．皮膚検査によると，アメリカ人口の約26％がチャバネゴキブリアレルゲンに敏感であった（Arbes *et al.* 2005a）．さらに，人々を感作させ，喘息にかかりやすくする同じアレルゲンが一部のヒトをアレルギー性鼻炎にも感作させていた（Wise *et al.* 2018）．

最後に，アレルギー疾患や喘息は，炎症作用に寄与するグラム陰性菌の生成物であるエンドトキシン（endotoxin）によって悪化する可能性がある．アメリカ全土から

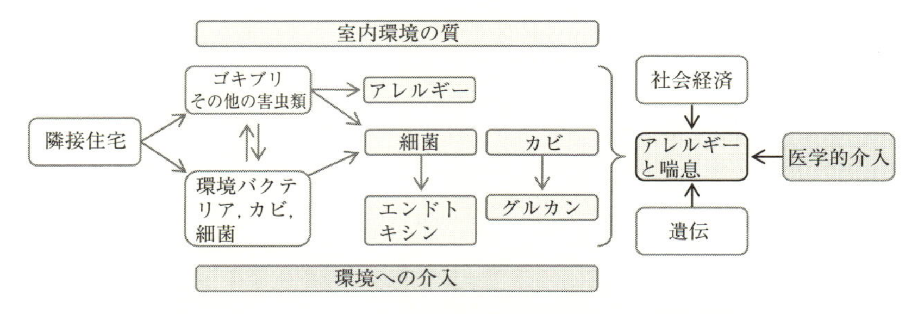

図2.4　集合住宅のアパート内のゴキブリ，微生物および室内環境品質の概略的な関係．ゴキブリはアレルゲンを生成し，有害な代謝物質の生成する細菌や菌類を保有している．効果的な介入により，ゴキブリの侵入やアレルゲンの発生源だけでなく，その代謝物がアレルギーや喘息の原因となる細菌や真菌も減らすことができる

831世帯のハウスダスト中のエンドトキシン濃度を調査した．キッチンのエンドトキシンの予測は，貧困，低所得，低教育，清潔さ，住民が語るゴキブリの問題，ゴキブリの死骸であると特定している（Thorn *et al.* 2009）．家庭内のエンドトキシンとゴキブリのアレルゲン濃度の間の正の補正（Perzanowski *et al.* 2006）も，ゴキブリと細菌の集団間に因果関係（etiological）があることを示唆している．この関連性は，チャバネゴキブリが3000エンドトキシン単位/糞便1mgを超えて排泄することを示す最近の予備結果によって裏付けられており（Lai 2017），養豚場や養鶏場でも見られ，職業災害と考えられる高い曝露レベルと一致している．

このセクションでは，非常に広範な文献の詳細なレビューは避け，代わりに屋内アレルゲンを減らすことを目的としたゴキブリ介入に焦点をあてている（喘息を減らすためのゴキブリ介入，p. 44を参照のこと）．読者はゴキブリが生成するアレルゲンに関する最近のレビューを参照のこと（Sheehan & Phipatanakul 2016; Pomes *et al.* 2007; Powutikul *et al.* 2019; Pomes & Schal 2020）．

◇ ゴキブリアレルゲンの構造と機能

現在までに，チャバネゴキブリが生成する10種類のアレルゲンが特定され，特徴付けられている．全身の抽出物（whole-body extracts），消化管（digestive tract），マルピーギ尿細管（malpighian tupules），卵巣（ovaries），卵鞘（ootheca），オスの生殖副腺（male reproductive accessory grands），脱皮殻（exuviae），排泄物（faeces）を含むいくつかのゴキブリの産生品は，感作された人に対してアレルギーを誘発することが示されている．重要なのは，チャバネゴキブリが生成するアレルゲンの一部は，ワモンゴキブリやさらに近縁の節足動物のアレルゲンと交差反応することである．公式のチャバネゴキブリのアレルゲンは，世界保健機関/国際免疫学会連合（WHO/IUIS＝world health organization / international union of immunological societies）アレルゲン命名データベース（Allergen Nomenclature Database，https://www.allergen.org）にリストアップされており，表2.2にまとめた．PomesとSchal（2020）は，ゴキブリアレルゲンの分子生物学の最近の概要を提供している．

簡単にいえば，Bla.g 1は中腸で生成され，摂食に関連して糞便中に大量に排泄される主要なアレルゲンである（Gore & Schal 2004, 2005）．それはまた，他の昆虫と同様の栄養周囲膜タンパク質（peritrophic membrane-associated protein）とも交差反応をする．Bla.g 2は，消化器系や糞便との関連も認められており，ゴキブリアレルギー患者においてIgE抗体結合の高い有病率（54%）を示すため，最も重要なゴキブリアレルゲンの1つとして認識されるようになった（Arruda *et al.* 1995b; Satinover *et al.* 2005）．Bl.g 3は熱安定性のヘキサメリン（hexamerin）であり，ヘモシアニン（hemocyanin）スーパー・ファミリーの一種であり，チャバネゴキブリアレ

表2.2　チャバネゴキブリが生み出すの吸入および変異型アレルゲンの概要

アレルゲン	MW (kDa)	IgE 有病率 (%)	タンパク質ファミリーおよび推定機能	アレルゲン登録番号*
Bla g 1			消化	
Bla g 1.0101	46, 21	30～40	中腸微絨毛タンパク質絶；消化	AF072219, AF072221
Bla g 1.0102	90	30～40	中腸微絨毛タンパク質；消化	L47595
Bla g 1.0201	56	30～40	中腸微絨毛タンパク質；消化	AF072220
Bla g 2	36	55～71	不活性アスパラギン酸プロテアーゼ；消化	U28863
Bla g 3	78	22	幼虫貯蔵/タンパク質；循環	GU086323
Bla g 4	21	40～60	リポカリン；オスの生殖	U40767
Bla g 5	23	37～73	グルタチオン S-トランスフェラーゼ；解毒作用	U92412
Bla g 6			筋肉	
Bla g 6.0101	17	14～66	トロポニン C；筋肉	DQ279092
Bla g 6.0201	17	14～66	トロポニン C；筋肉	DQ279093
Bla g 6.0301	17	14～66	トロポニン C；筋肉	DQ279094
Bla g 7	33	13～54	トロポミオシン；筋肉	AF260897
Bla g 8	21	16	ミオシン軽鎖；筋肉	DQ389157
Bla g 9	40	34	アルギニンキナーゼ；代謝	DQ358231
Bla g 11	57	41～73	α-アミラーゼ；消化	KC207403
Bla g 12	58	30	キチナーゼ	KJ789158

*登録番号はさまざまなデータベースで示すことができる．たとえばNCBI（https://www.ncbi.nlm.nih.gov/nuccore）

ルゲン患者の61血清サンプル中でIgE有病率が22％であった（Khurana *et al.* 2014）．ヘモシアニン（hemocyanins）は血液リンパ（haemolymph）中に大量に存在するが，ワモンゴキブリの相同器官（homologue）であるBla g 3は腸と糞便の中に局在している（Wu *et al.* 2007）．Bla g 4はオス成虫の副生殖腺でのみ産生される非常に安定したリポカリン（lipocalin）であり，オス成虫のみが産生する精液を供給する（性別や段階に特異的ではない他のアレルゲンとは異なる）．血清IgE有病率はBla g 4である．ゴキブリ感作患者の割合は40～60％と高い（Arruda *et al.* 1995a）（表2.2）．Bla g 5は，ゴキブリアレルギー患者の間でIgE抗体の保有率が高いグルタチオンS-トランスフェラーゼである．チャバネゴキブリの殺虫剤抵抗性に関連する解毒酵素の推定上の役割は，殺虫剤抵抗性のゴキブリが蔓延している家ではその影響を悪化させる可能性がある．チャバネゴキブリが産生するその他のアレルゲンには，トロポニン（Bla g 6），トロポミオシン（Bla g 7），ミオシン（Bla g 8），アルギニン・キナーゼ（Bla g 9），α-アミラーゼ（Bla g 11）およびキチナーゼ（Bla g 12）があり，ゴキブリに感作された患者ではIgE有病率は低いが，多くの無脊椎動物種で交差反応性を示すものもあるため「汎アレルゲン（pan-allergens）」と考えられている．疫学研究により，Bla g 1 および Bla g 2 に対する感作の閾値レベルはそれぞれ 0.2 μ/g および 0.08 μ/g であることが特定された．Bla g 1 および Bla g 2 の喘息罹患率の閾値はそれぞれ 0.8 μg/g と 0.32 μ/g（Rosenstreich *et al.* 1997; Eggleston *et al.* 1998）であった．古い文献では濃度が単位で報告されている；Bla g 1 は 0.1 μg に相当し（Mueller *et al.* 2013），Bla g 2 は 0.04 μg に相当する（Pomes *et al.* 2002）（レビュー：Pomes & Schal, 2020）ことが特定されている．

◇ チャバネゴキブリのアレルゲンへの曝露：住宅タイプと社会経済的状況

アメリカ国立環境科学研究所（US Department of Housing and Urban Development）とアメリカ住宅都市省が実施した全米住宅に関する調査では，63% の家庭で検出可能な量のゴキブリアレルゲンが検出され，そのうち 10.2% には喘息の罹患レベル（morbidity level）を超えるゴキブリアレルゲンが存在し，問題の深刻さを浮き彫りにしている（Cohn *et al.* 2006）．ゴキブリアレルゲンへの曝露は，感作，喘息，および関連する緊急治療室への入院の重要な危険因子である（Gelber *et al.* 1993）．にもかかわらず，ゴキブリアレルゲンへの曝露と喘息に関連する環境的，社会的，経済的，遺伝的要因の複雑な相互作用を解明することは困難であった（図 2.4）．ゴキブリと喘息に関する研究で繰り返されるテーマは，ゴキブリがアレルゲンの発生源であるとの最も初期の認識にさかのぼり（Benton & Brown 1967），経済格差がゴキブリの蔓延と相関しており，その結果，低所得層におけるアレルゲンへの曝露が増大するというものであった．その結果，人口動態やアレルゲンの軽減に関する研究のほとんどは，ゴキブリの蔓延の発生率と深刻度の両方が最も高い都心部の近隣地域で実施されてきた．

住居の種類と状態も，ゴキブリアレルゲンへの曝露と感作のリスクに大きな役割を果たしている（Chew *et al.* 1999）．高貧困地域に住んでいる子どもたちは集合住宅に住む可能性が高く，その集合住宅は設備が整っていないことが多く，ゴキブリの侵入を招きやすいため，この観察は驚くべきことではない（Koehler *et al.* 1987）．しかし，慢性的なゴキブリの侵入は郊外や地方の住宅でも同様に見られることがあり，ゴキブリによって引き起こされるアレルギー疾患は地方と都市の両方のコミュニティで見られる可能性がある（Coleman *et al.* 2014）．さらに，子どもたちは学校や保育園でゴキブリアレルゲンにさらされる可能性もある（Arbes *et al.* 2005b; Nalyanya *et al.* 2009; Siebers *et al.* 2019）．

◇ 喘息を軽減するためのゴキブリの介入

微生物による疾患の発生率を減らすうえでのゴキブリが介入（intervention）することはわずかであることとは対照的に，ゴキブリの吸入アレルゲンの負担を軽減するために数十の介入が報告されている．ゴキブリのアレルゲンは，おもに10 μmを超える小さな粉塵粒子と関連しており，これらの粒子は空気中に浮遊し，約30分後には定着する（Delucca *et al.* 1999）．したがって，屋内環境の質は，沈降した粉塵をサンプリングし，大きな粒子をふるいにかけて，ふるいにかけた粉塵1gあたりのアレルゲン濃度をμgとして表すことによって評価されることはよくある．ほぼ30年にわたり，国立アレルギー感染症研究所は，いくつかのネットワークを通じてアレルゲンを軽減し，都市部の喘息の治療を改善する研究を支援してきた（Gold *et al.* 2017; Poowuttikul *et al.* 2019）．これらおよび他の研究は，害虫駆除を含む多面的な介入が喘息罹患率の減少と時には関連している場合があることを示している．しかし，不成功に終わった介入試験（intervention trial）に対する出版バイアスにもかかわらず，ほとんどの環境への介入は，通常，よくわからない理由でアレルゲンや喘息罹患率のいずれかを減らすことはできなかったようである（DiMango *et al.* 2016）．多くの介入は，ゴキブリの駆除と住居のゴキブリアレルゲンの除去という2つの重要な要素が順番にではなく同時に実施されることが多く，後者には大幅な多額の投資が行われるため，多くの介入が損なわれてきたようである．

喘息への介入の中心的な原理は，喘息の引き金への曝露を最小限に抑え，軽減し，排除することであるため，Gore と Schal（2007）は，ゴキブリに感作されている子どもの喘息を軽減するための環境介入の基礎はゴキブリの駆除であるべきだと主張している．ゴキブリに感作された子どもの喘息を軽減する発明，清掃，家族ベースの介入，環境の質を改善するための耐候性やその他の住宅条件の改善，総合的害虫管理（IPM）ベースの支援アプローチなど，その他すべての戦略は，ゴキブリを駆除したあとに実施する必要がある．しかし，この一見単純な推測は次のような理由で混乱し，疑問が投げかけられている．

1. 複雑なIPMアプローチの導入．多くの場合，構造的および物理的な排除への先行投資が有利になる．
2. 最小限の監視またはまったく監視が行われず，その有効性を評価する労力もほとんどない状態で委託されている害虫防除サービス．
3. 疫学者，害虫防除技術者，害虫の生物学と防除に関する必要な知識が不足している住民が，戦略を実行する順序となっている．
4. 経済的および技術的に持続不可能であることが判明している複数の害虫（例：ゴキブリ，マウス，ダニ，チリダニ）を対象とした多面的な介入．

最も成功した例としてよく引用される3つの環境介入を利用して，標準的で，多面的なIPMベースのアプローチを説明する．1つ目は，教育，寝具カバー，HEPAフィルターを備えた掃除機，寝室用HEPA空気清浄機，専門的な害虫駆除を含む高価な（子ども1人あたり1,500～2,000米ドル）環境への介入である（Morgan *et al.* 2004）．その結果，Bla g 1はベッド上で51%，寝室の床では64% 減少したが，対照住宅でもBla 1が47% 減少した．それでも，この介入は重大な健康上の成果を得ることができ（症状の出る日数の減少，ケアプランの中断，睡眠不足がなくなる，学校の欠席が減る，予定外の喘息関連の医療プロバイダーの訪問の減少など），都心部の喘息患者の子どもたちは，この多面的な介入から恩恵を受けていることを示している．同様の介入（Peters *et al.* 2007）に，ゴキブリやネズミの駆除を行う契約サービスによる清掃サービスがある．IPMには，隙間のコーキング，泡のスプレー，住民教育，住民への食品保存容器やゴミ箱の提供などが含まれている．この介入により，6か月後にはキッチンのBla g 1濃度が71%，ベッドのBla g 1濃度が53% 減少した（Bla g 2はそれぞれ86% と70%）が，その後アレルゲン濃度は増加している．どちらの試験もゴキブリ駆除効果の評価はしていない．3つ目は，ニューヨーク市での建物全体にわたる介入で，社内訓練を受けた害虫駆除技術者3人のチームがアパートごとに2～3時間の訪問を1回行うというものであった（Kass *et al.* 2009）．害虫駆除はおもに毒ベイト投与によって行われたが，集中的な清掃とコーキングも行われた．参加者にはゴミ箱，食品保存容器，清掃用品が提供され，それらの適切な使用法についての教育も行われた．トラップへの捕獲数はベースライン時のゴキブリ8匹（中央値）から3か月後には2匹，6か月後には1匹に減少したため，この介入の有効性は成功したとみなされた．しかし，介入後6か月でもゴキブリの捕獲数の幅が異常に大きい（0～121匹）ため，アパート内でその有効性に疑問が生じた．にもかかわらず，介入6か月後のキッチンでは，対照のアパートと比較して（各アパートのベースラインとは関係なく），Bla g 2レベルが最大70% 低く検出された（Kass *et al.* 2009）．しかし，3件すべての裁判や他の多くの裁判において，多面的な介入の各要素の有効性とそこから得られた利益は不明であった．ゴキブリ数（Kass *et al.* 2009）またはアレルゲン濃度（3つの介入すべて）のいずれかが適度に減少したことから，害虫駆除の取り組みは平凡であるように見えたが，重大な健康上の成果をもたらした．

より効果的なゴキブリ防除は，アレルゲンの大幅な減少と喘息の罹患率の大幅な改善をもたらすと思われる．効果的な害虫管理に焦点を当てた試験（都市昆虫学の研究など）で，多くの成功した介入が報告されており，環境上の成果として，出没した家屋におけるゴキブリの大幅な減少または排除が報告されている．最近の研究には，室内環境の質の尺度としてアレルゲンの低減も含まれている．たとえば，Arbes *et al.*（2003）は，多面的に家全体に介入（ジェルベイトの塗布，専門家による清掃，住民教育，各家庭にHEPA搭載の掃除機の提供）したことにより，ゴキブリが劇的に減少している（キッチンでのゴキブリの中央値の減少は113から0に，ゴキブリの排除は113から0に，16のアパートメントのうち9軒）．ゴキブリアレルゲンレベルも家全体で大幅に減少し，ベッド（おそらく曝露に最も関係する部位）では衛生基準値を下回り，寝室やリビングルームの床やソファでは喘息罹患率の閾値を下回っていた．どの介入要素が最も効果的かを理解し，このかなり高価な介入のコストを削減するための追跡調査では，集中的な標的を絞った殺虫ベイト処理のみが適用された（Arbes *et al.* 2004）．繰り返しになるが，ゴキブリの個体数は大幅に減少しており，この減少に続きアレルゲンも大幅な減少が続いている．同じ介入が繰り返され，比較的少ないベイトの投入量で12か月間効果が持続した（Sever *et al.* 2007）．後者の研究では，アレルゲンレベルを減らすには害虫の大幅な削減が必要であることがあきらかになった．ゴキブリの個体数を53％削減しても，未処理の対照住宅と比較してアレルゲンを減らすことはできなかった．チャバネゴキブリの生息規模とアレルゲン濃度との間には正の相関関係があった（Mollet *et al.* 1997; Wang *et al.* 2008）ことは，ゴキブリが繁殖し，大量のアレルゲンを蓄積し続けるため，不適切なゴキブリ駆除ではアレルゲンを減らすことができないことを示唆している．実際，害虫駆除を重視せず，他の戦略を優先した介入のほとんどは，アレルゲンレベルの適切な低下を経験していないようである．

全体として，これらの研究（Arbes *et al.* 2003, 2004; Sever *et al.* 2007）は，害虫駆除がアレルゲン軽減に極めて重要な戦略であり，チャバネゴキブリ数を抑制するために使用される具体的な戦術がゴキブリ駆除の有効性に大きく影響し，その結果，家庭におけるアレルゲン軽減に成功している．ゴキブリアレルゲンの有害な影響を軽減するため，介入の初期段階でベイト剤を集中的に使用し，その有効性をよく監視することがゴキブリ駆除を成功させる鍵となる．

最後に，Rabito *et al.*（2017）は，ニューオーリンズの喘息の子どもたちの家でゴキブリを対象としたこの単一介入を実施し，ゴキブリの減少だけでなく，リスクのある子どもたちの肺機能の大幅な改善も記録している．全体として，ゴキブリアレルゲンの最良の減少法は害虫の駆除によって達成されたが，特に防除を行った住宅のゴキブリも大幅な個体数の減少を経験しているので，集中的な害虫駆除に取り組んだニューオーリンズでの結果（Rabito *et al.* 2017）を，他の場所でも再現する必要がある．ゴキブリの駆除に資源を集中させる単一介入アプローチ（single-intervention approach）は，公共政策上，重要な意味をもっている．なぜなら，害虫駆除は一般に，頻繁に行う専門家による清掃などの環境アプローチに比べてはるかにコストがかからず，煩わしさも少ないためである．

それにもかかわらず，最近の作業部会の報告書（Gold *et al.* 2017）は，参加者のランダム・サンプリングの欠如，そのサイズが小さいなどの懸念から，「これまで発表された少人数での介入試験では，単一のアレルゲン介入は…無効であることを示唆している」と結論付けている．研究者と治療のための参加者に，治療法を知らせることができていないことは，健康になるという（health outcome）評価が欠如している（Gold *et al.* 2017）．ゴキブリが蔓延している，喘息児のいる家庭におけるゴキブリアレルゲンと喘息の間の明確な因果関係は，限られた資金で環境マーカー（ゴキブリアレルゲン）や非侵襲的な健康指標（予定外の医療機関への受診，眠れない夜，症状のない日）への介入は受け入れられるはずである．呼吸器の健康結果の代用として，ゴキブリに基づいた環境介入で開発されたアプローチとツールは，健康になる結果を得ようとする疫学者によって採用されるべきである．

社会的偏見と心理的ストレス

ゴキブリと社会的偏見や心理的苦痛（社会的孤立，不安，ストレス，不眠，心的外傷後障害のような症状）との関連に関する文献はほとんどが逸話（anecdotal）であり，あきらかに実験的に基づいてはいない．多くの文化や地理的地域（geographic regions）において，一般的にゴキブリに対する嫌悪感が存在する．古い文献でも，公営住宅の居住者の75% 以上がゴキブリを深刻な問題と考えていることを示す調査報告があり，そのおもな理由は，ゴキブリが存在することによる恥ずかしさと健康関連の懸念によるものである（Wood *et al.* 1981）．カナダのトロントのアパート居住者を対象に実施された別の調査では，同様の居住者の意見があり，回答者の89% がゴキブリは健康被害の原因であると信じており，94% はゴキブリが不安の源であると信じている（Davies & Petranovic 1986）．ゴキブリに対する国民の一般的な軽蔑（disdain）に基づくと，Potter と Bessin（1998）は，ケンタッキー州住民の63% がゴキブリを1匹見ただけで侵入を排除するための行動を起こすことを発見したことは驚くべきことではない．10% はゴキブリを5匹以上観察するまでは行動を起こさないと考えている．より最近の研究では，ゴキブリに対する認識が時間の経過とともに持続しており，ゴキブリは依然として最も許容されにくい屋内害虫の1つであることが文書化されている（Schoelitsz *et al.* 2019）．しかし，Wang ら（2019b）は，低所得高齢者の36% が自宅へのゴキブリの侵入に気づいていないと報告している．したがって，住民の認識，ひいてはゴキブリ問題の報告が，個人の経験によって影響を受ける可能性がある．妄想性寄生虫症（delusional parasitosis：エクボム症候群）は，想像上の寄生に関連する心気症性精神病（hypochondiral psychosis）であり，実際の寄生に関する過去の経験からも生じる可能性があるという報告が数多くある．妄想性寄生虫症に関する最近の一般的なレビューには，Campbell ら（2019b），AI-Imam および AI-Shalchi（2019），などがある．

子どもの喘息の引き金となるゴキブリアレルゲンの役割と密接に関係しているのは，養育者のストレス（caregiver stress）であり，心理的，行動的，生理学的経路を通じて子どもの喘息にも影響を及ぼす（Wolf *et al.* 2008; Suglia *et al.* 2010; Wright 2011）．ストレスはチャバネゴキブリへの曝露と高い相関関係があり，どちらも低所得やマイノリティの地位と高い相関関係がある．これらの関係は，効果的なゴキブリ介入が子どもの喘息だけでなく，成人の養育者の幸福にも利益をもたらす可能性があることを示唆している．

チャバネゴキブリ汚染のその他の直接的影響

◇ 防御用化学物質

ゴキブリ汚染は，多くの場合，微生物や揮発性微生物代謝産物を含む糞便，ゴキブリのさまざまな臭腺から滲み出す液体，摂食中に吐き出す液体などに関連した不快な臭いによって認識される．ゴキブリは，配偶者の誘引と求愛，集合と防御に使用する革新的な化学物質を進化させてきた（第6章を参照）．防御分泌物（defensive secretions）には，灼熱感（burning sensations），めまい，または吐き気を引き起こす可能性のあるキノン，短鎖酸（short-chain acid），アルデヒド，およびその他の腐食性化合物が含まれている（Roth & Alsop 1978）．あるゴキブリ種は，トリプトファン代謝産物であるキサンツレン酸（xanthurenic acid），キヌレン酸（kynurenic acid），および8-ヒドロキシキナルジン酸（8-hydroxyquinaldic acid）を排出する．これらは変異原性または発がん性があると考えられているが（Mullins & Cochran 1973），これらはヒトの糞便や尿にもよく見られる．

◇ 人体の腔内への咬傷とゴキブリ

ゴキブリは，眠っている人間の，特に爪やまぶたを刺したという逸話的で確実性の低い報告がある．現代の建築物ではこの種の関連性は稀であるが，感染がより深刻な睡眠エリアでは過小報告されている可能性のある問題がある．最新の記述で，ブラジルのアマゾンにあるゴキブリが大量に発生している小屋で，チャバネゴキブリに咬まれ，蚊帳の中で寝ている子どもの顔と胸に痂皮（かひ）状の潰瘍が生じたという報告例がある（Uieda & Haddad 2014）．

最近，ヒトの外耳道（ear canal）から回収されたゴキブリに関するメディア報道が急増している．ゴキブリが眠っているヒトの耳に侵入し，外耳道に詰まり，苦痛や痛み，さらには感染症などのさらに深刻な傷害を引き起こす可能性がある．節足動物の偶発的侵入に関する調査では，チャバネゴキブリは遭遇する最も一般的な節足動物である（Indudharan *et al.* 1999; Kroukamp & Londt 2006）．医師はこの問題に頻繁に遭遇するため，正式な摘出手順が医学雑誌に掲載されている．ほとんどの医師は，ゴキブリを刺激して最終的にゴキブリを殺し，外耳道内にリドカインまたはリグノカインで麻酔をかける方法を推奨している．吸引の適用はあまり一般的ではない（Davies & Benger 2000）．

ゴキブリを誤って摂食してしまう可能性もある．好例は，適切に腸の準備をし，その後，結腸の内視鏡検査中に，チャバネゴキブリの幼虫が回収されることである（Awokola & Abioye-Kuteyi 2012）．報告された画像には，軟組織のない外骨格がはっきりと示されており，脱皮殻が摂取されたか，ニンフが完全に消化されたことが示唆されている．

公衆衛生上の重要性：間接的影響

チャバネゴキブリに関連する間接的なリスクは通常，消費者や専門家が行う害虫駆除によって発生する．これらのリスクには，殺虫剤，火災，爆発への慢性的および急性の曝露が含まれる．さらに，害虫管理の効果がなければ，チャバネゴキブリの蔓延が屋内で続き，その結果，すべての直接的な影響が悪化して殺虫剤の使用が増加することがある（図 2.1）．

屋内での殺虫剤散布の多くはチャバネゴキブリを対象としているが，1990 年代後半以前に実施された屋内残留分析では，ノミ駆除用の殺虫剤の残留物が含まれていた可能性が高く，最近のトコジラミの再流行（2000 年代初頭）ののちに実施された研究には大規模なトコジラミ駆除剤の残留物が含まれている可能性がある．毎月または四半期ごとに予定されている一般的な屋内予防害虫防除サービスも，家庭内に殺虫剤が残留する原因となっている．しかし，殺虫剤の散布後に研究者が薬剤をサンプリングする実験の研究では，残留レベルと意図した散布対象とを結び付けることができる．

チャバネゴキブリ駆除に関する屋内での殺虫剤の使用

チャバネゴキブリの防除は第 9～13 章で取り上げられているが，そこでは，公衆衛生への影響という文脈でのみ述べており，ここでは特に殺虫剤への曝露と可燃性および爆発性製剤による身体的危害に対して重点を置いている．DIY によるゴキブリ防除は広く普及し，屋内環境における殺虫剤への曝露の重要な原因となっている．アメリカ環境保護庁（EPA）の 2008～12 年の防除剤業界の売上と市場での推定使用量のレポートによると，2012 年には 8,200 万世帯（68%）が，費用 26 億 5,000 万米ドル以上の殺虫剤を使用しているが，これは殺虫剤の全支出の 50% を占めている．最近の調査では，低所得の高齢者の 74% が独自の防除方法を実施していると報じられている．特に 55% はスプレーを使用していると報告されている（Wang *et al.* 2019b）．

以前の調査でも，DIY による害虫駆除は同様の普及度合が報告されている（Bennett *et al.* 1983; Baldwin *et al.* 2008）.

エアゾールは，その使いやすさのため DIY 用途で広く使用されているが，おもに2つのタイプのエアゾール製剤である家庭用スプレー缶と全放出型スプレー缶（TRF＝total release fogger）が使用されている．ピレスロイドは，両方のタイプの製剤のおもな有効成分である．TRF はすべての水平面に大量の殺虫剤を放出（Keenan *et al.* 2009; DeVries *et al.* 2019a）するが，チャバネゴキブリの個体数を制御するうえでの効果は少ない（DeVries *et al.* 2019a）にもかかわらず，一般的に使用されている．火災，爆発，急性殺虫剤中毒は定期的にニュースで取り上げられているが，多くの場合，TRF の誤った使用または誤用に関連している．2008 年のアメリカ疾病管理予防センター（The Centers for Disease Control and Prevention）の報告書では，曝露により 466 件の TRF 関連疾患が記録されているが，特に呼吸器，胃腸，神経，眼，皮膚，心臓血管の有害症状が記録されている（Centers for Disaster Control & Prevention 2008; Bao *et al.* 2020）．2011 年のテキサス州からの同様の報告書では，8 年間で 2,855 件の煙霧への曝露（fogger exposure）が記録されている（Forrester & Diebolt-Brown 2011）．これらの報告のあと，明瞭性を高めて曝露関係の事故を減らすために，TRF（全放出型エアゾール）のラベルにいくつかの変更が加えられた．しかし，2007〜15 年に収集されたデータを使用したところ，センターはこれらの取り組みが TRF 関連の傷害の有病率にほとんど影響を与えなかったと報告している（Liu *et al.* 2018）.

害虫管理の専門家は，ほとんどの場合，残留スプレー，散粉，ベイト剤を使用している．残留噴霧剤は，チャバネゴキブリ駆除用の殺虫剤製剤として依然として人気があり，これはおそらく包括的な IPM プログラムと比較して安価であるためと考えられている（Miller & Meek 2004; Williams *et al.* 2005; Wang *et al.* 2019a）．驚くことではないが，残留噴霧により，大量の殺虫剤が人体へ曝露される（Whitmore *et al.* 1994; Leng *et al.* 2005; Keenan *et al.* 2010）．粉剤は，壁の隙間やカーペットと壁の接合部などの隠れた場所でよく使用される．粉剤は適切に使用すれば効果的であるが（Appel *et al.* 2004），不適切に使用するとそれに接触し，呼吸器への曝露も引き起こす可能性がある．

ベイト剤は，殺虫剤の使用量がはるかに少なく，処理された住宅で検出される残留殺虫剤量は最小限か，またはまったくないなど，他の製剤に比べて明確な利点を提供している（Williams *et al.* 2005; DeVries *et al.* 2019a; Wang & Bennett 2006）．喘息を軽減するためのゴキブリ対策（p. 44 を参照）で説明したように，IPM の実施は，ベイトの処理のみから非常に複雑で高価な介入まで多岐にわたる可能性があることに注意することは大切である．

家庭内に残留する殺虫成分

残留殺虫剤は，定期的な害虫防除サービスを受けていない家庭であっても，住宅環境のいたるところに存在している（Landrigan *et al.* 1999; Stout *et al.* 2009）．Mogan（2012）は，いくつかの調査の結果を要約している．ペルメトリンは，すべての研究の中で最も多く検出されたピレスロイドである（調査対象の家庭の50％以上）．アメリカ全土で，ランダムに選択された500軒の住宅を対象とした全国調査で，Stoutら（2009）は次のように述べている．ペルメトリン（家庭の89％），クロルピリホス（78％），クロルデン（64％），ピペロニルブトキシド（PBO 52％）を含む複数の殺虫剤が検出可能なレベルであることを発見している．殺虫剤の残留物は保育所でも見えることがある．Tulvら（2006）は，調査対象の児童センターの67％以上で，測定可能な量のクロルピリホス，ダイアジノン，ペルメトリンが残留していたと報告している．最後に，Wangら（2019a）は，住宅で12か月間IPMを実施し，その前後で殺虫剤残留量を調べたところ，殺虫剤の残留が74％減少し，床表面あたりに検出される殺虫剤の量も減少したと報じている．

IPM処理で使用されたおもな製品はインドキサカルブを含むベイト剤であり，その残留物は49戸のアパートのうち2戸でのみで検出された（Wang *et al.* 2019）．残留する殺虫剤のレベルは，登録に示された適用方法に関係する（Fensk *et al.* 1990; Whitmire *et al.* 1994; Lu & Fenske 1998）．しかしながら，観察された殺虫剤の散布と残留殺虫剤との関係は，必ずしも不適切な害虫防除によるものではないことに留意することは大切である（Leng *et al.* 2005）．たとえば，TRF（全放出型エアゾール）は，ラベルの指示に従って使用した場合でも，周囲のすべての表面に大量の殺虫剤が残留する（Lu & Fenke 1998; Keenn *et al.* 2009, 2010: DeVris *et al.* 2019a）．それにもかかわらず，不適切な害虫防除（例：必要以上のTRFの使用など）は，残留殺虫剤の上昇につながる．

社会的経済的地位（socioeconomic status），ネズミ，民族性（ethnicity）とはチャバネゴキブリの存在と殺虫剤への曝露リスクの両方と，主として相関関係がある（Adamkiewicz *et al.* 2011）．しかし，これまでのところ，チャバネゴキブリの蔓延と残留殺虫剤の蔓延を社会的経済レベル（landscape of socioeconomic levels）全体にわたって同時に評価した研究はない．残留する殺虫剤のレベルは，登録に示された適用方法に関係する（Fensk *et al.* 1990; Whitmire *et al.* 1994; Lu & Fenske 1998）．しかしながら，観察された殺虫剤の散布と残留殺虫剤との関係は，必ずしも不適切な害虫防除によるものではないことに留意するのは大切である（Leng *et al.* 2005）．

殺虫剤の誤用，抵抗性，健康リスクのサイクル

効果のないゴキブリ防除方法を用いると，一連の問題が発生し，リスクを高め，正のフィードバック・ループが形成される可能性がある（図2.1）．第一に，チャバネゴキブリの抵抗性が高い殺虫剤，たとえばピレスロイドなどを継続的に使用することにより，さらに高い抵抗性レベルを選択させることになる（Wei *et al.* 2001; Chai & Lee 2010; DeVries *et al.* 2019b）．ゴキブリの抵抗性が高まるにつれ，住民はより頻繁に殺虫剤を使用したり，効果がなく，屋内使用に登録されていない，法に違反するような製品に頼るようになっていく．このサイクルにより，殺虫剤への曝露とそれに関連する健康リスクが増加することになる．さらに，ゴキブリが蔓延している家からゴキブリを排除しないと，ゴキブリに曝露されることによる直接的なリスクが残ることになる．

結論と今後の方向性：変化への呼びかけ

チャバネゴキブリの汚染に関連する健康上のリスクについては，十分に文書化されており，その中には，ゴキブリによって産生・伝播されるアレルゲンや病原微生物の汚染を軽減するために使用される殺虫剤への曝露も含まれている．この章からは，これらの健康リスクに対する私たちの理解と最近の研究の進歩が，他の2つの分野よりも1つの分野（つまりアレルゲンと喘息）の方に有利であることはあきらかである．これら3つの主要なリスク要因をすべて理解することは不可欠である．3つの健康関連分野の中で，改善の必要がある最大の弱点は，研究者が永続的な専門分野の縦割り構造の中で活動しており，微生物学者，疫学者，呼吸器専門医，毒物学者，昆虫学者の間で学際的な連携がほとんどないことである．私たちが学際的なコラボレーションを通じて変化を提唱する理由は沢山あるが，その中で特に重要なのは，研究の対象種を特定できていないことであり，下流の分析（downstream analysis）でさまざまなゴキブリの種のサンプルを，プールしている「ゴキブリ」に関する報告の急増を防ぐためである．

科学者も一般の人々も同様に，チャバネゴキブリが病原体をヒトに伝染させるという考えには多大な支持があるに違いないと考えている．この章で示したように，これに関する証拠は驚くほど少ない．すなわちゴキブリとヒトの病気を決定的に結び付けたり，ゴキブリの防除が病原体の伝播を妨げる可能性があることを実証した研究は1つも存在しない．同時に，腸内およびチャバネゴキブリの糞内の抗生物質耐性細菌の蔓延は驚くべきものがある．世界中の住宅や家畜の生産場，開発途上国の病院は，これらの関連性に関するいくつかの重要な問題に対処する必要のある環境である．病原

微生物はどのようにして獲得されるのであろうか？　ゴキブリの腸はゴキブリの増殖と抗生物質耐性遺伝子の水平交換をサポートしているのであろうか？　ゴキブリ関連病原体がヒトに感染する可能性はどのくらいであろうか？　環境中の抗生物質は，耐性菌や病原性真菌の増殖を促進する可能性のあるゴキブリの腸内の微生物バランスの乱れ（腸内細菌叢異常＝dysbiosis）に寄与しているのであろうか？　特に医療施設において，ゴキブリと微生物疾患との明確な関連性をあきらかにするには，研究者は次のことを行う必要がある．

1. ゴキブリと患者が同じ血清型の病原体（serotype of the pathogen）を共有していることを確認する．
2. 空間分析を実施し，ゴキブリが直接的または間接的な接触を通じて微生物を患者に伝染させる可能性があることを確認する．
3. ベースライン時および病気の発生時に，病気の発生率とゴキブリの個体数を評価する．
4. 病気の発生率を減らすことを明確な目的としたゴキブリに対する一方的な介入（single-faceted cockroach interventions）の設計．
5. 介入中のゴキブリの個体数，ゴキブリと患者の病原体負荷，疾患の発生率を監視する．

チャバネゴキブリが室内環境の質を低下させ，特に都市部の低所得地域ではアレルギー性疾患の主要な危険因子であることは十分にあきらかである．しかし，驚くべきことに，ゴキブリが生成するアレルゲンの基本的な生物学と機能についての私たちの理解は，依然として初歩的なままである．チャバネゴキブリにおけるアレルゲンの機能，発現パターン，生理学的調節，環境への排泄パターンについては疑問が残っている．特定のチャバネゴキブリのアレルゲンの濃度がさまざまな地域社会でどのように共変動（co-vary）するのか，また特定のアレルゲンの存在量がどのような要因によって増加するのかを理解するには，さらなる研究を実施することが不可欠である．屋内環境におけるゴキブリアレルゲンの運命についても，どのような要因によってアレルゲンが空中浮遊するのか，どれくらいの期間，呼吸可能な状態に留まるのか，家全体にどのように再分布（redistribute）するのかなど，ほとんどわかっていない．

最近の研究では，ゴキブリの防除は出没している家庭におけるアレルゲンを軽減するうえで最も重要な要素であることがあきらかになっている．このことを，設計する際に認識しなければならない常識的な必然性は，生きたゴキブリが存続する限り，新たなアレルゲンが沈着し続けるということにある．多くの多面的な介入は持続不可能である（費用がかかりすぎてゴキブリが防除できない）ため，IPMベースの介入プロトコールは，定量的に文書化された集中的なゴキブリの駆除から始まり，より高価なIPMが続く段階的な手順を支持し，高価な同時介入を放棄する必要がある．ベースの成分が残留アレルゲンを除去し，再侵入を防いでくれる．ベイト剤は住居侵入を防ぐ最も効果的なツールであることはあきらかであり，より広範囲のベイト剤を開発し，その開発を最適化するための研究と努力が投入されるべきである．

一般大衆は，チャバネゴキブリを対象とするEPA登録製品は安全で効果があると暗黙のうちに想定しているが，一部のカテゴリーの製品はひどく効果が低く，使用者に健康上のリスクをもたらし，殺虫剤抵抗性問題を重要視した選択をするため，殺虫剤の誤用・抵抗性・健康リスクのサイクルを加速させている（図2.1）．TRFはわかりやすい例であるが，エアゾール殺虫剤の屋内使用も別の問題を起こす可能性がある．最近のすべての調査では，高レベルのピレスロイド抵抗性が記録されており，これらの製品はさらに高レベルの抵抗性を選択し，その結果，殺虫剤の多用（および誤用）で屋内での残留量が増加する．人々は効果のない製品からより適切に保護され，さまざまな害虫防除製品のコスト（経済的，健康的，環境的）と利点（有効性）についてより適切な教育を受ける必要がある．チャバネゴキブリは公衆衛生学上，獣医学上に重大なリスクと変化をもたらす．室内環境の質の悪化に対するその寄与は，呼吸器専門医，アレルギー専門医，疫学者の間でよく知られている．しかし，一般の人々はさまざまな理由からチャバネゴキブリを嫌っているが，それがヒトの健康に与える影響についてはほとんど認識されてはいない．

大学，規制当局，医療関係者にとって，特に都市部のコミュニティや地方の低所得世帯でゴキブリとともに暮らす人々への教育は最優先事項である．適切な教育と実施があれば，高額な医療費（例：喘息関連の入院や予定外の医師の診察），喘息関連の罹患率（例：喘鳴（wheezing）を伴う学校生活），および世話人の費用（例：計画の中断，睡眠不足）を効果的な環境介入の実現により何百万ドルも節約できる可能性がある．

謝　辞

この章で策定されたアイデアの多くは，INDOOR Biotechnologies Inc.（A. Pomes，M.D. Chapman）および国立環境衛生研究所（S.J. Arbes Jr，M. Sever，D.C. Zedlin）の同僚との議論から生まれた．ノースカロライナ州立大学のブラントン・J．ホイットマイヤー基金によって支援されたプロジェクト，およびアメリカ住宅都市開発省の健康住宅プログラム（US Department of Housing and Urban Development Healthy Homes Program NCHU0001-11，NCHHU17-13およびC.S.へのNCHHU0053-19）および国立衛生研究所（National Institute of Health DP5OD028155

から Z.C.D）所長室からの助成金によるものである．コンテンツは著者の責任であり，必ずしもこれらのスポンサーの公式見解を表すものではない．

参 考 文 献

Abdolmaleki Z, Mashak Z, Dehkordi FS (2019) Phenotypic and genotypic characterization of antibiotic resistance in the methicillin-resistant *Staphylococcus aureus* strains isolated from hospital cockroaches. *Antimicrobial Resistance and Infection Control* 8, 54. doi:10.1186/s13756-019-0505-7

Adamkiewicz G, Zota AR, Fabian MP, Chahine T, Julien R, Spengler JD, Levy JI (2011) Moving environmental justice indoors: understanding structural influences on residential exposure patterns in low-income communities. *American Journal of Public Health* **101**, S238-S245. doi:10.2105/AJPH.2011.300119

Adenusi AA, Akinyemi MI, Akinsanya D (2018) Domiciliary cockroaches as carriers of human intestinal parasites in Lagos metropolis, southwest Nigeria: implications for public health. Journal of *Arthropod-Borne Diseases* **12**, 141-151. doi:10.18502/jad.v12i2.40

Adler PH, Tuten HC, Nelder MP (2011) Arthropods of medicoveterinary importance in zoos. *Annual Review of Entomology* **56**, 123-142. doi:10.1146/annurev-ento-120709-144741

Ahmad A, Ghosh A, Schal C, Zurek L (2011) Insects in confined swine operations carry a large antibiotic resistant and potentially virulent enterococcal community. *BMC Microbiology* **11**, 23. doi:10.1186/1471-2180-11-23

Akbar N, Siddiqui R, Iqbal M, Sagathevan K, Khan NA (2018) Gut bacteria of cockroaches are a potential source of antibacterial compound (s). *Letters in Applied Microbiology* **66**, 416-426. doi:10.1111/lam.12867

Akinjogunla O, Odeyemi A, Udoinyang E (2012) Cockroaches (Periplaneta americana and Blattella germanica): reservoirs of multi drug resistant (MDR) bacteria in Uyo, Akwa Ibom state. *Scientific Journal of Biological Sciences* **1**, 19-30.

Al-Imam A, Al-Shalchi A (2019) Ekbom's delusional parasitosis: a systematic review. *Egyptian Journal of Dermatology and Venereology* **39**, 5-13. doi:10.4103/ejdv.ejdv_53_15

Alcamo IE, Frishman AM (1980) The microbial flora of field-collected cockroaches and other arthropods. *Journal of Environmental Health* **42**, 263-266.

Anacarso I, Iseppi R, Sabia C, Messi P, Condo C, Bondi M, de Niederhausern S (2016) Conjugation-mediated transfer of antibiotic-resistance plasmids between Enterobacteriaceae in the digestive tract of *Blaberus craniifer* (Blattodea: Blaberidae). *Journal of Medical Entomology* **53**, 591-597. doi:10.1093/jme/tjw005

Appel A, Gehret M, Tanley M (2004) Effects of moisture on the toxicity of inorganic and organic insecticidal dust formulations to German cockroaches (Blattodea: Blattellidae). *Journal of Economic Entomology* **97**,1009-1016. doi:10.1093/jee/97.3.1009

Arbes SJ, Gergen PJ, Elliott L, Zeldin DC (2005a) Prevalences of positive skin test responses to 10 common allergens in the US population:results from the Third National Health and Nutrition Examination Survey. *Journal of Allergy and Clinical Immunology* **116**, 377-383. doi:10.1016/j.jaci.2005.05.017

Arbes SJ, Sever M, Archer J, Long EH, Gore JC, Schal C, Walter M, Nuebler B, Vaughn B, Mitchell H, Liu E, Collette N, Adler P, Sandel M, Zeldin DC (2003) Abatement of cockroach allergen (Bla g 1) in low-income, urban housing: a randomized controlled trial. *Journal of Allergy and Clinical Immunology* **112**, 339-345. doi:10.1067/mai.2003.1597

Arbes SJ, Sever M, Mehta J, Gore JC, Schal C, Vaughn B, Mitchell H, Zeldin DC (2004) Abatement of cockroach allergens (Bla g 1 and Bla g 2) in low-income, urban housing: Month 12 continuation results. *Journal of Allergy and Clinical Immunology* **113**, 109-114. doi:10.1016/j.jaci.2003.10.042

Arbes SJ, Sever M, Mehta J, Collette N, Thomas B, Zeldin DC (2005b) Exposure to indoor allergens in day-care facilities: results from 2 North Carolina counties. *Journal of Allergy and Clinical Immunology* **116**, 133-139.doi:10.1016/j.jaci.2005.04.022

Arruda L, Vailes L, Hayden M, Benjamin D, Chapman M (1995a) Cloning of cockroach allergen, Bla g 4, identifies ligand binding proteins (or calycins) as a cause of IgE antibody responses. *Journal of Biological Chemistry* **270**, 31196-31201. doi:10.1074/jbc.270.52.31196

Arruda LK, Vailes LD, Mann BJ, Shannon J, Fox JW, Vedvick TS, Hayden ML, Chapman MD (1995b) Molecular cloning of a major cockroach (*Blattella germanica*) allergen, Bla g 2: sequence homology to the aspartic proteases. *Journal of Biological Chemistry* **270**, 19563-19568. doi:10.1074/jbc.270.33.19563

Ash N, Greenberg B (1980) Vector potential of the German cockroach (Dictyoptera, Blattellidae) in dissemination of *Salmonella enteritidis* serotype typhimurium. *Journal of Medical Entomology* **17**, 417-423. doi:10.1093/jmedent/17.5.417

Atiokeng Tatang RJ, Tsila HG, Wabo Poné J (2017) Medically important parasites carried by cockroaches in Melong subdivision, Littoral, Cameroon. *Journal of Parasitology Research* 2017, 7967325. doi:10.1155/2017/7967325

Atwood D, Paisley-Jones C (2017) Pesticide Industry Sales and Usage: 2008-2012 Market Estimates. <https://www.epa.gov/sites/production/files/2017-01/documents/pesticides-industry-sales-usage-2016_0.pdf>

Awokola BI, Abioye-Kuteyi EA (2012) An uncommon case of foreign body in the ear: adult cockroach. *World Family Medicine* **10**, 49-51.

Baldwin R, Koehler P, Pereira R, Oi F (2008) Public perceptions of pest problems. *American Entomologist* **54**, 73-79. doi:10.1093/ae/54.2.73

Bao W, Liu B, Simonsen DW, Lehmler H-J (2020) Association between exposure to pyrethroid insecticides and risk of all-cause and cause-specific mortality in the general US adult population. *JAMA Internal Medicine* **180**, 367-374.

Bennett G, Runstrom E, Wieland J (1983) Pesticide use in homes. *Bulletin of the Entomological Society of America* **29**, 31-40. doi:10.1093/besa/29.1.31

Bernton H, Brown H (1967) Cockroach allergy II: the relation of infestation to sensitization. *Southern Medical Journal* **60**, 852-855. doi:10.1097/00007611-196708000-00012

Böröczky K, Wada-Katsumata A, Batchelor D, Zhukovskaya M, Schal C (2013) Insects groom their antennae to enhance olfactory acuity. *Proceedings of the National Academy of Sciences of the United States of America* **110**, 3615-3620. doi:10.1073/pnas.1212466110

Brenner R (1995) Economics and medical importance of German cockroaches. In *Understanding and Controlling the German Cockroach.* (Eds MK Rust, J Owens, DA Reierson) pp. 77-92. Oxford University Press, New York.

Brenner RJ, Kramer RD (2019) Cockroaches (Blattaria). In *Medical and Veterinary Entomology.* (Eds GR Mullen, LA Durden) pp. 61-77. Academic Press, San Diego.

Brenner RJ, Koehler PG, Patterson RS (1987) Health implications of cockroach infestations. *Infections in Medicine* **4**, 349-360.

Campbell EH, Elston DM, Hawthorne JD, Beckert DR (2019) Diagnosis and management of delusional parasitosis. *Journal of the American Academy of Dermatology* **80**, 1428–1434. doi:10.1016/j.jaad. 2018.12.012

Cardone RV, Gauthier JJ (1979) How long will Salmonella bacteria survive in German cockroach intestines? *Pest Control* **47**, 28–30.

Centers for Disease Control & Prevention (2008) Illnesses and injuries related to total release foggers: eight states, 2001–2006. *MMWR. Morbidity and Mortality Weekly Report* **57**, 1125–1129.

Centers for Disease Control & Prevention (2017) National Health Interview Survey (NHIS) Data. <https://www.cdc.gov/asthma/most_recent_national_asthma_data.htm>

Chai R-Y, Lee C-Y (2010) Insecticide resistance profiles and synergism in field populations of the German cockroach (Dictyoptera: Blattellidae) from Singapore. *Journal of Economic Entomology* **103**, 460–471. doi:10.1603/EC09284

Chew G, Higgins K, Gold D, Muilenberg M, Burge H (1999) Monthly measurements of indoor allergens and the influence of housing type in a northeastern US city. *Allergy* **54**, 1058–1066. doi:10.1034/j.1398-9995.1999.00003.x

Chitsazi S, Gholamhossein M, Naderi-Nasab M (2013) A survey on the bacterial and fungal contamination of German cockroaches in Mashhad Imam-Reza hospital during 2009–2010. *Feyz (Journal of Kashan University of Medical Sciences)* **16**, 576–584.

Cloarec A, Rivault C, Fontaine F, Leguyader A (1992) Cockroaches as carriers of bacteria in multifamily dwellings. *Epidemiology and Infection* **109**, 483–490. doi:10.1017/S0950268800050470

Cohn RD, Arbes SJ Jr, Jaramillo R, Reid LH, Zeldin DC (2006) National prevalence and exposure risk for cockroach allergen in US households. *Environmental Health Perspectives* **114**, 522–526. doi:10.1289/ehp. 8561

Coleman AT, Rettiganti M, Bai S, Brown RH, Perry TT (2014) Mouse and cockroach exposure in rural Arkansas Delta region homes. *Annals of Allergy, Asthma & Immunology* **112**, 256–260. doi:10.1016/j.anai.2014.01.002

Cotton MF, Wasserman E, Pieper CH, Theron DC, van Tubbergh D, Campbell G, Fang FC, Barnes J (2000) Invasive disease due to extended spectrum beta-lactamase-producing *Klebsiella pneumoniae* in a neonatal unit: the possible role of cockroaches. *Journal of Hospital Infection* **44**, 13–17. doi:10.1053/jhin.1999.0650

Davies PH, Benger JR (2000) Foreign bodies in the nose and ear: a review of techniques for removal in the emergency department. *Journal of Accident & Emergency Medicine* **17**, 91–94. doi:10.1136/emj.17.2.91

Davies K, Petranovic T (1986) Survey of attitudes of apartment residents to cockroaches and cockroach control. *Journal of Environmental Health* **49**, 85–88.

De Lucca S, Taylor D, O'Meara T, Jones A, Tovey E (1999) Measurement and characterization of cockroach allergens detected during normal domestic activity. *Journal of Allergy and Clinical Immunology* **104**, 672–680. doi:10.1016/S0091-6749(99)70341-6

DeVries ZC, Santangelo RG, Crissman J, Mick R, Schal C (2019a) Exposure risks and ineffectiveness of total release foggers (TRFs) used for cockroach control in residential settings. *BMC Public Health* **19**, 96. doi:10.1186/s12889-018-6371-z

DeVries ZC, Santangelo RG, Crissman J, Suazo A, Kakumanu ML, Schal C (2019b) Pervasive resistance to pyrethroids in German cockroaches (Blattodea: Ectobiidae) related to lack of efficacy of total release foggers. *Journal of Economic Entomology* **112**, 2295–2301. doi:10.1093/jee/toz120

DiMango E, Serebrisky D, Narula S, Shim C, Keating C, Sheares B, Perzanowski M, Miller R, DiMango A, Andrews H (2016) Individualized household allergen intervention lowers allergen level but not asthma medication use: a randomized controlled trial. *Journal of Allergy and Clinical Immunology. In Practice* **4**, 671–679.e4. doi:10.1016/j.jaip. 2016.01.016

Donkor ES (2019) Nosocomial pathogens: an in-depth analysis of the vectorial potential of cockroaches. *Tropical Medicine and Infectious Disease* **4**, 14. doi:10.3390/tropicalmed4010014

Eggleston PA, Rosenstreich D, Lynn H, Gergen P, Baker D, Kattan M, Mortimer KM, Mitchell H, Ownby D, Slavin R (1998) Relationship of indoor allergen exposure to skin test sensitivity in inner-city children with asthma. *Journal of Allergy and Clinical Immunology* **102**, 563–570. doi:10.1016/S0091-6749(98)70272-6

Elgderi RM, Ghenghesh KS, Berbash N (2006) Carriage by the German cockroach (*Blattella germanica*) of multiple-antibiotic-resistant bacteria that are potentially pathogenic to humans, in hospitals and households in Tripoli, Libya. *Annals of Tropical Medicine and Parasitology* **100**, 55–62. doi:10.1179/136485906X78463

Fakoorziba MR, Eghbal F, Hassanzadeh J, Moemenbellah-Fard MD (2010) Cockroaches (*Periplaneta americana* and *Blattella germanica*) as potential vectors of the pathogenic bacteria found in nosocomial infections. *Annals of Tropical Medicine and Parasitology* **104**, 521–528. doi:10.1179/136485910X12786389891326

Fakoorziba MR, Shahriari-Namadi M, Moemenbellah-Fard MD, Hatam GR, Azizi K, Amin M, Motevasel M (2014) Antibiotics susceptibility patterns of bacteria isolated from American and German cockroaches as potential vectors of microbial pathogens in hospitals. *Asian Pacific Journal of Tropical Disease* **4**, S790–S794. doi:10.1016/S2222-1808(14)60728-3

Fan Y, Gore JC, Redding KO, Vailes LD, Chapman MD, Schal C (2005) Tissue localization and regulation by juvenile hormone of human allergen Bla g 4 from the German cockroach, *Blattella germanica* (L.). *Insect Molecular Biology* **14**, 45–53. doi:10.1111/j.1365-2583.2004.00530.x

Fathpour H, Emtiazi G, Ghasemi E (2003) Cockroaches as reservoirs and vectors of drug resistant *Salmonella* spp. *Fresenius Environmental Bulletin* **12**, 724–727.

Fenske RA, Black KG, Elkner KP, Lee C-L, Methner MM, Soto R (1990) Potential exposure and health risks of infants following indoor residential pesticide applications. *American Journal of Public Health* **80**, 689–693. doi:10.2105/AJPH.80.6.689

Fink M, Permin A, Jensen KMV, Bresciani J, Magwisha HB (2005) An experimental infection model for *Tetrameres americana* (Cram 1927). *Parasitology Research* **95**, 179–185. doi:10.1007/s00436-004-1275-5

Forrester MB, Diebolt-Brown B (2011) Total release fogger exposures reported to Texas poison centers, 2000–2009. *Toxicological and Environmental Chemistry* **93**, 1089–1097. doi:10.1080/02772248.2011.562210

Fotedar R, Banerjee U (1992) Nosocomial fungal infections: study of the possible role of cockroaches (*Blattella germanica*) as vectors. *Acta Tropica* **50**, 339–343. doi:10.1016/0001-706X(92)90069-A

Fotedar R, Banerjee-Shriniwas U (1993) Vector potential of the German cockroach in dissemination of *Pseudomonas aeruginosa*. *Journal of Hospital Infection* **23**, 55–59. doi:10.1016/0195-6701(93)90131-I

Fotedar R, Nayar E, Samantray JC, Shriniwas K, Banerjee U, Dogra V, Kumar A (1989) Cockroaches as vectors of pathogenic bacteria. *Journal of Communicable Diseases* **21**, 318–322.

Fotedar R, Banerjee-Shriniwas U, Verma A (1991) Cockroaches (*Blattella germanica*) as carriers of microorganisms of medical importance in hospitals. *Epidemiology and Infection* **107**, 181–187. doi:10.1017/S0950268800048809

Gan C, Jiantao Z, Li W, Xiaoguo X (2013) A survey on the pathogens carried by cockroaches in Changzhou City. *Journal of Environmental Hygiene* **3**, 539–541, 546.

Garcia F, Notario MJ, Cabanas JM, Jordano R, Medina LM (2012) Incidence of bacteria of public health interest carried by cockroaches in different food-related environments. *Journal of Medical Entomology* **49**, 1481–1484. doi:10.1603/ME12007

Gelber LE, Seltzer LH, Bouzoukis JK, Pollart SM, Chapman MD, Platts-Mills T (1993) Sensitization and exposure to indoor allergens as risk factors for asthma among patients presenting to hospital. *American Review of Respiratory Disease* **147**, 573–578. doi:10.1164/ajrccm/147.3.573

Gliniewicz A, Czajka E, Laudy AE, Kochman M, Grzegorzak K, Ziolkowska K, Sawicka B, Stypulkowska-Misiurewicz H, Pancer K (2003) German cockroaches (*Blattella germanica* L.) as a potential source of pathogens causing nosocomial infections. *Indoor and Built Environment* **12**, 55–60. doi:10.1177/1420326X03012001009

Gold DR, Adamkiewicz G, Arshad SH, Celedon JC, Chapman MD, Chew GL, Cook DN, Custovic A, Gehring U, Gern JE, Johnson CC, Kennedy S, Koutrakis P, Leaderer B, Mitchell H, Litonjua AA, Mueller GA, O'Connor GT, Ownby D, Phipatanakul W, Persky V, Perzanowski MS, Ramsey CD, Salo PM, Schwaninger JM, Sordillo JE, Spira A, Suglia SF, Togias A, Zeldin DC, Matsui EC (2017) NIAID, NIEHS, NHLBI, and MCAN Workshop Report: the indoor environment and childhood asthma implications for home environmental intervention in asthma prevention and management. *Journal of Allergy and Clinical Immunology* **140**, 933–949. doi:10.1016/j.jaci. 2017.04.024

Gonzalez-Garcia T, Munoz-Guzman MA, Sanchez-Arroyo H, Prado-Ochoa MG, Cuellar-Ordaz JA, Alba-Hurtado F (2017) Experimental transmission of *Toxocara canis from Blattella germanica* and *Periplaneta americana* cockroaches to a paratenic host. *Veterinary Parasitology* **246**, 5–10. doi:10.1016/j.vetpar.2017.08.025

Gore JC, Schal C (2004) Gene expression and tissue distribution of the major human allergen Bla g 1 in the German cockroach, *Blattella germanica* L. (Dictyoptera: Blattellidae). *Journal of Medical Entomology* **41**, 953–960. doi:10.1603/0022-2585-41.5.953

Gore JC, Schal C (2005) Expression, production and excretion of Bla g 1, a major human allergen, in relation to food intake in the German cockroach, *Blattella germanica*. *Medical and Veterinary Entomology* **19**, 127–134. doi:10.1111/j.0269-283X.2005.00550.x

Gore JC, Schal C (2007) Cockroach allergen biology and mitigation in the indoor environment. *Annual Review of Entomology* **52**, 439–463. doi:10.1146/annurev.ento.52.110405.091313

Graczyk TK, Knight R, Tamang L (2005) Mechanical transmission of human protozoan parasites by insects. *Clinical Microbiology Reviews* **18**, 128–132. doi:10.1128/CMR.18.1.128-132.2005

Graffar M, Mertens S (1950) Le role des blattes dans la transmission des salmonelloses. *Annales de l'Institut Pasteur* **79**, 654–660.

Gruchalla RS, Pongracic J, Plaut M, Evans R III, Visness CM, Walter M, Crain EF, Kattan M, Morgan WJ, Steinbach S (2005) Inner city asthma study: relationships among sensitivity, allergen exposure, and asthma morbidity. *Journal of Allergy and Clinical Immunology* **115**, 478–485. doi:10.1016/j.jaci.2004.12.006

Hamilton RL, Schal C (1988) Effects of dietary protein levels on reproduction and food consumption in the German cockroach (Dictyoptera: Blattellidae). *Annals of the Entomological Society of America* **81**, 969–976. doi:10.1093/aesa/81.6.969

Hamu H, Debalke S, Zemene E, Birlie B, Mekonnen Z, Yewhalaw D (2014) Isolation of intestinal parasites of public health importance from cockroaches (*Blattella germanica*) in Jimma Town, southwestern Ethiopia. *Journal of Parasitology Research* **2014**, 186240. doi:10.1155/2014/186240

Indudharan R, Ahamad M, Ho TM, Salim R, Htun YN (1999) Human otoacariasis. *Annals of Tropical Medicine and Parasitology* **93**, 163-167. doi:10.1080/00034983.1999.11813406

Kakumanu ML, Maritz JM, Carlton JM, Schal C (2018) Overlapping community compositions of gut and fecal microbiomes in lab-reared and field-collected German cockroaches. *Applied and Environmental Microbiology* **84**, e01037-e18. doi:10.1128/AEM.01037-18

Kass D, McKelvey W, Carlton E, Hernandez M, Chew G, Nagle S, Garfinkel R, Clarke B, Tiven J, Espino C,

Evans D (2009) Effectiveness of an integrated pest management intervention in controlling cockroaches, mice, and allergens in New York City public housing. *Environmental Health Perspectives* **117**, 1219-1225. doi:10.1289/ehp. 0800149

Keenan JJ, Vega H, Krieger RI (2009) Potential exposure of children and adults to cypermethrin following use of indoor insecticide foggers. *Journal of Environmental Science and Health. Part. B, Pesticides, Food Contaminants, and Agricultural Wastes* **44**, 538-545. doi:10.1080/03601230902997733

Keenan JJ, Ross JH, Sell V, Vega HM, Krieger RI (2010) Deposition and spatial distribution of insecticides following fogger, perimeter sprays, spot sprays, and crack-and-crevice applications for treatment and control of indoor pests. *Regulatory Toxicology and Pharmacology* **58**, 189-195. doi:10.1016/j.yrtph.2010.05.003

Khurana T, Collison M, Chew FT, Slater JE (2014) Bla g 3: a novel allergen of German cockroach identified using cockroach-specific avian single-chain variable fragment antibody. *Annals of Allergy, Asthma & Immunology* **112**, 140-145.e1. doi:10.1016/j.anai.2013.11.007

Koehler P, Patterson R, Brewer R (1987) German cockroach infestations in low income apartments. *Journal of Economic Entomology* **80**, 446-450. doi:10.1093/jee/80.2.446

Kopanic RJ, Sheldon BW, Wright C (1994) Cockroaches as vectors of Salmonella: laboratory and field trials. *Journal of Food Protection* **57**, 125-131. doi:10.4315/0362-028X-57.2.125

Kopanic RJ, Holbrook GL, Sevala V (2001) An adaptive benefit of facultative coprophagy in the German cockroach *Blattella germanica*. *Ecological Entomology* **26**, 154-162. doi:10.1046/ j.1365-2311.2001.00316.x

Krieger J, Song L, Takaro T, Stout J (2000) Asthma and the home environment of low-income urban children: preliminary findings from the Seattle-King County Healthy Homes Project. *Journal of Urban Health* **77**, 50-67. doi:10.1007/BF02350962

Kroukamp G, Londt JG (2006) Ear-invading arthropods: a South African survey. *South African Medical Journal* **96**, 290-292.

Lai KM (2017) Are cockroaches an important source of indoor endotoxins? *International Journal of Environmental Research and Public Health* **14**, 91. doi:10.3390/ijerph14010091

Landers TF, Cohen B, Wittum TE, Larson EL (2012) A review of antibiotic use in food animals: perspective, policy, and potential. *Public Health Reports* **127**, 4-22. doi:10.1177/003335491212700103

Landrigan PJ, Claudio L, Markowitz SB, Berkowitz GS, Brenner BL, Romero H, Wetmur JG, Matte TD, Gore AC, Godbold JH (1999) Pesticides and inner-city children: exposures, risks, and prevention. *Environmental Health Perspectives* **107**, 431-437. doi:10.1289/ehp. 99107s3431

Lee H, Sam Hwang J, Gun Lee D (2019) Periplanetasin-4, a novel antimicrobial peptide from the cockroach, inhibits communications between mitochondria and vacuoles. *Biochemical Journal* **476**, 1267-1284. doi:10.1042/BCJ20180933

Leng G, Berger-Preis E, Levsen K, Ranft U, Sugiri D, Hadnagy W, Idel H (2005) Pyrethroids used indoor: ambient monitoring of pyrethroids following a pest control operation. *International Journal of Hygiene and Environmental Health* **208**, 193-199. doi:10.1016/j.ijheh.2005.01.016

Lewis K (2013) Platforms for antibiotic discovery. *Nature Reviews. Drug Discovery* **12**, 371-387. doi:10.1038/nrd3975

Liu RL, Alarcon WA, Calvert GM, Aubin KG, Beckman J, Cummings KR, Graham LS, Higgins SA, Mulay P, Patel K, Prado JB, Schwartz A, Stover D, Waltz J (2018) Acute illnesses and injuries related to total release foggers: 10 states, 2007-2015. *MMWR. Morbidity and Mortality Weekly Report* **67**, 125-130. doi:10.15585/mmwr.mm6704a4

Loucif L, Gacemi-Kirane D, Cherak Z, Chamlal N, Grainat N, Rolain JM (2016) First report of German cockroaches (*Blattella germanica*) as reservoirs of CTX-M-15 extended-spectrum-beta-lactamase-and OXA-48 carbapenemase-producing Enterobacteriaceae in Batna University Hospital, Algeria. *Antimicrobial Agents and Chemotherapy* **60**, 6377-6380. doi:10.1128/AAC.00871-16

Lu C, Fenske RA (1998) Air and surface chlorpyrifos residues following residential broadcast and aerosol pesticide applications. *Environmental Science & Technology* **32**, 1386-1390. doi:10.1021/es9706716

Mackerras MJ, Mackerras IM (1949) Salmonella infections in Queensland. *Australian Journal of Experimental Biology and Medical Science* **27**, 163-171. doi:10.1038/icb.1949.16

Marshall BM, Levy SB (2011) Food animals and antimicrobials: impacts on human health. *Clinical Microbiology Reviews* **24**, 718-733. doi:10.1128/CMR.00002-11

Martinez-Giron R, Martinez-Torre C, van Woerden HC (2017) The prevalence of protozoa in the gut of German cockroaches (*Blattella germanica*) with special reference to *Lophomonas blattarum*. *Parasitology Research* **116**, 3205-3210. doi:10.1007/s00436-017-5640-6

Masood A, Robert S, Ali Ahmed H, Sajjad N, Tariq N (2014) Detection of cockroaches as mechanical carrier of *Escherichia coli* and *Salmonella species*. *African Journal of Microbiological Research* **8**, 3625-3629. doi:10.5897/AJMR2014.7106

Menasria T, Moussa F, El-Hamza S, Tine S, Megri R, Chenchouni H (2014) Bacterial load of German cockroach (*Blattella germanica*) found in hospital environment. *Pathogens and Global Health* **108**, 141-147. doi:10.1179/2047773214Y.0000000136

Menasria T, Tine S, Mahcene D, Benammar L, Megri R, Boukoucha M, Debabza M (2015) External bacterial flora and antimicrobial susceptibility patterns of *Staphylococcus* spp. and *Pseudomonas* spp. isolated from two household cockroaches, *Blattella germanica and Blatta orientalis*. *Biomedical and Environmental Sciences* **28**, 316-320.

Miller D, Meek F (2004) Cost and efficacy comparison of integrated pest management strategies with monthly spray insecticide applications for German cockroach (Dictyoptera: Blattellidae) control in public housing. *Journal of Economic Entomology* **97**, 559-569. doi:10.1093/jee/97.2.559

Moges F, Eshetie S, Endris M, Huruy K, Muluye D, Feleke T, Silassie FG, Ayalew G, Nagappan R (2016) Cockroaches as a source of high bacterial pathogens with multidrug resistant strains in Gondar Town, Ethiopia. *BioMed Research International* **2016**, 2825056. doi:10.1155/2016/2825056

Mollet J, Vailes L, Avner D, Perzanowski M, Arruda L, Chapman M, Platts-Mills T (1997) Evaluation of German cockroach (Orthoptera: Blatellidae) allergen and seasonal variation in low-income housing. *Journal of Medical Entomology* **34**, 307-311. doi:10.1093/jmedent/34.3.307

Morgan MK (2012) Children's exposures to pyrethroid insecticides at home: a review of data collected in published exposure measurement studies conducted in the United States. *International Journal of Environmental Research and Public Health* **9**, 2964-2985. doi:10.3390/ijerph9082964

Morgan W, Crain E, Gruchalla R, O'Connor G, Kattan M, Evans R III, Stout J, Malindzak G, Smartt

E, Plaut M, Walter M, Vaughn B, Mitchell H (2004) Results of a home-based environmental intervention among urban children with asthma. *New England Journal of Medicine* **351**, 1068–1080. doi:10.1056/NEJMoa032097

Mpuchane S, Matsheka M, Gashe B, Allotey J, Mrema G (2006) Microbiological studies of cockroaches from three localities in Gaborone, Botswana. *African Journal of Food, Agriculture, Nutrition and Development* **6**, 1–17.

Mueller GA, Pedersen LC, Lih FB, Glesner J, Moon AF, Chapman MD, Tomer KB, London RE, Pomes A (2013) The novel structure of the cockroach allergen Bla g 1 has implications for allergenicity and exposure assessment. *Journal of Allergy and Clinical Immunology* **132**, 1420–1426.e9. doi:10.1016/j.jaci.2013.06.014

Mullins DE, Cochran DG (1973) Tryptophan metabolite excretion by American cockroach. *Comparative Biochemistry and Physiology* **44**, 549–555.

Naher A, Afroz S, Hamid S (2018) Cockroach associated food-borne pathogens: distribution and antibiogram. *Bangladesh Medical Research Council Bulletin* **44**, 30. doi:10.3329/bmrcb.v44i1.36802

Nalyanya G, Gore JC, Linker HM, Schal C (2009) German cockroach allergen levels in North Carolina schools: comparison of integrated pest management and conventional cockroach control. *Journal of Medical Entomology* **46**, 420–427. doi:10.1603/033.046.0302

Nasirian H (2017) Contamination of cockroaches (Insecta: Blattaria) to medically fungi: A systematic review and meta-analysis. *Journal de Mycologie Médicale* **27**, 427–448. doi:10.1016/j.mycmed.2017.04.012

Nasirian H (2019) Contamination of cockroaches (Insecta: Blattaria) by medically important bacteriae: a systematic review and meta-analysis. *Journal of Medical Entomology* **56**, 1534–1554. doi:10.1093/jme/tjz095

Nurmagambetov T, Kuwahara R, Garbe P (2018) The economic burden of asthma in the United States, 2008–2013. *Annals of the American Thoracic Society* **15**, 348–356. doi:10.1513/AnnalsATS.201703-259OC

Oğuz B, Özdal N, Orunc Kilinc O, Değer MS (2017) First investigation on vectorial potential of *Blattella germanica* in Turkey. *Ankara Üniversitesi Veteriner Fakültesi Dergisi* **64**, 141–144. doi:10.1501/Vetfak_0000002789

Oothuman P, Jeffery J, Aziz AHA, Abubakar E, Jegathesan M (1989) Bacterial pathogens isolated from cockroaches trapped from pediatric wards in peninsular Malaysia. *Transactions of the Royal Society of Tropical Medicine and Hygiene* **83**, 133–135. doi:10.1016/0035-9203(89)90739-6

Pai HH (2013) Multidrug resistant bacteria isolated from cockroaches in long-term care facilities and nursing homes. *Acta Tropica* **125**, 18–22. doi:10.1016/j.actatropica.2012.08.016

Pai H-H, Ko Y, Chen E (2003) Cockroaches (*Periplaneta americana* and *Blattella germanica*) as potential mechanical disseminators of *Entamoeba histolytica*. *Acta Tropica* **87**, 355–359. doi:10.1016/S0001-706X(03)00140-2

Pai HH, Chen WC, Peng CF (2005) Isolation of bacteria with antibiotic resistance from household cockroaches (*Periplaneta americana* and *Blattella germanica*). *Acta Tropica* **93**, 259–265. doi:10.1016/j.actatropica. 2004.11.006

Pancer K, Gut W, Fila S, Trzcinska A, Roszkowiak A, Laudy AE, Wernik T, Mikulak E, Gliniewicz A, Stypulkowska-Misiurewicz H (2006) Strains of *Enterobacter cloacae* isolated in a hospital environment: some phenotypic and genotypic properties. *Indoor and Built Environment* **15**, 99–104. doi:10.1177/1420326X06062372

Perez-Cobas AE, Maiques E, Angelova A, Carrasco P, Moya A, Latorre A (2015) Diet shapes the gut microbiota of the omnivorous cockroach *Blattella germanica*. *FEMS Microbiology Ecology* **91**, fiv022. doi:10.1093/femsec/fiv022

Perzanowski MS, Miller RL, Thorne PS, Barr RG, Divjan A, Sheares BJ, Garfinkel RS, Perera FP, Goldstein IF, Chew GL (2006) Endotoxin in inner-city homes: associations with wheeze and eczema in early childhood. *Journal of Allergy and Clinical Immunology* **117**, 1082-1089. doi:10.1016/j.jaci.2005.12.1348

Peters JL, Levy JI, Muilenberg ML, Coull BA, Spengler JD (2007) Efficacy of integrated pest management in reducing cockroach allergen concentrations in urban public housing. *Journal of Asthma* **44**, 455-460. doi:10.1080/02770900701421971

Pomes A, Schal C (2020) Cockroach and other inhalant insect allergens. In *Allergens and Allergen Immunotherapy*. (Eds RF Lockey, DK Ledford) pp. 237-255. Taylor & Francis, New York.

Pomes A, Chapman MD, Vailes LD, Blundell TL, Dhanaraj V (2002) Cockroach allergen Bla g 2: structure, function, and implications for allergic sensitization. *American Journal of Respiratory and Critical Care Medicine* **165**, 391-397. doi:10.1164/ajrccm.165.3.2104027

Pomes A, Mueller GA, Randall TA, Chapman MD, Arruda LK (2017) New insights into cockroach allergens. *Current Allergy and Asthma Reports* **17**, 25. doi:10.1007/s11882-017-0694-1

Poowuttikul P, Saini S, Seth D (2019) Inner-city asthma in children. *Clinical Reviews in Allergy & Immunology* **56**, 248-268. doi:10.1007/s12016-019-08728-x

Potter MF, Bessin RT (1998) Pest control, pesticides, and the public: attitudes and implications. *American Entomologist* **44**, 142-147. doi:10.1093/ae/44.3.142

Rabito FA, Carlson JC, He H, Werthmann D, Schal C (2017) A single intervention for cockroach control reduces cockroach exposure and asthma morbidity in children. *Journal of Allergy and Clinical Immunology* **140**, 565-570. doi:10.1016/j.jaci.2016.10.019

Rivault C, Cloarec A, Leguyader A (1993) Bacterial load of cockroaches in relation to urban environment. *Epidemiology and Infection* **110**, 317-325. doi:10.1017/S0950268800068254

Rosenstreich DL, Eggleston P, Kattan M, Baker D, Slavin RG, Gergen P, Mitchell H, McNiff-Mortimer K, Lynn H, Ownby D, Malveaux F (1997) The role of cockroach allergy and exposure to cockroach allergen in causing morbidity among inner-city children with asthma. *New England Journal of Medicine* **336**, 1356-1363.doi:10.1056/NEJM199705083361904

Roth LM, Alsop DW (1978) Toxins of Blattaria. In *Arthropod Venoms*. (Ed. S Bettini) pp. 465-487. Springer, Berlin.

Roth LM, Willis ER (1957) The medical and veterinary importance of cockroaches. *Smithsonian Miscellaneous Collections* **134**, 1-147.

Roth LM, Willis ER (1960) *The Biotic Associations of Cockroaches*. Smithsonian Institution, Washington, DC.

Saitou K, Furuhata K, Kawakami Y, Fukuyama M (2009) Biofilm formation abilities and disinfectant resistance of *Pseudomonas aeruginosa* isolated from cockroaches captured in hospitals. *Biocontrol Science* **14**, 65-68. doi:10.4265/bio.14.65

Saitou K, Furuhata K, Fukuyama M (2010) Genotyping of *Pseudomonas aeruginosa* isolated from cockroaches and human urine. *Journal of Infection and Chemotherapy* **16**, 317-321. doi:10.1007/s10156-010-0055-7

Salehzadeh A, Tavacol P, Mahjub H (2007) Bacterial, fungal and parasitic contamination of cockroaches in public hospitals of Hamadan, Iran. *Journal of Vector-Borne Diseases* **44**, 105.

Satinover S, Reefer A, Pomes A, Chapman M, Platts-Mills T, Woodfolk J (2005) Specific IgE and IgG antibodybinding patterns to recombinant cockroach allergens. *Journal of Allergy and Clinical*

Immunology **115**, 803–809. doi:10.1016/j.jaci.2005.01.018

Schal C（2011）Cockroaches. In *Handbook of Pest Control.*（Eds SA Hedges, D Moreland）pp. 150–290. Mallis Handbook, Cleveland.

Schal C, Hamilton RL（1990）Integrated suppression of synanthropic cockroaches. *Annual Review of Entomology* **35**, 521–551. doi:10.1146/annurev.en.35.010190.002513

Schoelitsz B, Meerburg BG, Takken W（2019）Influence of the public's perception, attitudes, and knowledge on the implementation of integrated pest management for household insect pests. *Entomologia Experimentalis et Applicata* **167**, 14–26. doi:10.1111/eea.12739

Sever ML, Arbes SJ, Gore JC, Santangelo RG, Vaughn B, Mitchell H, Schal C, Zeldin DC（2007）Cockroach allergen reduction by cockroach control alone in low-income urban homes: a randomized control trial. *Journal of Allergy and Clinical Immunology* **120**, 849–855. doi:10.1016/j.jaci.2007.07.003

Sheehan WJ, Phipatanakul W（2016）Indoor allergen exposure and asthma outcomes. *Current Opinion in Pediatrics* **28**, 772–777. doi:10.1097/MOP.0000000000000421

Siebers R, Jones B, Bailey L, Aldridge D, Draper J, Ingham T（2019）Indoor allergen exposure in primary school classrooms in New Zealand. *New Zealand Medical Journal* **132**, 42–47.

Solomon F, Belayneh F, Kibru G, Ali S（2016）Vector potential of *Blattella germanica*（L.）（Dictyoptera: Blattidae）for medically important bacteria at food handling establishments in Jimma Town, southwest Ethiopia. *BioMed Research International* doi:10.1155/2016/3490906.

Solomon F, Kibru G, Ali S（2018）Multidrug-resistant pattern of food-borne illness associated bacteria isolated from cockroaches in meal serving facilities, Jimma, Ethiopia. *African Health Sciences* **18**, 32–40. doi:10.4314/ahs.v18i1.6

Šrámová H, Daniel M, Absolonová V, Dědičová D, Jedličková Z, Lhotová H, Petráš P, Subertová V（1992）Epidemiological role of arthropods detectable in health facilities. *Journal of Hospital Infection* **20**, 281–292. doi:10.1016/0195-6701(92)90006-8

Stout DM II, Bradham KD, Egeghy PP, Jones PA, Croghan CW, Ashley PA, Pinzer E, Friedman W, Brinkman MC, Nishioka MG（2009）American Healthy Homes Survey: a national study of residential pesticides measured from floor wipes. *Environmental Science & Technology* **43**, 4294–4300. doi:10.1021/es8030243

Suglia SF, Duarte CS, Sandel MT（2010）Social and environmental stressors in the home and childhood asthma. *Journal of Epidemiology and Community Health* **64**, 636–642.

Tachbele E, Erku W, Gebre-Michael T, Ashenafi M（2006）Cockroach-associated food-borne bacterial pathogens from some hospitals and restaurants in Addis Ababa, Ethiopia: distribution and antibiograms. *Journal of Rural and Tropical Public Health* **5**, 34–41.

Tarshis IB（1962）Cockroach: a new suspect in spread of infectious hepatitis. *American Journal of Tropical Medicine and Hygiene* **11**, 705–711. doi:10.4269/ajtmh.1962.11.705

Thorne PS, Cohn RD, Mav D, Arbes SJ, Zeldin DC（2009）Predictors of endotoxin levels in US housing. *Environmental Health Perspectives* **117**, 763–771. doi:10.1289/ehp. 11759

Tilahun B, Worku B, Tachbele E, Terefe S, Kloos H, Legesse W（2012）High load of multi-drug resistant nosocomial neonatal pathogens carried by cockroaches in a neonatal intensive care unit at Tikur Anbessa specialized hospital, Addis Ababa, Ethiopia. *Antimicrobial Resistance and Infection Control* **1**, 12. doi:10.1186/2047-2994-1-12

Tsai YH, Cahill KM（1970）Parasites of the German cockroach（*Blattella germanica* L.）in New York City. *Journal of Parasitology* **56**, 375–377. doi:10.2307/3277678

Tulve NS, Jones PA, Nishioka MG, Fortmann RC, Croghan CW, Zhou JY, Fraser A, Cave C, Friedman W (2006) Pesticide measurements from the first national environmental health survey of child care centers using a multi-residue GC/MS analysis method. *Environmental Science & Technology* **40**, 6269-6274. doi:10.1021/es061021h

Uieda W, Haddad V (2014) Cockroach (*Blatella germanica*) bites in Amazonian indigenous peoples. *International Journal of Dermatology* **53**, e277-e279. doi:10.1111/ijd.12293

Vahhabi A, Shemshad K, Mohhammadi P, Shemshad M, Rafinejad J (2011) Microbiological study of domestic cockroaches in human dwelling localities. *African Journal of Microbiological Research* **5**, 5790-5792.

Wang C, Bennett GW (2006) Comparative study of integrated pest management and baiting for German cockroach management in public housing. *Journal of Economic Entomology* **99**, 879-885. doi:10.1093/jee/99.3.879

Wang C, El-Nour MMA, Bennett GW (2008) Survey of pest infestation, asthma, and allergy in low-income housing. *Journal of Community Health* **33**, 31-39. doi:10.1007/s10900-007-9064-6

Wang C, Eiden A, Cooper R, Zha C, Wang D, Reilly E (2019a) Changes in indoor insecticide residue levels after adopting an integrated pest management program to control German cockroach infestations in an apartment building. *Insects* **10**, 304. doi:10.3390/insects10090304 [Erratum in *Insects* **10**, 406. doi:10.3390/insects10110406]

Wang CL, Bischoff E, Eiden AL, Zha C, Cooper R, Graber JM (2019b) Residents attitudes and home sanitation predict presence of German cockroaches (Blattodea: Ectobiidae) in apartments for low-income senior residents. *Journal of Economic Entomology* **112**, 284-289. doi:10.1093/jee/toy307

Wannigama DL, Dwivedi R, Zahraei-Ramazani A (2014) Prevalence and antibiotic resistance of gram-negative pathogenic bacteria species isolated from *Periplaneta americana* and *Blattella germanica* in Varanasi, India. *Journal of Arthropod-Borne Diseases* **8**, 10-20.

Wei Y, Appel AG, Moar WJ, Liu N (2001) Pyrethroid resistance and cross-resistance in the German cockroach, *Blattella germanica* (L). *Pest Management Science* **57**, 1055-1059. doi:10.1002/ps.383

Whitmore R, Immerman F, Camann D, Bond A, Lewis R, Schaum J (1994) Non-occupational exposures to pesticides for residents of two US cities. *Archives of Environmental Contamination and Toxicology* **26**, 47-59. doi:10.1007/BF00212793

Williams GM, Linker HM, Waldvogel MG, Leidy RB, Schal C (2005) Comparison of conventional and integrated pest management programs in public schools. *Journal of Economic Entomology* **98**, 1275-1283. doi:10.1603/0022-0493-98.4.1275

Wise SK, Lin SY, Toskala E (2018) International consensus statement on allergy and rhinology: allergic rhinitis - executive summary. *International Forum of Allergy & Rhinology* **8**, 85-107. doi:10.1002/alr.22070

Wolf JM, Miller GE, Chen E (2008) Parent psychological states predict changes in inflammatory markers in children with asthma and healthy children. Brain, *Behavior, and Immunity* **22**, 433-441. doi:10.1016/j.bbi.2007.10.016

Wood F, Robinson WH, Kraft SK, Zungoli PA (1981) Survey of attitudes and knowledge of public housing residents toward cockroaches. *Bulletin of the Ecological Society of America* **27**, 9-13. doi:10.1093/besa/27.1.9

World Health Organization (2014) Antimicrobial Resistance: Global Report on Surveillance. <https://apps. who.int/iris/bitstream/handle/10665/112642/9789241564748_eng.pdf>

Wright RJ (2011) Epidemiology of stress and asthma: from constricting communities and fragile families to epigenetics. *Immunology and Allergy Clinics of North America* **31**, 19-39. doi:10.1016/j.iac.2010. 09.011

Wu HQ, Liu ZG, Gao B, Li M, Ran PX, Xing M (2007) Localization of Per a 3 allergen in the gut and faecal pellets of the American cockroach (*Periplaneta americana*). *International Journal of Immunogenetics* **34**, 347–351. doi:10.1111/j.1744-313X.2007.00697.x

Xue F, Lefu Y, Feng G (2009) Habitat influences on diversity of bacteria found on German cockroach in Beijing. *Journal of Environmental Sciences (China)* **21**, 249–254. doi:10.1016/S1001-0742(08)62259-7

Zarchi AAK, Vatani H (2009) A survey on species and prevalence rate of bacterial agents isolated from cockroaches in three hospitals. *Vector-Borne and Zoonotic Diseases (Larchmont, N.Y.)* **9**, 197–200. doi:10.1089/vbz.2007.0230

Zurek L, Schal C (2004) Evaluation of the German cockroach (*Blattella germanica*) as a vector for verotoxigenic *Escherichia coli* F18 in confined swine production. *Veterinary Microbiology* **101**, 263–267. doi:10.1016/j.vetmic.2004.04.011

第3章
生物学，栄養学，生理学

Arthur G. Appel

はじめに

ゴキブリは，*Blattella* 属およびチャバネゴキブリ *Blattella germanica*（Roth 2003）と *Blattellidae* を含む，5つの科をもつ *Blattella* 目（Triplehorn & Johnson 2005）または *Dictyoptera* 目（Atkinson *et al.* 1991; Roth 2003）に分類されている．近縁の等翅目またはシロアリ目は，以前は独自の目と考えられていた．より最近の徹底的な分子構造研究により，シロアリとゴキブリ科クリプトセルシダエ（Cryptocercidae）は姉妹群であり，このクレード（clade）はブラットデア（*Blattodea*）内に巣を作っていると結論付けている（Inward *et al.* 2007; Bourgugion *et al.* 2018）．これらの最近の研究はまた，ゴキブリには8科があり，*Blattellidae* は *Ectobiidae* に変更されるべきであるとの結論付けられている（Melvill 1982; Beccaloni & Eggleton 2013; Tang *et al.* 2019）．

チャバネゴキブリは，チャバネゴキブリ科チャバネゴキブリ属の最もよく知られた，広く分布している仲間である．この属には現在54種が記載されている（Wang *et al.* 2010; Beccaloni 2014）．この本のテーマはチャバネゴキブリであるが，*Blattella* 属間の類似点と相違点のいくつかを理解することで，チャバネゴキブリがどのようにして，なぜこれほど重要な家庭害虫となったのかがあきらかになるかもしれない．

他の *Blattella*，特にオキナワチャバネゴキブリ（*Blattella asahinai*），*Blattella brissignata*（Brunner）およびヒメチャバネゴキブリ（*Blattella lituricollis*）（Walker），および野外ゴキブリ（*Blattella vaga*）は広く分布しているが，屋内生息種ではなく屋外生息種である．アジアでは，アンダマン諸島，ビルマ，中国，インド，スリランカ，タイを含むアジアに生息する（Roth 1995）．それはフロリダ州全域，アラバマ州とジョージア州の一部，さらにアメリカのノースカロライナ州とサウスカロライナ州に生息し，テキサス州全域では，重要な家庭周辺の害虫となっている（Austin *et al.* 2007; Snoddy & Appel 2008）．同様に，*Blattella liturcollis* は日本，琉球列島，ハワイでは半家住性害虫となる可能性があり，*Blattella bisignata* は東南アジア全域で発生している．これらの種はすべて，Roth（1985）によって記載されたGermanica 種グループに属している．

この種のグループのオスの成虫は，腹部ターガル腺（tergites）の7と8の両方にターガル腺（tergal glands）（特殊化）が存在し，非対称の生殖器下プレート，およびサイズが不均一であるというスタイル（図3.1）によって特徴付けられている．野

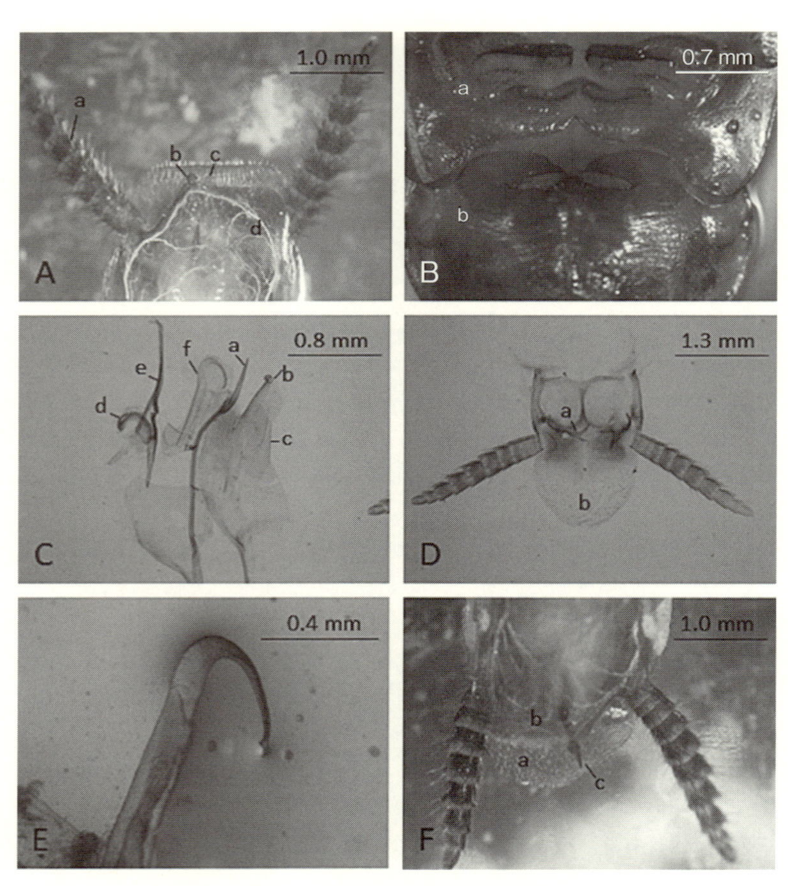

図3.1　チャバネゴキブリのオス成虫．（A）後腹部の背面図（a＝尾毛（尾角）；b＝左スタイル；c＝右スタイル；d＝生殖器下プレート）．（B）腹部（a＝第7節；b＝第8節）．（C）生殖器（a＝生殖器ファロメア L2；b＝左スタイル；c＝生殖器下板；d＝生殖器ファロメア R2；e＝生殖器ファロメア R3；f＝生殖器ファロメア L3 の鉤状強膜）．（D）後腹部の腹面図．（D）後腹部腹面図（a＝副腹板；b＝肛門上板）．（E）生殖器ファロメア L3 の鉤状硬膜．（F）後腹部の背面図（a＝肛門上板；b＝生殖器下板；c＝生殖器ファロメア L2）［出典：Roth 1985］

外ゴキブリも，アメリカ南西部とメキシコ北西部の屋外と推定家住性であるが，最近アラバマ州沿岸からも報告されている（Jeon *et al.* 2018）．アフガニスタン，インド，イラン，パキスタン，スリランカでも見ることができる（Roth 1985）．*Blattella vaga* は，ビリガタ（*biligata*）種の仲間であり，そのオス成虫は腹部の第7テグナイト（tegnite）のみにある腺と，よく似たサイズのスタイルを特徴としている．オキナワチャバネゴキブリ，*Blattella brissignata*，ヒメチャバネゴキブリのメス・オス成虫は容易に飛翔し，メス成虫は卵鞘を付けて飛翔することも可能である．*Blattella vaga* も飛ぶが，気温30℃を超えた場合に限られる．夜間に白熱灯に引き寄せられて飛来し，家屋やその他の建造物に侵入することがある．これらの *Blattella* 属はすべて家の中で見つかったが，室内では定着はしない．おそらく，乾燥した室内環境と，水が少ないこと，および湿った落葉がないことが，他の *Bllattella* 種が定着しないことに寄与している可能性がある．チャバネゴキブリは，ほぼ屋内で生息する害虫であり，屋外ではほとんど見ることはできない（Appel & Tucker 1986）．

ライフサイクル

チャバネゴキブリは不完全または漸変態をする．ゴキブリには，卵，幼虫，成虫の3つの発育段階がある．卵は卵ケース（egg cases）と卵鞘（oothecae）に包まれて保護されており，孵化するまで，またはその直前までメスが保持している．メスは20～30日間（24～33℃〔Gunnl, 1935年〕）卵鞘をもち，非常に動きやすいため，発育中の子孫のために抱卵条件を選択し，保持している．すべてのステージのものは，出没するアパートのキッチンで頻繁に発見されるが，おもに食料資源が豊富にあり，暖かいストーブや冷蔵庫の近くで見つかる（Metzger 1955; Appel 1998; Chapter 8）．全体として，チャバネゴキブリの生活環は，幼虫の発育が約60日，卵鞘の産卵前期間が10日間で完了する（Roth & Mullins 1955）．産卵と卵鞘の形成が始まり，体から突き出し，卵が孵化するまでの期間は20～30日である（Gunn 1935; Roth & Mullins 1995）．ただし，温度と資源によって，推定値が大幅に変わる可能性がある．

卵期間

殺虫剤を処理したり，卵鞘を保持したまま死んだメスからも沢山の幼虫が孵化することがある．多くの孵化1令幼虫と死亡した妊娠中のメスが，粘着トラップに捕まっているのを見つけることはよくある．

卵鞘は長さ約8 mm，高さ約3 mm，幅約2 mm（Tanaka 1976）で，卵の前部の真上に長さに沿って縫い目（キール；竜骨）が存在する．1卵鞘あたりの卵の数は約20

〜40 個で，メスの年令，何度目の卵鞘か，系統などによって異なる（Ross & Mullins 1995）．卵鞘あたりの平均卵子数は，第1卵鞘と第2卵鞘では40個で，その後は減少する．竜骨はニンフが逃げ出す開口部として機能し，ガス交換期間の孵化のための開口部を提供している（Lawson 1951）．チャバネゴキブリの胚発生は，細胞分裂，生殖帯の形成，付属器の形成，分節化を含めて Ross and Mullin（1995）によってまとめられている．Tanaka（1976）は，胚発生の13段階について説明している．卵鞘の突出から卵が孵化するまでの期間は20〜30日で，温度に依存する（Gunn 1953; Ross & Mullins 1995）．卵鞘上の濃い緑と青線の存在は，卵鞘が1週間以内に孵化することを示している（Clayton 1959）．

幼虫期間

いくつかの研究は，チャバネゴキブリは6令を経過することを示している（Woodruff 1939; Koehler *et al.* 1994）．しかし，別々に調べた場合，オスは5令，メスは5令か6令であった（Ross & Cochran 1960; Tanaka & Hasegawa 1979; Keil 1981; Kunkel 1981）．6令メスは成虫と同じくらいの大きさで，産卵のためより多くの蓄え（resources）をもっている可能性がある（Keil 1981）．一般に，オスの幼虫（nymph）はメスよりも細いが，メス・オスは，初期（1令と3令）では腹部第9胸骨の切痕の有無（オス）によって明確に区別できる（Ross & Cochran 1960）．その後の令では，メスには露出した腹部胸骨が7つあるように見えるが，オスには9つある．5令になると，オスはより早く性的成熟に達し，おそらく交尾の機会は増加する．環境要因によって，生殖を最大化するさまざまな令数が選択される場合もあります。追加の令は，CO_2への曝露（Brooks 1957; Tanaka 1981, 1985），低温（Tsuji & Mizuno 1972），不十分な食餌，および怪我（Semans & Wooddruff 1939; Tanaka 1939; Tanaka *et al.* 1987）によって誘発される可能性がある．

幼虫の翅裏や個体群の他のメンバーが損傷すると，コロニーが発生を制御するので，組成を制御できる可能性がある．令を確定することは，個体群動態を正確に推定するために重要である．成虫は，異なる行動，食べ物の好み，環境条件に対する耐性をもっている可能性がある．チャバネゴキブリの令数を推定する方法はいくつかある．伝統的な方法には，体の長さと幅，頭蓋骨（head capsule）の幅（Murray 1976），および特定の四肢の長さの測定が含まれる．これらの高度に硬化した構造の測定の場合，次の令で一定の成長率によってサイズが増加するというブルックス・ダイアー規則（Brooks-Dyar Rule）が使用される（Brooks 1886; Dyar 1890）．より大きな昆虫を直接測定することは難しくはない．しかし，1令および2令のチャバネゴキブリのような小さな昆虫は問題である．リングの数，つまり年輪の数である．ゴキブリでは令を推定するために尾毛，尾角（cercus）が利用される（Murray 1967; Chapman 1998）．幼虫が成長するにつれて，脱皮のたびに1組の環（annuli）を獲得する．1令のチャバネゴキブリは背側耳環（cercal annuli）を3つ，2令ゴキブリは6つもつが，通常，2令以降の脱皮ごとに1つの環が得られる（Murray 1967；Tanaka & Hasegawa 1979）．背側耳環を数えるのが最も正確であるが，これらの構造は小さいため，適切な照明と拡大鏡がなければ見るのは困難である．令数を推定するには体長を測定する方が簡単であるかもしれない．Ross & Cochran（1960）は令を決定するための推定体長を示している．メス・オスを合わせると，1令は2.8〜3.0 mm，2令は4.3〜4.7 mm，3令は5.2〜6.0 mm，4令は6.6〜8.2 mm，5令は8.5〜10.4 mm，6令は10.6〜13.5 mm である．

Peterson *et al.*（2019）は，オキナワチャバネゴキブリの前胸板（pronotum）とセルカル環（cercal annuli）の数をデジタル測定法で，この種の令数を推定している．彼らはブルックス・ダイアー規則法則に依存するのではなく，ベイジアン・ガウス混合モデル（bayesian gaussian mixture models）を使用して令を分離した．モデルは，すべてのコンポーネント（令グループ）が多変量正規分布からのものであると仮定した．このアプローチは，Wu *et al.*（2013）によって *Blaptica dubia* の令数を決定するために使用され，成功している．Peterson *et al.*（2019）は，*Blaptica dubia* の変令数（variamle）を発見した．Peterson *et al.*（2019）は，オキナワチャバネゴキブリの令数が可変であることを発見している．ほとんどのオスは6令であるが，中には5令または7令の個体も存在し，メスはおもに6令，場合によっては7令であった．チャバネゴキブリについては，同様の詳細な現代的な分析と令決定は行われていない．

チャバネゴキブリ幼虫の発達は，社会的相互作用（social interaction）の影響を受ける．特にチャバネゴキブリの若令幼虫は非常に良く集合する（Metzger 1995）．他のチャバネゴキブリとの物理的な接触は，幼虫の発育を促進する（Willis *et al.* 1985）．生殖の成熟も集合によって加速される（Uzsak & Schal 2012, 2013）．集合はまた，体温調節だけでなく，交尾相手の位置や捕食者の回避をも促進し，水分の損失を減らす可能性もある（Wada-Katsumata *et al.* 2015）．個体とその排泄物が近くにあることも食糞（coprophagy）を助ける可能性があり，若令幼虫に利益をもたらすことが示されている（Koponic *et al.* 2001）．

令間の発育期間（stadia）は，温度によって変化するが，令が上がるにつれて増加した（Ross & Mullins 1955）．27〜30℃で飼育した幼虫の場合，第1令は5.6〜5.8日，第2令は5.2〜6.3日，第3令は6.4〜7.3日，第4令は7.6〜9.8日，第5令は9.0〜10.7日，第6令は11.0〜14.3日（Willis *et al.* 1958；Woodruff 1938,1939）．第7令目があれば，13〜15日であった（Willis *et al.* 1958）．

Wada-Katsumata（2015）は，チャバネゴキブリの集合行動は，昆虫によって生成される内因性化合物（endogeneous compounds）と糞便に含まれる化合物という少なくとも2種類の化学的手がかりによって媒介されることを示した．クチクラの炭化水素は集合を促進すると考えられていた（Rivault *et al.* 1998）．しかし，より最近の研究ではこの主張に重大な疑問が投げかけられている（Hamilton *et al.* 2019）．唾液分泌物は集合を分散させた（Ross & Tignor 1985）．糞便はチャバネゴキブリのすべての生活段階で誘引と定着を引き起こした（Ishii & Kawahara 1968; Sakuma & Fukami 1990）．Wada-Katsumata（2015）は，チャバネゴキブリの糞便中の集合フェロモンには，腸内の微生物群集によって生成される40種類の揮発性カルボン酸が含まれていることを発見している．腸内微生物叢は生息環境を反映するため，糞の集合フェロモンの違いがコロニー特有の臭気をもたらし，潜伏場所に忠実に戻ってくる理由となる可能性があるとの仮説を立てている．

成虫段階

チャバネゴキブリ成虫は体長13～16 mm，色は茶色から黄褐色で，腹部の後部までまたはそれを超えて伸びている翅と，長い触角とカーソル状の脚をもっている（図3.2）．それらは通常，前胸板上の2本の黒い平行な縞によって識別される．オス成虫はメスより細く，腹部は端に行くに従って狭くなる．メス成虫はオス成虫よりも幅が広く，厚みがあり，その腹部は端で大きく湾曲しており，狭くならない．オス，メスともに尾毛をもっている．

チャバネゴキブリ成虫の大きさと色の違いは，野外系統と実験室系統の間で簡単に判別できる．通常，フィールド系は，より小さく，明るい色の実験室株よりも大きく，茶色またはオリーブ茶色に見える．バルーン・ウィング（balloon wing），黒，オレンジ，黒色×オレンジ，黄色などの体色と形状の変異体もいくつか存在する（Ross & Cochran 1975）（図3.3）．これらの突然変異は水分バランスに影響を与える（以下を参照）．色と形の変異体はチャバネゴキブリの遺伝学と遺伝子発現の研究で興味深いものであるが，生態学や応用研究にも役立つ可能性がある．ゴキブリは一般に，個体判別用のラベルをに作成したり，付けることは難しいため，検出しやすい体色は，生息サイズと移動を推定するマーク・リリース研究に役立つ．たとえば，AkersとRobinson（1981）は，アパート間の移動を研究するために，黒色のチャバネゴキブリをゴキブリが出没しているアパートに放している．彼らはのちに，野外種が実験室で測定された黒体株や殺虫剤感受性種よりも多く移動することを発見し，株間の差異を考慮した補正係数を開発できる可能性があることを示唆している（Akers & Robinson 1983）．

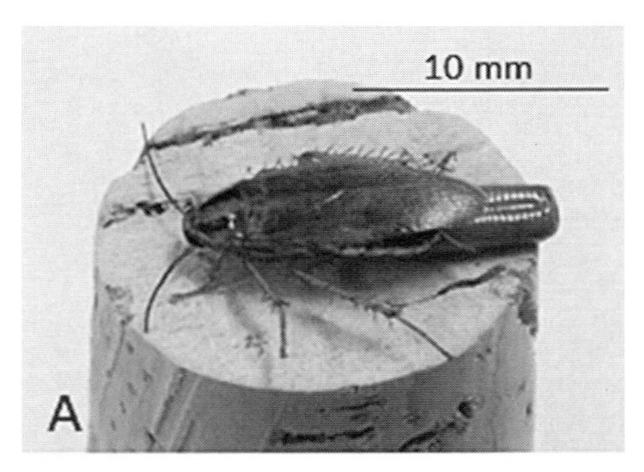

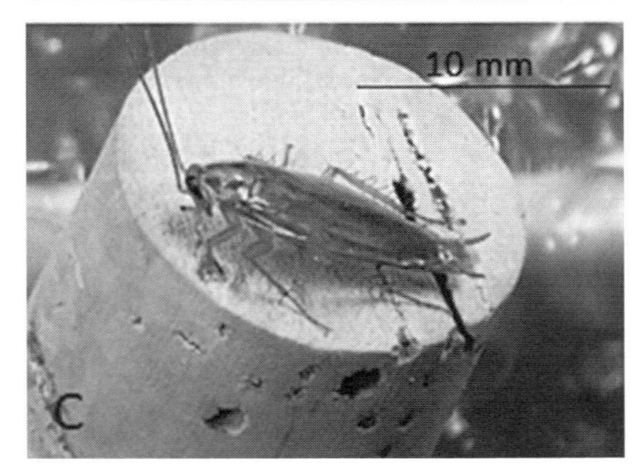

図3.2　チャバネゴキブリの成体．（A）卵巣をもつメス．（B）妊娠していないメス．（C）オス

図 3.3　チャバネゴキブリの体色と体型変異体．成体のオスを示す

Wu と Appel（2017）は，野外で収集された殺虫剤抵抗性株と感受性株 6 株の体重を報告した．この株は元々 1970 年代にオーランド標準系統に由来し，バージニア工科大学，カリフォルニア大学ロサンゼルス校，カリフォルニア大学リバーサイド校で飼育されたあと，1985 年からオーバーン大学で飼育されている．この系統は殺虫剤による選択を行わずに 50 年以上実験室で培養されてきた．この殺虫剤感受性系統のものは，生後 2〜3 週間のオス成虫の平均体重は 47.2 ± 4.4 mg であった．同様の令の野外収集株（実験室で 11〜14 世代飼育）の重量は，H 株の 48.1 ± 5.5 mg から D 株の 57.0 ± 3.1 mg の範囲であった．この系統株の体重と，評価された殺虫剤抵抗性比の間には相関関係はなかった．この重量の最大 9 mg までの違いは，殺虫剤の有効性だけでなく，摂食や資源の利用にも影響を与える可能性がある．

統計的に，正確な行動，毒物学，生理学的研究のために多数のゴキブリを入手するには，何世代にもわたりコロニーを増やす必要がある．殺虫剤抵抗性に対する近親交配の影響の可能性は，Cochran（1994）によって取り上げられている．Cochran（1994）は殺虫剤抵抗性遺伝子の頻度を使用して，18 の近交系殺虫剤抵抗性株の 22% が抵抗性遺伝子頻度の低下を示し，78% の株が同じかまたは増加した遺伝子頻度をもっていることを発見している．Wang ら（2006）はまた，実験室で選択された近交系の殺虫剤抵抗性はいくらか回復したが，6 世代後も有意な抵抗性レベルが残っていることを発見している．

生息数の増加

チャバネゴキブリの成虫は，脱皮してから生殖能力をもつようになるまでに3〜6日かかる．オスはメスよりも早く成熟する．交尾行動は揮発性フェロモンと接触フェロモンによって触発されるが，これは第6章で詳しく説明されている．交尾は1回または繰り返し行われるが，結果5〜8個の卵鞘と合計200〜250個の卵が産生される（Cochran 1979）．一般に，メスは最初の卵鞘ができる前に一度を交尾し，その後，再び交尾する場合としない場合がある．14日以内に交尾しないメスは，未受精で生存不可能な卵が産まれる卵鞘を生成する（Roth 1970）．交尾と産生は，温度だけでなく，ストレスや殺虫剤の亜致死効果にも影響を受ける（Abd-Elghafar & Appel 1992）．

一般に，殺虫剤抵抗性昆虫は感受性株よりも適応性が低いと考えられている．この適応度は体のサイズが小さくなるという形を取る可能性があり，生殖生産量の減少につながる．たとえば，Wangら（2004）は，行動的に抵抗性のある株（Cindy）が，感受性のある実験室株（JWax）や野外収集株（Dorie）より著しく小さい卵鞘を産生し，卵の数が少ないことを発見している．彼らは，生殖適応度コストが殺虫剤抵抗力と関連していることを示唆している．一方，AngとLee（2011）は，実験室で7年間飼育された殺虫剤抵抗性チャバネゴキブリにはフィットネス・コストが存在しないと報告した．WuとAppel（2017）は，実験室感受性系統（オーランド標準由来）のチャバネゴキブリのオス成虫は，野外で収集され，実験室で殺虫剤抵抗性のあるいくつかの系統から採取されたチャバネゴキブリのオスよりも有意に軽いことを発見した．フィプロニル，イミダクロプリドが1番目で，2番目にペルメトリン抵抗性種は感受性種より軽かった（〜21%）．

チャバネゴキブリのライフサイクルと発育は温度によって異なる．孵化したばかりの1令虫は10℃で保管するとそれ以上発育しないが，平均13.4日生存した．15℃では，1令虫は40.7日間生存するが，脱皮はしなかった（Peterson未発表データ）．1令から成虫までの発育には，20℃で約86.2日，25℃で41.3日，30℃で31日かかるが，Xuら（2017）は，36℃で発育に約35.8日かかり，それ以上発育しないことを発見し，40℃ではすべての個体が死亡した．36℃で発育したすべての成虫には痕跡の翅があり，交尾も生殖もできなかったと報告している．したがって，発育できる温度の範囲は約20〜35℃の間であると考えられた．Stejskal *et al.*（2003）はまた，21，24，27，および30℃でのチャバネゴキブリの発生を調査した．彼らは，発育下限値は16.2℃であり，幼虫が成虫まで発育するには93.3度日（℃）を必要とするとした．これらの温度・発育研究はすべて，一連の一定温度で実施された．家庭用や業務用キッチンであっても，チャバネゴキブリは常に一定の温度であることを経験するとは考えられないが，環境内で好みの温度に簡単に移動することはできる．温度が変動する環境での研究では，一定温度の研究とは異なる温度×日数モデルパラメータが得られた（Hagstrum & Milliken 1991）．彼らは17の系統の種を用いて，同じ手段で変動する温度よりも，一定温度での発育期間は一般に25～30℃以上では短く，この範囲以下では長くなると結論付けた．

温度は，卵鞘を生み出す間隔にも影響する．この期間は30℃で20～22日，21～25℃で35～41日の範囲であった（Ross & Mullins 1995），

しかし，温度が低い場合はもう少し長くなりそうである．生きている卵鞘の数は，生存可能な卵の数，同時に孵化する幼虫の数，卵鞘のサイズによって影響される．孵化したニンフの数が不十分な場合，卵鞘は閉じたままとなり，すべてのニンフが死んでしまう．殺虫剤感受性系統種によって産生される卵鞘の平均数は4.7～7.6の範囲であるが，生まれてくる卵鞘の数は4.4～5.9の範囲であった（Ross & Mullins 1995）．温度は連続する卵鞘間の期間にも影響する．この期間は，30℃では20～22日，21～25℃で35～41日の範囲であったが（Ross & Mullins 1995），温度が低い場合はさらに長くなる可能性がある．一般にメスの成虫はオスよりも長生きする．具体的な推定値は，気温，資源，個体数によって異なる．ただし，メスは140～280日生きるが，オスは90～140日生きる．殺虫剤に感受性のある成虫は，殺虫剤抵抗性種より約10～20% 長く生きる（Appel 未発表）．

個体の成長と発達と同様に，チャバネゴキブリ個体数の成長は温度に大きく依存する（Ross & Mullins 1995）．この種は世代が重複しており，一般にすべての段階の性比は1：1であった．捕獲や視覚的な計数による個体数の監視は，チャバネゴキブリ個体数を評価するための重要なツールである（第8章）．モニタリング方法は特定のステージでは偏っている可能性があるが，既知であれば考慮することができる．個体群における幼虫と成虫の比率を理解することは，個体群が急速に増加する可能性を評価するうえで重要である．成虫の割合が高いということは，個体数が劇的に増加する準備ができていることを示しているが，おもに幼虫の個体数は成長が制限されていることも示している．また，高い割合で成虫が捕獲されているということは，生息地が飽和状態にあり，ゴキブリが新たな地域に移動していることを示している可能性もある．適切な資源があれば，チャバネゴキブリの個体数は指数関数的に増加する．指数関数的な個体群の増加は，実験室（Reid 1989）および野外個体群研究（Ross *et al.* 1984）で実証されている．

食餌と栄養

食餌と採餌行動

チャバネゴキブリは一般に夜行性であると考えられており，日中は明るい場所を避ける．食物と水を求め，暗期（光周期の暗い部分）に交尾行動を示す．彼らは，明るい時期には，光から離れた亀裂，裂け目，空洞などの見えないところで生息している．これらの暗い潜伏場所には通常，フェロモンを含んだ糞，脱皮殻，その他の残骸が散乱している．これらの物質は敏感な人にとって非常にアレルギー誘発性が高く，喘息の発生率の上昇と正の相関がある．一日中採餌することができるが，摂食および飲水活動のピークは暗期に入ってから2時間以内に起こる（Silverman 1986）．チャバネゴキブリは，鶏から果物に至るまでの人間の食品に加え，固い石鹸，紙，書籍，皮革，特に乾燥したペットフードを食べることが観察されている．摂食活動は，衣服や家具に損傷を与える可能性があり，テレビやCDプレーヤーなどの電子機器内にチャバネゴキブリが存在すると，ショートや火災さえも引き起こす可能性がある．

栄養分の要求量

昆虫の基本的な栄養要件には，適切なレベルのタンパク質（アミノ酸），脂質，炭水化物が含まれる．アミノ酸は酵素，構造タンパク質，受容体分子を形成する．さらに，アミノ酸は色素形成，硬化，神経伝達物質にとって重要である．プロリンは，いくつかの種の光代謝のための重要なエネルギー源である．脂肪酸，リン脂質，ステロールの形の脂質は，すべての細胞膜と基底膜の重要な構成要素であり，防水性のクチクラ炭化水素，ワックス，グリースとしても重要である．昆虫は一般に，ホルモン（たとえば，マウントホルモンである20-ヒドロキシエクダイソン）の生成に重要なステロールは合成できない．したがって，ステロールは食餌の必要条件となっている（Chapman 1998）．最後に，単糖（simple sugars），デンプン，その他の多糖類（polysaccharides）を含む炭水化物は重要なエネルギー源である．炭水化物は変換されて脂質として保存されたり，アミノ酸の合成に使用される．炭水化物はまた，構造的にも使われている．グルコースに由来するN-アセチルグルコサミンの長鎖ポリマーであるキチン質は，昆虫の外骨格の主要成分である．ほとんどの昆虫は一部の栄養素を相互変換できるが，これらの反応には代謝コストがかかる可能性がある．基本的な栄養要件に加えて，多くの昆虫は特定のビタミンやミネラルを必要とする．

アスコルビン酸（ビタミンC）とビタミンBは一般的な水溶性ビタミンで，ビタミンA複合体とEは一般的な脂溶性ビタミンである．銅，鉄，モリブデン，マグネシウム，亜鉛イオンなどのミネラルが補酵素（coenzymes）として必要である．多くの細胞活動において（Gordon 1959），カルシウム，塩化物，リン酸塩，カリウムもイオンバランスと神経伝達に必要である．

栄養素の必要量は，活動，発育，生殖によって変化する．したがって，生涯の各段階で必要な栄養素を摂取するには，適切な食餌を選択することが重要である．Waldbauer *et al.*（1984）は，オオタバコガ（corn earworm）の幼虫が発達を最適化する食餌を自己選択し，その結果，食物の全体的な利用が優れ，消化された食物のバイオマスへの変換が最も高くなるということを実証している．栄養素の自己選択は，アリ（Dussutour & Simpson 2009; Cook *et al.* 2010），カブトムシ（Waldbauer & Bhattacharya 1973; Soares *et al.* 2004），ゴキブリ（Cohen *et al.* 1987），ハエ（Cangussu & Zucolot 1995），バッタ（Simpson *et al.* 1990），シミ（DeVries & Appel 2014），蛾（Waldbauer *et al.* 1984）を含むいくつかの昆虫グループで研究されている．これらの種の大部分は草食動物（herbivores）である．これらの多様な種はすべて，あきらかに食餌を選択し，バランスをとることができた．

ゴキブリの食性の好みと栄養素の自己選択に関する研究は比較的少なく，チャバネゴキブリについてはさらに少ない．Kells *et al.*（1999）は，出没したアパートから新たに収集したチャバネゴキブリを使用して，野外個体群の栄養状態を推定するために，尿酸（uric acid）含有量と呼吸商（respiratory quotient）を調べた．研究者らは，チャバネゴキブリは7〜9% のタンパク質と同割合の脂肪と炭水化物を摂取していると結論付けた．ネズミ用の餌で飼育されたゴキブリの推定タンパク質（dietary protein）は24% であった．この研究の意味するところは，野外のチャバネゴキブリの食物は最適とはいえず，生理的ストレスや繁殖の減少を引き起こす可能性があるということがわかった．Cohn ら（1987）は，チャオビゴキブリ（*Spella longipalpa*）を使用して，幼虫全体がカゼイン：グルコース比の 15.5：85.4 からなる食餌を選択していることを発見している．しかし，各ステージの初期段階では炭水化物の摂取量が多くなり，各ステージの終了までに徐々にタンパク質の摂取量が等しくなることも判明した．Hamilton ら（1990）は，チャオビゴキブリにさまざまなレベルのタンパク質の餌を与えたときの寿命（longevity），繁殖力（fecundity），摂食活性（feeding activity）を比較した．その結果，5% のタンパク質を与えて育てられたメスは 132.2 日生存し，メス1匹あたり合計 66 匹の幼虫を産んだのに対し，65% のタンパク質を与えられたメスは 26.6 日しか生存せず，子孫も残さなかったことが判明した．ラットの餌（粗タンパク質 23%）とタンパク質 25% を含む実験室用餌では，メスの寿命はそれぞれ 110.3 日と 118.7 日となった．これらの食餌では，メスあたり 119.8〜126.4 匹の幼虫が発生した．また，5% のタンパク質を与えられたメスは，25% のタンパク質またはラットの餌を与えられたメスよりも，最初の卵鞘を形成するのに長い時間を要した．したがって，タンパク質が少なすぎる，または多すぎる食餌は，チャオビゴキブリの生涯と生殖に影響を与える．

自己で選択できる（self-selected），カゼイン：スロースが 25：75 の餌で，ブラベリ科のマディラゴキブリ（*Rhyparobia madera*）の場合について報告されている（Cohen 2001）．Gordon（1959, 1968），Jones と Raubenheimer（2001）Jensen ら（2015）で，いずれもチャバネゴキブリは他のゴキブリと同様の餌（タンパク質：炭水化物のタンパク質の比が比較的低い）を好むと結論付けている．Hamilton と Schal（1988）は，規定の餌を使った実験で，チャバネゴキブリに低タンパク質の餌（5%）を与え，餌の摂取量を増やすことで補正し，正常に繁殖することを発見した．高タンパク質（65%）食により，交尾前にメスの約 25% が死亡し，メスの成熟が遅れ，交尾が減少し，卵鞘あたりの卵の数が減少（約 40%）したとしている．別の研究で，Cooper と Schal（1992）は，市販の乾燥動物飼料を与えられたチャバネゴキブリの発育と繁殖を比較している．

彼らは，ネズミ用の餌を丸ごとまたは粉砕した餌を与えられた幼虫は，ドッグフードを与えた幼虫よりも早く発育することを発見し，ゴキブリの発育研究におけるばらつきの多くは，飼育食の違いに起因する可能性があることを示唆している．おそらく現場で入手ができないため（Kells *et al.* 1999），タンパク質の消費量が比較的低いにもかかわらず，アミノ酸と尿酸の形でタンパク質が貯蔵され，ゴキブリ間で移動される．成虫のチャバネゴキブリのオスは，求愛中に三肢腺（Tagal glands）から分泌されるアミノ酸をメスに与える．オスは交尾後に尿酸塩も伝達するが，これらの化合物は子孫への投資として機能する．これらの戦略により，オス成虫は食餌により高いレベルの窒素とタンパク質を必要とする（Hamilton & Schal 1988; Jensen & Silverman 2018）．この食餌要件およびその他の食餌要件は，開発段階または特定の餌の配合の基礎として使用できる可能性がある．

マイクロバイオーム

マイクロバイオーム（microbiome）は，共生細菌，寄生細菌，真菌，線虫などからなる微生物の複雑なコミュニティで構成されている．ゴキブリでは，マイクロバイオームには，水平伝播する微生物と線虫，および垂直伝播する共生生物が含まれている（Kakumanu *et al.* 2018）．これらマイクロバイオームはゴキブリの食餌によって調節されており（Bertino-Grimaldi *et al.* 2013），昆虫の病原性真菌（Zhang *et al.* 2018）や線虫（Vicente *et al.* 2016）に対する宿主防御の役割を果たしている可能性がある．さらに，これらの微生物，特にブラッタバクテリウム（*Blattabacterium* 属）は，尿酸代謝，アミノ酸生成および窒素循環（Kakumanu *et al.* 2018），ならびに糞の集合フェロモンの生成（Wada-Katsumata *et al.* 2015）に関与している．ゴキブリにとってマイクロバイオームの重要性は，微生物の移動を促進する凝集や食糞などの行動をもたらしたと考えられている．

水との関係および呼吸パターン

体内の水分は，クチクラ（cuticle），組織，および血液リンパに分布している．昆虫は，血液リンパ（hemolymph）と唾液の貯留量（salivary reservoirs）を減らすことで，体内の水分が大幅に失われても生き残ることができる．体内の水分含量を減らすと，細胞を結晶化し破壊する可能性のある水の量が減少するため，凍結耐性が高まる（Edney 1977）．冬に適応したオキナワチャバネゴキブリの水分含量は，夏に適応した個体よりも約15% 低い（Appel 未発表）．ほとんどの昆虫種の体内の総水分含量は45〜85.2% の範囲であるが，一般的には60〜70% のものが多い（Edney 1977; Studier & Sevick 1992; Hadley 1994）．チャバネゴキブリの場合，体の全水分の割合は，メス成虫の66.8% から雄成虫の72% までの範囲であるが，幼虫は70.6〜71.6% の水分をもっている（Appel *et al.* 1983; Appel 1993,1995）．体内の水分含量と殺虫剤抵抗性（クロルデン，クロルピリホス，シペルメトリン）あるいは感受性との間には関係がなかった．チャバネゴキブリ変異株のいくつかの体色のオス成虫の体内水分含量を調べたところ，体水分量は黄色体株系の68.4% からバルーン翅系の74.7% までの範囲であった．濃い色の系統（黒色の系統，および黒色×オレンジの系統）は，明るい色の系統（オレンジ色の系統および黄色の系統）よりも水分の含有量が少なかった（Appel & Tanley 1999）．

チャバネゴキブリは比較的乾燥に強く，クチクラの透過性値は約20 μg cm^{-1} h^{-1} mmHg^{-1}（Appel *et al.* 1983）で，これは，トノサマバッタ（*Loctus migratoria*）やムチサソリ（*Mastigoproctus giganteus*）（Edney 1977）などの，乾燥地と湿地（xeric-mesic）に適応した他の節足動物に類似している．濃い色の系統（黒および黒×オレンジ）は，明るい色の系統（オレンジおよび黄色）よりもクチクラの透過性は低い（Appel & Tanley 1999）．野外ゴキブリは，半砂漠地帯に生息しているにもかかわらず，同様の表皮透過性をもっている（Appel *et al.* 1983）．ただし，この種は灌漑畑の湿った土壌の亀裂でよく見かける．Asian cockroach は，チャバネゴキブリや野外ゴキブリと比較して，はるかに高い表皮透過性値で，ほぼ40 μg cm^{-1} h^{-1} mmHg^{-1}（Thompson 未発表）をもっている．*Blattella bisignata* およびヒメチャバネゴキブリを用いた予備実験では，これらの種もチャバネゴキブリや野外ゴキブリよりもクチクラ透過性が高いことが示されている．水分の損失を減らす能力があるとしても，チャバネゴキブリは自由に水を入手する必要性がある．乾燥した餌を与えられ，水なしで飼育されたオス成虫の寿命は9日未満である（Willis & Lewis 1957）．

ゴキブリを含む昆虫類は，おもに表皮（cuticle）を通して，また呼吸，排泄，生殖，排便を通して水分を失う．呼吸器水分損失の減少をもたらすことができると提案された方法の1つは，不連続ガス交換パターン，つまり不連続ガス交換サイクル（DGC＝Discontinuous gas exchange cycle）水の採用である（Kestler 1985; Hadley 1994; Lighton 1996）．DGCは一般に3つの段階で構成される：外部とのガス交換がほとんど起こらない気門閉鎖段階（closed-spiracle phase），気門が急速に開閉し，対流と拡散によってガスが通過できるようにする翅ばたき気門フェーズ（fluttering phase）．そして最後に，蓄積されたCO_2が気管系から排出される気門開放段階（open phase）である．DGCは，サイクルの閉鎖相およびフラッター相で失われる水分がほとんどないため，呼吸による水分損失を軽減すると考えられている．

ガス交換のDGCパターンは，3つのゴキブリ科（*Battidae*科，*Ectobiidae*科，*Blaberidae*科）から報告されている（表3.1）．調査された数少ない種の大部分は，熱帯または亜熱帯起源のものである．また，いくつかのシロアリ種には少なくともサイクルガス交換パターンがあるという証拠もある（Shelton & Appel 1999, 2000a, 2001a, b）．

Dinghaら（2005）は，チャバネゴキブリの成虫のオスの殺虫剤抵抗性株と感受性株のDGCを5～35℃の7つの温度で調査している．彼らは，オスのほぼ63％が10

表3.1　ガス交換のDGCパターン（不連続ガス交換）を示すゴキブリ科

科	種	参考文献
ゴキブリ科	ワモンゴキブリ（*Periplaneta americana*）	Kestler（1985, 1991）； Machin *et al.*（1992）
	クロゴキブリ（*Periplaneta fuliginosa*）	Appel（未発表）
	トウヨウゴキブリ（*Blatta orientalis*）	
チャバネゴキブリ科	チャバネゴキブリ（*Blattella germanica*）	Dingha *et al.*（2005）
	オキナワチャバネゴキブリ（*Blattella asahinai*）	Appel（未発表）
オオゴキブリ科	*Perisphaeria* spp.	Marais & Chown（2003）
	マダガスカル・ヒッシング・ゴキブリ（*Gromphadorhina portentosa*）	Heinrich *et al.*（2013）； Vrtar *et al.*（2018）
	Lobster cockroach（*Nauphoeta cinerea*）（Olivier）	Bartrim *et al.*（2014）
	Beetle cockroach, Diploptera punctate（Eschscholtz）	Appel（未発表）
	ブラジルゴキブリ（*Blaberus giganteus*）*	Bartholomew & Lighton（1985）
	テーブル・マウンテン・ゴキブリ（*Aptera fusca*）（Thunberg）	Groenewald *et al.*（2013）

＊　O_2の消費サイクルパターン

℃でDGCを示し，5℃ではDGCを示さないことを発見している．温度が高くなると，35℃で100%の個体が周期的呼吸パターンをもつようになるまで，DGCを示す個体は減少している．チャバネゴキブリのDGCパターンは，インターバースト（interburst）段階とよばれる3段階（CO_2排出量が少ない）と，バースト段階とよばれるフラッターおよびオープン段階（ベースラインを超え，CO_2排出量が多い）に分解することはできなかった．図3.4は，15～25℃におけるチャバネゴキブリ成虫オス1匹（殺虫剤感受性株）のDGCパターンを示している．5℃ではバースト周期とインターバースト周期は同様であるが25℃ではバースト周期がはるかに長いことに注目すること．

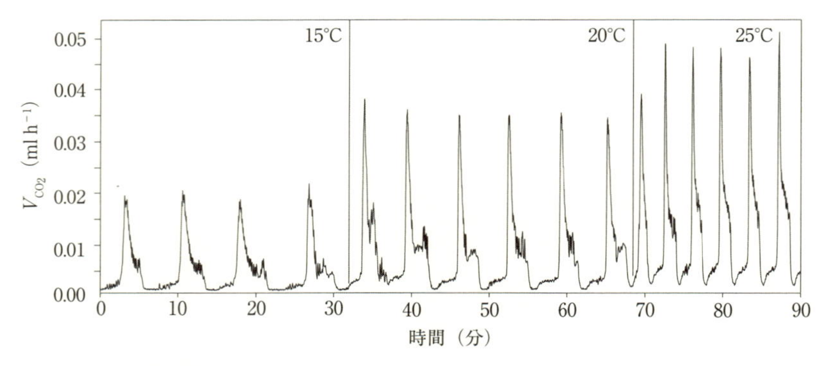

図3.4　殺虫剤に感受性のある成虫のオスのチャバネゴキブリにおけるDGCパターンに対する温度（15℃，20℃，25℃）の影響．同じゴキブリを使用して，1時間ごとに温度を5度ずつ上げた．ここで見られるCO_2排出パターンは，3つの温度すべてでDGCを示している．一部のDGCではCO_2排出がゼロにならないことに注意すること．温度が上昇するにつれてDG頻度が増加することにも注意［出典：Dingha *et al.* 2005］

DGCパターンとインターバーストおよびバースト・フェーズの周期はあきらかに温度の影響を受けるが，相対湿度や動きにも影響される．殺虫抵抗性株と殺虫剤感受性株のチャバネゴキブリのDGCの特性を，オスの成虫について10℃で比較した（Dingha *et al.* 2005）．殺虫剤感受性のチャバネゴキブリは，殺虫剤抵抗性のチャバネゴキブリのDGC期間（11.2分）よりも長いDGC期間（13.9分）を示した．バースト期とバースト間期も感受性株の方が長かった．ただし，抵抗性株のインターバースト段階（呼吸時の水の損失が最小限で，気門は閉じている）はDGCの55%以上であったのに対し，感受性のある個体のインターバースト段階はDGCの約48%であった．したがって，Dingha *et al.*（2005）は，殺虫剤抵抗性チャバネゴキブリの呼吸水損失は総水分損失の約3.4%に相当するのに対し，感受性ゴキブリの呼吸水損失は総水分損失の約4.4%であると計算した．たとえこれらの値が比較的小さくても，この研究は測定可能な呼吸水損失をあきらかに示している．表皮の損失を減らすことができれば（Noble-Nesbitt & Al-Shakur 1988; Machinen *et al.* 1992; Noble-Nesbitt *et al.* 1955），呼吸損失はそれに比例してより重要になるであろう．

殺虫剤への曝露は，代謝率や呼吸パターンだけでなく，クチクラの透過性にも影響を与える可能性がある．Wiggleworth（1945）は，さまざまな研磨剤，洗剤，溶剤を使用して，24時間後にいくつかの昆虫種で水分損失が2.4〜48%増加することを実証している．カーバメート系殺虫剤，有機塩素系殺虫剤，有機リン系殺虫剤，およびピレスロイド系殺虫剤による処理は，イエバエ（*Musca domestica*）のクチクラの水分損失を増加させ，同時に呼吸も減少させている（Gerolt 1976）．Harvey と Brown（1951）は，ジニトロ化合物，ピレトリン，ニコチン，アゾベンゼン，有機リン酸塩の割合が増加した場合を報告している．接触（Kestler 1991），燻蒸剤（Woodman *et al.* 2008）または殺虫剤の局所処理（Karise & Mand 2015）は，しばしばDGCを破壊し，除去する．その結果，連続的なガス交換パターンが生じる（図3.5）．一部の殺虫製剤，特に油剤は，昆虫への侵入経路がいくつもある場合がある．

これらの油剤はクチクラの脂質と相互作用して破壊し，乾燥を引き起こす．しか

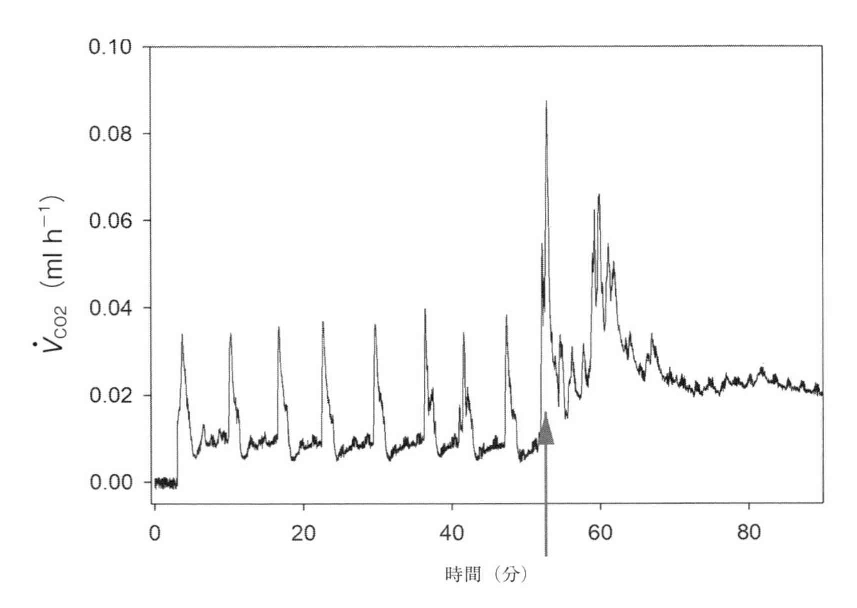

図3.5　殺虫剤抵抗性チャバネゴキブリのオス成虫のDGCに対する精油成分の局所処理の効果．矢印は1 μLのcarvacrolの局所処理を示す．CO_2放出の即時増加とDGCの混乱に注文［出典：Oladipupo 未発表］

し，これらの油は毛細管現象によって気管系に浸透し，気管内に引き込まれて気管を塞ぐ可能性もある（Stadler & Buteler 2009）．エッセンシャルオイルや石油オイルなどを含む同様の粘度のオイルは同じように動作するはずである．

代　謝　率

変温動物（ectotherms）であるチャバネゴキブリの代謝率は外部温度によって決定される．Dingha ら（2009）は，殺虫剤抵抗性と殺虫剤感受性のチャバネゴキブリの代謝率に対する温度の影響を調べている．チャバネゴキブリの酸素消費量（V_{O2} in g^{-1} h^{-1}）は，温度とともに対数的に増加する（図 3.6）V_{O2} 株に対するひずみの全体的な影響は有意ではないが，菌株が異なれば，温度上昇に対する反応も異なる．スケ

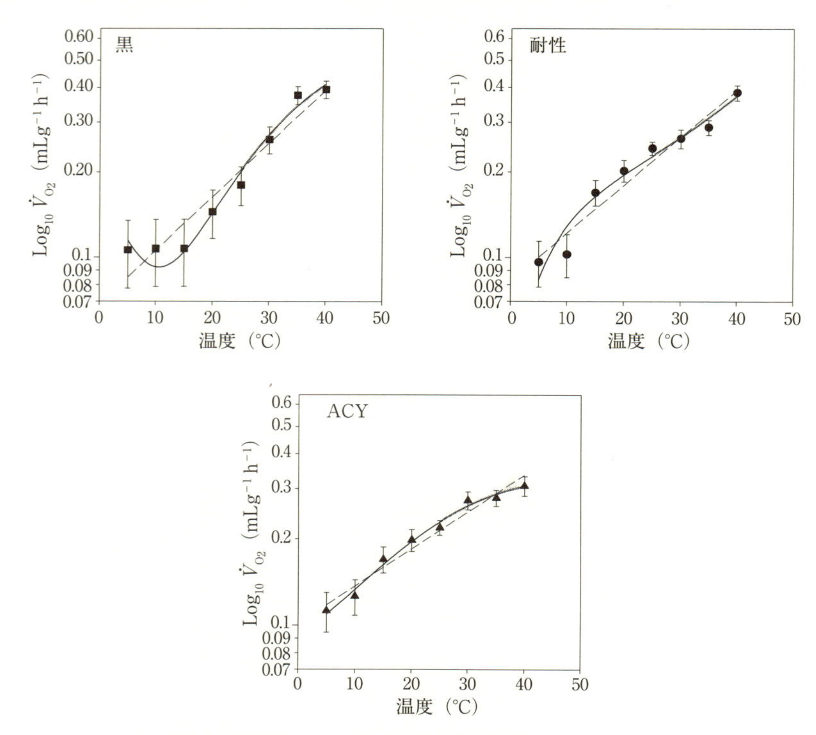

図 3.6　ピレスロイド抵抗性株と感受性株のチャバネゴキブリにおけるさまざまな温度での酸素消費量率．破線は対数変換された酸素消費量（mL g^{-1} h^{-1}）の温度に対する1次回帰線，実線は3次回帰線を表す［出典：Dingha ら（2009）よりミシシッピ昆虫学協会の許可を得て掲載］

ーリング係数（scaling coefficients）は，殺虫剤感受性株（ACY）の0.006から黒体株の0.009までの範囲であった．

これらは他の昆虫と同様の係数である．殺虫剤抵抗性と殺虫剤感受性のチャバネゴキブリ株の代謝速度に差がなくても，殺虫剤の使用により異なる効果が生じる可能性がある．抵抗性ゴキブリは殺虫剤に曝露されたあと，DGCガス交換パターンを再開するが，感受性ゴキブリは再開しない．同様に，Nielsenら（2006）は，クロルピリホスに曝露している間の代謝熱の産生（metabolic heat production）には差はなかった（微量熱量測定技術＝microcalorimetry techniquesで測定）．抵抗性株では熱の産生が劇的に増加したが，感受性株では増加しなかった．考えうる説明の1つは，感受性株には誘導性の解毒メカニズムがあり，これらのメカニズムはエネルギー的には高価であるということである（Terriere 1983）．

酸素消費量（V_{O2} ml h^{-1}）も体重に応じて変化する．Dinghaら（2009）は，V_{O2}と体重の関係の相対指数が，殺虫剤抵抗性株と殺虫剤感受性株でそれぞれ0.78～0.89の範囲であることを発見している．この関係は，他の昆虫では0.6～1.0の指数スケールで示されている（Mispagel 1981; Withers 1992; Vogt & Appel 1999）．ゴキブリについてはGunn（1935）がワモンゴキブリ（*Periplaneta americana*），トウヨウゴキブリ（*Blatta orientalis*），チャバネゴキブリ（*Bllattella germanica*）のスケーリング係数は0.7～0.8であると報告し，Coelho & Moore（1989）はワモンゴキブリ，トウヨウゴキブリ，チャバネゴキブリのコンセンサス値0.78を報告した．

Birchard & Arendse（2001）は，Dinghaら（2009）の質量スケーリング係数は0.83であることを発見した．また，チャバネゴキブリの呼吸（RQ）とQ10も決定している．RQ，つまり消費されたO_2に対する除去されたCO_2の比率は，一般に25℃までは温度とともに増加し，それ以降は試験したすべての菌株で減少している．RQ値は代謝される基質の一般的なタイプを示している．脂質では0.71，タンパク質では0.80，炭水化物代謝では1.00であった（Withers 1992）．チャバネゴキブリのRQ値は，液体とタンパク質が主要な代謝基質であることを示唆している．しかし，チャバネゴキブリのRQ値は温度の影響を受けるため，これらの基質の比率が変化することを示している．チャバネゴキブリのRQ値は20～30℃で最大になる．それがこの種の好ましい温度範囲である．RQ値が低いほど，脂質の代謝がより優れていることを示す．Dinghaら（2009）は，脂質代謝がより効率的であるか，あるいは最適以下では炭水化物代謝が効率的ではない可能性があると仮説を立てている．

温度感受性

温度は昆虫の行動と生理学のほとんどの側面に影響を与えている．昆虫は極端な温度に対処するには逃げる以外にほとんど手段をもたない．昆虫を制御し，その繁殖と発育を抑制するために，高温と低温が使用されてきた．温度への感受性あるいは許容温度は連続（continuum）している．周囲の温度（ambient）または「操作」された温度（operating temperatures），次に臨界（critical）温度または可逆ノックダウン温度（reversible knockdown temperatures），そして最後に致死温度（lethal temperatures）である．温度の変化率は，最終温度の値（endpoint temperature）（Bently *et al.* 2016），および過去の順応度合（Goode 2013）に影響する．

成虫の場合，体温上昇率0.75～1℃ min^{-1} で，ゴキブリ臨界熱最大値（CTMax＝critical thermal maxima）の温度範囲は，原始的な木食性の *Cryptocercus punctulatus* の40.9℃（Appel & Sponsler 1989）から，チャオビゴキブリの51.4℃（Appel *et al.* 1983; Appel 1995）である．Wuら（2013）は，30℃で *Blaptica dubia* を研究し，幼虫間でCTMax値が4.7℃も異なる可能性があることを発見している．Goode（2013）は，同じ温度で飼育した *Eublaberus posticus* の1令個体と成虫との間で，CTMaxに0.81℃の有意差があることを発見している．

温度順応は，いくつかの熱帯性ゴキブリのCTMaxに影響を与えている（Goode 2013）．平均CTMaxは順応温度でプラスに補正されている．*Blaptica dubia* のCTMax値は，10℃と37℃の順応の間で2.1℃増加した．*Eublaberus posticus* および *Blaberus discoidalis* についても，順応後のCTMaxの増加が報告されている．

チャバネゴキブリのオス成虫のCTMaxは約48.7℃で，急速に温度が上昇する中で試験された他のゴキブリのCTMaxとよく似ている（Apple *et al.* 1983）．チャバネゴキブリCTMaxに関する未発表の研究がさらにいくつかあるが，これには令間の違い，順応効果，卵鞘の発達に対するCTMax研究の効果が含まれている．一般に，成虫のCTMaxは幼虫よりも高く，CTMax値は最大±5℃まで順応する可能性があり，発育中の卵はCTMax実験中に殺されることもあるが，これによりメス成虫の死亡率までは引き起こされない．熱感度測定における障害の1つは，行動の終点を客観的に決定するのが難しいことである．この問題を克服するために，LingtonとTurner（2004）はサーモリミット呼吸測定法（体温限界呼吸測定法：ternilimit respirometry）を導入している．温度を上昇させながら，CO_2 排出量と昆虫の活動（光学式活動モニターを使用）を同時に測定している．彼らは，ハーベスター・アント（*Pogonomyrmex* 属）の温度上昇に対する7段階の反応を特定し，CTMaxを推定するための再現可能で客観的なエンドポイントを示している．サーモリミット呼吸測定法は，トコジラミ（*Cimex lectularius*）を用いて従来の伝統的な視覚的方法と比較された（DeVris *et al.* 2016）．彼らは，CO_2 排出量が死後にピークになることを除いて，Lighton と Turner（2004）と同じような，気温の上昇に伴う呼吸パターンと活動の変化を発見している．DeVris ら（2016）は，CTMax を推定する視覚と体温限界呼吸測定法の間で精度に違いがないことを発見している．しかし，彼らは視覚的方法を使用した場合，CTMax の推定値がわずかに低い（<1℃）ことを発見し，その差は運動の停止の過小評価によるものであると推測している．サーモリミット呼吸測定法を使用した予備研究（Appel 未発表）では，オスのチャバネゴキブリの CTMax 値が従来の方法を使用して検出された値と非常に類似していることが示されている（Appel *et al.* 1983）．アリとトコジラミの研究で見られたように，一連の移動は CO_2 排出量の減少に対応している．

臨界熱最小値（CTMin＝生物が生きていくために必要な最低温度）あるいは chill coma（生物が低温にさらされた際に陥る昏睡状態）は，CTMax ほど徹底的に調査されていない．Colhoun（1960）はチャバネゴキブリのオス成虫を 10〜35℃ で 24 時間順応させ，その後 CTMin を測定している．CTMin 値は，10℃ で順応したオスの 4.3〜35℃ に保たれたオスの 70℃ の範囲であった．10℃ と 15℃ に順化させたゴキブリの間で CTMin に差はなかった．CTMin からの回復は，暖かい温度で最も速くなった．Colhoun（1960）はまた，7℃ で温度順応させたチャバネゴキブリの死亡率を測定している．35℃ に順応したゴキブリの LT_{50} 値は〜48 時間，120 時間（5 日）で致死率 100% であった．15℃ に順化したゴキブリの LT_{50} 値は〜168 時間，336 時間（14 日）で致死率 100% であった．気温の低下や急激な温度低下は生存率を低下させる．あきらかに，寒冷処理はチャバネゴキブリ駆除にとって困難な防除方法（challenging control method）となる．

温度の研究を実際に利用できることの 1 つは，発生している場合の加熱処理（冷却処理）のためのプロトコールを開発することである．熱処理による殺虫は殺虫剤の残留物を残さない，したがって，処理された領域からすぐに死んだ昆虫を一掃し，使用することが可能にある．たとえば，加熱処理はトコジラミを制御するための効果的なアプローチになっている．トコジラミ成虫の致死温度（LT_{99}）は 48.3℃ で，卵の場合は，54.8℃ である．45℃ に曝露した成虫の LT_{99} は 94.8 分であり，卵は 45℃ で 7 分，48℃ で 71.5 分であった（Kells & Goblirsh 2011）．Forbes and Ebeling（1987）は，46.1℃ に 58 分の曝露，または 54.4℃ への 7 分間の曝露で，オスのチャバネゴキブリの 100% の死亡率を達成できると報告している．

他の種との近親交配

チャバネゴキブリはあきらかに家庭環境によく適応しており，他の *Blattella* 属から空間的（spatially）に隔離されている．しかし，外来種のオキナワチャバネゴキブリは半家住性種であり，家やアパートに侵入する可能性があり，実際に侵入している．したがって，これらの種と接触する可能性は非常に現実的である．ハイブリッドは，チャバネゴキブリの習性と，飛ぶという能力をあわせもった雑種で，特に重要となる．

Roth（1986）は，アジアのゴキブリであるオキナワチャバネゴキブリがフロリダ州レイクランドで採取された標本から，アメリカ内にも生息する種であることを確認している．彼はまた，R.S. Patterson と R.J. Brenner からの個人的な連絡についても報告している．オキナワチャバネゴキブリのオスとメスの間の交配の成功を報告している．F1 の子孫は F2 若虫を生み出したが，逆のクロスには失敗している．Roth（1986）は，2つの種は「別個（distinct）であるが，非常に密接に関連している」と示唆した．その後の出版物で，Carson と Brenner（1988）は，オスのチャバネゴキ

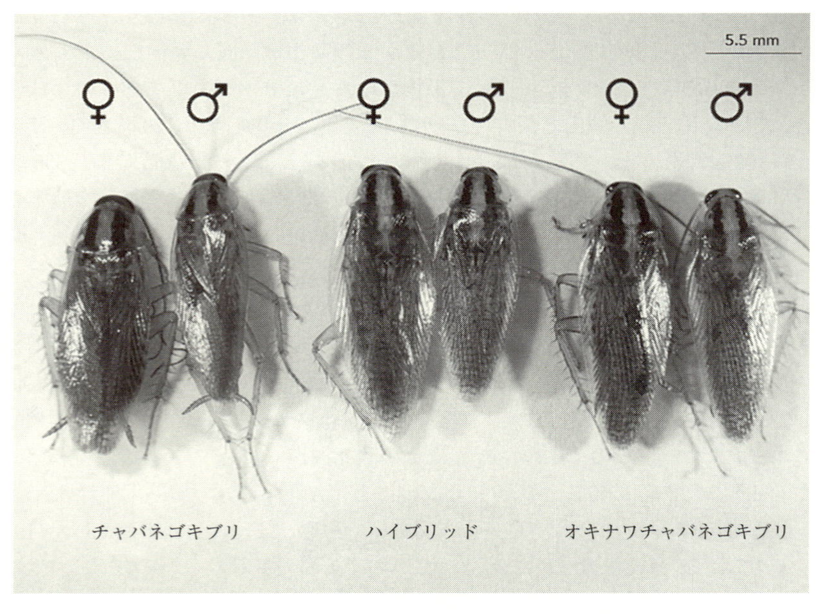

図3.7　左からチャバネゴキブリ，ハイブリッド，オキナワチャバネゴキブリのオス・メス成体．注目すべきはオキナワチャバネゴキブリやハイブリッドと比べ，オスのチャバネゴキブリの頭頂部と短くて細長い翅に注目

ブリとメスのオキナワチャバネゴキブリの雑種を含むいくつかの *Blattella* 種のクチクラ炭化水素のプロファイルを報告している．相反する（reciprocal）ことについては言及していない．しかし，Ross（1992）は，考えられる両方の交配の形態学的および細胞学的比較を報告している．私たちの最近の研究（Peterson の私信）では，チャバネゴキブリとオキナワチャバネゴキブリの両方の可能な交雑種の間で交雑が成功したことが確認された．系統の違いとおそらく飼育条件が結果のばらつきの原因となる可能性もあった．形態学的には，雑種は2つの種の混合物であるが，見た目や行動は Asian（オキナワチャバネゴキブリ）よりも German に近いものである（図3.7）ハイブリッドの翅は両種の中間的な形状であるが，葉脈はチャバネゴキブリにより似ている．ハイブリッドの飛翔能力は限られているが（地面まで滑空でき，ときには飼育容器内で羽ばたくこともある）チャバネゴキブリよりも著しく優れている．

結　論

チャバネゴキブリは人間の環境に著しく適応している．私たちはそれが野生で存在する場所は知らないが，それは常に人間とかかわっている．チャバネゴキブリは，最初に家畜化されたゴキブリと考えられるかもしれない．その生物学，行動，生理学より，人間が好む環境条件，つまり屋外環境とはまったく異なる条件（より乾燥した，より一定温度の，より少ない資源）で生存し，繁栄することができるのである．

チャバネゴキブリは他のほとんどのゴキブリよりも比較的小さく，ライフサイクルも速い．したがって，生存可能な個体群を確立し，維持するために必要な食料は少なくて済むという可能性がある．チャバネゴキブリは，同属の他の種よりも低い温度でも生存でき，代謝率を下げることができるため，他種の死につながる劣悪な条件をも克服する能力をもっている．夜行性の活動，光を避ける，集合する，などの適応行動が組み合わさって，ゴキブリとその「宿主」である人間との接触（および視認性）は減少する．

集合することにより，微生物の交換が促進され，栄養や化学物質の伝達を助ける可能性がある．集合そのものが，ストレスを軽減し，発達速度を高めている．家庭という生息地への適応（栄養の自己選択，食糞など）が，意に反し，それらの防除のための殺虫ベイト剤の成功に貢献した可能性がある．極端な温度，特に高温は，この重要で，難しく，かつ独特の共生性害虫の防除にさらに利用できる可能性がある．

参 考 文 献

Abd-Elghafar SF, Appel AG (1992) Sublethal effects of insecticides on adult longevity and fecundity of German cockroaches (Dictyoptera: Blattellidae). *Journal of Economic Entomology* **85**, 1809-1817. doi:10.1093/jee/85.5.1809

Akers RC, Robinson WH (1981) Spatial pattern and movement of German cockroaches in urban, low-income apartments. *Proceedings of the Entomological Society of Washington* **83**, 168-172.

Akers RC, Robinson WH (1983) Comparison of movement behavior of threes strains of German cockroach, *Blattella germanica. Entomologia Experimentalis et Applicata* **34**, 143-147. doi:10.1111/j.1570-7458.1983.tb03309.x

Ang LH, Lee CY (2011) Absence of reduced biological fitness in insecticide-resistant German cockroaches, *Blattella germanica* (L.) (Dictyoptera: Blattellidae). *International Journal of Pest Management* **57**, 195-204. doi:10.1080/09670874.2011.563876

Appel AG (1993) Water relations in insecticide-resistant and susceptible German cockroaches (Dictyoptera: Blattellidae). *Comparative Biochemistry and Physiology* **105**, 763-767. doi:10.1016/ 0300-9629(93)90281-8

Appel AG (1995) *Blattella* and related species. In *Understanding and Controlling the German Cockroach.* (Eds MK Rust, JM Owens, DA Reierson) pp. 1-19, Oxford University Press, New York.

Appel AG (1998) Daily pattern of trap-catch of German cockroaches (Dictyoptera: Blattellidae) in kitchens. *Journal of Economic Entomology* **91**, 1136-1141. doi:10.1093/jee/91.5.1136

Appel AG, Sponsler RC (1989) Water and temperature relations of the primitive xylophagous cockroach *Cryptocercus punctulatus* Scudder (Dictyoptera: Cryptocercidae). *Proceedings of the Entomological Society of Washington* **91**, 153-157.

Appel AG, Tanley MJ (1999) Water composition and loss by body color and form mutants of the German cockroach (Dictyoptera: Blattellidae). *Comparative Biochemistry and Physiology* **122**, 415-420. doi:10.1016/S1095-6433(99)00027-6

Appel AG, Tucker JB (1986) Occurrence of the German cockroach, *Blattella germanica* (Dictyoptera: Blattellidae), outdoors in Alabama and Texas. *Florida Entomologist* **69**, 422-423. doi:10.2307/3494947

Appel AG, Reierson DA, Rust MK (1983) Comparative water relations and temperature sensitivity of cockroaches. *Comparative Biochemistry and Physiology* **74**, 357-361. doi:10.1016/0300-9629 (83) 90615-1

Atkinson TH, Koehler PG, Patterson RS (1991) Catalog and atlas of the cockroaches (Dictyoptera) of North America north of Mexico. *Miscellaneous Publications, Entomological Society of America* **78**, 1-86.

Austin JW, Glenn GJ, Szalanski AL, McKern JA, Gold R (2007) Confirmation of Asian cockroach *Blattella asahinai* [sic] (Blattodea: Blattellidae) introduction to Texas based on genetics, morphology, and behavior.*Florida Entomologist* **90**, 574-576. doi:10.1653/0015-4040(2007)90[574:COACBA]2.0.CO;2

Bartholomew GA, Lighton JRB (1985) Ventilation and oxygen consumption during rest and locomotion in a tropical cockroach, *Blaberus giganteus. Journal of Experimental Biology* **118**, 449-454.

Bartrim HP, Matthews G, Lemon S, White CR (2014) Oxygen-induced plasticity in tracheal morphology and discontinuous gas exchange cycles in cockroaches *Nauphoeta cinerea. Journal of Comparative Physiology. B, Biochemical, Systemic, and Environmental Physiology* **184**, 977-990.

doi:10.1007/s00360-014-0862-8

Beccaloni GW (2014) Cockroach Species File Online. Version 5.0/5.0. 〈http://Cockroach.SpeciesFile.org〉.

Beccaloni G, Eggleton P (2013) Order Blattodea. In *Animal Biodiversity:An Outline of Higher-level Classification and Survey of Taxonomic Richness (Addenda 2013).* (Ed. Z-Q Zhang) *Zootaxa* **3703**, 1-82.

Bentley MT, Hahn DA, Oi FM (2016) The thermal breadth of *Nylanderia fulva* (Hymenoptera: Formicidae) is narrower than that of *Solenopsis invicta* at three thermal ramping rates: 1.0, 0.12, and 0.06℃ min^{-1}. *Environmental Entomology* **45**, 1058-1062. doi:10.1093/ee/nvw050

Bertino-Grimaldi D, Medeiros MN, Vieira RP, Cardoso AM, Turque AS, Silveira CB, Albano RM, Bressan-Nascimento S, Garcia ES, de Souza W, Martins OB, Machado EA (2013) Bacterial community composition shifts in the guts of *Periplaneta americana* fed on different lignocellulosic materials. *SpringerPlus* **2**, 609. doi:10.1186/2193-1801-2-609

Birchard GF, Arendse AU (2001) An allometric analysis of oxygen consumption rate and cardiovascular function in the cockroach, *Blaberus discoidalis*. *Comparative Biochemistry and Physiology* **129**, 339-344. doi:10.1016/S1095-6433(00)00351-2

Bourguignon T, Tang Q, Ho SYW, Juna F, Wang Z, Arab DA, Cameron SL, Walker J, Rentz D, Evans TA, Lo N (2018) Transoceanic dispersal and plate tectonics shaped global cockroach distributions: evidence from mitochondrial phylogenomics. *Molecular Biology and Evolution* **35**, 970-983. doi:10.1093/molbev/msy013

Brooks WK (1886) Report on the Stomatopoda collected by H.M.S. *Challenger* during the years 1873-76. The voyage of H.M.S. *Challenger*. *Zoology* (*Jena, Germany*) **16**, 1-116.

Brooks MA (1957) Growth-retarding effects of carbon-dioxide anesthesia on the German cockroach. *Journal of Insect Physiology* **1**, 76-84. doi:10.1016/0022-1910(57)90024-0

Cangussu JA, Zucoloto FS (1995) Self-selection and perception threshold in adult females of *Ceratitis capitate* (Diptera, Tephritidae). *Journal of Insect Physiology* **41**, 223-227. doi:10.1016/0022-1910(94)00099-3

Carlson DA, Brenner RJ (1988) Hydrocarbon-based discrimination of three North American *Blattella* cockroach species (Orthoptera: Blattellidae) using gas chromatography. *Annals of the Entomological Society of America* **81**, 711-723. doi:10.1093/aesa/81.5.711

Chapman RF (1998) *The Insects:Structure and Function*. Cambridge University Press, New York.

Clayton R (1959) A simplified method for the culture of *Blattella germanica* under aseptic conditions. *Nature* **184**, 1166-1167. doi:10.1038/1841166a0

Cochran DG (1979) Genetic determination of insemination frequency and sperm precedence in the German cockroach. *Entomologia Experimentalis et Applicata* **26**, 259-266. doi:10.1111/j.1570-7458.1979.tb02927.x

Cochran DG (1994) Changes in insecticide resistance gene frequencies in field-collected populations of the German cockroach during extended periods of laboratory culture (Dictyoptera: Blattellidae). *Journal of Economic Entomology* **87**, 1-6. doi:10.1093/jee/87.1.1

Coelho JR, Moore AJ (1989) Allometry of resting metabolic rate in cockroaches. *Comparative Biochemistry and Physiology* **94**, 587-590. doi:10.1016/0300-9629(89)90598-7

Cohen RW (2001) Diet balancing in the cockroach *Rhyparobia madera*: does serotonin regulate this behavior? *Journal of Insect Behavior* **14**, 99-111. doi:10.1023/A: 1007805814388

Cohen RW, Heydon SL, Waldbauer GP, Friedman S (1987) Nutrient self-selection by the omnivorous cockroach *Supella longipalpa*. *Journal of Insect Physiology* **33**, 77-82. doi:10.1016/0022-1910

(87)90077-1

Colhoun EH (1960) Acclimation to cold in insects. *Entomologia Experimentalis et Applicata* **3**, 27-37. doi:10.1111/j.1570-7458.1960.tb02108.x

Cook SC, Eubanks MD, Gold RE, Behmer ST (2010) Colony-level macronutrient regulation in ants: mechanisms, hoarding and associated costs. *Animal Behaviour* **79**, 429-437. doi:10.1016/j.anbehav.2009.11.022

Cooper RA, Schal C (1992) Differential development and reproduction of the German cockroach (Dictyoptera: Blattellidae) on three laboratory diets. *Journal of Economic Entomology* **85**, 838-844. doi:10.1093/jee/85.3.838

DeVries ZC, Appel AG (2014) Effects of temperature on nutrient self-selection in the silverfish *Lepisma saccharina. Physiological Entomology* **39**, 217-221. doi:10.1111/phen.12064

DeVries ZC, Kells SA, Appel AG (2016) Estimating the critical thermal maximum (CTmax) of bed bugs, *Cimex lectularius*: comparing thermolimit respirometry with traditional visual methods. *Comparative Biochemistry and Physiology* **197**, 52-57. doi:10.1016/j.cbpa.2016.03.003

Dingha BN, Appel AG, Eubanks MD (2005) Discontinuous carbon dioxide release in the German cockroach, *Blattella germanica* (Dictyoptera: Blattellidae), and its effect on respiratory transpiration. *Journal of Insect Physiology* **51**, 825-836. doi:10.1016/j.jinsphys.2005.03.014

Dingha BN, Appel AG, Vogt JT (2009) Effects of temperature on the metabolic rates of insecticide-resistant and susceptible German cockroaches, *Blattella germanica* (L.) (Dictyoptera: Blattellidae) . *Midsouth Entomologist* **2**, 17-27.

Dussutour A, Simpson SJ (2009) Communal nutrition in ants. *Current Biology* **19**, 740-744. doi:10.1016/j.cub.2009.03.015

Dyar HG (1890) The number of molts of lepidopterous larvae. *Psyche (Cambridge, Massachusetts)* **5**, 420-422. doi:10.1155/1890/23871

Edney EB (1977) *Water Balance in Land Arthropods*. Springer, Berlin.

Forbes CF, Ebeling W (1987) Update: use of heat for elimination of structural pests. *IPM Practitioner* **9** (8), 1-5.

Gerolt P (1976) The mode of action of insecticides: accelerated water loss and reduced respiration in insecticide-treated *Musca domestica* L. *Pesticide Science* **7**, 604-620. doi:10.1002/ps.2780070612

Goode LM (2013) Effects of thermal acclimation on the critical thermal maxima of the tropical cockroaches: *Blaptica dubia, Eublaberus posticus* and *Blaberus discoidalis* (Blaberidae). MS thesis. Eastern Kentucky University, USA.

Gordon HT (1959) Minimal nutritional requirements of the German roach *Blattella germanica* L. *Annals of the New York Academy of Sciences* **77**, 290-351. doi:10.1111/j.1749-6632.1959.tb36910.x

Gordon HT (1968) Intake rates of various solid carbohydrates by male German cockroaches. *Journal of Insect Physiology* **14**, 41-52. doi:10.1016/0022-1910(68)90132-7

Groenewald B, Bazelet CS, Potter CP, Terblanche JS (2013) Gas exchange patterns and water loss rates in the Table Mountain cockroach, *Aptera fusca* (Blattodea: Blaberidae). *Journal of Experimental Biology* **216**, 3844-3853. doi:10.1242/jeb.091199

Gunn DL (1935) The temperature and humidity relations of the cockroach. III. A comparison of temperature preference, and rates of desiccation and respiration of *Periplaneta americana, Blatta orientalis* and *Blattella germanica. Journal of Experimental Biology* **12**, 185-190.

Hadley NF (1994) *Water Relations of Terrestrial Arthropods*. Academic Press, San Diego.

Hagstrum DW, Milliken GA (1991) Modeling differences in insect developmental times between constant and fluctuating temperatures. *Annals of the Entomological Society of America* **84**, 369-

379. doi:10.1093/aesa/84.4.369

Hamilton RL, Schal C (1988) Effects of dietary protein levels on reproduction and food consumption in the German cockroach (Dictyoptera: Blattellidae). *Annals of the Entomological Society of America* **81**, 969–976. doi:10.1093/aesa/81.6.969

Hamilton RL, Cooper RA, Schal C (1990) The influence of nymphal and adult dietary protein on food intake and reproduction in female brown-banded cockroaches. *Entomologia Experimentalis et Applicata* **55**, 23–31. doi:10.1111/j.1570-7458.1990.tb01344.x

Hamilton JA, Wada-Katsumata A, Schal C (2019) Role of cuticular hydrocarbons in German cockroach (Blattodea: Ectobiidae) aggregation behavior. *Environmental Entomology* **48**, 546–553. doi:10.1093/ee/nvz044

Harvey GT, Brown AWA (1951) The effect of insecticides on the rate of oxygen consumption in *Blattella*. *Canadian Journal of Zoology* **29**, 42–53. doi:10.1139/z51-004

Heinrich EC, McHenry MJ, Bradley TJ (2013) Coordinated ventilation and spiracle activity produce unidirectional airflow in the hissing cockroach, *Gromphadorhina portentosa*. *Journal of Experimental Biology* **216**, 4473–4482. doi:10.1242/jeb.088450

Inward D, Beccaloni G, Eggleton P (2007) Death of an order: a comprehensive molecular phylogenetic study confirms that termites are eusocial cockroaches. *Biology Letters* **3**, 331–335. doi:10.1098/rsbl. 2007.0102

Ishii S, Kuwahara Y (1968) Aggregation of German cockroach (*Blattella germanica*) nymphs. *Experientia* **24**, 88–89. doi:10.1007/BF02136814

Jensen KC, Silverman J (2018) Frequently mated males have higher protein preference in German cockroaches. *Behavioral Ecology* **29**, 1453–1461.

Jensen KC, Schal C, Silverman J (2015) Adaptive contraction of diet breadth affects sexual maturation and specific nutrient consumption in an extreme generalist omnivore. *Journal of Evolutionary Biology* **28**, 906–916. doi:10.1111/jeb.12617

Jeon SA, Balusu RR, Zhang L, Fadamiro HY, Appel AG (2018) First record of *Blattella vaga* (Blattodea: Ectobiidae) from southern Alabama. *Florida Entomologist* **101**, 109–112. doi:10.1653/024.101.0119

Jones SA, Raubenheimer D (2001) Nutritional regulation in nymphs of the German cockroach, *Blattella germanica*. *Journal of Insect Physiology* **47**, 1169–1180. doi:10.1016/S0022-1910(01)00098-1

Kakumanu ML, Maritz JM, Carlton JM, Schal C (2018) Overlapping community compositions of gut and fecal microbiomes in lab-reared and field-collected German cockroaches. *Applied and Environmental Microbiology* **84**, doi:10.1128/AEM.01037-18.

Karise R, Mand M (2015) Recent insights into sublethal effects of pesticides on insect respiratory physiology. *Open Access Insect Physiology* **5**, 31–39.

Keil CB (1981) Structure and estimation of shipboard German cockroach (*Blattella germanica*) populations. *Environmental Entomology* **10**, 534–542. doi:10.1093/ee/10.4.534

Kells SA, Goblirsch MJ (2011) Temperature and time requirements for controlling bed bugs (*Cimex lectularius*) under commercial heat treatment conditions. *Insects* **2**, 412–422. doi:10.3390/insects 2030412

Kells SA, Vogt JT, Appel AG, Bennett GW (1999) Estimating nutritional status of German cockroaches, *Blattella germanica* (L.) (Dictyoptera: Blattellidae), in the field. *Journal of Insect Physiology* **45**, 709–717. doi:10.1016/S0022-1910(99)00037-2

Kestler P (1985) Respiration and respiratory water loss. In *Environmental Physiology and Biochemistry of Insects*. (Ed. KH Hoffman) pp. 137–183. Springer-Verlag, Berlin.

Kestler P (1991) Cyclic CO_2 release as a physiological stress indicator in insects. *Comparative Biochemistry and Physiology* **100C**, 207-211.

Koehler PG, Strong CA, Patterson RS (1994) Rearing improvements for the German cockroach (Dictyoptera: Blattellidae). *Journal of Medical Entomology* **31**, 704-710. doi:10.1093/jmedent/31.5.704

Kopanic RJ, Holbrook GL, Sevala V, Schal C (2001) An adaptive benefit of facultative coprophagy in the German cockroach *Blattella germanica. Ecological Entomology* **26**, 154-162. doi:10.1046/j.1365-2311.2001.00316.x

Kunkel JG (1981) A minimal model of metamorphosis: fat body competence to respond to juvenile hormone. In *Current Topics in Insect Endocrinology and Nutrition.* (Eds G Bhaskaran, S Friedman, JG Rodriguez) pp. 107-129. Plenum Publishing, New York.

Lawson FA (1951) Structural features of the oothecae of certain cockroaches (Orthoptera). *Annals of the Entomological Society of America* **44**, 269-285. doi:10.1093/aesa/44.2.269

Lighton JRB (1996) Discontinuous gas exchange in insects. *Annual Review of Entomology* **41**, 309-324. doi:10.1146/annurev.en.41.010196.001521

Lighton JRB, Turner RJ (2004) Thermolimit respirometry: an objective assessment of critical thermal maxima in two sympatric desert harvester ants, *Pogonomyrmex rugosus* and *P. californicus. Journal of Experimental Biology* **207**, 1903-1913. doi:10.1242/jeb.00970

Machin J, Kestler P, Lampert GJ (1992) The effect of brain homogenates on directly measured water fluxes through the pronotum of *Periplaneta americana. Journal of Experimental Biology* **171**, 395-408.

Marais E, Chown SL (2003) Repeatability of standard metabolic rate and gas exchange characteristics in a highly variable cockroach, *Perisphaeria* sp. *Journal of Experimental Biology* **206**, 4565-4574. doi:10.1242/jeb.00700

Melville RV (1982) Opinion 1231. *Blatta germanica* Linnaeus, 1767 (Insecta, Dictuoptera): conserved and designated as type species of *Blattella* Caudell, 1903. *Bulletin of Zoological Nomenclature* **39** (4), 243-246.

Metzger R (1995) Behavior. In *Understanding and Controlling the German Cockroach.* (Eds MK Rust, JM Owens, DA Reierson) pp. 49-76. Oxford University Press, New York.

Mispagel ME (1981) Relation of oxygen consumption to size and temperature in desert arthropods. *Ecological Entomology* **6**, 423-431. doi:10.1111/j.1365-2311.1981.tb00634.x

Mullins DE, Mullins KJ, Tignor KR (2002) The structural basis for water exchange between the female cockroach (*Blattella germanica*) and her oothecae. *Journal of Experimental Biology* **205**, 2987-2996.

Murray JA (1967) Morphology of the cercus in *Blattella germanica* (Blattaria: Pseudomopinae). *Annals of the Entomological Society of America* **60**, 10-16. doi:10.1093/aesa/60.1.10

Nielsen SA, Vagn Jensen KM, Kristensen M, Westh P (2006) Energetic cost of subacute Chlorpyrifos intoxication in the German cockroach (Dictyoptera: Blattellidae). *Environmental Entomology* **35**, 837-842.doi:10.1603/0046-225X-35.4.837

Noble-Nesbitt J, Al-Shakur M (1988) Cephalic neuroendocrine regulation of integumentary water loss in the cockroach *Periplaneta americana. Journal of Experimental Biology* **136**, 451-459.

Noble-Nesbitt J, Appel AG, Croghan PC (1995) Water and carbon dioxide loss from the cockroach *Periplaneta americana* (L.) measured using radioactive isotopes. *Journal of Experimental Biology* **198**, 235-240.

Peterson MK, Appel AG, Hu XP (2019) Instar determination of *Blattella asahinai* (Blattodea: Ectobiidae) from digital measurements of the pronotum using Gaussian mixture modeling and the number of cercal annuli.*Journal of Insect Science* **19**, 1-14. doi:10.1093/jisesa/iez087

Reid BL (1989) The dynamics of laboratory populations of the German cockroach, *Blattella germanica* (L.), and the influence of juvenoids on their population dynamics. PhD dissertation. Purdue University, USA.

Rivault C, Cloarec A, Sreng L (1998) Cuticular extracts inducing aggregation in the German cockroach, *Blattella germanica* (L.). *Journal of Insect Physiology* **44**, 909-918. doi:10.1016/S0022-1910(98)00062-6

Ross MH (1992) Hybridization studies of *Blattella germanica* and *Blattella asahinai* (Dictyoptera: Blattellidae): dependence of a morphological and a behavioral trait on the species of the X chromosome. *Annals of the Entomological Society of America* **85**, 348-354. doi:10.1093/aesa/85.3.348

Ross MH, Cochran DG (1960) A simple method for sexing nymphal German cockroaches. *Annals of the Entomological Society of America* **53**, 550-551. doi:10.1093/aesa/53.4.550

Ross MH, Cochran DG (1975) The German cockroach, *Blattella germanica*. In *Invertebrates of Genetic Interest:Handbook of Genetics, 3.* (Ed. RC King) pp. 35-62. Plenum Press, New York.

Ross MH, Mullins DE (1995) Biology. In *Understanding and Controlling the German Cockroach.* (Eds MK Rust, JM Owens, DA Reierson) pp. 1-47. Oxford University Press, New York.

Ross MH, Tignor KR (1985) Response of German cockroaches to a dispersant emitted by adult females. *Entomologia Experimentalis et Applicata* **39**, 15-20. doi:10.1111/j.1570-7458.1985.tb03537.x

Ross MH, Bret BL, Keil CB (1984) Population growth and behavior of *Blattella germanica* (L.) (Orthoptera: Blattellidae) in experimentally established shipboard infestations. *Annals of the Entomological Society of America* **77**, 740-752. doi:10.1093/aesa/77.6.740

Roth LM (1970) Evolution and taxonomic significance of reproduction in Blattaria. *Annual Review of Entomology* **15**, 75-96. doi:10.1146/annurev.en.15.010170.000451

Roth LM (1985) A taxonomic revision of the genus *Blattella* Caudell (Dictyoptera, Blattaria: Blattellidae).*Entomologica Scandinavica* **22** (Supplement), 1-221.

Roth LM (1986) *Blattella asahinai* introduced into Florida (Blattaria: Blattellidae). *Psyche* **93**, 371-374. doi:10.1155/1986/60130

Roth LM (2003) Systematics and phylogeny of cockroaches (Dictyoptera: Blattaria). *Oriental Insects* **37**, 1-186. doi:10.1080/00305316.2003.10417344

Roth LM, Willis ER (1955a) Water relations of cockroach oothecae. *Journal of Economic Entomology* **48**, 33-36.doi:10.1093/jee/48.1.33

Roth LM, Willis ER (1955b) Relation of water loss to the hatching of eggs from detached oothecae of *Blattella germanica* (L.). *Journal of Economic Entomology* **48**, 57-60. doi:10.1093/jee/48.1.57

Sakuma M, Fukami H (1990) Dose response relations in taxes of nymphs of the German cockroach, *Blattella germanica* (L.) (Dictyoptera: Blattellidae) to their aggregation pheromone. *Applied Entomology and Zoology* **25**, 9-16. doi:10.1303/aez.25.9

Seamans L, Woodruff LC (1939) Some factors influencing the number of molts of the German roach. *Journal of the Kansas Entomological Society* **12**, 73-76.

Shelton TG, Appel AG (1999) An overview of the CO_2 release patterns of lower termites (Isoptera: Termopsidae, Kalotermitidae, and Rhinotermitidae). *Sociobiology* **37**, 193-219.

Shelton TG, Appel AG (2000a) Cyclic carbon dioxide release in the dampwood termite, *Zootermopsis nevadensis* (Hagen). *Comparative Biochemistry and Physiology* **126**, 539-545. doi:10.1016/S1095-6433(00)00226-9

Shelton TG, Appel AG (2000b) Cyclic CO_2 release and water loss in the western drywood termite, *Incisitermes minor* (Hagen) (Isoptera: Kalotermitidae). *Annals of the Entomological Society of America* **93**, 1300-1307.doi:10.1603/0013-8746(2000)093[1300:CCRAWL]2.0.CO;2

Shelton TG, Appel AG (2001a) Carbon dioxide release in *Coptotermes formosanus* Shiraki and *Reticulitermes flavipes* (Kollar) subterranean termites: effects of caste, mass, and movement. *Journal of Insect Physiology* **47**, 213-224. doi:10.1016/S0022-1910(00)00111-6

Shelton TG, Appel AG (2001b) Cyclic CO_2 release and water loss in alates of the Eastern subterranean termite (Isoptera: Rhinotermitidae). *Annals of the Entomological Society of America* **94**, 420-426. doi:10.1603/0013-8746(2001)094[0420:CCRAWL]2.0.CO;2

Silverman J (1986) Adult German cockroach (Orthoptera: Blattellidae) feeding and drinking behavior as a function of density and harborage to resource distance. *Environmental Entomology* **15**, 198-204. doi:10.1093/ee/15.1.198

Simpson S, Simmonds M, Blaney W, Jones J (1990) Compensatory dietary selection occurs in larval *Locusta migratoria* but not *Spodoptera littoralis* after a single deficient meal during ad libitum feeding. *Physiological Entomology* **15**, 235-242. doi:10.1111/j.1365-3032.1990.tb00511.x

Snoddy ET, Appel AG (2008) Distribution of *Blattella asahinai* (Dictyoptera: Blattellidae) in southern Alabama and Georgia. *Annals of the Entomological Society of America* **101**, 397-401. doi:10.1603/0013-8746(2008)101[397:DOBADB]2.0.CO;2

Soares AO, Coderre D, Schanderl H (2004) Dietary self-selection behaviour by the adults of the aphidophagous ladybeetle *Harmonia axyridis* (Coleoptera: Coccinellidae). *Journal of Animal Ecology* **73**, 478-486.doi:10.1111/j.0021-8790.2004.00822.x

Stadler T, Buteler M (2009) Modes of entry of petroleum distilled spray-oils into insects: a review. *Bulletin of Insectology* **62**, 169-177.

Stejskal V, Lukas J, Aulicky R (2003) Lower development threshold and thermal constant in the German cockroach, *Blattella germanica* (L.) (Blattodea: Blattellidae). *Plant Protection Science* **39**, 35-38.

Studier EH, Sevick SH (1992) Live mass, water content, nitrogen and mineral levels in some insects from south-central Lower Michigan. *Comparative Biochemistry and Physiology* **103**, 579-595. doi:10.1016/0300-9629(92)90293-Y

Tanaka A (1976) Stages in the embryonic development of the German cockroach, *Blattella germanica* L. (Blattaria, Blattellidae). *Kontyû* **44**, 512-525.

Tanaka A (1981) Regulation of body size during larval development in the German cockroach, *Blattella germanica*. *Journal of Insect Physiology* **27**, 587-592. doi:10.1016/0022-1910(81)90105-0

Tanaka A (1982) Effects of carbon-dioxide anesthesia on the number of instars, larval duration and adult body size of the German cockroach, *Blattella germanica*. *Journal of Insect Physiology* **28**, 813-821. doi:10.1016/0022-1910(82)90092-0

Tanaka A (1985) Further studies on the multiple effects of carbon dioxide anesthesia in the German cockroach, *Blattella germanica*. *Growth* **49**, 293-305.

Tanaka A, Hasegawa A (1979) Nymphal development of the German cockroach, *Blattella germanica* Linne (Blattaria: Blattellidae), with special reference to instar determination and intra-instar staging. *Kontyû* **47**, 225-238.

Tanaka A, Ohtake-Hashiguchi M, Ogawa E (1987) Repeated regeneration of the German cockroach legs. *Growth* **51**, 282-300.

Tang Q, Bourguignon T, Willenmse L, De Coninck E, Evans T (2019) Global spread of the German cockroach, *Blattella germanica*. *Biological Invasions* **21**, 693-707. doi:10.1007/s10530-018-1865-2

Terriere LC (1983) Enzyme induction, gene amplification and insect resistance to insecticides. In *Pesticide Resistance in Arthropods.* (Eds RT Roush, BE Tabashnik) pp. 265-298. Chapman & Hall, New York.

Triplehorn CA, Johnson NF (2005) *Borror and DeLong's Introduction to the Study of Insects.* Thompson Brooks/Cole, Belmont, CA.

Tsuji H, Mizuno T (1972) Retardation of development and reproduction in four species of cockroaches, *Blattella germanica, Periplaneta americana, P. fuliginosa,* and *P. japonica,* under various temperature conditions. *Japanese Journal of Sanitary Zoology* **23**, 101-111. doi:10.7601/mez.23.101

Uzsák A, Schal C (2012) Differential physiological responses of the German cockroach to social interactions during the ovarian cycle. *Journal of Experimental Biology* **215**, 3037-3044. doi:10.1242/jeb.069997

Uzsák A, Schal C (2013) Social interaction facilitates reproduction in male German cockroaches, *Blattella germanica. Animal Behaviour* **85**, 1501-1509. doi:10.1016/j.anbehav.2013.04.004

Vicente CSL, Ozawa S, Hasegawa K (2016) Composition of the cockroach gut microbiome in the presence of parasitic nematodes. *Microbes and Environments* **31**, 314-320. doi:10.1264/jsme2.ME16088

Vogt JT, Appel AG (1999) Standard metabolic rate of the fire ant, *Solenopsis invicta* Buren: effects of temperature, mass and caste. *Journal of Insect Physiology* **45**, 655-666. doi:10.1016/S0022-1910(99)00036-0

Vrtar A, Toogood C, Keen B, Beeman M, Contreras HL (2018) The effect of ambient humidity on the metabolic rate and respiratory patterns of the hissing cockroach, *Gromphadorhina portentosa* (Blattodea: Blaberidae). *Environmental Entomology* **47**, 477-483. doi:10.1093/ee/nvx208

Wada-Katsumata A, Zurek L, Nalyanya G, Roelofs WL, Zhang A, Schal C (2015) Gut bacteria mediate aggregation in the German cockroach. *Proceedings of the National Academy of Sciences of the United States of America* **112**, 15678-15683. doi:10.1073/pnas.1504031112

Waldbauer G, Bhattacharya A (1973) Self-selection of an optimum diet from a mixture of wheat fractions by the larvae of *Tribolium confusum. Journal of Insect Physiology* **19**, 407-418. doi:10.1016/ 0022-1910(73)90115-7

Waldbauer GP, Cohen RW, Friedman S (1984) Self-selection of an optimal nutrient mix from defined diets by larvae of the corn earworm, *Heliothis zea* (Boddie). *Physiological Zoology* **57**, 590-597. doi:10.1086/physzool.57.6.30155985

Wang C, Scharf ME, Bennett GW (2004) Behavioral and physiological resistance of the German cockroach to gel baits (Blattodea: Blattellidae). *Journal of Economic Entomology* **97**, 2067-2072. doi:10.1093/jee/97.6.2067

Wang C, Scharf ME, Bennett GW (2006) Genetic basis for resistance to gel baits, fipronil, and sugar-based attractants in German cockroaches (Dictyoptera: Blattellidae). *Journal of Economic Entomology* **99**, 1761-1767. doi:10.1093/jee/99.5.1761

Wang Z-Q, Che Y-L, Feng P-Z (2010) A taxonomic study of the genus *Blattella* Caudell, 1903 from China with description of one new species (Blattaria: Blattellidae). *Acta Entomologica Sinica* **53**, 908-913.

Wigglesworth VB (1945) Transpiration through the cuticle of insects. *Journal of Experimental Biology* **21**, 97-114.

Willis ER, Lewis N (1957) The longevity of starved cockroaches. *Journal of Economic Entomology* **50**, 438-440. doi:10.1093/jee/50.4.438

Willis ER, Riser GR, Roth LM (1958) Observations on reproduction and development in cockroaches. *Annals of the Entomological Society of America* **51**, 53–69. doi:10.1093/aesa/51.1.53

Withers PC (1992) *Comparative Animal Physiology*. Saunders, New York.

Woodman J, Haritos VS, Cooper P (2008) Effects of phosphine on the nervous regulation of gas exchange in *Periplaneta americana*. *Comparative Biochemistry and Physiology* **147C**, 271–277.

Woodruff LC (1938) The normal growth rate of *Blattella germanica* L. *Journal of Experimental Zoology* **79**, 145–165. doi:10.1002/jez.1400790110

Woodruff LC (1939) Linear growth ratios for *Blattella germanica* L. *Journal of Experimental Zoology* **81**, 287–298. doi:10.1002/jez.1400810207

Wu X, Appel AG (2017) Insecticide resistance of several field-collected German cockroach (Dictyoptera: Blattellidae) strains. *Journal of Economic Entomology* **110**, 1203–1209. doi:10.1093/jee/tox072

Wu H, Appel AG, Hu XP (2013) Instar determination of *Blaptica dubia* (Blattodea: Blaberidae) using Gaussian mixture models. *Annals of the Entomological Society of America* **106**, 323–328. doi:10.1603/AN12131

Xu YT, Chen SB, Yang Y, Zhang WJ (2017) Development-temperature relationship and temperature-dependent parameters of German cockroach, *Blattella germanica* L. *Arthropods* **6**, 78–85.

Zhang F, Sun XX, Zhang XC, Zhang S, Lu J, Xia YM, Huang YH, Wang XJ (2018) The interactions between gut microbiota and entomopathogenic fungi: a potential approach for biological control of *Blattella germanica* (L.). *Pest Management Science* **74**, 438–447. doi:10.1002/ps.4726

第4章
研究のためのチャバネゴキブリの飼育

Changle Wang

はじめに

多数の健康なチャバネゴキブリ（*Blattella germanica*）を維持することは，殺虫剤のバイオアッセイや教育活動を実施し，ゴキブリの生物学と行動を研究するためには不可欠である．チャバネゴキブリは通常，実験室での飼育は難しくはない．しかし，野外で採取した種を飼育することは難しい場合がある．病気や寄生ダニがゴキブリの個体数の減少を引き起こす可能性がある．飼育技術を習得すれば，人件費と材料費を最小限に抑えることができ，ゴキブリが逃げて研究員に病気を移すのを防ぎ，均一で，健康な成虫の集団にすぐにアクセスできるようになる．

装置

衛生と個人の保護

チャバネゴキブリは，アレルギーや喘息を引き起こすアレルゲンを生成する（第2章を参照）．研究室の職員が長期間，繰り返しゴキブリに曝露されると感作のリスクが高まる．したがって，ゴキブリの個体数を維持する際には，予防措置を講じることは非常に重要である．基本的な個人保護には，使い捨て手袋と実験室用コート（通常は白衣）が必要である．ゴキブリが生息する部屋は，他の実験室活動と共有すべきではない．HEPA フィルターを備えた掃除機を使用してゴキブリの死骸やゴミを取り除き，週に1回，床をモップ掛けすることで室内のアレルゲンを減らすことができる．飼育室のメンテナンス中は，常に N95 マスクまたはハーフフェイスマスクを着用すると効果的である．研究室従事者へのリスクを最小限に抑えるため，N95 マスクを使用する前に，さまざまな機関の規制に従って，少なくとも年に1回，健康診断とマスクのフィッティング検査が必要である（アメリカ労働安全衛生局 2011）．

棚

周りに溝のある敷板の上に置かれたプラスチックまたは金属製の棚は，ゴキブリ飼育容器を保持するのに最適である（図 4.1）．落下を防ぐために，飼育棚は壁または天井と金属ワイヤーで取り付けて固定する必要がある．ゴキブリの侵入を防ぐために，金属ワイヤーにグリースを塗ったり，両面テープを巻き付けたりすることもできる．ゴキブリ系統の汚染を避けるために，異なる系統のゴキブリを別々の棚に置くことが望ましい．ゴキブリの脱出を防ぐため，堀の水路に高粘度の鉱物油を注入する．ホウ酸粉末または鉱物油を含む図 4.1B のダブルウェルピットフォール型トラップ（Climbup Insect Interceptor. Susan McKnight Inc. アメリカテネシー州メンフィス）を棚の各脚の下に設置して，ときどき鉱物油を追加する（図 4.1B）．ホウ酸ダストがインターセプターに使用されている場合，クライムアップインターセプターの内壁をタルカムパウダーで覆い，ゴキブリがインターセプターから這い出て逃げる可能性を減らすことができる（排除するわけではない）．同様の形状の他の容器も，逃げたゴキブリを殺すために使用できる．

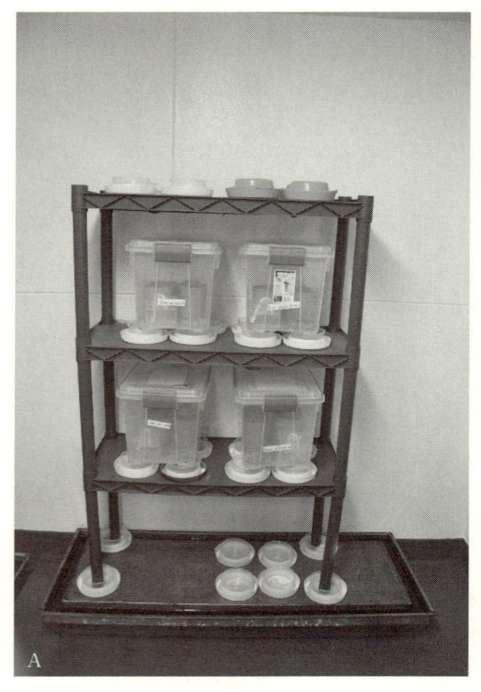

図 4.1　チャバネゴキブリの飼育設備．（A）飼育容器を収納する棚．（B）棚の脚または飼育容器の下に設置し，逃走したゴキブリを捕獲・殺虫するための落とし穴式トラップ．逃走したゴキブリを捕殺する．（C）飼育容器．（D）飼育容器内の潜伏場所，餌皿，水容器．飼育容器内

飼育容器

ゴキブリの飼育には，不透明または透明のプラスチック容器を使用する．不透明な容器は容器内の光の強度を低下させる（Koehler *et al.* 1994）．図 4.1C に示す透明なプラスチック容器（長さ 41×幅 28.6×高さ 27.6 cm）で，蓋にはフォームクッション（青いストリップ）が付いており，しっかりと密閉されている（20 クォートのガスケットボックス〔Sterilite Corp.，アメリカマサチューセッツ州タウンセンド製〕）．チャバネゴキブリの大量飼育には同様のサイズの容器が使用され，各箱は数千匹のゴキブリを収容することができる．21.5×12.5 cm の窓が蓋に切り出され，そこに，換気のためにナイロンスクリーン（メッシュサイズ 0.25 mm）で覆われていること．各ボックスには次のアイテムが含まれます（図 4.1D）：

・潜伏場所用として段ボール 2 ロール．
・水の入った容器の蓋の 2 つの穴に，綿棒を差し込む．綿ロールの長さは 15.24 cm（6 インチ），直径は 0.95 cm（3/8 インチ）である（アメリカウィスコンシン州ニーナの Tidi Products）．
・食餌を入れたペトリ皿．

容器壁の内側の上部には，ゴキブリを閉じ込める（滑落）ためにワセリンと鉱物油（1：1～2：3）のバリア（幅約 6 cm）でコーティングされている（Smittle 1966; Wang *et al.* 2004）．環境の温度はワセリンの粘稠度に大きな影響を与える．したがって，ワセリンと鉱物油の比率はそれに応じて調整する必要がある．石油／オイルバリアは「たれ」を避けるために非常に薄くする必要があり，乾燥したり汚れたりした場合は，再度塗布する必要がある．21℃ で石油／オイルバリア効果は 1～2 か月持続する．タルカムパウダーあるいはフッ素樹脂はチャバネゴキブリを閉じ込める効果はあまりない．タルカムパウダーはゴキブリの生存にも影響を与えるため，つまりゴキブリは毛づくろいするときにパウダーを摂取するので，バリア材としてはお勧めできない．1 令と 2 令は，特に CO_2 麻酔から回復したあと，バリアを通過する能力が高くなる．このため，逃げ出したゴキブリを検出して殺すために各飼育容器を落とし穴トラップの上に置く必要がある場合がある（図 4.1B）．ホウ酸粉末または鉱物油を落とし穴トラップに入れ，逃げたゴキブリをそこで殺す．

22～24 V DC 電源を備えた電気バリアはチャバネゴキブリを閉じ込めるのに 100％ 効果的である（Wagner *et al.* 1964: Ebeling *et al.* 1966）．昆虫に対する悪影響は報告されてはいない．低電圧なので人体に危険はない．この方法は，チャバネゴキブリを非常に大きな容器に閉じ込めるのに役立つ．Wagner *et al.*（1964）は，56.7 L（15 ガロン）の亜鉛メッキ缶からゴキブリが逃げるのを防ぐためにこの方法を使用している．124.9 L（33 ガロン）のプラスチック製のゴミ箱にも使用されている．

潜伏場所

潜伏場所の最も一般的なトラップは，段ボール（Conwell 1976）またはスペーサーで区切られたパネル（Berthold & Wilson 1967）である．Koehler *et al.*（1994）は，波型ポリプロピレンパネルとPVCパイプを潜伏場所として使用している．段ボールのロールは軽量で経済的で，CO_2 麻酔による潜伏場所からのゴキブリの取り出しに効果的である．潜伏場所を上から視覚的に調べることで，個体群の規模を迅速に推定することができる．私たちのビバリウムでは，長さ1 m，幅10 cmの段ボールをS字型に数回折り，潜伏場所用ロールをつくっている．段ボール紙を折り畳んだあと，その両端をホッチキスで止める（図4.1D）．

チャバネゴキブリに対する密度の影響

KomiyamaとOgata（1977）は，密度がチャバネゴキブリの発育速度，繁殖，寿命に影響を与えることを発見した．10×16×15.5 cmの容器では，500匹のグループが最も高い繁殖力を示した．高密度の個体群では，翅が損傷し，触角が短い個体の割合がはるかに高くなった．彼らは，推奨される密度は，コンテナ内の利用可能なスペース1 cm^2 あたり1～2匹とした．各飼育コンテナに設置される潜伏場所の数にもよるが，19 L（20クォート）の箱で数千匹のゴキブリを簡単に維持できる．

環　境

逃げたゴキブリやゴキブリアレルゲンの影響を最小限に抑えるために，ゴキブリ飼育専用の部屋が望ましい．理想的な室温は25～30℃で（Gould 1941），光周期を8：16または12：12（L：D）の設定する必要がある．チャバネゴキブリのさまざまな段階の発育時間は室温に関係する．卵鞘は24.4℃では28日，29.4℃では17日で孵化した．幼虫の発育は24.4℃で135日，29.4℃で74日を要した．24.4℃に閉じ込められた成虫は232日生存したが，29.4℃では145日生存した（Gould 1941）．高温の方が積算温度はより速くなるが，高温で閉じ込められたメスの方が，低温で閉じ込められたメスよりも産生される卵鞘の数が少なかった．

バクテリアまたは真菌性疾患やノミバエの発生を減らすためには高湿度（>50% RH）は避けること．飼育容器内の微環境（microenvironment）は重要である．潜伏場所でのカビの発生は，糞，餌，ゴキブリの死骸が容器の底や潜伏場所の内側に溜まっているとよく発生する．

餌

実験室のゴキブリのコロニーを維持するために研究者らはさまざまな餌を使用してきた．栄養，食感，おいしさ，消化のしやすさ，などで変化する．ほとんどの研究室では，チャバネゴキブリの飼育に約24%のタンパク質と5%の脂肪を含むネズミ用の固形飼料を使用している（表4.1）．Cooper と Shal（1992）は，犬の餌で飼育した場合よりも，ラットの餌で飼育した場合の方が，幼虫の発育が速く，メスの成虫の卵母細胞がより早く成熟することを発見している．5%，25%，65%のタンパク質を含む実験用の餌を使用してテストしたところ，高タンパク食はメスの交尾を大幅に遅らせたが，同数の卵鞘を産みだした（Hamilton & Schal 1998）．タンパク質：炭水化物が3：1の食餌の摂取量は，1：3の食餌の摂取量より低かった（Ko *et al.* 2016）．

ヒドラメチルノンベイトを使用した実験室研究に基づくと，食歴（diet history）はゴキブリのベイトの性能に影響を与える可能性がある（Ko *et al.* 2016）．この研究では，チャバネゴキブリにタンパク質：炭水化物（P：C）を3：1または1：3の比率で含む餌を3日間与えたあと，P：Cが3：1または1：3のヒドラメチルノンベイトに曝露した．最適ではないP：Cが3：1のベイトを与えると，テストしたすべてのベイトの組み合わせで高い有効性が得られたが，最適なP:C食餌を与えたところ，P：C比3：1と比較して有効性が低くなった．チャバネゴキブリを防除するための餌の有効性を評価する際には，栄養的背景が重要な要素となる可能性がある．

野生のゴキブリの個体群は，おそらく多種多様な食物にさらされていると考えられる．これがチャバネゴキブリの生態，ベイトの受け入れと喫食性と効果，殺虫剤に対する抵抗性にどのような影響を与えるかは不明である．Perez-Cobas *et al.*（2015）

表4.1　チャバネゴキブリ飼育用の一般的な餌

餌	主な成分	製造メーカー（国名）*	参考
Tekel rodent diet 8604	タンパク質24.3%，脂肪4.7%，粗繊維質4.0%	Envigo，Madison（アメリカ）	Scharif *et al.*（1995）
Laboratory rodent diet 5001	タンパク質23.2%，脂肪（エーテル抽出）5%，粗繊維5.1%	Laboratory Supply, Fort Worth（アメリカ）	Koehler *et al.*（1994）; Kakumanu *et al.*（2018）
Laboratory rodent diet 5012	タンパク質23.2%，脂肪（エーテル抽出）5%，粗繊維3.81%	Laboratory Supply, Fort Worth（アメリカ）	Gemeno *et al.*（2011）
Dog chow，oatmeal，yeast，Fresh apple，carrot	データなし	Sniff Co.，D59494，Soest（ドイツ）	Schrader *et al.*（2007）

＊　2019年7月1日現在のメーカー情報

は，実験室と野生のチャバネゴキブリの腸内の細菌組成が食餌の種類（タンパク質含量0%，24%，50%），サンプリング時間（実験食で5日または10日）に影響されることを発見している．Kakuman *et al.* (2018) は，チャバネゴキブリの腸および糞便の微生物相を調査している．実験室で飼育されたものと野外で収集されたチャバネゴキブリには，異なる微生物叢があった．実験室で飼育されたゴキブリは比較的保存された群集（relatively conserved communities）をもっていたが，異なるアパートで収集されたゴキブリの微生物叢組成（microbial community composition）にはかなりのバラツキが観察された．

メンテナンス

毎週のメンテナンス

飼育容器は少なくとも週に一度は目視検査をする必要がある．定期メンテナンスのたびに，コンテナの底や隠れ場所内のゴキブリの死骸や皮，糞，卵鞘殻，食べかすなどをHEPAフィルターを備えた掃除機で清掃掃する必要がある．必要に応じて食料と水を補充する必要もある．給水用のコットンロールが汚れている場合は交換する必要がある．石油／オイルの脱出防止バリアが滑りにくくなっていた場合，または飼育容器の下の落し穴トラップに逃げたゴキブリがいる場合は，バリアを再度塗る必要がある．コンテナの壁が汚れたり，潜伏箇所にカビが生えたりした場合は，コンテナと隠れ場所を交換する必要がある．私たちの研究室では，約7つの株と，各株につき月に1回，チャバネゴキブリ約30個の容器が保管されている．41×28.6×27.6 cm（20クォート）の容器にはそれぞれ数千匹のゴキブリが入っている．

コホートの確立

同令のゴキブリのコホート（cohort）を維持することが必要な場合は，1～2令の幼虫を入れた新しい容器を1～4週間ごとにセットアップする必要がある．最も古い飼育容器から順に，冷凍庫に入れてゴキブリを殺し，その後よく洗浄して，各系統あたりの容器数を一定に保つ．このローテーションは，ゴキブリが酵母菌に感染して発症するのを避けるうえで役に立つ．ゴキブリを清潔にし，整えるためには石油製品，オイルをきれいに洗浄して取り除く必要がある．もし，ゴキブリに酵母汚染の兆候があれば，細菌や真菌胞子を殺すために，容器を0.05% 漂白剤で拭くか，容器を0.05% 漂白剤溶液に30分間浸す必要がある（WHO 2014）

以下に，1令と2令を成虫または大型幼虫から分離する3つの方法を説明した．

◇**方法1**　残りのコロニーから卵鞘をもったメス数百匹を取り出し，新しい容器に入れる．卵鞘上の濃い緑と青の線の存在は，卵鞘が1週間以内に孵化することを示している（Clayton 1959）．1〜2週間後，コンテナ上部のメッシュスクリーンから，段ボールシェルターの横についているものもゆすって落下するまで，CO_2を導入する．柔軟な鉗子を使用して，卵鞘をもったメスをすぐに取り除く．卵鞘をもつメスをすべて取り出すには，追加のCO_2麻酔が必要になる場合がある．

◇**方法2**　Koehlerら（1994）によって記載されているように，卵鞘をもったを産卵ユニットに入れ，飼育容器に入れる．この産卵ユニットはプラスチック製のスナップロック式食品保存容器（長さ13.3 cm×幅10.1 cm，容量850 mL）で，蓋に穴を開け，ステンレスメッシュ（1 cmあたり8本）で穴を覆い，新たに孵化した幼虫が産卵ユニットから抜け出るようにする．各産卵ユニットには給水用の綿栓付き水瓶を配置する．幼虫が強制的に退去するように，産卵ユニットには餌を入れない．Schraderら（2007）は，2 mm目のメッシュワイヤースクリーニング（ワイヤーサイズ0.5 mm）で分けられた，2つの区画を収容する異なる産卵ユニットについて説明している．卵鞘をもつメスは上部のコンパートメントに配置される．卵鞘から孵化した1令虫は，下部の区画に落下する．

◇**方法3**　特注のストレーナーを使用して，幼虫と成虫および3〜6令を分離する．この方法は，方法1よりもはるかに効率的である．ストレーナーは2つの丸いプラスチック容器（直径20 cm×高さ19 cm）である（図4.2）．最初の容器の底を切り取り，3 mm目の金属スクリーンで覆う．最初のコンテナは2番目のコンテナの途中に配置する．いろいろなステージの潜伏場所にいた，混合したものを最初の容器に入れ，網目穴のある蓋で覆う．蓋の穴からストレーナーにCO_2を加える．すべてのゴキブリを駆除したら，潜伏用段ボールを揺さぶり，ゴキブリを落とす．次にストレーナーを振って，1令虫と2令虫をスクリーンから下の容器

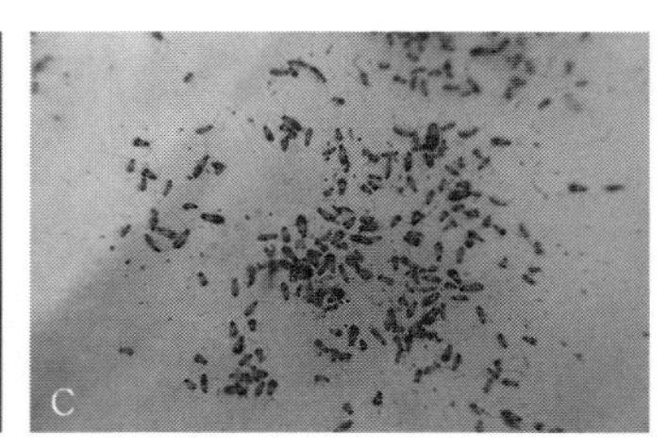

図4.2　(A) 1令と2令の分離に使用したストレーナーの構成要素．容器aを容器bに半分まで入れ，蓋cを容器aにかぶせる．(B) 組み立てられたストレーナーの内部にゴキブリが潜んでいる．(C) 蓋の網目状の穴からCO_2を添加したあと，1令と2令はストレーナーを通過した

に落とす．大きな個体（大きな幼虫と成虫）は，底にスクリーンがある最初のコンテナ内に残っている．飼育容器に戻すこともできる．ストレーナー内に残ったゴキブリを殺すために，使用後すぐにストレーナーは冷凍庫に入れること．ゴキブリ株を切り替えるときは，必ずストレーナーを洗浄して乾燥させること．

ゴキブリを麻酔する方法には，冷却，窒素またはCO_2ガスの適用などがある．CO_2麻酔は，研究者にとって最も便利で一般的に使用される方法である．それはゴキブリの移動と摂食活動に短期的な影響を及ぼす（Branscome *et al.* 2005）．殺虫剤の有効性研究を実行する前には，2日間の回復時間が必要である．頻繁に麻酔をかけると，ゴキブリの発育と繁殖に長期的な影響を与える可能性がある．毎週3分間のCO_2麻酔を行うと，ゴキブリの成長は14〜53% 抑制された（Brooks 1957）．窒素，亜酸化窒素，シクロプロパン，エチルエーテルを使用した毎週の麻酔も，成長速度を遅らせ，成虫の体重および産卵数を減少させ，成虫の寿命を延ばした（Brooks 1965）．

収　率

卵が孵化して成虫になるまで，26℃では6〜7週間（Koehler *et al.* 1994），24℃では45日かかる（Schrader *et al.* 2007）．平均330〜443匹のメスが飼育容器内の産卵ユニットに配置された．孵化した卵鞘の割合は77.5〜84.6% で，飼育容器あたり平均12,258〜16,359匹の幼虫が発生した．6〜7週間後のコンテナあたりのゴキブリ成虫生産量は2,834〜3,971匹であった．Schrader *et al.*（2007）は128個の卵鞘を検査し，1卵鞘あたりの平均卵子数が38.4個で，その範囲は17〜48個であることが判明した．300匹の新たな成虫メスが産卵施設に移送されたときには約3,000匹の孵化幼虫が成虫に成長した．

病気とダニ

イースト菌感染症

実験室のゴキブリコロニーの健康に対する最も一般的な脅威は，酵母菌感染症（不完全菌綱：Hyphomycetes）である．感染の典型的な兆候は，触角がもろく，カールし、短くなることである（図4.3）（Archbold *et al.* 1986）．他の兆候としては，前翅頂部（forewing apices）の分離の増加（Reierson *et al.* 1987），死後の死体の黒ずみと弛緩が挙げられる．酵母が寄生している1令幼虫と，寄生していない1令幼虫を，触角（flagella）で区別することはできない．酵母感染の確認は，年細胞の存在につ

図 4.3　触角が丸まったり短くなったりしているチャバネゴキブリのオス成虫．イースト菌感染症の典型的な兆候である

いて血リンパ（hemolymph）または翅の静脈（wing veins）を検査することによって行うことができる．感染したゴキブリの触角が短くなる，カールする，酵母細胞の力価が血リンパ 1 mL あたり 9.3×10^5〜1.9×10^7 細胞の範囲であるときなどである（Archbold *et al.* 1968; Reierson *et al.* 1987）．

感染したゴキブリは活動が低下し，早期に死亡した．感染したメス成虫は，1 卵鞘あたりの卵の数，卵鞘の数，幼虫の生産の大幅な減少を示した（Archbold *et al.* 1987）．酵母菌に感染したコロニーは，ゆっくりと成長するか，消滅した．高い生息密度，殺虫剤の使用，CO_2 麻酔が病気の発症を促進した．

野外から新たに収集された菌株は，実験室飼育の最初の数か月間で酵母感染症を発症する傾向がある．飼育容器を頻繁に洗浄および消毒し，潜伏シェルターの交換，餌および水の容器を交換することは，酵母による汚染を防ぐのに役立つ．既存の実験用コロニーで，酵母侵入の兆候が見つかった場合，前の個所で説明した方法を使用して 1〜2 週間ごとに 1 令と 2 令のみを新しい飼育容器にセットアップすると，最終的には健全なコロニーが確立する．いろいろな混合ステージの生息した古いコンテナは，冷凍して洗浄する．ゴキブリの飼育や取り扱いに使用する容器やピンセットは定期的に洗浄する必要がある．酵母感染の兆候が見つかった場合は特に注意をすること．

細菌感染

腸内細菌のグラム陰性細菌である *Serratia marcescens* は，チャバネゴキブリを飼育していると，散発的に死亡を引き起こすことがある（Heimpel & West 1959）．細菌によって死んだゴキブリは独特の赤い色を示す．ゴキブリに対する細菌の毒性は低い．投与による LD_{50} 値は，昆虫 1 匹あたり約 38,000 個の細菌である．ゴキブリの年令と，*Serratia marcescens* に対する感受性とは関係はない．ゴキブリの入った容器を頻繁に掃除機で掃除すると、ゴミやゴキブリの死骸が除去され，細菌感染を防ぐことができる．細菌感染の兆候が見つかった場合は，すべてのゴキブリを新しい潜伏箇所，水と餌の容器を備えた新しいコンテナに移すことで細菌感染を克服できる．

ダニ

ゴキブリダニ（*Pimeliaphilus cunliffei*）はときどき大量発生し，実験室で飼育しているものを破壊する（図4.4）（Field *et al.* 1966）．このダニは潜伏用の段ボールやゴキブリ飼育容器内の生きたゴキブリや死んだゴキブリに発生する．ダニの幼虫は生きたゴキブリと死んだゴキブリを食べる．Baker ら（1956）はこのダニの生活史を解説している．ゴキブリダニは元々野外にいるチャバネゴキブリと関係がある．何度か，私はゴキブリダニとともに幼虫ゴキブリが捕らえられた接着板を見つけている（図4.4）．ゴキブリダニは，ワモンゴキブリ（*Periplaneta americana*）やトウヨウゴキブリ（*Blatta orientalis*）にも寄生する可能性がある（Field 1966）．私たちの飼育室（vivarium）では，チャバネゴキブリ，ワモンゴキブリ，トウヨウゴキブリを同じ部屋で飼育している．ゴキブリダニは，コロニーが飼育されて10年以上のチャバネゴキブリの飼育環境でのみ発生している．

飼育しているものからゴキブリダニを除去するために，我々の研究室では，CO_2を使用してゴキブリを麻酔させ，ゴキブリ成虫と大型幼虫からダニを分離している．小さなゴキブリ幼虫はダニを分離するのが難しいため，このプロセス中に失うことがあ

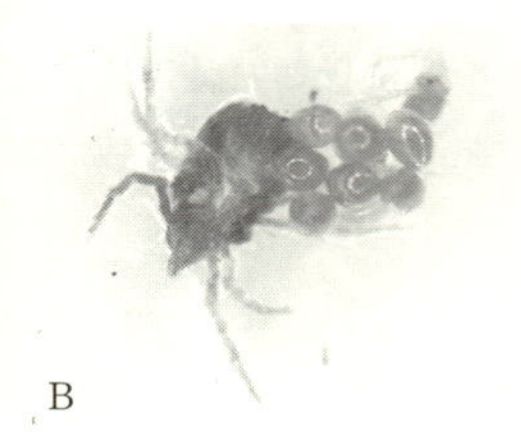

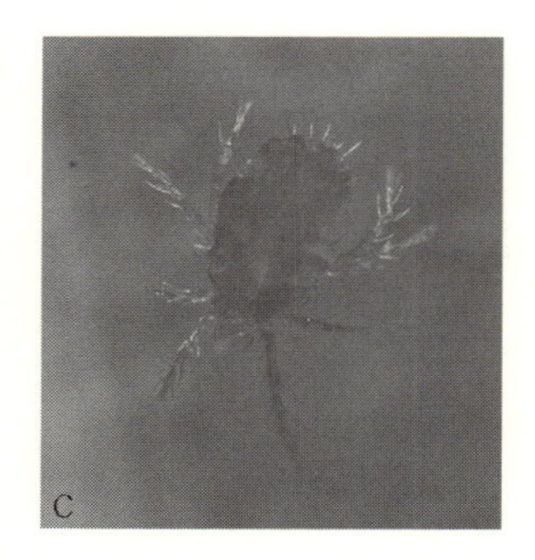

図4.4　(A) マンションに置かれた接着ボードに付いたゴキブリダニ，中央はチャバネゴキブリの成虫で，さまざまな段階のゴキブリダニがいる，(B) ゴキブリダニとゴキブリの卵．(C) 顕微鏡で見たゴキブリダニ

る．ゴキブリダニを分離したら，大型の幼虫と成虫を，新しい餌，水の入った容器，飼育場所を備えた新しい容器に移している．ダニをすべて除去するには，このプロセスを3～7日の間隔でさらに数回続ける必要がある．ダニが寄生している容器やダニを分離するためのストレーナーは，ダニを殺すために数日間冷凍庫に入れておく必要がある．

結　論

実験用チャバネゴキブリのコロニーは，通常，蓋でしっかりと密閉された大きなプラスチック容器内で維持されている．環境への安全と個人の安全を確保するためには，昆虫の逃亡を防ぎ，研究室の衛生管理，個人用保護具の使用は重要である．昆虫が飼育容器から逃げるのを防ぐ最も便利で効果的なバリアは，飼育容器の上部内壁に塗布されたワセリンと鉱物油の混合物の非常に薄い層である．ゴキブリ容器を棚の上に置き，棚の脚の下に，溝または同様の障壁を設置すると，さらに逃走を防ぐことができる．理想的な室温は25～30℃である．細菌類または真菌類（カビなど）の疾患の増殖を減らすために，高湿度（相対湿度50% 以上）は避けること．タンパク質が約24%，脂肪が5% 含まれるネズミ用の餌は，ゴキブリの飼育に適している．特注のふるいは，小型の幼虫と大型の幼虫を効率的に分離し，ゴキブリのコホートを確立するのに役立つ．酵母による感染，細菌（*Serratia marcescens*）による感染，およびゴキブリダニ発生の可能性などがあり，これらはゴキブリの行動や寿命，ゴキブリのコロニーの崩壊などに影響を与える．健全なゴキブリのコロニーを維持するには，容器を毎週洗浄し，飼育容器内のゴキブリの死骸や破片を除去することが必要である．

参 考 文 献

Archbold EF, Rust MK, Reierson DA, Atkinson KD (1986) Characterization of a yeast infection in the Germancockroach (Dictyoptera, Blattellidae). *Environmental Entomology* **15**, 221-226. doi:10.1093/ee/15.1.221

Archbold EF, Rust MK, Reierson DA (1987) Comparative life histories of fungus-infected and uninfected German cockroaches, *Blattella germanica* (L.) (Dictyoptera: Blattellidae). *Annals of the Entomological Society of America* **80**, 571-577. doi:10.1093/aesa/80.5.571

Baker EW, Evans T, Gould D, Hull W, Keegan H (1956) *A Manual of Parasitic Mites of Medical or Economic Importance*. National Pest Management Association, New York.

Berthold R, Wilson BR (1967) Resting behavior of the German cockroach, *Blattella germanica*. *Annals of the Entomological Society of America* **60**, 347-351. doi:10.1093/aesa/60.2.347

Branscome DD, Koehler PG, Oi FM (2005) Influence of carbon dioxide gas on German cockroach

(Dictyoptera: Blattellidae) knockdown, recovery, movement and feeding. *Physiological Entomology* **30**, 144–150. doi:10.1111/j.1365-3032.2005.00439.x

Brooks MA (1957) Growth-retarding effect of carbon-dioxide anaesthesia on the German cockroach. *Journal of Insect Physiology* **1**, 76–84. doi:10.1016/0022-1910(57)90024-0

Brooks MA (1965) The effects of repeated anesthesia on the biology of *Blattella germanica* (Linnaeus). *Entomologia Experimentalis et Applicata* **8**, 39–48. doi:10.1111/j.1570-7458.1965.tb02341.x

Clayton R (1959) A simplified method for the culture of *Blattella germanica* under aseptic conditions. *Nature* **184**, 1166–1167. doi:10.1038/1841166a0

Cooper RA, Schal C (1992) Differential development and reproduction of the German cockroach (Dictyoptera, Blattellidae) on 3 laboratory diets. *Journal of Economic Entomology* **85**, 838–844. doi:10.1093/jee/85.3.838

Cornwell PB (1976) *The Cockroach. Volume II. Insecticides and Cockroach Control.* Associated Business Programmes, UK.

Ebeling W, Wagner R, Reierson DA (1966) Influence of repellency on the efficacy of blatticides. I. Learned modification of behavior of the German cockroach. *Journal of Economic Entomology* **59**, 1374–1388. doi:10.1093/jee/59.6.1374

Field G, Savage LB, Duplessis RJ (1966) Note on the cockroach mite *Pimeliaphilus cunliffei* (Acarina: Pterygosomidae) infesting oriental, German and American cockroaches. *Journal of Economic Entomology* **59**, 1532. doi:10.1093/jee/59.6.1532

Gemeno C, Williams GM, Schal C (2011) Effect of shelter on reproduction, growth and longevity of the German cockroach, *Blattella germanica* (Dictyoptera: Blattellidae). *European Journal of Entomology* **108**, 205–210. doi:10.14411/eje.2011.028

Gould G (1941) The effect of temperature on the development of the German cockroach. *Proceedings of the Indiana Academy of Sciences* **50**, 242–250.

Hamilton RL, Schal C (1988) Effects of dietary protein levels on reproduction and food consumption in the German cockroach (Dictyoptera, Blattellidae). *Annals of the Entomological Society of America* **81**, 969–976. doi:10.1093/aesa/81.6.969

Heimpel A, West A (1959) Notes on the pathogenicity of *Serratia marcescens* Bizio for the cockroach *Blattella germanica* L. *Canadian Journal of Zoology* **37**, 169–172. doi:10.1139/z59-020

Kakumanu ML, Maritz JM, Carlton JM, Schal C (2018) Overlapping community compositions of gut and fecal microbiomes in lab-reared and field-collected German cockroaches. *Applied and Environmental Microbiology* **84**, e01037-18. doi:10.1128/AEM.01037-18

Ko AE, Schal C, Silverman J (2016) Diet quality affects bait performance in German cockroaches (Dictyoptera: Blattellidae). *Pest Management Science* **72**, 1826–1836. doi:10.1002/ps.4295

Koehler PG, Strong CA, Patterson RS (1994) Rearing improvements for the German cockroach (Dictyoptera, Blattellidae). *Journal of Medical Entomology* **31**, 704–710. doi:10.1093/jmedent/31.5.704

Komiyama M, Ogata K (1977) Observations of density effects on the German cockroaches, *Blattella germanica* (L.). *Japanese Journal of Sanitary Zoology* **28**, 409–415. doi:10.7601/mez.28.409

Perez-Cobas AE, Maiques E, Angelova A, Carrasco P, Moya A, Latorre A (2015) Diet shapes the gut microbiota of the omnivorous cockroach *Blattella germanica. FEMS Microbiology Ecology* doi:10.1093/femsec/fiv022.

Reierson DA, Archbold EF, Rust MK (1987) Diagnosis of a pathogenic fungus (Deuteromycotina: Hyphomycetes) of German cockroaches, *Blattella germanica* (Dictyoptera: Blattellidae). *Journal of Medical Entomology* **24**, 269–272. doi:10.1093/jmedent/24.2.269

Scharf ME, Bennett GW, Reid BL, Qui C (1995) Comparisons of three insecticide resistance detection methods for the German cockroach (Dictyoptera: Blattellidae). *Journal of Economic Entomology* **88**, 536-542. doi:10.1093/jee/88.3.536

Schrader G, Könning M, Dahl R (2007) Laboratory rearing of a non-resistant strain of the cockroach species *Blattella germanica* (Blattariae: Blattellidae). *Entomologia Generalis* **30**, 71-78. doi:10.1127/entom.gen/30/2007/71

Smittle BJ (1966) Cockroaches. In *Insect Colonization and Mass Production*. (Ed. CN Smith) pp. 227-240. Academic Press, New York.

US Occupational Safety & Health Administration (2011) Occupational Safety and Health Standards 1910.134 -Respiratory Protection. <https: //www.osha.gov/pls/oshaweb/owadisp.show_document?p_id=12716& p_ table=standards>

Wagner RE, Ebeling W, Clark WR (1964) An electric barrier for confining cockroaches in large rearing or field collecting cans. *Journal of Economic Entomology* **57**, 1007-1009. doi:10.1093/jee/57.6.1007

Wang C, Scharf ME, Bennett GW (2004) Behavioral and physiological resistance of the German cockroach to gel baits (Blattodea: Blattellidae). *Journal of Economic Entomology* **97**, 2067-2072. doi:10.1093/jee/97.6.2067

World Health Organization (2014) Infection Prevention and Control of Epidemic- and Pandemic-prone Acute Respiratory Infections in Health Care. <https: //www.ncbi.nlm.nih.gov/books/NBK214356/>

第5章
内部共生生物と腸内マイクロバイオーム

Jose E. Pietri and Madhavi L. Kakumanu

はじめに

昆虫と微生物の相互作用は，何十年にもわたり昆虫学者と微生物学者の両方を魅了した．しかし，近年，分子生物学ツールの急速な進歩により，この分野は大きな注目を集めている．高深度のDNAおよびRNAシークエンシング・プラットフォームの出現により，昆虫関連の複雑な構造，機能，制御が解明される時代に入ろうとしている．総称してマイクロバイオームとして知られる微生物群集は，完全に評価され始めている（Engel & Mogan 2013; Douglas 2015; Levy & Myers 2016）．現在まで，ゴキブリのマイクロバイオームに関する研究は限られている．これらの研究の多くは，害虫でない種やワモンゴキブリ（*Periplaneta americana*）に焦点があてられているが，チャバネゴキブリ（*Blattella germanica*）のマイクロバイオームの特徴付けにおいて，最近は進歩が見られるようになった．都市害虫，病気を媒介する昆虫，モデル昆虫など，一般的に研究されている節足動物の中で，雑食性のゴキブリは，異常な多様性を特徴とし，多くの点で高等動物分類群のコミュニティに似た独特のコミュニティを保有しているようである．これらのコミュニティは，垂直伝播する細胞内共生生物と豊富な腸内マイクロバイオームの両方で構成されている．他の昆虫のマイクロバイオームに関する現在の知識に基づいて，チャバネゴキブリの微生物叢をさらに調査することは，チャバネゴキブリの生活史と生理機能のより深い理解につながるだけでなく，チャバネゴキブリを制御するための新しい方法をあきらかにする可能性がある．この章では，チャバネゴキブリおよび関連する害虫であるゴキブリ種の内部共生生物および腸内マイクロバイオームの構成，獲得，および生理学的役割を概説する．さらに，今後の研究の方向性を提案し，マイクロバイオームがゴキブリ管理を改善するターゲットとして機能する方法について議論をする．

ブラッタバクテリウム内部共生生物

20世紀初頭，トウヨウゴキブリ（*Blatta orientalis*）の簡単な顕微鏡観察が，現在では主要なゴキブリの内部共生生物である *Bllatabacterium cuenoti* として知られているものの発見につながった（Mercier 1906）．この最初の記載以来，ブラッタバクテリウムの追加の種が記録され，系統解析によりブラッタバクテリウム属はバクテリオデテス門フラボバクテリウム目に分類された（Clerk & Kambhampai 2003）．洞窟に生息するノクティコラ属の顕著な例外を除いて，ほとんどのゴキブリ系統はブラッタバクテリウムを保有しているようであり，ブラッタバクテリウムは1億年以上にわたって宿主と共進化してきたと考えられている（Bandi *et al.* 1995; Clark *et al.* 2001; Lo *et al.* 2007）．

したがって，これらの細菌はゴキブリの生物学の基本的な要素である．ブラッタバクテリウム内部共生菌は，長さ2〜5 μM のグラム陰性の偏性細胞内桿体（intracellular rods）として特徴付けられている（Tokuda *et al.* 2008）．多くの昆虫の内部共生生物（endosymbionts）と同様に，それらは母親の生殖系列（maternal germline）を介して母親から子孫への厳密な垂直伝達サイクル（vertical transmission cycle）を示している．ブラッタバクテリウムの伝播の根底にある正確な分子学な解明されていないが，その一般的なライフサイクルはチャバネゴキブリで説明されている．ゴキブリの胚の発育中の卵巣中には，卵鞘が最初に生成されてから数週間はブラッタバクテリウムは存在しない（Sacchi *et al.* 1985）．この間，内部共生生物は菌細胞（bacteriocytes）とよばれる特殊な脂肪体細胞に存在している（Sacchi & Grigolo 1989）．卵鞘の生成から約20日後，内部共生細胞で満たされた菌細胞が脂肪体から放出され，血腔（hemocoel）を通って移動し，発育中の卵巣の周りに集まる．1令虫が卵鞘から出て，約3〜5日後に，菌細胞が個々の卵巣に侵入する．ここで，それらは発生中の卵母細胞（egg cells）に直接付着し，内部共生生物が生殖系列細胞に侵入することなく数日間留まる．晩令期には，内部共生生物が細菌細胞から出て，発生中の卵母細胞の表面全体に分布する．生殖細胞膜修飾（germ cell membrane modification）のプロセスのあと，おそらくエンドサイトーシスと貪食機構（phagocytic mechanism）の組み合わせにより，内部共生生物が卵母細胞に取り込まれる（Sacchi *et al.* 1985, 1988）．卵細胞に入ると，内部共生菌はペリプラズム（periplasm）から卵黄の中心に移動し，そこに集中し，最終的には胚性脂肪体の菌細胞を満たし，再びサイクルを開始する（Sacchi *et al.* 1996）．このプロセスはゴキブリの生涯を通じて継続し，性腺刺激ホルモン周期ごとに感染した子孫の発生を可能にする．さらに，成虫卵巣（adult ovaries）の濾胞上皮細胞（follicular epithelial cells）はブラッタバクテリウム（*Bllattabacterium*）に感染しているようであり，菌細胞とは独立した垂直感染に寄与している可能性がある（Irles *et al.* 2017）．

ワモンゴキブリとチャバネゴキブリからブラッタバクテリウムを除去した実験よ

り，ゴキブリが成長と繁殖のためには内部共生生物（endosymbiont）に大きく依存していることがあきらかになった．特に，内部共生生物を含まないワモンゴキブリをつくり出すために，抗生物質を投与した予備研究では，卵巣吸収（ovary resorption）が生じ（Glaser 1946），チャバネゴキブリに抗生物質や熱処理を使用した同様のプロトコールでは，流産率（abortion rates）が増加し，繁殖力が低下して幼虫の発育が阻害された（Brooks & Richards 1955）．ゴキブリの生理に対するブラッタバクテリウムの影響を説明するために，いくつかのメカニズムが考えられている．Bush と Chapman（1961）は，内部共生生物が必要な分子を合成することを示唆し，Brook と Richards（1995）は，卵が栄養吸収に寄与すると提案している．実際，内部共生生物のゲノム分析を利用した最近の研究では，それらが老廃物（尿素やアンモニア）から窒素を再利用し，最小限の基質から必須アミノ酸やいくつかのビタミンや補因子を生成できる酵素を特定している（Lopez-Sanchez *et al.* 2009; Sabree *et al.* 2009; Tokuda *et al.* 2013）．注目すべきことに，抗生物質による処理後に内部共生細胞に感染した細胞を，チャバネゴキブリに移植すると発生が改善され，これらの微生物による直接的な寄与が示された（Brooks & Richards 1956）．これらの発見は，初期の実験研究によって生成された仮説を裏付けている．それにもかかわらず，細菌による非食物アミノ酸の合成はワモンゴキブリで実験的に実証されているが（Ayayee *et al.* 2016），重要なゴキブリの形質に対するブラッタバクテリウムタンパク質やその他の生体分子の効果に関する機能的研究は依然として限られており，完全に解明する必要はある．これらの内部共生生物がチャバネゴキブリの生活の中で果たす役割も理解する必要がある．

腸内微生物叢の構成

腸内マイクロバイオームの中核構成要素

ゴキブリの腸内細菌叢の多様性と機能を解明する初期の研究は，おもに顕微鏡検査と腸の解剖の培養ベースの分析を使用してユウレイゴキブリ（*Eublaberus posticus* 南アメリカ産）やワモンゴキブリなどの大型種を対象に行われた（Bracke *et al.* 1978, 1979; Cruden & Markovetz 1987; Zurek & Keddie 1996）．ゴキブリの腸の消化管を顕微鏡で調べたところ，細菌，酵母，カビ，原生動物の存在がさらにあきらかになり（Steinhaus 1940; Bignell 1977; Gijzen & Barugahare 1992; Carrasco *et al.* 2014），これらのコミュニティの構成と存在量が決定されたが，腸のさまざまなセクションで異なることがわかった．特に，ゴキブリの後腸には，多種多様なおもに嫌気性細菌が定着している（Bignell 1977; Bracke *et al.* 1979; Cruden & Markovetz

1984）．顕微鏡法と培養によるアプローチは，ゴキブリの腸に関連する微生物の多様性についての洞察を提供したことには疑いの余地はないが，培養に依存しない最近の分子分析技術が進歩するまで，ゴキブリの腸内細菌叢の完全な多様性と潜在的な機能の理解には大きなギャップが残っていた．

最近の16SrRNAアンプリコン（amplicon）に基づくハイスループット・シーケンス解析（high-throughput sequencing analysis）により，チャバネゴキブリの腸の複雑な微生物群集構造についてのより深い洞察が得られた（Carrasco *et al.* 2014; Perez-Cobas *et al.* 2015; Pietri *et al.* 2018; Rosas *et al.* 2018）．チャバネゴキブリは共生性昆虫（synanthropic insects）であり，多種多様な物質を餌とし，その豊かで多様な腸内微生物叢は，この雑食性の習性と人間の環境での生活の影響を反映している．チャバネゴキブリの腸は他のゴキブリ種の腸と多くの一般的な類似点を共有しており，数と多様性の両方において細菌が優勢な微生物叢として豊富に存在する．チャバネゴキブリにはおもにバクテロイデス門の多種多様な細菌が生息している．ファーミクテス属（*Farmicutes*）のプロテオバクテリア（*Proteobacteria*）およびフソバクテリア（*Fusobacteria*）（Carrasco *et al.* 2014; Perez-Cobas *et al.* 2015; Kakumanu *et al.* 2018）である．これらの微生物の多様性と存在量は前腸から後腸まで広いスケールで増加する（Zhang *et al.* 2018）．プランクトミセテス（*Planctomycetes*），シナジステテス（*Synergistetes*），エルシミクロビア（*Elusimicrobia*），スピロヘータ（*Spirochetes*）などの他の門の細菌も，少量ではあるが存在する．特に，チャバネゴキブリの優勢な細菌門が，生息地の違いにもかかわらず，他の雑食性で木食性のゴキブリ種やシロアリの細菌門と類似していることは，進化の過程で共通の祖先からのいくつかの微生物系統が保存されている可能性を示唆している（Schauer *et al.* 2012；Bertino-Grimaldi *et al.* 2013; Mikaelyan *et al.* 2015a, b, c; Berlanga *et al.* 2016; Tinker & Ottesen 2016; Gontang *et al.* 2017）．より低い分類学的レベルでは，*Bllattabacteriaecae, Bacterioidaceae, Porphyromonadaceae, Rikenellaceae, Ruminococcaceae, Enterobacteriaceae,* および *Desulfovibrionaceae* 科のオスとメスの両方でよく見つかり，潜在的にチャバネゴキブリの核となる細菌群集を形成している（Carasco *et al.* 2014; Perez-Cobas *et al.* 2015; Kakumanu *et al.* 2018. Pietri *et al.* 2018）．これらの微生物分類群の異なる場所にわたる生態学的安定性は，これらの細菌が宿主の生存において重要な機能的役割を果たしている可能性があることを示している．

ゴキブリの後腸は，自由生活性メタン生成菌や繊毛虫関連メタン生成菌などの他の多くの共生生物とも関連しており，消化やその他の腸の正常な機能に関与している可能性がある（Bracke *et al.* 1979; Bracke & Markovetz 1980; Cruden & Markovetz 1984; Gijzen *et al.* 1991, 1994; Kane & Breznak 1991; Hackstein & Stumm 1994）．

しかし，チャバネゴキブリにおけるこれらの特定の宿主と微生物の関連性については，まだほとんどわかっていない．

腸のマイクロバイオームの非細菌構成要素

チャバネゴキブリの腸管には，真核微生物，つまり真菌や原生動物（protozoa）も生息している．ただし，細菌とは異なり，これらの存在量と多様性は低く，非常にばらつきがある．カンジダ（*Candida*），ムコール（*Mucor*），アスペルギルス（*Aspergillus*），リゾプス（*Rizopus*）およびペニシリウム（*Penicillium*）を含むいくつかの真菌がチャバネゴキブリから単離されている（Roth & Willis 1960; Salehzadeh *et al.* 2007）．これらの真菌の一部はチャバネゴキブリの腸内共生菌である可能性があるが，それらのほとんどは臨床関連の環境真菌であり，通常の腸内細菌叢を代表していない可能性がある．一方，カンジダ種は健康な人の消化管に常在する日和見真菌であり，チャバネゴキブリの腸内で，ときには大量に検出されている（Kakumanu *et al.* 2018）．

チャバネゴキブリにおけるこれらの真菌の機能的な役割は不明のままであるが，その存在量は定着して宿主の生理機能に影響を与える能力をもつ可能性がある．ゴキブリの腸内に原虫が存在することも数年前から認識されている（Armer 1944; De-Coursey & Otto 1956; Hoyte 1961; Tsai & Cahill 1970; Martinez-Giron *et al.* 2017; Kamimanu *et al.* 2018）．*Nephridiophaga blattellae*，*Lophomonas blattarum*，*Gregarina blattarum*，*Nyctoherus ovali*，*Entamoeba blattae* などのさまざまな種がチャバネゴキブリから分離されており（Hoyte. 1961; Tsai & Cahill 1970; Martinez-Giron *et al.* 2017），宿主の食性に対しこれら原虫群集の一部は豊富さ，多様性で，パラグリコーゲンの貯蔵量などに影響を与えているようである（Armer 1944）．最近の 18S アンプリコンに基づく研究では，実験室と野外で収集されたチャバネゴキブリの腸と糞から同様の菌が検出されている（Kakumanu *et al.* 2018）．しかし，原虫の多様性には高レベルの個体間の変動が観察された．結局のところチャバネゴキブリと一部の原生動物との関連には長い歴史があり，チャバネゴキブリのこれらの微生物叢成分の生理学的影響は，メタン生成菌や真菌の影響と同様に，研究は不足しており，ほとんど理解されていない．

腸内マイクロバイオームの多様性に影響を与える要因

ゴキブリの腸内細菌叢（gut flora）は，ゴキブリの食べるもの，令，地理的な場所，腸の物理化学的な特性等のいくつかの要因により影響される．これらのうち，宿主の食物と令は，雑食性種の腸内細菌叢に最も強い影響を与える要因であると示されている（Kane & Brezhak 1991; Mrazek *et al.* 2008）．門（phylum）レベルでは安定した集団を形成しているにもかかわらず，さまざまな場所から収集されたチャバネゴキブリの腸内微生物叢には大きな変化が観察される（Kakumanu *et al.* 2018）．中心となる微生物分類群の存在にもかかわらず，腸内群集全体の組成におけるこの柔軟性は，制限食（restricted diets）を食べる近縁の木材食性のゴキブリシロアリ（wood-feeding cockroaches termites）とは考えにくい雑食性の習性に関連している可能性がある（Cruden & Markovetz 1987; Mikaelyan *et al.* 2015a, c; Berlanga *et al.* 2016）．一般に，より規制された餌を食べる実験室で飼育された昆虫と比較して，野外で収集された雑食性昆虫の微生物の多様性がより大きいという観察結果は，腸内細菌叢に対する食餌の影響を裏付けており，より広い意味で，地域の環境が腸内細菌叢に与える影響を示しているといえる．コアレベルを超えた微生物群集の変動に対する局所環境の影響を実証している（Tinker & Ottesen 2016; Kakumanu *et al.* 2018）．それにもかかわらず，腸内で検出された分類群の一部が食物を介して摂取され，その後腸内に残留する必要がなく，栄養豊富な食物源として消化される可能性は排除できる．

昆虫の令も，ゴキブリの腸の多様性を決定するもう一つの影響力のある要因である．Carrasco ら（2014）は，チャバネゴキブリの腸内の細菌群集の組成が，初期の幼虫と成虫で異なることを示した．細菌の量と多様性の増加は，1令から生活環の後期にかけて観察されるが，最初の脱皮後はその豊富さと量は比較的一定のままである．具体的には，昆虫が老化するにつれて，豊富にあった *Bacteroides* 属の減少と *Fusobacterium* 属のコンスタントな増加が観察された（Carrasco *et al.* 2014）．

食物や令に加えて，pH，酸化還元電位（redox potential），酸素利用の可能性，腸内腔の代謝産物組成など腸の物理化学的特性も，腸内細菌叢の動態にさらに影響を与える可能性がある（Bauer *et al.* 2015; Tegtmeier *et al.* 2016）．特にチャバネゴキブリでは，殺虫剤や生体異物（xenobiotics）への継続的な曝露も重要な要因になる可能性がある．たとえば，チャバネゴキブリのインドキサカルブ抵抗性の実験用株は，同じ環境で維持されている感受性株よりも多様な群集構造（a more diverse community structure）を保持していることが最近示さた．これはおそらく，殺虫剤選択圧力の環境下での宿主の生存に寄与する腸内細菌の進化的濃縮（evolutionary enrichment）の結果であろうと考えられている（Pietri *et al.* 2018）．昆虫の生理学的状態，宿主の種内変動（intraspecific genetic variation），病原体や寄生虫の存在（Vicente *et al.* 2016），断続的な飢餓，その他いくつかの生物的（biotic）および非生物的（abiotic）ストレス要因などの追加要因により，雑食性種の腸内細菌叢で観察される差異の一部が説明される可能性がある．これは，チャバネゴキブリと同様であるが，これらについてはさらに調査する必要がある．

腸内マイクロバイオームの獲得様式

上で論じたように，チャバネゴキブリの必須内部共生生物（obligatory endosymbiont）であるブラッタバクテリウムが母親から子に垂直感染することは十分に確立されている．この細菌の他に，チャバネゴキブリ発生中の胚に他の微生物が存在する兆候はない．したがって，腸内マイクロバイオームは，おもに糞食を含む水平伝達機構を通じて獲得されると合理的に結論付けることができる．

チャバネゴキブリは，あらゆる年令の幼虫と成虫で構成されるグループで集合する．この行動は，食糞による栄養素と腸内共生生物の交換にとって理想的な環境を提供してくれる．糞便物質の消費である食糞は，食虫動物（detritivores）および真社会性昆虫（eusocial insects）にとっては，十分に文書化された現象である（Nalepa *et al.* 2001）．チャバネゴキブリの初令幼虫による同種の糞便の摂取は，成虫から出た殺虫剤を含んだ糞に曝露されたあとに，幼虫が死亡することが観察されたときに初めて記録された（Silverman *et al.* 1991）．この現象は，のちの一連のいくつかの実験によって確認されている（Kopanic & Schal 1997, 1999; Kopanic *et al.* 2001）．すべての発育段階で糞を摂食するが，チャバネゴキブリの初期令では集合行動と食糞が最も抑制されることが徐々にあきらかになりつつある（Kopanic & Schal 1997; Kopanic *et al.* 2001）．糞のペレットには，宿主および微生物由来の栄養素と代謝産物が濃縮されているが，原虫の嚢胞（cysts），細菌の細胞，胞子などの腸内微生物叢成分も含まれている．したがって，同種のグループとの集合は幼虫の発育と生殖成熟を促進し（Willis *et al.* 1968; Uzsák & Schal 2012），腸内共生生物（gut symbionts）の初期接種材料（initial inoculum）を獲得する重要なメカニズムとしても機能する（Hoyte 1961; Cruden & Markovetz 1984; Nalepa *et al.* 2001）．したがって，チャバネゴキブリやその他のゴキブリの糞便とともに分泌される集合フェロモンは，初期の幼虫に適切な生息地と潜在的な食料源を示すだけでなく（Ishii & Kuwahara 1967），他の昆虫と同様に次世代へ必須の腸内共生生物の確実な移動を保証する可能性もある（Kitade 1977; Nalepa *et al.* 2001）．

チャバネゴキブリの腸と糞便物質のハイスループット・シーケンス分析（High-throughput sequencing analysis）により，同じ個体から収集された腸と糞便物質の間の微生物群集は90% 以上の重複が示された（Kakumanu *et al.* 2018）．さらに，ノトバイオート（gnotobiotic）あるいは特定の細菌のみを寄生させた無菌性（axenic）ゴキブリまたは同種の糞便への1回の曝露でも，チャバネゴキブリ（Roasas *et al.* 2018），ワモンゴキブリやトルキスタンゴキブリ（*Blatta laterali*）などの他のゴキブリ種の正常な腸内微生物叢が救い出された（Mikaelyan *et al.* 2015c; Jahnes *et al.*

2019)．この発見は，正常な腸内細菌叢を得るうえでの食糞の重要な役割を裏付けている．Pietri *et al.*（2018）は，殺虫剤（indoxacarb）抵抗性系から，チャバネゴキブリ感受性系への糞便移植が，腸内微生物群の組成に変化をもたらすだけでなく，部分的に抵抗性種を再現することを実証し，チャバネゴキブリの微生物学における食糞の機能的重要性を示している．

食餌が腸内コミュニティ構造の形成に重要な役割を果たすことはよく知られているが，チャバネゴキブリの腸内コミュニティの獲得にも重要かつ直接的な役割を果たしている可能性がある．チャバネゴキブリは雑食性であるため，パン粉，植物材，昆虫の死骸などからゴミ箱の分解物に至るまで，広範囲の有機食品基質を探し，サンプリングすることになる．これらの食品はすべて，摂取されると腸内で増殖する可能性のある一連の微生物を保有しており，微生物獲得の重要な経路を形成している（Gijzen *et al.* 1991; Kane & Breznak 1991; Zurek Keddie 1998）．食物摂取に加えて，ゴキブリの腸内への微生物の侵入手段として水の摂取も考えられ，同様の方法で汚染される可能性もある．

微生物の接種材料（microbial inoculum）を受け取ると，腸の物理化学的特性が選択をし，水平方向に獲得されたさまざまな微生物群集（microbial community members）の定着の成功に決定的な役割を果たす可能性がある．たとえば，消化管の異なるセクションにおけるpH，酸化還元電位（redox potential），水素含有量の違いなどは腸の各セクションの異なる細菌群集の関連性を説明できる可能性がある（Bauer *et al.* 2015; Zhang *et al.* 2018）．

ゴキブリの生理における腸内マイクロバイオームの影響

成長，発達，代謝活動

ゴキブリ腸内の常在細菌であるブラッタバクテリウム内部共生菌（*Bllattabacterium* endosymbionts）とよく似た増殖，発生，代謝活動は，宿主の機能において重要な役割を果たしている．ブラッタバクテリウムの影響と腸内マイクロバイオームの最も初期における区別の1つは，脂肪体の内部共生生物に影響を与えることなく腸内の嫌気性細菌を選択的に減少させる化合物である抗生物質メトロニダゾールによるワモンゴキブリへの処理によって行われた（Bracke *et al.* 1978）．ブラッタバクテリウムの影響と腸内マイクロバイオームの最も初期の区別の1つは，脂肪体の内部共生生物に影響を与えることなく腸内の嫌気性細菌を選択的に減少させる化合物である抗生物質メトロニダゾールによるワモンゴキブリへの処理によってなされた（Bracke *et al.* 1978）．これらの実験により，成虫は正常であるが，発育中の若令では成長が阻害されることが判明した．抗生物質リファンピシン（rifampicin）とドキシサイクリン（doxycycline）をチャバネゴキブリに用いた新しい研究では，どちらも成虫から脂肪体の内部共生生物を排除するようには見えなかったが，腸内マイクロバイオームの組成の変化と一致する幼虫の発育時間の延長も報告された（Pietri *et al.* 2018; Rosas *et al.* 2018）．

セルロースを分解し，メタンを生成し，酢酸を生成し，窒素を固定する能力を含むいくつかの代謝能力は，木を食べるゴキブリの腸内に存在する細菌によるものであると考えられている（Cruden & Markovetz 1987; Bauer *et al.* 2015; Tai *et al.* 2016）．たとえば，バクテロイダ科（*Bacteroidacea*），ルミノコッカス科（*Ruminococcacea*），およびラクノスピラ科（*Lachnospriraceae*）はしばしば多糖類の分解に関連しており，一方フソバクテリア科およびデスルホビブリオン科は，タンパク質の代謝およびニトログリオンの同化の役割を果たしている（Koehler *et al.* 2012; Mikaelyan *et al.* 2015a）．これらおよび／または同様の生化学的活動は，雑食性種の正常な成長に直接寄与している可能性があるが，これまでのところ，これらの潜在的な関連性を直接調査する研究には驚かされることが多い．ワモンゴキブリの，セルロース分解活性（cellulolytic activity）は，代謝を活発にする細菌を保有するものとして知られており，他の種のゴキブリの後腸（hinds gut）に存在する原生動物（protozoan organisms）の量とも関連している（Gijzen & Barugahare 1992；Gijzen *et al.* 1994; Tai *et al.* 2016）．1960 年，Clayton（1960）はチャバネゴキブリのステロール代謝に，腸内共生生物（gut symbionts）が関与している可能性があることを報告している．さらに，セルロースを分解するファーミキュート（Firmicutes）*Closridium cellulovprans* は，ワモンゴキブリの後腸に豊富に存在している（Zang *et al.* 2016）としている．別の実験では，飼料の繊維含有量を変更すると，この害虫のファーミクテス属の存在量が増加することが判明しているという（Bertino-Grimaldi *et al.* 2013）．同様に，バクテロイダ科，デスルホビブリオ科（*Desulfovibrionaceae*），ルミノコッカス科，およびラクノスピラ科に属するバクテリアの変化に応じ，食餌中のタンパク質（dietary protein control）の変化がチャバネゴキブリの腸内で起こっている（Perez-Cobas *et al.* 2015）．さらに，腸内微生物叢が混乱すると，ワモンゴキブリの標準代謝率が変化することが知られている（Ayaee *et al.* 2018）．おそらく，まだ知られていない代謝活性に関連していると思われるが，細胞外細菌が存在しない条件下で飼育されたワモンゴキブリの後腸は，幼虫の発育の延長と相関する重大な構造異常を示している（Jahnes *et al.* 2019）．これらの研究を総合すると，雑食性ゴキブリの生理学のさまざまな側面に不可欠な多量栄養素の消化に後腸微生物が関与していることが強く示唆されている．しかし，ワモンゴキブリの腸内微生物叢に対する食餌の影響に関しての証拠に矛盾があり（Beritono-Glimaldi *et al.* 2013; Tinker & Ottesen 2016），チャバネゴキブリで行われた研究は1件のみである（Perez-Cobas *et al.* 2015）．したがって，この種における食餌，代謝に活性な微生物の量の変化，宿主の栄養状態の間の関係性は依然として確認が必要とされている．

生体異物の解毒

腸内微生物叢の2番目の潜在的な生理学的機能は，殺虫剤の解毒である．微生物を介した殺虫剤抵抗性の現象は，他の節足動物では以前から知られていた（Pietri & Liang 2018）．それでも，実験室で飼育されたゴキブリから発見されたのはつい最近のことであり，そのメカニズム，および現場での害虫防除への影響については，ほとんど理解されていない．複数の昆虫種の研究から得られた証拠は，腸内に存在する細菌が，直接分解または隔離を通じて摂取した殺虫剤化合物の解毒に寄与している可能性があることを示唆している（Pietri & Liang 2018）．さらに，腸内細菌は，生体異物解毒酵素遺伝子（xenobiotic detoxification enzyme genes）の発現をよりグローバルなレベルで制御することにより，局所的な殺虫剤の毒性に，間接的に影響を与えている（Pietri & Liang 2018）．インビトロで合成ピレスロイドおよび有機塩化物を分解できる数種類の細菌が，トウヨウゴキブリの腸から単離されている（Gur *et al.* 2015; Ozdal *et al.* 2016）．チャバネゴキブリの腸内マイクロバイオームのメンバーによる殺虫剤の分解は実験的には証明されてはいないが，その組成はインドキサカルブおよびβシペルメトリンに抵抗性のある個々の微生物群集が，感受性のある対照微生物群集とは異なることが示されている（Pietri *et al.* 2018; Zhang & Yang 2019）．

さらに，インドキサカルブ抵抗性の腸内微生物叢の影響調査によると，コミュニティのあるメンバーが，グルタチオンS-トランスフェラーゼに依存して，殺虫剤に対する感受性を低下させることがあきらかになったとしている（Pietri *et al.* 2018）．しかし，マイクロ媒介抵抗性（micro-mediated resistance）の大きさは，宿主主導の抵抗に比べて小さいように思われる．これらと同じ研究は，抵抗力のあるゴキブリで起こるマイクロバイオームの変化も，抵抗力の発達に伴うことが多い，適応度コストに関与している可能性があることを示している．おそらく，殺虫剤の圧力によって，成長と発達に関与する微生物を犠牲にして，抵抗性を強化できる微生物群集メンバーが選択される可能性はあるが，最終的には，殺虫剤抵抗性の発現，腸内マイクロバイオームの変化，およびゴキブリ間のメカニズムの相互作用を理解するには，さらなる研究，特に自然条件下での研究が必要となる．

免疫と行動

腸内マイクロバイオームは，さらにゴキブリの免疫と行動の調節にも関与していると考えられているが，これらの役割を裏付ける研究はほとんどない．抗真菌活性をもつ細菌分離株は，チャバネゴキブリの前腸，中腸，後腸からは確認された（Zhang *et al.* 2018）．これらの細菌は，インビトロで真菌の増殖を阻害するだけでなく，インビトロで昆虫食原性真菌（entomopathogenic）である *Metarhizium anisopliae* に侵されたゴキブリの生存を高めることもできる．同様に，ワモンゴキブリの腸内細菌のいくつかの中心分類群の存在量は，病原性線虫の感染に応じて変化している（Vicente *et al.* 2016）．この種のゴキブリは，細菌感染に反応するいくつかの免疫関連遺伝子をコードしており，チャバネゴキブリとは相同体（homologue）である（Li *et al.* 2018）．他の昆虫への感染に対して抵抗力に働くマイクロバイオームの強い影響力を考えると，チャバネゴキブリ腸内では共生細菌と宿主免疫因子間の相互作用が起こっている可能性がある（Weiss & Aksoy 2011）．このような関係は，病原体を環境に排出する能力と昆虫病原体に対する反応の両方に影響を与える可能性がある．チャバネゴキブリの一部の行動は腸内細菌叢にも関連している．チャバネゴキブリの腸内に存在する細菌は揮発性カルボン酸（VCAs）を生成し，それが糞便中に沈着し，凝集を促進する（Dambach *et al.* 1995; Wada-Katsumata *et al.* 2015）．この現象は，チャバネゴキブリの無菌の糞便抽出物の分析によって決定されている．無菌のチャバネゴキブリでは，対照個体の糞便中に検出されるいくつかのVCAsが欠落しているか，または低レベルで検出されている．これらの無菌個体および対照個体からの糞便抽出物に幼虫を曝露すると，幼虫は対照抽出物の存在下で凝集することを強く好んだ．しかし，対照個体の糞便から分離された細菌を無菌ゴキブリに接種すると，凝集反応は大幅に回復し，基本的なホストの行動において糞便微生物の重要性が実証された．

ゴキブリ生理学の上記側面における腸内マイクロバイオームの関与は，おもに腸内マイクロバイオームを完全に欠くか，変化，または規定された腸内コミュニティを有するゴキブリを生成するための実験プロトコールの最適化を通じて確認されている．現在，腸内マイクロバイオームの破壊は，特定の活性スペクトルをもつ抗生物質の経口投与，または孵化前の卵鞘の表面滅菌とその後の無菌環境での維持によって達成されることが判明している．一方，腸内マイクロバイオームは，異なるゴキブリ株からの同種の糞便，または目的の特定の細菌培養物を与えることにより，細菌移植によって補充または操作することができる（Mikaelyan *et al.* 2015c; Wada-Katsumata *et al.* 2015; Pietri *et al.* 2015, 2018; Zhang *et al.* 2018; Janes *et al.* 2019）．これらおよび同様のアプローチを将来使用することは，腸内細菌がゴキブリの生理機能を媒介するメカニズムをあきらかにし，腸内マイクロバイオームが媒介する新しい表現型をあきらかにするうえで，極めて重要になるであろう．

腸内マイクロバイオームのヒトの病原性成分

ゴキブリの腸内に生息する微生物のほとんどは人間にとって無害である．しかし，チャバネゴキブリはときおり，人間の病気を引き起こす可能性のあるいくつかの分類群を保有していることが判明している．チャバネゴキブリと病原性微生物との関連性が精査されているが（Tsai & Cahill 1970; Pai *et al.* 2005; Elgderi *et al.* 2006; Hamu *et al.* 2014; Menasria *et al.* 2014; Nasirian 2017, 2019），第2章で説明されているため，ここでは詳しい説明は省く．それにもかかわらず，我々はチャバネゴキブリを含むゴキブリが生物学的な媒介者である可能性があるだけでなく，確立された機械的媒介者でもあるという重要な注意を喚起したい．つまり，ゴキブリはその外表面でもさまざまな微生物を運ぶことができるが，腸内細菌性病原体の感染は，腸から糞便に排出されることによっても起こり，場合によっては複製できることがいくつかの研究で示されている（Klowden & Greenberg 1976; Zureck & Schal 2004）．したがって，腸内微生物叢の共生メンバーが，汚いハエのように，病原体と相互に作用し，その成長動態に影響を与える可能性がある（Greenberg *et al.* 1970）．これらの相互作用は，チャバネゴキブリによる病原体伝播のダイナミクスの潜在的な調節因子と考えられるべきであり，さらなる調査が必要である．さらに，ゴキブリの腸内マイクロバイオームが人間の健康に及ぼすもので，最近注目されている影響は，ハウスダストへのアレルゲンの寄与であり，それがアレルギーを悪化させることである．喘息などのゴキブリへの反応については第2章を参照のこと．

ゴキブリ防除のためのマイクロバイオームを標的にする

その多様な構造，機能，獲得様式を考慮すると（図5.1），ゴキブリのマイクロバイオームが新しい方法でゴキブリ汚染を改善するための魅力的な標的となることは驚くべきことではない．マイクロバイオームを操作することにより，昆虫の成長を制御し，既存の殺虫剤との相乗効果，さらには，直接的な殺虫効果を達成する可能性があるかもしれない．

その可能性を裏付ける予備データをもつ有望なアプローチの1つは，既存のゴキブリ防除技術に抗菌物質を組み込むことである．たとえば，経口投与される抗生物質は，ゴキブリの発育と繁殖を阻害するだけでなく，抵抗性集団に対し，一部の化学殺虫剤の有効性を高めることが実証されている（Brack *et al.* 1978; Pietri *et al.* 2018;

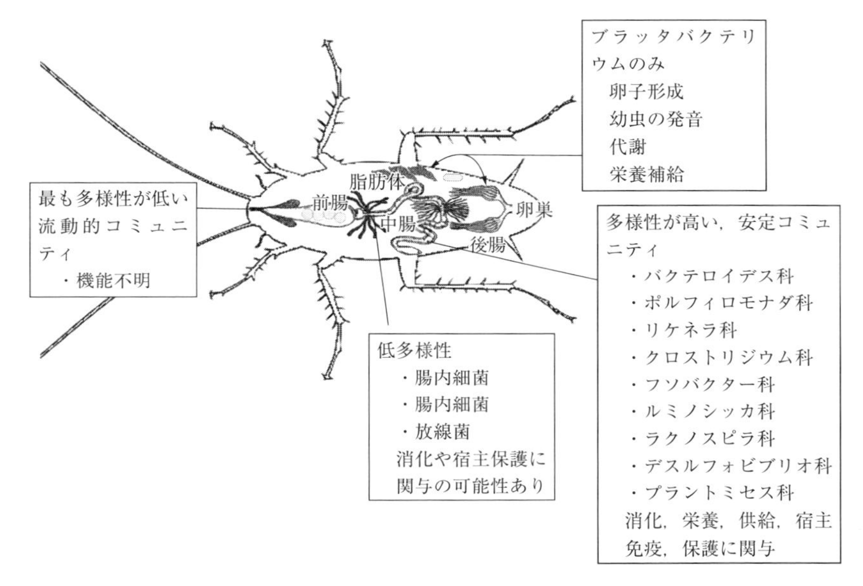

図 5.1　雑食性ゴキブリの細菌群とそれが影響する生理学的プロセスの概要．チャバネゴキブリなどの雑食性ゴキブリは多様な腸内細菌叢と志望体および卵巣に生息する垂直伝播する共生細菌を保有している．これらの微生物が宿主の発達，生殖，殺虫剤抵抗性，行動，免疫などを制御する役割は実験で調査されている

Rosas *et al.* 2018)．ドキシサイクリン（doxycycline）を含む，または含まない殺虫剤ベイトの実験製剤の並行摂取試験では，抗生物質がチャバネゴキブリの嗜好性をわずかに低下させるだけであることが示されている（Pietri *et al.* 2018)．臨床用または農業用の抗生物質をペストコントロール用に使用することは，多くの理由から推奨できないが，殺虫特性を強化し，同時に害虫の侵入を減らすことによって抵抗性集団問題を克服できる改良ベイト製剤に，抗菌活性をもったナノ粒子，または非臨床用化合物を含め，接触したゴキブリの繁殖率を減少させることは実現可能かもしれない．腸内のマイクロバイオームや内部共生生物を混乱させる同様のアプローチは，合成 RNA サイレンサー（silencer）（Stach & Good 2011）などの経口送達可能な分子を用いて細菌の特定の分類群を遺伝的に標的にすることによって，あるいは室内のマイクロバイオームを変える衛生習慣を通じて達成できる可能性がある．

内部共生生物に基づいた潜在的な準遺伝子導入戦略（paratransgenesis strategies）も実現可能性がある．特に，ブラッタバクテリウムのインビトロにおける培養は成功しており（Tokuda *et al.* 2008)，最終的にはその一般的な改変につながる可能性がある．たとえば，ブラッタバクテリウムは，オスの生殖能力に関与する宿主遺伝子の発現を阻害するように遺伝子操作される可能性がある．これらの改変された内部共生生物を保有するオスの昆虫は，ボルバキア菌に感染した蚊で，個体数削減を達成するために行われてきたように，制御された放出方法によって配備される可能性はある．実際，*Blattella* 属の個体群における内部共生生物ボルバキアの検出率は低いが，この細菌自体は，多分同じ方法でゴキブリに対して利用できる可能性があることを示している．しかし，チャバネゴキブリとの生物学については現在ほとんど知られていない（Vaishampayan *et al.* 2007）．このコントロール・メカニズムはほとんどの住宅環境では非常に非現実的であるが，家畜の飼育現場で見られるような大規模または慢性的な蔓延に対しては応用できる可能性がある．

病理学的兆候を示すチャバネゴキブリの追加のディープ・シーケンス研究（deep sequencing studies）は，生物学的防除剤として使用できる可能性のある種特異的な病原体を特定するのに役立つ可能性がある．生物学的防除剤として使用できる可能性のあるゴキブリ特異的病原体である．ゴキブリに特異的なデンソウイルス（densovirus）は，チャバネゴブリの野生集団から，以前に分離されている（Mukha *et al.* 2006）．このウイルスは複数の組織で複製され，重度の運動失調（ataxia）などの病状を引き起こし，最終的には宿主を死に至らしめる．同様に，*Gregarnia* のような，いくつかの原生動物群は，チャバネゴキブリに自然に感染し，腹部がツバメ（swallow abdomen）のようになり，動きが鈍くなり，死に至る可能性があることが知られている（Lopes & Alves 2005; Yahaya *et al.* 2017）．病原体マイニングのための急速に進歩するバイオ・インフォマティクス・ツール（bioinformatics tools）と組み合わせて配列決定する前に，ウイルス，原生動物，または細菌の核酸を濃縮するためのサンプル前処理プロトコールにより，研究室でのさらなる研究のために関心のある同様の微生物をあきらかにできる可能性がある．

結　論

要約すると，チャバネゴキブリは，脂肪体と生殖細胞系列に母性遺伝した細菌性内部共生生物を抱えている他，腸内全体に真核生物および原核生物の微生物が豊富に存在している．腸内に存在する細菌群集は非常に多様で，環境からの水平獲得と食糞時の垂直感染の組み合わせによって形成されている．ゴキブリとその共生微生物の間の相互作用に関する文献は依然として限られているが，これらの生物が発生，代謝，免疫，行動，生殖などの高温生理学の重要な側面に重要な貢献をしていることは否定できない．現在，微生物群集の構成と機能を調べる技術は急速に進歩しており，ゴキブリのマイクロバイオームを実験的に操作する方法も開発されている．したがって，近い将来，チャバネゴキブリのマイクロバイオームの理解が進むことはほぼ確実である．これらのコミュニティの構成と獲得経路が，より明確になるにつれて，それらの機能をメカニズムレベルで調査する方向への移行が期待されるはずである．特に，行動，殺虫剤の解毒，生殖などの基本的なプロセスにおけるマイクロバイオームの役割は，侵入管理への影響から非常に興味深いものとなっている．さらに，これらの微生物群集が病原体の伝播やアレルゲンの排出など，ゴキブリによる人間の健康への影響にどのような影響を与えるかについてはほとんどわかっていない．最後に，チャバネゴキブリが一般的な防除ツールに対する抵抗性と嫌悪感を発達させ続けているため，マイクロバイオームは新しい技術につながる可能性のある新たな標的として念頭に置いておく必要がある．

参 考 文 献

Armer JM (1944) Influence of the diet of Blattidae on some of their intestinal protozoa. *Journal of Parasitology* **30**, 131-142. doi:10.2307/3272787

Ayayee PA, Larsen T, Sabree Z (2016) Symbiotic essential amino acids provisioning in the American cockroach, *Periplaneta americana* (Linnaeus) under various dietary conditions. *PeerJ* **4**, e2046. doi:10.7717/peerj.2046

Ayayee PA, Ondrejech A, Keeney G, Munoz-Garcia A (2018) The role of gut microbiota in the regulation of standard metabolic rate in female *Periplaneta americana. PeerJ* **6**, e4717. doi:10.7717/peerj.4717

Bandi C, Sironi M, Damiani G, Magrassi L, Nalepa CA, Laudani U, Sacchi L (1995) The establishment of intracellular symbiosis in an ancestor of cockroaches and termites. *Proceedings of the Royal Society of London. Series B, Biological Sciences* **259**, 293-299. doi:10.1098/rspb.1995.0043

Bauer E, Lampert N, Mikaelyan A, Köhler T, Maekawa K, Brune A (2015) Physicochemical conditions, metabolites and community structure of the bacterial microbiota in the gut of wood-feeding cockroaches (Blaberidae: Panesthiinae). *FEMS Microbiology Ecology* **91**, 1-14. doi:10.1093/femsec/fiu028

Berlanga M, Llorens C, Comas J, Guerrero R (2016) Gut bacterial community of the xylophagous cockroaches *Cryptocercus punctulatus* and *Parasphaeria boleiriana. PLoS One* **11**, e0152400. doi:10.1371/journal. pone.0152400

Bertino-Grimaldi D, Medeiros MN, Vieira RP, Cardoso AM, Turque AS, Silveira CB, Albano RM, Bressan-Nascimento S, Garcia ES, de Souza W, Martins OB, Machado EA (2013) Bacterial community composition shifts in the gut of *Periplaneta americana* fed on different lignocellulosic materials. *SpringerPlus* **2**, 609.doi:10.1186/2193-1801-2-609

Bignell D (1977) Some observations on the distribution of gut flora in the American cockroach, *Periplaneta americana. Journal of Invertebrate Pathology* **29**, 338-343. doi:10.1016/S0022-2011 (77) 80040-2

Bracke J, Markovetz A (1980) Transport of bacterial end products from the colon of *Periplaneta americana*. *Journal of Insect Physiology* **26**, 85–89. doi:10.1016/0022-1910(80)90047-5

Bracke J, Cruden DL, Markovetz A (1978) Effect of metronidazole on the intestinal microflora of the American cockroach, *Periplaneta americana* L. *Antimicrobial Agents and Chemotherapy* **13**, 115–120. doi:10.1128/AAC.13.1.115

Bracke J, Cruden DL, Markovetz A (1979) Intestinal microbial flora of the of the American cockroach, *Periplaneta americana* L. *Applied and Environmental Microbiology* **38**, 945–955. doi:10.1128/AEM. 38.5.945-955.1979

Brooks MA, Richards AG (1955) Intracellular symbiosis in cockroaches. I. Production of aposymbiotic cockroaches. *Biological Bulletin* **109**, 22–39. doi:10.2307/1538656

Brooks MA, Richards AG (1956) Intracellular symbiosis in cockroaches. III. Re-infection of aposymbiotic cockroaches with symbiotes. *Journal of Experimental Zoology* **132**, 447–465. doi:10.1002/jez.1401320305

Bush GL, Chapman GB (1961) Electron microscopy of symbiotic bacteria in developing oocytes of the American cockroach, *Periplaneta americana*. *Journal of Bacteriology* **81**, 267. doi:10.1128/JB.81.2.267-276.1961

Carrasco PA, Perez-Cobas E, van de Pol C, Baixeras J, Moya A, Latorre A (2014) Succession of the gut microbiota in the cockroach *Blattella germanica*. *International Microbiology* **17**, 99–109.

Clark JW, Kambhampati S (2003) Phylogenetic analysis of *Blattabacterium*, endosymbiotic bacteria from the wood roach, *Cryptocercus* (Blattodea: Cryptocercidae), including a description of three new species. *Molecular Phylogenetics and Evolution* **26**, 82–88. doi:10.1016/S1055-7903(02)00330-5

Clark JW, Hossain S, Burnside CA, Kambhampati S (2001) Coevolution between a cockroach and its bacterial endosymbiont: a biogeographical perspective. *Proceedings of the Royal Society of London. Series B, Biological Sciences* **268**, 393–398. doi:10.1098/rspb.2000.1390

Clayton R (1960) The role of intestinal symbionts in the sterol metabolism of *Blattella germanica*. *Journal of Biological Chemistry* **235**, 3421–3425.

Cruden DL, Markovetz A (1984) Microbial aspects of the cockroach hindgut. *Archives of Microbiology* **138**, 131–139. doi:10.1007/BF00413013

Cruden D, Markovetz A (1987) Microbial ecology of the cockroach gut. *Annual Review of Microbiology* **41**, 617–643. doi:10.1146/annurev.mi.41.100187.003153

Dambach M, Stadler A, Heidelbach J (1995) Development of aggregation behaviour in the German cockroach, *Blattella germanica* (Dictyoptera: Blattellidae). *Entomologia Generalis* **19**, 129–141. doi:10.1127/entom.gen/19/1995/129

DeCoursey JD, Otto JS (1956) *Entamoeba histolytica* and certain other protozoan organisms found in cockroaches in Cairo, Egypt. *Journal of the New York Entomological Society* **64**, 157–163.

Douglas AE (2015) Multi-organismal insects: diversity and function of resident microorganisms. *Annual Review of Entomology* **60**, 17–34. doi:10.1146/annurev-ento-010814-020822

Elgderi RM, Ghenghesh KS, Berbash N (2006) Carriage by the German cockroach (*Blattella germanica*) of multiple-antibiotic-resistant bacteria that are potentially pathogenic to humans, in hospitals and households in Tripoli, Libya. *Annals of Tropical Medicine and Parasitology* **100**, 55–62. doi:10.1179/136485906X78463

Engel P, Moran NA (2013) The gut microbiota of insects: diversity in structure and function. *FEMS Microbiology Reviews* **37**, 699–735. doi:10.1111/1574-6976.12025

Gijzen HJ, Barugahare M (1992) Contribution of anaerobic protozoa and methanogens to hindgut metabolic activities of the American cockroach, *Periplaneta americana*. *Applied and Environmental Microbiology* **58**, 2565–2570. doi:10.1128/AEM.58.8.2565-2570.1992

Gijzen HJ, Broers C, Barughare M, Stumm CK (1991) Methanogenic bacteria as endosymbionts of the ciliate *Nyctotherus ovalis* in the cockroach hindgut. *Applied and Environmental Microbiology* **57**, 1630-1634. doi:10.1128/AEM.57.6.1630-1634.1991

Gijzen HJ, van der Drift C, Barugahare M, op den Camp HJ (1994) Effect of host diet and hindgut microbial composition on cellulolytic activity in the hindgut of the American cockroach, *Periplaneta americana*. *Applied and Environmental Microbiology* **60**, 1822-1826. doi:10.1128/AEM.60. 6.1822-1826.1994

Glaser R (1946) The intracellular bacteria of the cockroach in relation to symbiosis. *Journal of Parasitology* **32**, 483-489. doi:10.2307/3272922

Gontang EA, Aylward FO, Carlos C, del Rio TG, Chovatia M, Fern A, Lo CC, Malfatti SA, Tringe SG, Currie CR (2017) Major changes in microbial diversity and community composition across gut sections of a juvenile *Panchlora cockroach*. *PLoS One* **12**, e0177189. doi:10.1371/journal.pone.0177189

Greenberg B, Kowalski JA, Klowden MJ (1970) Factors affecting the transmission of *Salmonella* by flies: natural resistance to colonization and bacterial interference. *Infection and Immunity* **2**, 800-809. doi:10.1128/IAI.2.6.800-809.1970

Gür O, Özdal M, Algur OF (2014) Biodegradation of the synthetic pyrethroid insecticide α-cypermethrin by *Stenotrophomonas maltophilia* OG2. *Turkish Journal of Biology* **38**, 684-689. doi:10.3906/biy-1402-10

Hackstein J, Stumm CK (1994) Methane production in terrestrial arthropods. *Proceedings of the National Academy of Sciences of the United States of America* **91**, 5441-5445. doi:10.1073/pnas.91.12.5441

Hamu H, Debalke S, Zemene E, Birlie B, Mekonnen Z, Yewhalaw D (2014) Isolation of intestinal parasites of public health importance from cockroaches (*Blattella germanica*) in Jimma town, southwestern Ethiopia. *Journal of Parasitology Research* **2014**, 186240. doi:10.1155/2014/186240

Hoyte H (1961) The protozoa occurring in the hind-gut of cockroaches. I. Responses to changes in environment. *Parasitology* **51**, 415-436. doi:10.1017/S0031182000070700

Irles P, Ramos S, Piulachs MD (2017) SPARC preserves follicular epithelium integrity in insect ovaries. *Developmental Biology* **422**, 105-114. doi:10.1016/j.ydbio.2017.01.005

Ishii S, Kuwahara Y (1967) An aggregation pheromone of the German cockroach *Blattella germanica* L. (Orthoptera: Blattellidae): I. Site of the pheromone production. *Applied Entomology and Zoology* **2**, 203-217. doi:10.1303/aez.2.203

Jahnes BC, Herrmann M, Sabree ZL (2019) Conspecific coprophagy stimulates normal development in a germ- free model invertebrate. *PeerJ* **7**, e6914. doi:10.7717/peerj.6914

Kakumanu ML, Maritz JM, Carlton JM, Schal C (2018) Overlapping community compositions of gut and fecal microbiomes in lab-reared and field-collected German cockroaches. *Applied and Environmental Microbiology* **84**, e01037-18.doi:10.1128/AEM.01037-18

Kane MD, Breznak JA (1991) Effect of host diet on production of organic acids and methane by cockroach gut bacteria. *Applied and Environmental Microbiology* **57**, 2628-2634. doi:10.1128/AEM.57.9.2628-2634.1991

Kitade O (1997) Establishment of symbiotic flagellate fauna of *Hodotermopsis japonica* (Isoptera: Termopsidae). *Sociobiology* **30**, 161-167.

Klowden MJ, Greenberg B (1976) Salmonella in the American cockroach: evaluation of vector potential through dosed feeding experiments. *Epidemiology and Infection* **77**, 105-111.

Kohler T, Dietrich C, Scheffrahn RH, Brune A (2012) High-resolution analysis of gut environment and bacterial microbiota reveals functional compartmentation of the gut in wood-feeding higher termites (*Nasutitermes* spp.). *Applied and Environmental Microbiology* **78**, 4691-4701. doi:10.1128/AEM.00683-12

Kopanic RJ Jr, Schal C (1997) Relative significance of direct ingestion and adult-mediated translocation of bait to German cockroach (Dictyoptera: Blattellidae) nymphs. *Journal of Economic Entomology* **90**, 1073-1079. doi:10.1093/jee/90.5.1073

Kopanic RJ Jr, Schal C (1999) Coprophagy facilitates horizontal transmission of bait among cockroaches (Dictyoptera: Blattellidae). *Environmental Entomology* **28**, 431-438. doi:10.1093/ee/28.3.431

Kopanic RJ Jr, Holbrook GL, Sevala V (2001) An adaptive benefit of facultative coprophagy in the German cockroach *Blattella germanica*. *Ecological Entomology* **26**, 154-162. doi:10.1046/j.1365-2311.2001.00316.x

Levy SE, Myers RM (2016) Advancements in next-generation sequencing. *Annual Review of Genomics and Human Genetics* **17**, 95-115. doi:10.1146/annurev-genom-083115-022413

Li S, Zhu S, Jia Q, Yuan D, Ren C, Li K, Liu S, Cui Y, Zhao H, Cao Y (2018) The genomic and functional landscapes of developmental plasticity in the American cockroach. *Nature Communications* **9**, 1008. doi:10.1038/s41467-018-03281-1

Lo N, Beninati T, Stone F, Walker J, Sacchi L (2007) Cockroaches that lack *Blattabacterium* endosymbionts: the phylogenetically divergent genus *Nocticola*. *Biology Letters* **3**, 327-330. doi:10.1098/rsbl. 2006.0614

Lopes RB, Alves SB (2005) Effect of *Gregarina* sp. parasitism on the susceptibility of *Blattella germanica* to some control agents. *Journal of Invertebrate Pathology* **88**, 261-264. doi:10.1016/j.jip.2005.01.010

Lopez-Sanchez MJ, Neef A, Pereto J, Patino-Navarrete R, Pignatelli M, Latorre A, Moya A (2009) Evolutionary convergence and nitrogen metabolism in *Blattabacterium* strain Bge, primary endosymbiont of the cockroach *Blattella germanica*. *PLOS Genetics* **5**, e1000721. doi:10.1371/journal.pgen.1000721

Martinez-Giron R, Martinez-Torre C, van Woerden HC (2017) The prevalence of protozoa in the gut of German cockroaches (*Blattella germanica*) with special reference to *Lophomonas blattarum*. *Parasitology Research* **116**, 3205-3210. doi:10.1007/s00436-017-5640-6

Menasria T, Moussa F, El-Hamza S, Tine S, Megri R, Chenchouni H (2014) Bacterial load of German cockroach (*Blattella germanica*) found in hospital environment. *Pathogens and Global Health* **108**, 141-147. doi:10.1179/2047773214Y.0000000136

Mercier L (1906) Les corps bacteroides de la blatte (*Periplaneta orientalis*): *Bacillus cuenoti* (n. sp. L. Mercier) (note preliminaire). *Comptes Rendus de la Société de Biologie* **61**, 682-684.

Mikaelyan A, Dietrich C, Köhler T, Poulsen M, Sillam-Dussès D, Brune A (2015a) Diet is the primary determinant of bacterial community structure in the guts of higher termites. *Molecular Ecology* **24**, 5284-5295. doi:10.1111/mec.13376

Mikaelyan A, Kohler T, Lampert N, Rohland J, Boga H, Meuser K, Brune A (2015b) Classifying the bacterial gut microbiota of termites and cockroaches: a curated phylogenetic reference database (DictDb). *Systematic and Applied Microbiology* **38**, 472-482. doi:10.1016/j.syapm.2015.07.004

Mikaelyan A, Thompson CL, Hofer MJ, Brune A (2015c) Deterministic assembly of complex bacterial communities in guts of germ-free cockroaches. *Applied and Environmental Microbiology* **82**, 1256-1263. doi:10.1128/AEM.03700-15

Mrazek J, Štrosova L, Fliegerova K, Kott T, Kopečny J (2008) Diversity of insect intestinal microflora. *Folia Microbiologica* **53**, 229–233. doi:10.1007/s12223-008-0032-z

Mukha D, Chumachenko A, Dykstra M, Kurtti T, Schal C (2006) Characterization of a new densovirus infecting the German cockroach, *Blattella germanica*. *Journal of General Virology* **87**, 1567–1575. doi:10.1099/vir.0.81638-0

Nalepa C, Bignell D, Bandi C (2001) Detritivory, coprophagy, and the evolution of digestive mutualisms in Dictyoptera. *Insectes Sociaux* **48**, 194–201. doi:10.1007/PL00001767

Nasirian H (2017) Contamination of cockroaches (Insecta: Blattaria) to medically fungi: a systematic review and meta-analysis. *Journal de Mycologie Médicale* **27**, 427–448. doi:10.1016/j.mycmed.2017.04.012

Nasirian H (2019) Contamination of cockroaches (Insecta: Blattaria) by medically important Bacteriae: a systematic review and meta-analysis.*Journal of Medical Entomology* **56**, 1534–1554. doi:10.1093/jme/tjz095

Ozdal M, Ozdal OG, Algur OF (2016) Isolation and characterization of α-endosulfan degrading bacteria from the microflora of cockroaches. *Polish Journal of Microbiology* **65**, 63–68. doi:10.5604/17331331.1197325

Pai H, Chen WC, Peng CF (2005) Isolation of bacteria with antibiotic resistance from household cockroaches (*Periplaneta americana* and *Blattella germanica*). *Acta Tropica* **93**, 259–265. doi:10.1016/j.actatropica. 2004.11.006

Perez-Cobas A, Maiques E, Angelova A, Carrasco P, Moya A, Latorre A (2015) Diet shapes the gut microbiota of the omnivorous cockroach *Blattella germanica*. *FEMS Microbiology Ecology* **91**, 4. doi:10.1093/femsec/fiv022

Pietri JE, Liang D (2018) The links between insect symbionts and insecticide resistance: causal relationships and physiological trade-offs. *Annals of the Entomological Society of America* **111**, 92–97. doi:10.1093/aesa/say009

Pietri JE, Tiffany C, Liang D (2018) Disruption of the microbiota affects physiological and evolutionary aspects of insecticide resistance in the German cockroach, an important urban pest. *PLoS One* **13**, e0207985.doi:10.1371/journal.pone.0207985

Rosas T, Garcia-Ferris C, Dominguez-Santos R, Llop P, Latorre A, Moya A (2018) Rifampicin treatment of *Blattella germanica* evidences a fecal transmission route of their gut microbiota. *FEMS Microbiology Ecology* **94**, fiy002. doi:10.1093/femsec/fiy002

Roth LM, Willis ER (1960) *The Biotic Associations of Cockroaches*. Smithsonian Institution, Washington, DC.

Sabree ZL, Kambhampati S, Moran NA (2009) Nitrogen recycling and nutritional provisioning by *Blattabacterium*, the cockroach endosymbiont. *Proceedings of the National Academy of Sciences of the United States of America* **106**, 19521–19526. doi:10.1073/pnas.0907504106

Sacchi L, Grigolo A (1989) Endocytobiosis in *Blattella germanica* L. (Blattodea): recent acquisitions. *Endocytobiosis and Cell Research* **6**, 121–147.

Sacchi L, Grigolo A, Laudani U, Ricevuti G, Dealessi F (1985) Behavior of symbionts during oogenesis and early stages of development in the German cockroach, *Blattella germanica* (Blattodea). *Journal of Invertebrate Pathology* **46**, 139–152. doi:10.1016/0022-2011(85)90142-9

Sacchi L, Grigolo A, Mazzini M, Bigliardi E, Baccetti B, Laudani U (1988) Symbionts in the oocytes of *Blattella germanica* (L.) (Dictyoptera: Blattellidae): their mode of transmission. *International Journal of Insect Morphology & Embryology* **17**, 437–446. doi:10.1016/0020-7322(88)90023-2

Sacchi L, Corona S, Grigolo A, Laudani U, Selmi MB, Bigliardi E (1996) The fate of the endocytobionts of *Blattella germanica* (Blattaria: Blattellidae) and *Periplaneta americana* (Blattaria: Blattidae) during embryo development. *Italian Journal of Zoology* **63**, 1-11. doi:10.1080/1125000960 9356100

Salehzadeh A, Tavacol P, Mahjub H (2007) Bacterial, fungal and parasitic contamination of cockroaches in public hospitals of Hamadan, Iran. *Journal of Vector-Borne Diseases* **44**, 105.

Schauer C, Thompson CL, Brune A (2012) The bacterial community in the gut of the cockroach *Shelfordella lateralis* reflects the close evolutionary relatedness of cockroaches and termites. *Applied and Environmental Microbiology* **78**, 2758-2767. doi:10.1128/AEM.07788-11

Silverman J, Vitale G, Shapas T (1991) Hydramethylnon uptake by *Blattella germanica* (Orthoptera: Blattellidae) by coprophagy. *Journal of Economic Entomology* **84**, 176-180. doi:10.1093/jee/84.1. 176

Stach JE, Good L (2011) Synthetic RNA silencing in bacteria-antimicrobial discovery and resistance breaking. *Frontiers in Microbiology* **2**, 185.

Steinhaus EA (1940) The microbiology of insects: with special reference to the biologic relationships between bacteria and insects. *Bacteriological Reviews* **4**, 17. doi:10.1128/MMBR.4.1.17-7.1940

Tai V, Carpenter KJ, Weber PK, Nalepa CA, Perlman SJ, Keeling PJ (2016) Genome evolution and nitrogen fixation in bacterial ectosymbionts of a protist inhabiting wood-feeding cockroaches. *Applied and Environmental Microbiology* **82**, 4682-4695. doi:10.1128/AEM.00611-16

Tegtmeier D, Thompson CL, Schauer C, Brune A (2016) Oxygen affects gut bacterial colonization and metabolic activities in a gnotobiotic cockroach model. *Applied and Environmental Microbiology* **82**, 1080-1089.doi:10.1128/AEM.03130-15

Tinker KA, Ottesen EA (2016) The core gut microbiome of the American cockroach, *Periplaneta americana*, is stable and resilient to dietary shifts. *Applied and Environmental Microbiology* **82**, 6603-6610. doi:10.1128/AEM.01837-16

Tokuda G, Lo N, Takase A, Yamada A, Hayashi Y, Watanabe H (2008) Purification and partial genome characterization of the bacterial endosymbiont *Blattabacterium cuenoti* from the fat bodies of cockroaches. *BMC Research Notes* **1**, 118. doi:10.1186/1756-0500-1-118

Tokuda G, Elbourne LD, Kinjo Y, Saitoh S, Sabree Z, Hojo M, Yamada A, Hayashi Y, Shigenobu S, Bandi C, Paulsen IT, Watanabe H, Lo N (2013) Maintenance of essential amino acid synthesis pathways in the *Blattabacterium cuenoti* symbiont of a wood-feeding cockroach. *Biological Letters* **9**, 20121153. doi:10.1098/rsbl.2012.1153

Tsai YH, Cahill KM (1970) Parasites of the German cockroach (*Blattella germanica* L.) in New York City. *Journal of Parasitology* **56**, 375-377. doi:10.2307/3277678

Uzsak A, Schal C (2012) Differential physiological responses of the German cockroach to social interactions during the ovarian cycle. *Journal of Experimental Biology* **215**, 3037-3044. doi:10.1242/ jeb.069997

Vaishampayan PA, Dhotre DP, Gupta RP, Lalwani P, Ghate H, Patole MS, Shouche YS (2007) Molecular evidence and phylogenetic affiliations of *Wolbachia* in cockroaches. *Molecular Phylogenetics and Evolution* **44**, 1346-1351. doi:10.1016/j.ympev.2007.01.003

Vicente CS, Ozawa S, Hasegawa K (2016) Composition of the cockroach gut microbiome in the presence of parasitic nematodes. *Microbes and Environments* doi:10.1264/jsme2.ME16088.

Wada-Katsumata A, Zurek L, Nalyanya G, Roelofs WL, Zhang A, Schal C (2015) Gut bacteria mediate aggregation in the German cockroach. *Proceedings of the National Academy of Sciences of the United States of America* **112**, 15678-15683. doi:10.1073/pnas.1504031112

Weiss B, Aksoy S (2011) Microbiome influences on insect host vector competence. *Trends in Parasitology* **27**, 514-522. doi:10.1016/j.pt.2011.05.001

Willis ER, Riser GR, Roth LM (1958) Observations on reproduction and development in cockroaches. *Annals of the Entomological Society of America* **51**, 53-69. doi:10.1093/aesa/51.1.53

Yahaya ZS, Izzaudin NA, Razak AF (2017) Parasitic *Gregarine blattarum* found infecting American cockroaches, *Periplaneta americana*, in a population in Pulau Pinang, Malaysia. *Tropical Life Sciences Research* **28**, 145-149. doi:10.21315/tlsr2017.28.1.10

Zhang F, Yang R (2019) Life history and functional capacity of the microbiome are altered in beta-cypermethrin-resistant cockroaches. *International Journal for Parasitology* **49**, 715-723. doi:10.1016/j.ijpara.2019.04.006

Zhang J, Zhang Y, Li J, Liu M, Liu Z (2016) Midgut transcriptome of the cockroach *Periplaneta americana* and its microbiota: digestion, detoxification and oxidative stress response. *PLoS One* **11**, e0155254. doi:10.1371/journal.pone.0155254

Zhang F, Sun XX, Zhang XC, Zhang S, Lu J, Xia YM, Huang YH, Wang XJ (2018) The interactions between gut microbiota and entomopathogenic fungi: a potential approach for biological control of *Blattella germanica* (L.). *Pest Management Science* **74**, 438-447. doi:10.1002/ps.4726

Zurek L, Keddie B (1996) Contribution of the colon and colonie bacterial flora to metabolism and development of the American cockroach *Periplaneta americana* L. *Journal of Insect Physiology* **42**, 743-748. doi:10.1016/0022-1910(96)00028-5

Zurek L, Keddie B (1998) Significance of methanogenic symbionts for development of the American cockroach, *Periplaneta americana*. *Journal of Insect Physiology* **44**, 645-651. doi:10.1016/ S0022-1910(98)00024-9

Zurek L, Schal C (2004) Evaluation of the German cockroach (*Blattella germanica*) as a vector for verotoxigenic *Escherichia coli* F18 in confined swine production. *Veterinary Microbiology* **101**, 263-267. doi:10.1016/j.vetmic.2004.04.011

第6章
行動と化学生態学

Coby Schal and Ayako Wada-Katsumata

はじめに

行動により，動物は配偶者を見つけて選択し，子どもの世話をし，食べ物を見つけ，捕食者を避け，巣と避難所を作ることができる（Wyatt 2014）．したがって，行動は，成長，発達，生殖，バイオテック環境（同種，微生物，捕食者，寄生虫）との相互作用のあらゆる側面に関係する．それには，非生物的環境（食料，水，シェルター），および害虫を根絶する取り組みなど，自然環境を変える人間の介入があり，行動は，視覚，聴覚，触覚，嗅覚（匂い），味覚（味）を含む幅広い刺激と，偏光や電場や磁場などのあまり知られていない刺激によって導かれる．それぞれの種類の刺激は，生存，生殖の成功，全体的な適応度に影響を与える信号や合図に反応するように進化した専用の感覚ニューロンによって検出される．感覚ニューロンは，環境刺激を中枢神経系（CNS，脳）に送られる活動電位に変換するトランスデューサーとして機能する．感覚処理と脳の統合は，空腹やホルモンなどの動物の生理学的状態に影響される．中枢神経系で環境情報が処理されたあと，運動ニューロンと筋肉が行動の表現を仲介する．

チャバネゴキブリは，数十の *Blattella* 属の中でも独特であり，人工の建造物から離れた既知の自然個体群をもたない唯一の義務的に共生する種である（Roth 1985, 1995）．この属の中では唯一飛べない種であり，屋内生活に適応し，その行動生態にも大きな影響を与えている．チャバネゴキブリによる視覚的合図の使用は，暗い環境では限られている．匂い（嗅覚を刺激する）や味物質（味覚を刺激する）などの化学的手がかりは，集合，採餌，交尾において重要な機能を果たしている．触角と口器は主要な化学感覚付属器官（chemosensory appendages）であり，チャバネゴキブリである程度詳細に研究されている．

この章では，概日リズム，集合，採餌，交尾，衛生的行動などの主要な行動トピックを取り上げている．チャバネゴキブリの行動に関する前回のレビュー（Metzber 1995）で取り上げられたいくつかのトピックについては，大きな進歩が見られなかったため，ここでは取り上げていない．ここで取り上げられていないおもなトピックスは，移住と攻撃的行動である．

運動活動と概日リズム

チャバネゴキブリは夜行性で，活動的な行動（採餌，交尾）はすべて夜間に行われ，昼間は休息（集団で潜伏場所で避難）している．これらの毎日の活動パターンは，約24時間の局所的な環境サイクルに同調する内因性概日時計（endogenous circadian clocks）によって駆動される．これらの体内時計は，ホルモン生成，記憶，遺伝子発現，などさまざまな行動活動のサイクルを調節している．明暗サイクルは，概日リズムに影響を与える最も顕著な環境刺激であるが，その他のさまざまな刺激（例：社会的相互作用など）も日々のリズムに影響を与えている（Bloch *et al.* 2013）．挑戦的な最近の研究では，チャバネゴキブリの概日時計は地球の静磁場（static magnetic field）だけでなく，特に都市環境で，広く普及している人為的な高周波電磁場（human-made radiofrequency electromagnetic fields）にも応答する可能性があると

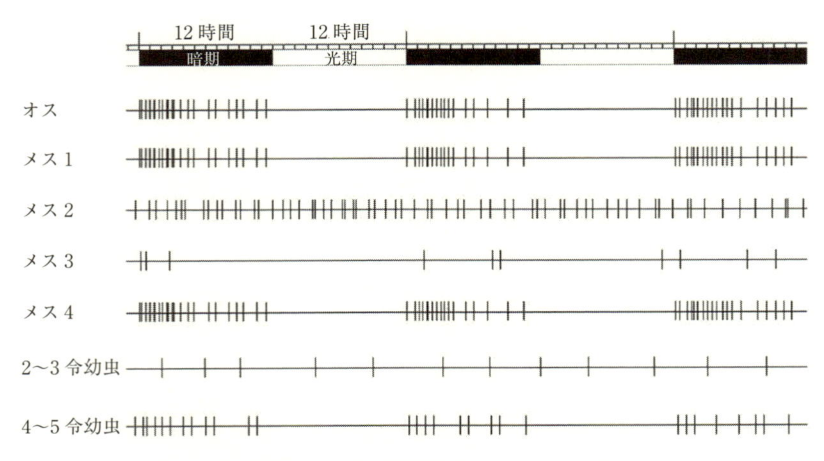

図6.1　チャバネゴキブリの運動活動の概略図．縦の棒は，左に示した各段階における60時間にわたる運動活動の強度を表している．オスの場合，運動活動は暗期（夜：Scotophase）と強く同期しており，暗期の早い3から6時間が活動のピークになる．メス（Female）1は，卵母細胞が成熟し始める前のメスを表す．メス2は，成熟中の卵母細胞をもつメスを表す，明期と暗期（Photophase）の両方で活動する傾向がある．メス3は，卵鞘を産み落としたあと，卵母細胞が成熟する前のメスの運動活動を表している．初期令：2〜3令では概日時計関連遺伝子が発現するが，幼虫は明確な日常運動活動は示さない．光期：4〜6令では成虫のオスと同様の日常運動活動を示す［出典：図はMetzger 1995，Lee 2005および記載されている参考文献に基づく］

結論付けている（Bartos *et al*. 2019）.

チャバネゴキブリの体内時計は，22〜26時間の間で変化する活動と休息のサイクルを動かしているが，成虫と幼虫は生理学的および発達段階に関連する，異なるリズミカルな行動をとっている（図6.1）（レビュー：Metzger 1995; Lee 2005）．オス成虫は，暗期（通常夜），特に最初の3〜6時間，12：12時間の明暗体制下で，採餌と交尾相手の探索に従事をする（Lee 2005）．対照的に，メスの一日のリズムは，生理学的および生殖状態によって調節される．成虫が羽化したあと，処女メスの運動活動は24時間にわたって比較的均等に分布する．幼若ホルモン（JH）の産生が増加し，卵母細胞が成熟するにつれて，メスは性的に受容的になる（Lee & Wu 1994; Schal & Chiang 1995），その運動は光期（昼）まで延長される（Lin & Lee 1996, 1998）．しかし，交尾後，卵鞘をもったメス（JHレベルが低い）は，幼虫が孵化する直前まで，妊娠中の摂食量が大幅に減少するため（Hamilton & Schal 1998），シェルターの外であまり時間を過ごさなくなる（Lee 2005）．卵鞘をもった（妊娠中の）メスと若令幼虫は比較的活動的ではなく，保護施設内に留まる傾向があり，オス成虫は最も活動的であるが，その傾向は，自然環境で見られる活動パターンと一致している（Revault 1989）．

研究者らはチャバネゴキブリの幼虫が成虫よりも運動能力が低いことに一般的に同意しているが，異なる令の具体的な活動パターンは不明である．たとえば，実験室での研究では，1令虫と2令虫は比較的動かず，日中でもシェルターの内外で小さな集団を形成していることが示されている（Fuchs & Sann 1981; Metzger 1995で引用）．終令幼虫は夜間の活動に移行し，運動の概日リズムは年長の幼虫で始まることを示唆している（Wen & Lee 2008; Yang *et al*. 2009）．ゴキブリの汚染を観察していると，集合は小型の幼虫でより顕著であり，大型の幼虫では最も少ないと結論付けられている（Rungstrom & Bennett 1990）．しかし，実験室での分析では，2令幼虫は明期よりも暗期の方がはるかに長い距離を移動したが，5令期の移動距離はどちらの時期でも同様であった（DeMark & Bennett 1994）．これは，毎日の活動と休息のサイクルが，大きな幼虫よりも小さな幼虫でより長いことを示唆している．さまざまな研究間の不一致は，アッセイ（例：温度，光の強度，アリーナのサイズ，テストする個人とグループ）に関連している可能性があり，さらなる研究で明確にする必要がある．

集合と分散

チャバネゴキブリは，条件的に社交的であると認められている．つまり，チャバネゴキブリの個体は単独の個体として成長するが，すべての段階，特に初期の令では同種の個体とシェルター内で共同生活することを好む．集団は好ましい特徴（質感，大きさ，暗さ，食料と水への近さ）を備えたシェルター内で形成され，そこでは，通常，幼虫と成虫が混合し，両性が含まれ，ブラベリアゴキブリ（blaberid cockroach）でよく見られる縄張りや支配階層などの長期的な社会構造はない．時間の経過とともに，シェルターは糞便に関連した誘引フェロモンと定着フェロモンがマーク（条件付け）され，チャバネゴキブリ個体は食料と水資源が比較的近くにある限り，主として忠実にシェルター内に残る（Revault 1989）．過密により凝集が解散する可能性があり，特定のフェロモンが分散プロセスを促進する．

なぜ集合するのか？　進化的および生態学的考察

集合は個体を捕食者や寄生虫から守り，局所の温度と湿度を調整することで微気候を変化させる可能性がある．終令や成虫のチャバネゴキブリ集団の代謝熱は周囲温度を0.6℃も上昇させる可能性があり（Lihoreau & Rivault 2008），幼虫の発育と繁殖を促進すると推定されている．チャバネゴキブリは，集合内での相対湿度の低下に応じて個体間の距離を調整し，おそらく蒸発による水分の損失を最小限に抑えている（Dambach & Goehlen 1999）．集合は捕食者や寄生虫から個体を守り，局所の温度と湿度を調整することで微気候を調整させる可能性がある．成虫が集まることで，活発な採餌も促進され（Lihoreau & Rivault 2011），採餌個体によって避難所に戻される栄養素や微生物の利用が容易になる．1令のチャバネゴキブリも自ら採食できるが，腸内マイクロバイオームの種となる微生物接種材料を（食糞によって）与えられる集合体に依存している（Carrasco *et al.* 2014）．食糞はまた，ゴキブリ，特に1令幼虫の，餌が限られているときに超生存力を高める栄養素を提供する（Koponic *et al.* 2001）（後述）．一方で，病原体は集団内でより容易に伝染する可能性があり，集団内での近親交配は分散が限られている昆虫にとって有害となる可能性がある．

集団内での血縁認識（kin recognition）は，多くの場合，密接に関連した個体と協力し，それらとの交尾を避ける機会になる．チャバネゴキブリ集団の遺伝的構造については，第7章で説明されている．一般に，感染は遺伝的に関連する少数の個体によって引き起こされるが，チャバネゴキブリは飛べないため，活発な拡散は限られている（Crissman *et al.* 2010）．殺虫剤やその他の人為的介入によって課せられるボトルネックも，集合メンバーの遺伝的関連性に寄与する．研究によると，チャバネゴキブリは遺伝的に関連のある個体と，それほど関連のない個体を区別し，近親者と選択的に集合するが，近親交配を避け，非近親と交配することができると示唆されている（Lihoreau *et al.* 2008; Lihoreau & Revault 2009, 2010）．それは，特定のクチクラ炭化水素（CHC）の遺伝性は，関連性について必要な化学感覚情報を提供していることが示唆されている（Lihoreau *et al.* 2016）.

なぜ集合するのか？　集合のプライマー効果：より速い発育と性的成熟

チャバネゴキブリの集合性の重要な利点は,「社会促進（social facilitation）」とよばれる表現の柔軟な可塑性（phenotypic plasticity）の一形態であり，成長と繁殖が加速されるためである．グループ分けされた幼虫のより速い成長は，チャバネゴキブリで広く記録されている（Willis *et al.* 1958; Izutsu *et al.* 1970; Nakai & Tsubaki 1986; Lihoreau & Rivault 2008）．逆に，社会的孤立は幼虫の発育を遅らせるだけでなく,「孤立症候群（isolation syndrome）」とよばれる成長期の成虫に長期的な悪影響を及ぼすことがある．これには，探索，採餌，同種との交流，集合および求愛行動を行う傾向の低下が含まれる（Lihoreau *et al.* 2009）.

これらの変化の根底にあるメカニズムはあまり理解されていない．現在までのところ，生殖の社会的促進という現象はチャバネゴキブリでのみ実証されており，他のゴキブリ種では実証されていない．小集団で飼育されたメスは，卵母細胞の成熟が早く，そのため生殖が速くなり（Godot *et al.* 1989; Holbrook *et al.* 2000），社会的に孤立したメスよりも多くの卵鞘を生みだす（Lihoreau & Rivailt 2008）．Uzsak と Schal（2012）は，たった 1 匹の同種メスとの社会的相互作用が，処女メスと交尾メスの両方で卵母細胞の成熟を刺激するのに対し，社会的孤立と高いメス密度（群集）は卵母細胞の成長を妨げることを実証している．0〜21 日の妊娠期間は，単独飼育下でも社会的条件下でも変わらなかった（Uzsak & Schal 2012）．チャバネゴキブリにおける生殖の社会的促進に関する生理学的モデルは，社会的刺激が JH の産生と摂食を高め，それがひいては卵黄の産生を刺激することを示唆している．しかし，JH 力価を低くする必要がある妊娠中は，社会的合図は，どういうわけか JH 産生を活性化する経路から切り離され，メスが生殖に際し，ソーシャルな合図に反応しなくなる．興味深いことに，オスのグループにおける社会的相互作用は，JH 生合成，副生殖腺の突然変異，求愛と交尾の潜伏期間の短縮を促進する（Uzak と Schal 2013a）.

幼虫における触覚刺激の伝達機構についてはまだ解明されていない．チャバネゴキブリにおける成長と生殖の社会的促進を媒介する刺激は，本質的にはおもに触覚的のようで，視覚信号が関与するという誘導（induction）はない（Izutsu *et al.* 1970; Nakai & Tubaki 1986; Lihoreau & Rivault 2008; Uzsak & Schal 2013b）．一部の研究者は，他の個体からの嗅覚刺激を受けて個別に飼育された幼虫は，完全に隔離された幼虫よりも早く発達することを発見したが（Nakai & Tsubaki 1986），他の研究者は，嗅覚の役割を最小限または存在しないとして却下した（Izutsu & Tubaki 1970; Lihoreau & Rivault 2008）．他の種の触角，鳥の羽，または人工の触角のような人工材料を使用した触角の接触シミュレーションは，幼虫の成長と繁殖を促進する可能性があり，触覚が種に依存しない（non-species-specific）ことを示している．Lihoreau と Rivault（2008）および Uzaak（2014）らは，電動触覚刺激システムを使用して，それぞれ社会的に発達と生殖を促進する触角接触の機械的感覚の特徴を調査した．人工刺激は効果的ではあったが，社会的相互作用の自然な効果には匹敵しなかった．同種の個体と関連する機械感覚の合図には，触角の形状，柔軟性，質感，動きなどが含まれるようである（Uzsak *et al.* 2014）．

同種の影響とは別に，シェルター自体の利用の可能性もチャバネゴキブリの適応度（fitness）に影響する．シェルターが利用できる場合，幼虫グループはより速く発育し，成虫より多くの体重を獲得し，メスはより多くの肥沃な卵鞘（fertile oothecae）を産生する（Gemeno *et al.* 2011）．したがって，シェルターの利用の可能性とシェルター内の同種からの刺激の両方がチャバネゴキブリの成長，発達，繁殖を促進する．根底にあるメカニズムは不明であるが，それらは環境要因（例：温度，相対湿度）および生物学的要因（例：触覚刺激，共食い）の形成およびシェルター内のエネルギーの保存に関連している可能性がある．

リリーサー効果：優先シェルターのソースと特徴

チャバネゴキブリの集合行動には多くの要因が影響する．明確に認識されている刺激には，シェルターのサイズ（Berhold & Wilson 1967; Koehler *et al.* 1994），質感（texture）（Berthold 1967），垂直方向と水平方向の向き（Bell *et al.* 1972），同種の存在（Koehler *et al.* 1994; Hamilton *et al.* 2019），シェルター内の温度，湿度，空気の流れなどの非生物的要因，および集合フェロモン（Ishii & Kawahara1986）などがある．それぞれのシェルターと他のシェルターとの特徴の重要性，およびそれらがどうチャバネゴキブリの感覚システムに統合されているかは，ほとんど理解されていない．たとえば，Koehler ら（1994）は，令が異なると触走性（接触）刺激を提供してくれる異なるシェルターに集合することを好むことを示している．しかし，これらの好みは状況によって調節されるため，混合段階集合では，1令幼虫が通常好む小さな避難所よりも大きな避難所で他の段階と集合することを好むとしている（Koehler *et al.* 1994: Jeanson & Deneuboug 2007）．

◇ フェロモン

すべてのステージのチャバネゴキブリは，糞便の付いたシェルター内で集合することを好むが，Ishii（1967）は，糞便で調整された紙の溶媒抽出物が集合に対して強い刺激となることを示した．チャバネゴキブリの集合フェロモンとしては，糞便中の揮発性脂肪酸，グリコシル化ステロイド，CHC などのさまざまな化学物質が提案されている．糞便からの抽出により150を超える化合物が同定されている．その中には57個の短鎖および中鎖の揮発性カルボン酸（VCA）が含まれている（Fuchs *et al.* 1985）．Sherkenbeckら（1999）は，糞便抽出物の酸性画分（つまりCHCを除く）のみが生物活性であることを示し，凝集アッセイと配向アッセイの両方をテストし，29種類のVCAが同定されたが，効果はわずかで，成分のさまざまな組み合わせがテストされ，最終的には6つのVCAのブレンドが最も効果的であった（Scherkenbeck *et al.* 1999）．VCAベースの集合フェロモンは，腸内および糞便微生物に由来する．集合バイオアッセイ（aggregation bioassays）では，無菌性ゴキブリの糞便抽出物（消化管に微生物が存在しない）よりも，正常な糞便抽出物（非滅菌）の方が強い選好性を示した（Wada-Katsumata *et al.* 2015）．VCAは無菌の糞ではあまり現われず，行動との因果関係を示しており，6つの合成ブレンドであることが示唆されている．糞便VCA（表6.1）は，凝集を誘発するのに非常に効果的であった．Wada-Katsumata *et al.*（2015）は，ゴキブリの糞便からいくつかの好気性細菌を単離および培養し，これを無作為にゴキブリに接種すると，集合を刺激することができたとした．全体として，Fuchs *et al.*（1985），Scherkenbeck *et al.*（1999），およびWada-Katsumata *et al.*（2015）は，腸内細菌によって産生される糞便VCAのサブセットで集合性の機能が出るという考えを支持している．

他の集合コンポーネントに関する証拠は依然として不明瞭である．揮発性アミン（1-ジメチルアミノ-2-メチル-2-プロパノール，その他のアルキルアミンおよびアミノアルコール）は，集合誘引剤として機能することが示された（Sakuma & Fukami 1990; Sakuma *et al.* 1997）が，Scherkenbeckら（1999）は糞便抽出物の塩基性画分における集合活性を裏付けることができないとした．同様に，2つのグリコシル化ステロイド，blattellastanoside Aおよびblattellastanoside Bには，強力な定着活性（arrestant）が示された（Sakuma & Fukami 1993a, b, Mori *et al.* 1996）．しかし，合成化合物には行動活性が欠けており，これらの化合物は糞便抽出物から回収できなかった（Scherkenbek *et al.* 1999）．CHsはまた，チャバネゴキブリの定着フェロモン（arrestant）として機能することが提案されているが（Rivault *et al.* 1998），CHC画分には行動活性（behavioural acrivity）が不足しており（Scherkenbeck *et al.* 1999），精製CHCsにはチャバネゴキブリ集合効果がなかったため，この結論は支持されなかった（Hamilton *et al.* 2019）．

◇ その他の集約シグナル

2種類の集合シグナルが，集合への誘引と集合からの分散を媒介すると考えられている．最初は，幼虫と未交尾のメスによって生成されるクリック音（clicks）であるが，オスは発しない（Mistal *et al.* 2000）．これらのクリック音を再生すると，シェ

表6.1　チャバネゴキブリのおもなフェロモン．同定されたフェロモンの化学構造，機能，発生器官を示す

フェロモンの化学構造式	フェロモンのタイプ	発生源
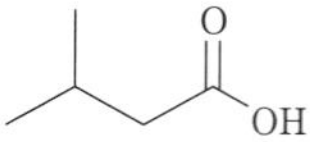 3-メチルブタン酸（イソ吉草酸）*1 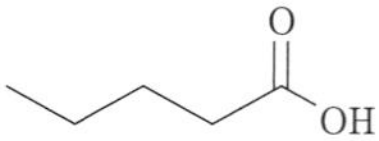 ペンタン酸（吉草酸）*1 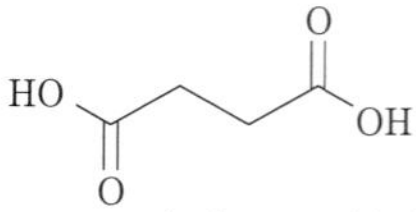 ブタン二酸（コハク酸）*1 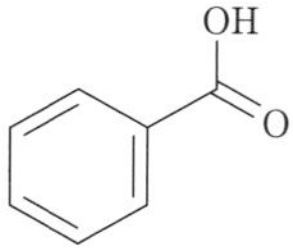 安息香酸*1 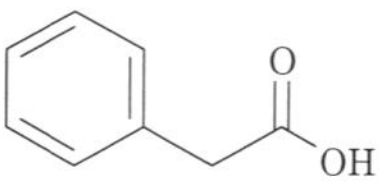 フェニル酢酸*1 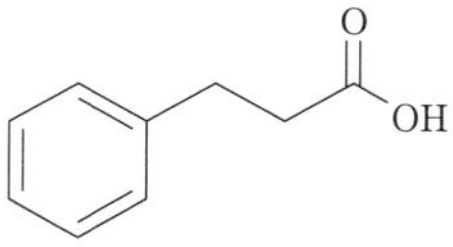 3-フェニルプロパン酸（ヒドロシン桂皮酸）*1, *2 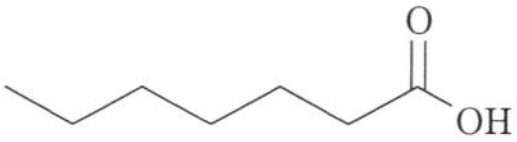 ヘプタン酸（エナント酸）*2 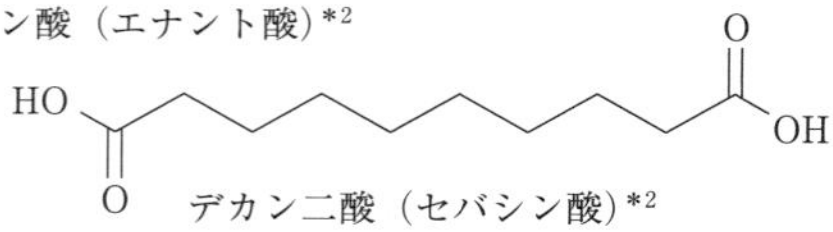 デカン二酸（セバシン酸）*2 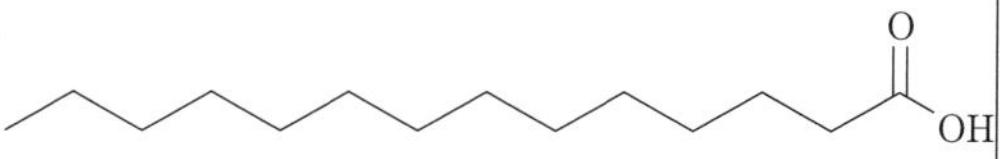 テトラデカン酸（ミリスチン酸）*2 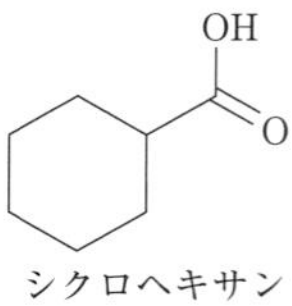 シクロヘキサンカルボン酸*2 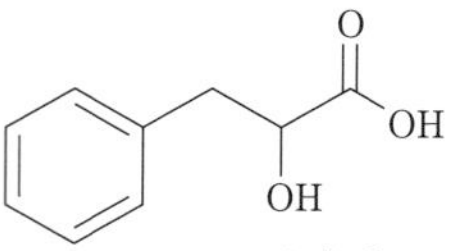 3-フェニル乳酸*2	集合フェロモン*1, *2	腸，糞便
170 kDa タンパク質（77 kDa，80 kDa，82 kDa タンパク質の二量体）	分散フェロモン	だ液

（続き）

フェロモンの化学構造式	フェロモンのタイプ	発生源
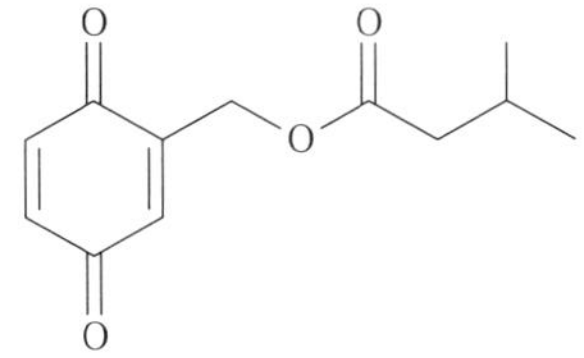	メスの揮発性性フェロモン（ブラテラキノン）	尾節腺
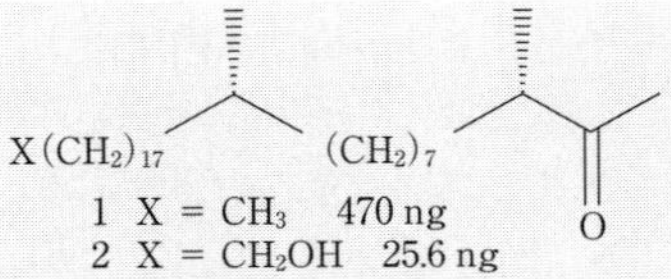 $X(CH_2)_{17}$ $(CH_2)_7$ 1 X = CH_3 470 ng 2 X = CH_2OH 25.6 ng 3 X = CHO 0.5 ng 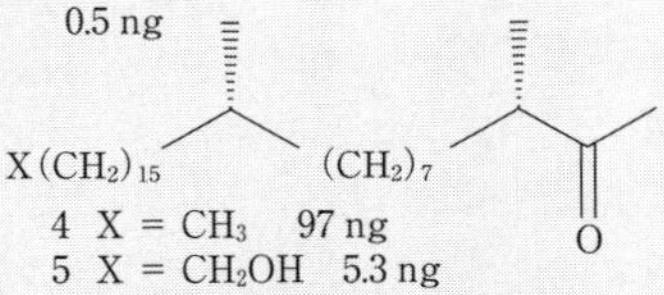 $X(CH_2)_{15}$ $(CH_2)_7$ 4 X = CH_3 97 ng 5 X = CH_2OH 5.3 ng 6 X = CHO 0.15 ng	メスの接触性フェロモン	上皮
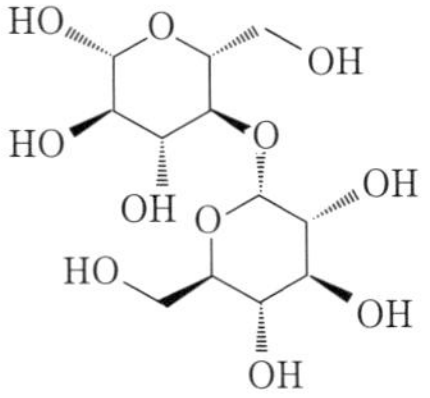 マルトース 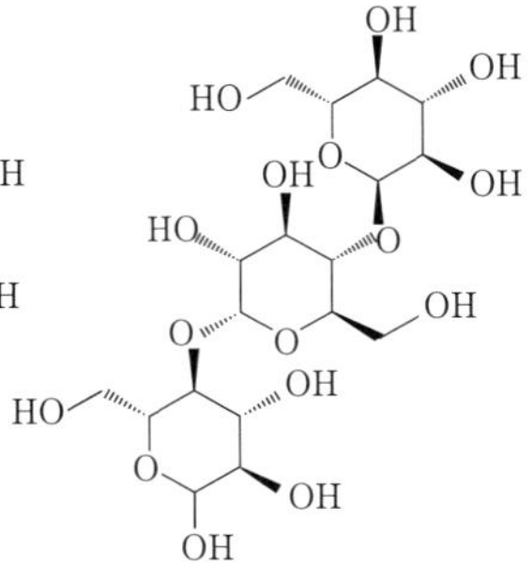 マルトトリオース 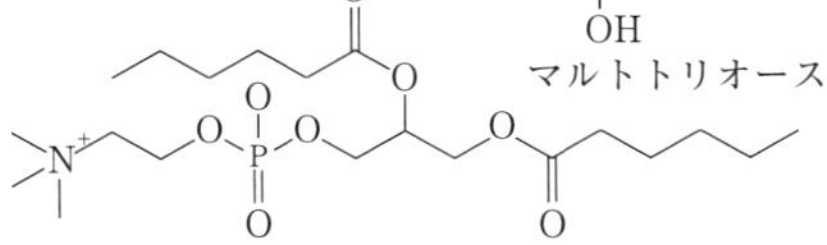 1, 2-ジオレオイルホスファチジルコリン 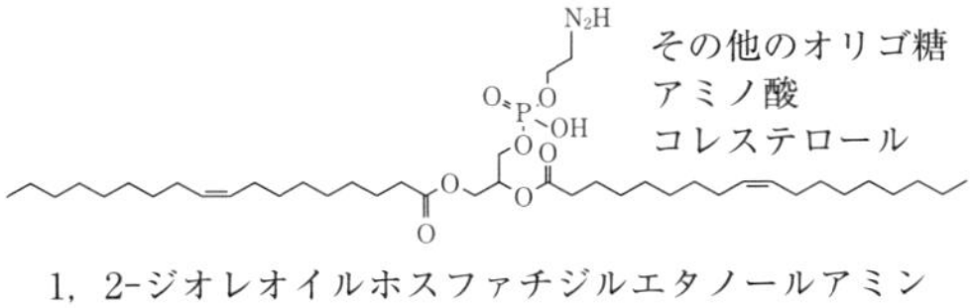 その他のオリゴ糖 アミノ酸 コレステロール 1, 2-ジオレオイルホスファチジルエタノールアミン	オスの求愛食欲刺激剤	ターガル腺

＊1　出典：Wada-Katsumata *et al.* (2015)

＊2　出典：Scherkenbeck *et al.* (1999)

ルター内の幼虫が引き寄せられたり捕獲されたりするが，成虫の行動には影響しない．2番目の音の信号は，メスとオスが，翼を広げる行動によって生成されるが，集団のサイズに比例して増加する（Wijenberg *et al.* 2008）．卵鞘をもたないメスの反応は不明である．また，なぜ妊娠中のメスだけが高密度の凝集を嫌うのかはとくに不明である．なぜなら，妊娠中のメスは他の段階よりもより高密度の凝集を受け入れるからである（Bret *et al.* 1983）．全体として，集合，採餌，交尾行動における音響信号の使用については，さらに研究する必要がある．また，なぜ卵鞘をもったメスだけが高密度の集合を嫌うのかは不明である．なぜなら，卵鞘をもったメスは他の段階よりもより高密度の集合を受け入れるからである（Bret *et al.* 1983）．全体的に見て，集合，採餌，交尾行動における音響信号の使用についてはさらに研究する必要がある．

分散信号

自然に生成される4種類のシグナルにより，チャバネゴキブリをシェルターから分散させうるかもしれない：それは，作動性相互作用（agonistic interactions），死のシグナル（necromons），音響シグナル（前述），および分散フェロモン（dispersion pheromone）である．攻撃的な行動については以前の総説（Metzger 1995）で議論された．一般に，限られたシェルタースペースをめぐってメスはオスよりも優位に立つ（Takahashi *et al.* 1998）．シェルターは，その収容限度に達すると，またはその収容力に達する前であっても，シェルターの他の未知の特徴が変化すると，魅力的でなくなる可能性がある．Ame ら（2006）は，チャバネゴキブリの幼虫は複数の利用可能なシェルター内の1つに集まることを好むが，シェルターの収容能力を下回る密度では，個体群はほぼ同じ密度の2つの避難所に分かれ，他の避難所は空いていた．この「集団決定（collective decision）」の最適性とそれを推進するシグナルは未だほとんど理解されていない．

集合した条件下では，集合フェロモンの拮抗物質（antagonist）として作用する唾液化合物を誘導し，チャバネゴキブリは分散し，シェルターを不適切なものにした（Suto & Kumada 1981）．これらの化学物質は幼虫と成虫の唾液中から生成される（Nakayama *et al.* 1984）．どのライフステージが最も分散物質（dispersing substances）を分泌するかについては議論があるが，オス成虫が他のどのステージよりもこれらの分泌物によく反応するということは一般的に同意されている（Ross & Tignor 1986; Faulde *et al.* 1990a）．唾液の忌避作用は可溶性タンパク質内にあり，消化されたタンパク質には生物活性はない．そして，過密状態の幼虫，オス，メスの唾液には，ストレスを受けていないゴキブリよりも多量の唾液タンパク質（salivary protein）が含まれている（Faulde *et al.* 1990a, b）．54-330kDa からのサイズの特定のタンパク質は，過密状態のメスで，より豊富に存在する．唾液タンパク質のクロマトグラフィー分別とそれに続く生物検定により，17 kDa タンパク質が最も強い忌避性を有することが判明し（Faulde *et al.* 1990a），用量反応バイオアッセイ（dose-response bioassays）により，それが分散性フェロモンとして機能することが確認された（表 6.1）．

採餌，食べたり飲んだり

チャバネゴキブリはなんでも食べる雑食生物（omnivore）であり，外来の化学物質や病原体を避けるために，飢餓への抵抗性，解毒機構，免疫機構などの一連の生理学的適応を進化させてきた．行動への適応は，学習および記憶能力によってサポートされ，採餌および食物の選択において柔軟性を保っている．チャバネゴキブリのエコロジーでは，家庭にあるさまざまな食品から栄養バランスの取れた食餌を摂ること，バランスの悪い栄養にも強いこと，そして補完的な餌が現れたときに全体の栄養摂取のバランスを再調整し，成長軌道を再開する（Jones & Raubenheimer 2001; Raubenheimer & Jones 2006; Ko *et al.* 2007）．

採餌では，チャバネゴキブリの餌と水の好み，およびそれらが各ステージ特有の採餌行動をどのように形成していくかを扱う．生理学的側面については第 3 章で説明した．トラップやベイト剤の効果的な開発には，誘引物質や摂食刺激物質（phagostimulants）の同定と採餌方法の理解が重要であるため，この分野の文献のほとんどが特許になっているのは驚くべきことではない．たとえば，2020 年 4 月 22 日の Web of Science の検索（*Blattella* とベイト）では 146 件の論文しか得られなかったが，アメリカ特許庁の検索では 1,070 件の特許が得らた．しかし，そのほとんどは *Blattella* との関連性は最小限であった．

食物の好み

食物の選択とその場所を特定することは，食物資源の中の化学物質を検出する能力，つまり嗅覚系と味覚系によって支えられている．揮発性化合物は誘引剤または忌避剤となる可能性があり，嗅覚系と味覚系システムによって処理（processed）される．揮発性化合物は誘引物質となる可能性があり，以下の方法で処理される．一方，不揮発性化合物は摂食刺激剤（phagostimulant）または抑制剤となり，味覚系によって処理される．匂い物質と味覚物質をそれぞれ検出する嗅覚と味覚（感覚ニューロンを収容する毛状の構造）は両方とも触角と口器に存在する．トラップとベイトは誘引剤で大幅に改善でき（Nalyanya & Schal 2001; Karmifar *et al.* 2001），摂食刺激剤はベイトの有効性を改善できるため（Tsuji & Ono 1970; Gore & Schal 2004），研究者らは，両方の行動を導きだす化学物質を調査している．

◇ **誘引剤**

チャバネゴキブリは，バター，ピーナッツバター，バナナ，パン，ビール，蒸留酒用穀物，ペットフードなど，人間が提供するさまざまな食品に引き寄せられる（Pol *et al.* 2018：魅力的な食品のリスト）．パンとビールは，'Do it yourself' のトラップの誘引剤として何十年もの間，使用されてきた．ビール酵母，乾燥麦芽エキスなどと水との組み合わせは，チャバネゴキブリのすべての令を誘引し，アリーナでの実験や野外試験では，ゴキブリをトラップに誘引する市販のベイトと同じくらい効果的があった（Pol *et al.* 2007）．このような複雑な食品から特定のゴキブリ誘引物質を同定する初期の取り組みでは，注目すべき化合物はあきらかにはされなかった（Ross & Mullins 1995）．しかし，最近，Karimifar ら（2011）は，抽出物，揮発性物質の収集，生物学的検出器としてガスクロマトグラフ（GC-EAD）と組み合わせた Electroantennogram を使用して，ピーナッツバターから 1-ヘキサノール（脂質酸化生成物）の同定を導いている．そしてビールから，チャバネゴキブリを誘引するために相乗的に作用するエタノールと 2，3-ジヒドロ-3，5-ジヒドロキシ-6-メチル-4H-ピラン-4-オンを単離している．同様に，ライ麦パンから同定された 44 種類の化合物の合成混合物もオスにとって魅力的であった（Pol ら 2018）．シングルクラスの化合物（アルコール，アルデヒド，エステル，フラン，ケトン，ピラジン，または多官能基をもつ揮発性物質）がその混合物から放出された場合でも誘引力は低下しなかったため，さまざまな化学クラスの多くの化合物または化合物のグループが寄与していると考えられる．それらの間では潜在的で複雑な相互作用を伴う魅力的なブレンドに変化する（Pol *et al.* 2018）．

採餌中は，ゴキブリは食べ物の匂いだけでなく，同種の餌にも引き寄せられる（Lihoreau & Rivalt 2011）．同種のゴキブリの摂食する匂いと，餌と非摂食同種の混合臭のどちらかを選択させられた個々のゴキブリは，同種の摂食匂いを好む傾向を示した．

◇ **摂食刺激剤**

チャバネゴキブリは，単糖類（D-フラクトース，D-グルコース），二糖類（マルトース，トレハロース，スクロース），多糖類（マルトロース，デンプン）および糖アルコール（マイトール，ソルビトール，グリセロール）を含むさまざまな炭水化物を受け入れる（Tsuji 1965; Gordon 1968; Tsuji & Ono 1970; Nojima *et al.* 2002; Kugimiya *et al.* 2003a; Gore & Schal 2004）．求愛行動と関連する最近の研究では，摂食刺激（phagostimulation）の神経機構の詳細があきらかにされ始めている（以下の配偶者の発見と交尾を参照）．

摂食刺激剤（feeding stimulants）としての脂質および脂肪化合物の機能については，あまり理解されていない．リン脂質（phospholipids）だけでは摂食行動を刺激しないが，マルトースあるいはマルトトリオース（maltotriose）にリン脂質を添加すると，これらの糖の受容が強力に強化され，リン脂質と糖の間の相乗的相互作用（synergistic interactions）のあることが示唆されている（Kugimiya *et al.* 2003a; Wada-Katsumata *et al.* 2009）．電気生理学的実験（Electrophysiological experiments）では，リン脂質は口器の味覚ニューロンは刺激しないが，リン脂質と糖の混合物は糖に対する味覚神経反応を増強させることを示している．上に示した糖類に関して，求愛行動との関連でこれらの影響が調査されている．ベイトを含む通常の採餌でも発現するかどうかはまだ判明していない．

採食活動：内因性と外因性要因

食料と水のニーズが，発育段階，性別，生殖段階に与える影響は奥が深い（profound）．他の昆虫のように，幼虫段階では，すべてにおいて，各ステージの前半は活発な活動と餌の消費が特徴であるが（図 6.2A），最後の 1/3 は，幼虫はシェルター留まり，脱皮（ecdysis＝マウンティング）準備のため採食活動は行わない．そのため，非常に脆弱であり，腸は空になっている必要がある（DeMark & Bennett 1994）．成虫に羽化後，オスは比較的毎日，一定量の食物を摂取する（Hamilton & Schal 1998）（図 6.2B）．一方，メス成虫の毎日の食物摂取量は，卵母細胞が成熟するにつれ，卵黄タンパク質生成の必要性により増加する．メスの最大消費量はオスの約 5 倍である．交尾後，食物摂取量はオスの消費レベルまで急速に減少し，3 週間の妊娠（卵鞘を付けている）期間中続く．メスは，次の生殖に備えて，卵が孵化する 1～2 日前には次の産卵期の準備のため，再び食物摂取量を増やす（Durbin & Cochran 1985; Hamilton & Schal 1988; Lee & Wu 1994; Schal & Chiang 1995）．採餌活動は，潜伏場所と餌場との距離など，さまざまな環境要因によってさらに影響を受ける．餌と水が潜伏場所の近くにある場合，ゴキブリは少しの距離を，頻繁に採餌活動を行うが，餌場が離れている場合は，より明白な採食リズムが出現し，訪問頻度は少なくなるが，より長く飲食活動が行われる（Silverman 1986; Takahashi *et al.* 1998）．採餌距離は食物の好みや生活史の形質にも影響を与える．ある新企画の実験で，個々のゴキブリに，長い採餌場の両端，または小さなアリーナで互いに隣接して，アンバランスな 2 つの餌（炭水化物とタンパク質が豊富）を与えた．2 つの餌の選択は栄養的に相補的であり，ゴキブリは両方の餌を最適に混合する必要があった（Ko *et al.* 2017）．5 令虫は採餌のため，より長い距離を採食し，より多くのタンパク質を摂取

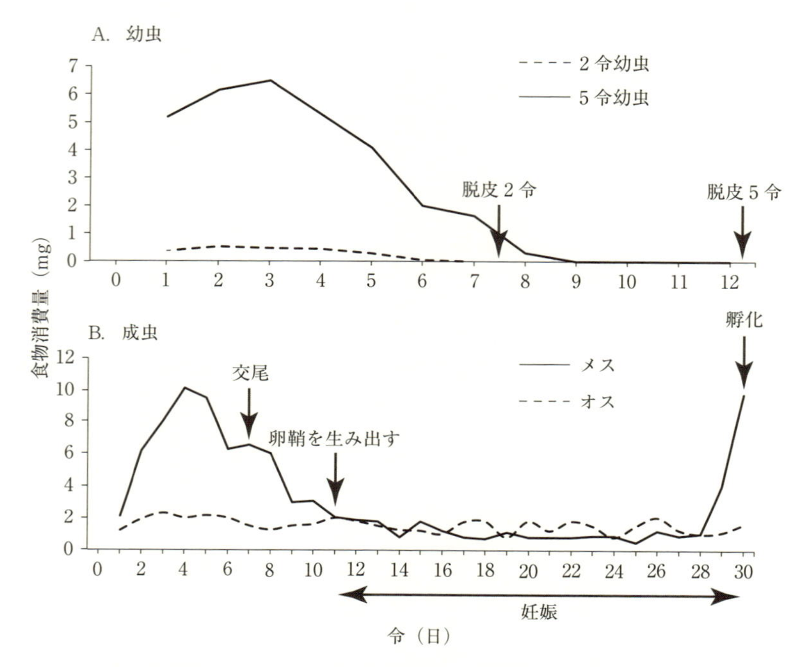

図6.2　チャバネゴキブリの成虫（A）と成虫（B）の発育期と生殖期における毎日の食物摂取量．初期（2令）と後期（5令）の成虫は，脱皮後に集中的に摂食し，次の脱皮に備えて断食する．成虫のオスの毎日の食物摂取量は少なく一定である．メスは卵母細胞が成熟するにつれて摂食量を増やし，交尾と産卵後は食物摂取量を減らす．卵鞘をもつ妊娠メスは3週間ほとんど摂食せず，卵が孵化する直前に食物摂取量を増やす［出典：幼虫のパターンはDeMarkとBennett（1994）に基づいて再描画．成虫パターンはHamiltomとSchal（1988）から再描画］

し，体脂質を減少させ，より多くの骨格質量を獲得した．

このように，長距離の採餌はチャバネゴキブリの成長と繁殖に有利であると考えられる．驚くべきことに，これは，げっ歯類，さらには人間に見つかるのと同様である．しかし，キッチンにいるゴキブリはより視覚的な食べ物や補完的な食べ物を求めて長距離の採餌を選び，シェルター近くの資源を迂回するかどうかはわからない．最後に，環境への慣れが採餌に影響を与える：不慣れな環境では，チャバネゴキブリは採餌場所を端の方に限定するが，慣れたアリーナではその全体で採餌をする（Durier & Rivault 2003a）．ほとんどの研究では，オスは他のどの段階でもよく採餌するが，メスよりも少なく，ヨークを産むメス（未交尾または交尾）が卵鞘をもつメスよりも多く採餌することには同意している（DeMark & Bennett 1995; Metzger 1995）．同様に，高令の幼虫は，若令の幼虫よりも多くの餌を探し（そして食べる），そして，餌が不足するとオスとメスだけでなく高令のより小さな幼虫よりも敵対的な相互作用や食物の盗みを行うということが，一般的に知られている（Rivault & Cloarec 1990）．混雑した状況では，限られた資源をめぐる競争が激化するため個体数の密度も採餌行動に影響を与えると予想されるが（Metzer 1995），この可能性のある結果については野外条件下では検討されていない．

回避と嫌悪

Mengoni と Alzogary（2018）は，デルタメスリン抵抗性チャバネゴキブリは，抵抗性でないチャバネゴキブリよりも忌避剤に対する感受性が低いことを示し，抵抗性またはその遺伝的背景が忌避剤に対する化学的な認識に影響を与えていることを示唆している．しかしながら，殺虫剤抵抗性と一般的な行動との関連性を示す証拠はほとんどない．グルコースを含むベイトを導入した直後，その強い選択的圧により，複数のチャバネゴキブリ集団においてグルコース嫌悪が急速に進化している（Silverman & Bieman 1993）．一方，典型的な（野生型）ゴキブリは摂食刺激剤としてのグルコースを，抑止剤として受け入れている．この行動の変化は，ゴキブリが有毒な餌を食べることから身を保護し，関連する行動抵抗性（有効成分に関連するグルコース）を与えることになる．Wang ら（2004）は，野外で採取したゴキブリが，マルトース，スクロース，フラクトースなどを嫌悪し，他の糖に反応して回避行動（behavioural avoidance）を行うことを報告しており，一部の集団ではフラクトースを嫌うゴキブリが見つかっている（Wada-Katsumata & Schal 未発表）．砂糖嫌悪は遺伝的形質であり，行動抵抗の真の形態であることを強調することは重要である．殺虫剤に対する行動回避のほとんどのケースは，チャバネゴキブリ個体群全体にわたる生まれもった忌避または学習された回避に基づいているが，餌成分としての特定の糖に対する嫌悪感を引き起こす一部のチャバネゴキブリ個体群における化学感覚多型は，遺伝性の新しい行動抵抗メカニズムとして選択されている．

グルコース嫌悪のニューロン機構は解明されている：通常，より優れた有害な味物質に反応して嫌悪行動を引き起こす味覚感覚器内の感覚ニューロンが，グルコースに応答する新たな能力を獲得し，その結果嫌悪行動を引き起こしている（Wada-Katsumata *et al.* 2013）．グルコースの味の質におけるこの変化の分子機構はまだ解明されていないが，フラクトース嫌悪が同様の機構を通じて機能するという我々の最近の発見は，チャバネゴキブリの味覚系が革新的な進化によって強い選択圧力に，独特に応答できることを示唆している．チャバネゴキブリは，抑止力を検出し，それに反応する独自の能力を備えている．昆虫で知られている最大の機能と推定される味覚受容体遺伝子545個のほとんどが，抑止力の検出に関与している可能性がある（Robertson *et al.* 2018）．この大規模な拡大は，多数の化合物が抑止力として処理され，この種の回避行動を促進する可能性があることを示している．

学習，記憶，行動の可塑性

シェルター，食物，採食戦略に関する行動の好みは生まれつきの好みによって決定されるが，それらは報酬刺激（摂食刺激剤＝phagostimulants）と懲罰刺激（punishing stimuli）によって調節されている．経験に基づく嗜好の調節には，学習とリコール／記憶が含まれ，想起／記憶の範囲を広げる表現型可塑性の一形態を表し，生得的な行動の範囲を広げる表現型可塑性の一形態を表している．チャバネゴキブリはさまざまな経路を通じて学習する能力をもっているが，最も顕著なのは慣れと連合学習である．学習により，暗い場所に忌避殺虫剤を処理する評価が実証された．ゴキブリは暗い場所を避けることを学習し，学習により行動が変化し，忌避性のある殺虫剤は，効果が大きく損なわれる可能性があることを示している（Ebeling *et al.* 1966）．

匂いと味物質（tastants）の関連学習の伝統的な実験方法を利用して，Liu と Sakuma（2013）は，チャバネゴキブリに対する本来の忌避剤であるメントールと，本来の摂食刺激剤であるスクロースの実験を行っている．わずか4回の繰り返し学習試験のあと，チャバネゴキブリは，忌避効果があるにもかかわらず，(-) メントールのみに引き寄せられた．逆に，Liu と Sakuma（2013）はチャバネゴキブリの生来の誘引物質であるバニリンと嫌いな塩化ナトリウムを与えている．連想学習（associative learning）のあとでは，チャバネゴキブリはバニリンにあまり誘引されなくなった．これらの結果は，嫌悪する味物質と好みの味物質の両方が連想学習を通じて匂いの好みを変更できることを示している．学習は効率的な採餌（efficient foraging）にも貢献をする．ゴキブリは避難場所から食料源への外向きの採餌旅行で，食料源からの嗅覚の合図を利用し，目印を学習する（Durier & Rivault 2000）．避難所への往復とその忠実さは，避難所からの化学的合図と記憶された視覚的ランドマークによっても媒介される．それには，光源となんらかのオブジェクトも含まれている（Dabouineau & Rivault 1994; Durier & Rivault 1999）．

交配：発見と交尾

新しく羽化した成虫には生殖能力がないが，数日間で性的に成熟する．生後3日後の若いオスは小さな精包（spermatophores＝精子のパッケージ）を生成する．交尾相手は1つ以上の卵鞘を生成したあとに，再び交尾する傾向があり，オスは7～10日後に完全に性的に成熟する．メスは脱皮後，4〜6日間にわたっては，性的成熟の期間である（Schal & Chiang 1995）．チャバネゴキブリのメスは数か月間精子を蓄える．したがって，通常1回の交尾で約6か月間かけて5〜8個の卵管で約200〜250個の卵を十分に受精させることができる．メスは連続する卵巣周期の間に再交尾をするが，卵鞘を形成する前には複数回，交尾することはほとんどない（Cochran 1979）．

交尾行動の一般的なパターン

チャバネゴキブリの交配行動については，十分に説明されているが（Roth & Willis 1952; Nishida & Fukami 1983; Nojima *et al.* 1999b review; Gemeno & Schal 2004），いまでも，新しい特色が報じられている．性的に受容可能な処女のメスは，その間，オスを引き付ける揮発性の性フェロモンを放出し，特徴的な呼び寄せ行動（calling behavior）を示す（図6.3）．オスはメスのクチクラ膜の接触フェロモンを認知し，翅を上げて求愛反応をひき起こし，さらに揮発性化合物の混合物を放出してメスを腹部に引き寄せ，ターガル腺（背側の翼の下）の分泌物を食べさせるように誘引する．その後，オスはメスと結合し，成功すると，ペアは約95分間交尾状態を続ける．

配偶者探し：メスの揮発性の性フェロモン

Volkovら（1967）は，メスではなく，オスがメスの抽出物を誘引するという観察に基づいて，揮発性の性フェロモンがメスのチャバネゴキブリによって生成されることを示唆している．これは行動アッセイで確認された．すなわち，オスは，オスあるいは幼虫の分泌物よりも未交尾のメスの分泌物を好んだ（Abed *et al.* 1993; Liang & Schal 1993b）．「コーリング」とよばれる種特有の行動が，フェロモン生成部位を特徴付けている．「コーリング」をするメスは腹部を基質（substrate）に向かって下げ，舌根表面（tergal surface）を露出させ，定期的に生殖口（前庭）を露出させる（図6.3A）（Lian & Schal 1993c）．鳴き声のピークは暗期の終わりの直前であり（Lian & Schal 1993c），チャバネゴキブリの交尾が最大になる時期に一致する（Lee & Wu1994; Schal & Chiang 1995）．この行動は，他の性行動と同様にJHによって規制されている（Liang & Schal 1993c, 1994）．性フェロモンは腹部の最後の背板（pygidium）で生成される．この腺は，小さなクチクラ開口部（cuticular orifices）を備えた多数のクチクラくぼみからなり，それぞれが管を通って大きな分泌細胞につながっている（Liang & Schal 1993a）．メスが発する揮発性の性フェロモンの同定にはさらに10年を要した．なぜなら，この性フェロモンは少量しか発生せず，熱的に不安定だからである．このフェロモンは，性的に受容な処女メスの約15,000個のピジディア

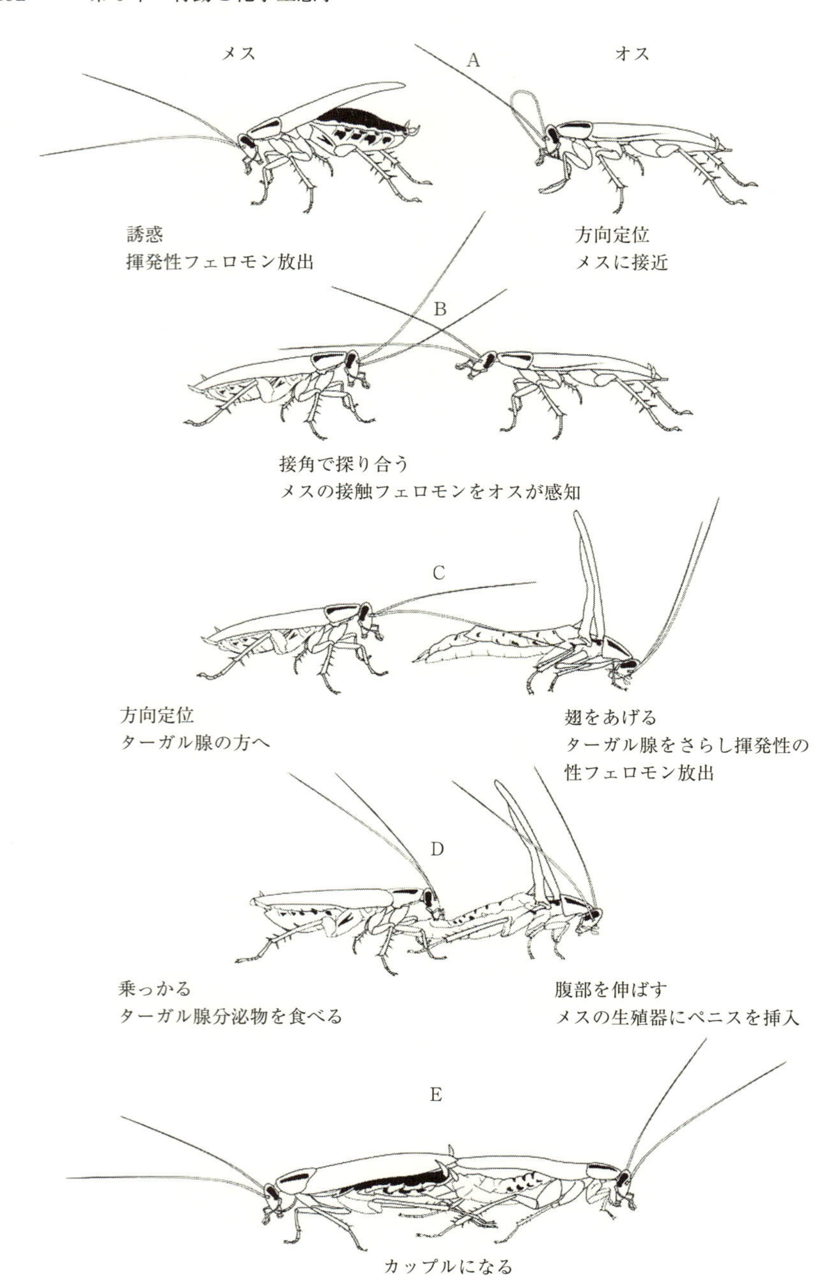
メス
A
オス
誘惑
揮発性フェロモン放出
方向定位
メスに接近
B
接角で探り合う
メスの接触フェロモンをオスが感知
C
方向定位
ターガル腺の方へ
翅をあげる
ターガル腺をさらし揮発性の
性フェロモン放出
D
乗っかる
ターガル腺分泌物を食べる
腹部を伸ばす
メスの生殖器にペニスを挿入
E
カップルになる

図 6.3　チャバネゴキブリの求愛順序．メスは遠距離誘引物質であるブラテラキノンを尾節腺（pygidial grand）から放出する（A）．オスは遠くからその方向に向かう．オスとメスは，触角の接触を通じてお互いを評価する（B）．オスはメスのクチクラにある接触フェロモン（contact pheromone）に刺激され，翅を上げる求愛ディスプレイ（C）を行い，同時に背部腺からまだ特定されていない揮発性フェロモンを放出する．メスは背部腺（tergal grand）内の婚姻分泌物（nuptial secretion）（D）を摂食するように誘引される．これには，摂食刺激糖（phagostmulantory sugars），リン脂質（phospholipids），タンパク質が含まれる．これによりメスの位置が決まり，オスは腹部を伸縮させてメスの生殖器に左のファロメア（phallomere）（ペニス）への接触が可能になる．交尾が約 95 分間続く（E）．（A）に示すように，この一連の作業中はいつでもオス・メスともに触角を整えることができる．その後，メスは卵鞘（ootheca）を形成する［出典：図は筆者の観察に基づく］

（Pygidia）の抽出物からゲンチシル・キノン・イソ吉草酸塩（Blattellaquinone と命名）として同定された（表 6.1）（Nojima *et al.* 2005）．この合成フェロモンは実験室アッセイで行動活性があり（10 ng 未満），チャバネゴキブリが蔓延している養豚場でオスを捕獲するのに非常に効果的であることが示されている．

メスの接触性フェロモン

メスに接触すると（図 6.3B），オスは通常メスの触角の方を向き，触角で，フェンシングをし，メスの表皮上の接触フェロモンがオスに潜在的なパートナーの種と性別に関する情報を提供する．接触フェロモンのバイオアッセイは明確に翅を上げて表現するため（図 6.3C，D），その存在はほぼ 70 年前に注目されていた（Roth & Willis 1952; Ishii 1972）．西田とその研究者らは，22 万 4,000 匹のメス抽出物から 3 つのフェロモン化合物を特定している．

・3, 11-ジメチルノナコサン-2-オン（メチルケトン）（Nishida *et al.* 1974）
・29-ヒドロ-3, 11-ジメチルノナコサン-2-オン，メチルケトンより 10 倍活性が強い（Nishida *et al.* 1976）
・29-オキソ-3, 11-ジメチルノナコサン-2-オン，他の 2 つの化合物間の活性を媒介している（Nishida & Fukami 1983）．

4 番目に活性の低いフェロモン化合物（3, 11-ジメチルヘプタコサン-2-オン）があとに同定され（Schal *et al.* 1990），生合成経路の解明によりさらに 2 つの成分があきらかになった．

・29-ヒドロキシ-3, 11-d ジメチルヘプタコサン-2-オン；
・29-オキソ-3, 11-d ジメチルヘプタコサン-2-オン（Eliyahu *et al.* 2008）

このように，チャバネゴキブリの接触性フェロモンは，行動的に独立して少なくとも 6 つから構成されている（表 6.1）．

構造活性および用量反応研究により，3, 11-パターンはチャバネゴキブリの行動活動に不可欠である（Sato *et al.* 1976; Nishida and Fukami 1983）；フェロモンの生物学的活性は，C2およびC29位置での極性に比例する（Nishida & Fukami 1983）．そして，鎖の長さが短くなったり長くなったりすると，行動活性は低下する（Sato *et al.* 1976; Shal *et al.* 1990）．性フェロモン化合物の立体化学は3S，11Sである（Nishida *et al.* 1979）が，興味深いことに，(3S，11S)-異性体は，オスの求愛反応を引き出すのに4つの立体異性体の中で最も効果が低いことが判明した（Elivahu *et al.* 2004）．チャバネゴキブリの接触性フェロモンシステムは，昆虫の生合成経路と接触フェロモン制御の重要なモデルとして機能している（レビュー：Jureka *et al.* 2017）．観察した重要なことは，3，11-ジメチルノナコサンがチャバネゴキブリの幼虫と成虫の主要なCHCであり（Jurenka *et al.* 1989），これは成虫のメスにおいてのみ対応するメチルケトンおよび他の性フェロモン化合物に酸化される可能性があるということである．生化学的研究により，この経路が確認された（Chase *et al.* 1990, 1992）．クチクラ炭化水素および接触性フェロモンは，腹部の胸骨および背板（tergite）でのみ生成される（Gu *et al.* 1995）．オエノサイト（oenocytes＝脂質の処理と解毒を担う大型の昆虫細胞）の超微細構造的特徴をもつ非常に大きな細胞のみが炭化水素を生成する（Fan *et al.* 2003）．したがって，チャバネゴキブリの接触性フェロモンは，次のようないくつかのレベルで制御されているようである（レビュー：Schal *et al.* 1998）．

- 前駆体炭化水素3, 11-ジメチルノナコサンの生成，これは食物摂取によって調節される（Schal *et al.* 1994）．
- メスに特異的なJH誘導性ヒドロキシラーゼによる3, 11-ジメチルノナコサン-2-オールへの変換．
- このアルコールを3, 11-ジメチルノナコサン-2-オンに変換する．
- リポホリンによるフェロモン成分の血リンパを介した輸送（Sevala *et al.* 1997）．
- クチクラを通ってエピキューティクル表面までの輸送．

チャバネゴキブリで，これらのプロセスを理解することは，殺虫剤を含む疎水性化合物の取り込みと沈着を調節する重要なメカニズムを解明するのに役立つ．チャバネゴキブリの接触性フェロモンシステムには，いくつかのユニークな特色がある．まず，第1にそれは昆虫の中で最も複雑な接触フェロモンのブレンドのようである．第2に，これは昆虫における唯一の例の可能性もあるが，自然界には存在しない関連する立体異性体よりも生物活性が低い通常の立体異性体である．第3に，チャバネゴキブリのオスの接触性フェロモン認識システムで，はるかに優れた情報に対応しているようで，微量成分がオスの反応に影響を与えている．フェロモン構造のバリエーションは，ほとんどの昆虫の誘引フェロモンシステムとは異なっている．第4に，一部の合成類似体は天然フェロモンよりも活性が高い．つまり，フェロモンは合成化学によって改善することができそうである．これは，通常，受容体と性フェロモンの相互作用には高い特異性があるため，非常に珍しい特徴である．第5に，オスはまた，脱皮したばかりのメスとオス，さらには幼虫に対しても求愛表現で反応することである（Roth & Willies 1952; Nishida & Fukami 1983; Schal *et al.* 1990; Eliyahu *et al.* 2019）．この相互作用の化学的性質と適応的な利点については，まだ説明されていない．

求愛とオスの背板腺フェロモンの放出

メスの接触フェロモンは，オスの触角，口唇および上顎の触覚上の化学感覚器官（chemosensillar）によって検出される（Ramaswamny & Gupta 1981）．これらの感覚子（sensilla）の数は，成虫の脱皮中に劇的に増加し，メスよりもオスの方がはるかに多くなる．現在まで，接触フェロモンに応答する特定の感覚子のタイプ（sensillum type）は特定されていない．メスと接触すると，チャバネゴキブリのオスは，体を回転させ，翼を上げて三毛腺（targal grands）を露出させるというタイプの典型的な求愛行動を実施する（図6.3B）．

オスは向きを変えながら直立した姿勢で，体を震わせ，翼を上げた姿勢を示し（図6.3C），メスがオスに乗らない場合は逆向きに向きを変え，その後非常に複雑な探索経路で構成される局所探索を行う（Schal *et al.* 1983）．翅を上げる姿勢はオスに特有であり，メスではいかなる条件下でも起こらない（Wada-Katsumata & Schal 2019）．接着剤でターガル腺を覆うとメスの適切な位置調整が妨げられ，交尾が完全に抑制されるため，この行動は交尾の成功に不可欠な行動である（Wada-Katsumata & Schal 未発表）．求愛中，オスは揮発性のフェロモンを放出し，メスが背（dorsum）に乗るよう誘導する．誘引物質であるオスのフェロモンは，おそらく第6背板（tergit）と第7背板の間の特殊な三日月形の分節間領域（intersegmental area）から放出され，この領域から翅を上げるときに拡散される（Shimomura *et al.* 2019）．求愛するメスは，オスがすぐ近くにいるため，オスが発する求愛フェロモンは短距離でも作用する可能性がある．

Brossut *et al.*（1975）は，p-ヒドロキシベンシルアルコール，o-ヒドロキシベンシルアルコール，ジトリメチルナフタレート，オスの三根腺におけるベンゾチアゾール，ノニール，フェノールの2つのアイソマー，ノニルフェノールの2つの異性体，ミリスチン酸，パルミチン酸，オレイン酸（以下の7番目と8番目のテルギット），脂肪酸は揮発性画分の>92％を構成した．食物や糞便中に豊富に存在すること，および凝集における役割を考慮すると，それらは非特異的な誘引物質として機能する可能性がある．これは，幼虫とオスも，オスの三毛腺（tergal gland）の匂いに誘引されるという観察によって裏付けられている．これらの化合物はいずれもメスの行動分析を受けていないため，正確な出典（5〜8番目の三毛腺）は不明のまま残る．

オスのターガル分泌物を食べるメス

Quennedey と Sereng（1976）はオスの背板腺の形態と発達について説明し，Belles と Ylla（2015）は成虫への脱皮中のその遺伝子発現の変化について説明している．メスの尾状腺（pygidial grand）と同様に，オスの三毛腺（tergal gland）は多数の分泌細胞で構成されている．しかし，摂食刺激物質（糖，タンパク質，脂肪）を含むオスの分泌物は，7番目と8番目の背板にある特殊な貯蔵所に蓄積される．メスは最初に8番目の背板（tergite）の分泌物を触診し，それを摂食する（図6.3D）（Nojima *et al.* 1999b）．次に，オスは腹部を伸ばして後方に移動し，メスの摂食を背板7に移す．どちらの背板でも，分泌物は横方向の薄いくぼみの中に集まるので，メスは分泌物にアクセスするためには口器をくぼみに挿入する必要がある．これにより，メスは交尾に適した位置に固定される．

7番目の背板のグランドには，多数の接触化学感覚子（chemosensilla）と機械感覚子（mechanosensilla）が含まれている．腺の前部にある顕著な機械感覚構造（spiculum copulatus）は，オスに背側のメスの位置を知らせる（Sreng 1979，Ramswamy 1980）．注目すべきことに，オス終令幼虫をJH類似体（たとえば，ヒドロプレン，ピリプロキシフェン）に曝露すれば，三毛腺（tergal grand）の発達を妨げ，性行動を妨げる（Ramswamy 1980; Wheeler & Gupta 1988; Saltmann *et al.* 2006a）．

革新的な摂食アッセイ（feeding assay）により，摂食刺激物質として機能するいくつかのオス性化合物の同定ができるようになった．背板（tergite）の8つ目の腺のメタノール抽出物をポリエチレングリコールに溶解し，スライドガラス上で乾燥させる．噛み跡はメスの摂食活動を表している（Nojima *et al.* 1996）．9つのグルコースオリゴマー（glucose oligomers）のブレンドが同定され，3つの還元糖D-maltose，D-マルトトリオース，D-マルトトリオースを含む3つのグループ（表6.1）に分類された（Nojima *et al.* 1999a，2002）．マルトトリオースはマルトースよりも腺（grand）内に比較的少ない（腺あたりそれぞれ0.15 μg対0.24 μg）が，メスはマルトースよりもはるかに低い濃度で反応する（Nojima *et al.* 1999a）．

この腺には，約13 μgのリン脂質-1,2-ジオレオイルホスファチジルエタノールアミンおよび1,2-ジオレオイルホスファチジルコリン（レシチン）（表6.1）も含まれている．これらは単独では比較的低い生物活性しかもたないが，背板腺内の糖の生物活性を大幅に相乗させる（Nojima *et al.* 1999a，2002; Wada-Katsumata *et al.* 2009）興味深いことに，ほとんどの糖成分が3つの *Blattella* 種の背板腺に共通しているが，O-α-D-グルコピラノシル-(1, 6)-α-D-グルコピラノシル α-D-グルコピラノシドは最も顕著であるが生理活性が最も低い糖で，チャバネゴキブリのみに存在する糖であり，極性脂質（polar lipid）によって最も相乗効果が得られる（Nojima *et al.* 2002; Kugimiya *et al.* 2003a, b）．この相乗作用は性特異的（sex-specific）である．レシチンは maltotriose に対するメスの行動反応を 16 倍相乗させたが，オスでは相乗作用は観察されなかった（Wada-Katsumata *et al.* 2009）．コレステロールと 17 個のアミノ酸も同様に，単独では最小限の生物活性しかもたないが，糖成分の活性をさまざまな程度に相乗させている．2 つの主要な糖（maltose，maltotriose），2 つのリン脂質，および 20 個のアミノ酸の混合物は，天然の背板腺分泌物とほぼ同じ活性があった（Kugimiya *et al.* 2003b）．

3 種類の *Blattella* 種におけるこれらの珍しいオリゴ糖の生成については，あまり理解されてはいない（Kugimiya *et al.* 2003a）．この微生物（microbe）は関連する糖を生成することが知られているため，微生物が関与している可能性がある．デンプンを加水分解してできる α-アミラーゼ様グルコシダーゼの背板腺における発現は，摂食刺激物質はより複雑な炭水化物に由来する可能性があることを示唆している（Salzmann *et al.* 2006b）．しかし，dsRNA 干渉によるアミラーゼ発現の減少は，マルトース生成を減少させることができず，メスの交尾行動や交尾の成功には影響しなかった（Myers *et al.* 2018）．背板腺分泌物（tergal grand secretion）には冗長なシグナル（redundant signals）が含まれており，一部の成分が他の成分の欠如を補うことができる可能性がある．メスの化学感覚系（chemosensory system）による背板腺成分の検出を調査した研究は 1 つだけである．Wada-Katsumata ら（2009）は，メスの傍舌骨（paraglossae）（咽頭水）の味覚感覚をスクリーニングした．オスは背板 8（tergit 8）の抽出物，ならびに maltotriose およびレシチンに対する反応を示した．行動反応と同様に，maltoriose とレシチンの混合物は糖反応性ニューロンを刺激し，メスではより多く反応するが，オスではそれ程反応しなかった（Wada-Katsumata *et al.* 2009）．したがって，脂質と糖の相乗作用は末梢感覚系で起こるが，さらなる相乗作用は中枢神経系でも同様に起こる可能性がある．このように，背板腺（tergal grand）は，糖，脂質，アミノ酸（チョコレートなど）の組み合わせが摂食刺激性を高めることが多いという栄養学の一般原則を表している．Nojima ら（1999a）は，性的に受容的状態のメスは栄養素を必要とするため，これらの選択が摂食刺激として進化したと推測している．背板腺の狭い開口部（narrow openings of the tergal grand）により，メスは分泌物を味わうことができるようであるが，完全にアクセスすることはできない．このシステムは感覚の罠（sensory trap）を表している可能性があり，卵の成熟をサポートするために自然選択の下で細かく調整されているメスの味覚システムが，オスによってメスを適切な交尾前（precopulatory position）の位置に導くために利用されている（Wada-Katsumata *et al.* 2009）.

配偶者の選択，交尾および交尾後の行動

オスによる求愛とメスによる受容を誘発するシグナルはよく解明されているが，チャバネゴキブリの配偶者選択の推進力についてはほとんど理解されていない．研究によると，チャバネゴキブリは遺伝的に近縁な個体とそうでない個体を区別し，近親交配による適応度コストを回避するために非兄弟と選択的に交配できることが示唆されている（Lihoreau *et al.* 2008; Lihoreau & Rivault 2009, 2010）．非同胞交配したメスは，同胞同志の交配よりも多くの子孫を産む（Lihoreau *et al.* 2008）．2者選択アッセイ（two choice assay）では，オスは非同胞メスにより激しく求愛し，血縁関係のないオスにメスの選択を促すが，オスは非同胞オスの匂いや触角接触も好む（Lihoreau *et al.* 2008）．兄弟を区別するために使用される非同胞信号（signals used distinguish sibs from non-sibs）はCHCsにあるように思える（Lihoreau & Rivault 2009; Lihoreau *et al.* 2016）.

オスとメスは72〜115分間，反対向き交尾姿勢で留まるが（図6.3E）（Roth & Willis 1952; Lee & We 1994; Schal & Chiang 1995），おそらく交尾防御（copulatory guarding）のケースを示していると思われる.

オスは，非常に精巧な一連の副生殖腺（accessory reproductive glands）を使用して精包（spermatophore）を形成する．交尾の終わりには，オスは大量の尿酸塩（urates）をメスに移動させる．尿酸塩は尿酸腺（uricose glands）から分泌され，次の3つの機能を果たす．おそらくこれは，メスが複数回交尾するのを防ぐための交尾プラグとして，タンパク質欠乏のメスがすぐに利用できる結婚の贈り物として（Mullins & Kell 1980），そしてオスが交尾する唯一の手段として，尿酸腺の内容物を排出しなければならない．交尾後24時間以内に，メスは後肢で尿酸栓を取り除く．窒素欠乏のメスは尿酸を摂取し，その窒素をタンパク質に取り込み，それが子孫に供給される（Mullins & Keil 1980）.

チャバネゴキブリの交尾行動におけるその他のシグナル

触覚シグナル（tactile signals）も，チャバネゴキブリの性的シグナル伝達において重要な役割を果たしている．メスの触角上のこの接触性フェロモンは，オスの翅を持ち上げる動きを誘発するが，実験研究では，このフェロモンが特定の基質などにのみ効果があることが示されている（Nishida & Fukami 1983）．したがって，フェロモンは特定の基質にのみ適用された場合によく機能する．これは，オスの中枢神経系が翅を挙げる表示を実行する前に，化学感覚刺激と機械感覚刺激（触角の微細構造）

を統合していることを示唆している.

最近の論文は，メスが接触性フェロモンを必要とする中で，オスの求愛をあきらかに誘発する電気パルスを生成することを示している（Wijenberg 2012）．証拠にメスからの録音の再生が含まれていた．翅を上げる表示はオスのグループでのみ誘発され，単独で検査されたオスからは誘発されないため，求愛中の電気コミュニケーションは確認が必要である．これは2つの理由から疑われている．メスとオスの相互作用は通常1対1であり，さまざまな撹乱（例：揺れ，電気のオン／オフなど）により，オスのグループで自発的な翅上げ表示が誘発される可能性があるということである.

衛生的な行動と毛づくろい

チャバネゴキブリの生息環境は，チャバネゴキブリと病原体との密接な関係をもたらしている（第2章）．さらに，外皮は感染症に対する強力な障壁として機能する一方で，感覚器や剛毛の複雑な表面には微生物や塵粒子も捕獲される．キューティクルの外層（epicuticle）は，防御機能，浸透圧の調節機能（osmoregulatory），およびコミュニケーション機能を果たす無極性脂質，おもにCHCで覆われている．しかし，親油性CHCは，臭気物質，殺虫剤，さまざまな生体異物（xenobiotics-foreign chemicals）などの環境汚染物質と容易に結合する．昆虫は，感染および化学的，物理的汚染を防ぐための統合された解決策を進化させてきた．つまり，毛づくろい（grooming）という衛生的な行動である（Boroczky *et al.* 2013）．Smith と Valentine（1985）は，チャバネゴキブリを含むゴキブリの毛づくろいの徹底的な行動分析を系統発生学（phylogenetic context）の観点から実施した.

毛づくろいの重要性は，他の昆虫と同様に，チャバネゴキブリもこの行動にかなりの時間とエネルギーを費やしていることからもあきらかである．チャバネゴキブリの毛づくろい行動には，脚，触角，口が含まれる．触角のグルーミングは，触角鞭毛を反対側の前脚で咀嚼口器に引き込むことから始まる．各セグメントを迅速に洗浄し，回収した破片を摂取する（Robinson 1996）．体の残りの部分は，アクロバティックに口器で構造に到達するか，足根（tarsi）で毛づくろいをしてから口器で足根から破片を取り除くことによって手入れされる．グルーミング行動は，命令や化学物質，病原体，粉塵，その他の個体との接触によって刺激される可能性がある（図6.3A）．たとえば，幼虫と成虫は小さなシリカ粉塵粒子（0.5～63 μm）に対してはグルーミングを高める反応したが，70 μm を超える粒子には反応しなかった（El-Awami & Dent 1995）．チャバネゴキブリでは毛づくろいの神経回路は研究されていないが，ワモンゴキブリでは寄生性のエメラルドゴキブリバチ（*Ampulex compressa*）との相互作用により特に魅力的なグルーミングモデルとして機能している．生きたゴキブリを幼虫に与えるため，メスのハチは，子どもに生きたゴキブリを与えるためにゴキブリを攻撃し，胸部を刺して部分的に麻痺させる．脳を刺されると，ゴキブリは集中的に毛づくろいをするように刺激され，エメラルドゴキブリバチは獲物のために巣穴の準備にかかる．次に，このハチはゴキブリを引きずり（ゴキブリは重すぎて飛行中に運ぶことができない），ゴキブリの上に卵を産み付ける．毛づくろいはゴキブリの脳（食道下神経節）に注入された毒に含まれるドーパミンによって特異的に誘発され，正常なゴキブリにドーパミンを注射すると毛づくろいが誘発される（Weisel-Eichler *et al.* 1999）．

触覚の手入れ（antennal grooming）は，嗅覚，味覚，聴覚，振動，触覚，温度，湿度の感知においてアンテナが重要であるため，特に興味深いものである．Wendler と Vlatten（1993）は，チャバネゴキブリは糞便抽出物と接触する触角を他の触角より6倍，頻繁に手入れすることに注目した．根本的な理由は，反対側のアンテナをグルーミングできる一方，もう1つのアンテナをグルーミングできないという実験パラダイムであきらかになった（Boroczky *et al.* 2013）．性フェロモンと食品臭気物質を用いた電気生理学的アッセイ（electrophysiological assay）で実証されたように，手入れされていない触角には大量の CHC が蓄積し，感覚孔を覆い，嗅覚を妨げていた．手入れが不十分なアンテナは，表面との接触や空気からの環境汚染物質を手入れが不十分なアンテナよりも多く蓄積した．この研究はワモンゴキブリで行われ，その後チャバネゴキブリや他の昆虫にも拡張されている（Boroczky *et al.* 2013）．

追跡調査により，メスとの同居によりメスフェロモンに汚染されたオスのチャバネゴキブリが「メス化」し，他のオスからの求愛表示を誘発することが判明した（Wada-Katsumata & Schal 2019）．汚染されたオスは，メスの性フェロモンに反応して，より低い求愛行動を示した．行動分析と分析化学の両方から，触角の毛づくろいがオスの触角からメスのフェロモンを取り除き，化学感覚の鋭さを高め，それによって集団内での性的差別が維持されることが示された．

行動とゴキブリの防除

集合，採餌，交配，毛づくろい，学習を含むすべての行動は，害虫管理の取り組みにさまざまな影響を与えている．ゴキブリ防除における糞便抽出物と集合フェロモンの使用については，他の章で説明した．集合フェロモンや糞便抽出物を使用しているトラップメーカーは1社だけであるが，トラップの有効性に対するフェロモンの寄与は依然として不明瞭である（Nalyanya & Schal 2001）．我々は，性フェロモンを使用するトラップや，チャバネゴキブリのフェロモンを使用している市販の殺虫製剤については知らない．

活動パターン，採餌行動，避難場所は，忌避剤やフラッシング剤も明確な対象となる．硬質表面の床洗浄剤の中には，チャバネゴキブリなどの這う昆虫に対する忌避剤を使用しているものもある（Steltenkamp *et al.* 1992）．ほとんどの床や家具のクリーナーにはゴキブリを忌避する可能性のあるエッセンシャルオイルが含まれており，ゴキブリを含む昆虫を忌避させるために杉板のフレークにさまざまな植物抽出物が使用されることもある（Appel & Mark 1989; Schltz *et al.* 2004）．何人かの研究者が超音波発生装置を評価したが，いずれも測定可能な忌避効果がまったくないという明白な結論に達している（Gold *et al.* 1984; Koehler *et al.* 1986; Huang & Bhadriraju 2006; Ahmad *et al.* 2007）．

ベイト剤とその適切な開発には，ゴキブリの行動の包括的な理解に大きく依存している．ベイト剤はこの無感覚（嗅覚誘引物質，忌避剤，味覚刺激物質，抑止力，視覚的な色，機械感覚的質感，硬さ，水受容性水分活性（hydroreceptive-water activity）および空間的な考慮事項（集合しているところの近く vs 他の食物の近く）などを開発する必要がある．さらに害虫個体群の動態的変化，殺虫剤抵抗性のパターン，食物の好みのなどの変化も含まれる（Schal 2011; Jordan *et al.* 2013）．有効成分，ベイトの基質，さらにはパッケージに忌避剤や防止剤が含まれている場合には，ベイト剤の多くの利点が大きく損なわれる可能性がある．

最近の進歩は，ジェルベイトの開発に，水をゴキブリの普遍的な誘引物質として活用することができるようになったことである．ジェルベイトには２つの大きな利点がある．第一は，それらは固形製剤よりも大量に摂取されるため（Appel *et al.* 2004），より大きな防除効果をもたらす．さらに，それらはゴキブリの集合しているところに近い場所に分配することができ，その有効性をさらに高めることができる（Durier & Rivault 2003b）．過去 20 年間，ベイト剤がゴキブリ防除に非常に効果的であることが認識され，摂食刺激剤の最適化と潜在的な抑止力の除去への関心が高まっている．たとえば，ベイトに新しい摂食刺激物質を再配合することにより，グルコース嫌悪を急速に緩和するベイトができた（Wang *et al.* 2004）．補足的な利点は，グルコース嫌悪に関連する適応度のコストが高いため，グルコース嫌悪の選択を緩和すると，その頻度は低下するはずだ，ということである（Silverman 1995）．また，ベイトの水平伝播により，採餌しないゴキブリをターゲットにするためにベイトも最適化されている．現代的で嗜好性の高いベイトとして：

・大量に摂取している．

・よりゆっくりと殺すため，未代謝の殺虫剤や潜在的に有毒な代謝物が殺されるまでの時間がかかる．そのため消化管を通過し，集団のいる場所の近くで排便される．
・老令幼虫や成虫に比べてベイトをあまり食べないチャバネゴキブリの若令幼虫を効果的にターゲットにしている（Silverman *et al.* 1991）．

いくつかの行動メカニズムが殺虫剤の移行を促進する可能性がある．それには，食糞（coprophagy＝排泄物を食べる）（Silverman *et al.* 1991; Kopanic & Schal 1997），共食いと壊食（cannibalism and necrophagy＝死んだゴキブリを食べる）（Gahhoffra *et al.* 1999; Buczkowski *et al.* 2008），および嘔吐物の摂食（emetophagy＝排泄された唾液と未消化の餌を食べる）（Buczkowski & Schal 2001a）．水平移動のメカニズムは，作用様式，送達方法（ベイトか接触か），殺虫剤の作用速度と安定性に依存する（Buczkowski *et al.* 2001; Buczkowski & Schal 2001b）．これらのパラメータを最適化すると，水平移動を2次死亡率を超えて拡張することができる（ドミノ効果，指数関数的〔exponential〕制御）（Buczkowski *et al.* 2008）．しかしながら，この大々的に宣伝されているフェロモンが現場でどのように作用するか，また，直接摂食されたベイトによる一次死亡率の関係ではその重要性は不明である．

結論と今後の方向性

チャバネゴキブリは，観察のエンドポイントとして死亡率に焦点をあてているため，殺虫剤の有効性の研究に広く使用されたが，行動は比較的研究されないままになっている．最近の進歩として，行動モニタリング技術（追跡およびイベント記録），画像取得および処理，および配列決定されたゲノムを含む一般的な技術（Harrison *et al.* 2018）が，概日リズムのモデル半代謝性昆虫（hemimetabolous insect）として，食物の好みと栄養素の自己選択，ロボット工学，集合の好み，学習と行動の可塑性などにチャバネゴキブリを見直すことに貢献した．集合と採餌行動に関しては多くの疑問が残っている．「集団効果」（集団化されたゴキブリにおける発育と繁殖の加速）の根底にあるメカニズムを感覚レベル，細胞レベルで解明する必要がある．誘引物質と定着フェロモンの化学，特に腸内細菌の寄与に関しては，さらなる研究が必要である．同様に，集合挙動における音響信号の相対的な重要性についてもさらに調査する必要がある．採餌戦略，特に空間方向の基礎となる感覚メカニズム，学習と記憶の役割，そしてもちろん食物の好みの可塑性（plasticity）についても，より深く研究する必要がある．チャバネゴキブリでは，安定した均質な環境に生息する短命な昆虫よりも，経験によって行動が変化すると考えられる．出生した環境はシェルターや生息地の好み，あとの段階での採餌の決定にどのように影響するのであろうか？　特定の食物の入手の可能性は，餌の好みや配偶者の好み（婚姻給餌を通じて）をどのように調整するのであろうか？　忌避剤や抑止殺虫剤（deterrent insecticides）は学習パラダイムにおける罰（負の強化）として機能し，ゴキブリのそのあとの採餌経路を変えるのであろうか？　チャバネゴキブリの記憶能力はどのくらいであろうか？　採餌，食べる性向（propensity），食物の選択における神経内分泌系の役割などは，ほとんど理解されていない．

メスとオスの性的相互作用（sexual interaction）は広範囲に研究されているが，多くの疑問が残っている．ブラテラキノン（Blattellaquinone）にはオスを誘引するおもな機能があるのだろうか，それともより遠くにいる（遺伝的に中継が少ない）オスを誘引するために２次的に使用されているのであろうか？　オスの背板腺における各成分の相対的な重要性は依然として不明である．感覚と進化の側面に関しては疑問が残っている．ターガル腺分泌物の検出に関与する感覚受容体と味覚受容体はどれであろうか？　ターガル分泌は配偶者の選択に役割を果たしているのか？　人間が課した選択（例：有毒な餌）に反応して化学感覚系が進化し，背板腺分泌への反応（例：砂糖嫌悪）に影響を与える可能性がある場合，自然選択と性的選択の間に矛盾はないだろうか？　最後に，オスのターガル分泌物は，チャバネゴキブリのすべての生活段階で摂食を刺激するため，ベイトの配合物に利用する必要がある．２つの関連分野より，チャバネゴキブリのさまざまな行動についてさらに学ぶ必要性が高まっている．１つ目は，ベイト，成長調節剤（growth regulator），忌避剤，誘引剤，およびその他の行動を修正するアプローチ（behaviour-modifying approaches）を使用する，「よりソフトな」害虫駆除アプローチに行動を統合する必要性である．２つ目は，都市の進化（Jonson & Munshi-South 2017）と人間による急速な環境変化（Sih *et al.* 2016）という２つの関連する研究分野に対する新たな学術的な関心である．どちらの分野も，気候の変化，建設手法や材料，技術（冷凍，空調，加工食品など），そしてもちろん害虫駆除の手法，都市化の特徴である急速な変化に生物がどのように反応するかを理解すること等に興味をもつことである．研究者は，事前に適応した（ジェネラリストタイプの）感覚システムなどを引き合いに出して，動物が急速な環境変化に容易に適応する理由の説明を学ぶことはよくある．チャバネゴキブリは，都市の進化における厄介な問題に取り組むための基準の多くを完全に満たしている．グルコースを含む有毒なベイトに対する嫌悪感を通じたチャバネゴキブリの行動抵抗は，感覚の適応と学習が都市の進化における重要なプロセスであるという考えを裏付けている．地球規模で見ると，地理的に隔離されたチャバネゴキブリの個体群は並行進化（parallel evolution）を経験しており，ベイトに含まれるグルコースやその他の糖に対してのそれらの収束した適応行動反応は，機構的な行動研究やゲノム研究のための資料の宝庫となっている．チャバネゴキブリの非ヒト関連野生個体群は知られていないが，厳密に国内周辺または非都市部に生息するいくつかの密接に関連した *Blattella* 種は，生活史，形態，生理学，生殖および行動特性を比較するユニークな機会を提供してくれる．他の *Blattella* 種に関する今後のゲノムリソースにより，これらの比較は容易になるはずである．

最後に，チャバネゴキブリの研究者に対し，チャバネゴキブリ個体群の生態学と景観遺伝学（landscape genetics）の文脈の中で，行動に関する問題を提起するようにお願いしたい．ほとんどの集団（蔓延）は，創始者効果とボトルネック効果（bottleneck effect）により集団内の遺伝的多様性が低いこと，および断片化された都市生息地での分散が限られているために，集団間の遺伝子流動が低いことを特徴とし，集団間の大きな差別化につながっている．これらの特性は，集合の好み，採餌戦略，配偶者を見つける戦略，および配偶者の選択を明確にすることができる．また，チャバネゴキブリの異なる野外個体群を研究する別の研究室では，たとえ同じ選択圧力に対してであっても，隔離された個体群の行動適応が異なる場合には，矛盾する結果が生じる可能性があることを認識することも重要である．これらの集団は引き続き必要不可欠な資源であり，将来の研究では，適応行動形質の分岐的進化と並行進化の両方の分子的特徴が特定されるはずである．都市昆虫学者と進化生物学者のこのようなつながりは，チャバネゴキブリの行動についてのより広範でより深い理解を相乗して，もたらすであろう．

謝　辞

私たちの研究室での最近の研究は，ノースカロライナ州立大学のブラントン・J.ホイットマイヤー寄付金によって一部資金が提供さた．砂糖嫌悪に関する私たちの研究はアメリカ国立科学財団（IOS 1557864）によって支援されている．

参 考 文 献

Abed D, Tokro P, Farine J-P, Brossut R（1993）Pheromones in *Blattella germanica* and *Blaberus craniifer* (Blaberoidea): Glandular source, morphology and analyses of pheromonally released behaviours. *Chemoecology* **4**, 46-54. doi:10.1007/BF01245896

Ahmad A, Subramanyam B, Zurek L（2007）Responses of mosquitoes and German cockroaches to ultrasound emitted from a random ultrasonic generating device. *Entomologia Experimentalis et Applicata* **123**, 25-33. doi:10.1111/j.1570-7458.2006.00519.x

Ame JM, Halloy J, Rivault C, Detrain C, Deneubourg JL（2006）Collegial decision-making based on social amplification leads to optimal group formation. *Proceedings of the National Academy of Sciences of the United States of America* **103**, 5835-5840. doi:10.1073/pnas.0507877103

Appel AG, Mack TP (1989) Repellency of milled aromatic eastern red cedar to domiciliary cockroaches (Dictyoptera, Blattellidae and Blattidae). *Journal of Economic Entomology* **82**, 152-155. doi:10.1093/jee/82.1.152

Appel A, Gehret M, Tanley M (2004) Effects of moisture on the toxicity of inorganic and organic insecticidal dust formulations to German cockroaches (Blattodea: Blattellidae). *Journal of Economic Entomology* **97**, 1009-1016. doi:10.1093/jee/97.3.1009

Bartos P, Netusil R, Slaby P, Dolezel D, Ritz T, Vacha M (2019) Weak radiofrequency fields affect the insect circadian clock. *Journal of the Royal Society, Interface* **16**, 20190285. doi:10.1098/rsif.2019.0285

Bell WJ, Parsons C, Martinko EA (1972) Cockroach aggregation pheromones: analysis of aggregation tendency and species specificity (Orthoptera: Blattidae). *Journal of the Kansas Entomological Society* **45**, 414-421.

Bellés X, Ylla G (2015) Towards understanding the molecular basis of cockroach tergal gland morphogenesis: a transcriptomic approach. *Insect Biochemistry and Molecular Biology* **63**, 104-112. doi:10.1016/j.ibmb.2015.06.008

Berthold R (1967) Behavior of the German cockroach, *Blatella germanica* (L.), in response to surface textures. *Journal of the New York Entomological Society* **75**, 148-153.

Berthold R Jr, Wilson BR (1967) Resting behaviour of the German cockroach, *Blatella germanica. Annals of the Entomological Society of America* **60**, 347-351. doi:10.1093/aesa/60.2.347

Bloch G, Hazan E, Rafaeli A (2013) Circadian rhythms and endocrine functions in adult insects. *Journal of Insect Physiology* **59**, 56-69. doi:10.1016/j.jinsphys.2012.10.012

Böröczky K, Wada-Katsumata A, Batchelor D, Zhukovskaya M, Schal C (2013) Insects groom their antennae to enhance olfactory acuity. *Proceedings of the National Academy of Sciences of the United States of America* **110**, 3615-3620. doi:10.1073/pnas.1212466110

Bret BL, Ross MH, Holtzman GI (1983) Influence of adult females on within-shelter distribution patterns of *Blattella germanica* (Dictyoptera: Blattellidae). *Annals of the Entomological Society of America* **76**, 847-852. doi:10.1093/aesa/76.5.847

Brossut R, Dubois P, Rigaud J, Sreng L (1975) Etude biochimique de la secretion des glandes tergales des blattaria. *Insect Biochemistry* **5**, 719-732. doi:10.1016/0020-1790(75)90016-5

Buczkowski G, Schal C (2001a) Emetophagy: fipronil-induced regurgitation of bait and its dissemination from German cockroach adults to nymphs. *Pesticide Biochemistry and Physiology* **71**, 147-155. doi:10.1006/pest.2001.2572

Buczkowski G, Schal C (2001b) Method of insecticide delivery affects horizontal transfer of fipronil in the German cockroach (Dictyoptera: Blattellidae). *Journal of Economic Entomology* **94**, 680-685. doi:10.1603/0022-0493-94.3.680

Buczkowski G, Kopanic RJ, Schal C (2001) Transfer of ingested insecticides among cockroaches: effects of active ingredient, bait formulation, and assay procedures. *Journal of Economic Entomology* **94**, 1229-1236. doi:10.1603/0022-0493-94.5.1229

Buczkowski G, Scherer CW, Bennett GW (2008) Horizontal transfer of bait in the German cockroach: indoxacarb causes secondary and tertiary mortality. *Journal of Economic Entomology* **101**, 894-901. doi:10.1093/jee/101.3.894

Carrasco P, Pérez-Cobas AE, van de Pol C, Baixeras J, Moya A, Latorre A (2014) Succession of the gut microbiota in the cockroach *Blattella germanica. International Microbiology* **17**, 99-109.

Chase J, Jurenka RA, Schal C, Halarnkar PP, Blomquist GJ (1990) Biosynthesis of methyl branched hydrocarbons of the German cockroach *Blattella germanica* (L) (Orthoptera, Blattellidae). *Insect*

Biochemistry **20**, 149–156. doi:10.1016/0020-1790(90)90007-H

Chase J, Touhara K, Prestwich GD, Schal C, Blomquist GJ (1992) Biosynthesis and endocrine control of the production of the German cockroach sex pheromone 3,11-dimethylnonacosan-2-one. *Proceedings of the National Academy of Sciences of the United States of America* **89**, 6050–6054. doi:10.1073/pnas.89.13.6050

Cochran DG (1979) Genetic determination of insemination frequency and sperm precedence in the German cockroach. *Entomologia Experimentalis et Applicata* **26**, 259–266. doi:10.1111/j.1570-7458.1979.tb02927.x

Crissman JR, Booth W, Santangelo RG, Mukha DV, Vargo EL, Schal C (2010) Population genetic structure of the German cockroach (Blattodea: Blattellidae) in apartment buildings. *Journal of Medical Entomology* **47**, 553–564. doi:10.1093/jmedent/47.4.553

Dabouineau L, Rivault C (1994) Spatial orientation in *Blattella germanica* L. larvae. *Ethology* **98**, 101–110. doi:10.1111/j.1439-0310.1994.tb01061.x

Dambach M, Goehlen B (1999) Aggregation density and longevity correlate with humidity in first-instar nymphs of the cockroach (*Blattella germanica* L., Dictyoptera). *Journal of Insect Physiology* **45**, 423–429. doi:10.1016/S0022-1910(98)00141-3

DeMark JJ, Bennett GW (1994) Diel activity cycles in nymphal stadia of the German cockroach (Dictyoptera: Blattellidae). *Journal of Economic Entomology* **87**, 941–950. doi:10.1093/jee/87.4.941

DeMark JJ, Bennett GW (1995) Adult German cockroach (Dictyoptera: Blattellidae) movement patterns and resource consumption in a laboratory arena. *Journal of Medical Entomology* **32**, 241–248. doi:10.1093/jmedent/32.3.241

Durbin EJ, Cochran DG (1985) Food and water deprivation effects on reproduction in female *Blattella germanica*. *Entomologia Experimentalis et Applicata* **37**, 77–82. doi:10.1111/j.1570-7458.1985.tb03455.x

Durier V, Rivault C (1999) Path integration in cockroach larvae, *Blattella germanica* (L.) (insect: Dictyoptera): direction and distance estimation. *Animal Learning & Behavior* **27**, 108–118. doi:10.3758/BF03199436

Durier V, Rivault C (2000) Learning and foraging efficiency in German cockroaches, *Blattella germanica* (L.) (Insecta: Dictyoptera). *Animal Cognition* **3**, 139–145. doi:10.1007/s100710000065

Durier V, Rivault C (2003a) Exploitation of home range and spatial distribution of resources in German cockroaches (Dictyoptera: Blattellidae). *Journal of Economic Entomology* **96**, 1832–1837. doi:10.1093/jee/96.6.1832

Durier V, Rivault C (2003b) Improvement of German cockroach (Dictyoptera: Blattellidae) population control by fragmented distribution of gel baits. *Journal of Economic Entomology* **96**, 1254–1258. doi:10.1093/ jee/96.4.1254

Ebeling W, Wagner RE, Reierson DA (1966) Influence of repellency on the efficacy of blatticides. I. Learned modification of behavior of the German cockroach. *Journal of Economic Entomology* **59**, 1374–1388. doi:10.1093/jee/59.6.1374

El-Awami IO, Dent DR (1995) The interaction of surface and dust particle size on the pick-up and grooming behaviour of the German cockroach *Blattella germanica*. *Entomologia Experimentalis et Applicata* **77**, 81–87. doi:10.1111/j.1570-7458.1995.tb01988.x

Eliyahu D, Mori K, Takikawa H, Leal WS, Schal C (2004) Behavioral activity of stereoisomers and a new component of the contact sex pheromone of female German cockroach, *Blattella germanica*. *Journal of Chemical Ecology* **30**, 1839–1848. doi:10.1023/B:JOEC.0000042405.05895.3a

Eliyahu D, Nojima S, Mori K, Schal C (2008) New contact sex pheromone components of the German cockroach, *Blattella germanica*, predicted from the proposed biosynthetic pathway. *Journal of Chemical Ecology* **34**, 229-237. doi:10.1007/s10886-007-9409-8

Eliyahu D, Nojima S, Mori K, Schal C (2009) Jail baits: how and why nymphs mimic adult females of the German cockroach, *Blattella germanica*. *Animal Behaviour* **78**, 1097-1105. doi:10.1016/j.anbehav. 2009.06.035

Fan YL, Zurek L, Dykstra MJ, Schal C (2003) Hydrocarbon synthesis by enzymatically dissociated oenocytes of the abdominal integument of the German cockroach, *Blattella germanica*. *Naturwissenschaften* **90**, 121-126. doi:10.1007/s00114-003-0402-y

Faulde M, Fuchs MEA, Nagl W (1990a) Further characterization of a dispersion-inducing contact pheromone in the saliva of the German cockroach, *Blattella germanica* L. (Blattodea, Blattellidae). *Journal of Insect Physiology* **36**, 353-359. doi:10.1016/0022-1910(90)90017-A

Faulde M, Fuchs MEA, Nagl W (1990b) Sex-specific, stadium-specific and stress-specific analysis of the salivary proteins of the German cockroach, *Blattella germanica* L. *Journal of Insect Physiology* **36**, 41-50. doi:10.1016/0022-1910(90)90149-A

Fuchs MEA, Sann G (1981) Entwicklung und prilfung von schabenlockstoffen an populationen von *Blatta orientalis* und *Blattella germanica*. *Mitteilungen der Deutschen Gesellschaft fur Allgemeine und Angewandte Entomologie* **2**, 289-297.

Fuchs MEA, Franke S, Francke W (1985) Carbonsäuren im Kot von *Blattella germanica* (L.) und ihre mögliche Rolle als Teil des Aggregationspheromons. *Zeitschrift für Angewandte Entomologie* **99**, 499-503. doi:10.1111/j.1439-0418.1985.tb02017.x

Gadot M, Burns E, Schal C (1989) Juvenile hormone biosynthesis and oocyte development in adult female *Blattella germanica*: effects of grouping and mating. *Archives of Insect Biochemistry and Physiology* **11**, 189-200. doi:10.1002/arch.940110306

Gahlhoff JE Jr, Miller DM, Koehler PG (1999) Secondary kill of adult male German cockroaches (Dictyoptera: Blattellidae) via cannibalism of nymphs fed toxic baits. *Journal of Economic Entomology* **92**, 1133-1137. doi:10.1093/jee/92.5.1133

Gemeno C, Schal C (2004) Sex pheromones of cockroaches. In *Advances in Insect Chemical Ecology*. (Eds RT Cardé, JG Millar) pp. 179-247. Cambridge University Press, New York.

Gemeno C, Williams GM, Schal C (2011) Effect of shelter on reproduction, growth and longevity of the German cockroach, *Blattella germanica* (Dictyoptera: Blattellidae). *European Journal of Entomology* **108**, 205-210. doi:10.14411/eje.2011.028

Gold RE, Decker TN, Vance AD (1984) Acoustical characterization and efficacy evaluation of ultrasonic pestcontrol devices marketed for control of German cockroaches (Orthoptera, Blattellidae). Journal *of Economic Entomology* **77**, 1507-1512. doi:10.1093/jee/77.6.1507

Gordon HT (1968) Intake rates of various solid carbohydrates by male German cockroaches. *Journal of Insect Physiology* **14**, 41-52. doi:10.1016/0022-1910(68)90132-7

Gore JC, Schal C (2004) Laboratory evaluation of boric acid-sugar solutions as baits for management of German cockroach infestations. *Journal of Economic Entomology* **97**, 581-587. doi:10.1093/jee/97.2.581

Gu X, Quilici D, Juarez P, Blomquist GJ, Schal C (1995) Biosynthesis of hydrocarbons and contact sex pheromone and their transport by lipophorin in females of the German-cockroach (*Blattella germanica*). *Journal of Insect Physiology* **41**, 257-267. doi:10.1016/0022-1910(94)00100-U

Hamilton RL, Schal C (1988) Effects of dietary protein levels on reproduction and food consumption in the German cockroach (Dictyoptera: Blattellidae). *Annals of the Entomological Society of America* **81**, 969-976. doi:10.1093/aesa/81.6.969

Hamilton J, Wada-Katsumata A, Schal C (2019) Role of cuticular hydrocarbons in German cockroach (*Blattella germanica*) aggregation behavior. *Environmental Entomology* **48**, 546-553. doi:10.1093/ee/nvz044

Harrison MC, Jongepier E, Robertson HM, Arning N, Bitard-Feildel T, Chao H, Childers CP, Dinh H, Doddapaneni H, Dugan S, Gowin J, Greiner C, Han Y, Hu H, Hughes DST, Huylmans A-K, Kemena C, Kremer LPM, Lee SL, Lopez-Ezquerra A, Mallet L, Monroy-Kuhn JM, Moser A, Murali SC, Muzny DM, Otani S, Piulachs M-D, Poelchau M, Qu J, Schaub F, Wada-Katsumata A, Worley KC, Xie Q, Ylla G, Poulsen M, Gibbs RA, Schal C, Richards S, Bellés X, Korb J, Bornberg-Bauer E (2018) Hemimetabolous genomes reveal molecular basis of termite eusociality. *Nature Ecology & Evolution* **2**, 557-566. doi:10.1038/s41559-017-0459-1

Holbrook G, Armstrong E, Bachmann J, Deasy B, Schal C (2000) Role of feeding in the reproductive 'group effect' in females of the German cockroach *Blattella germanica* (L.). *Journal of Insect Physiology* **46**, 941-949. doi:10.1016/S0022-1910(99)00201-2

Huang F, Bhadriraju S (2006) Lack of repellency of three commercial ultrasonic devices to the German cockroach (Blattodea: Blattellidae). *Insect Science* **13**, 61-66. doi:10.1111/j.1744-7917.2006.00069.x

Ishii S (1967) An aggregation pheromone of the German cockroach *Blattella germanica* (L.) (Orthoptera: Blattellidae): I. Site of the pheromone production. *Applied Entomology and Zoology* **2**, 203-217. doi:10.1303/aez.2.203

Ishii S (1972) Sex discrimination by males of the German cockroach, *Blattella germanica* (L.) (Orthoptera: Blattidae). *Applied Entomology and Zoology* **7**, 226-233. doi:10.1303/aez.7.226

Ishii S, Kuwahara Y (1968) Aggregation of German cockroach (*Blattella germanica*) nymphs. *Experientia* **24**, 88-89. doi:10.1007/BF02136814

Izutsu M, Ishii S, Ueda S (1970) Aggregation effects on the growth of the German cockroach *Blattella germanica* (L.) (Blattaria: Blattellidae). *Applied Entomology and Zoology* **5**, 159-171. doi:10.1303/aez.5.159

Jeanson R, Deneubourg JL (2007) Conspecific attraction and shelter selection in gregarious insects. *American Naturalist* **170**, 47-58. doi:10.1086/518570

Johnson MTJ, Munshi-South J (2017) Evolution of life in urban environments. *Science* **358**, eaam8327. doi:10.1126/science.aam8327

Jones SA, Raubenheimer D (2001) Nutritional regulation in nymphs of the German cockroach, *Blattella germanica*. *Journal of Insect Physiology* **47**, 1169-1180. doi:10.1016/S0022-1910(01)00098-1

Jordan B, Bayer B, Koehler P, Pereira R (2013) Bait evaluation methods for urban pest management. In *Insecticides*. (Ed. S Trdan) pp. 445-469. IntechOpen, London.

Jurenka RA, Schal C, Burns E, Chase J, Blomquist GJ (1989) Structural correlation between cuticular hydrocarbons and female contact sex pheromone of German cockroach *Blattella germanica* (L). *Journal of Chemical Ecology* **15**, 939-949. doi:10.1007/BF01015189

Jurenka R, Blomquist GJ, Schal C, Tittiger C (2017) Biochemistry and molecular biology of pheromone production. In *Reference Module in Life Sciences*. Elsevier, Amsterdam. doi:10.1016/B978-0-12-809633-8.04037-1

Karimifar N, Gries R, Khaskin G, Gries G (2011) General food semiochemicals attract omnivorous German cockroaches, *Blattella germanica*. *Journal of Agricultural and Food Chemistry* **59**, 1330-1337. doi:10.1021/jf103621x

Ko AE, Jensen K, Schal C, Silverman J (2017) Effects of foraging distance on macronutrient balancing and performance in the German cockroach *Blattella germanica*. *Journal of Experimental Biolo-*

gy **220**, 304–311. doi:10.1242/jeb.146829

Koehler PG, Patterson RS, Webb JC (1986) Efficacy of ultrasound for German cockroach (Orthoptera, Blattellidae) and Oriental rat flea (Siphonoptera, Pulicidae) control. *Journal of Economic Entomology* **79**, 1027–1031. doi:10.1093/jee/79.4.1027

Koehler PG, Strong CA, Patterson RS (1994) Harborage width preferences of German cockroach (Dictyoptera: Blattellidae) adults and nymphs. *Journal of Economic Entomology* **87**, 699–704. doi:10.1093/jee/87.3.699

Kopanic R, Schal C (1997) Relative significance of direct ingestion and adult-mediated translocation of bait to German cockroach (Dictyoptera: Blattellidae) nymphs. *Journal of Economic Entomology* **90**, 1073–1079. doi:10.1093/jee/90.5.1073

Kopanic RJ, Holbrook GL, Sevala V (2001) An adaptive benefit of facultative coprophagy in the German cockroach *Blattella germanica*. *Ecological Entomology* **26**, 154–162. doi:10.1046/j.1365-2311.2001.00316.x

Kugimiya S, Nishida R, Kuwahara Y (2003a) Comparison of oligosaccharide compositions in male nuptial secretions of three cockroach species of the genus *Blattella*. *Journal of Chemical Ecology* **29**, 2183–2187. doi:10.1023/A:1025675231785

Kugimiya S, Nishida R, Sakuma M, Kuwahara Y (2003b) Nutritional phagostimulants function as male courtship pheromone in the German cockroach, *Blattella germanica*. *Chemoecology* **13**, 169–175. doi:10.1007/s00049-003-0245-1

Lee H-J (2005) Biological clock of the German cockroach, *Blattella germanica* (L.). In *Encyclopedia of Entomology*. pp.299–302. Springer, Dordrecht.

Lee H, Wu Y (1994) Mating effects on the feeding and locomotion of the German cockroach, *Blattella germanica*. *Physiological Entomology* **19**, 39–45. doi:10.1111/j.1365-3032.1994.tb01071.x

Liang D, Schal C (1993a) Ultrastructure and maturation of a sex pheromone gland in the female German cockroach, *Blattella germanica*. *Tissue & Cell* **25**, 763–776. doi:10.1016/0040-8166(93)90057-R

Liang D, Schal C (1993b) Volatile sex pheromone in the female German cockroach. *Experientia* **49**, 324–328. doi:10.1007/BF01923412

Liang DS, Schal C (1993c) Calling behavior of the female German cockroach, *Blattella germanica* (Dictyoptera: Blattellidae). *Journal of Insect Behavior* **6**, 603–614. doi:10.1007/BF01048126

Liang DS, Schal C (1994) Neural and hormonal regulation of calling behavior in *Blattella germanica* females. *Journal of Insect Physiology* **40**, 251–258. doi:10.1016/0022-1910(94)90048-5

Lihoreau M, Rivault C (2008) Tactile stimuli trigger group effects in cockroach aggregations. *Animal Behaviour* **75**, 1965–1972. doi:10.1016/j.anbehav.2007.12.006

Lihoreau M, Rivault C (2009) Kin recognition via cuticular hydrocarbons shapes cockroach social life. *Behavioral Ecology* **20**, 46–53. doi:10.1093/beheco/arn113

Lihoreau M, Rivault C (2010) German cockroach males maximize their inclusive fitness by avoiding mating with kin. *Animal Behaviour* **80**, 303–309. doi:10.1016/j.anbehav.2010.05.011

Lihoreau M, Rivault C (2011) Local enhancement promotes cockroach feeding aggregations. *PLoS One* **6**, e22048. doi:10.1371/journal.pone.0022048

Lihoreau M, Zimmer C, Rivault C (2008) Mutual mate choice: when it pays both sexes to avoid inbreeding. *PLoS One* **3**, e3365 doi:10.1371/journal.pone.0003365.

Lihoreau M, Brepson L, Rivault C (2009) The weight of the clan: even in insects, social isolation can induce a behavioural syndrome. *Behavioural Processes* **82**, 81–84. doi:10.1016/j.beproc.2009.03.008

Lihoreau M, Rivault C, van Zweden JS (2016) Kin discrimination increases with odor distance in the German cockroach. *Behavioral Ecology* **27**, 1694-1701.

Lin TM, Lee HJ (1996) The expression of locomotor circadian rhythm in female German cockroach, *Blattella germanica* (L.). *Chronobiology International* **13**, 81-91. doi:10.3109/07420529609037072

Lin TM, Lee HJ (1998) Parallel control mechanisms underlying locomotor activity and sexual receptivity of the female German cockroach, *Blattella germanica* (L.). *Journal of Insect Physiology* **44**, 1039-1051. doi:10.1016/S0022-1910(98)00069-9

Liu JL, Sakuma M (2013) Olfactory conditioning with single chemicals in the German cockroach, *Blattella germanica* (Dictyoptera: Blattellidae). *Applied Entomology and Zoology* **48**, 387-396. doi:10.1007/s13355-013-0199-x

Mengoni SL, Alzogaray RA (2018) Deltamethrin-resistant German cockroaches are less sensitive to the insect repellents DEET and IR3535 than non-resistant individuals. *Journal of Economic Entomology* **111**, 836-843. doi:10.1093/jee/toy009

Metzger R (1995) Behavior. In *Understanding and Controlling the German Cockroach*. (Eds MK Rust, JM Owens, DA Reierson) pp. 49-76. Oxford University Press, New York.

Mistal C, Takács S, Gries G (2000) Evidence for sonic communication in the German cockroach (Dictyoptera: Blattellidae). *Canadian Entomologist* **132**, 867-876. doi:10.4039/Ent132867-6

Mori K, Nakayama T, Sakuma M (1996) Synthesis of some analogues of blattellastanoside A, the steroidal aggregation pheromone of the German cockroach. *Bioorganic & Medicinal Chemistry* **4**, 401-408. doi:10.1016/0968-0896(96)00018-1

Mullins DE, Keil CB (1980) Paternal investment of urates in cockroaches. *Nature* **283**, 567-569. doi:10.1038/283567a0

Myers A, Gondhalekar A, Fardisi M, Pluchar K, Saltzmann K, Bennett G, Scharf M (2018) RNA interference and functional characterization of a tergal gland alpha amylase in the German cockroach, *Blattella germanica* L. *Insect Molecular Biology* **27**, 143-153. doi:10.1111/imb.12353

Nakai Y, Tsubaki Y (1986) Factors accelerating the development of German cockroach (*Blattella germanica* L.) nymphs reared in groups. *Japanese Journal of Applied Entomology and Zoology* **30**, 1-6. doi:10.1303/jjaez.30.1

Nakayama Y, Suto C, Kumada N (1984) Further studies on the dispersion-inducing substances of the Germancockroach, *Blattella germanica* (Linne) (Blattaria, Blattellidae). *Applied Entomology and Zoology* **19**, 227-236. doi:10.1303/aez.19.227

Nalyanya G, Schal C (2001) Evaluation of attractants for monitoring populations of the German cockroach (Dictyoptera: Blattellidae). *Journal of Economic Entomology* **94**, 208-214. doi:10.1603/0022-0493-94.1.208

Nishida R, Fukami H (1983) Female sex pheromone of the German cockroach, *Blattella germanica*. *Memoirs of the College of Agriculture, Kyoto University* **122**, 1-24.

Nishida R, Fukami H, Ishii S (1974) Sex pheromone of the German cockroach (*Blattella germanica* L.) responsible for male wing-raising: 3,11-dimethyl-2-nonacosanone. *Experientia* **30**, 978-979. doi:10.1007/BF01938955

Nishida R, Sato T, Kuwahara Y, Fukami H, Ishii S (1976) Female sex pheromone of the German cockroach *Blatella germanica* (L.) (Orthoptera: Blattellidae), responsible for male wing-raising. 2. 29-hydroxy-3,11-dimethyl-2-nonacosanone. *Journal of Chemical Ecology* **2**, 449-455. doi:10.1007/BF00988810

Nishida R, Kuwahara Y, Fukami H, Ishii S (1979) Female sex pheromone of the German cockroach,

Blattella germanica (L.) (Orthoptera: Blattellidae), responsible for male wing-raising. 4. The absolute configuration of the pheromone, 3,11-dimethyl-2-nonacosanone. *Journal of Chemical Ecology* **5**, 289-297. doi:10.1007/BF00988243

Nojima S, Sakuma M, Kuwahara Y (1996) Polyethylene glycol film method: a test for feeding stimulants of the German cockroach, *Blattella germanica* (L.) (Dictyoptera: Blattellidae). *Applied Entomology and Zoology* **31**, 537-546. doi:10.1303/aez.31.537

Nojima S, Nishida R, Kuwahara Y, Sakuma M (1999a) Nuptial feeding stimulants: a male courtship pheromone of the German cockroach, *Blattella germanica* (L.) (Dictyoptera: Blattellidae). *Naturwissenschaften* **86**, 193-196. doi:10.1007/s001140050596

Nojima S, Sakuma M, Nishida R, Kuwahara Y (1999b) A glandular gift in the German cockroach *Blattella germanica* (L.) (Dictyoptera: Blattellidae): the courtship feeding of a female on secretions from male tergal glands. *Journal of Insect Behavior* **12**, 627-640. doi:10.1023/A:1020975619618

Nojima S, Kugimiya S, Nishida R, Sakuma M, Kuwahara Y (2002) Oligosaccharide composition and pheromonal activity of male tergal gland secretions of the German cockroach, *Blattella germanica* (L.). *Journal of Chemical Ecology* **28**, 1483-1494. doi:10.1023/A: 1016260905653

Nojima S, Schal C, Webster FX, Santangelo RG, Roelofs WL (2005) Identification of the sex pheromone of the German cockroach, *Blattella germanica*. *Science* **307**, 1104-1106. doi:10.1126/science.1107163

Pol JC, Jimenez SI, Gries G (2017) New food baits for trapping German cockroaches, *Blattella germanica* (L.) (Dictyoptera: Blattellidae). *Journal of Economic Entomology* **110**, 2518-2526. doi:10.1093/jee/tox247

Pol J, Gries R, Gries G (2018) Rye bread and synthetic bread odorants: effective trap bait and lure for German cockroaches. *Entomologia Experimentalis et Applicata* **166**, 81-93. doi:10.1111/eea.12620

Quennedey A, Sreng L (1976) Degenerescence cellulaire durant l'organogenese des glandes tergales de *Blattella germanica male* (Insecte, Dictyoptbre) au cours de la mue imaginale. *Bulletin de la Société Zoologique de France* **101**, 9-14.

Ramaswamy SB (1980) Precopulatory behavior of *Blattella germanica* (L.) (Dictyoptera: Blattellidae): effects of juvenile hormone on sense organs and responses of females to synthetic male tergal gland secretions. *Dissertation Abstracts International. B, The Sciences and Engineering* **41**, 1234.

Ramaswamy SB, Gupta AP (1981) Effects of juvenile hormone on sense organs involved in mating behavior of *Blattella germanica* (L.) (Dictyoptera, Blattellidae). *Journal of Insect Physiology* **27**, 601-608. doi:10.1016/0022-1910(81)90107-4

Raubenheimer D, Jones SA (2006) Nutritional imbalance in an extreme generalist omnivore: tolerance and recovery through complementary food selection. *Animal Behaviour* **71**, 1253-1262. doi:10.1016/j.anbehav.2005.07.024

Rivault C (1989) Spatial distribution of the cockroach, *Blattella germanica*, in a swimming-bath facility. *Entomologia Experimentalis et Applicata* **53**, 247-255. doi:10.1111/j.1570-7458.1989.tb03572.x

Rivault C, Cloarec A (1990) Food stealing in cockroaches. *Journal of Ethology* **8**, 53-59. doi:10.1007/BF02350274

Rivault C, Cloarec A, Sreng L (1998) Cuticular extracts inducing aggregation in the German cockroach, *Blattella germanica* (L.). *Journal of Insect Physiology* **44**, 909-918. doi:10.1016/S0022-1910(98)00062-6

Robertson HM, Baits RL, Walden KKO, Wada-Katsumata A, Schal C (2018) Enormous expansion of the chemosensory gene repertoire in the omnivorous German cockroach *Blattella germanica. Journal of Experimental Zoology. Part B, Molecular and Developmental Evolution* **330**, 265-278. doi:10.1002/jez.b.22797

Robinson WH (1996) Antennal grooming and movement behavior in the German cockroach, *Blattella germanica* (L.). In *Proceedings of the 2nd International Conference on Urban Pests*, 7-10 July, Edinburgh (Ed. KB Wildey) pp. 361-369.

Ross M, Mullins D (1995) Biology. In *Understanding and Controlling the German Cockroach.* (Eds MK Rust, JM Owens, DA Reierson) pp. 21-47. Oxford University Press, New York.

Ross MH, Tignor KR (1986) Response of German cockroaches to a dispersant and other substances secreted by crowded adults and nymphs (Blattodea, Blattellidae). *Proceedings of the Entomological Society of Washington* **88**, 25-29.

Roth LM (1985) A taxonomic revision of the genus Blattella Caudell (Dictyoptera, Blattaria: Blattellidae). *Entomologica Scandinavica* **22** (Supplement), 1-221.

Roth LM (1995) New Species of *Blattella* and *Neoloboptera* from India and Burma (Dictyoptera, Blattaria, Blattellidae). *Oriental Insects* **29**, 23-31. doi:10.1080/00305316.1995.10433738

Roth LM, Willis ER (1952) A study of cockroach behaviour. *American Midland Naturalist* **47**, 66-129. doi:10.2307/2421700

Runstrom ES, Bennett GW (1990) Distribution and movement patterns of German cockroaches (Dictyoptera: Blattellidae) within apartment buildings. *Journal of Medical Entomology* **27**, 515-518. doi:10.1093/jmedent/27.4.515

Sakuma M, Fukami H (1990) The aggregation pheromone of the German cockroach, *Blattella germanica* (L.) (Dictyoptera: Blattellidae): isolation and identification of the attractant components of the pheromone. *Applied Entomology and Zoology* **25**, 355-368. doi:10.1303/aez.25.355

Sakuma M, Fukami H (1993a) Aggregation arrestant pheromone of the German cockroach, *Blattella germanica* (L.) (Dictyoptera: Blattellidae): isolation and structure elucidation of blattellastanoside-A and-B. *Journal of Chemical Ecology* **19**, 2521-2541. doi:10.1007/BF00980688

Sakuma M, Fukami H (1993b) Novel steroid glycosides as aggregation pheromone of the German cockroach. *Tetrahedron Letters* **34**, 6059-6062. doi:10.1016/S0040-4039(00)61727-6

Sakuma M, Fukami H, Kuwahara Y (1997) Attractiveness of alkylamines and aminoalcohols related to the aggregation attractant pheromone of the German cockroach, *Blattella germanica* (L) (Dictyoptera: Blattellidae). *Applied Entomology and Zoology* **32**, 197-205. doi:10.1303/aez.32.197

Saltzmann KA, Saltzmann KD, Neal JJ, Scharf ME, Bennett GW (2006a) Effects of the juvenile hormone analog pyriproxyfen on German cockroach, *Blattella germanica* (L.), tergal gland development and production of tergal gland secretion proteins. *Archives of Insect Biochemistry and Physiology* **63**, 15-23. doi:10.1002/arch.20137

Saltzmann KD, Saltzmann KA, Neal JJ, Scharf ME, Bennett GW (2006b) Characterization of BGTG-1, a tergal gland-secreted alpha-amylase, from the German cockroach, *Blattella germanica* (L.). *Insect Molecular Biology* **15**, 425-433. doi:10.1111/j.1365-2583.2006.00652.x

Sato T, Nishida R, Kuwahara Y, Fukami H, Ishii S (1976) Syntheses of female sex pheromone analogues of the German cockroach and their biological activity. *Agricultural and Biological Chemistry* **40**, 391-394.

Schal C (2011) Cockroaches. In *Handbook of Pest Control.* (Eds SA Hedges, D Moreland) pp. 150-290. Mallis Handbook Co., Cleveland, OH.

Schal C, Chiang AS (1995) Hormonal control of sexual receptivity in cockroaches. *Experientia* **51**, 994-998. doi:10.1007/BF01921755

Schal C, Tobin TR, Surber JL, Vogel G, Tourtellot MK, Leban RA, Sizemore R, Bell WJ (1983) Search strategy of sex pheromone-stimulated male German cockroaches. *Journal of Insect Physiology* **29**, 575-579. doi:10.1016/0022-1910(83)90023-9

Schal C, Burns EL, Jurenka RA, Blomquist GJ (1990) A new component of the female sex pheromone of *Blattella germanica* (L) (Dictyoptera: Blattellidae) and interaction with other pheromone components. *Journal of Chemical Ecology* **16**, 1997-2008. doi:10.1007/BF01020511

Schal C, Gu XP, Burns EL, Blomquist GJ (1994) Patterns of biosynthesis and accumulation of hydrocarbons and contact sex pheromone in the female German cockroach, *Blattella germanica*. *Archives of Insect Biochemistry and Physiology* **25**, 375-391. doi:10.1002/arch.940250411

Schal C, Sevala VL, Young HP, Bachmann JAS (1998) Sites of synthesis and transport pathways of insect hydrocarbons: cuticle and ovary as target tissues. *American Zoologist* **38**, 382-393. doi:10.1093/icb/38.2.382

Scherkenbeck J, Nentwig G, Justus K, Lenz J, Gondol D, Wendler G, Dambach M, Nischk F, Graef C (1999) Aggregation agents in German cockroach *Blattella germanica:examination of efficacy*. *Journal of Chemical Ecology* **25**, 1105-1119. doi:10.1023/A:1020885926578

Schultz G, Simbro E, Belden J, Zhu JW, Coats J (2004) Catnip, *Nepeta cataria* (Lamiales: Lamiaceae): a closer look - seasonal occurrence of nepetalactone isomers and comparative repellency of three terpenoids to insects. *Environmental Entomology* **33**, 1562-1569. doi:10.1603/0046-225X-33.6.1562

Sevala VL, Bachmann JAS, Schal C (1997) Lipophorin: a hemolymph juvenile hormone binding protein in the German cockroach, *Blattella germanica*. *Insect Biochemistry and Molecular Biology* **27**, 663-670. doi:10.1016/S0965-1748(97)00042-8

Shimomura K, Ishii D, Nojima S (2019) Behavioral and morphological studies of the membranous tergal structure of male *Blattella germanica* (Blattodea: Ectobiidae) during courtship. *Journal of Insect Science* **19**, 19. doi:10.1093/jisesa/iez100

Sih A, Trimmer PC, Ehlman SM (2016) A conceptual framework for understanding behavioral responses to *HIREC*. *Current Opinion in Behavioral Sciences* **12**, 109-114. doi:10.1016/j.cobeha.2016.09.014

Silverman J (1986) Adult German cockroach (Orthoptera, Blattellidae) feeding and drinking behavior as a function of density and harborage-to-resource distance. *Environmental Entomology* **15**, 198-204. doi:10.1093/ee/15.1.198

Silverman J (1995) Effects of glucose-supplemented diets on food intake, nymphal development, and fecundity of glucose-averse, non-glucose-averse, and heterozygous strains of the German cockroach, *Blattella germanica*. *Entomologia Experimentalis et Applicata* **76**, 7-14. doi:10.1111/j.1570-7458.1995.tb01941.x

Silverman J, Bieman DN (1993) Glucose aversion in the German cockroach, *Blattella germanica*. *Journal of Insect Physiology* **39**, 925-933. doi:10.1016/0022-1910(93)90002-9

Silverman J, Vitale G, Shapas T (1991) Hydramethylnon uptake by *Blattella germanica* (Orthoptera: Blattellidae) by coprophagy. *Journal of Economic Entomology* **84**, 176-180. doi:10.1093/jee/84.1.176

Smith BJB, Valentine BD (1985) Phylogenetic implications of grooming behavior in cockroaches (Insecta: Blattaria). *Psyche* **92**, 369-385. doi:10.1155/1985/81520

Sreng L (1979) Ultrastructure and chemistry of tergal glands of male *Blattella germanica* (L.) (Dictyoptera: Blattelidae). *International Journal of Insect Morphology & Embryology* **8**, 213-227. doi:10.1016/0020-7322(79)90031-X

Steltenkamp RJ, Hamilton RL, Cooper RA, Schal C (1992) Alkyl and aryl neoalkanamides: highly effective insect repellents. *Journal of Medical Entomology* **29**, 141–149. doi:10.1093/jmedent/29.2.141

Suto C, Kumada N (1981) Secretion of dispersion-inducing substance by the German cockroach, *Blattella germanica* L. (Orthoptera, Blattellidae). *Applied Entomology and Zoology* **16**, 113–120. doi:10.1303/aez.16.113

Takahashi T, Tsuji H, Watanabe N, Hatsukade M (1998) Movement of adult German cockroaches, *Blattella germanica* (Linnaeus), from an occupied harbourage shelter to a vacant new shelter: 3. Interaction between males and females. *Medical Entomology and Zoology* **49**, 201–206. doi:10.7601/mez.49.201

Tsuji H (1965) Studies on the behavior pattern of feeding of three species of cockroaches, *Blattella germanica* (L.), *Periplaneta americana* L., and *P. fuliginosa* S., with special reference to their response to some constituents of rice bran and some carbohydrates. *Japanese Journal of Sanitary Zoology* **16**, 255–262. doi:10.7601/mez.16.255

Tsuji H, Ono S (1970) Glycerol and related compounds as feeding stimulants for cockroaches. *Japanese Journal of Sanitary Zoology* **21**, 149–156. doi:10.7601/mez.21.149

Uzsák A, Schal C (2012) Differential physiological responses of the German cockroach to social interactions during the ovarian cycle. *Journal of Experimental Biology* **215**, 3037–3044. doi:10.1242/jeb.069997

Uzsák A, Schal C (2013a) Social interaction facilitates reproduction in male German cockroaches, *Blattella germanica. Animal Behaviour* **85**, 1501–1509. doi:10.1016/j.anbehav.2013.04.004

Uzsák A, Schal C (2013b) Sensory cues involved in social facilitation of reproduction in *Blattella germanica females. PLoS One* **8**, e55678. doi:10.1371/journal.pone.0055678

Uzsák A, Dieffenderfer J, Bozkurt A, Schal C (2014) Social facilitation of insect reproduction with motordriven tactile stimuli. *Proceedings. Biological Sciences* **281**, 20140325. doi:10.1098/rspb.2014.0325

Volkov YP, Poleshchuk VD, Zharov VG, Vashkov VI (1967) Investigation of the sexual attracting substance of female *Blattella germanica* L. *Medical Parazitology i Parazitology Bolezni* **36**, 45–48.

Wada-Katsumata A, Schal C (2019) Antennal grooming facilitates courtship performance in a group-living insect, the German cockroach *Blattella germanica. Scientific Reports* **9**, 2942. doi:10.1038/s41598-019-39868-x

Wada-Katsumata A, Ozaki M, Yokohari F, Nishikawa M, Nishida R (2009) Behavioral and electrophysiological studies on the sexually biased synergism between oligosaccharides and phospholipids in gustatory perception of nuptial secretion by the German cockroach. *Journal of Insect Physiology* **55**, 742–750. doi:10.1016/j.jinsphys.2009.04.014

Wada-Katsumata A, Silverman J, Schal C (2013) Changes in taste neurons support the emergence of an adaptive behavior in cockroaches. *Science* **340**, 972–975. doi:10.1126/science.1234854

Wada-Katsumata A, Zurek L, Nalyanya G, Roelofs WL, Zhang A, Schal C (2015) Gut bacteria mediate aggregation in the German cockroach. *Proceedings of the National Academy of Sciences of the United States of America* **112**, 15678–15683. doi:10.1073/pnas.1504031112

Wang CL, Scharf ME, Bennett GW (2004) Behavioral and physiological resistance of the German cockroach to gel baits (Blattodea: Blattellidae). *Journal of Economic Entomology* **97**, 2067–2072. doi:10.1093/jee/97.6.2067

Weisel-Eichler A, Haspel G, Libersat F (1999) Venom of a parasitoid wasp induces prolonged grooming in the cockroach. *Journal of Experimental Biology* **202**, 957–964.

Wen CJ, Lee HJ (2008) Mapping the cellular network of the circadian clock in two cockroach species. *Archives of Insect Biochemistry and Physiology* **68**, 215–231. doi:10.1002/arch.20236

Wendler G, Vlatten R (1993) The influence of aggregation pheromone on walking behaviour of cockroach males (*Blattella germanica* L.). *Journal of Insect Physiology* **39**, 1041–1050. doi:10.1016/0022-1910(93)90128-E

Wheeler CM, Gupta AP (1988) Effects of two juvenile hormone analogs (R-20458, R0203600) and three juvenile hormones (JH 1, 2, and 3) on the number and distribution of sensilla on the seventh abdominal tergite in the male German cockroach *Blattella germanica* (L.) (Dictyoptera: Blattellidae). *Journal of Experimental Zoology* **248**, 243–246. doi:10.1002/jez.1402480217

Wijenberg RM (2012) The effect of electrostatic stimuli on German cockroach behaviour. MPM thesis. Simon Fraser University, British Columbia.

Wijenberg R, Takacs S, Cook M, Gries G (2008) Female German cockroaches join conspecific groups based on the incidence of auditory cues. *Entomologia Experimentalis et Applicata* **129**, 124–131. doi:10.1111/j.1570-7458.2008.00758.x

Willis ER, Riser GR, Roth LM (1958) Observations on reproduction and development in cockroaches. *Annals of the Entomological Society of America* **51**, 53–69. doi:10.1093/aesa/51.1.53

Wyatt TD (2014) *Pheromones and Animal Behavior:Chemical Signals and Signatures*. Cambridge University Press, Cambridge.

Yang YY, Wen CJ, Mishra A, Tsai CW, Lee HJ (2009) Development of the circadian clock in the German cockroach, *Blattella germanica*.*Journal of Insect Physiology* **55**, 469–478. doi:10.1016/j.jinsphys.2009.02.001

第7章
分散と集団遺伝学

Edward L. Vargo

は じ め に

チャバネゴキブリ（*Blattella germanica*）は世界で最も広範囲に生息している国際的なゴキブリ種であり，アラスカから南極，砂漠から熱帯に至るまで人間の住む構造物内で報告されている（Chamberlin 1949; Roth 1985; Pugh 1994）．この珍しい害虫種は，そこに住む限定された人間のいる建造物と緊密に関連している．したがって，チャバネゴキブリの拡散と分布は，人間と物の移動によって決まる．飛べず，屋内環境にのみに存在するため，その個体群はメタ個体群構造（metapopulation structure）（Levins 1969）*訳者注 に準拠しており，居住する建物や構造物にはそれぞれに個別の個体群が存在し，それらの個体群は一連の絶滅と再植民地化（extinction and recolonization）を繰り返している．それは，分断された生息地を占拠する生物が行うのとよく似ている．メタ個体群はソース・シンク力学（source-sink dynamics）を示し，一部の個体群はシンク個体群（sink population）の再定着の源として機能する（Levin 1969）．チャバネゴキブリの場合，個体群間のつながりは人為的な分散によって決定される．個体群の遺伝学的分析は，個体群の遺伝的多様性と個体群間のつながりについての洞察を提供し，どちらもチャバネゴキブリの蔓延と殺虫剤抵抗性を発現する能力に重要な意味をもっている．集団の一般的な構成は，集団内で殺虫剤抵抗性が発達するかどうか，また抵抗性が他の関連集団に広がる可能性があるかどうかを判断するのに役立っている．

ゴキブリの集団遺伝学的研究は比較的少ない（Cloarec *et al.* 1999; Mukha *et al.* 2007; Crissman *et al.* 2010; Booth *et al.* 2011; Vargo *et al.* 2014; Tang *et al.* 2016; Wei *et al.* 2019），しかし，彼らの分散ストーリーは，長距離および短距離の人為的分散を通じて拡散が起こるというメタ個体群構造と一致している．この章では，チャバネゴキブリの起源と拡散について判明していることやチャバネゴキブリの集団生物学の理

＊訳者注：局所的な集団が多数集まり，夫々の集団は消滅を繰り返しながらも存続している個体群モデル

解に貢献した一般的研究のいくつかの考察をレビューしている．チャバネゴキブリの個体群についての理解を深めるために，チャバネゴキブリの個体群遺伝学に関する知識を，トコジラミ（*Cimex lectularius*）の知識と比較した．

起源と世界的な広がり

チャバネゴキブリの地理的起源を明確に特定するのは困難である．なぜなら，世界中のどこにでも「野生」(wild) 個体群が存在することが知られているためである．何人かの著者は，アフリカ起源を提案したが (Rehn 1945; Ebeling 1975)，他の著者はアジア起源を提案している (Roth 1958)．Tang らによって主張されているように (2019)，アジアよりもアフリカの固有種である *Blattella* 種がより多く存在し (Roth 1997)，アジアのゴキブリであるオキナワチャバネゴキブリ (*Blattella asahinai*) がチャバネゴキブリに最も近い親戚であると思われていることを考えると，アジア起源が最も広く受け入れられているシナリオである (Matos & Schal 2015)．実際，チャバネゴキブリとオキナワチャバネゴキブリは実験室で交雑でき (Ross 1922)，オキナワチャバネゴキブリはチャバネゴキブリの性フェロモンに強く誘引される (Matos & Schal 2015)．さらに，チャバネゴキブリとオキナワチャバネゴキブリでは，チャバネゴキブリは，わずかに遺伝的分化を示し，ミトコンドリア COⅡ配列の違いはオキナワチャバネゴキブリとヒメチャバネゴキブリ (*Blattella lituricollis*) の 7.25% の違いと比較してわずか 1.7% の違いであり，それらの間の密接な遺伝的関係を裏付けている (Pfannenstiel *et al*. 2008)．チャバネゴキブリはどのようにして世界中に広がり，今日の国際的な害虫になったのであろうか？

私たちにできる最善のことは，歴史的記録と，とその近縁種特有の生態に基づいて，その世界的な拡散をつなぎ合わせようとすることである．Tang ら (2019) は，以下のようなシナリオに従って，チャバネゴキブリがオキナワチャバネゴキブリから進化したという独自の仮説を提案している．アジアのゴキブリは，南アジアから運ばれてきた．おそらく 16〜17 世紀にオスマン帝国が使用したルートである農業貿易ルートである．このチャバネゴキブリの祖先は，アラビア，トルコ，イタリアを経てヨーロッパに移動した．この熱帯種の個体群はヨーロッパの寒い冬には生き残ることができず，暖かい屋内環境で生き残った個体群だけが生存することができた．時間の経過とともに，屋内個体群は屋内の生息環境に適応しやすくなり，最終的には人間とともにその建物に依存するようになった．これらの個体群はその後，人間を介した輸送によって他の都市部に広がり，オキナワチャバネゴキブリから分岐し，最終的には完全に人間の構造物に依存するようになり，飛行能力を失っていった．チャバネゴキブリは1973年にデンマークで初めて記録され，リンネは標本が採取された場所にちなんで命名した（元々は *Blatt germanica*）．18世紀と19世紀のヨーロッパ諸国は世界大国であり，チャバネゴキブリが世界的に蔓延したのもこの時期であった．ヨーロッパ以外での最初の記録は，1942年にクロトン水道橋が建設されたときにニューヨークで記録されたもので，そのため「クロトンの虫」というあだ名が付けられていた．チャバネゴキブリの個体数は20世紀前半に増加し，世界中に広がり，基本的に現在の分布に到達した．

Tang *et al.*（2019）によって提案された *Blatt germanica* の起源は確かに興味深いものであり，この種の野生の固有個体群が存在しないことと，そのミトコンドリアDNAの遺伝的変異の程度が低いこと，その起源が最近であることを考えると説明することができる（Vargo *et al.* 2014）．しかし，この仮説では，この仮説が綿密な精査に耐えうるかどうかを判断するうえで，*Blatt germanica* とオキナワチャバネゴキブリが特に重要である必然性がある．

チャバネゴキブリの蔓延を追跡

歴史的記録が存在しないため，世界中の多くの種の侵入の歴史をたどる方法として，遺伝的手法が使用されてきた（Ascunce *et al.* 2011; Lombaert *et al.* 2011, 2014; Boissin *et al.* 2012; Perdereau *et al.* 2013; Jacquet *et al.* 2015; van Boheemen *et al.* 2017; Javal *et al.* 2019）．原理的には，同じアプローチを使用してチャバネゴキブリの世界的な蔓延を追跡することができる．しかし，地球規模に近づくにつれて，集団間の遺伝的関係に関する研究は1つだけである．Vargo *et al.*（2014）は，アメリカ全土とユーラシアの一部（ロシア，ウクライナ，イラン，シンガポール）のポピュレーションを遺伝学的に研究している．マイクロサテライトマーカー（microsatellite markers）を使用して，調査したアメリカの17の都市間で強い遺伝的分化（genetic differentiation）（平均 $F_{st}=0.10$）を発見している．調査したユーラシアの6つの都市間で顕著に強い分化（平均 $F_{st}=0.26$）を発見している．これらの結果は，特にユーラシア大陸における個々の都市の移動が制限されていることと一致している．アメリカの都市間の遺伝的分化レベルが低いのは，屋内環境がゴキブリの蔓延に適した状態になった場合，ユーラシアの都市間よりも人や物の移動レベルが高くなることで都市間でゴキブリが移動する可能性があるためであろう．あるいは，ゴキブリがおそらくヨーロッパから導入された共通の祖先の子孫である可能性があるアメリカのものより遺伝的に均一な集団性を反映している可能性がある．アメリカの集団はユーラシアの集団よりも一般的な多様性が大きかったという事実（平均対立遺伝子＝mean allelic richnessの豊富さは，アメリカとユーラシアの人口でそれぞれ5.05と3.74であった）の説明に異議を唱えるでしょう．おそらく，チャバネゴキブリが貿易を通じて他国からアメリカに頻繁に持ち込まれ，その後，昆虫が国内を移動した可能性がある．この見解と一致して，Vargo *et al.*（2014）は，ユーラシアの集団同士よりもアメリカの集団の方がユーラシアの集団と遺伝的に類似していることを発見している．これらの結果は，貿易量が多い国が供給源と吸収源の両方の役割を果たし，その結果，より多くのチャバネゴキブリが導入され，遺伝的により多様な個体群が存在することを示唆している．

最近の研究では，外来アリは貿易を通じて各国に持ち込まれることが多く，両国間の貿易が多いほど，アリが一方の国から他方の国に持ち込まれて定着する可能性が高くなることが判明している（Bertelsmeier *et al.* 2018）．チャバネゴキブリは箱やその他のコンテナなどの輸送資材の中で生存できるだけでなく，現代の船内でも繁殖個体数を維持できるため，ゴキブリの移動の可能性はアリよりもさらに大きいはずである（Yan *et al.* 2007; Li *et al.* 2015）．列車（Sang 2010）および飛行機（Yuan 1999; Schal 2011）も含め，全国規模で行われた一般的な研究はわずかしかない．

フランスでは，Cloarec ら（1999）がデンプン・ゲル電気泳動（starch gel electrophoresis）を使用して，約 900 km 離れた2つの都市であるレンヌの 21 集団とセットの 10 集団を研究した．これらの著者は，都市内の人口が都市間の人口と同様に遺伝的に異なることを発見した．同じ2つの都市のそれぞれ2つの集団の研究でランダム増幅多型 DNA（RAPD）マーカー（random amplified polymorphic DNA〔RAPD〕）を使用した Jobet ら（2000）によっても，同様の結果が得られている．マイクロサテライトマーカーを使用して，Vargo ら（2014）は，同じ建物内のアパートから数千キロ離れた集団までの規模にわたり，アメリカ全土のチャバネゴキブリの 36 集団の階層的研究（hierarchical study）を実施している．著者らは，11 の地区遺伝的グループにクラスター化された集団間で強力な一般的な区別を発見した．ただし，このクラスタリングでは，都市規模での地理的構造はほとんど示されなかった．

Wei *et al.*（2019）は，中国の河南省内で，7つの都市にわたってミトコンドリア DNA（16S およびシトクロムオキシダーゼⅠ遺伝子）の変異を調査した．彼らは意義のある一般的な多様性を発見し，36 個体から 13 のハプロタイプを報告したが，都市間の一般的な区別の兆候は見られなかった．Tang ら（2016）は，超小型衛星データに基づいて，より大規模な北部の遺伝的グループと南部の遺伝的グループの証拠より，中国全土の9つの都市の間で大きな差異があることを発見している．これらの著者らは，ゴキブリの2つのグループがチャバネゴキブリの拡大と拡散の2つの波に関連していると仮説を立てた．最初の波は 1960 年代に国の北部地方にセントラルヒーティングが設置されたときに起こり，第2の波は，1990 年代に国の南部でエアコンが導入されときに起こったとした．この仮説が真実であるためには，中国国外からのチャバネゴキブリの導入が制限され，中国の北部と南部の間で昆虫の移動が長期間制限され，本質的に2つの別個のメタ個体群（metapopulations）が維持されなければならなかったであろう．これら2つの条件が満たされるかどうかは，さらなる研究を待たなければならない．

ビル内での分散

研究によると，チャバネゴキブリは集合住宅内の各部屋に分散する可能性があることがわかっている．Owen と Bennett（1982）は，マーク-放出-再捕獲（mark-release-recapture）研究により，チャバネゴキブリが配管システムを共有するアパート間を容易に移動し，ピレスロイド系殺虫剤で処理するとアパート間の移動速度が増加することを発見している．Runstrom と Bennett（1990）は，チャバネゴキブリが集合住宅のアパート間で分散し，分散の大部分がキッチン間の移動に関係していることを示した．同様に，Zha ら（2019）は，アメリカニュージャージー州パターソンの高層アパートで建物全体の総合的害虫管理（IPM）プログラムを実施し，出没しているアパートと，壁の天井や床を共有しているアパート，または廊下を挟んだ場所にあるアパートは，ともに感染する可能性は非常に高かった．しかし，防除処理した6か月後は，同じフロアにあるアパートのみがゴキブリを共有する傾向があり，効果的なIPM処理がフロア間のゴキブリの拡散を防止したことを示した．

同じビル内の近くのアパートへのゴキブリの移動は，遺伝子研究によって裏付けられている．Crissman ら（2010）は，アメリカノースカロライナ州のラーレーのアパート内の別の部屋*訳者注，およびアパート間の異なる部屋に生息するチャバネゴキブリ間の遺伝的関係を研究するためにマイクロサテライトマーカー（microsatellite markers）を使用している．これらの研究者は，同じアパート内の別の部屋で見つかったゴキブリには遺伝子の大きな違いがないことを発見した．同じ遺伝データを使用した追跡研究で，Vargo ら（2014）は，同じ集合住宅内の異なるアパートの集団間には低いながらも有意な差異があることを発見している．これらの結果を総合すると，チャバネゴキブリは飛べないため，大きな分散は限られているという考えが裏付けられる．建物内の移動は広く行われているが，建物間の分散は，たとえ互いに近くにある建物であっても，はるかに制限されている．したがって，単一の建物内の昆虫は，同じ会社が管理する近くの建物間を移動する個体群を構成している．

＊訳者注：同一世帯の別の部屋

集団内の遺伝的変異

遺伝的多様性と人口ボトルネック

コスモポリタンな害虫としてのチャバネゴキブリは，室温が制御された現代の生活空間に出現して以来，非常に成功した侵入種となっている．それゆえ，チャバネゴキブリの個体群に生物学的侵入に関連する多くの現象が存在することは驚くべきことではない．まず第1に，一部の集団では，遺伝的多様性を減少させるボトルネック効果の証拠が示されている（Crissman *et al.* 2010; Booth *et al.* 2011）．しかし，そのようなボトルネック効果が創始者効果（founder effects）（地域に定着する少数の個体）によって発生するのか，殺虫剤処理による個体群サイズの減少によって発生するのかは，多くの場合あきらかではなかった．他の害虫性のゴキブリよりも，生殖能力が高いチャバネゴキブリ個体群は成長速度が速いため（Schal 2011），ボトルネックは短命であり，その遺伝的特色は急速に失われる可能性が高い（Cornuet & Luikart 1996）．たとえば，ノースカロライナ州の都市部の集団は，農業環境よりも遺伝的多様性（genetic diversity）は高く，（養豚場；都市集団と農業集団の平均対立遺伝子多様性=7.7と5.5），遺伝的ボトルネック（ヘテロ接合性過剰）の兆候を示す可能性が高くなる．都市部の個体群は繁殖体サイズが大きいため（Booth *et al.* 2011），あるいは，または養豚場でチャバネゴキブリが定期的に厳しく処理されているためである．チャバネゴキブリの個体群は，ある場所から次の場所に拡散する際に連続的なボトルネックを経験しているにもかかわらず，殺虫剤に対する抵抗性を発達させる顕著な能力を保持している（Fardisi *et al.* 2019）．

遺伝子構造の決定因子

サンプルが収集される空間スケールが，研究対象生物の平均的分散距離を超えてサンプリングされた場合，距離による隔離パターンが予想される（Wright 1943; Slatkin 1985）．しかし，人為的な手段での方法によって分散する生物は，受動的分散であるため，このパターンに従う可能性は低い．距離はかなり変化する可能性がある．それにもかかわらず，距離による孤立は，アメリカの都市人口においては，都市の空間スケールで（Crissman *et al.* 2010），国全体で（Vargo *et al.* 2014），さらには中国全土（Tang *et al.* 2016）でも検出されている．いずれの場合も関係は弱かった．これは，チャバネゴキブリの侵入が近くの個体群から発生する傾向がわずかにあることを示唆しており，チャバネゴキブリが地元の交易センター（trade centers）を通って移動している場合に予想されるパターンである．これは農業関係の環境で明確にテストされている．ノースカロライナ州のチャバネゴキブリ個体数についてのMukha

ら（2007）の研究によると，異なる養豚場の集団は遺伝的に区別されていることを示唆しているすなわち，同じ会社によって管理されているものは，別の会社によって管理されているものよりも遺伝的に類似性が高くなる．Booth ら（2011）は，マイクロサテライトマーカーを使用して，厳格なバイオセキュリティ慣行に起因する人為的拡散により，同じ会社の管理下にある農場へのゴキブリの移動が大幅に制限されるという仮説を検証した．3つの異なる会社が管理する22の農場から得られた結果は，この仮説を裏付けるものではなかった．著者らは，養豚場へのゴキブリの拡散は，農場労働者による意図しないゴキブリの移動によって引き起こされる可能性があるとの仮説を立てた．もしそうなら，農場労働者の住居に生息するチャバネゴキブリの個体数は，養豚場の個体数と関連があるはずである．

トコジラミの個体群構造との比較

最近は，チャバネゴキブリと比較できる他のゴキブリ種での集団遺伝学的研究報告はない．それにもかかわらず，チャオビゴキブリ（*Supella longipalpa*）などの家庭にいるゴキブリの個体数はチャバネゴキブリに類似していると予想できるが，同族個体のオキナワチャバネゴキブリや野外ゴキブリ（*Blattella vega*），ヒメチャバネゴキブリなどは，断片化が少ない（less fragmented）はずである．しかし，私たちはトコジラミのデータをもっている．トコジラミは，人間が関係する都市型害虫であり，チャバネゴキブリと同様のメタ個体群構造（metapopulation structure）を共有するはずである．実際，チャバネゴキブリの個体群は，トコジラミの小規模および大規模な遺伝子構造の両方と類似点と相違点を示すことが研究で示されている．マイクロサテライトマーカーを使用した研究で，Booth ら（2013）は，アパートに少数の個体，おそらく単独のメスとその子孫が住み着いている可能性のあることを示している．これらの著者は，汚染は，その建物に全体に広がる可能性があることを発見している．したがって，チャバネゴキブリやトコジラミは，一度集合住宅に定着すると，他の集合住宅にも広がるようである．しかし，いくつかの研究が示すように，トコジラミ個体群の一般的な多様性は，繁殖体のサイズが小さいため，はるかに低くなる（Booth *et al.* 2012, 2015; Saenz *et al.* 2012; Fountain *et al.* 2014; Raab *et al.* 2016）．建物に住み着く可能性のある多数のチャバネゴキブリと比較してみてほしい．トコジラミに関して発表されたすべての研究において，チャバネゴキブリ個体群では観察されたヘテロ接合性のレベルが一般に高く，関連係数は低い（Booth *et al.* 2018）．これはおそらく，チャバネゴキブリの移動性が高く，分散速度が高いためであると考えられている（Owen & Bennett 1982; Runstrom & Bennett 1990）．トコジラミの例外は，ヨーロッパのコウモリ関連個体群であり，トコジラミはコウモリによってねぐらの周りを移動している可能性がある．これらの集団では，遺伝的多様性が非常に高い可能性があり，観察されるヘテロ接合性（heterozygosity）のレベルは，ヒト関連集団よりも約2.5倍高くなる（Booth *et al.* 2015）．

トコジラミでは，同じ集合住宅集団の異なる建物の個体群間の遺伝的分化がチャバネゴキブリよりも大きいようである．たとえば，Booth *et al.*（2012）は，同じ複合施設内の2つのアパートのトコジラミ個体群間のF_{st}値が0.179であると報告したが，Vargoら（2014）は，同じ複合施設内の異なる建物にいるチャバネゴキブリ個体群の平均F_{st}がわずか0.026であることを発見している．このことは，少なくとも同じ管理下にある建物間では，チャバネゴキブリはトコジラミよりも近くの建物に蔓延する可能性が高いことを示唆している．都市以上の空間スケールでは，トコジラミの個体群はチャバネゴキブリの個体群よりも大きな遺伝的分化を示している．Sanzら（2012）は，繁殖する虫のサイズが小さく，関連性のレベルが高いため，アメリカ全土のチャバネゴキブリ個体群の平均F_{st}が0.11であるのと比較して，アメリカ東部のトコジラミ個体群のペアごとの平均F_{st}値が0.68であることを発見している（Vargo *et al.* 2014）．チャバネゴキブリの集団と比較して，トコジラミの集団内の繁殖体のサイズが小さく，関連レベルが高いためである．

両種において発見されたように，大きい空間スケールの距離により，弱いながらも意義のある隔離が見られる．Saenzら（2012）は，アメリカの東海岸に沿ってサンプリングされたトコジラミ個体群の間で，距離による有意な隔離を発見している．それは，トコジラミはチャバネゴキブリと同様に，遠く離れた場所から発生するよりも，地元の発生源から広がる可能性が多少高いことを示唆している．したがって，チャバネゴキブリとトコジラミの両方の侵入は，昆虫の能動的および受動的な動きにより，建物内のアパート間では，低レベルの遺伝的分化を示している．しかし，集合住宅内の建物の間では，チャバネゴキブリの個体群は低レベルの遺伝的分化を示すが，一方，トコジラミの個体群は高レベルの遺伝的分化を示す．これは，おそらくチャバネゴキブリは建物間を能動的および／または受動的に移動できるのに対し，トコジラミは移動できないためと考えられている．これは，抵抗性の発達に重要な意味をもっている．ある建物でのゴキブリ防除は，隣接する建物の開発に影響を与える可能性があるが，トコジラミの蔓延では，その可能性ははるかに低い．

結論と今後の方向性

あきらかに，チャバネゴキブリの起源と世界中への拡散経路についてはほとんど知られていない．集団遺伝学的アプローチ（populations genetic approaches）は，これらの疑問に対して重要な貢献をすることができる．グローバル化と国際貿易の増加とともに，チャバネゴキブリの移動により発生源個体群の痕跡が薄れ，初期の起源と蔓延を再構築することがますます困難になる．しかし，現代の集団遺伝学（population genetics）では，ますます多くのゲノム情報が大きな利点として組み込まれており，集団間の遺伝的関係についてのより詳細な知識が提供されている．チャバネゴキブリのゲノムの利用が可能になり（Harrison *et al.* 2018），ゲノムワイド SNP マーカー（genome-wide SNP markers）やその他のアプローチを使用した集団ゲノミクス研究（population genomics studies）への扉が開かれた．古代の蔓延経路を特定することは，より困難になる一方，現在の世界の個体群を研究することで最近の侵入源を特定することが容易になり，チャバネゴキブリの交流を最小限に抑えるための介入を実施できるようになる．今後取り組むべき重要な課題は，抵抗性の発達である．集団ゲノミクス研究（population genomics studies）は，殺虫剤抵抗性プロファイルとあわせて，抵抗性を付与する可能性のある遺伝子を特定し，その蔓延速度とパターンを決定するのに役立つ可能性がある．より抵抗性をもちやすい遺伝子型をもつ地域からのチャバネゴキブリの移動を制限することで，殺虫剤抵抗性ゴキブリの蔓延を最小限に抑えることができる可能性もある．

謝　辞

テキサス A&M 大学の都市昆虫学基金は，この章の準備に惜しみなく資金を提供した．

参 考 文 献

Ascunce MS, Yang C-C, Oakey J, Calcaterra L, Wu W-J, Shih C-J, Goudet J, Ross KG, Shoemaker D (2011) Global invasion history of the fire ant *Solenopsis invicta*. *Science* **331**, 1066-1068. doi:10.1126/science.1198734

Bertelsmeier C, Ollier S, Liebhold AM, Brockerhoff EG, Ward D, Keller L (2018) Recurrent bridgehead effects accelerate global alien ant spread. *Proceedings of the National Academy of Sciences of the United States of America* **115**, 5486-5491. doi:10.1073/pnas.1801990115

Boissin E, Hurley B, Wingfield MJ, Vasaitis R, Stenlid J, Davis C, de Groot P, Ahumada R, Carnegie A, Goldarazena A, Klasmer P, Wermelinger B, Slippers B (2012) Retracing the routes of introduction of invasive species: the case of the *Sirex noctilio woodwasp*. *Molecular Ecology* **21**, 5728-5744. doi:10.1111/mec.12065

Booth W, Santangelo RG, Vargo EL, Mukha DV, Schal C (2011) Population genetic structure in German cockroaches (*Blattella germanica*): differentiated islands in an agricultural landscape. *Journal of Heredity* **102**, 175-183. doi:10.1093/jhered/esq108

Booth W, Saenz VL, Santangelo RG, Wang C, Schal C, Vargo EL (2012) Molecular markers reveal infestation dynamics of the bed bug, *Cimex lectularius*, in apartment buildings. *Journal of Medical Entomology* **49**, 535-546. doi:10.1603/ME11256

Booth W, Balvín O, Vargo EL, Vilímová J, Schal C (2015) Host association drives genetic divergence in the bed bug, *Cimex lectularius*. *Molecular Ecology* **24**, 980-992. doi:10.1111/mec.13086

Booth W, Schal C, Vargo EL (2018) Population genetics of bed bugs. In *Advances in the Biology and Management of Modern Bed Bugs*. (Eds S Doggett, DM Miller, CY Lee) pp. 173-182. John Wiley & Sons, Hoboken, NJ.

Chamberlin JC (1949) Insects of agricultural and household importance in Alaska, with suggestions for their control. *Alaska Agricultural Experiment Station Circular* **9**, 1-59.

Cloarec A, Rivault C, Cariou ML (1999) Genetic population structure of the German cockroach, *Blattella germanica*: absence of geographical variation. *Entomologia Experimentalis et Applicata* **92**, 311-319. doi:10.1046/j.1570-7458.1999.00552.x

Cornuet JM, Luikart G (1996) Description and power analysis of two tests for detecting recent population bottlenecks from allele frequency data. *Genetics* **144**, 2001-2014.

Crissman JR, Booth W, Santangelo RG, Mukha DV, Vargo EL, Schal C (2010) Population genetic structure of the German cockroach (Blattodea: Blattellidae) in apartment buildings. *Journal of Medical Entomology* **47**, 553-564. doi:10.1093/jmedent/47.4.553

Ebeling W (1975) *Urban Entomology*. University of California Division of Agricultural Sciences, Berkeley, CA.

Fardisi M, Gondhalekar AD, Ashbrook AR, Scharf ME (2019) Rapid evolutionary responses to insecticide resistance management interventions by the German cockroach (*Blattella germanica* L.). *Scientific Reports* **9**, 8292. doi:10.1038/s41598-019-44296-y

Fountain T, Duvaux L, Horsburgh G, Reinhardt K, Butlin RK (2014) Human-facilitated metapopulation dynamics in an emerging pest species, *Cimex lectularius*. *Molecular Ecology* **23**, 1071-1084. doi:10.1111/mec.12673

Harrison MC, Jongepier E, Robertson HM, Arning N, Bitard-Feildel T, Chao H, Childers CP, Dinh H, Doddapaneni H, Dugan S, Gowin J, Greiner C, Han Y, Hu H, Hughes DST, Huylmans A-K, Kemena C, Kremer LPM, Lee SL, Lopez-Ezquerra A, Mallet L, Monroy-Kuhn JM, Moser A, Murali SC, Muzny DM, Otani S, Piulachs M-D, Poelchau M, Qu J, Schaub F, Wada-Katsumata A, Worley KC, Xie Q, Ylla G, Poulsen M, Gibbs RA, Schal C, Richards S, Belles X, Korb J, Bornberg-Bauer E (2018) Hemimetabolous genomes reveal molecular basis of termite eusociality. *Nature Ecology & Evolution* **2**, 557-566. doi:10.1038/s41559-017-0459-1

Jacquet S, Garros C, Lombaert E, Walton C, Restrepo J, Allene X, Baldet T, Cetre-Sossah C, Chaskopoulou A, Delecolle JC, Desvars A, Djerbal M, Fall M, Gardes L, De Garine-Wichatitsky M, Goffredo M, Gottlieb Y, Fall AG, Kasina M, Labuschagne K, Lhor Y, Lucientes J, Martin T, Mathieu B, Miranda M, Pages N, Pereira Da Fonseca I, Ramilo DW, Segard A, Setier-Rio ML, Stachurski F, Tabbabi A, Seck MT, Venter G, Zimba M, Balenghien T, Guis H, Chevillon C, Bouyer J, Huber K (2015) Colonization of the Mediterranean basin by the vector biting midge species *Culicoides imicola* an old story. *Molecular Ecology* **24**, 5707-5725. doi:10.1111/mec.13422

Javal M, Lombaert E, Tsykun T, Courtin C, Kerdelhue C, Prospero S, Roques A, Roux G (2019) Deciphering the worldwide invasion of the Asian long-horned beetle: a recurrent invasion process from the native area together with a bridgehead effect. *Molecular Ecology* **28**, 951-967. doi:10.1111/mec.15030

Jobet E, Durand P, Langand J, Muller-Graf CDM, Hugot J-P, Bougnoux M-E, Rivault C, Cloarec A,

Morand S (2000) Comparative genetic diversity of parasites and their hosts: population structure of an urban cockroach and its haplodiploid parasite (oxyuroid nematode). *Molecular Ecology* **9**, 481-486. doi:10.1046/j.1365-294x.2000.00880.x

Levins R (1969) Some demographic and genetic consequences of environmental heterogeneity for biological control. *Bulletin of the Entomological Society of America* **15**, 237-240. doi:10.1093/besa/15.3.237

Li N, Li XB, Zhang JW, Ruan X, Zhang X, Liu MJ, Wang JL (2015) Investigation and treatment of cockroaches on ocean-going fishing vessels. *Chinese Journal of Hygienic Insecticides & Equipments* **21**, 213-216.

Lombaert E, Guillemaud T, Thomas CE, Handley LJL, Li J, Wang S, Pang H, Goryacheva I, Zakharov IA, Jousselin E, Poland RL, Migeon A, van Lenteren J, De Clercq P, Berkvens N, Jones W, Estoup A (2011) Inferring the origin of populations introduced from a genetically structured native range by approximate Bayesian computation: case study of the invasive ladybird *Harmonia axyridis*. *Molecular Ecology* **20**, 4654-4670. doi:10.1111/j.1365-294X.2011.05322.x

Lombaert E, Guillemaud T, Lundgren J, Koch R, Facon B, Grez A, Loomans A, Malausa T, Nedved O, Rhule E, Staverlokk A, Steenberg T, Estoup A (2014) Complementarity of statistical treatments to reconstruct worldwide routes of invasion: the case of the Asian ladybird *Harmonia axyridis*. *Molecular Ecology* **23**, 5979-5997. doi:10.1111/mec.12989

Matos YK, Schal C (2015) Electroantennogram responses and field trapping of Asian cockroach (Dictyoptera: Blattellidae) with blattellaquinone, sex pheromone of the German cockroach (Dictyoptera: Blattellidae). *Environmental Entomology* **44**, 1155-1160. doi:10.1093/ee/nvv090

Mukha DV, Kagramanova AS, Lazebnaya IV, Lazebnyi OE, Vargo EL, Schal C (2007) Intraspecific variation and population structure of the German cockroach, *Blattella germanica*, revealed with RFLP analysis of the non-transcribed spacer region of ribosomal DNA. *Medical and Veterinary Entomology* **21**, 132-140. doi:10.1111/j.1365-2915.2007.00670.x

Owens JM, Bennett GW (1982) German cockroach (Orthoptera, Blatellidae) movement within and between urban apartments. *Journal of Economic Entomology* **75**, 570-573. doi:10.1093/jee/75.4.570

Perdereau E, Bagnères A-G, Bankhead-Dronnet S, Dupont S, Zimmermann M, Vargo EL, Dedeine F (2013) Global genetic analysis reveals the putative native source of the invasive termite, *Reticulitermes flavipes*, in France. *Molecular Ecology* **22**, 1105-1119. doi:10.1111/mec.12140

Pfannenstiel RS, Booth W, Vargo EL, Schal C (2008) *Blattella asahinai* (Dictyoptera: Blattellidae): a new predator of lepidopteran eggs in south Texas soybean. *Annals of the Entomological Society of America* **101**, 763-768. doi:10.1093/aesa/101.4.763

Pugh PJA (1994) Non-indigenous Acari of Antarctica and the sub-Antarctic islands. *Zoological Journal of the Linnean Society* **110**, 207-217. doi:10.1111/j.1096-3642.1994.tb02015.x

Raab RW, Moore JE, Vargo EL, Rose L, Raab J, Culbreth M, Burzumato G, Koyee A, McCarthy B, Raffaele J, Schal C, Vaidyanathan R (2016) New introductions, spread of existing matrilines, and high rates of pyrethroid resistance result in chronic infestations of bed bugs (*Cimex lectularius* L.) in lower-income housing. *PLoS One* **11**, e0117805. doi:10.1371/journal.pone.0117805

Rehn JA (1945) Man's uninvited fellow traveler: the cockroach. *Scientific Monthly* **61**, 265-276.

Ross MH (1992) Hybridization studies of *Blattella germanica* and *Blattella asahinai* (Dictyoptera: Blattellidae) dependence of a morphological and a behavioral trait on the species of the X chromosome. *Annals of the Entomological Society of America* **85**, 348-354. doi:10.1093/aesa/85.3.348

Roth LM (1985) A taxonomic revision of the genus *Blattella Caudell* (Dictyoptera, Blattaria, Blattidae). *Entomologica Scandinavica* **22** (Supplement), 1-221.

Roth LM (1997) A new combination, and new records of species of *Blattella* Caudell (Blattaria: Blattellidae: Blattellinae). *Oriental Insects* **31**, 229-239. doi:10.1080/00305316.1997.10433757

Runstrom ES, Bennett GW (1990) Distribution and movement patterns of German cockroaches (Dictyoptera: Blattellidae) within apartment buildings. *Journal of Medical Entomology* **27**, 515-518. doi:10.1093/jmedent/27.4.515

Saenz VL, Booth W, Schal C, Vargo EL (2012) Genetic analysis of bed bug populations reveals small propagule size within individual infestations but high genetic diversity across infestations from the eastern United States. *Journal of Medical Entomology* **49**, 865-875. doi:10.1603/ME11202

Schal C (2011) Cockroaches. In *Mallis Handbook of Pest Control*. 10th edn. (Eds S Hedges, D Moreland) pp. 150-291. GIE Media, Cleveland, OH.

Shang Y (2010) Cockroach control methods for China Railway high-speed trains. *Zhongguo Meijie Shengwuxue Ji Kongzhi Zazhi* **21**, 288-289.

Slatkin M (1985) Gene flow in natural populations. *Annual Review of Ecology and Systematics* **16**, 393-430. doi:10.1146/annurev.es.16.110185.002141

Tang Q, Jiang H, Li Y, Bourguignon T, Evans TA (2016) Population structure of the German cockroach, *Blattella germanica*, shows two expansions across China. *Biological Invasions* **18**, 2391-2402. doi:10.1007/s10530-016-1170-x

Tang Q, Bourguignon T, Willenmse L, De Coninck E, Evans T (2019) Global spread of the German cockroach, *Blattella germanica*. *Biological Invasions* **21**, 693-707. doi:10.1007/s10530-018-1865-2

van Boheemen LA, Lombaert E, Nurkowski KA, Gauffre B, Rieseberg LH, Hodgins KA (2017) Multiple introductions, admixture and bridgehead invasion characterize the introduction history of *Ambrosia artemisiifolia* in Europe and Australia. *Molecular Ecology* **26**, 5421-5434. doi:10.1111/mec.14293

Vargo EL, Crissman JR, Booth W, Santangelo RG, Mukha DV, Schal C (2014) Hierarchical genetic analysis of German cockroach (*Blattella germanica*) populations from within buildings to across continents. *PLoS One* **9**, e102321. doi:10.1371/journal.pone.0102321

Wei P, Xie X, Wang R, Zhang J, Li F, Luo Z, Wang Z, Wu M, Yang J, Cao P (2019) Genetic diversity of *Blattella germanica* isolates from central China based on mitochondrial genes. *Current Bioinformatics* **14**, 574-580. doi:10.2174/1574893614666190204153041

Wright S (1943) Isolation by distance. *Genetics* **28**, 114-138.

Yan JB, Le KP, Wang HQ, Zhou MK, Zhang RD (2007) Investigation on species composition of cockroaches on boats and ships at Zhoushan island. *Chinese Journal of Hygienic Insecticides & Equipments* **13**, 291-293.

Yuan H (1999) Prevention and control of *Blattella germanica* infestation in CSN Boeing passenger aircraft. *Zhongguo Meijie Shengwuxue Ji Kongzhi Zazhi* **10**, 125-126.

Zha C, Wang C, Eiden A, Cooper R, Wang D (2019) Spatial distribution of German cockroaches in a high-rise apartment building during building-wide integrated pest management. *Journal of Economic Entomology* **112**, 2302-2310. doi:10.1093/jee/toz128

第8章
モニタリング

Changlu Wang

はじめに

ゴキブリの存在とその分布をモニターすることは，ゴキブリ管理プログラムの最初のステップである．効果的なモニタリングプログラムは，早期介入と，より正確な殺虫剤散布を通じて薬剤使用量を削減し，ゴキブリの迅速な防除を達成するのに役立つ（Wang *et al.* 2019a, b）．チャバネゴキブリ（*Blattella germanica*）は，重要な公衆衛生上の害虫であるため，確かな防除を行うことは非常に重要である．非常に低レベルのチャバネゴキブリの存在を検出し，総合的害虫管理（IPM）プログラムの実施後に，介入をいつ停止できるかを決定するための監視プロトコールである．

チャバネゴキブリのモニターに使用されている最近の方法には，目視検査，居住者または顧客へのインタビュー，フラッシングによる追い出しとカウント，およびモニターの設置（例：粘着トラップ，ジャートラップ，電気缶）が含まれる．方法やその道具の精度，使いやすさ，一貫性，コストなどはさまざまであるため，選択は慎重に検討する必要がある．トラップの設置と検査の頻度も同様に重要な要素である．モニタリング結果に基づいてゴキブリがいないことを保証することは不可能であるが，目標は，非常に低いレベルのゴキブリ個体数を検出する確率を最大化することである．低レベルのゴキブリを検出できなければ，新たな侵入の特定や駆除処理後の侵入の排除に関連して，誤った主張をする可能性がある．ゴキブリに対する許容が事実上ゼロであるレストランや病院などのような環境では，高感度のモニター技術を採用することは非常に重要である．

目視検査

目視検査はチャバネゴキブリが存在するかどうかを判断する最も簡単な方法であるが，これには多くの経験，訓練，知識が必要である．目視検査用の標準装備には，懐中電灯と検査用ミラーも含まれる必要がある．チャバネゴキブリは暗く，手の届きにくい場所に潜伏しているため，目視検査を行うには高品質のフラッシュライトが不可欠である．キッチンのシンクの下や電化製品の後ろなど，手の届きにくい場所を検査する場合には，工業用メンテナンスや自動車修理用に広く利用されている検査用ミラーを使用すると便利である．

ゴキブリは群生しており，古い糞便に引き寄せられる．彼らは食料や水源の近くに隠れる傾向がある（第3章を参照）．住宅での，最も一般的な隠れ場所は，キッチンのシンクの真下のキャビネット，コンロと冷蔵庫の周囲，およびバスルームである（図8.1）．このため，キッチンのシンク下のキャビネットから検査を開始する場合がある（図8.1A，B）．キッチンキャビネットの引き出しは，引き出しの側面，引き出しの後端，およびキャビネットの内側の隅にある溝を検査するために取り外す必要もある（図8.1C）．その他の一般的な場所には，ドアの蝶番（図8.1D），冷蔵庫の裏側，キッチンのテーブルと椅子の下側，キッチンの壁の装飾／写真の裏側などである．食物と水源の他に，チャバネゴキブリの分布は，その個体数密度と散っている場合の量に関連している．ゴキブリの数が多い家や建物では，ゴキブリが水源や食料源から遠く離れた場所に隠れざるを得なくなる可能性があるため，より徹底的な検査が必要で

図8.1　チャバネゴキブリの目視調査．（A）シンク下のキャビネット内の検査，（B）キッチンシンクの下のチャバネゴキブリ，（C）シンク下のキャビネットのコーナーのチャバネゴキブリ，（D）ドアの蝶番のチャバネゴキブリ

ある．私は照明器具，掛け時計の中，天井の火災警報器の中，壁のサーモスタットの中，ソファーの下などでゴキブリを観察している．したがって，ゴキブリの分布を判断するには，徹底的な目視検査が重要である．

目視検査では，ゴキブリの糞，空の卵鞘（卵のケース）の抜け殻（脱落した殻／外皮），死骸，生きたゴキブリの存在などのゴキブリの侵入の兆候を確認する必要がある．防除効果を評価するには，生きたゴキブリの数を記録する必要がある．ゴキブリは夜行性で，アクセスできない場所や検査では，困難な狭くて暗い場所に隠れる性質があるため，目視検査には時間がかかる．アパートでは，ドアのモールディング，キッチンのキャビネットの蝶番，キャビネット内の隅，引き出し，冷蔵庫の背面などはチャバネゴキブリにとっては理想的な場所である．高層マンションではゴミ置き場や共同炊事場の点検が必要である．旅客列車や航空機では，いたるところに食料，水，隠れ場所があるため，目視検査は非常に困難な場合がある．オフィス用ビルでは，食料や水を保管または消費するコーヒーまたは休憩室や従業員のデスクエリアでチャバネゴキブリが発生する可能性がある．住宅用アパートの適切な検査には，技術者 1 人で 20〜30 分はかかる．大規模な検査ではこれほど長い時間をかけることは，現実的ではないことが多く，住民に迷惑をかける可能性がある．

目視検査で，ビールとパンの餌を入れた瓶トラップ（Artyukina 1972）や粘着トラップ（Owens & Bennett 1983）を使用する場合には，ゴキブリを検出するうえではあまり効果的ではない．また，小さな幼虫は見落とされやすいため，幼虫と成虫の比率のカウントも低くなる．経験豊富な害虫駆除技術者であっても，一部のゴキブリの生息地を見落としたり，特定の場所の検査に偏ったりするため，結果は技術者によって異なる．これらの制限は，目視検査が害虫管理プログラムの有効性の評価を支援するうえで異なり，信頼性が低いことを意味する．しかし，目視検査には限界があるにもかかわらず，殺虫剤散布の有効性を最大限に高め，ゴキブリの“溜まり場”を最小限に抑えるか排除できるように，溜まり場がどこにあるのかを特定することは重要である．活発な隠れ場所またはその近くで殺虫剤を散布すると，処理の効果は最大限に高まる．

入居者へのインタビュー

居住者または顧客がゴキブリの活動を観察してくれると，ゴキブリの存在に関する追加情報やそのひどさの程度の情報を得ることができる．ただし，個人の経験にはばらつきがあるため，顧客のゴキブリに対する感受性レベルについてはあまり信頼できない．Wang ら（2019a）は，アパートに粘着トラップを 2 週間設置してゴキブリを捕獲した住民へのインタビューの結果を比較している．この研究は，アメリカニュージャージー州にある高齢者が居住する低所得層のアパートで実施された．インタビューを受けた住民のうち，ゴキブリの侵入があるといった人はいたが，住民の36% はゴキブリの存在に気づいていなかった．認識の欠如は，ゴキブリの個体数のサイズと関連していた．トラップのカウント数が5以上のときは，52% の人が存在に気づかなかった．5以上10以下のときは23% の人が気づかなかった．4% の人はトラップに10以上捕まっていてもゴキブリの存在に気づかなかった．逆に，ゴキブリがいると答えた人のうち，捕獲数を調べたところ，34% はゴキブリがいなかったことがわかった．したがって，居住者への聞き取りは，ゴキブリが問題として認識されているかどうかを判断するのには役立つが，他の監視や検査の実施には取って代わるべきではない（以下で説明）．

追い出しとカウント

チャバネゴキブリはピレトリンとピレスロイドを忌避する．ゴキブリが隠れている場所にピレトリンエアゾールを噴射すると，これは一般に「フラッシング」として知られているが，ゴキブリが生息地から移動する．目視検査中にフラッシングを行うと，活動するゴキブリの数を増加させる（Owen & Bennett 1983）．ゴキブリの生息数を推定する信頼できる方法ではなく，ゴキブリを不必要に分散させることになる．ゴキブリが大量に生息しているアパートでは，ピレトリンエアロゾルによってゴキブリの動きが活発になり，正確な数を数えることができなくなるため，フラッシングとカウント方法を利用することは現実的ではない．フラッシング後にゴキブリが移動すると，昆虫はより予測不可能な場所に分散する可能性があるため，ゴキブリ駆除用ジェルベイトの適用は効果が低くなる．集合住宅でピレトリン使って追い出すと，一部のゴキブリが近隣住戸に分散する可能性がある．

電　気　缶

Wagner ら（1964）は，チャバネゴキブリを捕獲するため，24 V の電気バリアを備えた金属缶の利用を最初に記載した．Ballard と Gold（1984）は，18 V の電気バリアがワセリン内面塗布と同じくらい効果的であると報告した．これは，容器の内面にワセリンを塗布するよりも，多数のゴキブリを閉じ込めることのできる，よりクリーンで効果的な方法である．ワモンゴキブリ（*Periplaneta americana*）を閉じ込めるのにも効果的である．ゴキブリを捕獲するための電気トラップの野外での使用は，Burgessらによって初めて実証された（1974年）．BallardとGold（1983）は，チャバネゴキブリを捕獲するために18V電気バリアを備えた小型の容器を使用した．缶トラップで使用される電気バリアは，缶トラップのへりから少なくとも1cm下に設けなくてはならない．缶トラップはジャートラップよりも効果的である．缶トラップは，瓶トラップで使用されるワセリンバリアとは異なり，電気バリアがゴキブリがバリアから後退するのを防ぐため，瓶トラップよりも効果的である．実験室での研究では，より多くのゴキブリ捕獲（約15倍）が示された．瓶のトラップではなく電気缶に多く捕獲された．住宅では，電気缶トラップは，外面にカバーの有無にかかわらず，粘着トラップや瓶トラップよりもはるかに優れた性能を発揮した（Ballard & Gold 1984）．しかし，粘着トラップによるトラップの捕獲量が低下したのは，トラップのサイズが限られており，交換せずに大量の侵入が発生した部屋に長期間（10日間）設置した結果である．電気缶はコストが高く利便性が低いため，実験用途用に限定されている．

ガラス瓶トラップ

食物を餌としたガラス瓶トラップは，チャバネゴキブリのサンプリングに使用されてきた（Artyukina 1972; Reierson & Rust 1977）．小さな離乳食サイズの瓶（～0.125L）からクォート（0.945L）サイズの瓶の内側の上面にグリースを塗り，ビールに浸した小さな角切りパンを餌にした（図8.2A）．キャビネットやその他の狭い場所に便利よく設置できる．同様に油を塗って餌を付けたり，ゴキブリを閉じ込めるためのタルカムパウダーでコーティングしたより大きな瓶トラップも使用される．バナナの皮（Piper *et al.* 1975）やピーナッツバター（Dingha *et al.* 2016）も餌として使用されている．非常に薄く塗ったワセリン層は，ゴキブリを閉じ込めるうえでは，オランチャ粘土粉（Olancha clay）より効果的である（Smith & Appel 2008）．ジャートラップは餌を補充した後も再利用できる．粘着トラップとは異なり，ジャートラップは，閉じ込められたゴキブリの逃走を防ぐため，一晩経過した後に回収する必要がある．ジャートラップの外面を紙または砂で覆うと，トラップの捕獲率が増加した（Ballad & Gold 1984）．

ビールとパンの餌を入れたジャートラップは，都市住居におけるゴキブリの検出と蔓延の深刻度の判定において，視覚による計測やフラッシング計数よりも信頼性が高かった（Artyukina 1972; Reieson & Rust 1977）．ジャートラップは粘着トラップよりも捕獲効果は低かった（Smith & Appel 2008; Dingha *et al.* 2016）．ビールとピーナッツバターを餌とした0.95Lのジャートラップと粘着トラップ（Victor® M327）

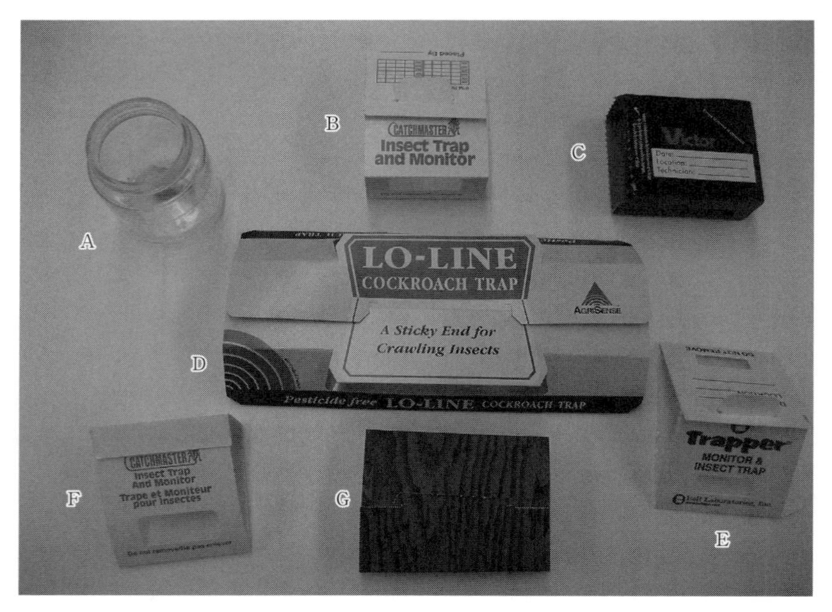

図8.2　一般家庭や害虫駆除の専門家がゴキブリ・モニターとして使用するトラップのセレクション．(A) ジャートラップ．(B) Catchmaster 288i (長方形で側面に窓がある)．(C) Victor® M330 (長方形で，接着剤の周りにプラスチックフィルムがあり，上部と片側に2つの窓がある)．(D) Lo-Line (台形で，2つの側面に窓があり，2つの端にスロープがある)．(E) Trapper (9110-1型)．(F) Catchmaster 100i (三角形で側面に窓がある)．(G) Catchmaster 150RI (正方形，窓なし)

で，住宅 (manufactured homes) において7日間でそれぞれ平均7.2個と19.2個のチャバネゴキブリを捕獲した (Dingha *et al.* 2016)．紙で覆われたボトル・トラップを多数 (12～36個) 使用したところ，結果は30% 減少した．ある研究では，8週間で5軒の家から38,000匹のチャバネゴキブリが除去され，個体数は減少している (Ballard & Gold 1983)．

離乳食用の瓶トラップは，粘着トラップ (Mr. Sticky glue trap) と比較して，チャバネゴキブリの幼虫よりも成虫を捕獲する可能性が高かった (Owens & Bennett 1983)．同じ傾向が模擬キッチンでの実験でも，Wang と Bennett (2006b) らによって報告されている．パンとビールを餌とした離乳食用ジャートラップでは，捕らえられたゴキブリの幼虫：総比率が0.29であったのに対し，さまざまな粘着トラップでは0.69～0.84であった．さらに，離乳食用のジャートラップは，若令幼虫 (1～3令) よりも終令幼虫 (4～6令) を捕獲する可能性が高かった．ジャートラップでの終令幼虫：総幼虫の比は，異なる粘着トラップの 0.05〜0.11 と比較して，0.48 であった．この研究は，瓶トラップからの捕獲量がゴキブリの大きさ（年令）によってプラスに補正されることを示唆している．おそらく，若令幼虫は大きな個体よりも登る能力が低いと考えられる．Dingha ら（2016）は，ゴキブリが出没する住宅での粘着トラップの場合の 0.83 と比較して，ジャートラップ（サイズ 0.95 L）の幼虫：合計比が 0.41 であることを発見している．Robinson ら（1980）は，誘引剤として煮レーズン，内側にグリースを使用した 0.95 L のメイソン・ジャーを使用して，アパートでチャバネゴキブリをサンプリングした．幼虫比はわずか 0.28 であった．Runstrom と Bennett（1990）は，パンとビールを餌にした離乳食用の瓶トラップを使用して，アパート内のチャバネゴキブリの個体数を監視している．幼虫：総捕獲数の比率は 0.48 であった．

実験室での研究と野外での研究の両方で，ジャートラップはゴキブリ個体群を効率的かつ正確にサンプリングするのに適したツールではないことが実証された．ガラス瓶トラップや金属缶トラップは，ゴキブリの検出や生息数の監視に加えて，さまざまな研究のために生きたゴキブリを収集するのにも役立つ．ビールに浸した小さなパンを餌にし，キッチンやその他のゴキブリが蔓延する場所に一晩または数日間配置する（Rust & Reierson 1991．Wang *et al.* 2004）．捕獲された生きたゴキブリは飼育箱に移され，実験室で飼育される．Owens と Bennett は（1982）は、瓶トラップを使用して生きたゴキブリを収集し，マークを付けて元のアパートに放し，アパート内およびアパート間でのゴキブリの動きを監視している．

粘着トラップ

粘着トラップは，害虫管理の専門家や研究者がゴキブリ管理に関するテキストを作成する前から，ゴキブリの侵入を監視するために使用する標準ツールであった（Dingha *et al.* 2016; Miller & Smith 2019; Wang *et al.* 2019b; Zha *et al.* 2019）．トラップは，可能な限り通りそうな通路に沿ってに水平に設置することにより，通過するゴキブリを捕獲する可能性が高くなる．粘着トラップには，低コスト，使いやすさ，ゴキブリの侵入レベルを適切に推定できるという利点がある．ただし，捕獲器にゴキブリが存在していると，住宅または保健局の検査によって，施設の不適切な保守の証拠として利用される場合もある．第 13 章では，このジレンマに対処する方法について説明をする．

トラップの設計

デザインと形状はチャバネゴキブリを捕獲するトラップの効率に影響をする（Wang & Bennett 2006b）．Victor® M330 トラップ（Woodstream Corp. Litiz, PA, USA）は，接着領域の周囲に幅 1～1.5 cm のプラスチックフィルムがある．プラスチックフィルムはゴキブリに対する粘着力がないことが，ゴキブリの捕獲効率を高めるおもな要因となっている可能性がある．組み立てられた（三角形の形状）トラップと組み立てられていない（平らな）トラップトラップを比較すると，後者の方がゴキブリを捕獲するのに著しく効率的であった（Wang & Bennett 2006b）．平面トラップの幼虫：成虫の比率（0.83）は，組み立てたトラップの比率（0.66）よりも有意に大きく，平らなトラップの捕獲量が多いのは，求愛中の幼虫の数が多いためである可能性があることを示唆している．Ballard と Gold（1984）は，平らな Mr Sticky トラップをゴキブリが出没するアパートに設置すると，組み立てられたトラップと同じくらい効果があることを発見した．ただし，実験ではサンプルサイズが比較的小さかった．三角両側に窓があるトラップは，側面に窓がない正方形のトラップよりも効果的であった（Wang & Bennett 2006b）．

Smith と Appel（2008）は，5 つの長さ×幅×深さが 92×46×29 cm のタイプのトラップをテストアリーナで試験している．Lo-Line トラップ（B & G Equipment Co., Jacson, George, USA）が各サイズクラスごとのテストアリーナ内のゴキブリを最も多く捕獲した．トラップの 4 つの側面にある傾斜（ramp）は，このタイプのトラップの高い効率に寄与する 1 つの要因の可能性がある．トラップのサイズは捕獲量には影響しなかった（Smith & Appel 2008）．ただし，小さなトラップは設置直後にゴキブリで満たされる可能性があるため，ゴキブリの数が多い環境ではトラップのサイズがトラップの捕獲に影響を与えることが予想される．

粘着トラップの効率

市販のトラップのほとんどには誘引剤が含まれていないため，本質的に受動的（passive）なトラップになっている．したがって，トラップの捕獲は設置場所と設置期間に大きく依存する．実験室での研究では，Trapper（タイプ 9110-1），Catchmaster 150，100i および 288i，Victor® M330，Victor® M327，D-Sect の接着ボードを比較している．ステーションおよび離乳食用ジャートラップ（図 8.2）（Wang & Bennett 2006b），Victor® M330 が最も効果的なトラップであった．しかし，一晩かけて実験室で捕らえられたのは個体数の 3.5% だけであり，環境中のゴキブリの数を効果的に減らすには複数の捕獲器と長い設置期間が必要であることが示唆された．

住宅のオーナーは粘着トラップを防除製品と見なすことがよくある．ゴキブリの個体数を減らすためにトラップを使用すると，さまざまな結果（mixed result）が生じる．Kaakeh と Bennett（1997）は，アパートの住宅ごとに12個のVictor® フェロモントラップを4週間または8週間継続的に設置すると，アパート内のゴキブリ数が大幅に減少したと報告している．この減少は，殺虫剤スプレーの適用，ベイト付け，掃除機掛け，水洗と掃除機掛け処理の結果と同様であった（Kaakeh & Bennett 1997）．ラトガース大学の研究者らによる新しい実地調査では，ゴキブリの数が非常に少ないワンベッドルームまたはStudioタイプのワンルームのアパート（各アパートに14日間設置された4つのトラップには1〜9匹のゴキブリが捕らえられた）で，Victor® M330トラップ（各アパートに10個のトラップ）を継続的に設置すると，各アパートあたり5〜15gのアドビオン・ゴキブリジェルベイトを処理（0.6% インドキサカルブ；シンジェンタ・クロップ・プロテクション社製，アメリカノースカロライナ州グリーンボロ）した部屋と比較したところ，3か月後のゴキブリ数の減少では同等の効果があった．アパートの48〜73% でゴキブリの数がゼロになった．この結果は，大量捕獲は低レベルのゴキブリの個体数を抑制するうえで重要な役割を果たす可能性があることを示唆しているが，短期間で高レベルのゴキブリ除去を達成することはできなかった．しかし，粘着トラップでは，大発生した家屋ではチャバネゴキブリの数を効果的に減らすことはできなかった（Ballard & Gold 1893）．この研究では，住宅の各戸の最初の夜の各戸の平均捕獲数は35.5匹であった．

バイアス

実験室の研究で，ゴキブリの年令構造が判明している個体群を，Victor® M330トラップで捕獲したところ，幼虫：全個体数の比率は0.83で，いろいろな場所のゴキブリ個体数の比率（0.75）よりも大幅に高かった（Wang & Bennett 2006b）．Trapperモニタートラップを使用した捕獲では，全体の中の幼虫の捕獲比率は個体群における実際の比率と同様であった．3つの粘着トラップ（トラッパー，Victor® M330，M337）の評価に基づくと，若令幼虫は終令幼虫よりも粘着トラップに捕らえられる可能性が高くなった．Kaakeh と Benett（1997）は，アパートに1週間設置したVictor® フェロモントラップの成虫：幼虫の比率が1：5.5であり，一晩設置したローライントラップの比率は1：4であることを発見した．これらの研究は，粘着トラップが若令幼虫を捕獲することに偏っていることを示唆している．全体としていえば，Trapperモニターは幼虫とゴキブリの個体数の合計比率を正確に推定できる．Victor® M330トラップは，成虫と比較して幼虫を過大評価する可能性がある．

2002〜05年にかけて，インディアナ州ゲーリーの2つのコミュニティにあるアパートに昆虫モニター用トラッパー（図8.3）を設置した．各アパートのキッチン，バ

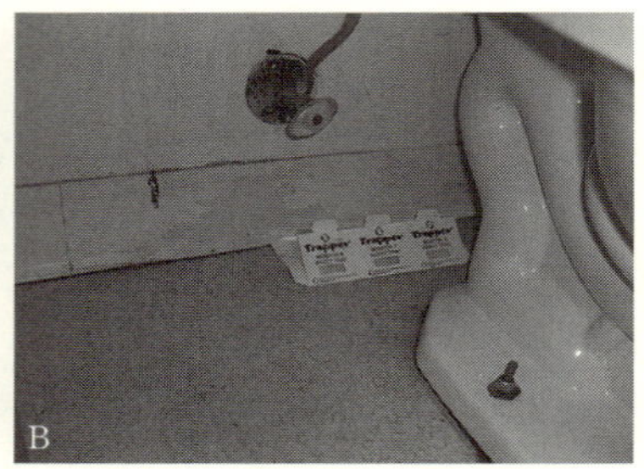

図8.3　マンションに設置されたゴキブリ監視用の捕虫器．(A) コンロの横．(B) トイレの裏

スルーム，給湯器，洗濯機，乾燥機のあるユーティリティルームに6つのトラップが設置された．幼虫：総比率は0.76〜0.84の範囲であった（毎年24〜69のアパートメント）．平均オス：メス比は1.35：1〜1.54：1の範囲であった（毎年22〜58のアパートメント）．平均卵鞘保持メス：オス成虫の比は0.035〜0.044の範囲であった．分散を減らすために，6つのトラップに少なくとも30匹のゴキブリが侵入したアパートのみを対象とした（Wang *et al.* 未発表データ）．建設住宅（manufactured home）に設置されたVictor® M327トラップの捕獲は，幼虫：合計比は0.83であった（Dingha *et al.* 2016）．出没していたアパート112軒から収集されたトラップで見つかった3,342匹のゴキブリのうち，若令幼虫，終令幼虫，オス成虫，メス成虫は，それぞれ全体の70%，17%，8%，5%を占めた（Wang *et al.* 2019a）．このデータは，都市居住区におけるチャバネゴキブリ幼虫の割合が74%以上であるという以前の調査結果（Ross & Mullins 1995）を裏付けている．しかし，Koehlerら（1987）は，アメリカフロリダ州中北部のアパートに設置された粘着トラップからの捕獲データに基づいて，256,985匹のゴキブリの70%が幼虫であると報告している．BallardとGold（1983）は，アメリカネブラスカ州メイシーに10回設置された粘着トラップのデータに基づいて，捕獲された19,426匹のゴキブリの64%は幼虫であったと報告した．チャバネゴキブリのサンプリングに使用された粘着トラップの違いにより，幼虫の合計比の変動がどの程度あったかは不明である．

粘着トラップからあきらかになったさまざまな発育段階のチャバネゴキブリの捕獲比率は，化学処理の有効性やゴキブリの個体数動態の指標として使用できる．アパートでの研究では，キチン合成阻害剤である0.2%および0.5%のノビフルムロン（noviflumuron）を含む実験用ジェルベイトは，Maxforce FCベイトステーション（0.05%フィプロニル，Maxforce Insect Control Systems，アメリカカリフォルニア州オークランド）およびAvert Dustベイトを2週間または4回の2週間後のベイト

(0.05% アバメクチン B 1，Whitmire Micro-Gen Research Laboratories，アメリカミズーリ州セントルイス）処理よりも幼虫の割合が大幅に低下することが示された (Ameen *et al.* 2005)．アリーナでのバイオアッセイでは，0.5% ノビフルムロンベイトは，曝露後 2 週間以降，未処理の対照と比較して，チャバネゴキブリ個体群に対するニンフ：合計比を有意に低下させた (Wang & Bennett 2006c)．家庭やレストランで粘着トラップを使用してチャバネゴキブリを調査したところ，繁忙期には卵鞘をもっているオスとメスの割合が非繁忙期よりも高かったことが判明している (Kwon & Chon 1991)．

誘　引　剤

ゴキブリをモニターするために，数多くのフェロモンまたは食品ベースの誘引物質が研究された理想的には，さまざまなトラップと併用してトラップの効率を高めたり，餌に組み込んでゴキブリを誘引して殺すことができる．Tsuji (1965) は，米ぬか画分から得られたチャバネゴキブリ，ワモンゴキブリ，およびクロゴキブリを誘引する化合物を研究している．多くの脂肪酸，エステルおよび関連物質がゴキブリにとって魅力的であることが判明した (Tsuji 1966)．Nojima ら (2005) は，ゴキブリの性フェロモン「ブラテラキノン」(blattellaquinone) を特定した．合成ブラテラキノンの生物学的活性は，2 者選択嗅覚計 (two-choice olfactometer) を使用した行動アッセイで，処女メスの粗抽出物と比較された．合成フェロモンに対するオスの反応には用量反応関係が見られた．養豚場での野外試験では，合成性フェロモンがオス成虫を惹きつけることが示された．野外個体群では個体の 76% 以上が幼虫であることを考慮すると，性フェロモンはゴキブリの生息モニターとしての有用性は低い．

集合フェロモンの構成成分とチャバネゴキブリに対する誘引力が実験室で研究された (Sakuma & Fukami 1990, 1993; Sakuma *et al.* 1997)．アンモニアと，糞で汚染された濾紙からの 1-ジメチルアミノ，2-メチル-2-プロパノールを含む 12 種類のアミンが，チャバネゴキブリにとって魅力的であることが判明した．現場条件下でのそれらの有効性はまだ判明していない．別の研究では，チャバネゴキブリの糞便抽出物がゴキブリにとって魅力的であることが判明している．潜伏場所と粘着トラップの間にチャバネゴキブリの糞を置くと，トラップへの捕獲が強化された (Miller *et al.* 2000)．しかし，抽出物の誘引活性は短かい．1 日目にはゴキブリの 67〜70% が痕跡をたどったのに比べ，屋外で 7 日間熟成 (aging) させた後では 23% しか痕跡をたどらなかった．実験室および野外実験では，チャバネゴキブリの糞便抽出物はトラップへの捕獲を増加させなかった (Nalyanya & Schal 2001; Smith & Appel 2008)．これらの研究は，チャバネゴキブリの糞便抽出物がトラップの捕獲率を高めるための効果的な誘引剤ではないことを示している．

有望な結果を示す誘引物質のほとんどは食品ベースである．Ebeling と Reierson（1974）は，ジャートラップに餌としてパンを入れたトラップは，捕獲量が 7.6 倍増加したと報告し，Ballard と Gold（1982）は，チャバネゴキブリが出没するアパートに設置された白いパンを餌にした粘着トラップは，餌のないトラップよりも 1.6 倍効果的であると報告している．Wang と Bennett（2006b）は5つの誘引物質（3つの食品ベースと2つの市販製品）を評価した．ビールで濡れたベイトが最も誘引力があり，一晩のトラップ捕獲量は 34 倍に増加した．2つの市販トラップ，ゴキブリ誘引剤の入った "Trapper" と "Invite ルアー" は，それぞれ捕獲量を 6 倍と 3 倍に増加させた．ピーナッツバターを使用すると，トラップの捕獲量は 2 倍に増加した．ピーナッツバターと蒸留用穀物（distiller's grain）は，養豚舎での捕獲実験で，同様に誘引性があり，GP-2 錠剤（市販誘引錠剤）や Victor® のフェロモンルアーよりもはるかに多くのゴキブリを捕獲した（Nalyanya & Schal 2001）．Karmifar ら（2011）は，食品ベースの誘引物質の成分を分析している．ピーナッツバターからの 1-ヘキサノール，エタノール，ビール由来の 2,3-デヒドロ-3，5-デヒドロキシ-6-メチル-4H-p トランス-4-オン（DDMP）は3つの食品源の重要な信号化学物質（セミオケミカル）である．より最近の研究では，ドライモルツ抽出物，またはドライモルツ抽出物と水とビール酵母の組み合わせが，室内実験で市販のゴキブリ用殺虫ベイトに匹敵するレベルの誘引力をチャバネゴキブリに対して示した（Pol *et al.* 2017）．乾燥麦芽エキス＋水＋ビール酵母は，12 時間の発酵後にチャバネゴキブリにとって最適な誘引力をもち，その誘引力は少なくとも 120 時間持続した．アパートでの野外実験では，トラップの捕獲量が大幅に増加したが，餌を与えていない対照トラップと比較した差は 2 倍未満であった（Pol *et al.* 2017）．

市販の粘着トラップには，ゴキブリを誘引するためにピーナッツ，バナナ，チェリー，その他の果物の香りが含まれているものもある（https://www.catchmaster.com/）が，粘着板に含浸させた，これらの微量物の効果は不明である．現在，ゴキブリ誘引を目的とした市販品はほとんどない．我々の研究室での評価（Abbar & Wang 未発表データ）および公表された研究（Nalyanya & Schal 2001）に基づくと，粗糞便抽出物を含むという Victor® フェロモントラップには捕獲量を増やす効果はない．経済的で効果的なゴキブリ誘引剤の開発は依然として課題であり，より適切なゴキブリモニターのために取り組む必要がある．

サンプリング技術

ゴキブリをモニターするために，住宅アパートごとにさまざまな粘着トラップ（3〜18個）が使用されている（Miller & Meek 2004; Sever *et al.* 2007）．チャバネゴキブリを検出するには，トラップの位置が重要である．アパートで最も重要なエリアはキッチンとバスルームである．Koehlerら（1987）はアパートごとに5つのトラップを設置した．キッチンでの場所は，ウォールキャビネットの上，シンクの下，ゴミ容器の横，ダイニングルームのテーブルの近くであった．ゴミ容器の近くに設置されたトラップには，他のすべての場所よりもはるかに多くのゴキブリが捕獲され，キャビネットの上部にあるトラップはゴキブリを捕獲する効率が最も低かった．Zhaら（2019）は，高層マンションのアパートごとに4つのトラップを使用した．トラップの場所は，キッチンキャビネットのシンクの下，コンロの横，冷蔵庫の横，バスルームのトイレの横であった．設置後，14〜17日後にトラップを検査した．4つの場所で捕獲されたゴキブリの割合は，それぞれ17%，35%，36%，12%であった．ニュージャージー州のいくつかの高層アパートで行われた別の研究では，同じ4つの場所を使用した場合，4つの場所で捕獲されたゴキブリの割合はそれぞれ13%，30%，51%，6%であった（Wang *et al.* 2019a）．どちらの研究でも，冷蔵庫とストーブのエリアが粘着トラップにとって最も重要な場所（critical places）であることが示された．

Wangら（未発表）は，2002〜06年にかけてインディアナ州ゲーリーで子ども連れの家族が住んでいたアパートでサンプリングを行っている．これらのアパートのほとんどには，ヒーターと洗濯機が置かれたユーティリティルームがあった．各アパートメントには6台のTrapperが配置された．トラップの場所は，キッチンのシンクの下のキャビネット，コンロ，冷蔵庫，暖炉の横またはユーティリティルームの棚の下，トイレの後ろであった．冷蔵庫の横にあるトラップは，一貫して最も多くのゴキブリを捕獲したが，キッチンのシンクの上のキャビネットにあるトラップには捕獲数が最も少なかった．

Zhaら（2018）は，ニュージャージー州ニューブランズウィックで，各アパートに6つのTrapper粘着トラップ（全トラップの1/3）を1〜4日間設置した．各アパート内の6つのトラップの位置は，表8.1に示した．捕獲されたゴキブリの割合は，それぞれ4%，2%，36%，37%，17%，4%であった（Zha *et al.* 2018）．上記の研究はすべて，家庭内でチャバネゴキブリをモニターする場合，コンロと冷蔵庫の位置が重要であることを示している．害虫管理会社は，ゴキブリモニターに使用するトラップの数を最小限に抑えようとすることがよくある．アパートごとにトラップを2つだけ

表 8.1　インディアナ州ゲーリーの2つのコミュニティのアパート内のゴキブリの分布

年	アパート数	アパートごとの捕獲平均数（最小、最大）	場所ごとのトラップ平均捕獲数					
			キッチンのシンクの下	キッチンのシンクの上	ストーブの横	冷蔵庫の横	ユーティリティルームの中	トイレの後ろ
2002	25	57（30, 949）	8	7	13	41	23	9
2003	35	130（34, 1141）	9	3	17	39	19	16
2004	30	92（31, 312）	7	8	18	47	10	9
2005	57	129（31, 1078）	11	6	18	38	21	8
2006	77	103（31, 733）	10	5	19	43	15	9
		平均値	9	6	17	42	17	10

モニタトラップと補虫トラップはアパートごとに6か所設置され，一晩後に回収された．6つのトラップに少なくとも30匹のゴキブリがいたアパートを対象とし，毎年4～5月に設置した

表 8.2　IPMプログラムを実施したあとのチャバネゴキブリ汚染を調査するための粘着トラップの2日対14日間設置

最初の処理後の期間	モニターしたアパート数	2日間設置後の発生アパート数	14日間設置した後の発生アパート数	2日間設置した発生アパートの探知失敗割合（%）
3～5週間	83	39	56	30
5～7週間	58	27	44	39
7～9週間	47	16	31	48

トラッパー・モニターと昆虫トラップはアパート1戸につき4個設置された

使用する場合は，コンロの横と冷蔵庫の横にトラップを配置する必要がある．

トラップの設置期間はゴキブリを検出する確率に対して影響を与える．研究者らはトラップを一晩（Miller & Meek 2004; Wang & Bennett 2006a）から数日または数週間（Sever *et al.* 2007; Zha *et al.* 2009）野外に放置する．害虫管理の専門家は通常，継続的に現場にトラップを設置し，毎月のサービス中にそれらをチェックする．ゴキブリ管理プログラムを評価するために2日間の配置と14日間の配置を比較したところ，2日間の配置では，3回の追跡訪問中に侵入の30%，39%，および48%を検出できなかった（表8.2）（Wang *et al.* 未発表データ）．ゴキブリを探知するため，2日間設置した場合の失敗率は，各訪問のたびにゴキブリの個体数が減少するにつれて増加した．感度が高まることに加えて，2～4週間の捕獲は，ゴキブリ管理の最初の処理後に推奨されるフォローアップ・スケジュールと一致する．トラップはフォローアップ訪問時に検査および交換ができる．長い捕獲期間を利用することの欠点は，入居するペットによって邪魔されるトラップの数が増加することである．1～7日間の配置期間を実施する場合，研究者または害虫管理技術者は，トラップを回収するためだ

けに各フォローアップ処理後，余分に現場へ出張する必要が生じる（Nalyanya & Schal 2001; Miller & Meek 2004; Wang & Bennett 2006a; Sever *et al.* 2007; Dingha *et al.* 2016）．

アパートごとに4つのトラップを設置し，トラップを14日間，所定の位置に保つというシステムを使用する方法は，アパート内のゴキブリ検出の有用な方法であることが示されている（Wang *et al.* 2019a）．トラップ内にゴキブリの活動が認められたアパートの住民のうち，インタビューを受けた人の36％はゴキブリの存在に気づいていないと回答している．14日を超える設置期間は，非常に低いレベルのゴキブリの数をさらに検出し，新たな侵入を検出し，処理後の除去を確認し，新たな汚染が確立される可能性を減らすためには考慮する可能性がある．

結　論

ゴキブリのモニターは通常，出没しそうなエリアに粘着トラップを設置し，再度訪問してトラップへの捕獲を検査することによって行われている．各アパートに4つのトラップを少なくとも2週間設置し，捕獲されたゴキブリを検出するが，これは，ゴキブリ管理プログラムにとって防除を決定するための確実な方法である．トラップの接着領域の周囲の表面や形状（シート状か折り畳み式か）などのトラップの設計は，有効性と捕獲されたゴキブリの令構成に影響を与える可能性がある．食品ベースの誘引剤を添加すると，粘着トラップの捕獲率を大幅に高めることができるが，効果的で経済的なゴキブリ誘引剤はあまりない．

離乳食用の瓶トラップは，幼虫よりも成虫のゴキブリを捕まえる可能性が高くなり，粘着トラップによる捕獲に比べ，大きい幼虫：小さい幼虫の比率が大きくなる．懐中電灯と検査用の鏡を使用して目視検査を行うと，正確な潜伏箇所をあきらかにすることができる．しかしこれは，一貫性がなく，要する時間が長いため，防除プログラムの有効性を評価する方法としてはあまり望ましくはない．ただし，ゴキブリを防除するために殺虫剤を使用したり，ゴキブリの生息地を排除するために環境を改善したりする場合には価値がある．目視検査中にフラッシング剤（ピレトリン）を吹き付けると，より多くのゴキブリが見つかる可能性があるが，ゴキブリが分散し，ゴキブリベイトの性能に影響を与える可能性がある．住人（クライアント）へのインタビューデータは信頼性が低いことが多く，防除後のゴキブリ防除の証拠として使用すべきではない．

参 考 文 献

Ameen A, Wang CL, Kaakeh W, Bennett GW, King JE, Karr LL, Xie J (2005) Residual activity and population effects of noviflumuron for German cockroach (Dictyoptera: Blattellidae) control. *Journal of Economic Entomology* **98**, 899-905. doi:10.1603/0022-0493-98.3.899

Artyukhina I (1972) Methods of registration and criteria for evaluating the population density of cockroaches (*Blattella germanica* L.). *Meditsinskaya Parazitologiya i Parazitarnye Bolezni* **41**, 472-477.

Ballard JB, Gold RE (1982) The effect of selected baits on the efficacy of a sticky trap in the evaluation of German cockroach populations. *Journal of the Kansas Entomological Society* **55**, 86-90.

Ballard JB, Gold RE (1983) Field evaluation of two trap designs used for control of German cockroach populations. *Journal of the Kansas Entomological Society* **53**, 506-510.

Ballard JB, Gold RE (1984) Laboratory and field evaluations of German cockroach (Orthoptera, Blattellidae) traps. *Journal of Economic Entomology* **77**, 661-665. doi:10.1093/jee/77.3.661

Burgess NRH, McDermot SN, Blanch AP (1974) An electrical trap for the control of cockroaches and other domestic pests. *BMJ Military Health* **120**, 173-175. doi:10.1136/jramc-120-03-06

Dingha BN, O'Neal J, Appel AG, Jackai LE (2016) Integrated pest management of the German cockroach (Blattodea: Blattellidae) in manufactured homes in rural North Carolina. *Florida Entomologist* **99**, 587-592. doi:10.1653/024.099.0401

Ebeling W, Reierson DA (1974) Bait trapping: silverfish, cockroaches, and earwigs. *Pest Control* **42** (24), 36-39.

Kaakeh W, Bennett GW (1997) Evaluation of trapping and vacuuming compared with low-Impact insecticide tactics for managing German cockroaches in residences. *Journal of Economic Entomology* **90**, 976-982.doi:10.1093/jee/90.4.976

Karimifar N, Gries R, Khaskin G, Gries G (2011) General food semiochemicals attract omnivorous German cockroaches, *Blattella germanica*. *Journal of Agricultural and Food Chemistry* **59**, 1330-1337. doi:10.1021/jf103621x

Koehler PG, Patterson RS, Brenner RJ (1987) German cockroach (Orthoptera, Blattellidae) infestations in low-income apartments. *Journal of Economic Entomology* **80**, 446-450. doi:10.1093/jee/80.2.446

Kwon TS, Chon TS (1991) Population dynamics of the German cockroach, *Blattella germanica* L., in Pusan. I. Seasonal abundance and density changes in habitats. *Korean Journal of Entomology* **21**, 97-106.

Miller D, Meek F (2004) Cost and efficacy comparison of integrated pest management strategies with monthly spray insecticide applications for German cockroach (Dictyoptera: Blattellidae) control in public housing. *Journal of Economic Entomology* **97**, 559-569. doi:10.1093/jee/97.2.559

Miller DM, Smith EP (2019) Quantifying the efficacy of an assessment-based pest management (APM) program for German cockroach (L.) (Blattodea: Blattellidae) control in low-income public housing units. *Journal of Economic Entomology* 10.1093/jee/toz302.

Miller DM, Koehler PG, Nation JL (2000) Use of fecal extract trails to enhance trap catch in German cockroach (Dictyoptera: Blattellidae) monitoring stations. *Journal of Economic Entomology* **93**, 865-870. doi:10.1603/0022-0493-93.3.865

Nalyanya G, Schal C (2001) Evaluation of attractants for monitoring populations of the German cockroach (Dictyoptera: Blattellidae). *Journal of Economic Entomology* **94**, 208-214.

doi:10.1603/0022-0493-94.1.208

Nojima S, Schal C, Webster FX, Santangelo RG, Roelofs WL (2005) Identification of the sex pheromone of the German cockroach, *Blattella germanica*. *Science* **307**, 1104-1106. doi:10.1126/science.1107163

Owens J, Bennett G (1982) German cockroach movement within and between urban apartments. *Journal of Economic Entomology* **75**, 570-573. doi:10.1093/jee/75.4.570

Owens JM, Bennett GW (1983) Comparative study of German cockroach (Dictyoptera: Blattellidae) population sampling techniques. *Environmental Entomology* **12**, 1040-1046. doi:10.1093/ee/12.4.1040

Piper G, Fleet R, Frankie G, Frisbie R (1975) *Controlling Cockroaches without Synthetic Organic Insecticides*. Leaflet no. 1373. Texas Agricultural Extension Service.

Pol JC, Jimenez SI, Gries G (2017) New food baits for trapping German cockroaches, *Blattella germanica* (L.) (Dictyoptera: Blattellidae). *Journal of Economic Entomology* **110**, 2518-2526. doi:10.1093/jee/tox247

Reierson D, Rust M (1977) Trapping, flushing, counting German roaches (*Blattella germanica*). *Pest Control* **45**, 40-44.

Robinson W, Akers R, Powell P (1980) German cockroaches in urban apartment buildings. *Pest Control* **48**, 18-20.

Ross MH, Mullins DE (1995) Biology. In *Understanding and Controlling the German Cockroach*. (Eds MK Rust, JM Owens, DA Reierson) pp. 21-48. Oxford University Press, New York.

Runstrom ES, Bennett GW (1990) Distribution and movement patterns of German cockroaches (Dictyoptera: Blattellidae) within apartment buildings. *Journal of Medical Entomology* **27**, 515-518. doi:10.1093/jmedent/27.4.515

Rust MK, Reierson DA (1991) Chlorpyrifos resistance in German cockroaches (Dictyoptera, Blattellidae) from restaurants. *Journal of Economic Entomology* **84**, 736-740. doi:10.1093/jee/84.3.736

Sakuma M, Fukami H (1990) The aggregation pheromone of the German cockroach, *Blattella germanica* (L.) (Dictyoptera, Blattellidae): isolation and identification of the attractant components of the pheromone. *Applied Entomology and Zoology* **25**, 355-368. doi:10.1303/aez.25.355

Sakuma M, Fukami H (1993) Aggregation arrestant pheromone of the German cockroach, *Blattella germanica* (L.) (Dictyoptera: Blattellidae): isolation and structure elucidation of blattellastanoside-A and -B. *Journal of Chemical Ecology* **19**, 2521-2541. doi:10.1007/BF00980688

Sakuma M, Fukami H, Kuwahara Y (1997) Attractiveness of alkylamines and aminoalcohols related to the aggregation attractant pheromone of the German cockroach, *Blattella germanica* (L.) (Dictyoptera: Blattellidae). *Applied Entomology and Zoology* **32**, 197-205. doi:10.1303/aez.32.197

Sever ML, Arbes SJ Jr, Gore JC, Santangelo RG, Vaughn B, Mitchell H, Schal C, Zeldin DC (2007) Cockroach allergen reduction by cockroach control alone in low-income urban homes: a randomized control trial. *Journal of Allergy and Clinical Immunology* **120**, 849-855. doi:10.1016/j.jaci.2007.07.003

Smith L, Appel A (2008) Comparison of several traps for catching German cockroaches (Dictyoptera: Blattellidae) under laboratory conditions. *Journal of Economic Entomology* **101**, 151-158. doi:10.1093/jee/101.1.151

Tsuji H (1965) Studies on the behaviour pattern of feeding of three species of cockroaches, *Blattella germanica* (L.), *Periplaneta americana* L., and *P. fuliginosa* S., with special reference to their responses to some constituents of rice bran and some carbohydrates. *Japanese Journal of Sanitary Zoology* **16**, 255-262. doi:10.7601/mez.16.255

Tsuji H (1966) Attractive and feeding stimulative effect of some fatty acids and related compounds on three species of cockroaches. *Japanese Journal of Sanitary Zoology* **17**, 89–97. doi:10.7601/mez.17.89

Wagner RE, Ebeling W, Clark WR (1964) An electric barrier for confining cockroaches in large rearing or field collecting cans. *Journal of Economic Entomology* **57**, 1007–1009. doi:10.1093/jee/57.6.1007

Wang C, Bennett GW (2006a) Comparative study of integrated pest management and baiting for German cockroach management in public housing. *Journal of Economic Entomology* **99**, 879–885. doi:10.1093/jee/99.3.879

Wang C, Bennett GW (2006b) Comparison of cockroach traps and attractants for monitoring German cockroaches (Dictyoptera: Blattellidae). *Environmental Entomology* **35**, 765–770. doi:10.1603/0046-225X-35.3.765

Wang C, Bennett GW (2006c) Efficacy of noviflumuron gel bait for control of the German cockroach, *Blattella germanica* (Dictyoptera: Blattellidae): laboratory studies. *Pest Management Science* **62**, 434–439.doi:10.1002/ps.1184

Wang C, Scharf ME, Bennett GW (2004) Behavioral and physiological resistance of the German cockroach to gel baits (Blattodea: Blattellidae). *Journal of Economic Entomology* **97**, 2067–2072. doi:10.1093/jee/97.6.2067

Wang C, Bischoff E, Eiden AL, Zha C, Cooper R, Graber JM (2019a) Residents' attitudes and home sanitation predict presence of German cockroaches (Blattodea: Ectobiidae) in apartments afor low-income senior residents. *Journal of Economic Entomology* **112**, 284–289. doi:10.1093/jee/toy307

Wang C, Eiden A, Cooper R, Zha C, Wang D (2019b) Effectiveness of building-wide integrated pest management programs for German cockroach and bed bug in a high-rise apartment building. *Journal of Integrated Pest Management* **10**, doi:10.1093/jipm/pmz031.

Zha C, Wang C, Buckley B, Yang I, Wang D, Eiden AL, Cooper R (2018) Pest prevalence and evaluation of community-wide integrated pest management for reducing cockroach infestations and indoor insecticide residues. *Journal of Economic Entomology* **111**, 795–802. doi:10.1093/jee/tox356

Zha C, Wang C, Eiden A, Cooper R, Wang D (2019) Spatial distribution of German cockroaches in a high-rise apartment building during building-wide integrated pest management. *Journal of Economic Entomology* **112**, 2302–2310. doi:10.1093/jee/toz128

第9章
化学的管理方法

Chow-Yang Lee and Michael K. Rust

はじめに

チャバネゴキブリ（*Blattella germanica*）は，世界で最も重要な都市昆虫の1種である（Rust *et al.* 1995）．この種類の防除は殺虫剤の使用に大きく依存している．20世紀に入って以来，多くのグループの殺虫剤が評価され，チャバネゴキブリに対して使用されてきた．多くの種類の殺虫剤に対する行動的および生理学的抵抗性の発達にもかかわらず（第11章を参照），化学的防除は依然として最も信頼性があり，費用対効果の高い防除方法である．この章では，1995〜2020年までのチャバネゴキブリに対する化学的防除に関する文献，特に害虫管理業務で一般的に使用される殺虫剤の種類についての概説を行った．古い文献については，Cornwell（1976），Mallis（1982），Ebeling（1995），および Wickham（1995）の出版物を参照すること．

少なくとも18種類の殺虫剤（ピレスロイド，有機リン，カーバメート，塩素化炭化水素，ネオニコチノイド，オキサジアジン，フェニルピラゾール，ピロール，アミジノヒドラゾン，環状ラクトン，昆虫成長調節剤（幼若ホルモン類似体，エクジステロイドアゴニスト，キチン合成阻害剤），スピノシン，イソオキサゾリン，リアノイド，植物・鉱物ベースの化合物など）がチャバネゴキブリに対して評価されている（表9.1）．これらの殺虫剤の中には，1つの製剤（ベイト，エアゾールなど）でのみ使用されるものもあれば，複数の製剤で使用されるものもある．化学品の代替処理剤を選択するためのガイドラインとして，殺虫剤抵抗性行動委員会（IRAC 2019）によって開発された殺虫剤の作用による分類スキームの大部分を組み込んでいる．

殺虫剤処理の大部分は，住宅所有者，テナント，メンテナンス担当者によって行われる．ニューヨーク市の女性386人を対象とした調査では，70％以上が家庭内での薬剤使用を報告している．害虫管理専門家（PMP）による防除を報告したのはわずか25％，ビルの保守要員による処理は31.6％のみであった（Berkowitz *et al.* 2003）．カリフォルニア州の55歳以上の成人153人を対象とした調査では，35％が殺虫剤を使用しており，そのうち49％がPMPs（pest management professionals）を採用していたことが判明している．昨年，高齢者が行った屋内殺虫剤処理では，屋

表9.1　チャバネゴキブリに対して試験された殺虫剤とそのクラス

クラス	殺虫剤名	製剤*1	試験法*2	濃度*3	結果*4	参考文献
アミノヒドラゾン	ヒドラメチルノン	ベイト（ゲル）	ジャー（0.9 L）	0.06～1.0%	2.2～5.5日（非選択）	
		ベイト（ステーション）	ジャー（0.9 L）	0.06～0.47%	2.9～4.3日（非選択）	
		TG	TP	5 μg/匹	6.3～7.4日	Ajjan & Robinson（1996）
	ヒドラメチルノン	ベイト	アリーナ試験	0.3%	30% 死亡率（ベイトのみ），60% 死亡率（ベイト＋糞抽出物）（5日間暴露）	Miller *et al.*（1997）
	ヒドラメチルノン	ベイト（ステーション）	小規模アリーナ（1,050 cm^2）	1.65%	LT_{50}＝3.1日	
		ベイト（ステーション）	野外	1.65%	＞80% 12週間後処理	Lee（1998）
	ヒドラメチルノン	ベイト（ステーション）	小規模アリーナ（1,050 cm^2）	1.65%	LT_{50}＝1.6日	Lee *et al.*（1999）
	ヒドラメチルノン	ベイト（ゲル）	ジャー（16.5 cm径×高さ20 cm）	2.15%	殺虫剤で汚染されたベイトはゴキブリの喫食に	Robinson & Barlow（1999）
	ヒドラメチルノン	ベイト	1 Lコンテナ	2%	LT_{50}＝3.2日（1・2令幼虫） LT_{50}＝6.7日（処理幼虫を喫食したオス）	Gahlhoff *et al.*（1999）
	ヒドラメチルノン	ベイト（ステーション）	小規模アリーナ（720 cm^2）	1%	LT_{50}＝5.9日（選択），3.7日（非選択）	
		ベイト（ゲル）		2.15%	LT50＝2.8日（選択），2日（非選択）	Kaakeh & Bennett（1999）
	ヒドラメチルノン	ベイト	ベイトアッセイ（ペトリ皿）	2.15%	7日目の死亡率80%，水平投与した場合の死亡率16～51%	Durier & Rivault（2000）
	ヒドラメチルノン	ベイト（ステーション）	小規模アリーナ（177 cm^2）	2%	LT_{50}＝44.4時間	
		ベイト（ゲル）		2.15%	LT_{50}＝41.4時間	Buczkowski *et al.*（2001）

（続き）

クラス	殺虫剤名	製剤*1	試験法*2	濃度*3	結果*4	参考文献
	ヒドラメチルノン	ベイト（ゲル）	小規模アリーナ（1,050 cm^2）	2%	LT_{50}＝1.8 日（オス），2.0 日（メス），3.3 日（中令幼虫）	Lee & Soo (2002)
	ヒドラメチルノン	ベイト（ペースト，ゲル）	小規模アリーナ（558 cm^2）	2%，2.15%	LT_{50}＝3.8，LT_{50}＝4.1 日	Appel (2004)
	ヒドラメチルノン	ベイト（ゲル）	野外	2%	1 週間以内で 90% 減少	Sitthicharoenchai *et al.* (2006)
			野外	2%	15～29 週後 83～86% 減少	Shahraki *et al.* (2010)
	ヒドラメチルノン	ベイト（ゲル）	小規模アリーナ（317 cm^2）	2%	LT_{50}＝1.2 日	Gondhalekar *et al.* (2011)
	ヒドラメチルノン	TG	TP	—	LD_{50}＝19 μg/g 匹	Ko *et al.* (2016)
	ヒドラメチルノン	ベイト（ゲル）	小規模アリーナ	2%	LT_{50}＝57～64.8 時間（さまざまなステージ）	Shahraki & Farashiani (2016)
	ヒドラメチルノン	TG	TP	—	LD_{50}＝2.1 μg/匹	Liang *et al.* (2017)
	ヒドラメチルノン	TG	SC（30 mL バイアル-71.7 cm^2）	—	LC_{50}＝1.8 mg/バイアル	Fardisi *et al.* (2017)
カーバメート	ベンジオカルブ，プロポクスル	TG	TP	—	LD_{50}＝12.8，LD_{50}＝15.6 μg/g 匹	Lee *et al.* (1996b)
	ベンジオカルブ，プロポクスル	TG	SC（ガラス瓶）	20 μg/cm^2	LT_{50}＝20 分，LT_{50}＝16.4 分	Lee & Lee (1998)
				20 μg/cm^2	LT_{50}＝20.6 分，LT_{50}＝14.2 分	Lee *et al.* (1999)
	ベンジオカルブ	WP	忌避性	0.08%	低忌避性	Stejskal (1996)
	ベンジオカルブ，プロポクスル	TG	TP	—	LD_{50}＝16，9.5 μg/g 48 時間での昆虫	Lee *et al.* (1996a)
				—	LD_{50}＝31.2，14.4 μg/匹	Valles & Yu (1996)
	ベンジオカルブ	WP	SC（ベイト中）	—	LC_{50}＝413～852 μg/cm^2	
		WP	SC	5143 μg/cm^2	LT_{50}＝15.1～21.6 分	Koehler *et al.* (1996)

（続き）

クラス	殺虫剤名	製剤*1	試験法*2	濃度*3	結果*4	参考文献
	ベンジオカルブ	TG	TP	—	LD_{50}＝26.4 μg/g 匹	Limoee *et al.* (2011)
	ベンジオカルブ	N/S	ベイト	2%	影響を受けた卵母細胞	Maiza *et al.* (2004)
	カーバリール	TG	SC（ガラス瓶）	20 μg/cm^2	LT_{50}＝93.6 分	Lee *et al.* (1999)
	プロポクスル	N/S	野外	2か月ごとに1回	良くない	Rivault & Cloarec (1995)
	プロポクスル	TG	TP	—	LD_{50}＝0.2 μg/匹	Pantoja *et al.* (2000)
				—	LD_{50}＝1.7 μg/匹	Sanchez-Arroyo *et al.* (2001)
				—	LD_{99}＝3.0 μg/匹	Lee & Lee (2002)
	プロポクスル	TG	SC（ガラス瓶）	1.1 μg/cm^2（10×LC_{95}）	LT_{50}＝15.1 分	Lee & Lee (2004)
	プロポクスル	TG	TP	—	LD_{50}＝10 μg/匹（のみ），LD_{50}＝18 μg/匹（＋0.17 mg トマドール 23～1）	Sims & Appel (2007)
				—	LD_{50}＝0.3 μg/mg 匹	Pai *et al.* (2005)
				—	LD_{50}＝4.6 μg/g 48 時間での昆虫	Chai & Lee (2010)
				—	LD_{50}＝1.1～5.3 μg/幼虫/成虫	Qian *et al.* (2010)
				—	LD_{50}＝7.0 μg/g 72 時間での昆虫	Gondhalekar *et al.* (2011)
				—	LD_{50}＝1.0 μg/匹	Wu & Appel (2017)
キチン合成阻害剤(CSI)	フルフェノックスロン	粉塵	研究所	6 g	16 週後 98.1% 減少	Ameen *et al.* (2002)
	ルフェヌロン	ベイト，スプレー	ベイトアッセイ，SC，SF	50 mg/kg（ベイト）	11 か月後駆除	
				10 mga.i./m^2	6 か月後駆除	Mosson *et al.* (1995)
	ルフェヌロン	EFT	SC	10，25，50 mg/m^2	死亡率 70.1～87.1%	Kaakeh *et al.* (1997d)
	ルフェヌロン	N/S	野外	200 mg/L	4～6 週間の間に幼虫：成虫比率は 0.63 から 0.15 に減少し，125 日後 0.96 まで減少	Vagn-Jensen & Schenker (1999)

（続き）

クラス	殺虫剤名	製剤*1	試験法*2	濃度*3	結果*4	参考文献
	ルフェヌロン	TG	SC（ろ紙）	50 mg/m^2	7 週後 97.9〜99% 減少	Seccacini *et al.*（2018）
	ノビフルムロン	SC, ゲル, 粉塵	研究所	25 mg/m^2, 12 g, 6 g	16 週後 65.6%，97.7%，99.9% と減少	
		ゲル，粉塵	野外	15 g perapartment	12 週後粉塵は 96.9〜98.4%，ゲルは 89.8〜92.5% 減少	Ameen *et al.*（2002）
	ノビフルムロン	SC	SC（異なる表面）	40.7 mg/m^2	古い表面では 120 日後 85〜100% 減少	
		SC	野外	0.2%，0.5%	24 週後 94.5%，99.9% 減少	Ameen *et al.*（2005）
	ノビフルムロン	ゲル	ペトリ皿	10〜5000 ppm	顕著な殺卵作用，♂♂生存率に影響	King（2005）
	ノビフルムロン	ゲル	小規模アリーナ（248 cm^2）	0.001〜0.5%	LT_{50}＝3.4〜7.2 日（2・3 令幼虫の）	
		ゲル	大規模アリーナ（1 m^2）	0.5%	7 週後 99.3% 減少	
		ゲル	シミュレーションキッチン	0.5%	4 週後 82.6% 減少，5 週後 100% 減少	Wang & Bennett（2006）
	トリフルムロン	SC	野外	0.096%	4 か月で 94% 減少	
			野外	0.024〜0.096%	4 か月で 63〜69% 減少	Miller *et al.*（1996）
塩素系炭化水素	クロルデン	TG	TP	—	LD_{50}＝15.9 μg/g 匹	Scharf *et al.*（1996）
	DDT	TG	TP	—	LD_{50}＝620 μg/g 48 時間での昆虫	Lee *et al.*（1996a）
	DDT	TG	SC（ガラス瓶）	20 μg/cm^2	LT_{50}＝1,111 分	Lee & Lee（1998）
	DDT，ディルドリン，エンドスルファン			20 μg/cm^2	LT_{50}＝230 分，104 分，105 分	Lee *et al.*（1999）
	DDT	TG	TP	—	LD_{50}＝36.4 μg/g 72 時間での昆虫	Gondhalekar *et al.*（2011）
	ディルドリン	TG	SC（ガラス瓶）	20 μg/cm^2	LT_{50}＝104.4 分	Lee *et al.*（1999）
	ディルドリン	TG	TP	—	LD_{50}＝77.3 ng/匹	Holbrook *et al.*（2003）

（続き）

クラス	殺虫剤名	製剤*1	試験法*2	濃度*3	結果*4	参考文献
				—	LD_{50}＝0.02 μg/72時間での昆虫	Kristensen *et al.*（2005）
				—	LD_{50}＝2.2 μg/g 72時間での昆虫	Gondhalekar *et al.*（2011）
				—	LD_{50}＝4.9，4.7 μg/g 匹	Ang *et al.*（2013）
	リンデン	WP	野外	N/S	3か月後82.8% 減少	Lukwa *et al.*（2018）
エクジステロイドアゴニスト	ハロフェノザイド（RH-0345）	N/S	TP	10，20 μg/♀	卵母細胞の減少数，基礎卵母細胞のサイズとボリュームの減少	Maiza *et al.*（2004）
	デブフェノジド	TG	TP	—	LD_{50}＝402 μg/g 匹	Kilani-Morakchi *et al.*（2014）
イソキサジオン	フルララネル	TG	TP	—	LD_{50}＝4.9 ng/120時間での昆虫	Sheng *et al.*（2017）
幼若ホルモン様物質（JHA）	フェノキシカルブ	N/S	SC	0.125%，0.187%	1日目97〜100%，120日目89〜95%	
	ハイドロプレン	N/S	SC	0.042%，0.07%	1日目100%，120日目22〜71%	
	ピリプリキシフェン	N/S	SC	0.007%，0.02%	1日目64〜100%，120日目86%	Kaakeh *et al.*（1997c）
	ハイドロプレン	Point-source	チャンバー（11.6 m^2）	120 mg（×4）	18か月後に駆除	Short *et al.*（1996）
	メソプレン	N/S	TP	10 μg/♀		Maiza *et al.*（2004）
	ピリプリキシフェン	EC	SC	—	EC_{50}（翅がねじれている）＝0.4〜0.7 mg/m^2	
					SC_{50}（不妊症）＝0.04〜0.05 mg/m^2	Lim & Yap（1996）
マイクロサイクリッククラクトン	アバメクチン	ベイト	ジャーアッセイ，ECB，野外	0.01%，0.05%	LT_{50}＝1.4〜36.5日（ジャー） LT_{50}＝2.5〜6.2日（ECB） 12週間で52〜75% 減少（野外）	Appel & Benson（1995）
	アバメクチン	ベイト（ゲル）	1Lコンテナ	0.01%	LT_{50}＝2.7日（1・2令幼虫は2日），LT_{50}＝7.9日（オスに処理幼虫を食べさせた）	Gahlhoff *et al.*（1999）
		ベイト（パウダー）	小規模アリーナ（720 cm^2）	0.05%	LT_{50}＝7.8日（選択），2.0日（非選択）	Kaakeh & Bennett（1999）

（続き）

クラス	殺虫剤名	製剤*[1]	試験法*[2]	濃度*[3]	結果*[4]	参考文献
		ベイト（パウダー，ゲル）	小規模アリーナ（177 cm^2）	0.05%	LT_{50}＝18.7 時間，LT_{50}＝13.8 時間	Buczkowski *et al.*（2001）
		ベイト（粉塵，ペースト，ゲル）	小規模アリーナ（558 cm^2）	0.05%	LT_{50}＝1.0～3.8 日	Appel（2004）
		ベイト（粉塵）	野外	0.05%（15g/ユニット）	24 週間で 71.4% 減少	Ameen *et al.*（2005）
	アバメクチン	TG	TP	—	LD_{50}＝0.08 μg/g 匹	Wang *et al.*（2004）
				—	LD_{50}＝0.07 μg/g 72 時間での昆虫	Gondhalekar *et al.*（2011）
	アバメクチン	ベイト（ゲル）	小規模アリーナ（317 cm^2）	0.05%	LT_{50}＝0.6 日	Gondhalekar *et al.*（2011）
	アバメクチン	TG	SC（30 mL バイアル-71.67 cm^2）	—	LC_{50}＝0.9 μg/バイアル	Fardisi *et al.*（2017）
ネオニコチノイド	アセタミピリド	EC	SC（ガラス瓶）	20 μg/cm^2	LT_{50}＝12.0 分	Lee *et al.*（1999）
	アセタミピリド	TG	SC（30 mL バイアル-71.67 cm^2）	—	LC_{50}＝64.2 μg/バイアル	Fardisi *et al.*（2017）
	クロチアニジン	TG	TP	—	LD_{50}＝2 μg/匹（のみ），LD_{50}＝0.3 μg/匹（＋0.17 mg トマドール 23～1）	Sims & Appel（2007）
	クロチアニジン	ベイト（ゲル）	小規模アリーナ（1080 cm^2）	1%	LT_{50}＝6.8 時間	Davari *et al.*（2018）
	クロチアニジン	TG	SC（30 mL バイアル-71.7 cm^2）	—	LC_{50}＝34.1 μg/バイアル	
	ジノテフラン	TG	SC（30 mL バイアル-71.7 cm^2）	—	LC_{50}＝2.0 μg/バイアル	Fardisi *et al.*（2017）
	イミダクロプリド	ベイト（ゲル）	小規模アリーナ（558 cm^2）	2.15%	LT_{50}＝0.41 日	Appel（2004）

（続き）

クラス	殺虫剤名	製剤*1	試験法*2	濃度*3	結果*4	参考文献
	イミダクロプリド	TG	TP	—	LD_{50}=0.022 mg/1匹（のみ），LD_{50}=0.006 mg/匹（+0.17 mg トマドール 23～1）	
	チアメトキサム	TG	TP	—	LD_{50}=0.004 mg/1匹（のみ），LD_{50}=0.002 mg/匹（+0.17 mg トマドール 23～1）	Sims & Appel (2007)
	イミダクロプリド	ベイト（ゲル）	ジャー（0.95 L）	2.15%	LT_{50}=8.8～190.1時間（餌あり） LT_{50}=1.7～30.7時間（餌なし）	
	イミダクロプリド	ベイト	ベイトアッセイ	2.15%	LT_{50}=11.3時間	Nasirian (2007)
			ECB	2.15%	PI_{max}=116.2	
			野外	2.15%	4週間で94.9%減少	Appel & Tanley (2000)
	イミダクロプリド	TG	TP	—	LD_{50}=25.3 μg/g 48時間での昆虫	Chai & Lee (2010)
				—	LD_{50}=10.1 μg/g 72時間での昆虫	Gondhalekar *et al.* (2011)
				—	LD_{50}=0.17 μg/g 匹	Wu & Appel (2017)
	イミダクロプリド	ベイト（ゲル）	小規模アリーナ	2.15%	LT_{50}=12.5～14.5時間（複数の令）	Shahraki & Farashiani (2016)
			野外	2.15%	12週間で61.4～96.8%減少	Agrawal *et al.* (2010)
			小規模アリーナ（317 cm^2）	2.15%	LT_{50}=0.13日	Gondhalekar *et al.* (2011)
	イミダクロプリド	TG	SC（30 mL バイアル-71.67 cm^2）	—	LC_{50}=0.2 mg/バイアル	
	チアメトキサム	TG	SC（30 mL バイアル-71.67 cm^2）	—	LC_{50}=5.4 μg/バイアル	Fardisi *et al.* (2017)
有機リン剤	アセフェート	TG	TP	—	LD_{50}=0.005 mg/1匹（のみ），LD_{50}=0.004 mg/匹（+0.17 mg トマドール 23～1）	Sims & Appel (2007)

（続き）

クラス	殺虫剤名	製剤*1	試験法*2	濃度*3	結果*4	参考文献
	クロルピリホス	TG	TP（足根，胸部）	0.47 μg/μl	LT_{50}=4.2〜8.7 分	Scharf *et al.* (1995)
			TP	—	LD_{50}=5.0 μg/g 48 時間での昆虫	Lee *et al.* (1996a)
			TP	—	LD_{50}=5.2 μg/g 48 時間での昆虫	Lee *et al.* (1996b)
	クロルピリホス	TG	SC	3.0 μg/cm²	LT_{50}=47.2 分	Scharf *et al.* (1997)
			TP	—	LD_{50}=4.2 μg/匹	Valles & Yu (1996)
			TP	—	LD_{50}=3.5〜5.3 μg/g 匹	Scharf *et al.* (1996)
	クロルピリホス	WP	SC（ベイト）	—	LC_{50}=21.4〜32.1 μg/cm²	
	クロルピリホス	WP	SC	240 μg/cm²	LT_{50}=15.7〜21.1 分	Koehler *et al.* (1996)
	クロルピリホス	TG	TP	—	LD_{50}=5.0 μg/g 匹	
			SC	3.0 μg/cm²	LT_{50}=47.2 分	Scharf *et al.* (1997)
			SC（ガラス瓶）	20 μg/cm²	LT_{50}=59.4 分	Lee *et al.* (1999)
	クロルピリホス	ベイト	1 L コンテナ	0.53%	LT_{50}=1.2 日（1・2 令幼虫），LT_{50}=8.5 日（オスに処理幼虫を食べさせた）	Gahlhoff *et al.* (1999)
		ベイト（ステーション）	小規模アリーナ（720 cm²）	0.53%	LT_{50}=0.8 日（選択），0.1 日（非選択）	
		ベイト（w/o ステーション）			LT_{50}=5.5 日（選択），0.8 日（非選択）	Kaakeh & Bennett (1999)
	クロルピリホス	ベイト（ブロック）	小規模アリーナ（177 cm²）	0.53%	LT_{50}=5.5 時間	Buczkowski *et al.* (2001)
	クロルピリホス	EC	SC on paper in 4 L ガラス瓶	0.26%	死亡率=46.1〜78.6%（殺虫剤+排泄物抽出液），28.1%（殺虫剤のみ）	Miller & Koehler (2000)
	クロルピリホス	TG	TP	—	LD_{50}=0.3 μg/匹	Pantoja *et al.* (2000)

（続き）

クラス	殺虫剤名	製剤[*1]	試験法[*2]	濃度[*3]	結果[*4]	参考文献
			TP	—	LD_{99}＝2.5 μg/匹	Lee & Lee (2002)
			SC（ガラス瓶）	18.4 μg/cm^2 (10×LC_{95})	LT_{50}＝50.9 分	Lee & Lee (2004)
			TP	—	LD_{50}＝0.2 μg/mg 匹	Pai *et al.* (2005)
	クロルピリホス	EC	SC（ガラス）	0.03%，0.25%	LT_{50}＝3.52，1.36 時間	
		EC	ECB	0.03%	LT_{50}＝6.73 日	
		ME	SC（ガラス）	0.03%，0.25%	LT_{50}＝3.10，2.99 時間	
		ME	ECB	0.03%，0.25%	LT_{50}＝7.18，2.98 日	Sims *et al.* (2010)
	クロルピリホス	TG	TP	—	LD_{50}＝6.0 ng/メス	Chang *et al.* (2010)
	クロルピリホス	TG	TP	—	LD_{50}＝4.4 μg/g 48 時間での昆虫	Chai & Lee (2010)
	クロルピリホス	TG	TP	—	LD_{50}＝2.1 μg/g 72 時間での昆虫	Gondhalekar *et al.* (2011)
	クロルピリホス	TG	TP	—	LD_{50}＝5.7 μg/g 匹	Limoee *et al.* (2011)
	クロルピリホス	TG	TP	—	LD_{50}＝0.2 μg/g 匹	Wu & Appel (2017)
	クロルピリホスメチル	TG	SC（ガラス瓶）	20 μg/cm^2	LT_{50}＝33.3 分	Lee *et al.* (1999)
	クロルピリホスメチル	TG	TP	—	LD_{50}＝7.0 ng/メス	Chang *et al.* (2010)
	ダイアジノン	TG	TP	—	LD_{50}＝8.9 μg/g 匹	Scharf *et al.* (1996)
	ダイアジノン	TG	SC（ガラス瓶）	20 μg/cm^2	LT_{50}＝30.0 分	Lee *et al.* (1999)
	ジクロルボス	N/S	野外	0.6%	1 週で 90% 減少，4 か月で 50%	Miller *et al.* (1996)
	ジクロルボス	TG	TP	—	LD_{50}＝0.1〜2.0 μg/匹（幼虫/成虫）	Qian *et al.* (2010)
	フェニトロチオン	TG	TP	—	LD_{50}＝8.6 μg/g 匹	Lee *et al.* (1996b)
	フェニトロチオン	TG	SC（ガラス瓶）	20 μg/cm^2	LT_{50}＝31.4 分	Lee *et al.* (1999)
	フェニトロチオン	WP	野外	488 mg/L	3 か月で 87.8% 減少	Lukwa *et al.* (2018)

（続き）

クラス	殺虫剤名	製剤[*1]	試験法[*2]	濃度[*3]	結果[*4]	参考文献
	フェンチオン	TG	TP	—	LD_{50}＝0.1 μg/メス	Chang *et al.* (2010)
	マラサイオン	TG	SC（ガラス瓶）	20 μg/cm^2	LT_{50}＝35分	Lee *et al.* (1999)
			TP	—	LD_{50}＝8.4 μg/匹	Pantoja *et al.* (2000)
	ピリミホスメチル	EC	忌避性	0.08%	中間くらいの忌避性	Stejskal(1996)
	ピリミホスメチル	TG	SC（ガラス瓶）	20 μg/cm^2	LT_{50}＝44.4分	Lee *et al.* (1999)
			TP	—	LD_{50}＝0.05 μg/匹	Pantoja *et al.* (2000)
	プロペンタンホス	N/S	野外	2か月に1回	中間くらい	Rivault & Cloarec (1995)
	プロペンタンホス	TG	TP	—	LD_{50}＝5.5 μg/g匹	Scharf *et al.* (1996)
オキサジアジン	インドキサカルブ	ベイト（パウダーゲル）	プラスチック容器（558 cm^2）	0.25%, 0.5, 1%	LT_{50}＝0.7〜1.6時間（餌あり）	
			ECB	0.25%	PI_{max}＝117.4	
			野外	0.25%	2週間で95.3%減少	Appel (2003)
	インドキサカルブ	TG	TP	—	LD_{50}＝6.0 μg/g 48時間での昆虫	Chai & Lee (2010)
			TP	—	LD_{50}＝1.8 μg/g 72時間での昆虫	Gondhalekar *et al.* (2011)
		ベイト（ゲル）	小規模アリーナ（317 cm^2）	0.6%	LT_{50}＝0.5日	Gondhalekar *et al.* (2011)
	インドキサカルブ	WG	TP	—	LD_{50}＝51 ng/g 6日での昆虫	
				45〜90 ng/匹	LT_{50}＝4.6〜6日	Maiza *et al.* (2013)
	インドキサカルブ	ベイト（ゲル）	小規模アリーナ（187 cm^2）	0.6%	LT_{50}＝145.6時間	Anikwe *et al.* (2014)
			小規模アリーナ（1,080 cm^2）	0.6%	LT_{50}＝7.8時間	Davari *et al.* (2018)
	インドキサカルブ	TG	TP	—	LD_{50}＝3.8 μg/g匹	Ko *et al.* (2016)

（続き）

クラス	殺虫剤名	製剤*1	試験法*2	濃度*3	結果*4	参考文献
			TP	—	LD_{50}＝0.04 μg/匹	Liang *et al.* (2017)
			SC (30 mL バイアル－71.67 cm^2)	—	LC_{50}＝2.7 μg/バイアル	Fardisi *et al.* (2017)
フェニルピラゾール	フィプロニル	TG	TP	—	LD_{50}＝2.6 ng/匹	Scott & Wen (1997)
				—	LD_{50}＝4.6 ng/匹	Valles *et al.* (1997)
				—	LD_{50}＝0.03 μg/g 72時間での昆虫	Kaakeh *et al.* (1997e)
				—	LD_{50}＝2.0 ng/72時間での昆虫	Holbrook *et al.* (2003)
				—	LD_{50}＝0.1 μg/g 48時間での昆虫	Chai & Lee (2010)
				—	LD_{50}＝1.3 ng/匹	Kristensen *et al.* (2005)
				—	LD_{50}＝0.02 μg/匹	Hansen *et al.* (2005)
				—	LD_{50}＝0.03 μg/g 匹	Wang *et al.* (2004)
				—	LD_{50}＝1.0 ng/g 匹	Nasirian *et al.* (2006)
				—	LD_{50}＝0.03 μg/g 72時間での昆虫	Gondhalekar *et al.* (2011)
				—	LD_{50}＝0.03 μg/g 72時間での昆虫	Gondhalekar & Scharf (2012)
				—	LD_{50}＝0.05，0.11 μg/g 匹	Ang *et al.* (2013)
				—	LD_{50}＝0.06 μg/g 匹	Ko *et al.* (2016)
				—	LD_{50}＝1.1 ng/匹	Liang *et al.* (2017)
				—	LD_{50}＝2.1 ng/120時間での昆虫	Sheng *et al.* (2017)
				—	LD_{50}＝1.3 ng/匹	Wu & Appel (2017)
		TG	ベイト	100～1,000 ppm	80～100% 72時間での死亡率	Kaakeh *et al.* (1997e)

（続き）

クラス	殺虫剤名	製剤[*1]	試験法[*2]	濃度[*3]	結果[*4]	参考文献
			SC（30 mL バイアル-71.67 cm^2）	—	LC_{50}＝0.02 μg/バイアル	Fardisi *et al.* (2017)
		ベイト	1 L コンテナ	0.05%	LT_{50}＝1.22 日（1・2 令幼虫），LT_{50}＝1.84 日（オスに処理幼虫を食べさせた）	Gahlhoff *et al.* (1999)
			アッセイ（ペトリ皿）	0.05%	7か月で死亡率 99.8%，水平伝播死亡率は 4.5～99.6%	Durier & Rivault (2000)
		ベイト（ゲル）	ベイトアッセイ	0.05%	LT_{50}＝47.1 時間	Nasirian (2007)
		ベイト（ブロック）	小規模アリーナ（177 cm^2）	0.05%	LT_{50}＝3.6 時間	
		ベイト（ゲル）	小規模アリーナ（177 cm^2）	0.01%	LT_{50}＝3.4 時間	Buczkowski *et al.* (2001)
		ベイト（ペースト，ゲル）	小規模アリーナ（558 cm^2）	0.03%，0.01%	LT_{50}＝0.8，2.1 日	Appel (2004)
		ベイト（ゲル）	小規模アリーナ（317 cm^2）	0.01%	LT_{50}＝0.3 時間	Gondhalekar *et al.* (2011)
		ベイト	小規模アリーナ（1,125 cm^2）	0.01%	LT_{50}＝1.0 日（非選択），1.6 日（選択）	El-Monairy *et al.* (2015)
		ベイト（ゲル）	小規模アリーナ	0.05%	LT_{50}＝31.4～35 時間（複合ステージ）	Shahraki & Farashiani (2016)
		ベイト（ゲル）	アリーナ（1,850 cm^2）	0.05%	LT_{50}＝8.3 時間	Ang *et al.* (2013)
		ベイト	異なる表面上のアリーナ（1 m^2）	0.025～0.125 g/m^2 で 0.03%	LD_{80}＝0.21（木材上），0.25（セメント上），0.36（泥上）and 0.47 g/m^2（芝生の根）	Srinivasan *et al.* (2005)
		ベイト（ゲル）	小規模アリーナ（1080 cm^2）	0.01%，0.05%	LT_{50}＝6.45，6.84 時間	Davari *et al.* (2018)
		ベイト	野外	0.03～0.09 g/m^2 で 0.05%	3か月で 94.8%～99% 減少	Miller & Peters (1999)

（続き）

クラス	殺虫剤名	製剤*1	試験法*2	濃度*3	結果*4	参考文献
		ベイト（ステーション）	野外	0.05% ×12 ベイト	12週で89.5% 減少	Ameen *et al.* (2005)
	フィプロニル＋イミダクロプリド	ベイト（ゲル）	野外	0.05% フィプロニル 2.15%	9週で100% 減少	Nasirian (2008)
	フィプロニル	ベイト（ゲル）	野外	0.01%	12週で54.3〜98.1% 減少	Agrawal *et al.* (2010)
ピラゾール	クロルフェナピル	SC, WP	SC（メソナイト）	25 mg/m^2	5日で62.5〜100%（180日後まで観察）	
	クロルフェナピル	SC, WPTG	野外 TP	N/S	8週で78.3〜82.3% 減少	Ameen *et al.* (2000)
					LD_{50}＝0.4 mg/1 匹（のみ），LD_{50}＝0.05 mg/匹（＋0.17 mg トマドール 23〜1）	Sims & Appel (2004)
			TP	—	LD_{50}＝5.58 μg/g 72時間での昆虫	Gondhalekar *et al.* (2011)
			SC（30 mL バイアル-71.67 cm^2）	—	LC_{50}＝1.0 μg/バイアル	Fardisi *et al.* (2017)
ピレトロイド	アレスリン	TG	TP	—	LD_{50}＝21.3 μg/g 匹	Scharf *et al.* (1996)
	α シペルメトリン			—	LD_{50}＝0.3 μg/g 匹	
	β シフルトリン			—	LD_{50}＝0.3 μg/g 匹	Lee *et al.* (1996b)
	β シフルトリン	SC	SC（合板，タイル）	7.5，12.5 mg/m^2	タイル上で32週残留効果あり	
		SC	野外	12.5，25 mg/m^2	3か月で各々83%，88% 減少	
		TB	SC（合板，タイル）	7.5，12.5mg/m^2	タイル上で32週残留効果あり	Schneider *et al.* (1996)
		TG	TP	—	LD_{50}＝0.2 μg/g 48時間での昆虫	Chai & Lee (2010)
			SC（30 mL バイアル-71.7 cm^2）	—	LC_{50}＝0.3 μg/バイアル	Fardisi *et al.* (2017)
	ビフェントリン	TG	TP	—	LD_{50}＝0.6 μg/g 匹	Lee *et al.* (1996b)

（続き）

クラス	殺虫剤名	製剤[*1]	試験法[*2]	濃度[*3]	結果[*4]	参考文献
			TP	—	LD_{50}＝0.02 μg/オス	Chang *et al.* (2010)
	ビフェントリン	TG	SC（ガラス瓶）	20 μg/cm^2	LT_{50}＝14.4 分	Lee *et al.* (1999)
			SC（30 mL バイアル－71.67 cm^2）	—	LC_{50}＝0.6 μg/バイアル	Fardisi *et al.* (2017)
		RTU	SC（ガラス）	0.03%, 0.05%	LT_{50}＝1.1×10^{13}, 6.5×10^4 時間	
		RTU	ECB	0.03%, 0.05%	LT_{50}＝21.0, 1.0 日	
		ME	SC（ガラス）	0.03%, 0.05%	LT_{50}＝0.6, 0.5 時間	
		ME	ECB	0.03%, 0.05%	LT_{50}＝0.2, 0.1 日	Sims *et al.* (2010)
	S-バイオアレスリン	SS	チャンバー（28.3 m^3）	6.9 mg/m^3	100% 死亡率	Lesiewicz *et al.* (1996)
	シフルスリン	TG	TP	—	LD_{50}＝0.2 μg/g 匹	Scharf *et al.* (1996)
	シフルスリン	WP	SC（ベイト）	—	LC_{50}＝6.8〜28.8 μg/cm^2	
	シフルスリン	WP	SC	142 μg/cm^2	LT_{50}＝2.6〜4.1 分	Koehler *et al.* (1996)
			野外	11.25 L	10 日でゴキブリ 90.4% 減少	Zurek *et al.* (2003)
	シフルスリン	EC	SC（ガラス）	0.03%, 0.05%	LT_{50}＝0.3, 0.3 時間	
		EC	ECB	0.03%, 0.05%	LT_{50}＝0.6, 0.3 日	
		ME	SC（ガラス）	0.03%, 0.05%	LT_{50}＝0.1, 0.13 時間	
		ME	ECB	0.03%, 0.05%	LT_{50}＝0.05, 0.001 日	Sims *et al.* (2010)
	サイパーメスリン	TG	TP（足根, 胸部）	0.10 μg/μL	LT_{50}＝0.6〜0.7 分	
			SC	0.25 mg/ジャー	LT_{50}＝8.5 分	Scharf *et al.* (1995)
	サイパーメスリン	TG	TP	—	LD_{50}＝1.2 μg/g 48 時間での昆虫	Lee *et al.* (1996a)
				—	LD_{50}＝1.1 μg/g 匹	Lee *et al.* (1996b)

（続き）

クラス	殺虫剤名	製剤[*1]	試験法[*2]	濃度[*3]	結果[*4]	参考文献
				—	LD_{50}＝0.8 μg/匹	Valles & Yu (1996)
				—	LD_{50}＝0.5〜0.7 μg/g 匹	Scharf *et al.* (1996)
				—	LD_{50}＝0.04 μg/匹	Dong *et al.* (1998)
				—	LD_{50}＝0.6 μg/g 匹	Scharf *et al.* (1997)
				—	LD_{50}＝0.9 μg/g 匹	Valles (1998)
				—	LD_{50}＝0.9 μg/g 匹	Valles *et al.* (2000)
				—	LD_{50}＝0.04 μg/匹	Pantoja *et al.* (2000)
				—	LD_{50}＝41.8 ng/72時間での昆虫	Holbrook *et al.* (2003)
				—	LD_{50}＝0.2 μg/mg 匹	Pai *et al.* (2005)
				—	LD_{50}＝0.02 μg/メス	Chang *et al.* (2010)
				—	LD_{50}＝0.6 μg/g 72時間での昆虫	Gondhalekar *et al.* (2011)
				—	LD_{50}＝3.7 μg/g 匹	Limoee *et al.* (2011)
			SC	0.6 μg/cm^2	LT_{50}＝8.5分	Scharf *et al.* (1997)
	サイパーメスリン	WP	SC（ベイト）	—	LC_{50}＝10.1〜16.2 μg/cm^2	
			SC	130 μg/cm^2	LT_{50}＝0.9〜1.4分	Koehler *et al.* (1996)
	サイパーメスリン	N/S	野外	0.1〜0.2% 2回/1年	減少率は1981年は94%，1990年は21%に低下した	Zhai & Robinson (1996)
	サイパーメスリン	TG	TP	—	LD_{50}＝1.4 μg/g 匹	Lee *et al.* (1996b)
	デルタメスリン	TG	TP	—	LD_{50}＝0.2 μg/g 48時間での昆虫	Lee *et al.* (1996a)
				—	LD_{50}＝0.2 μg/g 匹	Lee *et al.* (1996b)
				—	LD50＝0.04μg/匹	Pantoja *et al.* (2000)
				—	LD_{50}＝0.2 μg/g 匹	Choo *et al.* (2000)

（続き）

クラス	殺虫剤名	製剤[*1]	試験法[*2]	濃度[*3]	結果[*4]	参考文献
				—	LD_{99}＝0.06 μg/匹	Lee & Lee (2002)
				—	LD_{50}＝0.2 μg/g 48時間での昆虫	Chai & Lee (2010)
				—	LD_{50}＝0.01 μg/メス	Chang *et al.* (2010)
			SC（ガラス瓶）	20 μg/cm²	LT_{50}＝5.5分	Lee & Lee (1998)
				20 μg/cm²	LT_{50}＝4.6分	Lee *et al.* (1999)
				0.6 μg/cm² (10×LC_{95})	LT_{50}＝6.6分	Lee & Lee (2004)
				0.15%	LT_{50}＝3.6分	Choo *et al.* (2000)
		粉塵	ペトリ皿，ジャーテスト	0.5 g of 0.05%	LT_{50}＝394〜690分（0〜1 mLの水と一緒に）	Appel *et al.* (2004)
		EC	SC（ガラス）	0.01%，0.03%	LT_{50}＝0.2，0.1時間	
		EC	ECB	0.01%，0.03%	LT_{50}＝0.4，0.2日	
		ME	SC（ガラス）	0.01%，0.03%	LT_{50}＝0.3，0.3時間	
		ME	ECB	0.01%	LT_{50}＝0.1時間	Sims *et al.* (2010)
		N/S	野外	2週に1回	中間	Rivault & Cloarec (1995)
	エスフェンバレレート	TG	TP	—	LD_{50}＝11.7 ng/メス	Chang *et al.* (2010)
	エトフェンプロックス	TG	TP	—	LD_{50}＝1.8 μg/g匹	Lee *et al.* (1996b)
			SC（ガラス瓶）	20 μg/cm²	LT_{50}＝7.3分	Lee *et al.* (1999)
	フェンバレレート	TG	TP	—	LD_{50}＝0.2 μg/g匹	Wu *et al.* (1998)
	ラムダシハロトリン	TG	TP	—	LD_{50}＝0.2 μg/g匹	Lee *et al.* (1996b)
				—	LD_{50}＝0.1 μg/g匹	Scharf *et al.* (1996)
				—	LD_{50}＝0.1 μg/匹	Pantoja *et al.* (2000)

（続き）

クラス	殺虫剤名	製剤[*1]	試験法[*2]	濃度[*3]	結果[*4]	参考文献
		N/S	TP	—	LD_{50}＝0.002（19℃），0.005（26℃），0.006 μg/g 匹（31℃）	Valles *et al.* (1998)
		TG	SC	N/S	LT_{50}＝9.8 分	Scharf *et al.* (1997)
		WP	SC（ベイト）	—	LC_{50}＝0.9～2.7 μg/cm^2	
			SC	17 μg/cm^2	LT_{50}＝1.3～1.6 分	Koehler *et al.* (1996)
	ラムダシハロトリン	CS	SC（タイル，セメント）	—	LC_{50}＝0.4（タイル上），1.5 mg/m^2（セメント上）	Wege *et al.* (2002)
		RTU	SC（ガラス）	0.015%，0.03%	LT_{50}＝0.2，0.3 時間	
		RTU	ECB	0.03%	LT_{50}＝0.01 日	
		ME	SC（ガラス）	0.015%，0.03%	LT_{50}＝0.2，0.1 時間	
		ME	ECB	0.015%，0.03%	LT_{50}＝0.02 日	Sims *et al.* (2010)
		TG	SC（30 mL バイアル-71.7 cm^2）	—	LC_{50}＝0.2 μg/バイアル	Fardisi *et al.* (2017)
	パーメスリン	TG	TP	—	LD_{50}＝4.3 μg/g 匹	Lee *et al.* (1996b)
				—	LD_{50}＝4.6 μg/g 48 時間での昆虫	Lee *et al.* (1996a)
				—	LD_{50}＝6.9 μg/匹	Valles & Yu (1996)
				—	LD_{50}＝3.2 μg/g 匹	Scharf *et al.* (1996)
				—	LD_{50}＝0.4 μg/匹	Nasirian *et al.* (2006)
				—	LD_{50}＝0.03 μg/メス	Chang *et al.* (2010)
				—	LD_{50}＝1.2 μg/g 72 時間での昆虫	Gondhalekar *et al.* (2011)
				—	LD_{50}＝10.7 μg/g 匹	Limoee *et al.* (2011)
				—	LD_{50}＝0.2 μg/匹	Wu & Appel (2017)
			SC（ガラス瓶）	20 μg/cm^2	LT_{50}＝8.3 分	

（続き）

クラス	殺虫剤名	製剤*1	試験法*2	濃度*3	結果*4	参考文献
			SC （1令幼虫）	15 mg/m^2	LT_{50}＝12.8分	Lee *et al.* (1999)
			TP （1令幼虫）	—	LD_{50}＝17.5 ng/匹	Ladonni (2000)
			SC （ガラス瓶）	1.7 μg/cm^2 （10×LC_{95}）	LT_{50}＝18分	Lee & Lee (2004)
	パーメスリン	WP	忌避性	0.08%	高忌避性	Stejskal (1996)
			SC （ベイト）	—	LC_{50}＝55.3〜150.3 μg/cm^2	Koehler *et al.* (1996)
			SC	1,110μg/cm^2	LT_{50}＝2.1〜2.5分	Koehler *et al.* (1996)
		EC	SC （ガラス）	0.03%, 0.05%	LT_{50}＝0.40, 0.45時間	
		EC	ECB	0.03%, 0.05%	LT_{50}＝10.7, 60.4日	
		ME	SC（ガラス）	0.03%, 0.05%	LT_{50}＝0.5, 0.4時間	
		ME	ECB	0.03%, 0.05%	LT_{50}＝40.0, 11.6日	Sims *et al.* (2010)
	フェノトリン	TG	TP	—	LD_{50}＝5.2 μg/g 48時間での昆虫	Lee *et al.* (1996a)
	シフェノスリン＋イミプロスリン	AER	DS	0.3%＋0.1%	LT_{50}＝11.7秒	Lee (2002)
	ピレトリン＋パーメスリン	AER	DS	1.0%＋0.2%	LT_{50}＝22.3秒	Lee (2002)
	パーメスリン＋テトラメトリン	AER	DS	0.3%＋0.2%	LT_{50}＝68.7秒	Lee (2002)
	テトラメスリン＋バイオレスメトリン	AER	DS	0.32%＋0.08	LT_{50}＝633.8秒	Lee (2002)
レイノイド	シアントラピノール	SC	SC（タイル）	0.05%, 0.1%	60日間有効, 48時間で97.5%, 2日で100%（非選択）, 5日（選択）	Bywater *et al.* (2014)
		ベイト	小規模アリーナ	0.5%		Matos & Schal (2016)
スピノサド	スピノサド	SC	TP	—	LD_{50}＝処理後6日で429 ng/匹	Maiza *et al.* (2013)

（続き）

クラス	殺虫剤名	製剤*1	試験法*2	濃度*3	結果*4	参考文献
		SC	TP	180〜1,440 ng/匹	LT_{50}＝4.1〜6.1 日	
スルホンアミド	スルフルラミド	ベイト	小規模アリーナ（600 cm^2）	1%	3 日で 100% 死亡	Boase & Rupes（1996）
		ベイト	野外	1%	2 か月で 90% 減少	
無機化合物	ホウ酸	ベイト	1 L コンテナ	33.3%	LT_{50}＝2.5 日（1・2 令幼虫），LT_{50}＝7.2 日（オスに処理幼虫を食べさせた）	Gahlhoff *et al.*（1999）
			小規模アリーナ（450, 3,510 cm^2）	0.5%, 1, 2%	LT_{90}＝4.4, 4.7 日（非選択）	
					LT_{90}＝7.6, 8.5 日（選択）	Gore & Schal（2004）
			小規模アリーナ（1,125 cm^2）	47%	LT_{50}＝5.6 日（非選択），7.42 日（選択）	El-Monairy *et al.*（2015）
		ベイト（ペースト）	小規模アリーナ（720 cm^2）	33.3%	LT_{50}＝9.4 日（選択），5.5 日（非選択）	Kaakeh & Bennett（1999）
			小規模アリーナ（177 cm^2）	33.3%	LT_{50}＝45.8 時間	Buczkowski *et al.*（2001）
		エアゾール	SC 4 L のガラス瓶にろ紙	N/S	死亡率＝74.8〜82.4 %（殺虫剤＋抽出排泄物），65%（殺虫剤のみ）	Miller & Koehler（2000）
		粉塵	野外	670 g/部屋	10 日以内にゴキブリは 90.4% 減少した	Zurek *et al.*（2003）
			ペトリ皿とジャーテスト	0.5 g of 99%	LT_{50}＝194〜722 分（0〜1 mL H_2O）	Appel *et al.*（2004）
		TG	SC（30 mL バイアル-71.67 cm^2）	—	LC_{50}＝20.5 mg/バイアル	Fardisi *et al.*（2017）
	ソディウムテトラボレート	ベイト	小規模アリーナ（450, 3,510 cm^2）	0.5%, 1, 2%	LT_{90}＝5.7, 6.5 日（非選択）	
	ディソディウムオクタボレートテトラハイドレート	ベイト	小規模アリーナ（450, 3,510 cm^2）	0.5%, 1, 2%	LT_{90}＝16.0, 15.6 日（選択） LT_{90}＝5.0, 5.5 日（非選択）	Gore & Schal（2004）

（続き）

クラス	殺虫剤名	製剤*1	試験法*2	濃度*3	結果*4	参考文献
					LT_{90}＝14.8，13.9日（選択）	Gore & Schal (2004)
混合物	ジクロルボス＋トリフルムロン	N/S SC	野外	0.6%＋0.096%	1〜4週に94%減少	Miller *et al.* (1996)
	αシペルメトリン＋	SC	野外	15＋7.5 mg/m^2	1か月で完全に駆除	Le Quesne *et al.* (1996)
	フルフェノキウロンヒドラメチルノン＋ヒドロプレン	ジェルベイト＋ポイントソース	チャンバー (11.6 m^2)	2.04%＋120 mg	7か月で駆除	Short *et al.* (1996)
	クロルピリホス＋ヒドロプレン		野外	0.5%＋0.07%	3か月で73%，12か月で90.7%	Kaakeh *et al.* (1997a)
	ラムダシハロトリン＋ピリプロキシフェン＋ピペロニルブトキシド		野外	0.03%＋0.187%＋0.1%	3か月で60%，12か月で	Kaakeh *et al.* (1997a)
	ダイアジノン＋フェノキシカルブ		野外	1%＋0.187%	3か月で56.7%，12か月で85.3%	Kaakeh *et al.* (1997a)
	ジクロルボス＋テトラメトリン	AER	DS	0.3%＋0.1%	LT_{50}＝84秒	Lee (2002)
その他	直鎖アルコールエトキシレート界面活性剤（トマドール23〜1）	N/S	TP	0.87 mg/匹	LT_{50}＝116.6分，24時間で91.2%の死亡率	Sims & Appel (2007)
	モノテルペノイド（リナロール）	TG	FMG	50 μg/mL空気中	14時間で100%の死亡率	Lee *et al.* (2003)

（続き）

クラス	殺虫剤名	製剤*1	試験法*2	濃度*3	結果*4	参考文献
	ヒドロノピルホルムアミド（4つの誘導体[−]-β-ピネン）	TG	REP（ろ紙）	30 mg/ろ紙	忌避率 38.9〜67.1%	Liao *et al.* (2017)

*1　AER＝エアゾール，CS＝マイクロカプセル，EC＝乳剤，EFT＝effervescent tablet，ME＝マイクロカプセル化剤，N/S＝特定しない，RTU＝既製品，SC＝懸濁液，SS＝空間処理，TB＝錠剤，TG＝工業製品，WG＝水溶性グラニュール，WP＝水和剤

*2　DS＝ドライスプレー（エアゾール），ECB＝エベリングのチョイスボックス，FMG＝くん蒸剤，REP＝忌避剤性，SC＝表面接触（ジャーテスト，タイル，木製パネル），SF＝シュミレート環境，TP＝局所処理

*3　N/S＝特定しない

*4　特に指定がなければ，すべてに示された実験の結果はオスの成虫で感受性系を使用した結果である．PI_{max}＝最大パフォーマンス係数

内でベイト剤を使用した人が31.5%，スプレーを使用した人が35% であった（Armes *et al.* 2011）．2002〜06年にかけて511名の妊婦を対象とした研究では，82.4% がゴキブリを見たと報告し，これらの女性は害虫防除業者を使用する可能性がより高かった．90% が殺虫剤を使用しており，39.6% が専門の殺虫剤散布スプレーを使用していると報告している（Williams *et al.* 2008）．52世帯を対象とした調査では，参加者の88% がゴキブリを見たことがあると報告した．これらのうち，75% がスプレー缶を使用し，44.2% がPMPを使用し，23.0% が全放出型煙霧剤（TRF）を使用している（Williams *et al.* 2008）．カリフォルニア州オークランドの13軒の住宅からなる小規模なサンプリングでは，住民の38.5% が過去3か月以内にゴキブリを目撃したと報告し，84.6% が殺虫剤を使用したと報告した（Quiros-Alcala *et al.* 2011）．フランスでは，245世帯を調査した結果，16% が屋内で殺虫剤を使用していることが判明している（Glorennec *et al.* 2017）．

この章では，チャバネゴキブリに対して最も一般的に使用される殺虫剤のクラスのみについて説明する．ベイト製剤の配合とその性能，有毒物質の水平移動（horizontal transfer），およびベイト剤の現場での効力については第10章を参照すること．

合成および半合成殺虫剤

有機リン酸塩（OPs）（例：アセフェート，クロルピリホス，クロピリホスメチル，ダイアジノン，ジクロルボス，フェニトロチオン，フェンチオン）およびカーバメー

ト（CARBs）（例：ベンジオカルブ，カルバリル，プロポクスル，ベンフラカルブ）は現在，チャバネゴキブリに対してあまり使用されていないが，依然として入手は可能である．一部の残留スプレー製剤としてアジアとアフリカの国々では，屋内での使用が依然として許可されている（Chai & Lee 2010; Lukwa *et al.* 2018）．強い臭気，哺乳動物への毒性，およびピレスロイドやベイト製剤などのより安全なものを選択肢で入手可能性のため，OPs と CARBs は屋内使用が段階的に廃止されつつある．

OPs と CARBs はどちらも，アセチルコリンを加水分解する能力に影響を与えることでアセチルコリンエステラーゼの機能を破壊し，シナプス後受容体（post-synaptic receptor）へのアセチルコリンの結合を延長させ，過剰な神経興奮を引き起こす（Yu 2014）．さらに，プロポクスル（propoxur）やベンフラカルブ（benfuracarb）のカーバメートはチャバネゴキブリの生殖パラメータ（reproductive parameters）に影響を与える．Lee ら（1998）は致死量以下のプロポクスルを投与した後の幼虫の生成，メスの生殖パラカーバメートの生産，卵鞘の孵化率，幼虫の産生の破壊を報告している．Maiza ら（2004）は，亜致死量のベンフラカルブの経口投与により，卵母細胞（oocyte）の数，基底卵母細胞（basal oocytes）のサイズと体積，および卵巣タンパク質（ovarian protein）含有量が減少することを実証している．

子どもやその他の人々へのリスクを軽減するため，アメリカでは 2000 年にクロルピリホスとダイアジノンの登録業者（メーカー）は自発的に家庭用および住宅用の使用をすべて中止するとした（EPA 2006a, b）．ジクロルボスの室内での割れ目や隙間への処理（crack and crevice treatment）は 2006 年に禁止された（EPA 2006c）．ジクロルボス樹脂蒸散剤は，トコジラミやハエに対して屋内での使用はいまも可能である．Van Mael-Fabry ら（2019）は，「家庭内での曝露と小児白血病（leukemia）との正の関連性が確認されている．これは中程度の低品質であるというエビデンスを提供しているが，これらの新しい結果は，妊娠中および小児期の安全のため，家庭用殺虫剤の使用を制限する必要性をさらに正当化している」と書いている．妊娠中および小児の神経発達中の OPs の悪影響に関する文献を要約し，Hertz-Picciotto ら（2018）は，蚊が媒介する病気と戦うための OPs の限定的な使用を除き，家庭害虫を防除するための OPs の都市での使用のほとんどを禁止することを推奨している．潜在的な健康への悪影響と代替防除法の存在を考慮すると，屋内でのゴキブリ防除には OPs は最早使用すべきではない．

ピレスロイド（ノックダウン特性と速効性で知られている）は，チャバネゴキブリに対する残留スプレー，市販（OCT = over-the-counter）スプレー，エアゾールなどに広く使用されている．それらは，活性化時のナトリウムチャネルの閉鎖速度に影響を与え，神経細胞内へのナトリウムイオンを増加させることによって軸索神経機能を破壊する．ピレスロイドはIRACカテゴリー3Aに属し，タイプⅠ型とタイプⅡ型の2つのグループに分けられている．Ⅰ型ピレスロイド（例：アレスリン，S-バイオアレスリン，ビフェントリンプロックス，エトフェンプロックス，ペルメトリン）は，感覚ニューロンで反復放電（repetitive discharges）を引き起こすα-シアノ部分を欠いている．一方，Ⅱ型ピレスロイド（シペルメトリン，シフルスリン，デルタメスリン，フェンバレレート，ラムダシハロトリン）は，α-シアノ部分を特徴とし，神経膜（nerve membranes）の分極防止作用（depolarisation）を遅らせ，電気的興奮性の喪失（electrical excitability loss）につながる（Bloomquist 1996; Yu 2014）．低温下では，Ⅰ型ピレスロイドはより有毒であるが，Ⅱ型ピレスロイドは正の温度係数（positive temperature coefficient）を示す（Matsumura 1985）．Boné ら（2020）は，蒸散状態（vapours phase）の揮発性ピレトリンはゴキブリの空間忌避効果を引き起こすことを実証した．彼らの研究では，チャバネゴキブリのオス成虫は，d-アレスリンとバポスリン（vapothrin）の蒸気に曝露されると空間的に忌避されたが，ペルメトリンに曝露された場合には忌避は見られなかった．彼らの発見したことは，アンテナ電波検査（electroantennography）を使用して確認された．Ⅰ型ピレスロイドは通常，残存活性が短く，忌避作用があり，接触により死滅するが，Ⅱ型ピレスロイドは残存活性が長く，そのバイオアベイタビリティ（bioavailability）は製剤によって決まる．

ピレスロイドは公衆衛生用殺虫剤の屋内市場の80％以上を占めている．屋内残留物のサンプルから19種類のピレスロイドが検出され，また，18種類の残留殺虫剤の測定に基づくと，アパートの床拭きサンプルからペルメトリンが最も頻繁に検出され，一番濃度が高かった（Wang *et al.* 2019）．ピレスロイドはOPsほど揮発性がなく，空気中で急速に沈降し，哺乳類の高い体温では急速に分解する．ペルメトリンとピペロニルブトキシド（PBO）を含む大気サンプルは，2000〜01年と比較して2002〜06年にはある程度増加している（William *et al.* 2008）．2002年以降，PMPsによるピレスロイドの使用は2005年まで年々増加しているが，最も一般的なのはシペルメトリン，エスフェンバレレート，デルタメトリン，βシフルトリン，ビフェントリンであった．ペルメトリンは，OCT製品の58.3％に含まれる最も一般的な有効成分である（Horton *et al.* 2011）．都市部の公営住宅では10件のピレスロイドが検出され，ペルメトリンとシペルメトリンは90％以上の住戸で検出されている（Julien *et al.* 2008）．ピレスロイドに添加されたPBO，MGK-264（N-octyl bicycloheptene dicarboximide），セサミン（sesoxane）などの協力剤は，その効果を増強している（Eremina 2002）．チャバネゴキブリ成虫に，致死量未満のデルタメスリンをLD_{10}，LD_{30}，LD_{50}で投与すると，長寿と繁殖力が得られた．デルタメスリン処理により，卵鞘の孵化率と幼虫の孵化率は低下した（Lee *et al.* 1998）．CO_2 に長時間曝露（60分）すれば，生後7週目のオスに対するピレスロイド系イミプロトリンのノックダウン活性を有意に増加させることができた（Pawelka *et al.* 2000）．短時間の曝露（15分未満）はノックダウンに大きな影響を与えなかった．

ピレスロイドはチャバネゴキブリ防除のために他の種類の殺虫剤とも混合される．Le Quesne ら（1996）は，野外での0.5% α シペルメトリン（alphacypermethrin）と0.07% フルフェノクスロン（flufenoxuron=a benzoylphenyl urea）のスプレーを評価し，処理後1か月以内にゴキブリの完全な駆除を達成している．しかし，フィールドのチャバネゴキブリに対し，0.03% ラムダシハロトリン（lambda-cyhalothrin），0.18% ピリプロキシフェン（pyriproxyfen），0.1% PBO の混合物は，処理後3か月でチャバネゴキブリの捕獲数は60% 減少し，12か月後には90.7% 減少するという，より遅い効果を示した（Kaakeh *et al.* 1997a）．0.2% テトラメトリン+0.12% フェノトリン+0.25% アレスリンと0.1% テトラメトリン+0.1% ペルメトリン+0.5% PBO の組み合わせスプレー，または0.2% テトラメトリン+0.5% d-フェノトリン+0.6% PBO を含むエアロゾルは，チャバネゴキブリとワモンゴキブリのノックダウンをもたらしたが，ジンバブエの小屋（huts）ではゴキブリの防除に失敗している（Lukwa & Manokore 1997）．市販されている最近の混合製剤は，おもに β シフルトリン（betacyfluthrin）+イミダクロプリド（imidacroprid）（Bernardin *et al.* 2011），ラムダシハロトリン（lamda-cyhalothrin）+チアメトキサム（thiamethoxam），およびビフェントリン（bifenthrin）+アセタミプリド（acetamiprid）などのピレスロイド-ネオニコチノイド混合物である．他の混合物には，2つあるいはそれ以上のピレスロイドの組み合わせ（例：シフェノトリン + イミプロトリン，ペルメトリン + テトラメトリン，テトラメトリン + ビオレスメトリン）が含まれ，おもにエアゾールとして使用される（Eremina 2002; Lee 2002）．

ネオニコチノイドはニコチンの類似体（analogues）であり，アセチルコリンの模倣物（mimics）である．それらは，シナプス後神経細胞（post-synapse nerve cells）でニコチン性アセチルコリン受容体（nicotinic acetylcholine receptor）を活性化するアゴニスト（agonists）として作用し，ナトリウムイオンの流入を引き起こし，活動電位の反復を引き起こすことによって昆虫を殺虫する（Yu 2014）．ネオニコチノイドはIRAC*訳者注 カテゴリーの4A に該当する．クロチアニジン（clothianidin）（Davis *et al.* 2018），ジノテフラン（dinotefuran），チアメトキサム（thiamethoxam）およびイミダクロプリド（imidacloprid）（Kaakeh *et al.* 1997 b; Appel & Tanley

---

＊訳者注：IRAC：Insecticide Resistance Action Committee で殺虫剤の抵抗性対策を効果的にするための薬剤選択の指針を示す関係者に提供する委員会

2000; Nasirian 2007; Agrawal *et al.* 2010; Gondhalekar *et al.* 2011; Shahraki & Farashiani 2006）は，ベイト製剤の有効成分として使用されている．ピレスロイドとの混合スプレー製剤に含まれるものもある（例：アセタミプリド+ビフェントリン，クロチアニジン+メトフルトリン+PBO，チアメトキサム+ラムダシハロトリン，およびイミダクロプリド+βシフルトリン）．

フィプロニルは，ゴキブリ防除用に登録されているフェニルピラゾールクラスの唯一の化合物である．これは，グルタミン酸作動性塩素チャネル（glutamate-gated chloride channels）に関連するガンマアミノ酪酸（GABA＝gamma-aminobutyric acid）受容体を通る塩素イオンの流れをブロックする（Yu 2014），IRAC カテゴリー 2B に属するものである．一方，フィプロニルスルホン（fipronil sulfone＝フィプロニルの代謝産物）は，GABA チャンネルとグルタミン酸ゲート性塩素チャンネル（glutamate-gated chloride channels）の両方に影響を与える．チャバネゴキブリに対して使用する場合，この殺虫剤はベイトステーションのペーストとして（Appel 2004; Ameen *et al.* 2005），固形ベイトとして（Buczkoeski *et al.* 2001），0.01%，0.03%，または 0.05% の割合で配合され，またはジェル状ベイト（Miller & Peters 1999; Buczkowski *et al.* 2001; Agrawal *et al.* 2010; Ang *et al.* 2013; Shahraki & Farashiani 2016; Nasirian 2007; Davari *et al.* 2018）として製剤化されている．ジェルベイトは害虫管理業務で広く使用されているが，ベイトステーションは通常 OTC 製品として販売されている．

後者は PMPs によって使用されている．ベイトステーション内のベイト製剤は，害虫獣や子どもによっていたずらされる可能性は低く，ほこりや汚れからも保護される．Miller と Peters（1999）は，現場で，チャバネゴキブリに対して 0.05% フィプロニルのジェルベイトを 0.03 g/m^2 と 0.09 g/m^2 の割合で評価し，処理後 3 か月でゴキブリの数がそれぞれ 94.8% と 99% 減少したことを発見している．0.01% というより低い含有率では，チャバネゴキブリの汚染は，対応する防除期間中に 54.3〜98.1% 減少した（Agrawal *et al.* 2010）．一方，Ameen *et al.*（2005）は，容器入りフィプロニルベイト剤（0.05%）をアパートごとに 12 個のベイトステーションで使用した場合，処理後 3 か月でトラップの捕獲数が 89.5% 減少することを実証している．

アバメクチン（avermectins）（A_{1a}，A_{2a}，B_{1a}，B_{2a}，A_{1b}，A_{2b}，B_{1b}，および B_{2b}）は，土壌微生物である放線菌 *Streptomyces avermitilis* が分泌する環状ラクトン（macrocyclic lactone）である．チャバネゴキブリに対して使用されるアバメクチン混合物の中には，アバメクチン（abamectin）（80% 以上のアベルメクチン B_{1a} と 20% 未満 B_{1b} の混合物）およびエマメクチン安息香酸塩（emamectin benzoate）（安息香酸との塩として調製されたアバメクチン B 発酵から得られる半合成アバメクチン）

が含まれる（Yu 2014）．アバメクチンは，IRAC カテゴリー 6 に属している．アバメクチンおよびエマメクチン安息香酸塩は，グルタミン酸依存性塩素チャネル（glutamate receptor of chloride channels）に影響を与える．それらは，塩素チャンネルのグルタミン酸受容体に結合することにより，塩素イオンの流れを増加させる（Yu 2014）．

アバメクチンとエマメクチン安息香酸塩は通常，ジェル（Appel & Benson 1995; Gahlhoff *et al.* 1999，Buczkowski *et al.* 2001; Gondhalekar *et al.* 2011）またはダスト／パウダー（Appel & Benson 1995; Kaakeh & Bennett 1999; Buczkowski *et al.* 2001; Ameen *et al.* 2005）としてベイトに製剤化されている．最近のジェルベイト製剤には，アバメクチンと JHA であるピリプロキシフェンの混合物が含まれている．出没しているアパートでチャバネゴキブリに対してアバメクチンゲル・ベイトを使った野外試験では，捕獲数は治療後 3 か月で 52.5〜75 匹，15% 減少している．アバメクチン・ダスト・ベイト（アパートあたり 30 g）の効果は低く，処理後 8 週間で 13.7〜34% のみ減少した（Appel & Benson 1995）．対照的に，Ameen ら（2005）は，同じダスト・ベイト配合物を使用して，アパートあたり 15 g を塗布した後，24 週間でトラップの捕獲数を 71.4% まで減少させた．

アミジノヒドラゾン，ヒドラメチルノン（hydramethlnon）はゴキブリのベイト剤として広く使用されている．これは，ATP の生成をブロックする電子伝達系（特にシトクロム bc1）の阻害剤である（Yu 2014）．ミトコンドリア複合体 III 電子輸送阻害剤（mitochondrial complex III electron transport inhibitor）として IRCA カテゴリー 20A に属している．フィプロニルと同様に，ヒドラメチルノンはジェルベイト剤に配合されている（Ajjan & Robinson 1996; Robinson & Barlow 1999; Kaakeh & Bennett 1999; Buczkowski *et al.* 2001; Lee & Soo 2002; Sitthiccharoenchai *et al.* 2006; Shahraki *et al.* 2010; Gondhalekar *et al.* 2011; Shahraki & Farashiani 2016），または容器入りのベイトに配合されている（Ajjan & Robinson 1996; Lee 1998，Lee *et al.* 1999; Kaakeh & Bennett 1999; Buczkowski *et al.* 2001; Appel 2004）．Lee（1998）は，容器入りの 1.65% ヒドラメチルノンベイトは，殺虫剤抵抗性チャバネゴキブリの野外個体数に対して効果があり，処理後 3 か月で 80% 以上減少させたことを示している．Sitticharoechai ら（2006）はタイの 2 か所で，2% ヒドラメチルノンジェルベイトを使用し，チャバネゴキブリを処理後 1 週間以内に 90% 以上減少させた．別の研究では，ゴキブリ捕獲数を 83〜86% 減少させるには，さらに長い期間（15〜29 週間）が必要であった（Shahraki *et al.* 2010）．ヒドラメチルノンは，フィプロニル，インドキサカルブ，クロチアニジン，イミダクロプリド，アバメクチンなどの他のベイト物質よりも比較的遅効性である．一部の国では，ベイト剤メーカーはベイトの配合物中のヒドラメチルノンをフィプロニルなどのより効果の高い活性物質に置き換えている．

クロルフェナピルは，ゴキブリに対して登録されているハロゲン化ピロール（halogenated pyrrole）類の唯一の化合物で，遅効性の殺虫剤であり，それ自体は昆虫に対して有毒ではない．しかし，モノオキシゲナーゼ（monooxygenases）によるN-エトキシメチル基の酸化的除去（oxidative removal）により活性代謝物（CL 303268）に生体内で変換され有毒になる．この代謝産物は，ミトコンドリアにおける酸化的リン酸化をアップカップリング（upcoupling）することにより，ATPの生成を妨害する（Hunt & Tray 1998; Yu 2014）．これはIRACカテゴリー13に属する．クロルフェナピルは通常，残留スプレーおよびエアゾール製剤に配合される．Ameenら（2000）は，チャバネゴキブリが蔓延しているアパートにおいて，懸濁濃縮液（SC=suspension concentrate）と水和剤（WP）の両方の製剤中のクロルフェナピルを評価し，処理後8週間でそれぞれ52.4～80.5%と64.6～82.3%の減少を記録している．

メソナイト（masonite）を25 mg/m^{2}処理し，最長6か月たった後の両製剤の残留効果を実験室で評価したところ，処理後120時間で供試昆虫がそれぞれ62.5%と100%死亡した．

IRACカテゴリー22Aに属するオキサジアジン系殺虫剤（indoxacarb＝インドキサカルブなど）は，軸索（axon）のナトリウムチャネルを遮断し，神経インパルスの生成を防ぐ．インドキサカルブは殺虫促進剤であり，代謝物が昆虫を殺す前に，まず加水分解によってN-デカルボメトキシル化代謝物（DCJW）に生体内で変換されることが必要である（Yu 2014; Gondhalekar *et al.* 2016）．ピレスロイドとオキサジアジンは両方ともナトリウムチャネルに作用する．前者は軸索へのナトリウムイオンの継続的な流入を引き起こし，後者は軸索へのナトリウムイオンの流入を防ぐ．

ゴキブリに対して，インドキサカルブは通常0.6%のベイトとして配合される（Gondhalekar *et al.* 2011; Buczkowski *et al.* 2018; Anikwe *et al.* 2014; Davari *et al.* 2018）．Appel（2003）は，室内に生息するチャバネゴキブリに対して0.25%インドキサカルブのジェルベイトを試験し，評価したところ，処理後2週間以内に捕獲数が95.3%減少した．ナイジェリアのラゴスでチャバネゴキブリとワモンゴキブリ（*Periplaneta ameriana*）の両方に対して0.6%インドキサカルブのジェルベイトの野外評価が実施され，処理後2週間で捕獲数は99%以上減少している（Anikwe *et al.* 2014）．Maizaら（2013）は，インドキサカルブによる処理後に生き残ったチャバネゴキブリのメス成虫の卵母細胞数，基礎卵母細胞体積（basal oocyte volume），および卵鞘あたりの産卵数および孵化卵の数が，大幅に減少したことを実証している．著者らは，処理後にアセチルコリンエステラーゼとグルタチオンの活性は低下したが，乳酸デヒドロゲナーゼとグルタチオン S-トランスフェラーゼの活性は増加したと記録している．

昆虫成長制御剤（IGRs）は，昆虫の正常な成長プロセスに影響を与える．それらは 3 つのグループに分類される．

1. IRAC カテゴリー 7 に属する幼若ホルモン類似体（JHAs）
2. IRAC カテゴリー 15 に属するキチン合成阻害剤（CSIs）または
   ベンゾイルフェニル尿素
3. IRAC カテゴリー 18 に属するエクジステロイドアゴニスト（ESAs=ecdysteroid agonist）またはジアシルヒドラジン（diacylhydrazine）殺虫剤

幼若ホルモン JHAs（フェノキシカルブ，ヒドロプレン，メトプレン，ピリプロキシフェンなど）は，未成熟の昆虫が成虫になるのを妨げることで発育を妨害し，成虫の繁殖にも影響を与える．幼虫の後期に JHA 処理を受けたチャバネゴキブリは，不妊症（Lim & Yap 1996），脱皮の失敗，翅や生殖器の変形を引き起こす可能性がある（Lim & Yap 1996; Kaakeh *et al.* 1997c）．Short ら（1996）は，コンテナあたり 3,300 匹のチャバネゴキブリの混合個体群を飼育した，改造航空貨物コンテナ（床面積 11.6 m^2）でヒドロプレンの有効性を評価したところ，18 か月後に防除に成功している．

キチン合成阻害剤 CSIs はキチンの生合成を阻害するため，外骨格の重要な成分であるキチンの生成に影響を与える．チャバネゴキブリに対して評価されている CSI の中には，フルフェノクスロン（flufenoxuron）（Ameen *et al.* 2002），ルフェヌロン（lufenuron）（Mosson *et al.* 1995; Kaakeh *et al.* 1997 d; Vagn Jensen & Schenker 1999; Seccacini *et al.* 2018），ノビフルムロン（noviflumuron）（Ameen *et al.* 2002, 2005; King 2005; Wang & Benett 2006）およびトリフルムロン（triflumuron）（Miller *et al.* 1996）がある．Mosson *et al.*（1995）は，実験室環境で 0.005% のルフェヌロン（Iufenuron）ベイトと 10 mg/m^2 の残留スプレーを評価し，11 か月後と 6 か月後にそれぞれゴキブリの防除を達成している．別の研究では，発泡性錠剤製剤中のルフェヌロンをハードボードパネル上に 10 mg/m^2 の割合で処理し，チャバネゴキブリに対して試験を行った．性能は，処理されたパネルの経年劣化とともに徐々に低下した（Yap *et al.* 1995）．同様の製剤を 3 令または 5 令に対して 10 mg/m^2，25 mg/m^2，および 50 mg/m^2 の割合で試験したところ，70.1〜87.1% の死亡率が達成された（Kaakeh *et al.* 1997d）．200 mg/L の割合でのルフェヌロンの残効性に関するフィールドでの評価では，4〜6 週後に幼虫：成虫比が 0.63 から 0.15 に減少したが，17〜18 週後には比が 0.96 に増加したことが記録された（Vagn Jensen & Schenker 1999）．

Ameenら（2002）は，フィールドのチャバネゴキブリに対してノビフルムロン粉剤とノビフルムロンジェルベイトを一戸あたり15 gの処理量で試験をし，12週間で，それぞれのトラップへの捕虫数が96.9～98.4% および89.8～92.5% 減少すること認めている．0.2% および0.5% のノビフルムロンをスプレーすると，4週間で73.3% および90.6% トラップへの捕獲率が減少している（Ameen *et al.* 2005）．WangとBennett（2006）は，1 m^2の試験アリーナで0.5% ノビフルムロンで防除を行ったところ，7週間で99.3% 減少し，試験用のキッチンでは5週間後に100% 減少したと報告した．ノビフルムロンは成虫のメスのチャバネゴキブリに殺卵効果を引き起こすことが示されており（King 2005），これはWangおよびBennett（2006）によって報告された防除に貢献しているかもしれない．

最後に，ハロフェノジド（halofenozide）（Maiza *et al.* 2004）やテブフェノジド（tebufenozide）（Kilani-Morakchi *et al.* 2014）などのESAは，エクジステロイド受容体結合タンパク質（ecdysteroid receptor-binding protein）（Yu 2014）に結合することによって不完全な早期脱皮を引き起こし，メス成虫の生殖能力を低下させている（Maiza *et al.* 2004）．ベイト剤や接触殺虫剤としての可能性は評価されていない．

植物および天然製品

過去20年間，昆虫を寄せ付けない活性をもつ植物からの天然産物の開発と登録に多大な関心が寄せられてきた．たとえば，「エッセンシャルオイル」と「1900～1999」という検索語を使用してWeb of Scienceのデータベースをざっと検索すると（2020年7月23日），5,773件の記事が返ってきた．「エッセンシャルオイル」と「2000～2018」を組み合わせて検索すると，63,997件の記事が見つかった．エッセンシャルオイル（以下，EO）に関する最近の研究量にもかかわらず，化学データや特性評価が含まれているものは限られている（Isman & Grieneisen 2014）．多くの植物抽出物について，接触活性，燻蒸活性，忌避活性が試験されている．ここでは，特定の化合物で，解明されている論文のみを引用した．

殺虫活性のある天然物は，植物性殺虫剤，石鹸および油，鉱物性殺虫剤に分類できる．昆虫の防除に使用されている植物性殺虫剤の例として，リモネン（limonene），リナロール（linalool），ニーム（neem），ニコチン（nicotine），ロテノン（rotenone），ピレトリン（pyrethrins），リアニア（ryania）およびサバディラ（sabadilla）が含まれる（Buss & Park-Brown 2006; Isman 2000, 2006; Schmahl *et al.* 2010）．ピレトリンのみがチャバネゴキブリに対して広く使用されている．EOは高等植物に通常見られる揮発性親油成分（volatile lipophilic constituents）の混合物であり，それらを抽出するためにさまざまな技術が使用されている（Sadgrove & Jones 2015）．混合物にはモノテルペン，生物遺伝学的に関連するフェノールおよびセスキテルペン（sesquiterpen）が含まれる場合もあり，d-リモネン，メタノール，1,8-シネオール（cineole），シトロネラール（citronellal），オイゲノール（eugenol），p-メタン-3,8-ジオール（p-methan-3,8-diol），チモール（thymol）などの化合物も含まれる．EO の最大 90％ はモノテルペノイドで構成されている（Mossa 2016）．これらの混合物を単離・分離したとき，各成分をコンポーネントとよぶ．研究室では，質量分析と組み合わせたガスクロマトグラフィー（GC-MS）を使用して，EO の成分を容易に分離および識別できる．

EO に共通する特徴は次のとおりである．

1. 哺乳類，鳥類，魚類に対してほとんど無毒である
2. 揮発性
3. フィールド条件下では持続性が限られており，残留活性がある可能性は低い（Isman 2000，2006）

異なる EO には難しい作用機序（modes of action）があり，完全には解明されていない．モノテルペノイドのいくつかはオクトパミン作動性系（octopaminergic system）を標的とし，あるものはアンタゴニスト（antagonists）として作用し，他のものはアゴニスト（agonists）として作用する（Enan 2001）．アセチルコリンエステラーゼを阻害するものもある（Mossa 2016）．間接的な効果には，フェロモン，IGR，シトクロム P450 に対する活性が含まれる（Mossa 2016）．モノテルペノイドは，昆虫の迅速なノックダウンと迅速な不動化（immobilization），その後の死亡に特色がある．活動は種に依存する可能性がある．たとえば，オイゲノールと α-テルピネノールは，ワモンゴキブリに対してよりもチャバネゴキブリに対して，より活性が高い（Enan 2001）．

EO は，忌避剤および殺虫剤として示されてきたが，摂食阻害剤，誘引剤および IGR 活性を有し，または燻蒸剤として作用することが示されている（Mossa 2016．表 9.2）．特に，キノコ科，セリ科，キク科，ヒノキ科，マメ科，シソ科，フトモモ科およびコショウ科の植物の EO は，チャバネゴキブリに対して生物活性を有することが示されている（Ahn *et al.* 1998; Appel *et al.* 2001; Perterson *et al.* 2002a,b; Chang *et al.* 2012; Yeom *et al.* 2015, 2018; Wagan *et al.* 2017）．ゼラニウム，オレンジ，オレガノ，タイムなどの植物から抽出される精油の多くは，EPA（アメリカ環境保護庁）によって生物農薬とみなされており（EPA 2019），リスクが最小限の農薬（EPA 2015）である．

植物性殺虫剤の魅力の 1 つは，環境中での抵抗性が比較的短いことである．それら

表9.2　天然物と精油（エッセンシャルオイル〔EO〕）とチャバネゴキブリの活動に対する研究

成分	植物の種類	一般名称	参考文献
接触毒性			
1,8-シネロール	*Origanum majorana*	マジョラム	Jang *et al.* (2005)
(*E*)-アネソール	*Illicium vernum*	スターアニス	Chang & Ahn (2002); Chang *et al.* (2012)
(*Z*)-アスカリドール	*Chenopodium ambrosioides*	アリタソウ	Zhu *et al.* (2012)
カンファー	*Cyperus rotundus*	ハマスゲ	Chang et al. (2012); Jung *et al.* (2007)
カリョフィレーネ	*Pogostemon cablin*	パチョリあるいはテッドネットル（オドリコソウ）	Liu *et al.* (2015)
カルベオール	*Carum carvi*	キャラウェイ	Yeom *et al.* (2012)
カルバクロール	*Thujopsis dolabrata*	アスナロ	Ahn *et al.* (1998); Chang *et al.* (2012)
カルボーネ	*Carum carvi*	キャラウェイ	Yeom *et al.* (2012)
トランスシナマデハイド	N/A	N/A	Phillips *et al.* (2010)
シトロネラール	*Cyperus rotunda*	ハマスゲ	Chang *et al.* (2012)
クミンアルデヒド	*Cuminum cyminum*	クミン	Chang *et al.* (2012)
サイミン	N/A	N/A	Yeom *et al.* (2012)
サイミン	*Chenopodium ambrosioides*	アリタソウ	Zhu *et al.* (2012)
オイケツール	*Eucalyptus dives*	N/A	Yeom *et al.* (2013)
リモネン	N/A	N/A	Alzogaray *et al.* (2013)
リナロール	*Cyperus rotundus*	ハマスゲ	Chang *et al.* (2012)
リナロール	*Origanum majorana*	マジョラム	Jang *et al.* (2005); Lin *et al.* (2008)
ミリスチン酸	*Myristrica fragans*	ナツメグ	Jung *et al.* (2007)
ネロール	*Cyperus rotundus*	ハマスゲ	Chang *et al.* (2012)
α-ピネン	*Eucalyptus* spp.	N/A	Liu *et al.* (2011)
β-ピネン	N/A	N/A	Jung *et al.* (2007)
エストラゴール	*Artemisia dracunculus*	タラゴン	Yeom *et al.* (2015)
イソアスカリドール	*Chenopodium ambrosioides*	アリタソウ	Zhu *et al.* (2012)
パッチョウルノール	*Pogostemon cablin*	パチョリあるいはテッドネットル（オドリコソウ）	Liu *et al.* (2015)
ピュレゴーン	*Mentha pulegium*	ペニーロイヤル	Yeom *et al.* (2018)
ポゴストール	Pogostemon cablin	パチョリあるいはテッドネットル（オドリコソウ）	Liu *et al.* (2015)
サフロール	*Myristrica fragans*	ナツメグ	Jung *et al.* (2007)
テルピノレン	*Cyperus rotundus*	ハマスゲ	Chang *et al.* (2012)

（続き）

成分	植物の種類	一般名称	参考文献
テルピネン-4-オール	*Melaleuca dissitiflora*	クリーク・ティーツリー	Yeom *et al.* (2013)
テルピネン-4-オール	*Myristrica fragans*	ナツメグ	Jung *et al.* (2007)
α-テルピネオール	N/A	N/A	Jung *et al.* (2007)
ティモル	*Trachyspermum ammi*	アジョワン	Chang *et al.* (2012)
ティモル	*Origanum majorana*	マジョラム	Jang *et al.* (2005); Phillips *et al.* (2010)
α-ツジョン	N/A	N/A	Jang *et al.* (2005)
ベルベノン	N/A	N/A	Jang *et al.* (2005)
くん蒸剤			
α-ピネン，β-ピネン	N/A	N/A	Phillips & Appel (2010)
アリール　イソチオシアネート	N/A	N/A	Tunaz *et al.* (2009)
(*E*)-アネソール	*Illicium vernum*	スターアニス	Chang & Ahn (2002); Yeom *et al.* (2012)
(*Z*)-アスカリドール	*Chenopodium ambrosioides*	アリタソウ	Zhu *et al.* (2012)
カンファー	*Cyperus rotundus*	ハマスゲ	Chang *et al.* (2012); Jang *et al.* (2005); Jung *et al.* (2007)
カルバークロール	*Carum carvi*	キャラウェイ	Chang *et al.* (2012); Phillips & Appel (2010)
カルボン	*Carum carvi*	キャラウェイ	Yeom *et al.* (2012); Lee *et al.* (2003)
1,8-シネロール	*Eucalyptus* spp.	N/A	Alzogaray *et al.* (2011); Yeom *et al.* (2012); Lee *et al.* (2003); Phillips & Appel (2010)
シトロネラール	N/A	N/A	Chang *et al.* (2012)
シメン	*Cyperus rotundus*	ハマスゲ	Chang *et al.* (2012)
シメン	*Carum carvi*	キャラウェイ	Yeom *et al.* (2012)
シメン	*Eucalyptus* spp.	N/A	Alzogaray *et al.* (2011)
シメン	*Chenopodium ambrosioides*	ハマスゲ	Zhu *et al.* (2012); Jung *et al.* (2007)
エストラゴール	*Artemisia dracunculus*	タラゴン	Yeom *et al.* (2015)
オイゲノール	*Eucalyptus dives*	N/A	Yeom *et al.* (2013)
イソアスカリドール	*Chenopodium ambrosioides*	アリタソウ	Zhu *et al.* (2012)
リモネン	N/A	N/A	Phillips & Appel (2010); Lee *et al.* (2003)
リナロール	*Origanum majorana*	マジョラム	Jang *et al.* (2005)
メントン	N/A	N/A	Phillips & Appel (2010)

（続き）

成分	植物の種類	一般名称	参考文献
α-ピネン	*Eucalyptus* spp.	N/A	Alzogaray *et al.* (2011, 2013); Jung *et al.* (2007)
プレゴン	*Mentha pulegium*	ペニーロイヤル	Yeom *et al.* (2018)
サフロール	*Myristrica fragans*	ナツメグ	Jung *et al.* (2007)
γ-テルピネン	*Trachyspermum ammi*	アジョワン	Yeom *et al.* (2012)
γ-テルピネン	*Eucalyptus* spp.	N/A	Alzogaray *et al.* (2011)
α-テルピネオール	*Melaleuca linariifola*	ナツユキソウ	Yeom *et al.* (2013)
テルピネン-4-ol	*Melaleuca dissitiflora*	ティートリー	Yeom *et al.* (2013)
α-ツジョン	N/A	N/A	Jang *et al.* (2005)
チモール	*Origanum majorana*	マジョラム	Jang *et al.* (2005)
忌避剤			
カルボン	*Trachyspermum ammi* *Anethum graveolens*	アジョワン	Lee *et al.* (2017)
カルバクロール	*Trachyspermum ammi* *Anethum graveolens*	アジョワン	Lee *et al.* (2017)
カリオフレイン	*Pogostemon cablin*	パチョリあるいはテッドネットル（オドリコソウ）	Liu *et al.* (2015)
1,8-シネロール	*Eucalyptus* spp.	N/A	Liu *et al.* (2011); Alzogaray *et al.* (2011); Phillips & Appel (2010); Oz *et al.* (2013)
1,8-シネロール	*Cyperus rotundus*	ハマスゲ	Chang *et al.* (2017)
α-クベベン	*Maclura pomifera*	オーセージオレンジ	Peterson *et al.* (2002b)
シメン	*Eucalyptus* spp.	N/A	Alzogaray *et al.* (2011)
エレモール/ヘドラアカリヨール	*Maclura pomifera*	オーセージオレンジ	Peterson *et al.* (2002b)
フアルネソール，ゲラニオール	*Maclura pomifera*	オーセージオレンジ	Peterson *et al.* (2002b)
リモネン	*Citrus* spp.	グレープオレンジ，レモン、ライム	Yoon *et al.* (2009)
メントン	N/A	N/A	Alzogaray *et al.* (2013)
ネペタラクトン	*Neptia cataria*	イヌハッカ	Schultz *et al.* (2004); Peterson *et al.* (2002a)
オサジン	*Maclura pomifera*	オーセージオレンジ	Peterson *et al.* (2002b)
パチョロール	*Pogostemon cablin*	パチョリあるいはテッドネットル（オドリコソウ）	Liu *et al.* (2015)
ポゴストーン	*Pogostemon cablin*	パチョリあるいはテッドネットル（オドリコソウ）	Liu *et al.* (2015)

（続き）

成分	植物の種類	一般名称	参考文献
α-ピネン	*Eucalyptus* spp.	N/A	Liu *et al.* (2011); Alzogaray *et al.* (2011); Oz *et al.* (2013)
ピペリン	*Piper nigrum*	コショウ	Wagan *et al.* (2017)
γ-テルピネン	*Eucalyptus* spp.	N/A	Alzogaray *et al.* (2011); Oz *et al.* (2013)
チモール	*Trachyspermum ammi* *Anethum graveolens*	アジョワン	Lee *et al.* (2017)
ゼルンボン	*Cyperus rotundus*	ハマスゲ	*Chang et al.* (2017)

N/A：特に定めない

の有効性に悪影響を与える要因は，揮発性，水溶性，酸化性である（Mossa 2016）．残存活性を改善するための1つの戦略は，EOが徐々に放出されるように担体を設計し，それによって有効性を延長することであるかもしれない．新しいナノエマルション製剤は，その有効性を高める可能性がある．ゼラニウム（*Geranium maculatum*）とベルガモットオレンジ（*Citrus bergamia*）という2つの植物からのEOのポリマーベースのナノ粒子は，ナノ粒子が有効成分をゆっくりと放出するため，EO単独よりも毒性が高い．また，両方のEOsの忌避効果の持続期間も延長された．ナノ粒子はまた，チャバネゴキブリの成長指数と摂食抑制に悪影響を及ぼした（Gonzalez *et al.* 2015, 2016）．

チャバネゴキブリを駆除するために設計された総合的害虫管理（IPM）プログラムにおけるEOの役割はまだ解明されていない．最近の研究では，一部のEOがカルバメート・ベンジオカルブの活性を増強し（Jankowska *et al.* 2015），ゴキブリに対するピレスロイド系殺虫剤に，相乗作用を及ぼす可能性があることが示唆された（Zibaee & Khorram 2015）．あきらかに追加の研究が必要である．

無機物およびミネラル

殺虫力のあるミネラルには，珪藻土（diatomaceous earth），ホウ酸，シリカゲル，硫黄が含まれる．ホウ酸などの無機物の殺虫剤やシリカエアロゾルなどの乾燥剤の使用は，数十年にわたってIPMプログラムの重要な要素であった（Ebeling 1995）．ホウ酸粉末は，養豚施設においては，0.1%シフルトリン（cyfluthrin）スプレーと同じ位の効果があり（Zurek *et al.* 2003），実験室および野外で収集されたチャバネゴキブリの防除においては，ホウ酸スプレーやベイトよりもはるかに効果的であった（Watabe *et al.* 2008）．

ホウ酸の作用機序は依然として興味深い話題である．ホウ酸は前腸細胞（foregut cell）を破壊するので，おそらく死因は飢餓である（Cochran 1995）．中腸の構造もやはり影響を受け，8.2% を超えるホウ酸の投与は中腸（midgut）を破壊する（Habes *et al.* 2006）．ホウ酸の経口摂取による毒性は用量依存性（dose-dependent）であり，ホウ酸は血リンパ（hemolymph），腸，卵巣（ovaries），精巣（testis），特に脂肪体に蓄積する（Habes *et al.* 2001）．ホウ酸水溶液は，ホウ酸ナトリウム（sodium tetraborate）または八ホウ酸ナトリウム（disodium octaborate tetrahydrate）よりも毒性が高くなる．フラクトース，グルコース，マルトース，スクロースなどの糖をホウ酸溶液に0.5～1.0 M で添加すると，ホウ酸溶液単独よりも迅速かつ効果的に死滅する（Gore & Schal 2004）．1% または2% のホウ酸と0.5 M のスクロースを含む液体餌を養豚施設に適用すると，1～2 か月以内にチャバネゴキブリの90% 以上が減少した（Gore *et al.* 2004）．中腸に影響を与えることに加えて，ホウ酸の摂取はアセチルコリンエステラーゼ活性を低下させ，神経毒として作用する（Habes *et al.* 2006）．ホウ酸溶液または粉末の注入は卵黄形成（vitellogenesis）に影響を与え，メス成虫の基底卵母細胞（basal oocytes）の数と大きさを減少させた（Kilani-Morakci *et al.* 2009; Habes *et al.* 2013）．

近年，珪藻土を含む製品に再び注目が集まっている．珪藻土の油保持能力と，珪藻土が昆虫を乾燥させる速度との間には直接的な関係がある（Ebeling 1995; Faulde *et al.* 2006）．いくつかの異なる珪藻土が，混じって複合されている場合，スペインの淡水土（spanish fresh-water earth）が最も活性が高かった．高い相対湿度における珪藻土活性の増加は，珪藻土に疎水性シラン（hydrophobic silanes）を添加することによって達成された（Faulde *et al.* 2006）．乾燥させた市販の珪藻土を水に入れて使用したり，粉剤を塗布したりすると，チャバネゴキブリに対して同様のレベルの致死率が得られたが，いずれも72 時間の曝露による死亡率は100% ではなかった（Hosseini *et al.* 2014）．相対湿度は，ほとんどの無機のダスト配合物の毒性に影響を与えなかった（Appel *et al.* 2004）．水はホウ酸の毒性を増加させ，シリカエアロゾルの毒性を減少させた．Appel ら（2004）は，ホウ酸やその他の殺虫剤ダストは高湿度および多湿の条件下でも効果的に使用できると結論付けている．

製剤と処理器具

Wickham（1995）による殺虫製剤の見直し以来，チャバネゴキブリ防除用の乳剤（EC）および水和剤（WP）として配合される殺虫剤の数は減少した．懸濁濃縮物（suspension concentrate）およびマイクロカプセル化（CS）製剤の人気が高まっている．Perrin（2000）は，主要なタイプの殺虫剤製剤の見直しを提案している．CS製剤には，10^{-3}～10^{-9} m の範囲のサイズのカプセルが含まれている．カプセルの外壁は殺虫剤を環境から隔離してくれる．Tsuji（2001）は，有毒物質の放出の遅延，残留活性の延長，哺乳類や魚類への毒性の軽減など，マイクロカプセル化に関連する利点と問題点について概説している．

ビフェントリン，クロルピリホス，シフルトリン，デルタメトリン，ラムダシハロトリンおよびペルメトリンのCS製剤は，ECおよびすぐに使用できる製剤よりもEbelingの選択ボックス内ではより殺虫力が高かった（Sims *et al.* 2010）．CSフェニトロチオンとダイアジノンは，処理された潜伏場所からゴキブリを追い出さず（repel），その大部分を殺している（Tabaru *et al.* 2001）．Albuquerqueら（2003）は，CSフェニトロチオンとダイアジノンの表面堆積物（surface deposit）を処理された潜伏場所にはゴキブリを寄せ付けず，ゴキブリの大部分を死滅させたと報告した（Tabaru *et al.* 2001）．Albuquerqueら（2003）は，CS製剤の表面堆積物はEC製剤の同様の沈着よりも生体利用効率（bioavailable）が高いと報告している．CS配合物は最も優れた持続性を示した．表面の多孔性が増加するにつれて，殺虫活性は減少した．デルタメトリンのCS製剤は，ECまたはWP製剤よりもノックダウンが遅く，ゴキブリに対するフラッシング活性も低かった．表面からの生物学的利用能（bioavailability）は良好であり，ゴキブリ間ではある程度の水平移動が存在する（Wege *et al.* 1999）．

CS製剤を用いた簡単な曝露試験では，より大きなカプセルサイズを使用した製剤の方が，より小さなカプセルを使用した製剤よりも，多孔質表面という点で，死亡率が高くなった（Stejskal *et al.* 2009）．多孔質基材では，小さなカプセルは基材に埋め込まれてしまう．カプセルのサイズは製品によって異なり，2.5～57.5 μm の範囲であった（Stejskal *et al.* 2009）．CS製剤の残効性を高めるために，食物誘引物質を含む小さなマイクロカプセル（約 2 μm）はフィプロニルを含む 30～35 μm のカプセルと組み合わされた．組み合わせたマイクロカプセルは，標準的なSCよりも大幅に速い殺傷力をもたらした（Dhang & Liszka 2015）．

実験室での研究では，ラムダシハロトリン（lambda-cyhalothrin）のマイクロカプセルがおもに脚に付着した．曝露の長さ，基質および濃度に応じて，曝露されたゴキブリから曝露されていないゴキブリへのカプセルの移動が発生した（Wege *et al.* 2002）．AulickyとStejskal（2002）は，粗くて多孔質である表面はマイクロカプセルの凝集と水平方向への移動は減少したが，カプセルが表面から基質内に移動することは可能であった．CSフェニトロチオンの液滴（droplets）がスプレー乾燥するにつれ，マイクロカプセルが凝集し始め，有効成分が不均一に分布し，バイオアベイラビリティ（生物学的利用能力）は増加した（Stejskal & Aulicky 2002）.

空間処理用として設計されたエアゾールまたは煙霧を生成するには，いくつかのアプローチ法がある．TRFは節足動物防除用として小売店でよく見かける．ピレスロイド系のペルメトリン，テトラメトリン，シペルメトリンの1つまたは組み合わせを含む4つの市販製品がアパートでテストされた．それらはすべて，ゴキブリの数を減らすことはできなかった（DeVries *et al.* 2009）．実験室産の感受性系と野外で収集されたチャバネゴキブリが4つのTRFに曝露された．実験室系では100%，野外で収集されたゴキブリの38%未満が死亡した．エアロゾルおよび煙霧を発生させるには，Actisol® マシンや煙霧機などの特別な装置を使用することである．ピリミホスメチルとシペルメトリンによるこのような処理は，実験室では良好な効果をもたらし，3時間以内にチャバネゴキブリを100%死滅させることができた．空気中の濃度は6〜12時間以内に99%以上減少した（Aulicky *et al.* 2010）.

食品を扱うエリアでの空間処理は，迅速な防除を実現してくれる一般的な手段である．殺虫剤の霧の直径は5〜30ミクロンである．液滴（droplet）のサイズは，キャリアである液体，スプレー濃度，風速，温度の影響を受ける．高温用の噴射穴（orifices）を備えた煙霧機の中には，有効成分の30%を破壊するものもある（Sabatini 2018）．2%のプロポクスル（propoxur）を含むエアゾールは，食品取り扱い施設でゴキブリを96.8%，90.3%，74.1%減少させ，家庭では96.7%，72.5%減少させた．それぞれ4週間，8週間，12週間後である（Agrawal *et al.* 2010）．デルタメスリンとアレスリンを含むエアゾールは，食品を扱う施設ではゴキブリ数を約19%減少させ，家庭では50%減少させた．テトラメトリンを含むエアゾールは，テストしたゴキブリの種類に応じて非常にばらつきのある結果をもたらした．

レストランや食品を扱う施設での重度の蔓延の場合は，フッ化スルフリル（sulfuryl fluoride）などの燻蒸剤の使用が検討される可能性がある（Schal 2011）．しかし，その使用法と長期的な有効性に関する文献はほとんどない．Ducomら（2003）は，1,125 g/hm^{-3} のフッ化スルフリルがオスのゴキブリ成虫を100%殺すと報告している．

新規化合物とアプローチ

(−)-β-ピネン（pinene），ノポール（nopol），臭化ヒドロノピル（hydronopyl bromide）およびギ酸ヒドロノピル（hydronopyl formic）から合成された4つの化合物は，DEETの堆積物（deposits）よりもチャバネゴキブリに対してより忌避性が高かった（Liao *et al.* 2017）．これらの化合物がゴキブリ管理にどのように使用されるかは不明である.

カーボンの長さがC3〜C8のアルコールがチャバネゴキブリに対して最も有毒であった（Sims & O'Brien 2011）. 鉱物油には多少の殺虫力はあったが, 低用量の鉱物油と低用量のアルコールは相乗効果があった. SimsとAppel（2007）は, 長さがC12〜C13で, エトキシル化が最小限で, 親油性が高い直鎖アルコールエトキシレートがチャバネゴキブリに対して有毒であることを発見している. クロルフェナピル, クロチアニジン, チアメトキサムなどの従来の殺虫剤を混合すると, 相乗効果が生じた. 飽和脂肪酸に対する同様の調査では, ギ酸（C1）からウンデシル酸（C11）までが局所的に活性であることがわかった. さらに, ギ酸からC5（吉草酸）までは燻蒸剤として作用し, C6以上の脂肪酸の蒸気活性はなかった. これらの脂肪酸の一部は, 他の殺虫剤に対する相乗剤として作用する可能性がある（Sims *et al.* 2014）.

食器用洗剤溶液（3%）の接触塗布はチャバネゴキブリを殺すのに効果的であったが（Szumlas 2002）, 残留活性はなかった. しかし, ゴキブリは石鹸の泡を避けたため, ゴキブリが避けるように壁にシャボン玉が塗布される可能性が示唆された. Balwinら（2008）は, オレイン酸カリウムが石鹸中のチャバネゴキブリに対する最も有毒な成分であることを発見した（LD_{50}=0.36%）. 湿った堆積物はゴキブリにとって有毒であるが, 乾燥した堆積物はそうではなかった. 脂肪酸塩溶液（1〜2%）は, 昆虫が軽く濡れている場合には有毒であった. ラウリン酸カリウムとラウリン酸ナトリウムはワモンゴキブリに対してチャバネゴキブリの2倍の毒性を示した.

2,2-ジメチル-3-(2-メチルプロペニル）シクロプロパンカルボン酸由来の新規殺虫性化合物にチャバネゴキブリは迅速にノックダウンされた（Ferroni *et al.* 2015）. 他の新規化合物には, 注射されるとチャバネゴキブリのオス成虫に毒性を示すトリプシン調節性の浸透圧因子（trypsin modulating oostatic factors）の3つの類似体が含まれるが, 作用機序は不明である（Vanderherchen *et al.* 2005）.

金ナノ粒子（gold nanoparticles）を摂取すると, 卵鞘あたり孵化する幼虫の数が32.8% 減少し, 卵鞘の生存率が25% 減少した（Small *et al.* 2016）.

ゴキブリの糞便で汚染された表面は, EC, WP, およびCS製剤の活性速度を低下させ, その性能を低下させた（Strong *et al.* 2000）. しかし, 糞便物質を塩化メチレンと水で抽出し, クロルピリホスを混合すると, 忌避性が低下し, その有効性が増加した（Miller & Koehler 2000）. Nalyanyaら（2000）は, ヒドラメチルノンベイトを組み合わせて使用するプッシュプル行動操作戦略（push-pull behavioural manipulation strategy）を評価した. 糞便で汚染された表面を誘引剤として使用する「プル（pull）」, メチルネオデカナミド（methyl neodecanamide）処理された表面を忌避剤として使用する「プッシュ（push）」, またはその両方「プッシュプル（push-pull）」.

彼らは，この戦略が害虫をその資源（食料や隠れ場所）から効果的に追い出し，ベイトなどの害虫防除剤と組み合わせた誘引源に害虫を誘引できることを発見している．

こうした斬新なアプローチの多くは興味深いものであるが，それらを実行可能な管理戦略に組み込むための組織的な取り組みは行われていない．これは，これらの新規材料をさらに開発するうえでの大きな課題である．

室内環境における殺虫剤の残留

家庭内の殺虫剤，特にOPs（有機リン剤）とピレスロイドの沈着と空間分布は興味深いものとなっている．両方の要因はおもに，散布薬剤の種類（例：TRFまたは隙間・割れ目への処理）と散布機の散布量（例：大量散布または少量散布）によって決まる（Keenan *et al.* 2010）．屋内で殺虫剤を適切に使用すると，空気中での濃度は低くなる．ピレスロイドは粒子に結合して，屋内に残留し，初期濃度の10%が粉塵中で2年間残留する．除染（Decontamination）の取り組みは，濃度にはほとんど影響を与えないが，環境への負荷は軽減される（Berger-Preieß 1997）．

カーペットのダストサンプルは，住宅における長期にわたる潜在的な曝露と薬剤散布の履歴を示す指標となる．殺虫剤は，屋外で遭遇するかもしれない極端な条件からは保護されるが，それが長く効くことに貢献してくれる．室内塵はピレスロイドの貯蔵庫として機能する．30年後でも，有機塩素系殺虫剤は粉塵サンプルから検出可能であった（Audy *et al.* 2018）．屋内の粉塵サンプルとゴキブリのハロゲン化残留性有機汚染物質（halogenated persistent organic pollutants）が分析され，チャバネゴキブリは潜在的な生物指標になる可能性がある（Wang *et al.* 2015）．OPsのクロルピリホスとダイアジノンは2003年以降入手できなくなっているが，これらは日常的に粉塵サンプルとして収集されている．カリフォルニア州オークランドの20戸の低所得世帯を対象とした調査では，85%が過去3か月以内に殺虫剤を使用したと報告している．そのカーペットをサンプリングしたところ，クロルピリホスとダイアジノンがそれぞれ家庭の36%と52%で検出された．他の殺虫剤としては，ペルメトリン，シペルメトリン，PBOがそれぞれ住宅の100%，64%，96%で検出された（Quiros-Alcala *et al.* 2011）．都市部の公共住宅では10種類のピレスロイド系殺虫剤と2種類のOPs殺虫剤が検出され，ペルメトリンとクロルピリホスが最も多く蔓延し，シペルメトリンとダイアジノンは住居の90%で検出されている（Julien *et al.* 2008）．カリフォルニア州の434世帯を対象とした研究では，ペルメトリン，シペルメトリン，クロルピリホス，ダイアジノンがカーペット粉塵サンプルの99%，49%，89%，87%で検出されている（Gunier *et al.* 2016）．5年以上の研究を通じて，クロルピリホスとダイアジノンの濃度は大幅に減少した．アリ，ゴキブリ，ノミ，ハエを駆除するために殺虫剤が使用されている家庭では，ペルメトリンとシペルメトリンの濃度がほぼ一桁高かった．自己報告による害虫処理に関する研究では，カーペット中のシフルトリンの存在とアリ／ゴキブリ処理との間に関連性が見られた．シペルメトリンの使用量は，この処理を報告していない世帯に比べて25倍高かった．また，防除を行っている世帯では，行っていない世帯よりも1.5倍多くのPBOの残留があった（Deziel *et al.* 2015）．2009～12年にかけてフランスで行われた研究では，屋内でOTC製品を少なくとも年2回使用すると，粉塵中のペルメトリンとシフルトリンのレベルが高くなる結果となった（Glorennec *et al.* 2017）．

PMPが条件を細かく制定せず，屋内で4種類の異なるピレスロイドを使用したが，1日後には空気中に検出されなくなった．室内塵の中のペルメトリンとシフルトリンのレベルは1年間再び上昇したが，シペルメトリンとデルタメトリンのレベルは無視できるほどであった（Leng *et al.* 2005）．別の調査では，テナントの85％が害虫を目撃したと報告した．低所得層のアパートで，最も一般的な殺虫剤はペルメトリンとシペルメトリンの2つであった．OPであるダイアジノン，クロルピリホス，フェンチオンは依然として拭き取り検査で検出されており，そのレベルはピレスロイドよりも大幅に低いと考えられている．殺虫剤はリビングルームと子ども部屋でよく検出された（Lu *et al.* 2013）．模擬住宅で，粉塵サンプル中に検出されたシペルメトリンとβシフルトリン（betacyfluthrin）の量は，364日後にそれぞれ29.6％と56.2％減少した（Nakagawa *et al.* 2017）．

いろいろなPMPの顧客のハウスダストサンプルには，さまざまなレベルの除虫菊（pyrethrum），有機リン，ピレスロイドが含まれていた．これらのレベルは，捕獲（trapping）およびベイトプログラムによって大幅に減少した（Fischer *et al.* 1999）．清掃，2.15％ヒドラメチルノンによるベイト設置，亀裂や裂け目へのホウ酸注入，教育プログラムの組み合わせにより，処理後2週間でゴキブリの数が47％減少した．PBOの空気サンプルも大幅に減少している（Williams *et al.* 2006）．ペルメトリン，プロポクスル，シペルメトリンを割れ目や隙間に処理すると，未処理域の殺虫剤量との間に統計的に有意な差が生じたが，これらの差は小さく，実用上の問題はなかった．プロポクスルは処理か所からすぐになくなった．処理した後には顕著な分解生成物の形成はなかった．屋内で散布された殺虫剤の分解度は低かった（Starr *et al.* 2014）．50戸の住宅を対象とした調査では，薬剤処理記録と検出されたピレスロイドとの間に関連性はなかった．残念ながら，関与する害虫に関する詳細な，散布が行われた理由ついての報告はなかった（Starr *et al.* 2018）．

表面残留物に加えて，スプレーやエアゾールを屋内で使用すると，殺虫剤で汚染されたダスト粒子が発生し，屋内環境に何年も残る．これは，住民への微量の殺虫剤への長期暴露の貯蔵庫および供給源として機能する．おもな防除方法として，ベイトと粘着トラップを使用する建物全体のIPMプログラムを採用した結果，12か月後に床のダストサンプル中の殺虫剤残留濃度が74％減少している（Wang *et al.* 2019）．IPMプログラムでは，殺虫剤で処理された環境の粉塵粒子の生成を削減または排除する処理戦略を重用視する必要がある．

ピレスロイド系殺虫剤がヒトの健康に与える潜在的な影響は，長い間懸念されてきた．物議を醸した論文の中で，Baoら（2019）は，「この前向きなコホートからの発見は，ピレスロイド系殺虫剤による環境曝露がアメリカの一般成人人口における全死亡原因のリスク増加と有意に関連していることを示した」と結論付けた．観察された関連性は，ピレスロイド誘発性の心臓血管系（cardiovascular system）への悪影響と関連している可能性が高い．この発見を再現し，根底にあるメカニズムを解明するには，さらなる研究が必要である．これに対し，ピレスロイド作業部会（PWG 2020）は，「圧倒的な身体科学では，ピレスロイドがアメリカ環境保護庁のラベル要件に従って使用された場合，公衆や環境に危険をもたらすという主張を支持しない」と述べた（Stellman 2020）．この種の研究を解釈する際には注意が必要であり，さらなる追加の研究が必要であると述べている．これらの発見に基づくと，PMPと住宅所有者は，屋内でチャバネゴキブリを防除する場合に，ピレスロイドの粉剤やスプレーを使用する際には，ある程度の注意を払うことが賢明であると思われる．ピレスロイドが本当にこれらの潜在的な健康リスクを引き起こす場合，またピレスロイドに対する抵抗性が広まり，代替の治療戦略が存在する場合，代替の方法を選択することでこれらのリスクを大幅に軽減できると思われる．

結　論

殺虫剤は費用対効果が高く，ゴキブリをある程度制御できるため，ゴキブリ管理のために住宅所有者，テナント，PMPによって今後も広く使用され続けることであろう．ベイトの配合物は特に効果的で，他の配合物よりも環境に優しい．ホウ酸などの一部の古い化学物質は，隠れ場所への処理やゴキブリの防除において重要な役割を果たし続けている．しかし，屋内での使用による潜在的な健康への悪影響に対する意識の高まりは，将来的には，より環境に優しい製剤や有効成分の開発の原動力となるであろう．ゴキブリを防除するためのEOの使用に対する最近の関心は，この傾向のほんの一例にすぎない．殺虫剤だけが完全な解決策ではないが，それでもチャバネゴキブリを駆除するためのIPMプログラムの重要な要素である．

参 考 文 献

Agrawal VK, Agarwal A, Choudhary V, Singh R, Ahmed N, Sharma M, Narula K, Agrawal P (2010) Efficacy of imidacloprid and fipronil gels over synthetic pyrethroid and propoxur aerosols in control of German cockroaches (Dictyoptera: Blattellidae). *Journal of Vector Borne Diseases* **47**, 39-44.

Ahn Y-J, Lee S-B, Lee H-S, Kim G-H (1998) Insecticidal and acaricidal activity of carvacrol and β-thujaplicine derived from *Thujopsis dolabrata* var. *hondai* sawdust. *Journal of Chemical Ecology* **24**, 81-90. doi:10.1023/A:1022388829078

Ajjan I, Robinson WH (1996) Measuring hydramethylnon resistance in the German cockroach, *Blattella germanica* (L.). In *Proceedings of the 2nd International Conference on Urban Pests*. 7-10 July, Edinburgh (Ed. KB Wildey) pp. 135-144.

Albuquerque FC, Potenza MR, Alves JN (2003) Residual efficacy of lambda-cyhalothrin formulations in surface treatments, for the control of *Blattella germanica* (Dictyoptera: Blattellidae)]. *Arquiuos do Instituto Biologico, São Paulo* **70**, 467-471.

Alzogaray RA, Lucia A, Zebra E, Masuh HM (2011) Insecticidal activity of essential oils from eleven *Eucalyptus* spp. and two hybrids: lethal and sublethal effects of their major components on *Blattella germanica*. *Journal of Economic Entomology* **104**, 595-600. doi:10.1603/EC10045

Alzogaray RA, Sfara V, Moretti AN, Zerba EN (2013) Behavioural and toxicological responses of *Blattella germanica* (Dictyoptera: Blattellidae) to monoterpenes. *European Journal of Entomology* **110**, 247-252. doi:10.14411/eje.2013.037

Ameen A, Kaakeh W, Bennett GW (2000) Integration of chlorfenapyr into a management program for the German cockroach (Dictyoptera: Blattellidae). *Journal of Agricultural and Urban Entomology* **17**, 135-142.

Ameen A, Kaakeh W, Wang C, Bennett GW (2002) Laboratory and field efficacy of noviflumuron formulations against the German cockroach. In *Proceedings of the 4th International Conference on Urban Pests*. 7-10 July, Charleston (Eds SC Jones, J Zhai, WH Robinson) pp. 147-153.

Ameen A, Wang C, Kaakeh W, Bennett GW, King JE, Karr LL, Xie J (2005) Residual activity and population effects of noviflumuron for German cockroach (Dictyoptera: Blattellidae) control. *Journal of Economic Entomology* **98**, 899-905. doi:10.1603/0022-0493-98.3.899

Ang LH, Nazni WA, Kuah MK, Chong ASC, Lee C-Y (2013) Detection of the A302S *rdl* mutation in fipronil bait-selected strains of the German cockroach (Dictyoptera: Blattellidae). *Journal of Economic Entomology* **106**, 2167-2176. doi:10.1603/EC13119

Anikwe JC, Adetoro FA, Anogwih JA, Makanjuola WA, Kemabonta KA, Akinwande KL (2014) Laboratory and field evaluation of an indoxacarb gel bait against two cockroach species (Dictyoptera: Blattellidae, Blattidae) in Lagos, Nigeria. *Journal of Economic Entomology* **107**, 1639-1642. doi:10.1603/EC13457

Appel AG (2003) Laboratory and field performance of an indoxacarb bait against German cockroaches (Dictyoptera: Blattellidae). *Journal of Economic Entomology* **96**, 863-870. doi:10.1093/jee/96.3.863

Appel AG (2004) Contamination affects the performance of insecticidal baits against German cockroaches (Dictyoptera: Blattellidae). *Journal of Economic Entomology* **97**, 2035-2042. doi:10.1093/jee/97.6.2035

Appel AG, Benson EP (1995) Performance of abamectin bait formulations against German cockroaches (Dictyoptera: Blattellidae). *Journal of Economic Entomology* **88**, 924-931. doi:10.1093/

jee/88.4.924

Appel AG, Tanley MJ (2000) Laboratory and field performance of an imidacloprid gel bait against German cockroaches (Dictyoptera: Blattellidae). *Journal of Economic Entomology* **93**, 112-118. doi:10.1603/0022-0493-93.1.112

Appel AG, Gehret MJ, Tanley MJ (2001) Repellency and toxicity of mint oil to American and German cockroaches (Dictyoptera: Blattellidae). *Journal of Agricultural and Urban Entomology* **18**, 149-156.

Appel AG, Gehret MJ, Tanley MJ (2004) Effects of moisture on the toxicity of inorganic and organic insecticidal dust formulations to German cockroaches (Blattodea: Blattellidae). *Journal of Economic Entomology* **97**, 1009-1016. doi:10.1093/jee/97.3.1009

Armes MN, Liew Z, Wang A, Wu X, Bennett DH, Hertz-Picciotto I, Ritz B (2011) Residential pesticide usage in older adults residing in central California. *International Journal of Environmental Research and Public Health* **8**, 3114-3133. doi:10.3390/ijerph8083114

Audy O, Melymuk L, Venier M, Vojta S, Becanova J, Romanak K, Vykoukalova M, Prokes R, Kukucka P,Diamond ML, Klanova J (2018) PCBs and organochlorine pesticides in indoor environments: a comparison of indoor contamination in Canada and Czech Republic. *Chemosphere* **206**, 622-631. doi:10.1016/j.chemosphere.2018.05.016

Aulicky R, Stejskal V (2002) Vertical and horizontal distribution of pesticide microcapsules applied on the porous surface. *Research in Agricultural Engineering* **48**, 153-156.

Aulicky R, Stejskal V, Dohnal P, Kocourek V, Plachy J, Hajslova J (2010) Validation of insecticide aerosol generated by smoke generator for German cockroach control. *International Pest Control* **52** (2), 84-86.

Baldwin RW, Koehler PG, Pereira RM (2008) Toxicity of fatty acid salts to German and American cockroaches. *Journal of Economic Entomology* **101**, 1384-1388. doi:10.1093/jee/101.4.1384

Bao W, Liu B, Simonsen DW, Lehmler H-J (2019) Association between exposure to pyrethroid insecticides and risk of all-cause and cause-specific mortality in the general US adult populations. *JAMA Internal Medicine* **180**, 367-374. doi:10.1001/jamainternmed.2019.6019

Berger-Preies E, Preies A, Sielaff K, Raabe M, Ilgen B, Levsen K (1997) The behaviour of pyrethroids indoors: a model study. *Indoor Air* **7**, 248-261. doi:10.1111/j.1600-0668.1997.00004.x

Berkowitz GS, Obel J, Deych E, Lapinski R, Godbold J, Liu Z, Landrigan PJ, Wolff MS (2003) Exposure to indoor pesticides during pregnancy in a multi-ethnic, urban cohort. *Environmental Health Perspectives* **111**, 79-84. doi:10.1289/ehp.5619

Bernardini JF, Oliveira JC, Belluco F, Bendeck ORP, Picanco R, Poppin LS (2011) Effectiveness assessment of imidacloprid 21% + betacyfluthrin 10.5% to control pyrethroid-resistant *Blattella germanica* (Blattodea: Blattellidae) populations. In *Proceedings of the 7th International Conference on Urban Pests*. 7-10 August, Ouro Preto, Brazil (Eds WH Robinson, AEC Campos) p. 373.

Bloomquist JR (1996) Ion channels as targets for insecticides. *Annual Review of Entomology* **41**, 163-190.doi:10.1146/annurev.en.41.010196.001115

Boase CJ, Rupes V (1996) An optimized sulfluramid bait formulation for control of both Pharaoh's ants *Monomorium pharaonis* (L.) (Hymenoptera: Formicidae) and German cockroaches *Blattella germanica* (L.) (Dictyoptera: Blattellidae). In *Proceedings of the 2nd International Conference on Urban Pests*. 7-10 July, Edinburgh (Ed. KB Wildey) pp. 153-162.

Boné E, Gonzalez-Audino PA, Sfara V (2020) Spatial repellency caused by volatile pyrethroids is olfactorymediated in the German cockroach (Dictyoptera: Blattellidae). *Neotropical Entomology* **49**, 275-283. doi:10.1007/s13744-019-00739-9

Buczkowski G, Kopanic RJ Jr, Schal C (2001) Transfer of ingested insecticides among cockroaches: effects of active ingredient, bait formulation, and assay procedures. *Journal of Economic Entomology* **94**, 1229-1236. doi:10.1603/0022-0493-94.5.1229

Buczkowski G, Scherer CW, Bennett GW (2008) Horizontal transfer of bait in the German cockroach: indoxacarb causes secondary and tertiary mortality. *Journal of Economic Entomology* **101**, 894-901. doi:10.1093/jee/101.3.894

Buss EA, Park-Brown SG (2006) *Natural Products for Insect Pest Management*. ENT-350, University of Florida, IFAS Extension.

Bywater A, Scherer CW, Hoppe M, Gallagher NT, Roper E, Long C, Cox D, Coffelt M, Cartwright B (2014) Cyantraniliprole: a novel insecticide for control of urban pests. In *Proceedings of the 8th International Conference on Urban Pests*. 20-23 July, Zurich (Eds G Muller, R Pospischil, WH Robinson) pp. 389-394.

Chai RY, Lee C-Y (2010) Insecticide resistance profiles and synergism in field populations of the German cockroach (Dictyoptera: Blattellidae) from Singapore. *Journal of Economic Entomology* **103**, 460-471. doi:10.1603/EC09284

Chang K-S, Ahn Y-J (2002) Fumigant activity of (*E*)-anethole identified in *Illicium vernum* fruit against *Blattella germanica*. *Pest Management Science* **58**, 161-166. doi:10.1002/ps.435

Chang K-S, Shin EH, Jung JS, Park C, Ahn YJ (2010) Monitoring for insecticide resistance in field-collected populations of *Blattella germanica* (Blattaria: Blattellidae). *Journal of Asia-Pacific Entomology* **13**, 309-312. doi:10.1016/j.aspen.2010.05.008

Chang K-S, Shin E-H, Park C, Ahn Y-J (2012) Contact and fumigant toxicity of *Cyperus rotundus* steam distillate constituents and related compounds to insecticide-susceptible and-resistant *Blattella germanica*. *Journal of Medical Entomology* **49**, 631-639. doi:10.1603/ME11060

Chang K-S, Jeon J-H, Kun G-H, Jang C-W, Jeong SJ, Ju Y-R, Ahn Y-J (2017) Repellency of zerumbone identified in *Cyperus rotundus* rhizome and other constituents to *Blattella germanica*. *Scientific Reports* **7**, 16643. doi:10.1038/s41598-017-16099-6

Choo LEW, Tang CS, Pang FY, Ho SH (2000) Comparison of two bioassay methods for determining deltamethrin resistance in German cockroaches (Blattodea: Blattellidae). *Journal of Economic Entomology* **93**, 905-910. doi:10.1603/0022-0493-93.3.905

Cochran DG (1995) Toxic effects of boric acid on the German cockroach. *Experientia* **51**, 561-563. doi:10.1007/BF02128743

Cornwell PB (1976) *The Cockroach. Vol. II:Insecticides and Cockroach Control*. Associated Business Programmes, London.

Davari B, Kashani S, Nasirian H, Nazari M, Salehzadeh A (2018) Efficacy of Maxforce and Advion gel baits containing fipronil, clothianidin, and indoxacarb against the German cockroach (*Blattella germanica*).*Entomological Research* **48**, 459-465. doi:10.1111/1748-5967.12282

DeVries ZC, Santangelo RG, Crissman J, Mick R, Schal C (2019) Exposure risks and ineffectiveness of total release foggers (TRFs) used for cockroach control in residential settings. *BMC Public Health* **19**, 96 doi:10.1186/s12889-018-6371-z.

Deziel NC, Colt JS, Kent EE, Gunier RB, Reynolds P, Booth B, Metayer C, Ward MH (2015) Associations between self-reported pest treatments and pesticide concentrations in carpet dust. *Environmental Health* **14**, 27. doi:10.1186/s12940-015-0015-x

Dhang P, Liszka D (2015) Efficacy of a novel insecticide formulation in controlling German cockroaches. *International Pest Control* **57** (1), 22-23.

Dong K, Valles SM, Scharf ME, Zeichner B, Bennett GW (1998) The knockdown resistance (kdr)

mutation in pyrethroid-resistant German cockroaches. *Pesticide Biochemistry and Physiology* **60**, 195-204. doi:10.1006/pest.1998.2339

Ducom P, Dupuis S, Stefanini V, Guichard AA (2003) Sulfuryl fluoride as a new fumigant for the disinfestation of flour mills in France. In *Proceedings of the 8th International Conference on Stored Product Protection*. 22-26 July 2002, York (Eds PF Credland, DM Armitage, CH Bell, PM Cogan, E Highley) pp. 900-903.

Durier V, Rivault C (2000) Secondary transmission of toxic baits in German cockroach (Dictyoptera: Blattellidae). *Journal of Economic Entomology* **93**, 434-440. doi:10.1603/0022-0493-93.2.434

Ebeling W (1995) Inorganic insecticides and dust. In *Understanding and Controlling the German Cockroach*. (Eds MK Rust, JM Owens, DA Reierson) pp. 193-230. Oxford University Press, New York.

El-Monairy OM, El-Sayed YA, Hegazy M (2015) Efficacy of certain gel baits against the German cockroach, *Blattella germanica* L. (Dictyoptera: Blattellidae) under laboratory conditions. *Catrina* **11**, 1-7.

Enan E (2001) Insecticidal activity of essential oils: octopaminergic sites of action. *Comparative Biochemistry and Physiology. Toxicology & Pharmacology:CBP* **130**, 325-337. doi:10.1016/S1532-0456(01)00255-1

EPA (2006a) IRED Facts: Diazinon. <https: //www3.epa.gov/pesticides/chem_search/reg_actions/reregistration/red_PC-057801_31-Jul-06.pdf>

EPA (2006b) Reregistration Eligibility Decision for Chlorpyrifos. <https: //www3.epa.gov/pesticides/chem_search/reg_actions/reregistration/red_PC-059101_1-Jul-06.pdf>

EPA (2006c) Reregistration Eligibility Decision for Dichlorvos (DDVP). <www3.epa.gov/pesticides/chem_search/reg_actions/reregistration/red_G-32_31-Jul-06.pdf>

EPA (2015) Active Ingredients Eligible for Minimum Risk Pesticide Products. <https: //www.epa.gov/sites/production/files/2018-01/documents/minrisk-active-ingredients-tolerances-jan-2018.pdf>

EPA (2019) What are Biopesticides? <https: //www.epa.gov/ingredients-used-pesticide-products/what-arebiopesticides>

Eremina O (2002) Investigation of several aerosol insecticide compositions containing synergists. In *Proceedings of the 4th International Conference on Urban Pests*. 7-10 July, Zurich (Eds SC Jones, J Zhai, WH Robinson) pp. 167-172.

Fardisi M, Gondhalekar AD, Scharf ME (2017) Development of diagnostic insecticide concentrations and assessment of insecticide susceptibility in German cockroach (Dictyoptera: Blattellidae) field strains collected from public housing. *Journal of Economic Entomology* **110**, 1210-1217. doi:10.1093/jee/tox076

Faulde MK, Scharninghausen JJ, Cavaljuga S (2006) Toxic and behavioural effects of different modified diatomaceous earths on the German cockroach, *Blattella germanica* (L.) (Orthoptera: Blattellidae) under simulated field conditions. *Journal of Stored Products Research* **42**, 253-263. doi:10.1016/j.jspr.2005.03.001

Ferroni C, Bassetti L, Borzatta V, Capparella E, Gobbi C, Guerrini A, Varchi G (2015) Polyenylcyclopropane carboxylic esters with high insecticidal activity. *Pest Management Science* **71**, 728-736. doi:10.1002/ps.3842

Fischer AB, Bigalke B, Herr C, Eikmann T (1999) Pest control in public institutions. *Toxicology Letters* **107**, 75-80. doi:10.1016/S0378-4274(99)00033-8

Gahlhoff JE Jr, Miller DM, Koehler PG (1999) Secondary kill of adult male German cockroaches

(Dictyoptera: Blattellidae) via cannibalism of nymphs fed toxic baits. *Journal of Economic Entomology* **92**, 1133-1137. doi:10.1093/jee/92.5.1133

Glorennec P, Serrano T, Fravallo M, Warembourg C, Monfort C, Cordier S, Viel J-F, Le Gleau F, Le Bot B, Chevrier C (2017) Determinants of children's exposure to pyrethroid insecticides in western France. *Environment International* **104**, 76-82. doi:10.1016/j.envint.2017.04.007

Gondhalekar AD, Scharf ME (2012) Mechanisms underlying fipronil resistance in a multi-resistant field strain of the German cockroach (Blattodea: Blattellidae). *Journal of Medical Entomology* **49**, 122-131. doi:10.1603/ME11106

Gondhalekar AD, Song C, Scharf ME (2011) Development of strategies for monitoring indoxacarb and gel bait susceptibility in the German cockroach (Blattodea: Blattellidae). *Pest Management Science* **67**, 262-270. doi:10.1002/ps.2057

Gondhalekar AD, Nakayasu ES, Silva I, Cooper B, Scharf ME (2016) Indoxacarb biotransformation in the German cockroach. *Pesticide Biochemistry and Physiology* **134**, 14-23. doi:10.1016/j.pestbp.2016.05.003

Gonzalez JOW, Stefanazzi N, Murray AP, Ferrero AA, Band BF (2015) Novel nanoinsecticides based on essential oils to control the German cockroach. *Journal of Pesticide Science* **88**, 393-404.

Gonzalez JOW, Yeguerman C, Marcovecchio D, Delrieux C, Ferrero A, Band BF (2016) Evaluation of sublethal effects of polymer-based essential oils nanoformulation of the German cockroach. *Ecotoxicology and Environmental Safety* **130**, 11-18. doi:10.1016/j.ecoenv.2016.03.045

Gore JC, Schal C (2004) Laboratory evaluation of boric acid-sugar solutions as baits for management of German cockroach infestations. *Journal of Economic Entomology* **97**, 581-587. doi:10.1093/jee/97.2.581

Gore JC, Zurek L, Santangelo RG, Stringham M, Watson DW, Schal C (2004) Water solutions of boric acid and sugar for management of German cockroach populations in livestock production systems. *Journal of Economic Entomology* **97**, 715-720. doi:10.1093/jee/97.2.715

Gunier RB, Nuckols JR, Whitehead TP, Colt JS, Deziel NC, Metayer C, Reynolds P, Ward MH (2016) Temporal trends of insecticide concentrations in carpet dust in California from 2001 to 2006. *Environmental Science & Technology* **50**, 7761-7769. doi:10.1021/acs.est.6b00252

Habes D, Kilani-Morakchi S, Aribi N, Farine JP, Soltani N (2001) Toxicity of boric acid to *Blattella germanica* (Dictyoptera: Blattellidae) and analysis of residues in several organs. In *Proceedings of the 53rd International Symposium on Crop Protection*. 8 May. pp. 525-534. Mededelingen Faculteit Landbouwkundige en Toegpaste Biologische Wetenschappen, Ghent.

Habes D, Morakchi S, Aribi N, Farine J-P, Soltani N (2006) Boric acid toxicity to the German cockroach, *Blattella germanica*: alterations in midgut structure, and acetylcholinesterase and glutathione S-transferase activity. *Pesticide Biochemistry and Physiology* **84**, 17-24. doi:10.1016/j.pestbp.2005.05.002

Habes D, Messiad R, Gouasmia D, Grib L (2013) Effects of an inorganic insecticide (boric acid) against *Blattella germanica*: morphometric measurements and biochemical composition of ovaries. *African Journal of Biotechnology* **12**, 2492-2497.

Hansen KK, Kristensen M, Vagn Jensen K-M (2005) Correlation of a resistance-associated rdl mutation in the German cockroach, *Blattella germanica* (L.), with persistent dieldrin resistance in two Danish field populations. *Pest Management Science* **61**, 749-753. doi:10.1002/ps.1059

Hertz-Picciotto I, Sass JB, Engel S, Bennett DH, Bradman A, Eskenazi B, Lanphear B, Whyatt R (2018) Organophosphate exposures during pregnancy and child neurodevelopment: recommendations for essential policy reforms. *PLoS Medicine* **15**, e1002671. doi:10.1371/journal.pmed.1002671

Holbrook GL, Roebuck J, Moore CB, Waldvogel MG, Schal C (2003) Origin and extent of resistance to fipronil in the German cockroach, *Blattella germanica* (L.) (Dictyoptera: Blattellidae). *Journal of Economic Entomology* **96**, 1548-1558. doi:10.1603/0022-0493-96.5.1548

Horton MK, Jacobson JB, McKelvey W, Holmes D, Fincher B, Quantano A, Diaz BP, Shabbazz F, Shepard B, Rundle A, Whyatt RM (2011) Characterization of residential pest control products used in inner-city communities in New York City. *Journal of Exposure Science & Environmental Epidemiology* **21**, 291-301. doi:10.1038/jes.2010.18

Hosseini SA, Bazrafkan S, Vatandoost H, Abaeii MR, Ahmadi MS, Tavassoli M, Shayeghi M (2014) The insecticidal effect of diatomaceous earth against adults and nymphs of *Blattella germanica*. *Asian Pacific Journal of Tropical Biomedicine* **4** (Suppl 1), S228-S232. doi:10.12980/APJTB.4.2014C1282

Hunt DA, Tracy MF (1998) Pyrrole insecticides: a new class of agriculturally important insecticides functioning as uncouplers of oxidative phosphorylation. In *Insecticides with Novel Modes of Action*. (Eds I Ishaya, D Degheele) pp. 138-151. Springer-Verlag, Berlin.

IRAC (2019) IRAC Mode of Action Classification Scheme. <https: //irac-online.org/modes-of-action/>

Isman MB (2000) Plant essential oils for pest and disease management. *Crop Protection* **19**, 603-608. doi:10.1016/S0261-2194(00)00079-X

Isman MB (2006) Botanical insecticides, deterrents, and repellents in modern agriculture and an increasingly regulated world. *Annual Review of Entomology* **51**, 45-66. doi:10.1146/annurev.ento.51.110104.151146

Isman MB, Grieneisen ML (2014) Botanical insecticide research: many publications, limited useful data. *Trends in Plant Science* **19**, 140-145. doi:10.1016/j.tplants.2013.11.005

Jang Y-S, Yang Y-C, Choi D-S, Ahn Y-J (2005) Vapor phase toxicity of marjoram oil compounds and their related monoterpenoids to *Blattella germanica* (Orthoptera: Blattellidae). *Journal of Agricultural and Food Chemistry* **53**, 7892-7898. doi:10.1021/jf051127g

Jankowska M, Lapied B, Jankowski W, Stankiewicz M (2019) The unusual action of essential oil components, menthol, in potentiating the effect of the carbamate insecticide, bendiocarb. *Pesticide Biochemistry and Physiology* **158**, 101-111. doi:10.1016/j.pestbp.2019.04.013

Julien R, Adamkiewicz G, Levy JI, Bennett D, Nishioka M, Spengler JD (2008) Pesticide loadings of select organophosphate and pyrethroid pesticides in urban public housing. *Journal of Exposure Science & Environmental Epidemiology* **18**, 167-174. doi:10.1038/sj.jes.7500576

Jung W-C, Jang Y-S, Hieu TT, Lee C-K, Ahn Y-J (2007) Toxicity of *Myristica fragans* seed compounds against *Blattella germanica* (Dictyoptera: Blattellidae). *Journal of Medical Entomology* **44**, 524-529. doi:10.1093/jmedent/44.3.524

Kaakeh W, Bennett GW (1999) Developmental stage- and gender-dependent differential susceptibility of German cockroaches (Dictyoptera: Blattellidae) to various commercial baits. *Journal of Agricultural and Urban Entomology* **16**, 9-24.

Kaakeh W, Scharf ME, Bennett GW (1997a) Efficacy of conventional insecticide and juvenoid mixtures on an insecticide-resistant field population of German cockroach (Dictyoptera: Blattellidae). *Journal of Agricultural Entomology* **14**, 339-348.

Kaakeh W, Reid BL, Bohnert TJ, Bennett GW (1997b) Toxicity of imidacloprid in the German cockroach (Dictyoptera: Blattellidae), and the synergism between imidacloprid and *Metarhizium anisopliae* (imperfect fungi: Hyphomycetes). *Journal of Economic Entomology* **90**, 473-482. doi:10.1093/jee/90.2.473

Kaakeh W, Scharf ME, Bennett GW (1997c) Comparative contact activity and residual life of juvenile hormone analogs used for German cockroach (Dictyoptera: Blattellidae) control. *Journal of Economic Entomology* **90**, 1247-1253. doi:10.1093/jee/90.5.1247

Kaakeh W, Reid BL, Kaakeh W, Bennett GW (1997d) Rate determination, indirect toxicity, contact activity, and residual persistence of lufenuron for the control of the German cockroach (Dictyoptera: Blattellidae). *Journal of Economic Entomology* **90**, 512-522.

Kaakeh W, Reid BL, Bennett GW (1997e) Toxicity of fipronil to German and American cockroaches. *Entomologia Experimentalis et Applicata* **84**, 229-237. doi:10.1046/j.1570-7458.1997.00220.x

Keenan JJ, Ross JH, Sell V, Vega HM, Krieger RI (2010) Deposition and spatial distribution of insecticides following fogger, perimeter sprays, spot sprays, and crack-in-crevice applications for treatment and control of indoor pests. *Regulatory Toxicology and Pharmacology* **58**, 189-195. doi:10.1016/j.yrtph. 2010.05.003

Kilani-Morakchi S, Aribi N, Soltani N (2009) Activity of boric acid on German cockroaches: analysis of residues and effects on reproduction. *African Journal of Biotechnology* **8**, 703-708.

Kilani-Morakchi S, Badi A, Aribi N, Farine JP, Soltani N (2014) Toxicity of tebufenozide, an ecdysteroid agonist, to *Blattella germanica* (Blattodea: Blattellidae). *African Entomology* **22**, 337-342. doi:10.4001/003.022.0211

King JE (2005) Ovicidal activity of noviflumuron when fed to adult German cockroaches (Dictyoptera: Blattellidae). *Journal of Economic Entomology* **98**, 930-932. doi:10.1603/0022-0493-98.3.930

Ko AE, Bieman DN, Schal C, Silverman J (2016) Insecticide resistance and diminished secondary kill performance of bait formulations against German cockroaches (Dictyoptera: Blattellidae). *Pest Management Science* **72**, 1778-1784. doi:10.1002/ps.4211

Koehler PG, Strong CA, Patterson RS (1996) Control of German cockroach (Dictyoptera: Blattellidae) with residual toxicants in bait trays. *Journal of Economic Entomology* **89**, 1491-1496. doi:10.1093/jee/89.6.1491

Kristensen M, Hansen KK, Vagn Jensen K-M (2005) Cross-resistance between dieldrin and fipronil in German cockroach (Dictyoptera: Blattellidae). *Journal of Economic Entomology* **98**, 1305-1310. doi:10.1603/0022-0493-98.4.1305

Ladonni H (2000) Permethrin resistance ratios compared by two methods of testing nymphs of the German cockroach, *Blattella germanica*. *Medical and Veterinary Entomology* **14**, 213-216. doi:10.1046/j.1365-2915.2000.00233.x

Le Quesne LC, Twydell RS, Porter A (1996) Alphacypermethrin/flufenoxuron: a high-performance residual insecticide combination for cockroach control. In *Proceedings of the 2nd International Conference on Urban Pests*. 7-10 July, Edinburgh (Ed. KB Wildey) pp. 273-284.

Lee C-Y (1998) Control of insecticide-resistant German cockroaches, *Blattella germanica* (L.) (Dictyoptera: Blattellidae) in food outlets with hydramethylnon-based bait stations. *Tropical Biomedicine* **15**, 45-51.

Lee D-K (2002) Differences in the rapid knockdown and lethal effects of aerosol formulations against German cockroach (Blattaria, Blattellidae) strains. *Korean Journal of Entomology* **32**, 233-237. doi:10.1111/j.1748-5967.2002.tb00034.x

Lee LC, Lee C-Y (1998) Characterization of pyrethroid and carbamate resistance in a Malaysian field strain of the German cockroach, *Blattella germanica* (L.) (Dictyoptera: Blattellidae). *Tropical Biomedicine* **15**, 1-9.

Lee KM, Lee C-Y (2002) Prevalence of insecticide resistance in field-collected populations of the German cockroach, *Blattella germanica* (L.) (Dictyoptera: Blattellidae) in peninsular Malaysia.

Medical Entomology and Zoology **53**, 219-225. doi:10.7601/mez.53.219

Lee LC, Lee C-Y (2004) Insecticide resistance profiles and possible underlying mechanism in German cockroaches, *Blattella germanica* (L.) (Dictyoptera: Blattellidae) from peninsular Malaysia. *Medical Entomology and Zoology* **55**, 77-93. doi:10.7601/mez.55.77_1

Lee C-Y, Soo JAC (2002) Potential of glucose-aversion development in field-collected populations of the German cockroach, *Blattella germanica* (L.) (Dictyoptera: Blattellidae) from Malaysia. *Tropical Biomedicine* **19**, 33-39.

Lee C-Y, Yap HH, Chong NL, Lee RST (1996a) Insecticide resistance and synergism in field-collected German cockroaches (Dictyoptera: Blattellidae) in peninsular Malaysia. *Bulletin of Entomological Research* **86**, 675-682. doi:10.1017/S0007485300039195

Lee C-Y, Yap HH, Chong NL (1996b) Insecticide toxicity on the adult German cockroach, *Blattella germanica* (L.) (Dictyoptera: Blattellidae). *Malaysian Journal of Science* **17A**, 1-9.

Lee C-Y, Yap HH, Chong NL (1998) Sublethal effects of deltamethrin and propoxur on longevity and reproduction of German cockroaches, *Blattella germanica*. *Entomologia Experimentalis et Applicata* **89**, 137-145. doi:10.1046/j.1570-7458.1998.00392.x

Lee C-Y, Lee LC, Ang BH, Chong NL (1999) Insecticide resistance in the German cockroach from hotels and restaurants in Malaysia. In *Proceedings of the 3rd International Conference on Urban Pests*. 19-22 July, Prague (Eds WH Robinson, F Rettich, GW Rambo) pp. 171-182.

Lee S, Peterson CJ, Coats JR (2003) Fumigation toxicity of monoterpenoids to several stored product insects. *Journal of Stored Products Research* **39**, 77-85. doi:10.1016/S0022-474X(02)00020-6

Lee H-R, Kim G-H, Choi W-S, Park I-K (2017) Repellent activity of Apiaceace plant essential oils and their constituents against adult German cockroaches. *Journal of Economic Entomology* **110**, 552-557.doi:10.1093/jee/tow290

Leng G, Berger-Press E, Levsen K, Ranft U, Sugiri D, Hadnagy D, Idel H (2005) Pyrethroids used indoor: ambient monitoring of pyrethroids following a pest control operation. *International Journal of Hygiene and Environmental Health* **208**, 193-199. doi:10.1016/j.ijheh.2005.01.016

Lesiewicz DS, Zhai J, Lucas JR, Duffield L (1996) New uses for allethrin series compounds against public health and stored product pests. In *Proceedings of the 2nd International Conference on Urban Pests*. 7-10 July, Edinburgh (Ed. KB Wildey) pp. 555-559.

Liang D, McGill J, Pietri JE (2017) Unidirectional cross-resistance in German cockroach (Blattodea: Blattellidae) populations under exposure to insecticidal baits. *Journal of Economic Entomology* **110**, 1713-1718. doi:10.1093/jee/tox144

Liao S, Liu Y, Si H, Xiao Z, Fan G, Chen S, Wang P, Wang Z (2017) Hydronopylformamides: modification of the naturally occurring compound (-)-β-pinene to produce insect repellent candidates against *Blattella germanica*. *Molecules* (*Basel, Switzerland*) **22**, 1004 doi:10.3390/molecules22061004.

Lim JL, Yap HH (1996) Induction of wing twisting abnormalities and sterility on German cockroaches (Dictyoptera: Blattellidae) by a juvenoid pyriproxyfen. *Journal of Economic Entomology* **89**, 1161-1165.doi:10.1093/jee/89.5.1161

Limoee M, Enayati AA, Khassi K, Salimi M, Ladonni H (2011) Insecticide resistance and synergism of three field-collected strains of the German cockroach *Blattella germanica* (L.) (Dictyoptera: Blattellidae) from hospitals in Kermanshah, Iran. *Tropical Biomedicine* **28**, 111-118.

Lin Y-L, Hao H-L, Sun J-C (2008) Repellency of four plant essential oils to German cockroach, *Blattella germanica*. *Chinese Bulletin of Entomology* **45**, 477-479.

Liu ZL, Yu M, Li XM, Wan T, Chu SS (2011) Repellent activity of eight essential oils of Chinese medicinal herbs to *Blattella germanica* L. *Records of Natural Products* **5**, 176–183.

Liu XC, Liu Q, Chen H, Liu QZ, Jiang SY, Liu ZL (2015) Evaluation of contact toxicity and repellency of the essential oil of *Pogostemon cablin* leaves and its constituents against *Blattella germanica* (Blattodea: Blattellidae). *Journal of Medical Entomology* **52**, 86–92. doi:10.1093/jme/tju003

Lu C, Adamkiewicz G, Attefield KR, Kapp M, Spengler JD, Tao L, Xie SH (2013) Household pesticide contamination from indoor pest control applications in urban low-income public housing dwellings: a communitybased participatory research. *Environmental Science & Technology* **47**, 2018–2025. doi:10.1021/es303912n

Lukwa N, Manokore V (1997) Biological activity of permethrin, phenothrin/allethrin and d-phenothrin on *Periplaneta americana* and *Blattella germanica* cockroaches. *East African Medical Journal* **74**, 252–254.

Lukwa N, Mduluza T, Nyoni C, Zimba M (2018) Drastic reduction in density of *Blattella germanica* and *Periplaneta americana* cockroaches after the application of fenitrothion and lindane in Dema, Zimbabwe. *Journal of Entomological and Acarological Research* **50**, 7291. doi:10.4081/jear.2018.7291

Maiza A, Kilani S, Farine JP, Smagghe G, Aribi N, Soltani N (2004) Reproductive effects in German cockroaches by ecdysteroid agonist RH-0345, juvenile hormone analogue methoprene, and carbamate benfuracarb. *Communications in Agricultural and Applied Biological Sciences* **69**, 257–266.

Maiza A, Aribi N, Smagghe G, Kilani-Morakchi S, Bendjedid M, Soltani N (2013) Sublethal effects on reproduction and biomarkers by spinosad and indoxacarb in cockroaches *Blattella germanica. Bulletin of Insectology* **66**, 11–20.

Mallis A (1982) *Handbook of Pest Control:The Behavior, Life History, and Control of Household Pests*. Franzak & Foster, Cleveland, OH.

Matos YK, Schal C (2016) Laboratory and field evaluation of Zyrox fly granular bait against Asian and German cockroaches (Dictyoptera: Blattellidae). *Journal of Economic Entomology* **109**, 1807–1812. doi:10.1093/jee/tow092

Matsumura F (1985) *Toxicology of Insecticides*, 2nd edn. Plenum Press, New York.

Miller DM, Koehler PG (2000) Novel extraction of German cockroach (Dictyoptera: Blattellidae) fecal pellets enhances efficacy of spray formulation insecticides. *Journal of Economic Entomology* **93**, 107–111. doi:10.1603/0022-0493-93.1.107

Miller PF, Peters BA (1999) Performance of Goliath cockroach gel against German cockroach (Blattodea: Blattellidae) and a mixed population of American cockroach and Australian cockroach (Blattodea: Blattidae) in the field. In *Proceedings of the 3rd International Conference on Urban Pests*. 19–22 July, Prague (Eds WH Robinson, F Rettich, GW Rambo) pp. 153–159.

Miller PF, Peters BA, Smith G (1996) Performance of triflumuron against *Blattella germanica* (L.). In *Proceedings of the 2nd International Conference on Urban Pests*. 7–10 July, Edinburgh (Ed. KB Wildey) pp. 145–151.

Miller DM, Koehler PG, Patterson RS (1997) Use of German cockroach (Dictyoptera: Blattellidae) fecal extract to enhance toxic bait performance in the presence of alternative food sources. *Journal of Economic Entomology* **90**, 483–487. doi:10.1093/jee/90.2.483

Mossa A-TH (2016) Green pesticides: essential oils as biopesticides in insect pest management. *Journal of Environmental Science and Technology* **9**, 354–378. doi:10.3923/jest.2016.354.378

Mosson HJ, Short JE, Shenker R, Edwards JP (1995) The effects of the insect growth regulator lufenuron on oriental cockroach, *Blatta orientalis*, and German cockroach, *Blattella germanica*, populations in simulated domestic environments. *Pesticide Science* **45**, 237–246. doi:10.1002/

ps.2780450307

Nakagawa LE, Costa AR, Polatto R, Nascimento CM, Pappini S (2017) Pyrethroid concentrations and persistence following indoor application. *Environmental Toxicology and Chemistry* **36**, 2895–2898. doi:10.1002/etc.3860

Nalyanya G, Moore CB, Schal C (2000) Integration of repellents, attractants, and insecticides in a 'push-pull' strategy for managing German cockroach (Dictyoptera: Blattellidae) populations. *Journal of Medical Entomology* **37**, 427–434.

Nasirian H (2007) Duration of fipronil and imidacloprid gel baits toxicity against *Blattella germanica* strains of Iran. *Iranian Journal of Arthropod-Borne Diseases* **1**, 40–47.

Nasirian H (2008) Rapid elimination of German cockroach, Blatella germanica, by fipronil and imidacloprid gel baits. *Iranian Journal of Arthropod-Borne Diseases* **2**, 37–43.

Nasirian H, Ladonni N, Shayeghi M, Vatandoost H, Yaghoobi-Ershadi MR, Rassi Y, Abolhassani M, Abaei MR (2006) Comparison of permethrin and fipronil toxicity against German cockroach (Dictyoptera: Blattellidae) strains. *Iranian Journal of Public Health* **35**, 63–67.

Oz E, Koc S, Yanikoglu A, Cetin H (2013) Repellent activity of three essential oils components (cineole, terpinen-4-ol and alpha-pinene) against nymphs of *Blattella germanica* L. and *Supella longipalpa* Fabricius. *Fresenius Environmental Bulletin* **22**, 3056–3060.

Pai HH, Wu SC, Hsu EL (2005) Insecticide resistance in German cockroaches (*Blattella germanica*) from hospitals and households in Taiwan. *International Journal of Environmental Health Research* **15**, 33–40. doi:10.1080/09603120400018816

Pantoja CD, Perez MG, Calvo E, Rodriguez MM, Bisset JA (2000) Insecticide resistance studies on *Blattella germanica* (Dictyoptera: Blattellidae) from Cuba. *Annals of the New York Academy of Sciences* **916**, 628–634. doi:10.1111/j.1749-6632.2000.tb05349.x

Pawelka PJ, Randall JB, Goodman WG (2000) Effect of carbon dioxide anesthesia on imiprothrin toxicity in German cockroach (Blattodea: Blattellidae). *Journal of Agricultural and Urban Entomology* **17**, 197–199.

Perrin B (2000) Improving insecticides through encapsulation. *Pesticide Outlook* **11**, 68–71. doi:10.1039/b006324j

Peterson CJ, Nemetz LT, Jones LM, Coats JR (2002a) Behavioral activity of catnip (Lamiaceace) essential oil components to the German cockroach (Blattodea: Blattellidae). *Journal of Economic Entomology* **95**, 377–380. doi:10.1603/0022-0493-95.2.377

Peterson CJ, Zhu J, Coates JT (2002b) Identification of components of osage orange fruit (*Maclura pomifera*) and their repellency to German cockroaches. *Journal of Essential Oil Research* **14**, 233–236. doi:10.1080/10412905.2002.9699833

Phillips AK, Appel AG (2010) Fumigant toxicity of essential oils to the German cockroach (Dictyoptera: Blattellidae). *Journal of Economic Entomology* **103**, 781–790. doi:10.1603/EC09358

Phillips AK, Appel AG, Sims ST (2010) Topical activity of essential oils to the German cockroach (Dictyoptera: Blattellidae). *Journal of Economic Entomology* **103**, 448–459. doi:10.1603/EC09192

PWG (2020) Pyrethroid Working Group: Media Statement, 13 January. <https: //pyrethroids.com/statementcardiovascular-study/?fbclid=IwAR22fGrDx9bquG7Tks3XDZCmzfSUX93UCGzH0A1I-2jN3t0DY23MjHz2gUww>

Qian K, Wei XQ, Zeng XP, Liu T, Gao XW (2010) Stage-dependent tolerance of the German cockroach, *Blattella germanica* for dichlorvos and propoxur. *Journal of Insect Science* **10**, 201. doi:10.1673/031.010.20101

Quiros-Alcala L, Bradman A, Nishioka M, Harnly ME, Hubbard A, McKone TE, Ferber J, Eskenazi

B (2011) Pesticides in house dust from urban and farmworker households in California: an observational measurement study. *Environmental Health* **10**, 19. doi:10.1186/1476-069X-10-19

Rivault C, Cloarec A (1995) Limits of insecticide cockroach control in council flats in France. *Journal of Environmental Management* **45**, 379-393. doi:10.1006/jema.1995.0083

Robinson WH, Barlow RA (1999) Efficacy of a cockroach control bait exposed to insecticides. In *Proceedings of the 3rd International Conference on Urban Pests*. 19-22 July, Prague (Eds WH Robinson, F Rettich, GW Rambo) pp. 121-125.

Rust MK, Owens JM, Reierson DA (Eds) (1995) *Understanding and Controlling the German Cockroach*. Oxford University Press, London.

Sabatini A (2018) Droplet science: a short introduction. *International Pest Control* **60**, 98-99.

Sadgrove N, Jones G (2015) A contemporary introduction to essential oils: chemistry, bioactivity and prospects for Australian agriculture. *Agriculture* **5**, 48-102. doi:10.3390/agriculture5010048

Sanchez-Arroyo H, Koehler PG, Valles SM (2001) Effects of the synergists piperonyl butoxide and *S,S,S*-tributyl phosphorotrithioate on propoxur pharmacokinetics in *Blattella germanica* (Blattodea: Blattellidae). *Journal of Economic Entomology* **94**, 1209-1216. doi:10.1603/0022-0493-94.5.1209

Schal C (2011) Cockroaches. In *Handbook of Pest Control*. (Ed. D Moreland) pp. 151-290. Mallis Handbook Co., Cleveland, OH.

Scharf ME, Bennett GW, Reid BL, Qiu C (1995) Comparisons of three insecticide resistance detection methods for the German cockroach (Dictyoptera: Blattellidae). *Journal of Economic Entomology* **88**, 536-542. doi:10.1093/jee/88.3.536

Scharf ME, Hemingway J, Reid BL, Small GJ, Bennett GW (1996) Toxicological and biochemical characterization of insecticide resistance in a field-collected strain of *Blattella germanica* (Dictyoptera: Blattellidae). *Journal of Economic Entomology* **89**, 322-331. doi:10.1093/jee/89.2.322

Scharf ME, Kaakeh W, Bennett GW (1997) Changes in an insecticide-resistant field population of German cockroach (Dictyoptera: Blattellidae) after exposure to an insecticide mixture. *Journal of Economic Entomology* **90**, 38-48. doi:10.1093/jee/90.1.38

Schmahl G, Al-Rashed KAS, Abdel-Ghaffar F, Klimpel S, Mehlhorn H (2010) The efficacy of neem seed extracts (Tre-sanR®, Mite-Stop®) on a broad spectrum of pests and parasites. *Parasitology Research* **107**, 261-269. doi:10.1007/s00436-010-1915-x

Schneider U, Mrusek K, Pospischil R, Storey G, Smith G (1996) New formulations with betacyfluthrin: residual efficacy against ants and cockroaches of a tablet and a suspension concentrate. In *Proceedings of the 2nd International Conference on Urban Pests*. 7-10 July, Edinburgh (Ed. KB Wildey) pp. 285-290.

Schultz G, Simbro E, Belden J, Zhu J, Coats J (2004) Catnip, *Nepeta cataria* (Lamiales: Lamiaceae): a closer look - seasonal occurrence of nepetalactone isomers and comparative repellency of three terpenoids to insect. *Environmental Entomology* **33**, 1562-1569. doi:10.1603/0046-225X-33.6.1562

Scott JG, Wen Z (1997) Toxicity of fipronil to susceptible and resistant strains of German cockroaches (Dictyoptera: Blattellidae) and house flies (Diptera: Muscidae). *Journal of Economic Entomology* **90**, 1152-1156. doi:10.1093/jee/90.5.1152

Seccacini EA, Juan LW, Vassena CV, Zerba EN, Alzogaray RA (2018) Lufenuron kills deltamethrin-resistant *Blattella germanica* (Blattodea). *Revista de la Sociedad Entomológica Argentina* **77**, 32-35. doi:10.25085/rsea.770204

Shahraki GH, Farashiani ME (2016) Comparison of slow and fast action gel baits for pest management of *Blattella germanica* (German cockroach) infestation in housing. *Asian Biomedicine* **10**, 55-

59.

Shahraki GH, Ibrahim Y, Mohd Noor H, Rafinejad J, Shahar MK (2010) Biorational control programme for the German cockroach (Blattaria: Blattellidae) in selected urban communities. *Tropical Biomedicine* **27**, 226-235.

Sheng WA, Jia ZQ, Liu D, Wu HZ, Luo XM, Song PP, Xu L, Peng YC, Han ZJ, Zhao CQ (2017) Insecticidal spectrum of fluralaner to agricultural and sanitary pests. *Journal of Asia-Pacific Entomology* **20**, 1213-1218. doi:10.1016/j.aspen.2017.08.021

Short JE, Bell HA, Edwards JP (1996) Evaluation of hydroprene point source in combination with hydramethylnon gel baits against the German cockroach (*Blattella germanica*) in simulated domestic environments. In *Proceedings of the 2nd International Conference on Urban Pests*. 7-10 July, Edinburgh (Ed. KB Wildey) pp. 99-109.

Sims SR, Appel AG (2007) Linear alcohol ethoxylates: insecticidal and synergistic effects on German cockroaches (Blattodea: Blattellidae and other insects. *Journal of Economic Entomology* **100**, 871-879. doi:10.1093/jee/100.3.871

Sims SR, O'Brien TE (2011) Mineral oil and aliphatic alcohols: toxicity and analysis of synergistic effects on German cockroaches (Dictyoptera: Blattellidae). *Journal of Economic Entomology* **104**, 1680-1686. doi:10.1603/EC10440

Sims SR, Appel AG, Eva MJ (2010) Comparative toxicity and repellency of microencapsulated and other liquid insecticide formulations to the German cockroach (Dictyoptera: Blattellidae). *Journal of Economic Entomology* **103**, 2118-2125. doi:10.1603/EC09415

Sims SR, Balusu RR, Ngumbi EN, Appel AG (2014) Topical and vapor toxicity of saturated fatty acids to the German cockroach (Dictyoptera: Blattellidae). *Journal of Economic Entomology* **107**, 758-763. doi:10.1603/EC12515

Sitthicharoenchai D, Chaisuekul C, Lee C-Y (2006) Field evaluation of a hydramethylnon gel bait against German cockroaches (Dictyoptera: Blattellidae) in Bangkok, Thailand. *Medical Entomology and Zoology* **57**, 361-364. doi:10.7601/mez.57.361

Small T, Ochoa-Zapater MA, Gallello G, Robera A, Romero FM, Torreblanca A, Garcera MD (2016) Goldnanoparticles ingestion disrupts reproduction and development in German cockroach. *Science of the Total Environment* **565**, 882-888. doi:10.1016/j.scitotenv.2016.02.032

Srinivasan R, Jambulingam P, Subramaniam S, Kalyanasundaram M (2005) Laboratory evaluation of fipronil against *Periplaneta americana* and *Blattella germanica*. *Indian Journal of Medical Research* **122**, 57-66.

Starr JM, Gemma AA, Graham SE, Stout DM II (2014) A test house study of pesticides and pesticide degradation products following an indoor application. *Indoor Air* **24**, 390-402. doi:10.1111/ina.12093

Starr JM, Graham SE, Li W, Gemma AA, Morgan MK (2018) Variability of pyrethroid concentrations on hard surface kitchen flooring in occupied housing. *Indoor Air* **28**, 665-675. doi:10.1111/ina.12471

Stejskal V (1996) Testing chemical repellency in cockroaches (Blattodea) based on feces dispersion. *Anzeiger Fur Schadlingskde Pflanzenschutz Umweltschutz* **69**, 1618.

Stejskal V, Aulicky R (2002) Uneven distribution of fenitrothion microcapsules (Detmol-mic) inside droplet deposits. *Research in Agricultural Engineering* **48**, 36-40.

Stejskal V, Aulicky R, Pekar S (2009) Brief exposure of *Blattella germanica* (Blattodea) to insecticides formulated in various microcapsule sizes and applied on porous and non-porous surfaces. *Pest Management Science* **65**, 93-98. doi:10.1002/ps.1651

Stellman SD, Stellman JM (2020) Pyrethroid insecticides: time for a closer look. *JAMA Internal Medicine* **180**, 374-375. doi:10.1001/jamainternmed.2019.6093

Strong CA, Valles SM, Koehler PG, Brenner RJ (2000) Residual efficacy of blatticides applied to surfaces contaminated with German cockroach (Dictyoptera: Blattellidae) feces. *Florida Entomologist* **83**, 438-445. doi:10.2307/3496719

Szumlas DE (2002) Behavioral responses and mortality in German cockroaches (Blattodea: Blattellidae) after exposure to dishwashing liquid. *Journal of Economic Entomology* **95**, 390-398. doi:10.1603/0022-0493-95.2.390

Tabaru Y, Mochizuki K, Watabe Y, Takahashi T (2001) Repellency of insecticides against German cockroach, *Blattella germanica*, observed by feces distribution in insecticide-treated harborages. *Medical Entomology and Zoology* **52**, 81-86. doi:10.7601/mez.52.81_1

Tang W, Wang D, Wang J, Wu Z, Li L, Huang M, Xu S, Yan D (2018) Pyrethroid pesticide residues in the global environment: an overview. *Chemosphere* **191**, 990-1007. doi:10.1016/j.chemosphere.2017.10.115

Tsuji K (2001) Microencapsulation of pesticides and their improved handling safety. *Journal of Microencapsulation* **18**, 137-147. doi:10.1080/026520401750063856

Tunaz H, Kubilay M, Arada A (2009) Fumigant toxicity of plant essential oils and selected monoterpenoid components against the adult German cockroach, *Blattella germanica* (L.) (Dictyoptera: Blattellidae). *Turkish Journal of Agriculture and Forestry* **33**, 211-217.

Vagn Jensen KM, Schenker R (1999) The impact of a single treatment with the chitin synthesis inhibitor lufenuron on German cockroach, *Blattella germanica* (L.) (Dictyoptera: Blattellidae) populations. In *Proceedings of the 3rd International Conference on Urban Pests*. 19-22 July, Prague (Eds WH Robinson, F Rettich, GW Rambo) pp. 147-152.

Valles SM (1998) Toxicological and biochemical studies with field populations of the German cockroach, *Blattella germanica*. *Pesticide Biochemistry and Physiology* **62**, 190-200. doi:10.1006/pest.1998.2381

Valles SM, Yu SJ (1996) Detection and biochemical characterization of insecticide resistance in the German cockroach (Dictyoptera: Blattellidae). *Journal of Economic Entomology* **89**, 21-26. doi:10.1093/jee/ 89.1.21

Valles SM, Koehler PG, Brenner RJ (1997) Antagonism of fipronil toxicity by piperonyl butoxide and S,S,Stributyl phosphorotrithioate in the German cockroach (Dictyoptera: Blattellidae). *Journal of Economic Entomology* **90**, 1254-1258. doi:10.1093/jee/90.5.1254

Valles SM, Sánchez-Arroyo H, Brenner RJ, Koehler PG (1998) Temperature effects on lambda-cyhalothrin toxicity in insecticide-susceptible and -resistant German cockroaches (Dictyoptera: Blattellidae). *Florida Entomologist* **81**, 193-201. doi:10.2307/3496086

Valles SM, Dong K, Brenner RJ (2000) Mechanisms responsible for cypermethrin resistance in a strain of German cockroach, *Blattella germanica*. *Pesticide Biochemistry and Physiology* **66**, 195-205. doi:10.1006/pest.1999.2462

Van Maele-Fabry G, Gamet-Payrastre L, Lison D (2019) Household exposure to pesticides and risk of leukemia in children and adolescents: updated systematic review and meta-analysis. *International Journal of Hygiene and Environmental Health* **222**, 49-67. doi:10.1016/j.ijheh.2018.08.004

Vanderherchen MB, Isherwood M, Thompson DM, Linderman RJ, Roe R (2005) Toxicity of novel aromatic and aliphatic organic acid and ester analogs of trypsin modulating oostatic factor to larvae of the northern house mosquito, *Culex pipiens*, complex, and the tobacco hornworm, *Manduca sexta*. *Pesticide Biochemistry and Physiology* **81**, 71-84. doi:10.1016/j.pestbp.2004.09.006

Wagan TA, Chakira H, Hua H, He Y, Zhao J (2017) Biological activity of essential oil from *Piper nigrum* against nymphs and adults of *Blattella germanica* (Blattodea: Blattellidae). *Journal of the Kansas Entomological Society* **90**, 54-62. doi:10.2317/0022-8567-90.1.54

Wang C, Bennett GW (2006) Efficacy of noviflumuron gel bait for control of the German cockroach, *Blattella germanica* (Dictyoptera: Blattellidae): laboratory studies. *Pest Management Science* **62**, 434-439. doi:10.1002/ps.1184

Wang C, Scharf ME, Bennett GW (2004) Behavioral and physiological resistance of the German cockroach to gel baits (Blattodea: Blattellidae). *Journal of Economic Entomology* **97**, 2067-2072. doi:10.1093/jee/97.6.2067

Wang Y-B, Sojinu SO, Sun J-L, Ni H-G, Zebng H, Zou M (2015) Are cockroaches reliable bioindicators of persistent organic pollutant contamination of indoor environments? *Ecological Indicators* **50**, 44-49. doi:10.1016/j.ecolind.2014.10.022

Wang C, Eiden A, Cooper R, Zha C, Wang D, Reilly E (2019) Changes in indoor insecticide residue levels after adopting an integrated pest management program to control German cockroach infestations in an apartment building. *Insects* **10**, 304 doi:10.3390/insects10090304 [Erratum in: *Insects* **10**, 406. doi:10.3390/insects10110406].

Watabe Y, Yamasaki H, Iwamoto K, Konagaya T, Tabaru Y (2008) Insecticidal efficacy of several boric acid formulations against the German cockroach, *Blattella germanica*. *Medical Entomology and Zoology* **59**, 273-281. doi:10.7601/mez.59.273

Wege PJ, Hoppe MA, Bywater AF, Weeks SD, Gallo TS (1999) A microcapsulated formulation of lambdacyhalothrin. In *Proceedings of the 3rd International Conference on Urban Pests*. 19-22 July, Prague (Eds WH Robinson, F Rettich, GW Rambo) pp. 301-310.

Wege PJ, Bywater AF, le Patourel GNJ, Hoppe MA (2002) Acquisition and transfer of a lambda-cyhalothrin microcapsule formulation by *Blattella germanica*. In *Proceedings of the 4th International Conference on Urban Pests*. 7-10 July, Charleston (Eds SC Jones, J Zhai, WH Robinson) pp. 135-146.

Wickham JC (1995) Conventional insecticides. In *Understanding and Controlling German Cockroaches*. (Eds MK Rust, JM Owens, DA Reierson) pp. 109-147. Oxford University Press, New York.

Williams MK, Barr DB, Cammann DE, Cruz LA, Carlton EJ, Borjas M, Reyes A, Evans D, Kinney PL, Whitehead RD Jr, Perera FP, Matsoanne S, Whyatt RM (2006) An intervention to reduce residential insecticide exposure during pregnancy among an inner-city cohort. *Environmental Health Perspectives* **114**, 1684-1689. doi:10.1289/ehp.9168

Williams MK, Rundle A, Holmes D, Reyes M, Hoepner AL, Barr DB, Camann DE, Perera FP, Whyatt RM (2008) Changes in pest infestation levels, self-reported pesticide use, and permethrin exposure during pregnancy after the 2000-2001 US Environmental Protection Agency restriction of organophosphates. *Environmental Health Perspectives* **116**, 1681-1688. doi: 10.1289/ehp.11367

Wu X, Appel AG (2017) Insecticide resistance of several field-collected German cockroach (Dictyoptera: Blattellidae) strains. *Journal of Economic Entomology* **110**, 1203-1209. doi:10.1093/jee/tox072

Wu D, Scharf ME, Neal JJ, Suiter DR, Bennett GW (1998) Mechanism of fenvalerate resistance in the German cockroach, *Blattella germanica* (L.). *Pesticide Biochemistry and Physiology* **61**, 53-62. doi:10.1006/pest.1998.2343

Yap HH, Lee CY, Yahaya AM, Schenker R, Janssen S (1995) Residual efficacy of lufenuron

(Instar®). *Arthropod Management Tests* **20**, 358. doi:10.1093/amt/20.1.358

Yeom H-J, Kang JS, Kim G-H, Park I-K (2012) Insecticidal and acetylcholinesterase esterase inhibition activity of Apiaceae plant essential oils and their constituents against adults of German cockroach (*Blattella germanica*). *Journal of Agricultural and Food Chemistry* **60**, 7194-7203. doi:10.1021/jf302009w

Yeom H-J, Kang J, Kim SW, Park I-K (2013) Fumigant and contact activity of Myrtaceae plant essential oils and blends of their constituents against adults of German cockroach (*Blattella germanica*) and their acetylcholinesterase inhibitory activity. *Pesticide Biochemistry and Physiology* **107**, 200-206. doi:10.1016/j.pestbp.2013.07.003

Yeom H-J, Jung C-S, Kang J, Kim J, Lee J-H, Kim B-S, Kim H-S, Park P-S, Kang K-S, Park I-K (2015) Insecticidal and acetylcholine esterase inhibition activity of Asteraceae plant essential oils and their constituents against adults of the German cockroach (*Blattella germanica*). *Journal of Agricultural and Food Chemistry* **63**, 2241-2248. doi:10.1021/jf505927n

Yeom H-J, Lee H-R, Lee S-C, Lee J-L, Seo S-M, Park I-K (2018) Insecticidal activity of Lamiacecae plant essential oils and their constituents against *Blattella germanica* L. adult. *Journal of Economic Entomology* **111**, 653-661. doi:10.1093/jee/tox378

Yoon C, Kang S-H, Yang J-O, Noh D-J, Indiragandhi P, Kim G-H (2009) Repellent activity of citrus oils against *Blattella germanica, Periplaneta americana*, and *P. fuliginosa*. *Journal of Pesticide Science* **34**, 77-88. doi:10.1584/jpestics.G07-30

Yu SJ (2014) *The Toxicology and Biochemistry of Insecticides*, 2nd edn. CRC Press, Boca Raton.

Zhai J, Robinson WH (1996) Instability of cypermethrin resistance in a field population of the German cockroach (Orthoptera: Blattellidae). *Journal of Economic Entomology* **89**, 332-336. doi:10.1093/jee/89.2.332

Zhu WX, Zhao K, Chu SS, Liu ZL (2012) Evaluation of essential oil and its three main active ingredients of Chinese *Chenopodium ambrosioides* (Family: Chenopodiaceae) against *Blattella germanica*. *Journal of Arthropod-Borne Diseases* **6**, 90-97.

Zibaee I, Khorram P (2015) Synergistic effects of some essential oils on toxicity and knockdown effects, against mosquitos, cockroaches and housefly. *Arthropods* **4**, 107-123.

Zurek L, Gore JC, Stringham SM, Watson DW, Waldvogel MG, Schal C (2003) Boric acid dust as a component of an integrated cockroach management program in confined swine production. *Journal of Economic Entomology* **96**, 1362-1366. doi:10.1093/jee/96.4.1362

第 10 章
ベイトの使用管理

Arthur G. Appel and Michael K. Rust

はじめに

殺虫ベイト剤は，対象となる害虫が摂食するように設計されている．ベイトは，食品マトリックスと有効成分を組み合わせ，保存，安定性，有効性を高めるために防腐剤や誘引剤（水を含む）を含む場合がある．これらには，正確な適用と，処理したものが消費され，なくなるため，再適用が必要になる時期を知る機能があるという利点がある．チャバネゴキブリ（*Blattera germanica*）のベイトは，ゴキブリが隠れている割れ目，隙間，その他の潜伏場所に直接塗布できる．ベイトは簡単に取り付けたり，取り外しができ，子どものいたずらを防ぎ，不正な行為などを防止できるようにステーションに入れることもできる．従来のスプレーやエアゾールと比較して，ベイトで適用される有効成分（AI）の量は少なくなる．ベイトは建物内に殺虫剤残留物やダストを生成する可能性も低くなる（Wang *et al.* 2019）．ベイトの性能に影響を与える要因には，食品ベースの誘引力と嗜好性，ゴキブリによる殺虫剤（または配合成分）の検出と忌避性，殺虫剤の作用速度と毒性，殺虫剤抵抗性，ベイトやベイトステーションの汚染，環境内のベイトの位置，環境内での競合する食品，その他の行動的および生物学的な要因がある．

歴史的にベイトはゴキブリやげっ歯類の防除に約 200 年にわたって使用されてきた（図 10.1）．Cowan（1865）は，1858 年には「シバンムシ，ゴキブリ，ネズミなどを駆除するためのリン系ペースト」を製造し，商人にのみ独占的に販売していたロンドンの会社について説明している．ヒ素，リン，ホウ砂，ホウ酸，フッ化ナトリウム，硫酸タリウムなどの無機殺虫剤は，小麦粉，砂糖，他の食品，場合によっては水と混合してベイトを配合するのが一般的であった（Cornwell 1976; Reierson 1995）．19 世紀後半から 20 世紀初頭の多くの自然史の書物（例：Butler 1893；Herrick 1921）には，ゴキブリを駆除するためのさまざまなベイトについて記載されている．しかし，これらの製剤の有効性については逸話的な報告しかなかった．

ゴキブリベイトの有効性を議論および比較する場合，有効成分（AI），不活性成分，誘引剤，摂食刺激剤を含むすべての餌成分を考慮する必要がある．さらに，ベイト剤

図10.1　1840年頃の茶色の土器「ゴキブリトラップ」．少量の水を混ぜた糖蜜を餌にし，明かりを消した夜に仕掛ける（Eliza Leslie 1849）．アメリカインディアナ州フィッシャーズ，コナープレーリー．インタラクティブ歴史公園

は，散布可能な粉末，固体，散布用顆粒，ペーストまたはゲルとして配合することもできる．ほとんどの研究は，AIまたはいくつかの追加成分の濃度のみが判明している市販または実験用のベイト剤の活性について報告している．さらに，単一のAIをいくつかの異なるゲルまたは固体餌に組み込むこともできる．実験室と野外研究でのベイトの直接比較は複雑であり，結論を出す際には注意が必要である．したがって，私たちは可能な限りこれらのベイトを商品名で識別することにした．

固体，液体またはペースト状のホウ酸ベイトは，1940年代半ばから現在に至るまで広く使用されている（Bare 1945; Barson 1982; Frishman 1987）．Harris® Famous Roach Tablets（40％ホウ酸）とMagnetic Roach Bait®（33％ホウ酸）は現在，店舗およびインターネットを通じて入手可能である．ホウ酸は哺乳類に対する毒性が低く（ラットに対するLD_{50}は2,660 mg/kgを超える），さまざまな環境条件下で安定であり，忌避性がなく，殺虫剤抵抗性のゴキブリに対しても有毒である（Reierson 1995）．しかし，ホウ酸ベイトは実験室試験でも実地試験でも比較的ゆっくりと作用し，一貫性のない防除（inconsistent control）結果であった．

合成有機殺虫剤は，1950 年代からチャバネゴキブリのベイトに組み込まれてきた．その有効成分には，トリクロルフォン（Dipterex），クロルデン（Kepone），クロルピリホス（Dursban），プロポクスル（Baygon），ジクロルボス（Vapona）およびベンジオカルブ（Ficam）があった（Reierson 1995; Tee & Lee 2014）．これらの殺虫剤のうち，2020 年に消費者が入手できるのはクロルピリホスベイトだけである（Hot Shot MaxAttrax® Roach Bait，0.05% クロルピリホス）．一般に，これらのベイト配合物は，現場での研究と比較して，実験室での方がはるかに優れた性能を発揮した．死亡率は通常急速であるが不完全であり，おそらく接触活動，殺虫剤抵抗性，忌避性の組み合わせを反映していると考えられている．

液体スプレー製剤，特に乳剤（EC＝emulsifiable concentration）は，1990 年代後半まではアメリカにおけるゴキブリ汚染に対する標準的な業務上の処理法（commercial treatment）であった．隔離された地域や駆除が困難な地域ではベイトが使用された可能性があるが，それは補助的なものであり，主要な防除法ではなかった．ヒドラメチルノンなどの遅効性で非忌避性の AI（有効成分）の開発と，AMDRO™ がヒアリ防除用ベイトとして導入に成功（それぞれ *Solenopsis richteri*〔輸入ヒアリ〕，さらに *Solenopsis invicta*〔ヒアリ〕を対象）したことにより，ゴキブリベイト開発にも成功している．1980 年代初頭に行われた，ヒドラメチルノン（Combat™ および Maxforce™），アバメクチン（Avert™），およびスルフルラミド（Raid Max™）を含む新しいベイト製剤の実験室および現場試験の結果より，これらの新しい AI および製剤をチャバネゴキブリ駆除に使用する実現可能性が示された．しかし，チャバネゴキブリの防除に革命をもたらしたのはヒドラメチルノンベイトだけであった．初期の製剤は，摂食刺激剤としてグルコースを含む固体のベイトであった．これらのベイトは，プラスチック製の子どもへの危害防止対策用の安全ステーションに入れられ，店頭で販売されていた．その後，ゲルおよびペースト状製剤に水分の誘引力が加わり，製剤が改良され，害虫管理専門家の関心が高まった．ゲル製剤は注射器のような容器に入っており，亀裂や隙間に少量ずつ塗布できるため，塗布が容易であった．固体製剤も良好な成績を収めたが，ジェル製剤の方が優れており，今日でも最も頻繁に使用されているベイト製剤になった．

1995 年以来，さまざまな実験用ベイトと市販用ベイトの活性を比較した多数の研究が発表されている．これらの研究は第 9 章にまとめられている．

ベイトのコンポーネント

有効成分

近年，ベイトの配合に使用するために多くの新しい有効成分（AI）が登録されている．これらには，アバメクチン，ネオニコチノイド，オキサジアジンおよびフェニルピラゾールのクラスに属する化合物が含まれている（詳細については第9章を参照）．チャバネゴキブリのベイトとして成功するAIは，忌避性がなく，低濃度で活性があり，比較的遅効性であるという必要がある．従来のほとんどの速効性の接触殺虫剤とは異なり，ベイトのAIは代謝阻害剤（ヒドラメチルノン，スルフルラミド），殺虫促進剤（インドキサカルブ），アゴニスト（アバメクチン，フィプロニル）という傾向があった．幼若ホルモン類似体（フェノキシカルブ，ハドロプレン，メトプレン，ピリプロキシフェン）やキチン合成阻害剤（ルフェヌロン，ノビフルムロン）などの昆虫成長制御剤（IGR）は，用量に依存せずに長期的な効果をもたらした．しかし，アセチルコリンエステラーゼ阻害剤であるアセフェートとクロルピリホス（一般に速効性の接触殺虫剤と考えられている）を含むベイト製剤は引き続き利用可能である．Jones と Raubenheimer（2002）は，クロルピリホスをベイト配合物でカプセル化し，時間の経過とともに，食餌の回数とともに摂食活動が低下することを発見している．彼らは，学習された反応により食餌の摂食量が減少したと主張した．

ほとんど報告されていないが，ベイトに使用されるAIの重要なパラメータの1つは，ゴキブリを殺すのに必要な摂取AIの量（LD_{50}，LD_{95}，またはLD_{99}）である．野外で採取した株に対するインドキサカルブのLD_{50}およびLD_{95}は，72時間時点で0.30 μg/昆虫および3.51 μg/昆虫であったのに対し，実験室株では0.12 μg/昆虫，および1.11 μmg/昆虫であった（Gondhalekar *et al.* 2011）．消費―死亡率の技術を利用する利点には，ベイトの野外での曝露をシミュレートできること，摂取されたAIの正確な定量化が可能になること，ベイトのマトリックスが変更された場合に行動抵抗に関する情報が得られることなどが含まれる．さらに，消費された配合ベイトの量とゴキブリを殺すために実際に必要な量との差から，潜在的な2次感染に利用できるAIの推定値が得られる．しばしば，致死濃度（LC）が報告されるが，摂取量やゴキブリを殺すのに必要な実際の量は不明である．Strong ら（1993）は，昆虫の50%を殺すのに必要なホウ酸の水溶液致死濃度（LC_{50}）が，チャバネゴキブリのオス成虫について72時間で0.72%であると決定した．アバメクチンのLC_{50}は，3日目と6日目でそれぞれ0.011%と0.004%であった（Koehler *et al.* 1991）．

実験室で決定されるベイトの一般的なパラメータの1つは，ゴキブリがベイトにさらされてから死亡するまでの必要な時間（LT_{50}およびLT_{95}）である．ベイト中の有効成分の濃度が増加するにつれ，死亡までの時間は減少する（ホウ酸，Strong *et al.* 1993; アバメクチン，Koehler *et al.* 1991）．0.5%，1.0%，2.0%，および4.0%ホウ酸水溶液のLT_{50}は，それぞれ2.87日，2.47日，2.01日および2.00日であった（Strong *et al.* 1993）．0.05%フィプロニルベイトのLT_{50}は0.8日であった（Kaakeh *et al.* 1997）．0.1%，0.5%，および1.0%ヒドラメチルノンのLT_{50}は，それぞれ8.2日，5.0日，および4.5日であった（Koehler & Patterson 1991）．

ベイトが適用されるタイミング（暗期または明期），テストアリーナのサイズと複雑さ，競合するベイトなどの要因が結果に影響を与える可能性がある．画期的な論文を発表したStringer *et al.*（1964）は，輸入ヒアリ（*Solenopsis invicta*）を制御するために成功したアリ防除剤の特徴を列挙している．効果的なベイトは，少なくとも10〜100倍の濃度で，遅効性で，有効成分はベイトに混ぜても忌避されないものとした．遅延作用（delayed action）とは，24時間後の死亡率が15%未満で，試験期間の終了までに死亡率が89%を超えるベイトとして定義されている．1980年にヒドラメチルノンがヒアリのベイトとして登録されたことにより，ベイトに関する新しい概念の枠組みが，最近のゴキブリベイト開発につながった．Stejskalら（2004）は，ベイトを3つのカテゴリーに分類している：即効性のベイト（ゴキブリを動けなくする殺虫とノックダウン，または「中和時間（NT＝neutralisation time）」をもたらす）2時間以下，即効性のベイトNT_{50}＝2〜12時間，および遅効性のベイトNT_{50}＝12〜72時間．即効性ベイトには，2.5%イミダクロプリド（Proficid Aktiv™），1.2%クロルピリホス（Karatox Turbo™），および1.8%βシペルメトリン（Schaben gel™）が含まれている．即効性ベイトは，0.4%クロルピリホス（Zel™），0.6%クロルピリホス（Swat Gel™），0.03%フィプロニル（Goliath™），および0.8%フェニトロチオンME（Schwabex gel™）であった．遅効性ベイトは，0.05%アバメクチン（Avert）および2.26%ヒドラメチルノン（Maxforce Ultra）であった．フィプロニル，ヒドラメチルノン，イミダクロプリドおよびスルフルラミドの市販のベイトを0.005〜0.1 gまでの7種の用量を含むベイトの毒性を，96時間までチャバネゴキブリの成虫に対して試験をしたところ，0.01 gと0.1 gのスルフルラミドのみが100%死滅させた．ゴキブリのベイトが2次死亡率を引き起こす可能性がある場合，AIとアリに見られるものと同様の，遅効性毒性との間に関係が存在する可能性がある．

ヒドラメチルノンなどの遅効性AIは，比較的高濃度のヒドラメチルノンが消費され，潜伏場所またはその近くに糞便が堆積するため，2次的死滅が増加する．その遅発性毒性により，ゴキブリの複数回の訪問を可能にし，ゴキブリが潜伏場所に戻ってくることも示唆された．ホウ酸ベイト（Magnetic Roach Food 2000）は，ヒドラメチルノン（Maxforceゲル）と同様の遅効性毒性であるが，ある程度の2次的殺虫も起こしている（Buczkowski *et al.* 2001）.

フィプロニル，ヒドラメチルノン，イミダクロプリドおよびスルフルラミドの市販ベイトのLT_{50}値は次のとおりである．イミダクロプリド＝1時間，スルフルラミド＝2.4時間，フィプロニル＝24時間未満，ヒドラメチルノン＝72時間未満（Alencar *et al.* 2011）．Shahraki と Farashiani（2016）の調査結果は，ヒドラメチルノン（Siege）などの遅効性のベイトを使用すると，2次殺害が増加するという問題を裏付けている．彼らは，フィプロニル（Goliath）を食べたゴキブリの破片や排泄物に曝露されたチャバネゴキブリは死滅したと報告している．

IGR であるノビフルムロン（noviflumron）を10〜5,000 ppm 含むベイトは，2回の生殖周期の間，未交尾メスおよび受精した非妊娠メスに対して100% の殺卵効果があった．未処理のメスは，5,000 ppm のノビフルムロンベイトを与えられたオスと交配しても，生存可能な卵鞘を生成できなかった（King 2005）．Wang と Bennett（2006）は，10〜5,000 ppm のノビフルムロンを含むベイトが19日後に幼虫の90% 未満を殺虫したと報告した．実験室と野外で収集株の両方がテストされた．模擬野外フィールドでの研究では，10 ppm のノビフルムロンベイトにより，捕獲されたゴキブリの数は96.8% 減少した．複数の世帯が住むアパートでは，ノビフルムロンベイトはゆっくりではあるが効果的な防除を示し，16週目までにトラップの捕獲数を92.5% まで減少させた（Ameen *et al.* 2002）．

一部のベイトには，経口毒性だけでなく接触毒性ももつ AI が含まれている．たとえば，フィプロニルベイトと接触した，口器が密閉されたゴキブリも，接触により死亡している（Bayer *et al.* 2012）．同様に，β シペルメトリンやクロルピリホスを含むベイトも接触によって死亡する可能性がある．これらの AI は表面への残留処理用やゴキブリへの直接接触用の液体スプレーとしても配合されているため，驚くべきことではない．これらの AI には接触による致死効果もあり，摂食中に検出される可能性もあるが，摂食は実際に行われている．Silverman と Liang（1999）は，ヒドラメチルノン（2%），フィプロニル（0.03%），およびクロルピリホス（0.5%）ベイトを，実験用のチャバネゴキブリはグルコースの有無にかかわらず喫食することを発見している．これらの AI は，何回かのエベリングのチョイスボックス試験（Appel 1990）ではある程度忌避されるが，それでも消費される．これらの AI の二面性についてはさらに調査する必要がある．

食品ベース

市販のベイト製品の正確な成分は独自のものであるが，ゴキブリベイトの一般的な食品成分には，トウモロコシの穂軸（corncob），小麦粉，大豆粕，米粉，ビール酵母，さらにはピーナッツバターも含まれる（Gore & Schal 2004; Bayer *et al.* 2012）．食品ベースはすぐに消費されなくてはならないもので，AI，保存剤（preservation），誘引剤，摂食刺激剤（feeding stimulants），さらには中和剤（neutralisation）も含み，均等に分散するように配合されていなければならない．チャバネゴキブリは，食餌，タンパク質の組成，炭水化物，脂質を自分で選択できるため，炭水化物と脂質を最適化することできる．

誘引物質および摂食刺激物質

誘引物質はゴキブリをベイトに誘導するが，摂食刺激物質は摂取量の増加を促進する（Durier & Rivault 2000a）．一般に，風上へのベイトの誘引に対して，ベイトは魅力的とは考えられなかった．Silverman と Bieman（1996）および Nalyanya ら（2001）は市販のベイトを使ったトラップでチャバネゴキブリを捕獲することに成功している．ゴキブリの生理学的状態によっては，水蒸気だけ（ゲル製剤などからの）が強力な誘引物質となる場合がある．誘引力だけでは，ベイトの潜在的な効果の一部にすぎない．ベイトの成分は，魅力的で摂食刺激剤として機能することもあれば，機能しないこともある（Tsuji 1965）．

ベイトの試験手順の一部は Jordan らによってレビューされている（2013）．実験室での選択テストは，フィプロニル（goliath），ヒドラメチルノン，アバメクチン，およびホウ酸ジェルベイトを使用して実施されている．魅力的なベイトはまず最初に食べられるベイトで，嗜好性の高いベイトは最もよく食べられるベイトと考えられた．通常，フィプロニルジェルベイトが第一に選択され，ヒドラメチルノンベイトが最も長い給餌期間を要した．ホウ酸ベイトが最初に選ばれることはまれで，食べる量も最も少なかった．摂食刺激は，フィプロニルおよびヒドラメチルノンベイトを 3 か月間熟成させると増加した（Durier & Rivault 1999, 2000a）．アバメクチン（Avert）およびヒドラメチルノンベイト（Maxforce，Siege）は，短距離（30 cm）でもチャバネゴキブリにとって魅力的であった（Nalyanya *et al.* 2001）．Avert は 1 週間の熟成後にその魅力を失ったが，ヒドラメチルノンベイトはその魅力を保持していたが，ベイトのマトリックスの配合が重要であることを示唆している．

チャバネゴキブリの糞便のメタノール抽出物は，対照ベイトと比較して 2 倍のゴキブリを捕捉し，実験用ゲルベイトの魅力を増加させた（Anaclerio & Molinari 2012）．ライ麦パンは，水，ビール，パンの組み合わせよりもチャバネゴキブリにとってより魅力的であった（Pol *et al.* 2018）．乾燥麦芽エキス，水，ビール酵母からなる 3 成分のベイトも，市販のベイトと同様にチャバネゴキブリにとって魅力的であった．いずれかのベイトを使用したトラップは，ベイトを使用しないトラップよりも多くのゴキブリを捕獲した（Pol *et al.* 2017）．ピーナッツバターやエタノールからの1-ヘキサノール，ビールからの2,3-ジヒドロ-3,5-ジヒドロキシ-6-メチル-4H-ピラン-4-オンなどの化合物は，チャバネゴキブリにとって誘引性があることが判明している（Karimifar *et al.* 2011）．

配合

ゴキブリ用ベイトは，固形で溶解可能な顆粒，乾燥した沈殿物，ゲル，粉末およびペーストとして配合されている．各ベイトの配合には独自のレオロジー（質感，硬度，多孔性など）があり，喫食に影響を与える可能性がある．1980年代初頭の固形ベイトは非常に硬く，チャバネゴキブリよりも大型のゴキブリ種（トウヨウゴキブリ〔*Blatta orientalis*〕および*Periplaneta*属）の方が容易にベイトを摂取できた．

その後の配合物は，すべての種によって容易に摂取されるようになった．固形粒状の散布ベイトはプロ向けではないため，屋内では一般的に使用されず，（ステーションによって）保護されておらず，割れ目や隙間用には向けられていないため，子どもやペットが容易に摂取する可能性がある．顆粒ベイトは，屋外および屋根裏部屋や狭いスペースで大型のゴキブリを駆除するために使用する必要がある．ハエ用のベイトもゴキブリに対しても効果があることが判明している．たとえば，散布ベイト（scatter bait）として使用されるMaxforce® 粒状フライベイトは，曝露ステーション（exposure stations）に置かれるか，水に溶解され，表面にスプレーまたはペイントされるが，魅力的なベイトであり，ワモンゴキブリ（*Periplaneta americana*）やクロゴキブリ（*Periplaneta fuliginosa*）に対しても非常に効果がある（Appel未発表データ）．アジア系ゴキブリやオキナワチャバネゴキブリ（*Blattella asahinai*）（Snoddy 2012）にも同様に効果がある．0.5% シアントラニリプロール（cyantraniliprole）（Zyrox Fly粒状餌）と1% ヒドラメチルノン（Maxforce Complete粒状昆虫ベイト）を含む別の粒状ハエベイトは，チャバネゴキブリのアジア系株および実験室系株に対して，実験室での選択および非選択研究で2～5日以内にほぼ100% 駆除している（Matos & Schal 2016）．

シアントラニリプロールの接触活性は最小限であつた．Combot® やMaxforce® などの大型の固形ベイトは容器入りのベイトとして配合されているが，他のベイトはタブレットサイズ（Harris Roach Tablets）で，周囲の湿度に応じて乾燥した状態で置いたり，湿らせたりするように設計されている．

ジェルベイトは湿った柔らかい製剤で，効果的で，ベイトステーションや粒状ベイトに比べて多くの利点がある．利点としては，処理が容易で，配置場所の制限が少ないことが挙げられる．ジェル製剤は，ほとんどの表面に付着するため，住宅の中のほほどこにでも塗布することができる．ジェル製剤はベイトステーションよりも経済的な傾向がある．多くの場合，キッチン全体を処理するには1本のチューブで十分である．保湿剤が添加されているため，ジェルベイトは長期間湿った状態を保つことができ，ゴキブリを引き寄せ，ベイトを味わって食べやすくする．したがって，若令の個体でも摂取しやすい．

ジェルベイト製剤は，シリンジ，エアゾール缶，ベイトガンで使用するために設計されたチューブである．最も一般的で使いやすいのは注射器に入ったものである．ベイトガンは，ほぼPMPによってのみ使用されている．ジェルベイトは，割れ目，裂け目，小さな隙間にも簡単に塗布できる．固形剤や粉剤とは異なり，垂直面などに塗布できる（キャビネットやドアの蝶番，棚，シンク，引き出しの下面など）．

Avert社製のドライ・フロアブル剤（Avert dry flowable）は，半硬質チューブに入った0.05% アバメクチンを含むプロ用ダスト製剤である．ダスト製剤は配合物を軽く吹き飛ばすように使用する．このダストは割れ目，裂け目，空隙内に対して使用されるが，垂直面には残らない場合がある．

乾燥した流動性の0.05% フィプロニルベイト（Magnathor™）は，実験室での試験では48時間以内にチャバネゴキブリを100% 殺虫した（Broadbent 2017）．ベイトには，酸化鉄（iron oxide），二酸化ケイ素（シリカゲル），酸化アルミニウム，(aluminium oxide)，酸化亜鉛（aluminium oxide），酸化カルシウム（calcium oxide），ストロンチウムフェライト（strontium ferrite）などの磁性粒子で，静電気によって昆虫のクチクラに引き寄せられ，虫体に付着する．おそらく，この製剤はダスト剤散布のように作用し，ゴキブリが摂食するよりもおもに接触によって殺すと考えられている．

屋内で使用した場合は，ステーションにあるジェルベイトと固体ベイトが推奨されており，最も一般的である．しかし，ダスト剤や顆粒状のベイトは，子どもやペットから離れた隙間，離れた潜伏場所，屋根裏部屋や床下などの狭いスペースに散布できる．粒状の散布ベイトあるいは溶解して噴霧したベイトは，屋外での処理の方が適している．これらのベイトは，住宅周りの植物の下，マルチ，木片や落ち葉の堆積したところ，ユーティリティ倉庫などでも使用することができる．

ベイトステーション

ベイトステーションは，通常，プラスチック，ボール紙，またはその両方の組み合わせで作られた箱である．これらのステーションは，子どもやペットにも壊されないように設計されているため，通常，開けてベイトの持ち去りを検査するのは困難である．詰め替えるようには設計されていない．ステーションの側面には通常，ゴキブリが出入りするための小さな開口部（チャバネゴキブリ用には小さなステーション，大型種用には大きなステーションと開口部）がある．ゴキブリステーションに入り，探してベイトを喫食したあとには，仲間のいる場所や他の採餌場所に戻る．遅効性のAIsのため，食べてすぐステーション内でゴキブリが死亡するようなことはない．ステーションには事前にベイトがセットされているので，使いやすい．

パッケージから取り出して適切な場所に置くだけである．ステーションに内装されたベイトは，チャバネゴキブリが通常採餌する隅や端に沿って配置すると，より効果的である．

ベイトの消費に影響を与える要因

ゴキブリの生態

チャバネゴキブリは夜行性であり，通常，夜に餌と水を探す．チャバネゴキブリ成虫のオスは暗くなった最初の3〜6時間の間に採餌するが，メス成虫の採餌は生理学的および生殖状態によって調節される（Lee 2005）．飢えたメス成虫はオスと同様の採餌パターンをもっている．生殖活動が活発で，卵母細胞が成熟しているか，卵鞘をもっているメスは，あきらかに異なる採餌パターンをもっている．卵母細胞の成熟中，採餌は明期（photophase〔明るい〕）にまでおよぶ可能性がある（Lin & Lee 1996, 1998）．一方，卵鞘をもったメスは採餌にほとんど時間を費やさず，ニンフが孵化する直前まで潜伏場所に留まる傾向がある（Hamilton & Schal 1988）．

すべての幼虫段階のものは，粘着トラップよく捕獲されることからあきらかなようによく採餌行動をする（Appel 1998）．幼虫は明るい時間帯でも比較的活動的である（Denzer *et al.* 1987）．1令と2令が最もよく集合する傾向がある．中令幼虫では集合は減少する．この激しい集合行動は食糞（copophagy）の原因となり，微生物や栄養素の移動，殺虫剤の水平伝播を引き起こす．3令幼虫以降は全体的に活動が増加し，夜間の活動も増加する．室内実験で観察されたチャバネゴキブリの成虫および幼虫の採餌活動は，フィールドでの観察によっても確認されている（Rivault 1989）．

配置と可用性

ベイトは，ゴキブリの潜伏場所の近く，コーナー，床と壁のコーナーに設置することが望ましい（Reierson 1995; Wang 2010）．代表的な使用場所には，ドアに沿って，ドアの蝶番，上下のキッチンキャビネットのコーナーと端（特にシンクの近く），キッチンカウンターと壁の間の隙間，キャビネットと壁の間の隙間，およびウォールキャビネットの下面，コンロや冷蔵庫の前後の角や下面，トイレの後ろ，トイレの後ろの巾木，配管周り，室内のバスルームキャビネット，そして，アパート全体のドア枠やその他の潜伏場所や集合場所に沿ってベイトを処理すること（Wang 2010）.

ベイトの数と処理場所の配置の両方が防除に影響を与える可能性がある．Reiersonら（1983）は，固形のベイトの入ったベイトステーションをキッチンごとに8〜45個を使用し，4週間には，チャバネゴキブリが大幅に減少したと報告している．最大の減少率（90.6％）は，キッチンごとに25個のベイトを使用したことであった．Appel（1992）は，アパートごとに使用されるベイトの量を一定に保ち，Maxforce® ジェルベイト（2% ヒドラメチルノン）をキッチンごとに10または20か所に適用すると，時間の経過とともにトラップへの捕獲量が大幅に減少するのに対し，30〜40か所に配置した場合には顕著な傾向が見られないことを示した．Wang（2010）は，0.05% フィプロニルを含むジェルベイト（Maxforce® FC Magnum）を使用し，0.84 m^2 あたり0.75〜3 gのベイトを0.1 gほどの点処理をすると処理後4週間でトラップへの捕獲量が98〜99% 減少することを発見している．同様に，Wangら（2013）は，18〜87 gのAdvionジェルベイト（0.6% インドキサカルブ）による処理後4週間でトラップの捕獲量が99% 減少したと報告している．

ゴキブリの潜伏場所またはその近くに少量のベイトを大量に配置することは，高レベルの防除を達成するために不可欠である．効果的な防除効果を得るには，多くの場合，各アパートで数百回の少量（0.1 g）の塗布が必要である．潜伏場所のゴキブリの数に応じ，配置サイズを調整できる．ゴキブリを駆除するには，多くの場合2〜4週間後の追加塗布が必要である．追加のベイトは，ベイドがなくなった潜伏場所や新しく発見された潜伏場所に適用される場合もある．ジェルベイト用の小型容器も市販されている．材料費は高くなるが，ゴキブリを防除したあとに残ったベイトを環境からきれいに取り除くことができる．

チャバネゴキブリは，環境中の食物源の位置とその資源の質をよく知っている（Durier & Rivault 2002）．ゴキブリは，以前に占有されていた既知の資源にある新しい食物と，新しい場所にある新しい食物とを区別することができる（Durier & Rivault 2001）．結果は，関連する学習と空間知識で，チャバネゴキブリの採餌活動を強く形成していることを示唆している．DurierとRivault（2002）は，潜伏場所に近い，以前は採餌場所として使用されていなかった場所にベイトを処理し，ゴキブリが既に使用している採餌場所には処理しないことを推奨している．出没した潜伏場所から7.6〜10.2 cm以内にベイトを置くと，効果が高まった（Ajjan & Zhang 1997）.

MillerとSmith（2020）は，約0.5 gのジェルベイトをワックス紙に塗布し，それを斜めに折り，それをキッチンに配置している．住民は食器やその他の物品を取り除く必要がなかったため，チャバネゴキブリ集団はあまり混乱しなかった．新しいベイトを包んだものを追加すると，探索行動とベイトの消費が増加している可能性があった．

美味しさと熟成感

フィプロニルおよびクロルピリホスのジェルベイトを23℃および30℃で90日間熟成させたところ，5日以内に死亡率94.8%未満が得られた．新鮮なフィプロニルベイトと古いフィプロニルベイトは，同様に古いクロルピリホスベイトよりも活性が高かった（Oz *et al.* 2010）．ヒドラメチルノンベイト（Siege，Maxforce）は10か月経ってもチャバネゴキブリを殺すのに効果的であった（Ajjan & Zhang 1997）．ジェルベイトは数日間に水分が蒸発し，重量の最大60%を失い，AIの濃度が2倍になる．その結果，古くなったジェルベイトの消費は少なくなる．

汚染

フィールド条件下では，より広い表面積が化学物質や殺虫剤によって汚染される可能性がある．汚染が個々のベイトステーションや少量のベイトに影響する可能性は低い．Robinson と Barlow（1999）は，実験室環境で，シフスリン，デルタメスリン，二酸化ケイ素（シリカゲル）粉剤，クロルピリホス，シフルトリン，デルタメスリンのスプレーとでは，ゴキブリが2.15%ヒドラメチルノンのベイト（Maxforce）を食べるのを阻止できないことを発見した．ゴキブリは，同じAIを含む固形製剤よりも，ゲル状のベイト（Maxforce フィプロニルおよびヒドラメチルノン）を著しく多く消費した（Appel 2004）．Maxforce のベイトをハッカ油で処理すると，喫食量が大幅に減少した．ジェルベイトにシリカゲルを塗布しても，ベイトの消費量には影響しなかった（Appel 2004）．ベイトまたはベイトステーションを，ハッカ油を処理した表面に置いた場合，消費量はフィプロニルベイトを含む Combot® 固体餌でのみ減少した．

生理的および行動的な抵抗と餌への嫌悪感

ゴキブリベイト製剤には，AI，ベイト基材，誘引剤，摂食刺激剤（feeding stimulants）などの多くの成分が含まれている．Cochran（1995）は，有機塩素系殺虫剤，有機リン酸系殺虫剤，カルバメート系殺虫剤，ピレスロイド系殺虫剤に対するチャバネゴキブリの抵抗性をまとめている．Zhu ら（2016）は，チャバネゴキブリはさまざまな行動様式を含む42種類のAIに対する抵抗性を獲得したと推定している（第11章を参照）．ほとんどの神経毒などの速効性殺虫剤は，遅効性殺虫剤よりも迅速に，より高いレベルで抵抗性の選択を促進している．

チャバネゴキブリは，アバメクチン（Wang *et al.* 2004; Fardisi *et al.* 2019），フェニルピラゾール（phenylpyrazole）（Holbrook *et al.* 2003; Kristensen *et al.* 2005; Chai & Lee 2010; Gondhalekar & Scharf 2012; Ang *et al.* 2014; Liang *et al.* 2017; Wu & Appel 2017），インドキサカルブ（Ang *et al.* 2014; Gondhalekar *et al.* 2013, 2016; Ko *et al.* 2016）およびネオニコチノイド（Wei *et al.* 2001; Gondhalekar *et al.* 2011, 2013; Fardisi *et al.* 2017, 2019）などの最新クラスの神経毒性殺虫剤に対しても，かなりのレベルの抵抗性を獲得している．さらに，広く使用されているヒドラメチルノン（Ko *et al.* 2016）や使用中止になったスルフルラミド（sulfluramid）（Schal 1992）などの代謝阻害剤（metabolic inhibitors）に対する抵抗性の証拠もあった．

AI に対する生理学的抵抗性（physiological resistance）に加えて，ゴキブリベイト成分の１つ以上の非殺虫成分に対する行動的抵抗性も報告されている．ヒドラメチルノンを含むベイトによる野外での防除失敗に続いて，Silverman と Bieman（1993）はチャバネゴキブリは摂食刺激剤であるグルコースを含むベイト配合物を回避することを発見している．グルコース嫌悪（glucose aversion）は，学習された形質ではなく，遺伝的な形質である（Silverman & Bieman 1993; Wang *et al.* 2006）．その後，グルコース嫌悪が他の野外集団でも発見されている．アメリカと韓国（Silverman & Ross 1994）およびマレーシア（Lee & Soo 2002）のチャバネゴキブリである．グルコースの代わりにフラクトースを使用すると，ベイトの消費量と有効性が増加している（Silverman & Bieman 1993; Silverman & Ross 1994）．グルコース嫌悪は生物学的適応度（biological fitness）の低下をもたらした（Jensen *et al.* 2017）．

グルコース嫌悪の原因となるメカニズムは，Wada-Katsumata によって解明された（2013）．彼らは，ブドウ糖を嫌うゴキブリとそうでないゴキブリの両方において，パラグロッサ（paraglossa＝側舌）にある糖味覚受容体がブドウ糖によって刺激されることを発見している．しかし，グルコースはまた，グルコースを嫌うゴキブリの苦味味覚受容体（bitter-gustatory receptors）を刺激し，砂糖味覚受容体を抑制した．その結果，ブドウ糖を嫌うゴキブリはブドウ糖（通常は摂食刺激物質）を苦いと認識し，嫌悪感を抱くようになる．グルコースに対する嫌悪行動は，行動抵抗の最も詳細に文書化されたケースの１つである．包括的な概念は，チャバネゴキブリが伝統的および非伝統的（Oladipupo *et al.* 2020）殺虫剤と配合成分に対する抵抗性を獲得する可能性があるということである．

Wang ら（2004）はチャバネゴキブリの野外個体群がグルコース，フラクトース，スクロース，マルトースを含む複数の糖に対する嫌悪感を発達させたと報告した．これらの糖に対する嫌悪に対し，考えうるメカニズムは Silverman（2005）によって議論されており，フラクトースは Cincy 株では抑制反応を引き起こすが，グルコースのみを嫌う株では刺激作用を引き起こすため，複数が関与している可能性があることを示唆している．生存とフィットネスの低下との間のトレードオフはあきらかである．

有効成分の水平移動

殺虫剤の水平移動（horizontal transfer）（2次殺虫）は，ベイトやスプレーに含まれるAIが集団内の個体間を通過するときに発生する可能性がある（Buczkowski *et al.* 2008; Tee & Lee 2014）．殺虫剤の摂食は，単純な接触または殺虫剤に汚染された排泄物の摂取によって起こる．十分な量の殺虫剤を消費し，それを排泄物を生成する組織または器官に移行させる必要がある．有毒レベルの殺虫剤を含む一般的な排泄物には，糞便（faeces），嘔吐物（vomitus），吐き戻し（regurgitation），および場合によってはターガル腺分泌物（tergal gland secretion）や精包（spermatophores）が含まれる．さらに，捕食や共食いの結果として水平感染が発生する可能性もある．

食糞

ゴキブリでは食糞，つまり糞便の摂取が起こり，その結果，栄養素，微生物，殺虫剤などの他の物質が水平方向に移動する．食糞はすべてのステージで発生するが，初期の幼虫で最も顕著である（Silverman *et al.* 1991; Kopanic *et al.* 2001）．これらの初期の幼虫は，最も集合性の高い段階でもあり（DeMark & Bennett 1994），糞便中に排泄される集合フェロモンに最も引き寄せられる．成虫の糞便だけでも，1令虫に10日間（90% 生存），さらに14日間（70% 生存）十分な栄養を与えることができる（Koponic *et al.* 2001）．飢えたニンフは，成虫の糞便を与えられた幼虫よりも60倍早く死亡した．オス成虫とメスの糞便の質にも違いがある．1令幼虫の54.5% が2令目に脱皮したメスの糞便を与えたのに対し，脱皮に成功したオスの糞便を与えた幼虫はわずか8% であった．

一般に，水平移動と2次殺虫を成功させるには，AIは消化器系を通過する間も安定して残る必要がある．それはまた，死ぬ前に排泄できるほど遅効性でなければならない（Kopanic & Schal 1999）．KopanicとSchal（1999）は，殺虫剤のベイトが排泄されるには少なくとも12時間の時間が必要であると推定している．これは，ベイト製剤の種類（固体，ゲル，または液体）や，腸のぜん動運動や直腸パッドの活動に対するベイトの影響に応じて，はるかに短くなる可能性がある．

採食活動，食料入手の可能性（Appel *et al.* 2008），栄養素の自己選択，環境中の他の化学物質の存在はすべて食糞に影響を及ぼし，潜在的な2次殺害に影響を与える可能性がある．食糞は実験室研究であきらかに実証されているが，野外個体群の制御を促進するうえでの実際の重要性は実証されていない．安定同位体分析や放射性標識ベイトへの短時間曝露などの方法は，現場での殺虫剤の流れを追跡するために使用できる可能性がある．

嘔吐物の摂食

エメトファジー（emetophagy）は，嘔吐物または逆流した物質を摂食することである．ゴキブリは，特に空腹時に，できるだけ多くの食物資源を，できるだけ早く消費することがよくある．Kells らは（1999）は，フィールドにいるチャバネゴキブリは次善の餌（suboptimal diets）まで摂取するため，新しい餌でも急速に摂取する可能性が高いことを発見している．同様に，Smith と Appel（1996）は，ワモンゴキブリのとクロゴキブリの脂肪貯蔵量と餌の消費量を関連付けている．基本的に，飢えたゴキブリは満腹したゴキブリよりも多くの餌を食べ，餌の選択度合いは低かった．これらの大型ゴキブリは餌を急速に消費し，その後吐き戻している．チャバネゴキブリによる嘔吐物の摂食は，Buczkowski と Schal（2001a）によってフィプロニルベイトを使用して初めて報告された．彼らは，摂取後約 4 時間で吐き戻し（regurgitation），麻痺（paralysis）の発症と同時に起こることを発見した（Buczkowski & Schal 2001a, b）．摂取されたフィプロニルの総量のうち吐き戻したのは比較的少量であった．嘔吐物（vomitus）は魅力的で幼虫によって消費され，その結果かなりの死亡率をもたらした．競合する餌が存在する場合，幼虫の死亡率は 12 時間以内では 58% 未満であった．しかし，競合する餌が存在しない場合には，より多くの接触が行われ，幼虫の死亡率は 12 時間以内に 88% を超えた（Buczkowski & Schal 2001a, b）．新鮮な嘔吐物（給餌後すぐに嘔吐したもの）は，給餌後ずっと時間がたってから嘔吐したものよりも毒性は高かった．食糞と同様に，殺虫剤の水平伝播における嘔吐物の摂食の相対的な重要性は，野外調査ではあきらかにされていない．有毒な嘔吐物は比較的魅力的であったが，競合する餌により摂食量が減少し，死亡率も減少している．

共食い

共食い（cannibalism）はゴキブリではよく発生し，生息数の多い実験室コロニーでよく観察される．共食いには 2 つの大きなカテゴリーがある．生きているが弱い同種の動物を捕食することと，同種の死体を食べること（conspecific cadaver），つまり死体貪食（necrophagy）である．孵化直後の初期幼虫（teneral）は，弱っていたり負傷した個体と同様に，より大きくなった段階で，攻撃され，消費される（Conwell 1968）．幼虫は殺されなくても，脚，足根部分（tarsal segments），頸部（cerci)，または触角（antennae）が欠けていても生き残る可能性がある．また，ワモンゴキブリやチャバネゴキブリの成虫が，脱皮中（moulting）の成虫や脱皮直後の成虫（teneral adults）を攻撃する様子も観察されている．このタイプの共食いは，食物の量と質，および生息密度に関連している可能性がある（Bell *et al.* 2007）．

死体（cadavers）（死んだばかりか，湿ったものか，または乾燥したもの）の摂食は，嘔吐物やおそらく糞便と同様に，栄養状態と競合する食品の入手に関連している可能性がある．摂取されたベイト剤（と殺虫剤）は比較的大量に死体内に残留している（Silverman *et al.* 1991; Buczkowski & Schal 2001b）．おそらく殺虫剤は体全体に存在しているが，消化管ではより高濃度に集中している．したがって，水平移送と2次殺虫を成功させるには，共食い食い生物（cannibals）が死体全体，または十分な毒物を含んでいる死体の特定の組織を十分に摂取する必要がある．

毒ベイトで殺したゴキブリの共食いが報告されている（Gahlhoff *et al.* 1999; Durier & Rivault 2000b; le Patourel 2000; Tabaru & Watabe 2003; Tabaru *et al.* 2003; Appel *et al.* 2008）．しかし，競合する餌（犬用の餌）の存在により，チャバネゴキブリのオス成虫による屍食作用（necrophagy）がなくなり，ベイトで殺された幼虫が出現した．ベイトを与えなかった場合，オスは幼虫を食べて死亡する．同様に，Tabaruら（2003）は，チャバネゴキブリは乾燥した糞便や乾燥した死体よりも粉末状の乾燥マウスの餌を好むことを発見している．乾燥した死体と水を与えた場合，15日後のチャバネゴキブリ成虫のオスとメスの生存率はそれぞれ0%と28%であった．対照的に，ゴキブリにマウスの餌を与えた場合，15日後のオスの生存率は60%，メスの生存率は77%であった．

ゴキブリによる共食い（cannibalism）はあきらかに発生する．しかし，現場での食糞や嘔吐と同様に，その相対的な頻度と重要度は不明である．したがって，水平移動を可能な限り有効にするには，競合する食料や水などの要因を克服する必要がある．多くの点で，これはベイトの消費を増やす手段として衛生管理が必要であることを強く主張している．しかし，業務用キッチンのような食物が豊富な環境であってもチャバネゴキブリに必要な栄養素が提供されず，栄養素の自己選択に迫られ，死体，糞便，嘔吐物を摂取する可能性がある．この分野でのさらなる研究が行われることは望まれることである．

フィールド・パフォーマンス

用量

たとえ最も魅力的な毒ベイトであっても，うまく機能させるためには，十分な量のベイトを使用することは重要である．一般に，大量のベイトを少なく配置するよりも，少量ずつでも，多数のベイトを配置することを勧めたい．ゴキブリが蔓延している地域全体に，広く分布している場合，ゴキブリは配置したベイトに遭遇する可能性が高くなる．実験室環境で，生息密度が高い場合（ゴキブリ 208 匹/m^2 以上），ベイトを数か所に塗布した方が，1 か所に多く塗布するよりも効率的であった．しかし，低密度（ゴキブリ 42 匹/m^2）では，1 回の塗布で十分であった（Durier & Rivault 2003）．Stejskal と Aulicky（2006）は，ゴキブリの数が増えるにつれて，1 か所あたりの投与量を増やすことを推奨している．ゴキブリ防除を達成するために，アパートごとに適用されるべきベイトの平均量については，Wang ら（2019）によって述べられている．Miller and Smith（2020）は，チャバネゴキブリ汚染されたアパートに適用されるべきベイトの量を評価するためにトラップによる捕獲を行うことを提案している．その結果は，キッチン環境への混乱を最小限に抑えながら，大量のベイトを処理すれば，優れた長期防除効果が得られることを示している．

サニテーション

多くの文献に，劣悪なサニテーションがチャバネゴキブリの増加と相関していることを報告している（Wright 1979; Schal 1988）．サニテーション（清掃などにより清潔な環境を整えること）を整えることは，ゴキブリにとっては栄養源となる食べ物が減り，雑然としたゴミがゴキブリの新たな住家となることを防いでくれる．追加の食物は，追加の栄養素だけでなく，追加の食べものの種類を増やし，栄養素の自己選択のための選択肢を増やすことになり，より多くの個体数を維持できる可能性が高まる．私たちはいろいろなタイプを観察してきたが，大量に発生したアパートやキッチンでは，ゴキブリは自由に餌を食べることができた．ゴミには，紙ゴミから箱，多くの家具，家事用品，家電製品，電子機器類に至るまで，あらゆるものが含まれている場合がある．乱雑に置いたものは，潜伏場所を提供するだけではなく，ゴキブリがベイトを探しに利用できる面積や，完全に殺虫剤を処理するための表面積を増加させることになる．

殺虫剤抵抗性

チャバネゴキブリは，さまざまな殺虫成分や配合成分による選択に反応して，生理学的（physiological）および行動的（behavioural）抵抗力が発達している（上記を参照）．一般的に推奨されるのは，抵抗を防ぐために異なるカテゴリーのベイト剤を交互に使用することである（Tee & Lee 2014）．Liang ら（2017）は，フィプロニルまたはインドキサカルブに曝露された，フィールドで採集したチャバネゴキブリに，それらに対する抵抗性が増加していることを報じている．ゴキブリがヒドラメチルノンに曝露された場合，テストされたどの殺虫剤に対する抵抗性レベルの増加も観察されなかった．フィプロニルベイトへの曝露により，インドキサカルブに対する交差抵抗性（cross-resistance）が増加した．殺虫剤抵抗性を防ぐには，適切なAIを選択することが重要になる．

配合成分に対する嫌悪感

グルコース嫌悪は，D-グルコースを他の糖に置き換えることによって多くは克服される．Wada-Katsumataら（2013）は，グルコースを嫌うチャバネゴキブリはD-フラクトース，マルトース，トレハロース，スクロースを容易に受け入れると報告している．ブドウ糖を嫌うゴキブリの糖味覚受容体ニューロンは，ブドウ糖を嫌悪しない（野生型）ゴキブリと同様に反応している．低濃度の砂糖と他の摂食刺激物質の混合物は，特定の砂糖に対する嫌悪感の発達を遅らせる可能性がある．

結論と今後の展望

殺虫ベイト製剤の使用は，チャバネゴキブリに対する最も一般的かつ効果的な防除手段となっている．ベイトの使用により，ホームオーナだけでなく多くのPMPも殺虫剤スプレーへの依存を減少させてきた．ベイトは希釈の必要性はなく，高価な器具を使用したり，作業前に持ち物を撤去したりする必要はない．ベイトは比較的毒性が低く，無臭で，すぐに使用できる．ベイトは数種類あるが，ゴキブリの潜伏場所，閉鎖空間（void），その他の場所で使用できる．ゴキブリの生物学と行動は，お金を節約し，以前に機能していたものに依存する人間の傾向と相まって，予測可能な方法と予測できない方法でお互いに作用する．

チャバネゴキブリは比較的小さく，すぐに繁殖する．したがって，彼らは巨大で，潜在的に，遺伝的に多様な集団を発展させることができる．これらの集団に処理された（選択された）場合，個体群の中には，通常の殺虫剤や製剤の影響を受けにくい少数の個体が存在している．したがって，古くからある殺虫剤の中から選択して使用することは殺虫剤抵抗性をもたらし，殺虫剤の作用機序によっては交差抵抗性をもたらす可能性がある．これは自然淘汰から予想される結果である．予期しなかったことは，製剤中の非殺虫剤成分に対する嫌悪感や行動的抵抗性が出現したことである．グルコースを嫌うチャバネゴキブリは，砂糖（通常は摂食刺激剤）に対して否定的な反応を示し，結果的には，その個体の適応度が低下したことになる．もしこの特色が未処理（untreated）の個体群に生じた場合，それらの個体は健康な野生型（非グルコース嫌悪性）ゴキブリに打ち負かされることになる．グルコース嫌悪と有毒殺虫剤が結び付いた場合にのみ，適応度の低い個体を選択することが有利になる可能性がある．この状況での，適合性（fitness）の低下は，適合性がない（死亡）よりも優れている．不可能ではないにしても，どのようなベイトの成分がベイトの嫌悪感を引き起こす選択のターゲットとなり得るかを予測することは困難である．

ローテーションは殺虫剤抵抗性の発達を避けるための戦術である．ローテーション・アプローチは（おそらく異なる作用機序をもつ）殺虫剤のクラス間でローテーションをするだけでなく，誘引物質と摂食刺激剤の間でローテーションをするために考案される可能性があると仮定するのが合理的である．殺虫剤，誘引剤，および摂食刺激剤の混合物も，理論的には殺虫剤抵抗性やベイトへの嫌悪感を回避または遅らせるのに効果的であるという可能性がある．Fardisi ら（2019）の研究を除くと，抵抗性と嫌悪感の発現を回避するうえでのローテーション（rotations）と混合（mixtures）の有効性については，相対的にはほとんど知られていない．不幸にも，Fardisi ら（2019）は現実世界のチャバネゴキブリの個体数は複雑であり，処理の有効性は既存の殺虫剤抵抗性レベルにのみ依存するということを発見した．彼らはまた，ローテーション処理と混合処理（mixtures treatments）の大部分が，ゴキブリ捕獲量を減らすうえで効果がないことも発見している．この処理により，ホウ酸を除くすべての AI に対する抵抗性も増加した．ローテーション処理では選択圧力が最も低くなったが，それでも抵抗性は増加した．アバメクチンとピリプロキシフェンの混合ベイトにより，一部の場所ではゴキブリ捕獲数が大幅に減少した．新しいベイトマトリックスと AI に関するさらなる研究は，抵抗性の発生を回避するのに役立つ．

Miller と Smith（2020）は，個体数評価（トラップによる捕獲）に基づいてアパートに処理されるベイトの量を単純に調整することにより，事前に定めた量を処理する場合よりも優れた結果が得られることを発見している．彼らの方法である「評価ベースの害虫管理（assessment-based pest management）」では，サニテーションを行わず，間接的にベイトを配置（ワックス紙にベイトを挟み，折り畳んで配布する）を推奨している．餌付け（Bating）はチャバネゴキブリに対する 1 つの戦術に過ぎず，それだけでは真に総合的な害虫管理とはいえない．その他の戦術としては，捕獲と掃除機による吸い取り，サニテーション（食料源と水の除去），潜伏場所の削減，忌避剤や従来からの多くの殺虫剤の正確な使用，IGR 剤の使用，ゴキブリが構造物全域へ侵入・移動できる割れ目や隙間（cracks and crevices）の除去などが挙げられる．

おもな化学成分として，ベイトを使用した非常に効果的な地域全体のゴキブリ管理プログラムについては，第 13 章で説明する．複数の戦術を統合した害虫管理は，初期段階ではより時間と費用がかかるが，プログラムが確立されれば従来の処理法と同様である（Miller & Meek 2004）．追加の戦術により，さらに高速かつ長時間の制御が可能になる可能性がある．ベイト製品は30年にわたって広く使用されてきたが，チャバネゴキブリ管理における唯一の化学的ツールではないが，依然として最も人気がある．

参考文献

Ajjan I, Zhang D（1997）Gel baits. *Pest Control Technology* **25**（6）, 50–52, 56.

Alencar HS, Reis FC, Silva GS, Sato ME, Potenza MR（2011）Evaluation of bait gel dosages for *Blattella germanica* control. In *Proceedings of the 7th International Conference on Urban Pests.* 7–10 August, Quro Preto, Brazil（Eds WH Robinson, AEC Campos）pp. 213–215.

Ameen A, Kaakeh W, Wang C, Bennett G（2002）Laboratory and field efficacy of noviflumuron formulations against the German cockroach. In *Proceedings of the 4th International Conference on Urban Pests.* 7–10 July, Charleston（Eds SC Jones, J Zhai, WH Robinson）pp. 147–154.

Anaclerio M, Molinari F（2012）Intra and inter-specific attraction of cockroach faecal extracts : studies for improving bait activity. *Bulletin of Insectology* **65**, 113–118.

Ang LH, Nazni WA, Kuah MK, Shu-Chien AC, Lee CY（2013）Detection of the A302S *Rdl* mutation in fipronil bait-selected strains of the German cockroach. *Journal of Economic Entomology* **106**, 2167–2176. doi:10.1603/EC13119 [Erratum in: *Journal of Economic Entomology* **106**, 2264]

Ang LH, Nazni WA, Lee CY（2014）Indoxacarb resistance in the German cockroach, *Blattella germanica*（L.）（Dictyoptera: Blattellidae）after subjected to bait selection. In *Proceedings of the 8th International Conference on Urban Pests.* 20–23 July, Zurich（Eds G Muller, R Pospischil, WH Robinson）pp. 399–403.

Appel AG（1990）Laboratory and field performance of consumer bait products for German cockroach（Dictyoptera: Blattellidae）control. *Journal of Economic Entomology* **83**, 135–159. doi:10.1093/jee/83.1.135a

Appel AG（1992）Performance of gel and paste bait products for German cockroach（Dictyoptera: Blattellidae）control: laboratory and field studies. *Journal of Economic Entomology* **85**, 1176–1183. doi:10.1093/jee/85.4.1176

Appel AG（1998）Daily pattern of trap-catch of German cockroaches（Dictyoptera: Blattellidae）in kitchens. *Journal of Economic Entomology* **91**, 1136–1141. doi:10.1093/jee/91.5.1136

Appel AG（2004）Contamination affects the performance of insecticidal baits against German cockroaches（Dictyoptera: Blattellidae）. *Journal of Economic Entomology* **97**, 2035–2042. doi:10.1093/jee/97.6.2035

Appel AG, Sims SR, Eva MJ（2008）Factors affecting coprophagy and necrophagy by the German cockroach（Dictyoptera: Blattellidae）. In *Proceedings of the 6th International Conference on Urban Pests.* 13–16 July, Budapest（Eds WH Robinson, D Bajomi）pp. 139–142.

Bare OS（1945）Boric acid as a stomach poison for the German cockroach. *Journal of Economic Entomology* **38**, 407. doi:10.1093/jee/38.3.407

Barson G（1982）Laboratory evaluation of boric acid plus porridge oats and iodofenphos gel as toxic baits against the German cockroach, *Blattella germanica*（L.）（Dictyoptera: Blattellidae）. *Bulletin of Entomological Research* **72**, 229–237. doi:10.1017/S000748530001052X

Bayer BE, Pereira RM, Koehler PG (2012) Differential consumption of baits by pest blattid and blattellid cockroaches and resulting direct and secondary effects. *Entomologia Experimentalis et Applicata* **145**, 250-259. doi:10.1111/eea.12008

Bell WJ, Roth LM, Nalepa CA (2007) *Cockroaches:Ecology, Behavior, and Natural History*. Johns Hopkins University Press, Baltimore, MD.

Broadbent S (2017) Evaluating a new concept in cockroach baiting. In *Proceedings of the 9th International Conference on Urban Pests*. 9-12 July, Birmingham (Eds M Davies, C Pfeiffer, WH Robinson) pp. 259-263.

Buczkowski G, Schal C (2001a) Emetophagy: fipronil-induced regurgitation of bait and its dissemination from German cockroach adults to nymphs. *Pesticide Biochemistry and Physiology* **71**, 147-155. doi:10.1006/pest.2001.2572

Buczkowski G, Schal C (2001b) Method of insecticide delivery affects horizontal transfer of fipronil in the German cockroach (Dictyoptera: Blattellidae). *Journal of Economic Entomology* **94**, 680-685. doi:10.1603/0022-0493-94.3.680

Buczkowski G, Kopanic RJ, Schal C (2001) Transfer of ingested insecticides among cockroaches: effects of active ingredient, bait formulation, and assay procedures. *Journal of Economic Entomology* **94**, 1229-1236. doi:10.1603/0022-0493-94.5.1229

Buczkowski G, Scherer CW, Bennett GW (2008) Horizontal transfer of bait in the German cockroach: indoxacarb causes secondary and tertiary mortality. *Journal of Economic Entomology* **101**, 894-901. doi:10.1093/jee/101.3.894

Butler EA (1893) *Our Household Insects*. Longmans, Green & Co. London.

Chai RY, Lee CY (2010) Insecticide resistance profiles and synergism in field populations of the German cockroach from Singapore. *Journal of Economic Entomology* **103**, 460-471. doi:10.1603/EC09284

Cochran DG (1995) Insecticide resistance. In *Understanding and Controlling the German Cockroach*. (Eds MK Rust, JM Owens, DA Reierson) pp. 171-192. Oxford University Press, New York.

Cornwell PB (1968) *The Cockroach. Vol. 1. A Laboratory Insect and an Industrial Pest*. Hutchinson, London.

Cornwell PB (1976) *The Cockroach. Vol. 2 Insecticides and Cockroach Control*. Associated Business Programmes, London.

Cowan F (1865) *Curious Facts in the History of Insects*. J.B. Lippincott & Co., Philadelphia.

DeMark JJ, Bennett GW (1994) Diel activity cycles in nymphal stadia of the German cockroach (Dictyoptera: Blattellidae). *Journal of Economic Entomology* **87**, 941-950. doi:10.1093/jee/87.4.941

Denzer DJ, Fuchs MEA, Stein G (1987) Zur Tagesrhythmik von *Blattella germanica* L. (Orthoptera, Blattellidae). 1. Nymphen und Mannchen. *Journal of Applied Entomology* **104**, 495-503. doi:10.1111/j.1439-0418.1987.tb00551.x

Durier V, Rivault C (1999) Food bait preference in German cockroach, *Blattella germanica* (L.) (Dictyoptera: Blattellidae). In *Proceedings of the 3rd International Conference on Urban Pests*. 19-22 July, Prague (Eds WH Robinson, F Rettich, GW Rambo) pp. 113-119.

Durier V, Rivault C (2000a) Comparison of toxic baits for controlling the cockroach, *Blattella germanica*: attractiveness and feeding stimulation. *Medical and Veterinary Entomology* **14**, 410-418. doi:10.1046/j.1365-2915.2000.00259.x

Durier V, Rivault C (2000b) Secondary transmission of toxic baits in German cockroach (Dictyoptera: Blattellidae). *Journal of Economic Entomology* **93**, 434-440. doi:10.1603/0022-0493-93.2.434

Durier V, Rivault C (2001) Effects of spatial knowledge and feeding experience on foraging choices in German cockroaches. *Animal Behaviour* **62**, 681-688. doi:10.1006/anbe.2001.1807

Durier V, Rivault C (2002) Importance of spatial and olfactory learning on bait consumption in the German cockroach. In *Proceedings of the 4th International Conference on Urban Pests*. 7-10 July, Charleston (Eds SC Jones, J Zhai, WH Robinson) pp. 59-64.

Durier V, Rivault C (2003) Improvement of German cockroach (Dictyoptera: Blattellidae) population control by fragmented distribution of gel baits. *Journal of Economic Entomology* **96**, 1254-1258. doi:10.1093/jee/96.4.1254

Fardisi M, Gondhalekar AD, Scharf ME (2017) Development of diagnostic insecticide concentrations and assessment of insecticide susceptibility in German cockroach field strains collected from public housing. *Journal of Economic Entomology* **110**, 1210-1217. doi:10.1093/jee/tox076

Fardisi M, Gondhalekar AD, Ashbrook AA, Scharf ME (2019) Rapid evolutionary responses to insecticide resistance management interventions by the German cockroach. *Scientific Reports* **9**, 8292. doi:10.1038/s41598-019-44296-y

Frishman AM (1987) Blue Diamond boric acid paste evaluated for roach control. *Pest Control Technology* **15**, 36, 41.

Gahlhoff JE Jr, Miller DM, Koehler PG (1999) Secondary kill of adult male German cockroaches (Dictyoptera: Blattellidae) via cannibalism of nymphs fed toxic baits. *Journal of Economic Entomology* **92**, 1133-1137. doi:10.1093/jee/92.5.1133

Gondhalekar AD, Scharf ME (2012) Mechanisms underlying fipronil resistance in a multiresistant field strain of the German cockroach. *Journal of Medical Entomology* **49**, 122-131. doi:10.1603/ME11106

Gondhalekar AD, Song C, Scharf ME (2011) Development of strategies for monitoring indoxacarb and gel bait susceptibility in the German cockroach (Blattodea: Blattellidae). *Pest Management Science* **67**, 262-270. doi:10.1002/ps.2057

Gondhalekar AD, Saran R, Scherer CW, Scharf ME (2013) Implementation of an indoxacarb susceptibility monitoring program using field-collected German cockroach isolates from the United States. *Journal of Economic Entomology* **106**, 945-953. doi:10.1603/EC12384

Gondhalekar AD, Nakayasu E, Silva I, Cooper BR, Scharf ME (2016) Indoxacarb biotransformation in the German cockroach. *Pesticide Biochemistry and Physiology* **134**, 14-23. doi:10.1016/j.pestbp.2016.05.003

Gore JC, Schal C (2004) Laboratory evaluation of boric acid-sugar solutions as baits for management of German cockroach infestations. *Journal of Economic Entomology* **97**, 581-587. doi:10.1093/jee/97.2.581

Hamilton RL, Schal C (1988) Effects of dietary protein levels on reproduction and food consumption in the German cockroach (Dictyoptera: Blattellidae). *Annals of the Entomological Society of America* **81**, 969-976. doi:10.1093/aesa/81.6.969

Herrick GW (1921) *Insects Injurious to the Household and Annoying to Man*. Macmillan, New York.

Holbrook GL, Roebuck J, Moore CB, Waldvogel MG, Schal C (2003) Origin and extent of resistance to fipronil in the German cockroach, *Blattella germanica* (L.). *Journal of Economic Entomology* **96**, 1548-1558. doi:10.1603/0022-0493-96.5.1548

Jensen K, Wada-Katsumata A, Schal C, Silverman J (2017) Persistence of a sugar-rejecting cockroach genotype under various dietary regimes. *Scientific Reports* **7**, 46361. doi:10.1038/srep46361

Jones AS, Raubenheimer D (2002) Short-term responses by the German cockroach, *Blattella germanica*, to insecticidal baits: behavioural observations. *Entomologia Experimentalis et Applicata*

102, 1-11. doi:10.1046/j.1570-7458.2002.00919.x

Jordan BW, Bayer BE, Koehler PG, Pereira RM (2013) Bait evaluation methods for urban pest management. In *Insecticides Development of Safer and More Effective Technologies*. (Ed. S Trdan) pp. 445-469. INTECH, London.

Kaakeh W, Reid BL, Bennett GW (1997) Toxicity of fipronil to German and American cockroaches. *Entomologia Experimentalis et Applicata* **84**, 229-237. doi:10.1046/j.1570-7458.1997.00220.x

Karimifar N, Gries R, Khaskin G, Grioes G (2011) General food semiochemicals attract omnivorous German cockroaches, *Blattella germanica*. *Journal of Agricultural and Food Chemistry* **59**, 1330-1337. doi:10.1021/jf103621x

Kells SA, Vogt JT, Appel AG, Bennett GW (1999) Estimating nutritional status of German cockroaches, *Blattella germanica* (L.) (Dictyoptera: Blattellidae), in the field. *Journal of Insect Physiology* **45**, 709-717. doi:10.1016/S0022-1910(99)00037-2

King JE (2005) Ovicidal activity of noviflumuron when fed to adult German cockroaches (Dictyoptera: Blattellidae). *Journal of Economic Entomology* **98**, 930-932. doi:10.1603/0022-0493-98.3.930

Ko AE, Bieman DN, Schal C, Silverman J (2016) Insecticide resistance and diminished secondary kill performance of bait formulations against German cockroaches. *Pest Management Science* **72**, 1778-1784. doi:10.1002/ps.4211

Koehler PG, Patterson RS (1991) Toxicity of hydramethylnon to laboratory and field strains of German cockroach (Orthoptera: Blattellidae). *Florida Entomologist* **74**, 345-349. doi:10.2307/3495316

Koehler PG, Atkinson TH, Patterson RS (1991) Toxicity of abamectin to cockroaches (Dictyoptera: Blattellidae, Blattidae). *Journal of Economic Entomology* **84**, 1758-1762. doi:10.1093/jee/84.6.1758

Kopanic RJ, Schal C (1999) Coprophagy facilitates horizontal transmission of bait among cockroaches (Dictyoptera: Blattellidae). *Environmental Entomology* **28**, 431-438. doi:10.1093/ee/28.3.431

Kopanic RJ Jr, Holbrook GL, Sevala V, Schal C (2001) An adaptive benefit of facultative coprophagy in the German cockroach *Blattella germanica*. *Ecological Entomology* **26**, 154-162. doi:10.1046/j.1365-2311.2001.00316.x

Kristensen M, Hansen KK, Jensen KM (2005) Cross-resistance between dieldrin and fipronil in German cockroach. *Journal of Economic Entomology* **98**, 1305-1310. doi:10.1603/0022-0493-98.4.1305

le Patourel G (2000) Secondary transmission of fipronil toxicity between oriental cockroaches *Blatta orientalis* L in arenas. *Pest Management Science* **56**, 732-736. doi:10.1002/1526-4998(200009)56: 9〈732::AID-PS206〉3.0.CO;2-F

Lee H-J (2005) Biological clock of the German cockroach, *Blattella germanica* (L.). In *Encyclopedia of Entomology*. pp. 299-302. Springer, Dordrecht.

Lee CY, Soo JAC (2002) Potential of glucose-aversion development in field-collected populations of the German cockroach, *Blattella germanica* (L.) (Dictyoptera: Blattellidae) from Malaysia. *Tropical Biomedicine* **19**, 33-39.

Liang D, McGikll J, Pietri JE (2017) Unidirectional cross-resistance in German cockroach (Blattodea: Blattellidae) populations under exposure to insecticidal baits. *Journal of Economic Entomology* **110**, 1713-1718. doi:10.1093/jee/tox144

Lin T-M, Lee H-J (1996) The expression of locomotor circadian rhythm in female German cockroach, *Blattella germanica* (L.). *Chronobiology International* **13**, 81-91. doi:10.3109/07420529609037072

Lin T-M, Lee H-J (1998) Parallel control mechanisms underlying locomotor activity and sexual receptivity of the female German cockroach, *Blattella germanica* (L.). *Journal of Insect Physiology* **44**, 1039–1051. doi:10.1016/S0022-1910(98)00069-9

Matos Y, Schal C (2016) Laboratory and field evaluation of Zyrox fly granular bait against Asian and German cockroaches (Dictyoptera: Blattellidae). *Journal of Economic Entomology* **109**, 1807–1812. doi:10.1093/jee/tow092

Miller DM, Meek F (2004) Cost and efficacy comparison of integrated pest management strategies with monthly spray insecticide applications for German cockroach (Dictyoptera: Blattellidae) control in public housing. *Journal of Economic Entomology* **97**, 559–569. doi:10.1093/jee/97.2.559

Miller DM, Smith EP (2020) Quantifying the efficacy of an assessment-based pest management (APM) program for German cockroach (L.) (Blattodea: Blattellidae) control in low-income public housing units. *Journal of Economic Entomology* **113**, 375–384. doi:10.1093/jee/toz302

Nalyanya G, Liang D, Kopanic RJ Jr, Schal C (2001) Attractiveness of insecticide baits for cockroach control (Dictyoptera: Blattellidae): laboratory and field studies. *Journal of Economic Entomology* **94**, 686–693. doi:10.1603/0022-0493-94.3.686

Oladipupo SO, Hu XP, Appel AG (2020) Topical toxicity profiles of some aliphatic and aromatic essential oil components against insecticide-susceptible and resistant strains of German cockroach (Blattodea: Ectobiidae). *Journal of Economic Entomology* **113**, doi:10.1093/jee/toz323.

Oz E, Cetin H, Cilek JE, Devect O, Yanikoglu A (2010) Effects of two temperature storage regimes on the efficacy of 3 commercial gel baits against the German cockroach, *Blattella germanica* L. (Dictyoptera: Blattellidae). *Iranian Journal of Public Health* **39**, 102–108.

Pol JC, Jimenez SI, Gries G (2017) New food baits for trapping German cockroaches, *Blattella germanica* (L.) (Dictyoptera: Blattellidae). *Journal of Economic Entomology* **110**, 2518–2526. doi:10.1093/jee/tox247

Pol J, Gries R, Gries G (2018) Rye bread and synthetic bread odorants: effective trap bait and lure for German cockroaches. *Entomologia Experimentalis et Applicata* **166**, 81–93. doi:10.1111/eea.12620

Reierson DA (1995) Baits for German cockroach control. In *Understanding and Controlling the German Cockroach*. (Eds MK Rust, JM Owens, DA Reierson) pp. 231–265. Oxford University Press, New York.

Reierson DA, Rust MK, VanDyke AM, Appel AG (1983) Control of German cockroaches with amidinohydrazone bait, 1982. *Insecticide and Acaricide Tests* **8**, 54.

Rivault C (1989) Spatial distribution of the cockroach, *Blattella germanica*, in a swimming-bath facility. *Entomologia Experimentalis et Applicata* **53**, 247–255. doi:10.1111/j.1570-7458.1989.tb03572.x

Robinson WH, Barlow RA (1999) Efficacy of a cockroach control bait exposed to insecticides. In *Proceedings of the 3rd International Conference on Urban Pests*. 19–22 July, Prague (Eds WH Robinson, F Rettich, GW Rambo) pp. 121–125.

Schal C (1988) Relation among efficacy of insecticides, resistance levels, and sanitation in the control of the German cockroach (Dictyoptera: Blattellidae). *Journal of Economic Entomology* **81**, 536–544. doi:10.1093/jee/81.2.536

Schal C (1992) Sulfluramid resistance and vapor toxicity in field-collected German cockroaches. *Journal of Medical Entomology* **29**, 207–215. doi:10.1093/jmedent/29.2.207

Shahraki G, Farashiani ME (2016) Comparison of slow and fast action gel baits for pest management of *Blattella germanica* (German cockroach) infestation in housing. *Asian Biomedicine* **10**, 55–59.

Silverman J (2005) The genetic basis of German cockroach bait aversion. In *Proceedings of the 5th*

International Conference on Urban Pests. 11-13 July, Singapore (Eds C-Y Lee, WH Robinson) pp. 425-426.

Silverman J, Bieman DN (1993) Glucose aversion in the German cockroach, *Blattella germanica*. *Journal of Insect Physiology* **39**, 925-933.

Silverman J, Bieman DN (1996) Issues affecting the performance of cockroach baits. In *Proceedings of the 2nd International Conference on Insect Pests in the Urban Environment*. 7-10 July, Edinburgh (Ed. KB Wildey) pp. 341-346.

Silverman J, Liang D (1999) Effect of fipronil on bait formulation-based aversion in the German cockroach (Dictyoptera: Blattellidae). *Journal of Economic Entomology* **92**, 886-889. doi:10.1093/jee/92.4.886

Silverman J, Ross MH (1994) Behavioral resistance of field-collected German cockroaches (Blattodea: Blattellidae) to baits containing glucose. *Environmental Entomology* **23**, 425-430. doi:10.1093/ee/23.2.425

Silverman J, Vitale GI, Shapas TJ (1991) Hydramethylnon uptake by *Blattella germanica* (Orthoptera: Blattellidae) by coprophagy. *Journal of Economic Entomology* **84**, 176-180. doi:10.1093/jee/84.1.176

Smith LM, Appel AG (1996) Toxicity, repellence, and effects of starvation compared among insecticidal baits in the laboratory for the control of American and smokybrown cockroaches (Dictyoptera: Blattidae). *Journal of Economic Entomology* **89**, 402-410. doi:10.1093/jee/89.2.402

Snoddy ET (2012) Evaluations of integrated pest management control techniques of the Asian cockroach (*Blattella asahinai* Mizukubo) in the urban environment. PhD dissertation. Auburn University, Auburn, USA.

Stejskal V, Aulicky R (2006) Can the size of a bait drop affect the efficacy of German cockroach control? *International Pest Control* **48**, 196-198.

Stejskal V, Lukas J, Aulicky R (2004) Speed of action of 10 commercial insecticidal gel baits against the German cockroach, *Blattella germanica*. *International Pest Control* **46**, 185-186, 188-189.

Stringer CE Jr, Lofgren CS, Bartlett FJ (1964) Imported fire ant toxic bait studies: evaluation of toxicants. *Journal of Economic Entomology* **57**, 941-945. doi:10.1093/jee/57.6.941

Strong CA, Koehler PG, Patterson RS (1993) Oral toxicity and repellency of borates to German cockroaches (Dictyoptera: Blattidae). *Journal of Economic Entomology* **86**, 1458-1463. doi:10.1093/jee/86.5.1458

Tabaru Y, Watabe Y (2003) Coprophagy, necrophagy and cannibalism of the smoky-brown cockroach, *Periplaneta fuliginosa*, in the laboratory condition. *Japanese Journal of Sanitary Zoology* **54**, 353-359. doi:10.7601/mez.54.353

Tabaru Y, Mochizuki K, Watabe Y (2003) Coprophagy and necrophagy of the German cockroach, *Blattella germanica*, in the laboratory condition. *Japanese Journal of Sanitary Zoology* **54**, 13-16. doi:10.7601/mez.54.13

Tee HS, Lee CY (2014) Sustainable cockroach management using insecticidal baits: formulations, behavioural responses and issues. In *Urban Insect Pests:Sustainable Management Strategies*. (Ed. P Dhang) pp. 65-85. CAB International, Wallingford.

Tsuji H (1965) Studies on the behavior pattern of feeding of three species of cockroaches, *Blattella germanica* (L.), *Periplaneta americana* L., and *P. fuliginosa* S., with special reference to their responses to some constituents of rice bran and some carbohydrates. *Japanese Journal of Sanitary Zoology* **16**, 255-262. doi:10.7601/mez.16.255

Wada-Katsumata A, Silverman J, Schal C (2013) Changes in taste neurons support the emergence of an adaptive behaviour in cockroaches. *Science* **340**, 972-975. doi:10.1126/science.1234854

Wang C (2010) When less is more. *Pest Control Technology* **38** (7), 72, 74, 76, 78.

Wang C, Bennett GW (2006) Efficacy of noviflumuron gel bait for control of the German cockroach, *Blattella germanica* (Dictyoptera: Blattellidae): laboratory studies. *Pest Management Science* **62**, 434-439. doi:10.1002/ps.1184

Wang C, Scharf ME, Bennett GW (2004) Behavioral and physiological resistance of the German cockroach to gel baits. *Journal of Economic Entomology* **97**, 2067-2072. doi:10.1093/jee/97.6.2067

Wang C, Scharf ME, Bennett GW (2006) Genetic basis for resistance to gel baits, fipronil, and sugar-based attractants in German cockroaches (Dictyoptera: Blattellidae). *Journal of Economic Entomology* **99**, 1761-1767. doi:10.1093/jee/99.5.1761

Wang C, Singh N, Cooper R, Scherer C (2013) Baiting for success. *Pest Control Technology* **41** (7), 60-64.

Wang C, Eiden A, Cooper R, Zha C, Wang D, Reilly E (2019) Changes in indoor insecticide residue levels after adopting an integrated pest management program to control German cockroach infestations in an apartment building. *Insects* **10**, 304 doi:10.3390/insects10090304 [Erratum in: *Insects* **10**, 406 doi:10.3390/insects10110406]

Wei Y, Appel AG, Moar WJ, Liu N (2001) Pyrethroid resistance and cross-resistance in the German cockroach, *Blattella germanica* (L.). *Pest Management Science* **57**, 1055-1059. doi:10.1002/ps.383

Wright CG (1979) Survey confirms correlation between sanitation and cockroach populations. *Pest Control* **47** (9), 28.

Wu X, Appel AG (2017) Insecticide resistance of several field-collected German strains. *Journal of Economic Entomology* **110**, 1203-1209. doi:10.1093/jee/tox072

Zhu F, Lavine L, O'Neal S, Lavine M, Foss C, Walsh D (2016) Insecticide resistance and management strategies in urban ecosystems. *Insects* **7**, 2. doi:10.3390/insects7010002

第 11 章
殺虫剤抵抗性：進化，モニタリング，メカニズムと管理の視点

Michael E. Scharf and Ameya D. Gondhalekar

はじめに

チャバネゴキブリ（*Blattella germanica*）の殺虫剤抵抗性は，害虫管理業界，殺虫剤メーカー，学術研究者，一般の人々の関心の対象であり続けている．60 年以上前に最初の合成殺虫剤に対するゴキブリの抵抗性が初めて現れたが，その傾向は，今日の新しい殺虫剤に対しても続いている．ゴキブリ防除に利用できるほぼすべてのクラスの殺虫剤に対して抵抗性が記録されており，スプレー製品とベイト製品の両方に対して影響を及ぼしている．20 年以上前，抵抗が非常に広範囲に広がったため，抵抗性に対抗するための強制的な対抗手段の使用が，正当化されることが示唆された（Cochran 1995a）．確かに進歩は見られたが，抵抗とそれを回避する方法を継続的に理解することの重要性は今後もますます高まっていくであろう．

抵抗性は，ゴキブリの個体数が以前は効果的であった用量の殺虫剤により，より長期にわたって殺すことができないか，制御できない場合に，存在するといえる（Cochran 1995a）．そして，特定の害虫の適応，またはメカニズムによって引き起こされる．メカニズムの観点から見ると，抵抗性には生理学的または行動学的な基盤が存在する可能性があるが，生理学的プロセスと遺伝子が行動の根底にあることを考慮すると，遺伝的に受け継がれるすべての抵抗性は，ある種の生理学的メカニズムによって引き起こされることになる（のちほど説明する）．今日，サンプリングされた殺虫剤抵抗性ゴキブリ個体群の多くは，交差抵抗性（cross-resistance）および多重抵抗性（multiple-resistance）を示している（Gondhalekar *et al.* 2011; Wu & Appel 2017）．これはおそらく，過去 50～75 年間にわたるさまざまな殺虫剤への曝露を含む広範な進化の歴史によるものと考えられる．

過去のいくつかのレビューで，ゴキブリ抵抗性に関するトピックが検討されており，重要な歴史的観点が提供されている．2000 年以前は，このトピックは Conwell（1976），Scal と Hamilton（1990），Siegfried と Scott（1992），Cochran（1995a）な

どによって取り上げられていた．より最近のレビューでは，地域的な影響（Limoee 2012; Rahimian *et al.* 2019），および都市害虫全般の抵抗メカニズムと管理（Zhu *et al.* 2016）が取り上げられている．この章のゴールは，これらの過去のレビューの歴史的観点に基づいて，抵抗性の新たな発生と，抵抗性の進化，監視，メカニズム，および管理に関して得られた新しい洞察に焦点をあてることにある．

選択と進化の過程

抵抗性は，殺虫剤の存在下で選択的利点を与える特定の害虫の適応によって引き起こされ，その後の世代での生存率の増加につながっている（図 11.1）．進化の文脈でこのように抵抗力を考えることは，集団内で抵抗力がどのように構築されるかを理解するうえで役立つ．抵抗性は，ベースラインの感受性レベルと比較した生存率の増加に基づいて実験室で決定される．野外条件下では，抵抗性はレベルの生存率に基づく防除の失敗として現れ，これは集団内の抵抗性頻度を直接示す可能性がある．これら 2 つの尺度を区別することは不可欠であるが，何が抵抗力を構成するかについての定義が競合するため，困難になることがよくある（つまり，抵抗性比と集団内の抵抗力のある個体の頻度である．のちほど説明）．過去および最近の証拠は，抵抗の大きさが，フィールドでの有効性の予測として信頼できない可能性があることを示唆している．抵抗の頻度はもっと洞察力に富む可能性がある（Cochran 1994; Fardisi *et al.* 2017）．これは，集団内で低頻度で発生する場合，高レベルの抵抗性はほとんど重要ではないためである．チャバネゴキブリにとってのもう 1 つの重要な要素は，チャバネゴキブリが比較的閉鎖的で高度に近交系（inbred populations）の集団に生息していることである（Crissman *et al.* 2010; Vargo *et al.* 2014）．したがって，抵抗性頻度は開始レベルに応じて選択の世代ごとに大幅に増加する可能性があり，多くの場合，時間の経過とともに製品の有効性が指数関数的に減少する（Scharf *et al.* 1998a;

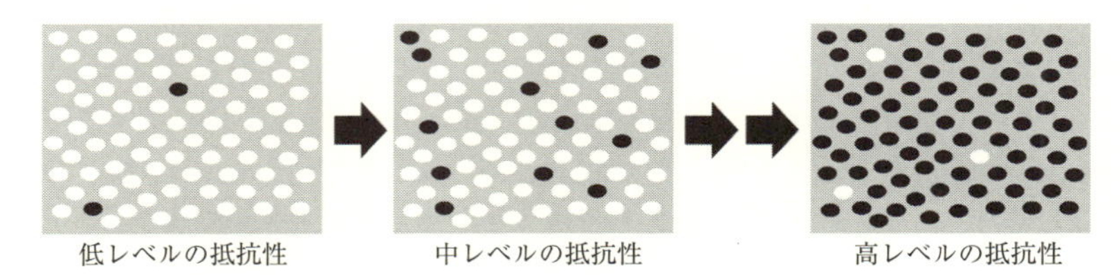

図 11.1　ゴキブリの集団で抵抗性がどのように発生するかを示す一般的モデル．各ボックスは，個別のゴキブリ世代を表す．白と黒の円は閉鎖された近親交配集団内の感受性個体と抵抗性個体を示す．矢印は抵抗性個体が効果的に耐えうる量の殺虫剤による選択イベントを表す

Gondhalekar *et al.* 2013; Fardisi *et al.* 2019）．このプロセスを遅らせる2つの要因は，抵抗性の開始頻度が低いこと，および感受性のある個体が集団内に流入することである．

ゴキブリに対する合成殺虫剤の数十年にわたる使用の歴史を考えると，現在，地球上のすべての野生ゴキブリ個体群が多様な抵抗性遺伝子を保有していると考えられる．したがって，現代のゴキブリ個体群は，あらゆる殺虫剤に対する抵抗性をもって迅速に選択される可能性がある．さらに，抵抗性が遺伝的に優性である場合，このプロセスは，抵抗性が劣性である場合よりも早く発生することになる．ゴキブリと人間の接点に特有のもう1つの要因は，市販（OTC）で消費される殺虫剤の入手の可能性である．最近の発見は，これらの材料，すなわちピレスロイドの選択によって引き起こされる抵抗性は，低使用率で使用されるか，不適切に適用されることが多く，標的部位の交差抵抗性のためにすべてのピレスロイドに対して高度な無効性をもたらすことを示唆している（DeVries *et al.* 2019a, b）．さらなる証拠は，OTC材料と業務用製品の間に重大な相互抵抗性性があり，それが抵抗性の問題をさらに悪化させていることを示唆している（Fardi *et al.* 2017, 2019）．したがって，近交系の閉鎖集団で生活していること，および業務用製品と市販製品の両方で長い選択歴をもっていることがゴキブリの広範な抵抗性に寄与する重要な要因となっている．

抵抗性の歴史

ゴキブリ殺虫剤抵抗性には有意義な歴史がある．まず，有機塩素系殺虫剤とピレトリンが商業的に導入された直後の1950年代半ばまでに初めて出現し（Cochran 1995aによるレビュー），現在に至るまで文字通り利用可能なすべての種類に影響を与え続けている．2016年，チャバネゴキブリは，主として42種類の殺虫剤有効成分（AIs）に対する抵抗性を獲得したと推定されている（Zhu *et al.* 2016）．過去70年間にゴキブリ防除用に登録された殺虫剤の広範なカテゴリーの中には，神経毒，電子伝達阻害剤，昆虫成長調節剤（IGR）および無機物が含まれている（表11.1）．

神経毒物質

神経毒性殺虫剤は，正常な神経系の機能を妨害することによって毒性を引き起こす．それらは，アセチルコリンエステラーゼ酵素，ナトリウムチャネル，アセチルコリン受容体，塩素チャネル，神経筋カルシウムチャンネルなど，いくつかの異なる標的部位で作用する．前述したように，最初に導入された神経毒物質，すなわちシクロジエン，DDT，ピレトリンに対する抵抗性は1950年代までに急速に発達した．すぐ

表11.1　過去70年間にゴキブリ防除に使用された殺虫剤の広範なカテゴリー，対象部位，クラス別の具体例

殺虫剤グループ	標的箇所	分類	IRACカテゴリー*1	薬剤名
神経毒	ナトリウムチャネル	DDT	3B	DDT
		ピレトリン	3A	ピレスラム
		ピレスロイド	3A	シハロヌリン，ビフェントリン
		オキサジアジン	22A	インドキサカルブ
		セミカルバゾン	22B	メタフルミゾン
	塩素チャネル	シクロジエン	2A	クロルデン，アルドリン
		フェニルピラゾール	2B	フィプロニル
		アベルメクチン	6	アバメクチン，エマメクチン，ベンゾエイト
	アセチルコリン受容体	ネオニコチノイド	4A	イミダクロプリド チアメトキサム，ジノテフラン
	アセチルコリンエステラーゼ受容体	有機リン剤	1B	クロルピリホス，マラソン，
		カーバメート	1A	ベンジオカルブ，カルバリル，
	神経筋カルシウムチャネル	ディアマイト	28	クロラントリニプロール，シアントラニリプロール
電子伝達阻害剤	電子の伝達	アミノヒドラゾン	20A	ヒドラメチルノン，スルフルアミド，ホウ酸，DSOBTH
		スルホンアミド	13	
		ホウ酸*2	8D	
	ミトコンドリア系の阻害	ピロール	13	クロルフエンファー
IGR	幼若ホルモン（JH）レセプター	成長阻害剤	7A, 7C	ピリプロキシフェン，ハイドロプレン，メソプレン
	キチン合成阻害	キチン合成阻害	15	ルフェヌロン，ノビフルムロン，ノバルロン
植物	クチクラ膜	乾燥剤	UNM	シリカゲル・ディアトーマスアース，ホウ酸
	腸内壁	ホウ酸*2	8D	

*1　殺虫剤耐性行動委員会（IRAC）の作用機序分類
*2　2つのカテゴリーに分類される

に，1960～90年代には有機リン酸塩とカルバミン酸塩に対する抵抗性が続き（Cochran 1995a），1980年代から現在に至るまでピレスロイドに対する抵抗性が現れた（Cochran 1989; Scharf *et al.* 1997; Wei *et al.* 2001; Lee & Lee 2002, 2004；Chai & Lee 2010; Gondhalekar *et al.* 2011; Fardisi *et al.* 2017; DeVrie *et al.* 2019b）．抵抗性の影響を受けて，最近の神経毒には次のものがある．アベルメクチン（Cochran 1990, 1994; Wang *et al.* 2004; Fardisi *et al.* 2019），フェニルピラゾール（Holbook *et al.* 2003; Kristensen *et al.* 2005; Chai & Lee 2010; Gondhalekar & Scharf 2012; Ang *et al.* 2013;

Liang *et al.* 2017; Wu & Appel 2017），インドキサカルブ（Gondhalekar *et al.* 2013, 2016; Ko *et al.* 2016）およびネオニコチノイド（Wei *et al.* 2001; Gondhalekar *et al.* 2011; Fardisi *et al.* 2017, 2019）.

電子伝達阻害剤

電子伝達を妨げる殺虫剤は，細胞レベルで呼吸を妨害するため，広く呼吸毒（respiratory toxicant）とよばれてきた．1980年代後半から始まった，異なる呼吸作用様式をもついくつかの殺虫剤がゴキブリ防除用に登録されてきた．このカテゴリーで最も長く入手可能なAls（有効成分）の2つは，スルフルラミドとヒドラメチルノンである．スルフルラミドは現在は登録されていないが，重大な抵抗性の問題が発生していた（Schal 1992）．ヒドラメチルノン抵抗性は長い間疑われていたが，文書化されたのはつい最近のことである（Ko *et al.* 2016）．このカテゴリーの別のAIであるクロルフェナピル（chlorfenapyr）は，2つの野外集団で感受性の低下を示したが，まだ防除失敗は報告されていない（Fardisi *et al.* 2017）．クロルフェナピルは，毒性を発揮するためには代謝活性化を必要とする殺虫促進剤であるが，これが負の交差抵抗性を促進し，抵抗性の可能性を低下させるという証拠は限られている（Oliver *et al.* 2010; Fardisi *et al.* 2017）．もう1つの最後の呼吸抑制剤であるホウ酸には，現時点では抵抗性が証明されていない．チャバネゴキブリに関する証拠は限られているが，呼吸抑制剤としてのホウ酸の状況はいくぶん不明瞭である．（次の「無機物」を参照）

昆虫成長制御剤

ゴキブリ防除には，幼若ホルモン類似体（juvenoids）とキチン合成阻害剤（CSI）の2種類のIGR剤が利用可能である．現在，チャバネゴキブリにはハイドロプレン，メトプレン，ピリプロキシフェンの3種類の幼若ホルモンが登録されている．幼若ホルモンは昆虫にとって急性致死性ではない．むしろ，それらは，曝露された集団の成長と繁殖の能力を阻害するものである．幼虫では，幼若ホルモン（JH）は，幼若状態を延長することにより，未成熟な特徴を維持するように機能するが，成虫では生殖能力を達成するために機能する．幼虫時に曝露されたゴキブリは，結果，幼虫状態が延長され，生殖率が低下し，時間の経過とともに個体数は減少する（Bennett & Reid 1995）．ゴキブリの幼虫に対する抵抗性は記録されていないが，ピリプロキシフェンに対するイエバエの抵抗性は製剤が入手可能になってから間もなく記録されている（Bull & Meola 1994）．最後に，CSIは現在ゴキブリに対する使用と登録に限られているが，材料の例としてはルフェヌロン（lufenuron），ノバルロン（novaluron），ノビフルムロン（noviflumuron）などがある．どちらの材料も，ピレスロイド抵抗性株を含むゴキブリに対して十分な活性を示している（Wang & Bennett 2006; Seccacini *et al.* 2018）．したがって，ジュベノイドと CSI は両方とも抵抗性管理ツールとして優れた可能性を保持している．

無機物

ゴキブリに利用できる２つの重要な無機殺虫剤は，ホウ酸と乾燥剤ダスト（desiccant dust）である．ホウ酸は呼吸抑制剤として分類されることが多いが，腸の内層を破壊し，摂食停止，嗜眠状態，およびゆっくりとした死亡を引き起こすことが示されている（Cochran 1995b）．チャバネゴキブリに対し，ホウ酸にはまだ抵抗性はないが，野外調査でホウ酸の使用（および他の殺虫剤の使用）後に抵抗性の増加が認められ，抵抗性および交差抵抗性発現の可能性が示唆されている（Fardisi *et al.* 2019）．乾燥剤粉末は，ゴキブリのクチクラ膜を分解し，水分の損失を促進することによって機能する．これらの材料には，さまざまなバージョンの珪藻土やシリカが含まれているが，抵抗性の問題は報告されていない．

抵抗性の評価とモニタリング

害虫個体群の抵抗性レベルを決定することは，あらゆる種類の殺虫剤抵抗性を診断（diagnosing），研究，管理するためには重要である（Tabashnik 1989, 1991）．ゴキブリの抵抗性評価の従来のアプローチは，殺虫剤バイオアッセイを使用して，抵抗性株と感受性株の間の異なる毒性の尺度を提供する抵抗性比（RR）を作成することであった．他のバイオアッセイアプローチには，行動抵抗性（behavioural resistance）の評価を可能にするチョイスボックスアッセイ，ベイト用殺虫剤のベイトアッセイ，集団内の抵抗性頻度を決定する表面接触診断濃度アッセイ，およびより迅速な評価のためのフィールドテストアプローチなどが含まれる．これらのバイオアッセイ手法にはすべて長所と限界がある．抵抗性株の生化学的または分子的機構を評価する生物以下のアプローチも評価されているが，成功するのは限られている．抵抗性評価のための迅速なバイオアッセイは，野外試験が最も有望であると思われる．

バイオアッセイ曝露法の選択

ゴキブリの抵抗性をアセスメントするにはさまざまな殺虫剤のバイオアッセイが利用できる．おもな方式は局所適用法（topical application）と表面接触法（surface contact）の２つである．これら２つの方法の基本的な違いは，接触方法の違いである．局所適用法は，殺虫剤を昆虫の胸部および腹部にさまざまな濃度（昆虫の重量あたりの薬量）で直接投与するものである．表面接触法は，均一に処理された殺虫剤の上にゴキブリを配し，一定時間ごとに，または一定範囲にわたってスコアを付ける方法である．これら2つの方法のトレードオフは，投与量とフィールド条件からの刺激に関係する．局所処理法では，1匹あたりの投与量はわかっているが，曝露方法は実際に表面接触によるアッセイであり，個体あたりの摂取量は不明である（Cochran 1989, 1995a）．最近になって認識された表面接触アッセイの利点は，グルーミング中，足のつけ根（tarsi）から殺虫剤を摂取できるため，このアッセイによりベイトであるAlsに対する生理学的抵抗性（physiological resistance）の評価を提供できることである（Gondhalekar *et al.* 2011, 2013; Fardisi *et al.* 2017）．

摂食によるアッセイ（feeding assay）は，摂食行動の役割のためより複雑であるが，正確な経口行為（oral doing）を含むプロトコールも開発されている（Gondhalekar *et al.* 2011）．表面接触（surface contact）とベイト摂食アッセイ（bait feeding assay）のバリエーションとしては，昆虫に明るいエリア，暗いエリア，処理エリアと未処理エリアの間で選択肢を与えるチョイスボックス法（Ebeling *et al.* 1966, 1967, 1968）がある．チョイスボックス（または同様の大きなエリア）は，設定がより複雑で集中的であるが，野外での曝露条件をより厳密にシミュレートし，生理学的および行動的抵抗の同時評価を可能にする（Rust *et al.* 1993; Wu & Appel 2018; Fradisi *et al.* 2019）．

プロビット分析：RRアプローチ

連続的な用量，濃度，または時間対死亡率データが得られるバイオアッセイ形式では，プロビット分析を使用して，対応する推定死亡率（mortality estimates）とRRを生成するのが一般的である．プロビット分析は，まず，推定致死量（estimates of lethal dose）（LD：昆虫の体重に基づく殺虫毒物の量），致死濃度（lethal concentration＝LC：アッセイまたは昆虫ごとに殺す毒物の量），あるいは致死時間（lethal time）（LT：1回の投与量或いは濃度での経時的な死亡率）などの推定値を決定するために使用される．通常，50％レベルの中央死亡率が報告されるが（LD_{50}，LC_{50}，LT_{50}），プロビット手順により1〜99％の死亡率推定値を得ることもできる（Robertson *et al.* 2007）．次に，RRは，プロビット推定死亡率を抵抗性株と感受性株の間で割ることによって得られる．たとえば，LD_{50}R系 +LD_{50} S系＝LD_{50} RR．RRの有意性を判定する2つの検定法が利用可能である．最初の方法は，比較されるプロビット死亡率推定値の基準限界の95％の重複である（Cochran 1995a）．別のアプローチは，RobertsonとPreisler（1992）によって開発された方法である．この方法では，数式を使用して，1.0を含む場合に統計的に有意でないとみなされるRR信頼区間を生成する（Scharf *et al.* 1995; Lee & Lee 2004; Robertson *et al.* 2007）．

どのバイオアッセイ法が最も予測的（predictive）であるか，またフィールドでの防除の失敗を予測する最小のRRはどれかについて，多くの疑問が生じる．これらの疑問に対処する研究では，局所塗布法よりも直接表面に接触させたほうがRRが小さいことが示されている（Collins 1975; Milio *et al.* 1978; Zhai & Robinson 1992, 1996; Scharf *et al.* 1995; Cochran 1996）．これは，表面接触アッセイによる継続的な曝露によって抵抗性メカニズムがより厳しくチャレンジするため，結果，比が小さくなるためである（Cochran 1989, 1995a）．したがって，RRの大きさの後のアッセイタイプは，通常，表面接触アッセイから生じる比率が小さくなる．

第2に，さまざまなクラスの殺虫剤の活性と作用機序が異なるため，RRの大きさを現場での特定の防除レベルと同一視することは困難である．このテーマに関する研究はほとんど行われていないが，集団内の抵抗性頻度は殺虫剤の成功を示す，より良い指標のようである（次のセクションを参照のこと）．たとえば，通常致死的な状況から生き残るために3倍のRRが必要な場合，殺虫剤の投与量が3倍の抵抗性をもつ個体がポピュレーションの10％にすぎない場合，妥当なレベルの防除が実現される．さらに，このような集団からRR決定のためにサンプリングされた個体をプールすると，抵抗性頻度は100％に近い場合よりもRRが小さく見える点まで抵抗性個体が希釈（dilute）される（Rust & Reierson 1991）．上記の抵抗性評価方法にはすべて長所と短所があり，どの技術が抵抗性の診断に最適であるかを正確に特定することは困難である．全体として，適切な対照と感受性ゴキブリ株が試験に含まれている限り，どのようなバイオアッセイ法も抵抗性の評価には適合している．

診断濃度と抵抗性頻度の評価

Probit-RR法とは対照的に，単一の殺虫剤濃度に依存する診断アッセイは，抵抗性モニタリングには優れた有用性を提供すると思われる．この場合，既知の感受性株のLC_{99}（またはLD，LT）を決定することにより，特定の殺虫剤の診断濃度が最初に開発される（図11.2）．WHOやIRACが推奨する高濃度（LC_{99}の2倍など）とは対照的に，LC_{99}濃度を使用すると，集団内のレベルが低いまま抵抗性を検出できるという利点がある．一度発生すると，集団内の抵抗性頻度を決定するために，診断濃度（または用量）を使用して抵抗性が疑われる集団をスクリーニングすることができる（Scharf *et al.* 1999b; Lee & Lee 2002; Zhou *et al.* 2002; Siegfried *et al.* 2004）．この概念は，Cochran（1994）によって最初にチャバネゴキブリを使い，ベンジオカルブでテストされた．より最近では，14種類の殺虫剤AIsの診断濃度が開発され，野外株で試験がおこなわれた（Gondhalekar *et al.* 2011; Fardisi *et al.* 2017）．その後の研究

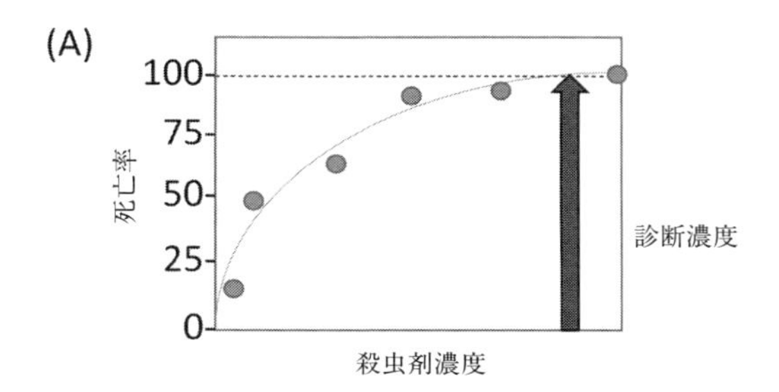

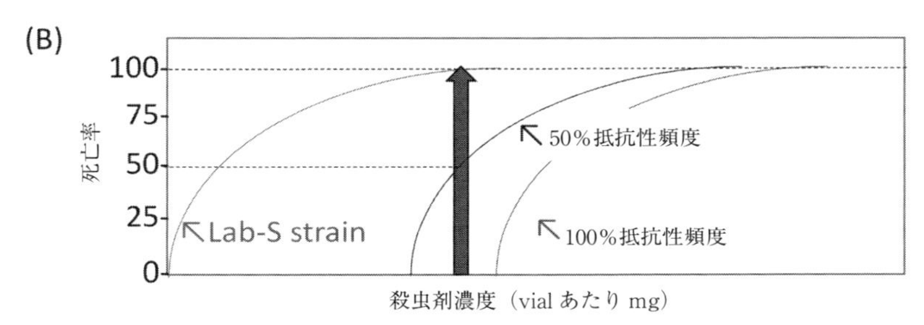

図 11.2　診断濃度に基づく抵抗性モニタリングの原理.（A）感受性（非抵抗性）実験用昆虫系統の LC99 診断濃度の決定方法. ●は個々のバイオアッセイ試験濃度を表し，曲線は生データポイントから得られた最も適合するプロビット死亡率曲線を表す（B）. 診断濃度によって，個体群内で抵抗性頻度が異なる抵抗性ゴキブリ系統の抵抗性レベルがどのように示されるかを表している. 垂直の太い矢印は実際の診断濃度を示す

では，野外で殺虫剤を選択したあとの抵抗性頻度の急速な増加と，個体群の抵抗性頻度が 10% 程度低いと，防除失敗につながる可能性があることがあきらかになった（Gondhalekar *et al.* 2013; Fardisi *et al.* 2019）. これら後者の発見は，害虫個体群の抵抗性頻度が 1% にも及ぶと圃場（ほじょう）での効力の急速な低下につながるという当初の予測と強く一致している（Roush & MacKenzie 1987; Roush 1989; Roush & Daly 1990）.

生化学的および分子遺伝学的な亜生物学的のモニタリング

抵抗性モニタリングのためのより簡単なアプローチ法には，生化学的または分子学的な方法（reductionist approach）の使用も含まれる. これらの技術は，抵抗性メカニズムまたは抵抗性遺伝子を保有する集団内の個体のレベルまたはその出現頻度の増加を検査するために使用される. このようなアプローチには，抵抗性を診断したり，集団内の抵抗性の頻度を決定するモニタリング目的に使用できる.

ゴキブリ（および昆虫全般）で知られている生理学的抵抗性（physiological resistance）のメカニズムには，酵素による解毒（enzymatic detoxification），標的部位の修飾（target site modification），および浸透あるいは輸送の減少が含まれる．これらのメカニズムの評価は，生化学レベルあるいは分子レベルで行うことができる．生化学レベルでは，アプローチにはおもに酵素アッセイが含まれ，R集団とS集団の間の活性の違いを調べる．たとえば，チトクロムP450，エステラーゼ，グルタチオンS-トランスフェラーゼ，およびその他のよりマイナーなメカニズムなどである（Anspaugh *et al.* 1994; Prabhakaran & Kamble 1993, 1994, 1995; Valles & Yu 1994, 1996; Valles *et al.* 1996, 1999, 2000; Valles & Strong 2001; Schal *et al.* 1996, 1997, 1998a; Wu *et al.* 1998; Lee *et al.* 2000）．抵抗性に関連するタンパク質を検出する免疫学的方法（immunological method）が開発され，抵抗性頻度をスコアリングする研究が行われてきた（例：Cyt. P450, Scharf *et al.* 1998b, 1999a）．標的部位の抵抗性モニタリングに関して，有機リン酸塩とカルバメート系殺虫剤によるアセチルコリンエステラーゼの異なる阻害を評価する長年のアプローチが行われてきた．他のPCRおよびDNA配列ベースの方法（PCR and DNA sequencing-based methods）は，ナトリウムチャネル（Dong 1997; DeVries *et al.* 2019b）および塩素チャネル（Hansen *et al.* 2005; Gondhalekar & Scharf 2012）における標的部位の修飾をスコアリングするためにうまく使用されている．

生化学的または分子モニタリング法の可能性は，迅速な評価または大規模な使用のいずれにおいてもまだ実現されていない．これには2つの理由が考えられている．1つ目は，ゴキブリの抵抗性のほとんどが非常に多様で多因子的な性質をもっていることである．これはおそらく，過去70年にわたる多様な殺虫剤による選択の歴史によって引き起こされていると考えられている．この厳しい選択により，ほとんどのゴキブリ個体群が複数の抵抗性機構を発現するようになった．現代の「オミクス（omics)」研究によってあきらかになったもう一つの可能性は，抵抗性が当初考えられていたよりもはるかに複雑であり，主要なメカニズムと潜在的に数十のマイナーなサポートメカニズムの組み合わせが実際に抵抗性に寄与している可能性があるということである．最後に，抵抗性検出のための信頼できる試験方法が特定されたとしても，それを害虫管理者が簡単に使用できるバージョンに変換できる可能性はほとんど望めない．これらの要素がすべて組み合わされて，以下に基づいて迅速な評価が行われる．抵抗性遺伝子またはそのメカニズムはまだ実現されていないし，非現実的であるように思える．

迅速なバイオアッセイベースの評価に向けた進歩

抵抗性検出のための迅速なバイオアッセイは，抵抗性モニタリングの最も現実的な可能性を示していると思われる．このような試験には，野外での生きたゴキブリ捕獲と，現場（*in situ*）での抵抗性試験の組み合わせが含まれる．Moss ら（1992）によって開発された最初の方法は，殺虫剤を染み込ませた接着剤トラップを利用して，野外で直接捕獲して抵抗性をテストするという方法である．同様のアプローチには，逃走を防ぐために，トラップの内面上部の周りに油を塗った瓶トラップでゴキブリを生きたまま捕獲し，死亡率をカウントすることである．残留する液体殺虫剤を検査するために，瓶トラップに診断用試薬を前処理しておくことは可能である．同様に，ベイト用殺虫剤も同じ方法で試験は可能である（Gondhalekar & Scharf 2013）．ただし，これらの種類のテストのいずれにおいても，結果の信頼性の高い解釈を得るには，いくつかの要素を考慮する必要がある．特に，ゴキブリがトラップに捕獲された時間を知ること，殺虫剤の忌避効果を理解すること，そして有効な診断濃度が判明していることなどで，結果を解釈し，理解するための重要な要素である．それにもかかわらず，これら（および同様の）アプローチは，最も応用的関連性があり，将来の研究開発にとって重要な分野であると思われる．

殺虫剤抵抗性のメカニズムとその検出

さまざまな種類の殺虫剤への長い曝露の歴史（表 11.1）により，チャバネゴキブリ個体群は多様な抵抗性メカニズムを選択してきた．ゴキブリの殺虫剤抵抗性メカニズムは，一般に 2 つの大きなカテゴリーに分類される．1 つは生理的抵抗性（physiological resistance）で，もう一つは，行動的抵抗性（behavioural resistance）を引き起こすメカニズムである（Siegfreid & Scott 1992）．イントロダクションで説明したように，生理的メカニズムと行動的メカニズムは両方とも遺伝性であり，点突然変異（point mutation）や抵抗性遺伝子の発現の変化などのさまざまな遺伝的要因によって引き起こされる．多くの異なる害虫種で知られている標的部位での非感受性，酵素ベースの代謝解毒，表皮浸透性の減少などの生理学的抵抗メカニズムがチャバネゴキブリでも検出されている（Oppenoorth 1985; Siegfried & Scott 1991; Ross 1992; Dong *et al*. 1998; Wu *et al*. 1998）．チャバネゴキブリの生来の行動抵抗メカニズムは，おもに摂食刺激性（phagostimulatory）の糖や殺虫ベイトに使用される他の成分に対する嫌悪感と関連している（Silverman & Bieman 1993; Wang *et al*. 2004; Wada-Katsumata *et al*. 2013）．野外で収集されたゴキブリの系統には，複数の生理的および行動的抵抗メカニズムが共存することがよくある（Siegfried & Scott 1991; Wu *et al*. 1998; Wang *et al*. 2004, 2006; Gondhalekar & Scharf 2012）．

生理学的抵抗性メカニズム

生理学的抵抗性（physiological resistance）によるゴキブリ防除失敗の発生率は1950～90年代半ばまで広範囲に及び，そこではおもに有機塩素化合物，シクロジエン，有機リン系化合物，カーバメート，ピレスロイド系などの殺虫剤のスプレー製剤や粉剤が使用されていた（Ross 1997）．ゴキブリがこれらの従来からの殺虫剤に対し，進化した抵抗性メカニズムは，Siegfrid と Scott（1992）および Cochran（1995a）によって説明されている．害虫防除業界が，新しい種類の殺虫剤（アバメクチン，フェニルピラゾール，オキサジアジンなど）の AIs を含むジェルおよびダスト剤に移行したとき，生理学的抵抗性に関連する防除の失敗は当初はあまり一般的ではなかった．新しい殺虫剤の強力な効力に加えて，ゴキブリによるジェルまたはダスト剤の摂取は，通常，LD_{50} の 100～1000 倍を超える大量の AIs の摂取につながった（Holbrook *et al.* 2003; Gondhalekar & Scarf 2012; Bayer *et al.* 2012; Ko *et al.* 2016）．しかし，ゴキブリ防除用のジェル製剤のみを使用するようになり，その後は，過去数十年にわたり，ベイトとなる AIs に対する生理学的抵抗性が進化しているという証拠が増えている．以下のサブセクションでは，従来のベイト用殺虫剤と新しいベイト用殺剤の両方に対する生理学的抵抗性メカニズムの例について説明する．

◇ 酵素ベースの解毒

このカテゴリーの生理学的抵抗性には，シトクロム P450s（P450s），カルボキシルエステラーゼ（エステラーゼ），グルタチオン S-トランスフェラーゼ（GSTs）などのフェーズⅠおよびフェーズⅡの解毒酵素による親殺虫剤の極性の無毒化合物への分解が含まれる．近年，ATP 結合カセット（ABC＝ATP binding cassette）トランスポータータンパク質が，細胞から毒素とその代謝産物を除去することによって機能する第3相の解毒システム（phase Ⅲ detoxification system）であるとして同定された（Dermauw & Van Leewen 2014）．昆虫の毒素の代謝（toxin metabolism）におけるフェーズⅠ，Ⅱ，Ⅲ酵素の詳細な役割の説明は，Berenbaum と Johnson（2015）に記載されている．

一般に，酵素による解毒は，殺虫剤とその標的部位との間の致死的相互作用の可能性を低減している．しかし，昆虫の体内で，より強力な代謝産物に活性化される殺虫促進剤（pro-insecticides）の場合，酵素作用により，高度に無極性でより毒性の高い化合物へ形成される可能性がある（Scharf *et al.* 2000; Gondhalekar *et al.* 2016）．数十年にわたる多数の研究は，チャバネゴキブリの殺虫剤抵抗性においては，P450s やエステラーゼなどの第Ⅰ相解毒酵素（phase Ⅰ detoxification）が重要な役割を果たしていると示唆している（Cochran 1987; Siegfried *et al.* 1990; Siegfried & Scott 1991, 1992; Prabhakaran & Kamble 1993; Scharf *et al.* 1996, 1997, 1998b; Valles 1999;

Gondhalekar & Scharf 2012; Gondhalekar *et al.* 2016）．フェーズII酵素（GST）もゴキブリ抵抗性に小さな役割を果たすことが知られている（Siegfried & Scott 1992; Cochran 1995a）．同様に，ABCトランスポーター（フェーズIIIシステム）の寄与に関する証拠が現れ始めており，p-糖タンパク質（p-glycoprotein）発現の増加がチャバネゴキブリのクロルピリホス抵抗性に関連付けられている（Hou *et al.* 2016）．

殺虫剤抵抗性におけるP450sの重要な役割にもかかわらず，この酵素のアイソフォーム（シトクロムP450MAおよびCYP4G19）の精製または配列決定に成功し，それらがゴキブリの有機リン酸塩およびピレスロイド抵抗性と関連していることを示した研究はわずかしかない（Scharf *et al.* 1998a, 1999a; Pridgeon *et al.* 2003; Guo *et al.* 2010; Chen *et al.* 2019）．残りの証拠は以下に基づいている．

- P450阻害剤，ピペロニルブトキシド（PBO）およびMGK-264の存在下または非存在下で行われる殺虫剤バイオアッセイ（Atkinson *et al.* 1991; Valles & Yu 1996; Lee *et al.* 1996; Scott & Wen 1997; Valles 1999; Pridgeon *et al.* 2002; Lee & Lee 2004; Gondhalekar & Scharf 2012; Gondhalekar *et al.* 2016）;
- モデルP450s基質を用いたインビトロ酵素アッセイ（Valles & Yu 1996; Scharf *et al.* 1996）．
- 総P450s酵素存在量（enzyme abundance）の測定（Valles & Yu 1996; Scharf *et al.* 1998b）

しかし，チャバネゴキブリゲノムの利用可能性（Harrison *et al.* 2018）や，配列決定および遺伝子ノックダウン技術（例：RNA干渉）の進歩により，殺虫剤抵抗性に関連するさまざまなP450sアイソフォーム（isoform）が発見されると予想されている．これに関して，インドキサカルブで選択されたチャバネゴキブリ株を用いて行われた新規トランスクリプトーム配列決定（*de novo* transcriptome sequencing）および差次的遺伝子発現解析（differential gene expression analysis）では，同様の遺伝的背景をもつ対照（未選択）株と比較して，P450s遺伝子のレベルが15を超える増加していることが示された（Gondhalekar & Scharf 未発表データ）．トランスクリプトーム配列決定を通じて観察されたP450sレベルの増加を裏付けるように，ベイトAIであるインドキサカルブを用いた代謝または生体内変換実験は，この殺虫剤のおもにP450sベースの代謝を示しており，これにより，より低いヒドロキシル化およびオキサジアジン開環代謝物（oxadiazine ring-opened metabolites）の形成が引き起こされる（Gondhalekar *et al.* 2016）．

阻害剤DEF（S, S, S-tributyl-phosphorotrithioate）を用いた相乗作用バイオアッセイ（synergism bioassays）では，エステラーゼおよび関連する加水分解酵素が，多くの異なるピレスロイド系，有機リン酸塩およびカルバメート系殺虫剤に対する抵抗性に関与していると考えられている（Valles & Yu 1996; Wu *et al.* 1998; Valles & Strong 2001）．さらに，非変性ポリアクリルアミドゲル電気泳動（PAGE）ゲルのカルボキシルエステラーゼ活性染色（carboxylesterase activity staining）および酵素反応速度研究（enzyme kinetic studies）により，クロルピリホス抵抗性株およびプロポクスル抵抗性株における複数のアイソフォームの発現増加の役割が解明されている（Prabhakaren & Kamble 1995; Scharf *et al.* 1996, 1997, 1998b）．これらの研究は，クロルピリホスおよびプロポクスル抵抗性のメカニズムとして，加水分解ではなく殺虫剤の隔離（sequestration）の仮説を立てた．フィプロニルやインドキサカルブなどのゴキブリベイトのAIについては，野外で収集されたさまざまなゴキブリでエステラーゼに基づく解毒の明確な証拠は観察されていない（Scott & Wen 1997; Gondhalekar & Scharf 2012; Ang *et al.* 2013; Gondhalekar *et al.* 2016）．しかし，加水分解酵素ファミリーの酵素であるエステラーゼとアミダーゼは，インドキサカルブを活性化して，より強力な脱炭酸メトキシル化「JW」代謝産物（DCJW）にすることが知られている（Wing *et al.* 1998）．たとえば，エステラーゼ阻害剤DEFによる，ヨーロッパトウモロコシ穿孔虫 *Ostrinia nubilalis* 幼虫へのエステラーゼ前処理は，生物活性化プロセス（bioactivation process）をブロックすることによりインドキサカルブの毒性に対抗してくれる（Alves *et al.* 2008）．対照的に，DEFはチャバネゴキブリにおけるDCJW代謝産物の形成に影響を及ぼさないが，P450s阻害剤PBOはDCJWの形成を阻害する．これはおそらく加水分解酵素またはアミダーゼ（amidase）酵素の非特異的阻害によるものである（Gondhalekar *et al.* 2016）．

◇ ターゲットサイトの非感受性

この形態の生理的抵抗性では，継続的な殺虫剤の使用により，標的部位が改変された昆虫が選択された．標的遺伝子（point mutations），あるいはその他の配列修飾（sequence modification）がターゲット遺伝子やタンパク質に起こり，殺虫剤の結合が妨げられる可能性があった（表11.2）．この抵抗性のメカニズムは，中枢神経系内の標的部位に作用する神経毒殺虫剤と主として関連している（表11.1）．カルバメート系殺虫剤や有機リン系殺虫剤の標的であるアセチルコリンエステラーゼ酵素（AChE）の修飾（modification）はチャバネゴキブリでは報告されていない．しかし，キイロショウジョウバエ（*Drosophila melanogaster*）やその他の害虫種では，AChEの点突然変異（point mutation）により，特定の有機リン系殺虫剤による阻害の影響を受けにくくなる（Oppenoorth 1985; Mutero *et al.* 1994）．Siegfried と Scott（1992）は，有機リン酸塩およびカルバメート抵抗性と非感作性AChEとの間に関連性が不足していることに基づいて，ゴキブリはAChE媒介抵抗性の進化に必要な遺伝的可塑性（genetic plasticity）をもたない可能性があると結論付けている．

表11.2　チャバネゴキブリ標的部位の不反応性に関係する突然変更点の報告

標的名称	遺伝子の名称	アミノ酸部位の変換	影響を受ける殺虫剤のクラス
ギャバレセプター	Rdl（ディルドリン抵抗性）	アラニンからセリンへ（A302S）*1	シクロジエンとフェニルピラゾール
電位ゲート用ナトリウムチャネル	パラホモケナスソディウムチャネル	レシチンからフェニルアラニン（L993F）*2 グルタミン酸からリシン（E434K）*3 システインからアルギン（C764R）*3 アスパラギン酸からグリシン（D58G）*3 プロリンからレシチン（P1880L）*3	DDT，ピレトリン，ピレスロイド

＊1　Kaku & Matsumura (1994); Hansen *et al.* (2005); Gondhalekar & Scharf (2012); Ang *et al.* (2013)
＊2　Miyazaki *et al.* (1996); Dong (1997); Dong *et al.* (1998)
＊3　Liu *et al.* (2000)

神経不感受性（nerve insensitivity）は，ディルドリンを含む広範囲のシクロジエン系殺虫剤に対する抵抗性メカニズムとして関与していると考えられている（Kadous *et al.* 1983）．チャバネゴキブリに関する最近の研究では，シクロジエン抵抗性株は，フェニルピラゾール系殺虫剤フィプロニルに対してさまざまなレベルの交差抵抗性を示すことがあきらかになっている（Scott & Wen 1997; Valles *et al.* 1997; Holbrook *et al.* 2003; Hansen *et al.* 2005; Kristensen *et al.* 2005; Gondhalekar & Scharf 2012; Ang *et al.* 2013）．キイロショウジョウバエにおけるディルドリン抵抗性に関する初期の機構研究では，神経不感受性はガンマアミノ酪酸（GABA）受容体遺伝子のディルドリン（Rdl）対立遺伝子に対する抵抗性における単一点突然変異（single point mutation）（アラニンからセリンへ）に起因すると考えられた（ffrench-Constant *et al.* 1993）．Kaku と Matsumura（1994）は，遺伝子配列決定手法（gene sequencing approach）を用いて，チャバネゴキブリにおけるアラニンからセリンへの（A302SRdl 変異）変異の存在を初めて報告した．その後，Hansen ら（2005）は A302S 変異を含む Rdl 遺伝子の領域の配列を決定している．次に彼らは，ポリメラーゼ連鎖反応（PCR）制限エンドヌクレアーゼ（PCR-REN）ベースのアプローチを使用して，1,000 倍を超えるディルドリン抵抗性と～15 倍のフィプロニル交差抵抗性をもつ集団において，抵抗性，感受性，ヘテロ接合性を識別している．ディルドリンなどのシクロジエン系殺虫剤の使用は 1970 年代以降に中止されたが，Rdl 変異は，アジア，デンマーク，アメリカのゴキブリ個体群に依然として，かなりの頻度（15～97%）で存在している（Hansen *et al.* 2005; Gondhalekar & Scharl 2012; Ang *et al.* 2013）．利用可能なデータに基づくと，A302S 変異の存在は，低レベル（<20x）のフィプロニル抵抗性で十分に補正される（Hansen *et al.* 2005; Ang *et al.* 2013）．しかしながら，よ

り高いフィプロニル抵抗性（35～50X）では，複数の抵抗メカニズムと関連している．たとえば，神経生理学実験（neurophysiology experiments）とPBOを用いた相乗的バイオアッセイは，フロリダ州ゲインズビルで野外収集されたフィプロニル抵抗性ゴキブリ株における神経感受性の低下とP450に基づく代謝の両方の役割を明確に示した（Gondhalekar & Scharf 2012）．

ノックダウン抵抗性（一般にkdr型抵抗性として知られている）は，チャバネゴキブリの標的部位非感受性メカニズム（target site insensitivity mechanism）の別の形式であり，ScottとMatsumura（1981）によって最初に記載された．それは有機塩素系（DDT），ピレトリン，ピレスロイド系の殺虫剤にのみ影響を及ぼし，これらはすべてナトリウムチャネルに作用する．さまざまなバイオアッセイ，遺伝子配列決定，および神経生理学的なアプローチ（neurophysiology approach）を採用することにより，チャバネゴキブリのkdr型抵抗性は電位依存性ナトリウムチャネルタンパク質（パラ相同ナトリウムチャネル遺伝子によってコードされる：Miyazaki *et al.* 1996; Dong 1997）における単一のロイシンからフェニルアラニン（L993F）への置換に関連していることが判明した．この変異をもつゴキブリのナトリウムチャネルは，DDTやピレスロイドの効果に対する感受性が低いため，ノックダウン毒性とそれに続く死亡率に耐えることができる（Scott & Matsumura 1981; Scott & Dong 1994; Miyazaki *et al.* 1996; Dong 1997; Tan *et al.* 2002）．主要なL993F変異は，世界のさまざまな地域から収集されたチャバネゴキブリ株でも報告されている（Dong *et al.* 1998）．特定のピレスロイド抵抗性株では，さらに4つの変異（mutation）が追加報告されている（表11.2; Liu *et al.* 2000）．アフリカツメガエル（*Xenopus laevis*）の卵母細胞（oocytes）で発現させた，ゴキブリのナトリウムチャネルを用いた電位固定神経生理学研究（voltage-clamping neurophysiology studies）により，4つのパラ変異のうちの2つ（E43KおよびC764R）がL993Fとともに存在すること，デルタメスリンに対するナトリウムチャネルの感受性が相乗的に100～500倍低下することが確認されている（Tan *et al.* 2002）．チャバネゴキブリのkdrは不完全劣性（incompletely recessive）で，単遺伝子性（monogenic）であり，単独で発生する場合は性連鎖性（sex-linked）はない（Scott & Dong 1994）．しかし，複数の研究により，解毒の強化や浸透の低下などの他の抵抗性メカニズムと共存できることが示されている（Dong *et al.* 1998; Wu *et al.* 1998）．

2006年以来，オキサジアジンクラスのナトリウムチャネルブロッカー殺虫剤であるインドキサカルブ（indoxacarb）（表11.1; Appel 2003）がチャバネゴキブリ防除に使用可能となった．インドキサカルブの作用機序と電位依存性ナトリウムチャネル上の結合部位が異なるため，インドキサカルブは上記のkdr型変異の影響を受けることはない（Wing *et al.* 1998）．しかし，パラ相同ナトリウムチャネル遺伝子（para-homologous sodium channel gene）における新規変異がコナガのインドキサカルブ抵抗性株，*Plutella xylosella* で報告されている（Wang *et al.* 2016）．神経生理学（neurophysiology），分子モデリング，およびCRISPR-Cas9研究を通じて，これらのインドキサカルブ抵抗性関連変異（フェニルアラニンからチロシンへ〔V1848I〕）は，それぞれインドキサカルブとメタフルミゾンに対する中程度から高レベルの抵抗性を与えることが機能的に検証されている（Jiang *et al.* 2015; Samantsidis *et al.* 2019）．インドキサカルブ抵抗性チャバネゴキブリ株におけるこれらの変異の発生は未確認のままである（Gondhalekar *et al.* 2013, 2016; Ang *et al.* 2014; Ko *et al.* 2016; Zain 2018）．

◇ 貫通抵抗性

この形態の抵抗性では，クチクラ組成の変化により，昆虫の体内への殺虫剤の吸収が影響を受ける．貫通抵抗性はチャバネゴキブリでは比較的マイナーな抵抗機構であるように見えるが，解毒の強化（enhanced detoxification）や標的部位での非感受性（target site insensitivity）など他の主要な要因とともに発生することはよくある．他のメカニズムとともに存在する場合，貫通抵抗は相乗的に抵抗の大きさを増大させる可能性がある．たとえば，チャバネゴキブリのマンシアナ株（Munsyana strain）における825倍のフェンバレレート抵抗性の原因は，殺虫剤の浸透の遅さ，解毒酵素の過剰発現，およびkdr変異であることが判明している（Scharf *et al.* 1998a, 1998b; Wu *et al.* 1998; Dong *et al.* 1998）．チャバネゴキブリにおける殺虫剤の浸透低下の役割を解明する研究では，放射性炭素（^{14}C）標識殺虫剤を利用してインビトロでの殺虫剤蓄積研究が行われている（Scott 1990; Bull & Patterson 1993; Anspaugh *et al.* 1994; Valles *et al.* 1996; Wu *et al.* 1998）．局所施用と殺虫剤注入バイオアッセイを同時に実施することによる昆虫の死亡率の比較は，ゴキブリにおける浸透抵抗性の存在を決定するために成功裏に使用されている（Wei *et al.* 2001）．RNAi実験を使用した最近の研究では，ゴキブリの外皮（integument）におけるCYP4G16遺伝子の過剰発現はクチクラの炭化水素合成およびピレスロイド抵抗性と関連しており，P450 CYP4Gサブファミリー遺伝子，クチクラの組成および抵抗性の間の関連が示唆されている（Chen *et al.* 2019）．

21世紀にはゴキブリ防除のためのベイト剤が広く使用されるようになり，新たな形態の浸透抵抗が出現する可能性がある．殺虫ベイトは摂食され，AIは吸収され，消化管を通って標的部位や体内の他の組織に輸送される．しかし，消化管，特に吸収の大部分が通過する中腸周囲栄養基質（midgut peritrophic matrix）によってもたらされる吸収または浸透障壁の多くは，ベイトのAIに対する抵抗性を与える．東部地下シロアリ（*Reticulitermes flavipes*）では，クロラントラニリプロール，イミダクロプリド，およびノビフルムロンの毒性に対する中腸内層または上皮細胞の影響が，特定の周栄養性マトリックス関連遺伝子（silencing of certain peritrophic matrix-associated genes）のRNAi媒介サイレンシングによって解明された（Sandoval-Mojica & Scharf 2016）．さらに，細菌性（*Bacillus thurigiensis*）毒素に対する抵抗性における中腸カドヘリン受容体（cadherin receptor）の役割は，多くの鱗翅目害虫においてよく知られている（Tabashnik *et al.* 2011）．

行動抵抗メカニズム

殺虫剤や農薬製剤の不活性成分などのさまざまな刺激に対する神経受容体の感受性の変化などの遺伝的生理学的メカニズムは，抵抗性につながる行動の変化を引き起こす可能性がある．昆虫の反応変化を引き起こす刺激に応じて，チャバネゴキブリでは2つの形態の行動抵抗メカニズムが説明されている．殺虫剤で処理された場所への潜伏の減少と砂糖を含むゲルベイト摂取の減少である（Ross 1992; Siverman & Bieman 1993; Wang *et al.* 2004,2006; Wada-Katsumata *et al.* 2013）．

◇殺虫剤—分散を低下させたり高めたり

殺虫剤の残留下では分散が減少することを，製剤化されたカーバメート系殺虫剤で最初に観察された（Bret & Ross 1985; Wooster & Ross 1985; Wooster & Ross 1989；Ross 1992）．すべての研究で，AIを含まない製剤およびブランクの両方について，感受性株と比較して抵抗性株の忌避性の欠如が観察された．したがって，以下のグルコース嫌悪の例と同様に，製剤中の不活性成分は次のように考えられている．感受性に関連した分散行動の誘発と関与する．分散しないことによって抵抗性ゴキブリに選択的利点がもたらされるのは，それらが主要な潜伏場所から忌避されないことに関連していると結論付けられた（Ross 1992）．

感覚受容における生理学的に基づく変化が忌避効果の低下の原因であると疑われており，これは高レベルの代謝抵抗に関連していると思われる（Ross 1992）．有機リン，カーバメート，ピレトリンおよびピレスロイド系殺虫剤を使用して，Rustら（1993）は忌避性と非行動的抵抗メカニズム（non-behavioural resistance mechanisms）との相互作用により，ゴキブリが致死性の殺虫剤に遭遇しても生き残るために必要な抵抗レベルを劇的に低下させることができることを示した．これらの発見と一致して，さらなる研究により，乳化可能な濃度の有機リンとピレスロイドが抵抗性の高いゴキブリは忌避して，生存につながる一方，感受性のあるゴキブリは忌避されずに死滅することがあきらかになった（Hostetler & Brenner 1994）．しかし，マイクロカプセル化されたピレスロイド系殺虫剤は，都市のさまざまな害虫に対する忌避効果が低下しているが，これはおそらくそのような製剤からのAIの放出が遅いためであるとした（Wage *et al.* 1999）．全体的に見て，これらの発見は，検出とその後に続く回避（avoidance）には致死量未満の殺虫剤の吸収が必要であるため，生理学的および行動的抵抗性が抵抗性株で同時進化することを示している（Holster & Brenner 1994）．より最近の研究では，非忌避性のベイトのAI（例：フィプロニル）は忌避性の影響をあまり受けず，生理学的抵抗メカニズムの影響をより強く受けることが示されている（Wu & Appel 2018）．これらの研究で浮き彫りになった違いは，チャバネゴキブリの個体数は殺虫剤の忌避性と検出に関して変動しており，新しい非忌避性殺虫剤の有効性は回避行動よりも生理学的抵抗メカニズムの影響を受けることを示唆している．

◇ **砂糖嫌悪**

チャバネゴキブリ（T164株）の野外個体群のヒドラメチル含有ジェルベイトに対して示した忌避行動（avoidance behaviour）は，ベイト嫌悪抵抗性（bait aversion resistance）に関する最初の調査につながった．Silverman と Bieman（1993）は，食餌操作，野外および実験室ベースの選択バイオアッセイ（choice-bioassey），および強制給餌実験（forced feeding experiment）を実施することにより，嫌悪行動はヒドラメチルノンベイトマトリックス中で食欲刺激剤として使用されるグルコースに起因すると考えた．Silverman と Bieman（1993）はさらに，グルコース嫌悪は単一の主要な遺伝子によって引き起こされ，不完全に優勢な形質として遺伝することを突き止めた．最近，Wada-Katsumata ら（2013）は，味覚受容体生理学研究（taste receptor physiology study）を使用して，グルコースがT164株の苦味味覚受容体ニューロン（GRNs＝bitter-gustatory receptor neurons）と糖（sugar-GRNs）の両方を刺激し，それがこの株のグルコース摂食抑制につながることを示した．

Silverman と Bieman（1993）は，砂糖嫌悪に関する独創的な研究で，グルコースとフラクトースのモル比>1：9を使用することでグルコース嫌悪を克服できることを示した．これらの重要な発見に基づいて，ベイト剤メーカーは，ゴキブリ個体群におけるグルコースのさらなる選択や砂糖嫌悪を防ぐために，ジェルベイトに使用される砂糖の組成と種類を操作してきた．グルコース嫌悪は7つのチャバネゴキブリ野外系統で報告されているが（Wada-Katsumata *et al.* 2013），他の糖（フラクトース，マルトース，スクロース）に対する顕著な嫌悪種がオハイオ州シンシナティから収集された1つの集団で検出された（Wang *et al.* 2004）．T164株で観察されたように，シンシナティのゴキブリにおける砂糖またはベイトへの嫌悪感は，ベイトマトリックスの糖組成を変更することによって克服された（Wang *et al.* 2004）．興味深いことに，シンシナティ株は，熱帯バイオアッセイに対してフィプロニルに対して中程度の生理学的抵抗性も示した．したがって，砂糖嫌悪抵抗性は，他の生理学的抵抗性メカニズムと同時に発生（co-occur）する可能性がある（Wang *et al.* 2004）．

抵抗性管理

20年以上前に書かれたいくつかのレビューは，昆虫抵抗性管理（RM-resistance management）へのアプローチ方法を検討するための重要な基礎を築いた（Tabashnik 1989; Roush 1989; Croft 1991; Debholm & Rowland 1992; Hoy 1995）．しかし，当時のRMの考え方のほとんどは，経済的閾値（economic threshold）が普及し，その限界値を下回る害虫の存在が許容される農業シナリオに焦点をあてていた．都市環境では，ゴキブリの数がゼロまたは非常に少ないことが，許容される健康および美的閾値（aesthetic threshold）または損傷レベル（injury level）であるという点で異なっている（Robinson & Zungoli 1985; Schal & Hamilton 1990; Zhu *et al.* 2016）．チャバネゴキブリの場合，他の要因も影響する．すなわち，チャバネゴキブリが比較的閉鎖的で高度に近交系の集団に生息し，しかも生殖能力が高いということである（Crissman *et al.* 2010; Vargo *et al.* 2014）．これは，かなりの距離を容易に移動でき，より異系統と交配する傾向が多く，距離全体にわたって選択圧力がより均一であるほとんどの農業害虫とは対照的である．ゴキブリ個体群の比較的閉鎖的な性質，その高い生殖能力，局所的な殺虫剤選択圧力が組み合わさることがよくある．結果として抵抗性頻度が世代ごとに指数関数的に増加する（Fardisi *et al.* 2019）．

化学的アプローチ

化学物質をできるだけ使用しない総合的害虫管理（IPM）の重要性が広く認識されているにもかかわらず，経済的な観点から見ると，ゴキブリにとって化学物質による管理が最も費用対効果の高いアプローチであることに変わりはない．特に低所得者や集合住宅の状況では，IPM管理は困難になる．化学的RM（抵抗性管理）アプローチの最終目標は，負の交差抵抗性をもつプログラムで，殺虫剤を使用できるようにすることである．ただし，それにはこのような殺虫剤を確実に特定することは困難であることは判明している．また，一般的に殺虫剤を使用しないと抵抗力レベルが低下することも関連している（Cochran 1993）．化学物質ベースのRMアプローチについては以下で説明し，続いてIPMベースのアプローチを費用対効果の高い方法で，IPMをRMプログラムに統合する方法に重点を置いている（図11.3）．

◇ ローテーション

この技術には，毎月または世代ごとに，殺虫剤製品および製剤を順番に使用するこ

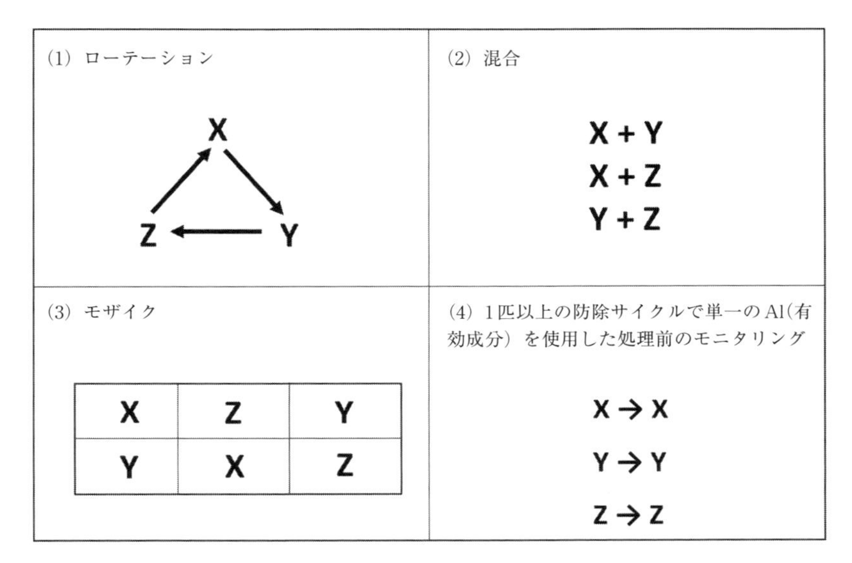

図11.3　ゴキブリの抵抗性管理のための4つの異なる戦略．X，Y，Zは異なる成分を示す

とが含まれている（ベイトを含む）．チャバネゴキブリの平均世代は3か月であるため，提案された戦略では，殺虫剤AIを3か月ごとにローテーションし，元のAIに戻る前に少なくとも3つのAIをローテーションすることになる．この輪作パラメータをより適切に定義するにはさらなる研究が必要であるが，ローテーションは最も実行可能なRMオプションとして長年認識されてきた．IRACは，害虫管理者がローテーションで使用するALを選択する際に役立つように毎年更新される作用機序分類情報を提供している（http: //www.irac-online.org/）．ローテーションによる抵抗性管理（RM）を調査した先行研究では，AIs間の予期せぬ交差抵抗性とその急速な進化により，限られた成功例しか得ることできなかった（Zhai & Robinson 1996; Fardisi *et al.* 2019）．最近のローテーションの成功は，高用量戦略（high-dose strategy）として報告されている（Miller & Smith 2020）．効果的な事前モニタリングローテーション回転パラメータ（rotation parameters）をテストする継続的な研究により，おそらく次のことが可能になり，ローテーションの成功率を大幅に改良できるであろう．

◇ **混合物**

この方法には，最近の2つのAIs（有効成分）の同時使用が含まれる（Tabashnik 1989）．すべての製品ではないことに注意すること．混合用のラベルが貼られているため，混合する前に地域の規制と個々の製品のラベルを注意深く参照する必要がある．しかし，現在ではいくつかの登録済み混合製品が入手可能であり（ニコチノイド

-ピレスロイドおよびアバメクチン-IGR混合製品など），IGRや相乗剤などのスプレー材料には，通常，他のスプレーと混合するためのラベルが貼られている．

特定の種類の混合物に関しては，以前の研究では，従来の殺虫剤（例：ピレスロイドおよび有機リンの混合物）に幼若ホルモン（ジュベノイド）を加えたものは非常に効果的である（Scharf *et al.* 1997）．具体的には，従来の殺虫剤は集団内の感受性の強い個体を制御する一方，幼若ホルモンは抵抗力のある生存個体の成長と生存を制限する（King & Bennett 1989; Reid *et al.* 1990; Koehler & Patterson 1991; Bennett & Raid 1995; Scharf *et al.* 1997; Saltzman *et al.* 2006）．神経毒性AI（アバメクチンまたはクロチアニジン）とジュベノイド（ピリプロキシフェン）の混合物を含む新しく入手可能な混合ベイトも，ゴキブリ防除および潜在的にRMには有用のようである（Fardisi *et al.* 2019）．しかし，他の種類の噴霧可能な混合製品に関しては，ニコチノイドとピレスロイドの間では交差抵抗性が発生する可能性があり，これにより，どちらかのAIに対して初期抵抗性をもつ集団を制御する能力があきらかに制限されることが判明している（Fradisi *et al.* 2019）．解毒酵素を阻害する相乗剤（PBO，MGK-264など）は，混合成分としての可能性を秘めている．ただし，相乗剤は業務用製品や市販製品で数十年にわたって使用されているため，相乗剤自体に抵抗性問題のある可能性がある．さらに，生物活性化が阻害されるため，殺虫剤と適合しない可能性もある．最後に，混合物は，混合物の成分と潜在的な他の多様なAIの両方に対して交差抵抗性をもつ多抵抗性個体を選択する可能性をもっている（Fardisi *et al.* 2019）．したがって，他のAIの場合と同様に，混合物をローテーションすることをお勧めしたい．

◇ 空間モザイク

この戦略は，地理的に異なる場所で，異なる殺虫剤を使用することに依存している．モザイクRMのアイデアは当初，抵抗性遺伝子が劣性であり，ある程度の害虫の数が許容できる場合（つまり，トランスジェニック作物の標的となる農業害虫）に，害虫集団内の感受性遺伝子を保存する方法として生まれた．ただし，許容閾値が本質的にゼロであるゴキブリの場合，空間モザイクの使用は，個体が場所間を移動できることを前提としており，モザイクが混合物として効果的に機能することになる．したがって，他のすべての点において，ゴキブリ駆除のためのモザイクは，混合物について既に述べたのと同じ状況で考えることができる．

◇ 治療前のモニタリングと単一AIsの使用

最近提案されたこの方法には，殺虫剤処理を開始する前にバイオアッセイを使用して，感受性レベルが最も高い殺虫剤を決定することが含まれる．この方法を使用しても，ローテーション，混合，またはモザイクRMアプローチの最終的な使用が妨げられるわけではない．ただし，このアプローチは，個体数が減少し，抵抗性レベルが低いままであれば，個体群に対する最初の2～4回の治療には有用である．時間が制限要因となるこのような状況では，迅速評価バイオアッセイがより役立つことになる．ただし，時間の制限がなく，十分な数の昆虫がすぐに入手できる場合には，他のアッセイ形式が効果的な可能性がある．たとえば，確立された診断用殺虫剤濃度を用いたアッセイは，大規模な抵抗性モニタリングに非常に効果的であることが証明されている（Fardisi *et al.* 2017）．さらに，特定の殺虫剤に対する試験集団の抵抗性頻度または生存レベルが10% 未満の場合，6か月間にわたる単回AI処理は，ローテーションまたは混合アプローチよりも成功している（Fradisi *et al.* 2019）．

IPMアプローチ

複数のノンケミカルあるいは耕種的（cultural）アプローチを化学的防除方法と統合することは，抵抗性昆虫の個体群を管理するための優れた可能性を提供してくれる（Hoy 1995）．IPMはコストが高いと認識されているため，都市の害虫管理には考慮されないことがよくあるが，高い抵抗性レベルが存在する場合，または激しい選択後に化学的アプローチが失敗し始める場合には，IPMの方が費用対効果は高くなる．ゴキブリIPMのレビューの中で，ShalとHamilton（1990）は，構造改変，サニテーション，忌避剤，捕獲など，ノンケミカルによる個体数削減のためのいくつかのアプローチを取り上げている．捕獲だけでは，ゴキブリを完全に防除することはできないが，個体数のモニタリングツールとしては効果的であり，他の化学的および非化学的方法と組み合わせると非常に効果的である．たとえば，トラップと掃除機を一緒に使用するとよい（Wright 1996; Christensen 1995; Kaakeh & Bennett 1997）．殺虫剤処理後にゴキブリの個体数を潜伏場所から外へ，そしてより開けた場所へ追い出すには，掃除機をかけることで高い効果が期待できる（Barcay *et al.* 1990; Fardisi *et al.* 2019）．サニテーションはベイトやその他の殺虫剤処理の有効性をあきらかに向上させるが，製品の性能に対するその価値が過度に強調されてきた（Miller & Smith 2020）．しかし，生活の質の向上に対する住民の態度を考慮すると，サニテーションの重要性は非常にあきらかになる．最後に，居住者への教育と住宅管理はRMにおいて重要な役割を果たす．具体的には，ハウスキーピングの改善，IPMプログラムの詳細，OTCスプレー製品の使用回避に向けた教育により，ゴキブリ駆除（およびRM）の実施と持続可能性がより効率的になる（Dingha *et al.* 2017; Zha *et al.* 2019）．

結　論

この章では，進化，監視，メカニズム，管理に重点を置き，チャバネゴキブリの殺虫剤抵抗性についての歴史的展望と最近のインサイトの両方について検討した．進化の観点から見ると，最近の洞察により，当初考えられていたよりもはるかに速い速度で集団内で抵抗性が構築される仕組みがあきらかになった．抵抗性をモニタリングするには，多くのアッセイオプションが利用可能であるが，それぞれに独自の長所と短所がある．適切なコントロールと感受性株をキャリブレーションに使用することで，すべてのアッセイタイプ，特に集団内の抵抗性頻度を迅速にあきらかにできるアッセイタイプには価値がある．メカニズムの話題では，識別技術が向上するにつれて，さまざまな種類の殺虫剤の使用に影響を与える多くの種類のメカニズムのリストが増え続けている．ただし，抵抗性の生理学的基盤に関する一般的なテーマは比較的変わっていない．最後に，RMの観点から，抵抗性と交差抵抗性の影響を最小限に抑える殺虫剤を選択するための多くのvariableがある．さらに，IPMベースのアプローチにはRMにとって明確な価値があるが，すべての状況で経済的に実行可能であるとは限らない．上記の要因を考慮してゴキブリ抵抗性を理解し，それに対抗する努力を継続することは，抵抗性個体群を効果的に管理し，入手可能な製品の寿命を延ばし，公衆衛生を保護するうえで役に立つ．

参 考 文 献

Alves AP, Allgeier WJ, Siegfried BD (2008) Effects of the synergist S, S, S-tributyl phosphorotrithioate on indoxacarb toxicity and metabolism in the European corn borer, *Ostrinia nubilalis* (Hübner). *Pesticide Biochemistry and Physiology* **90**, 26-30. doi:10.1016/j.pestbp.2007.07.005

Ang LH, Nazni WA, Kuah MK, Shu-Chien AC, Lee CY (2013) Detection of the A302S *Rdl* mutation in fipronil bait-selected strains of the German cockroach. *Journal of Economic Entomology* **106**, 2167-2176. doi:10.1603/EC13119 [Erratum in: *Journal of Economic Entomology* **106**, 2264. doi.org/10.1603/EC13119erratum]

Ang LH, Nazni WA, Lee CY (2014) Indoxacarb resistance in the German cockroach, *Blattella germanica* (L.) (Dictyoptera: Blattellidae) after subjected to bait selection. In *Proceedings of the 8th International Conference on Urban Pests*. 20-23 July, Zurich (Eds G Muller, R Pospischil, WH Robinson) pp. 399-403.

Anspaugh DD, Rose RL, Koehler PG, Hodgson E, Roe RM (1994) Multiple mechanisms of pyrethroid resistance in the German cockroach, *Blattella germanica* L. *Pesticide Biochemistry and Physiology* **50**, 138-148. doi:10.1006/pest.1994.1066

Appel AG (2003) Laboratory and field performance of an indoxacarb bait against German cockroaches. *Journal of Economic Entomology* **96**, 863-870. doi:10.1093/jee/96.3.863

Atkinson TH, Wadleigh RW, Koehler PG, Patterson RS (1991) Pyrethroid resistance and synergism in a field strain of the German cockroach (Dictyoptera: Blattellidae). *Journal of Economic Entomology* **84**, 1247-1250. doi:10.1093/jee/84.4.1247

Barcay SJ, Schneider BM, Bennett GW (1990) Influence of insecticide treatment on German cockroach movement and dispersal within apartments. *Journal of Economic Entomology* **83**, 142-147.

doi:10.1093/jee/83.1.142
Bayer BE, Pereira RM, Koehler PG (2012) Differential consumption of baits by pest blattid and blattellid cockroaches and resulting direct and secondary effects. *Entomologia Experimentalis et Applicata* **145**, 250–259. doi:10.1111/eea.12008
Bennett GW, Reid BL (1995) Insect growth regulators. In *Understanding and Controlling the German Cockroach.* (Eds JM Owens, MK Rust, DA Reierson) pp. 267–286. Oxford University Press, New York.
Berenbaum MR, Johnson RM (2015) Xenobiotic detoxification pathways in honey bees. *Current Opinion in Insect Science* **10**, 51–58. doi:10.1016/j.cois.2015.03.005
Bret BL, Ross MH (1985) Insecticide-induced dispersal of the German cockroach. *Journal of Economic Entomology* **78**, 1293–1298. doi:10.1093/jee/78.6.1293
Bull DL, Meola RW (1994) Efficacy and toxicodynamics of pyriproxyfen after treatment of insecticide-susceptible and -resistant strains of the house fly. *Journal of Economic Entomology* **87**, 1407–1415. doi:10.1093/jee/87.6.1407
Bull DL, Patterson RS (1993) Characterization of pyrethroid resistance in a strain of the German cockroach (Dictyoptera: Blattellidae). *Journal of Economic Entomology* **86**, 20–25. doi:10.1093/jee/86.1.20
Chai RY, Lee CY (2010) Insecticide resistance profiles and synergism in field populations of the German cockroach from Singapore. *Journal of Economic Entomology* **103**, 460–471. doi:10.1603/EC09284
Chen N, Pei XJ, Li S, Fan YL, Liu TX (2019) Involvement of integument-rich *CYP4G19* in hydrocarbon biosynthesis and cuticular penetration resistance in *Blattella germanica* (L.). *Pest Management Science* 10.1002/ps.5499.
Christensen C (1995) Sucking up the enemy. *Pest Control Technology* **63**, 50–52.
Cochran DG (1987) Effects of synergists on bendiocarb and pyrethrin resistance in the German cockroach (Dictyoptera: Blattellidae). *Journal of Economic Entomology* **80**, 728–732. doi:10.1093/jee/80.4.728
Cochran DG (1989) Monitoring for insecticide resistance in field-collected strains of the German cockroach. *Journal of Economic Entomology* **82**, 336–341. doi:10.1093/jee/82.2.336
Cochran DG (1990) Efficacy of abamectin fed to German cockroaches resistant to pyrethroids. *Journal of Economic Entomology* **83**, 1243–1245. doi:10.1093/jee/83.4.1243
Cochran DG (1993) Decline of pyrethroid resistance in the absence of selection pressure in a population of German cockroaches. *Journal of Economic Entomology* **86**, 1639–1644. doi:10.1093/jee/86.6.1639
Cochran DG (1994) Abamectin resistance potential in the German cockroach. *Journal of Economic Entomology* **87**, 899–903. doi:10.1093/jee/87.4.899
Cochran DG (1995a) Insecticide resistance. In *Understanding and Controlling the German Cockroach.* (Eds JM Owens, MK Rust, DA Reierson) pp. 171–192. Oxford University Press, New York.
Cochran DG (1995b) Toxic effects of boric acid on the German cockroach. *Experientia* **51**, 561–563. doi:10.1007/BF02128743
Cochran DG (1996) Relevance of resistance ratios to operational control in the German cockroach. *Journal of Economic Entomology* **89**, 318–321. doi:10.1093/jee/89.2.318
Collins WJ (1975) A comparative study of insecticide resistance assays with the German cockroach. *Pesticide Science* **6**, 83–95. doi:10.1002/ps.2780060111
Cornwall PB (1976) *The Cockroach. Vol. II, Insecticides and Cockroach Control.* Associated Busi-

ness Programmes, London.

Crissman JR, Booth W, Santangelo RG, Mukha DV, Vargo EL, Schal C（2010）Population genetic structure of the German cockroach in apartment buildings. *Journal of Medical Entomology* **47**, 553-564. doi:10.1093/jmedent/47.4.553

Croft BA（1991）Developing a philosophy and program of pesticide resistance management. In *Pesticide Resistance in Arthropods.*（Eds RT Roush, BE Tabashnik）pp. 277-296. Chapman & Hall, New York.

Denholm I, Rowland MW（1992）Tactics for managing pesticide resistance in arthropods: theory and practice. *Annual Review of Entomology* **37**, 91-112. doi:10.1146/annurev.en.37.010192.000515

Dermauw W, Van Leeuwen T（2014）The ABC gene family in arthropods: comparative genomics and role in insecticide transport and resistance. *Insect Biochemistry and Molecular Biology* **45**, 89-110. doi:10.1016/j. ibmb.2013.11.001

DeVries ZC, Santangelo RG, Crissman J, Mick R, Schal C（2019a）Exposure risks and ineffectiveness of total release foggers（TRFs）used for cockroach control in residential settings. *BMC Public Health* **19**, 96. doi:10.1186/s12889-018-6371-z

DeVries ZC, Santangelo RG, Crissman J, Suazo A, Kakumanu ML, Schal C（2019b）Pervasive resistance to pyrethroids in German cockroaches related to lack of efficacy of total release foggers. *Journal of Economic Entomology* doi:10.1093/jee/toz120.

Dingha B, O'Neal J, Appel AG, Jackai L（2016）Integrated pest management of the German cockroach in manufactured homes in rural North Carolina. *Florida Entomologist* **99**, 587-592. doi:10.1653/024.099.0401

Dong K（1997）A single amino acid change in the para sodium channel protein is associated with knockdownresistance（kdr）to pyrethroid insecticides in German cockroach. *Insect Biochemistry and Molecular Biology* **27**, 93-100. doi:10.1016/S0965-1748(96)00082-3

Dong K, Valles SM, Scharf ME, Zeichner BC, Bennett GW（1998）The knockdown resistance mutation in pyrethroid-resistant German cockroaches. *Pesticide Biochemistry and Physiology* **60**, 195-204. doi:10.1006/pest.1998.2339

Ebeling W, Wagner RE, Reierson DA（1966）Influence of repellency on the efficacy of blatticides. I. Learned modification of behavior of the German cockroach. *Journal of Economic Entomology* **59**, 1374-1388. doi:10.1093/jee/59.6.1374

Ebeling W, Reierson DA, Wagner RE（1967）Influence of repellency on the efficacy of blatticides. II. Laboratory experiments with German cockroaches. *Journal of Economic Entomology* **60**, 1375-1390. doi:10.1093/jee/60.5.1375

Ebeling W, Reierson DA, Wagner RE（1968）Influence of repellency of blatticides: comparison of 4 cockroach species. *Journal of Economic Entomology* **61**, 1213-1219. doi:10.1093/jee/61.5.1213

Fardisi M, Gondhalekar AD, Scharf ME（2017）Development of diagnostic insecticide concentrations and assessment of insecticide susceptibility in German cockroach field strains collected from public housing. *Journal of Economic Entomology* **110**, 1210-1217. doi:10.1093/jee/tox076

Fardisi M, Gondhalekar AD, Ashbrook AA, Scharf ME（2019）Rapid evolutionary responses to insecticide resistance management interventions by the German cockroach. *Scientific Reports* **9**, 8292. doi:10.1038/s41598-019-44296-y

ffrench-Constant RH, Steichen JC, Rocheleau TA, Aronstein K, Roush RT（1993）A single-amino acid substitution in a gamma-aminobutyric acid subtype A receptor locus is associated with cyclodiene insecticide resistance in Drosophila populations. *Proceedings of the National Academy of*

Sciences of the United States of America **90**, 1957-1961. doi:10.1073/pnas.90.5.1957

Gondhalekar AD, Scharf ME (2012) Mechanisms underlying fipronil resistance in a multiresistant field strain of the German cockroach. *Journal of Medical Entomology* **49**, 122-131. doi:10.1603/ME11106

Gondhalekar AD, Scharf ME (2013) Cockroach baiting and preventing resistance to bait products. *Pest Control Technology* **July**, 42-46.

Gondhalekar AD, Song C, Scharf ME (2011) Development of strategies for monitoring indoxacarb and gel bait susceptibility in the German cockroach. *Pest Management Science* **67**, 262-270. doi:10.1002/ps.2057

Gondhalekar AD, Saran R, Scherer CW, Scharf ME (2013) Implementation of an indoxacarb susceptibility monitoring program using field-collected German cockroach isolates from the United States. *Journal of Economic Entomology* **106**, 945-953. doi:10.1603/EC12384

Gondhalekar AD, Nakayasu E, Silva I, Cooper BR, Scharf ME (2016) Indoxacarb biotransformation in the German cockroach. *Pesticide Biochemistry and Physiology* **134**, 14-23. doi:10.1016/j.pestbp.2016.05.003

Guo GZ, Geng YJ, Huang DN, Xue CF, Zhang RL (2010) Level of CYP4G19 expression is associated with pyrethroid resistance in *Blattella germanica*. *Journal of Parasitology Research* **2010**, 517534. doi:10.1155/2010/517534

Hansen KK, Kristensen M, Jensen KM (2005) Correlation of a resistance-associated Rdl mutation in the German cockroach, *Blattella germanica* (L), with persistent dieldrin resistance in two Danish field populations. *Pest Management Science* **61**, 749-753. doi:10.1002/ps.1059

Harrison MC, Jongepier E, Robertson HM, Arning N, Bitard-Feildel T, Chao H, Childers CP, Dinh H, Doddapaneni H, Dugan S, Gowin J, Greiner C, Han Y, Hu Y, Hughes DST, Huylmans AK, Kemena C, Kremer LPM, Lee SL, Lopez-Ezquerra A, Mallet L, Monroy-Kuhn JM, Moser A, Murali SC, Muzny DM, Otani S, Piulachs MD, Poelchau M, Qu J, Schaub F, Wada-Katsumata A, Worley KC, Xie Q, Ylla G, Poulsen M, Gibbs RA, Schal C, Richards S, Belles X, Korb J, Bornberg-Bauer E (2018) Hemimetabolous genomes reveal molecular basis of termite eusociality. *Nature Ecology & Evolution* **2**, 557-566. doi:10.1038/s41559-017-0459-1

Holbrook GL, Roebuck J, Moore CB, Waldvogel MG, Schal C (2003) Origin and extent of resistance to fipronil in the German cockroach, *Blattella germanica* (L.). *Journal of Economic Entomology* **96**, 1548-1558. doi:10.1603/0022-0493-96.5.1548

Hostetler ME, Brenner RJ (1994) Behavioral and physiological resistance to insecticides in the German cockroach: an experimental reevaluation. *Journal of Economic Entomology* **87**, 885-893. doi:10.1093/jee/87.4.885

Hou W, Jiang C, Zhou X, Qian K, Wang L, Shen Y, Zhao Y (2016) Increased expression of P-glycoprotein is associated with chlorpyrifos resistance in the German cockroach (Blattodea: Blattellidae). *Journal of Economic Entomology* **109**, 2500-2505. doi:10.1093/jee/tow141

Hoy MA (1995) Multitactic resistance management: an approach that is long overdue? *Florida Entomologist* **78**, 443-451. doi:10.2307/3495528

Jiang D, Du Y, Nomura Y, Wang X, Wu Y, Zhorov BS, Dong K (2015) Mutations in the transmembrane helix S6 of domain IV confer cockroach sodium channel resistance to sodium channel blocker insecticides and local anesthetics. *Insect Biochemistry and Molecular Biology* **66**, 88-95. doi:10.1016/j.ibmb.2015. 09.011

Kaakeh W, Bennett GW (1997) Evaluation of trapping and vacuuming compared with low-impact insecticide tactics for managing German cockroaches in residences. *Journal of Economic Entomol-*

ogy **90**, 976-982. doi:10.1093/jee/90.4.976

Kadous AA, Ghiasuddin SM, Matsumura F, Scott JG, Tanaka K (1983) Difference in the picrotoxinin receptor between cyclodiene-resistant and susceptible strains of the German cockroach. *Pesticide Biochemistry and Physiology* **19**, 157-166. doi:10.1016/0048-3575(83)90135-9

Kaku K, Matsumura F (1994) Identification of the site of mutation within the M2 region of the GABA receptor of the cyclodiene-resistant German cockroach. *Comparative Biochemistry and Physiology. Part C, Pharmacology, Toxicology & Endocrinology* **108**, 367-376. doi:10.1016/0742-8413(94)E0010-7

King JE, Bennett GW (1989) Comparative activity of fenoxycarb and hydroprene in sterilizing the German cockroach (Dictyoptera: Blattellidae). *Journal of Economic Entomology* **82**, 833-838.

Ko AE, Bieman DN, Schal C, Silverman J (2016) Insecticide resistance and diminished secondary kill performance of bait formulations against German cockroaches. *Pest Management Science* **72**, 1778-1784. doi:10.1002/ps.4211

Koehler PG, Patterson RS (1991) Incorporation of pyriproxyfen in a German cockroach management program. *Journal of Economic Entomology* **84**, 917-921. doi:10.1093/jee/84.3.917

Kristensen M, Hansen KK, Jensen KM (2005) Cross-resistance between dieldrin and fipronil in German cockroach. *Journal of Economic Entomology* **98**, 1305-1310. doi:10.1603/0022-0493-98.4.1305

Lee KM, Lee CY (2002) Prevalence of insecticide resistance in field collected populations of the German cockroach, *Blattella germanica* (L.) (Dictyoptera: Blattellidae). *Medical Entomology and Zoology* **53**, 219-225. doi:10.7601/mez.53.219

Lee LC, Lee CY (2004) Insecticide resistance profiles and possible underlying mechanisms in German cockroaches, *Blattella germanica* (Linnaeus) (Dictyoptera: Blattellidae) from peninsular Malaysia. *Medical Entomology and Zoology* **55**, 77-93. doi:10.7601/mez.55.77_1

Lee CY, Yap HH, Chong NL, Lee RST (1996) Insecticide resistance and synergism in field-collected German cockroaches (Dictyoptera: Blattellidae) from peninsular Malaysia. *Bulletin of Entomological Research* **86**, 675-682. doi:10.1017/S0007485300039195

Lee CY, Hemingway J, Yap HH, Chong NL (2000) Biochemical characterization of insecticide resistance in the German cockroach (Dictyoptera: Blattellidae) from peninsular Malaysia. *Medical and Veterinary Entomology* **14**, 11-18. doi:10.1046/j.1365-2915.2000.00215.x

Liang D, McGill J, Pietri JE (2017) Unidirectional cross-resistance in German cockroach (Blattodea: Blattellidae) populations under exposure to insecticidal baits. *Journal of Economic Entomology* **110**, 1713-1718. doi:10.1093/jee/tox144

Limoee M (2012) A review on insecticide resistance in German cockroach *Blattella germanica* (L.) from Iran. *Healthmed* **6**, 3101-3106.

Liu Z, Valles SM, Dong K (2000) Novel point mutations in the German cockroach para sodium channel gene are associated with knockdown resistance (*kdr*) to pyrethroid insecticides. *Insect Biochemistry and Molecular Biology* **30**, 991-997. doi:10.1016/S0965-1748(00)00074-6

Milio JF, Koehler PG, Patterson RS (1987) Evaluation of three methods for detecting chlorpyrifos resistance in German cockroach populations. *Journal of Economic Entomology* **80**, 44-46. doi:10.1093/jee/80.1.44

Miller DM, Smith EP (2020) Quantifying the efficacy of an assessment-based pest management (APM) program for German cockroach (L.) (Blattodea: Blattellidae) control in low-income public housing units. *Journal of Economic Entomology* **113**, 375-384. doi:10.1093/jee/toz302

Miyazaki M, Ohyama K, Dunlap DY, Matsumura F (1996) Cloning and sequencing of the *para*-type sodium channel gene from susceptible and kdr-resistant German cockroaches (*Blattella germani-*

ca) and house fly (*Musca domestica*). *Molecular and General Genetics* **252**, 61–68.

Moss JI, Patterson RS, Koehler PG (1992) Detection of insecticide resistance in the German cockroach with glue-toxin traps. *Journal of Economic Entomology* **85**, 1601–1605. doi:10.1093/jee/85.5.1601

Mutero A, Pralavorio M, Bride JM, Fournier D (1994) Resistance-associated point mutations in insecticideinsensitive acetylcholinesterase. *Proceedings of the National Academy of Sciences of the United States of America* **91**, 5922–5926. doi:10.1073/pnas.91.13.5922

Oliver SV, Kaiser ML, Wood OR, Coetzee M, Rowland M, Brooke BD (2010) Evaluation of the pyrrole insecticide chlorfenapyr against pyrethroid resistant and susceptible *Anopheles funestus* (Diptera: Culicidae). *Tropical Medicine & International Health* **15**, 127–131.

Oppenoorth FJ (1985) Biochemistry and genetics of insecticide resistance. In *Comprehensive Insect Physiology, Biochemistry, and Pharmacology*. (Eds GA Kerkut, LI Gilbert) pp. 731–773. Pergamon Press, Oxford.

Prabhakaran SK, Kamble ST (1993) Activity and electrophoretic characterization of esterases in insecticideresistant and susceptible strains of German cockroach. *Journal of Economic Entomology* **86**, 1009–1013. doi:10.1093/jee/86.4.1009

Prabhakaran SK, Kamble ST (1994) Subcellular distribution and characterization of esterase isozymes from insecticide-resistant and -susceptible strains of German cockroach. *Journal of Economic Entomology* **87**, 541–545. doi:10.1093/jee/87.3.541

Prabhakaran SK, Kamble ST (1995) Purification and characterization of an esterase isozyme from insecticide resistant and susceptible strains of German cockroach, *Blattella germanica* (L.). *Insect Biochemistry and Molecular Biology* **25**, 519–524. doi:10.1016/0965-1748(94)00093-E

Pridgeon JW, Appel AG, Moar WJ, Liu N (2002) Variability of resistance mechanisms in pyrethroid resistant German cockroaches (Dictyoptera: Blattellidae). *Pesticide Biochemistry and Physiology* **73**, 149–156. doi:10.1016/S0048-3575(02)00103-7

Pridgeon JW, Zhang L, Liu N (2003) Overexpression of *CYP4G19* associated with a pyrethroid-resistant strain of the German cockroach, *Blattella germanica* (L.). *Gene* **314**, 157–163. doi:10.1016/S0378-1119(03)00725-X

Rahimian AA, Hanafi-Bojd AA, Vatandoost H, Zaim M (2019) A review on the insecticide resistance of three species of cockroaches in Iran. *Journal of Economic Entomology* **112**, 1–10. doi:10.1093/jee/toy247

Reid BL, Bennett GW, Yonker JW (1990) Influence on fenoxycarb on German cockroach (Dictyoptera: Blattellidae) populations in public housing. *Journal of Economic Entomology* **83**, 444–450.

Robertson JL, Preisler HK (1992) *Pesticide Bioassays with Arthropods*. CRC Press, Boca Raton.

Robertson JL, Russell RM, Preisler HK, Savin NE (2007) *Bioassays with Arthropods*. CRC Press, Boca Raton.

Robinson WH, Zungoli PA (1985) Integrated control program for German cockroaches in multiple-unit dwellings. *Journal of Economic Entomology* **78**, 595–598. doi:10.1093/jee/78.3.595

Ross MH (1992) Differences in the response of German cockroach field strains to vapors of pyrethroid formulations. *Journal of Economic Entomology* **85**, 123–129. doi:10.1093/jee/85.1.123

Ross MH (1997) Evolution of behavioral resistance in German cockroaches (Dictyoptera: Blattellidae) selected with a toxic bait. *Journal of Economic Entomology* **90**, 1482–1485. doi:10.1093/jee/90.6.1482

Roush RT (1989) Designing resistance management programs: how can you choose? *Pest Management Science* **26**, 423–441. doi:10.1002/ps.2780260409

Roush RT, Daly JC (1990) The role of population genetics in resistance research and management. In *Pesticide Resistance in Arthropods*. (Eds RT Roush, BE Tabashnik) pp. 97-153. Chapman & Hall, New York.

Roush RT, McKenzie JA (1987) Ecological genetics of insecticide and acaricide resistance. *Annual Review of Entomology* **32**, 361-380. doi:10.1146/annurev.en.32.010187.002045

Rust MK, Reierson DA (1991) Chlorpyrifos resistance in German cockroaches from restaurants. *Journal of Economic Entomology* **84**, 736-740. doi:10.1093/jee/84.3.736

Rust MK, Reierson DA, Zeichner BC (1993) Relationship between insecticide resistance and performance in choice tests of field-collected German cockroaches. *Journal of Economic Entomology* **86**, 1124-1130. doi:10.1093/jee/86.4.1124

Saltzmann KA, Saltzmann KD, Neal JJ, Scharf ME, Bennett GW (2006) Effects of the juvenile hormone analog pyriproxyfen on German cockroach, *Blattella germanica*, tergal gland development and production of tergal gland-secreted proteins. *Archives of Insect Biochemistry and Physiology* **63**, 15-23. doi:10.1002/arch.20137

Samantsidis GR, O'Reilly AO, Douris V, Vontas J (2019) Functional validation of target-site resistance mutations against sodium channel blocker insecticides (SCBIs) via molecular modeling and genome engineering in *Drosophila*. *Insect Biochemistry and Molecular Biology* **104**, 73-81. doi:10.1016/j. ibmb.2018.12.008

Sandoval-Mojica AF, Scharf ME (2016) Silencing gut genes associated with the peritrophic matrix of *Reticulitermes flavipes* (Blattodea: Rhinotermitidae) increases susceptibility to termiticides. *Insect Molecular Biology* **25**, 734-744. doi:10.1111/imb.12259

Schal C (1992) Sulfluramid resistance and vapor toxicity in field-collected German cockroaches. *Journal of Medical Entomology* **29**, 207-215. doi:10.1093/jmedent/29.2.207

Schal C, Hamilton RL (1990) Integrated suppression of synanthropic cockroaches. *Annual Review of Entomology* **35**, 521-551. doi:10.1146/annurev.en.35.010190.002513

Scharf ME, Bennett GW, Reid BL, Qiu C (1995) A comparison of three insecticide resistance detection methods for the German cockroach. *Journal of Economic Entomology* **88**, 536-542. doi:10.1093/jee/88.3.536

Scharf ME, Hemingway J, Reid BL, Small GJ, Bennett GW (1996) Toxicological and biochemical characterization of insecticide resistance in a field-collected strain of *B. germanica*. *Journal of Economic Entomology* **89**, 322-331. doi:10.1093/jee/89.2.322

Scharf ME, Kaakeh W, Bennett GW (1997) Changes in an insecticide resistant field-population of German cockroach following exposure to an insecticide mixture. *Journal of Economic Entomology* **90**, 38-48. doi:10.1093/jee/90.1.38

Scharf ME, Neal JJ, Bennett GW (1998a) Changes of insecticide resistance levels and detoxication enzymes following insecticide selection in the German cockroach. *Pesticide Biochemistry and Physiology* **59**, 67-79. doi:10.1006/pest.1997.2311

Scharf ME, Neal JJ, Marcus CB, Bennett GW (1998b) Cytochrome P450 purification and immunological detection in an insecticide resistant strain of German cockroach. *Insect Biochemistry and Molecular Biology* **28**, 1-9. doi:10.1016/S0965-1748(97)00060-X

Scharf ME, Lee CY, Neal JJ, Bennett GW (1999a) Cytochrome P450 MA expression in insecticide-resistant German cockroaches. *Journal of Economic Entomology* **92**, 788-793. doi:10.1093/jee/92.4.788

Scharf ME, Meinke LJ, Siegfried BD, Wright RJ, Chandler LD (1999b) Carbaryl susceptibility, diagnostic concentration determination and synergism for US populations of western corn rootworm.

Journal of Economic Entomology **92**, 33-39. doi:10.1093/jee/92.1.33

Scharf ME, Siegfried BD, Meinke LJ, Chandler LD (2000) Fipronil metabolism, oxidative sulfone formation and toxicity among organophosphate- and carbamate-resistant and susceptible western corn rootworm populations. *Pest Management Science* **56**, 757-766. doi:10.1002/1526-4998 (200009) 56: 9 ⟨757::AID-PS197⟩ 3.0.CO;2-W

Scott JG (1990) Uptake and distribution of 14C-permethrin in *Blattella germanica* by surface contact and topical application routes of exposure. *Journal of Pesticide Science* **15**, 453-455. doi:10.1584/jpestics.15.453

Scott JG, Dong K (1994) *kdr*-type resistance in insects with special reference to the German cockroach, *Blattella germanica*. *Comparative Biochemistry and Physiology Part B:Comparative Biochemistry* **109**, 191-198. doi:10.1016/0305-0491(94)90002-7

Scott JG, Matsumura F (1981) Characteristics of a DDT-induced case of cross-resistance to permethrin in *Blattella germanica*. *Pesticide Biochemistry and Physiology* **16**, 21-27. doi:10.1016/0048-3575(81)90068-7

Scott JG, Wen Z (1997) Toxicity of fipronil to susceptible and resistant strains of German cockroaches (Dictyoptera: Blattellidae) and house flies (Diptera: Muscidae). *Journal of Economic Entomology* **90**, 1152-1156. doi:10.1093/jee/90.5.1152

Seccacini EA, Juan LW, Vassena CV, Zerba EN, Alzogaray RA (2018) Lufenuron kills deltamethrin-resistant *Blattella germanica*. *Revista de la Sociedad Entomológica Argentina* **77**, 32-35. doi:10.25085/rsea.770204

Siegfried BD, Scott JG (1991) Mechanisms responsible for propoxur resistance in the German cockroach, *Blattella germanica* (L.). *Pesticide Science* **33**, 133-146. doi:10.1002/ps.2780330202

Siegfried BD, Scott JG (1992) Insecticide resistance mechanisms in the German cockroach, *Blattella germanica* (L.). In *Molecular Mechanisms of Insecticide Resistance:Diversity among Insects*. (Eds CA Mullins, JG Scott) pp. 218-230. American Chemical Society, Washington, DC.

Siegfried BD, Scott JG, Roush RT, Zeichner BC (1990) Biochemistry and genetics of chlorpyrifos resistance in the German cockroach, *Blattella germanica*. *Pesticide Biochemistry and Physiology* **38**, 110-121. doi:10.1016/0048-3575(90)90044-3

Siegfried BD, Meinke LJ, Parimi S, Scharf ME, Nowatzki TJ, Zhou X, Chandler LD (2004) Monitoring western corn rootworm susceptibility to carbaryl and cucurbitacin baits in the area-wide management pilotprogram. *Journal of Economic Entomology* **97**, 1726-1733. doi:10.1603/0022-0493-97.5.1726

Silverman J, Bieman DN (1993) Glucose aversion in the German cockroach, *Blattella germanica*. *Journal of Insect Physiology* **39**, 925-933. doi:10.1016/0022-1910(93)90002-9

Tabashnik BE (1989) Managing resistance with multiple pesticide tactics: theory, evidence, and recommendations. *Journal of Economic Entomology* **82**, 1263-1269. doi:10.1093/jee/82.5.1263

Tabashnik BE (1991) Modeling and evaluation of resistance management tactics. In *Pesticide Resistance in Arthropods*. (Eds RT Roush, BE Tabashnik) pp. 153-182. Chapman & Hall, New York.

Tabashnik BE, Huang F, Ghimire MN, Leonard BR, Siegfried BD, Rangasamy M, Yang Y, Wu Y, Gahan LJ, Heckel DG, Bravo A (2011) Efficacy of genetically modified *Bt* toxins against insects with different genetic mechanisms of resistance. *Nature Biotechnology* **29**, 1128. doi:10.1038/nbt.1988

Tan J, Liu Z, Tsai TD, Valles SM, Goldin AL, Dong K (2002) Novel sodium channel gene mutations in *Blattella germanica* reduce the sensitivity of expressed channels to deltamethrin. *Insect Biochemistry and Molecular Biology* **32**, 445-454. doi:10.1016/S0965-1748(01)00122-9

Valles SM (1998) Toxicological and biochemical studies with field populations of the German cockroach, *Blattella germanica*. *Pesticide Biochemistry and Physiology* **62**, 190-200. doi:10.1006/pest.1998.2381

Valles SM (1999) λ-cyhalothrin resistance detection in the German cockroach (Blattodea: Blattellidae). *Journal of Economic Entomology* **92**, 293-297. doi:10.1093/jee/92.2.293

Valles SM, Strong CA (2001) A microsomal esterase involved in cypermethrin resistance in the German cockroach, *Blattella germanica*. *Pesticide Biochemistry and Physiology* **71**, 56-67. doi:10.1006/pest.2001.2555

Valles SM, Yu SJ (1994) Detoxifying enzymes in adults and nymphs of the German cockroach: evidence for different microsomal monooxygenase systems. *Pesticide Biochemistry and Physiology* **49**, 183-190. doi:10.1006/pest.1994.1046

Valles SM, Yu SJ (1996) Detection and biochemical characterization of insecticide resistance in the German cockroach. *Journal of Economic Entomology* **89**, 21-26. doi:10.1093/jee/89.1.21

Valles SM, Simon JY, Koehler PG (1996) Biochemical mechanisms responsible for stage-dependent propoxur tolerance in the German cockroach. *Pesticide Biochemistry and Physiology* **54**, 172-180. doi:10.1006/pest.1996.0021

Valles SM, Koehler PG, Brenner RJ (1997) Antagonism of fipronil toxicity by piperonyl butoxide and S, S, S-tributyl phosphorotrithioate in the German cockroach (Dictyoptera: Blattellidae). *Journal of Economic Entomology* **90**, 1254-1258. doi:10.1093/jee/90.5.1254

Valles SM, Koehler PG, Brenner RJ (1999) Comparative insecticide susceptibility and detoxification enzyme activities among pestiferous Blattodea. *Comparative Biochemistry and Physiology. Part C, Pharmacology, Toxicology & Endocrinology* **124**, 227-232. doi:10.1016/S0742-8413(99)00076-6

Valles SM, Dong K, Brenner RJ (2000) Mechanisms responsible for cypermethrin resistance in a strain of German cockroach, *Blattella germanica*. *Pesticide Biochemistry and Physiology* **66**, 195-205. doi:10.1006/pest.1999.2462

Vargo EL, Crissman JR, Booth W, Santangelo RG, Mukha DV, Schal C (2014) Hierarchical genetic analysis of German cockroach populations from within buildings to across continents. *PLoS One* **9**, e102321. doi:10.1371/journal.pone.0102321

Wada-Katsumata A, Silverman J, Schal C (2013) Changes in taste neurons support the emergence of an adaptive behavior in cockroaches. *Science* **340**, 972-975. doi:10.1126/science.1234854

Wang C, Bennett GW (2006) Efficacy of noviflumuron gel bait for control of the German cockroach, *Blattella germanica* laboratory studies. *Pest Management Science* **62**, 434-439. doi:10.1002/ps.1184

Wang C, Scharf ME, Bennett GW (2004) Behavioral and physiological resistance of the German cockroach to gel baits. *Journal of Economic Entomology* **97**, 2067-2072. doi:10.1093/jee/97.6.2067

Wang C, Scharf ME, Bennett GW (2006) Genetic basis for resistance to gel baits, fipronil, and sugar-based attractants in German cockroaches (Dictyoptera : Blattellidae). *Journal of Economic Entomology* **99**, 1761-1767.

Wang XL, Su W, Zhang JH, Yang YH, Dong K, Wu YD (2016) Two novel sodium channel mutations associated with resistance to indoxacarb and metaflumizone in the diamondback moth, *Plutella xylostella*. *Insect Science* **23**, 50-58. doi:10.1111/1744-7917.12226

Wege PJ, Hoppe MA, Bywater AF, Weeks SD, Gallo TS (1999) A microencapsulated formulation of lambdacyhalothrin. In *Proceedings of the 3rd International Conference on Urban Pests*. 19-22 July, Prague (Eds WH Robinson, F Rettich, GW Rambo) pp. 301-310.

Wei Y, Appel AG, Moar WJ, Liu N (2001) Pyrethroid resistance and cross-resistance in the German cockroach, *Blattella germanica* (L.). *Pest Management Science* **57**, 1055-1059. doi:10.1002/ps.383

Wing KD, Schnee ME, Sacher M, Connair M (1998) A novel oxadiazine insecticide is bioactivated in lepidopteran larvae. *Archives of Insect Biochemistry and Physiology* **37**, 91-103. doi:10.1002/(SICI)1520-6327(1998)37:1〈91::AID-ARCH11〉3.0.CO;2-5

Wooster MT, Ross MH (1989) Sublethal responses of the German cockroach to vapors of commercial pesticide formulations. *Entomologia Experimentalis et Applicata* **52**, 49-55. doi:10.1111/j.1570-7458.1989.tb01248.x

Wright CG (1966) Modification of a vacuum cleaner for capturing German and brown-banded cockroaches. *Journal of Economic Entomology* **59**, 759-760. doi:10.1093/jee/59.3.759a

Wu X, Appel AG (2017) Insecticide resistance of several field-collected German strains. *Journal of Economic Entomology* **110**, 1203-1209. doi:10.1093/jee/tox072

Wu X, Appel AG (2018) Repellency and laboratory performance of selected insecticides to field-collected insecticide resistant German cockroaches. *Journal of Economic Entomology* **111**, 2788-2798.

Wu D, Scharf ME, Neal JJ, Suiter DR, Bennett GW (1998) Mechanisms of fenvalerate resistance in the German cockroach. *Pesticide Biochemistry and Physiology* **61**, 53-62. doi:10.1006/pest.1998.2343

Zain A (2018) Status, inheritance pattern and mechanism of field-evolved resistance to gel bait insecticides in the German cockroach. MSc (Entomology) thesis. Purdue University, USA.

Zha C, Wang C, Eiden A, Cooper R, Wang D (2019) Spatial distribution of German cockroaches in a high-rise apartment building during building-wide integrated pest management. *Journal of Economic Entomology* **112**, 2302-2310. doi:10.1093/jee/toz128

Zhai J, Robinson WH (1992) Measuring cypermethrin resistance in the German cockroach. *Journal of Economic Entomology* **85**, 348-351. doi:10.1093/jee/85.2.348

Zhai J, Robinson WH (1996) Instability of cypermethrin resistance in a field population of the German cockroach. *Journal of Economic Entomology* **89**, 332-336. doi:10.1093/jee/89.2.332

Zhou X, Scharf ME, Parimi S, Meinke LJ, Wright RJ, Chandler LD, Siegfried BD (2002) Diagnostic assays based on esterase-mediated resistance mechanisms in western corn rootworms. *Journal of Economic Entomology* **95**, 1261-1266. doi:10.1603/0022-0493-95.6.1261

Zhu F, Lavine L, O'Neal S, Lavine M, Foss C, Walsh D (2016) Insecticide resistance and management strategies in urban ecosystems. *Insects* **7**, 2. doi:10.3390/insects7010002

第 12 章
代替管理手段

Michael K. Rust

は じ め に

過去 100 年間，ゴキブリ管理戦略は，殺虫性化合物のさまざまな製剤の使用が主流であった（Mallis 1969; Ebeling 1975）．Mallis（1969）が書いているように，「DDT は元々イエバエ駆除のためのものであったが，クロルデンはゴキブリ駆除のためのものであった．持続性があり，優れた性能を発揮する残留スプレーである」．都市環境における殺虫剤に対する国民の意識は高く，殺虫剤抵抗性が広く発達し，チャバネゴキブリが都市環境に適応する能力があることから，非化学物質の代替品の研究が続けられている．しかし，ヒドラメチルノンのベイトステーション，その後の毒ベイト，ジェルベイト製剤の出現によりチャバネゴキブリ（*Blattella germanica*）防除に革命が起こり，他の代替手段の必要性が減少した．費用対効果が高く，効果的な非殺虫剤代替品の発見は依然として大きな課題である．

殺虫剤の代替方法には，機械的および物理的制御，装置および生物学的制御に分類できる（Gold 1995）．Gold（1995）が書いているように「一般に，薬剤の使用を特別に排除するのではなく，薬剤を含む全体的な管理プログラムの文脈の中でより効果的に使用される代替方法」であると．これらの考えは現在でも有効であり，この章では以前のレビュー以降に発見されたことを紹介し，さらにこれらの代替方法の状況などをレビューした（Gold 1995; Suiter 1997）．

機械的および物理的制御

サニテーション

表面の清掃や散乱物，食料である水などの除去を含むサニテーションは，ゴキブリの総合的害虫管理（IPM）の要素である（Mallis 1969; Ebeling 1975; Hadlington & Gerozisis 1985; Gold 1995）．サニテーションと害虫の間には正の関連性があるように思える．住宅と 2 つの宿舎で，劣悪なサニテーションとゴキブリの汚染レベルとの間に正の相関性が見られた（Shahraki *et al.* 2010b; Shahraki 2013）．低所得の高齢者が住む衛生状態の悪いアパートでは，衛生状態の良いアパートの居住者に比べてチャバネゴキブリが発生する可能性が2.7倍高かった．さらに，ゴキブリの存在とゴキブリの個体数の大きさは，住民のゴキブリに対する高い許容性と正の相関があった（Wang *et al.* 2019）．

散乱物，がらくた，食料と水源，人から離れた暗い潜伏場所などは，チャバネゴキブリが住みやすい環境を作り出している．サニテーションだけではチャバネゴキブリの数は減らないが，殺虫ベイト，スプレー，粉剤散布などと組み合わせるとインパクトを与える可能性がある（Gold 1995; Noureldin & Farrag 2008）．サニテーションを改善し，割れ目や隙間を失くし，ベイト剤と組み合わせることにより，60か月後にチャバネゴキブリに汚染された多くのアパートは減少した（Brenner *et al.* 2003）．同様に，IPMの実施，掃除機をかけること，ベイトに関する住民の教育により，15週間にわたって捕獲されたゴキブリの数が大幅に減少した（Shahraki *et al.* 2010a）．住民へのIPM教育により，サニテーションが大幅に改善され，捕獲されるゴキブリの数は67% 減少している（Dingha *et al.* 2016）．Dinghaら（2016）は，「学習，理解，得られた知識の応用に対する関係者の姿勢が，ゴキブリ駆除に大きく貢献する可能性がある」と書いている．IPM教育者を使って公共住宅の住民に教育することで，サニテーション状態は大幅に改善され，住民は防除に対する十分な準備が整い，ベイトプログラムを通じて害虫のレベルを減少させることができた（Condon *et al.* 2007）．

家庭用洗濯液にメチルネオデカナミド（2%）を添加すると，1週間で90% のゴキブリが処理済みの潜伏場所から追い出されていなくなった．家庭内で定期的に使用すると，捕獲されるゴキブリの数が減少した（Kinscherf *et al.* 1996）．いくつかの食器用洗剤と家事用クリーナーについて，チャバネゴキブリ成虫に対する接触スプレーおよび浸漬試験を行った（Baldwin & Koehler 2007）．どれもゴキブリを殺すうえで，同等の効果があり，致死濃度（LC_{50}＝0.365% の食器用洗剤）で24時間以内に50% を殺すことができた．残念ながら，石鹸溶液には残留活性がなかった．

これらのクリーニング製品は，サニテーションの向上と組み合わせることで，ゴキブリ対策の改善に役立つ可能性がある．1995年以来，ゴキブリを防除するためのベイトの使用が増加し，都市環境におけるゴキブリアレルゲンの重要性より，衛生管理の重要性がさらに増加した．ゴキブリの個体数に影響を与えるだけでなく，サニテーションと清掃は屋内環境のゴキブリアレルゲンのレベルにも影響を与える．サニテーションのみでは，低所得者向け住宅でのトラップに捕獲されるゴキブリ数を減らすことはできなかったが，集中的な清掃によりゴキブリのアレルゲンレベルは減少した（MacConnell *et al.* 2003）．

機械装置

超音波装置がゴキブリに対して効果がないことを示す証拠があるにもかかわらず（Gold 1995），これらの装置は相変らず，市場に出続けている．50/60 Hz のパルス電磁放射（electromagnetic radiation）は，実験室研究ではチャバネゴキブリに影響を与えなかった（Preigh 2015）．20～100 kHz の周波数範囲と周波数範囲全体にわたってランダムな音響パターンを生成する機器がテストされたが，チャバネゴキブリを撃退することはできなかった（Ahmad *et al.* 2007）．同様に，Hung と Subramanyam（2006）は，26～42 kHz のピーク周波数を生成するという 3 つの市販の装置はチャバネゴキブリを撃退できなかったと報告している．超音波装置がゴキブリを効果的に撃退または駆除することを示唆する決定的な証拠はない．

熱の使用は，殺虫剤抵抗性を示すゴキブリ個体数を制御する手段になる．アメリカ陸軍の 20 の給食施設のチャバネゴキブリを防除するために施設を加熱した（Zeichner *et al.* 1996, 1997）．建物を加熱する前に，ヒドロプレンのスポットおよび隙間・割れ目処理が施設全体に行われた．ゴキブリの集団を除去するために，加熱中にバキュームクリーナが使用された．目標温度は 45 分間で 46.1℃（115℉）であった．この処理により，捕獲されたゴキブリの数，殺虫剤の使用量，技術者が費やす時間が大幅に削減された．ゴキブリの数を減らすことに加えて，1 つの建物で液体スプレーの適用が 83%，粉剤の使用が 62%，殺虫ベイトの適用が 21%，さらに人件費が 67% 削減された（図 12.1）．

トコジラミ（*Cimex lectularious*）が蔓延している多くの住宅では，チャバネゴキブリの問題も抱えている．アパートで熱を発生させてトコジラミを殺すための装置はかなり開発されてきた（Kells 2018）．50℃（122℉）を超える乾燥した熱は，最も抵抗力のあるトコジラミの卵段階で殺すことができる．51.7℃（125℉），相対湿度 11 % または 100% RH では，チャバネゴキブリのオス成虫は 60 分以内と 15 分以内にそれぞれ 100% 死滅した．より高い温度では，相対湿度が増加するにつれて，チャバネゴキブリ成虫を殺すのに必要な時間は減少した（Rust & Reierson 1998）．たとえば，オス成虫は 44℃（111℉）で 120 分間，51℃（124℉）で 25 分間曝露されると 100% 死亡した（Tunaz *et al.* 2017）．部屋全体の熱処理でトコジラミを管理するための暖房装置の肯定的な結果を考慮すると，特に殺虫剤抵抗性のフィールドの個体数が懸念される場合に，ゴキブリを管理するための熱の使用を再評価する必要がある．

アパートの総合管理（IPM）プロトコールのコンポーネント，これには粘着トラップ，ピレトリンで追い出して掃除機で捕獲，クロルピリホスとデルタメトリン，ヒドロメチルノンまたはホウ酸のスプレー処理などを使用した場合，チャバネゴキブリの管理レベルは 68.5%～83.7% の範囲であった．継続的な捕獲だけでも，4 週間でチ

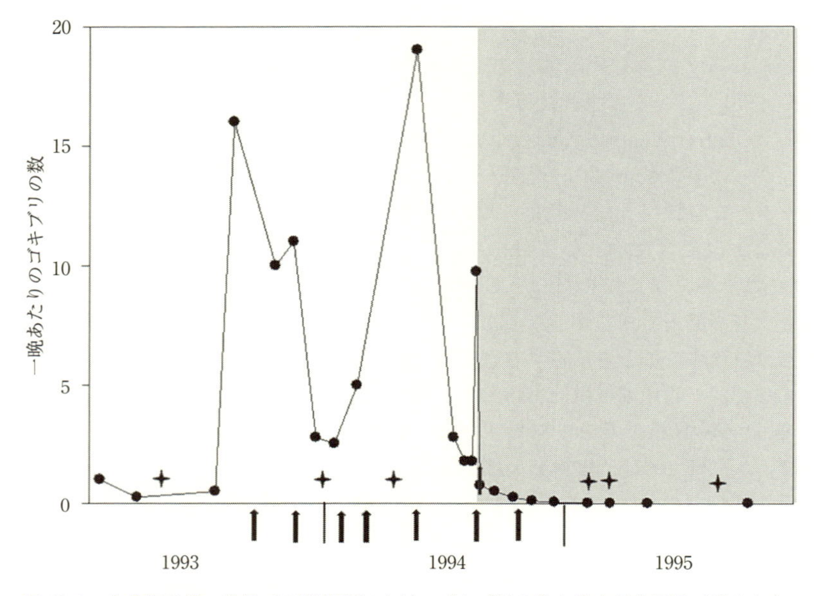

図12.1　食品取り扱い施設での熱処理により，ゴキブリの数と殺虫剤使用量が減少した．矢印は殺虫剤処理，✦印は粉剤とベイト処理，網掛け部分は熱処理後を表す［出典：Zeichner 他 1997 より改変］

ャバネゴキブリが79.3% 減少した．掃除機をかけること，水洗と吸い取り機をかけることにより，4週間でそれぞれ72.5% と80.2% 減少している．生理学的状態（physiological state）のため卵鞘を保持しているメスは幼虫やオス成虫よりもフラッシングや吸引法に対してより感受性が高かった（Kaakeh & Bennett 1997）．HEPA フィルターを備えた掃除機は，チャバネゴキブリの大量発生をコントロールするために害虫管理の専門家によって使用されるが，防除への影響は批判的評価がされていない．

ゴキブリが持続気道陽圧装置（medical equipment such as continuous positive airway pressure devices）などの医療機器に侵入すると，深刻な問題になる（Heraganahally & White 2019）．使用しないときは，ゴキブリ，アリ，その他の昆虫が装置に侵入するのを防ぐために，装置は特別に設計されたプラスチック製の箱に保管される．予防保管ユニットは他の医療機器にも適用できる場合がある．

特殊な閉鎖空間

チャバネゴキブリを特殊なクロロフルオロエチレン袋に入れて低気圧（窒素99.9

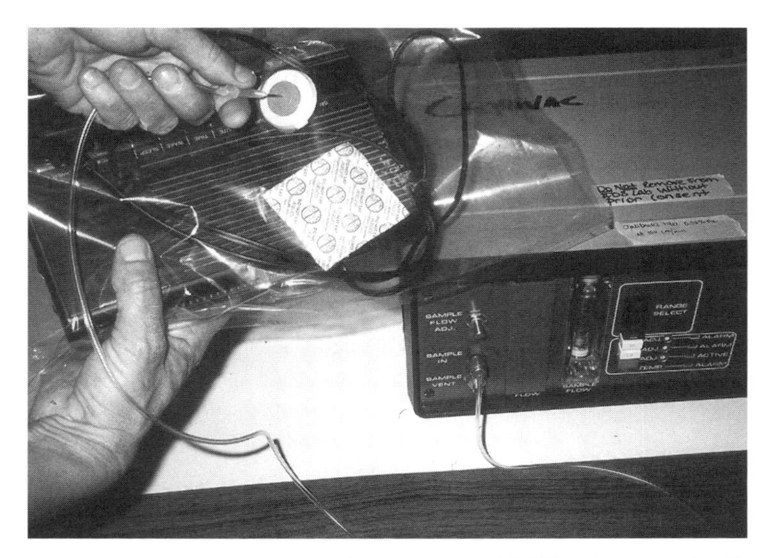

図12.2　クロロフルオロエチレンの袋に封入された携帯無線機と酸素スクラバー［出典：D.A. Reierson］

%，酸素 0.1%）に曝露すると，チャバネゴキブリの成虫，幼虫，卵鞘はそれぞれ6時間，24時間もしくは24時間以内に100% 死滅した（Rust 1996）．低酸素技術は博物館で成功裏に使用されており，敏感な装置や設備の中に潜むゴキブリを殺すには効果的な方法である（図12.2）．

生物学的制御

生物学的防除剤の可能性に関する探索は続いているが，過去25年間チャバネゴキブリ防除に関する寄生虫，捕食者，または病原体に関する新しい情報は限られていた．チャバネゴキブリの寄生虫はまだ見つかっていない．研究のほとんどは，*Beauveria badsiana* や *Metarthizium anisoplie* などの非特異的真菌，および線虫に焦点をあててきた．Milner と Pereira（2007）は，「真菌も線虫もアリーナ試験ではチャバネゴキブリを効果的に防除できるが，より現実的な条件下では消費者が要求する高レベルの防除を達成するのは困難である」と結論付けている．低湿度は間違いなく，真菌性病原体の効果を低下させる要因となっている．ゴキブリの微生物制御は Pereira ら（2017）によって検討され，真菌の可能性については Wang と Bennett（2009）によって検討された．

細菌

ゴキブリの腸内での細菌の役割はほとんど不明のままである（詳細については第5章を参照）．検査の結果，インドキサカルブ抵抗性のチャバネゴキブリの野外で採取された感受性分離株は，異なる腸内細菌叢を有していた（Pietri *et al.* 2018）．微生物叢は，野外株におけるインドキサカルブに対する経口殺虫剤抵抗性に寄与している．抗生物質ドキシサイクリンを食品に組み込むと，幼虫の発育がかなり長くなり，結果として成虫はかなり小さくなった（Pietri *et al.* 2018）．後腸微生物叢（Hindgut microbiota）は *Beauveria assiana* に対して抗真菌特性（antifungal properties）を示し，真菌の侵入からゴキブリを保護する可能性がある（Zhang *et al.* 2018b）．チャバネゴキブリの腸内で収集された29の細菌分離株のうち，1株（BG1-1）が分離され，枯草菌と共通の特徴をもっていた．この細菌は，真菌 *Beauveria assiana* の分生子の発芽を阻害し，ゴキブリの感染率を低下させた（Huang *et al.* 2013）．これはチャバネゴキブリに対し，*Beauveria assiana* が一般に *Metarthizium anisopliae* よりも病原性が低い理由を説明している可能性がある．別の研究では，*Bacillus thurigiensis* 分離株の2株に対するチャバネゴキブリ幼虫の死亡率は用量依存性（dose-dependent）であり，1.6×10^9 胞子/ml で34％が死滅した（Lonc *et al.* 1997）．*Bacillus thuringiensis* の活性の欠如は，毒素を不活化する腸内pH（6.2〜6.8）の低下によるものと考えられている．

菌類

チャバネゴキブリを10か所の圃場（ほじょう）から採集したところ，真菌 *Paeciloyces fumogoroseus*，細菌 *Serratia marcescens* および線虫（mermithid nematoda）が回収された．カブトムシから採取されたさまざまな真菌分離株は，チャバネゴキブリに対して無効であった（Steenberg & Vagn Jensen 1998）．土壌から分離された *Beauveria assiana* の9株と *Metarthizium anisopliae* の1株は，チャバネゴキブリへの効果が低かった（Kilic *et al.* 2019）．*Metarthizium anisopliae* の5つの分離株が試験され，2株が実験室曝露試験で最も活性が高かった（Zukowski *et al.* 1998）．

真菌 *Lecanicillium muscarium*（PTCC5197株）の水性懸濁液および配合ベイト調製物をチャバネゴキブリに対して試験した．各真菌の病原性は，接触剤またはベイト剤として提供された場合と同様であった．*Beauveria bassiana* の LC_{50} は，接触試験およびベイト試験においてそれぞれ 1.5×10^7 および 2.0×10^7 分生子/mLであり，*Lecanicillium muscarium* よりも約4.8倍活性であった（Davari *et al.* 2015）．実験室および野外研究では，ベイトに配合された *Beauveria bassiana* の分離株（5×10^9 胞子/g）がチャバネゴキブリを殺虫した．ベイトにより，出没した3軒のホテルで捕獲されたゴキブリ数は90％以上減少した（Wang *et al.* 2016）．28個の細菌分離株が検出され，そのうちの1個は *Beauveria bassiana* の増殖を阻害した（Huang *et al.* 2013）．

アスペルギルス症は昆虫では一般的ではないが，チャバネゴキブリで報告されている（Kulshrestha & Pathak 1997）．その病理を調べるために，チャバネゴキブリの成虫に *Aspergillus flavus* を実験的に感染させた．この真菌は，消化管（alimentary canal），脂肪体，脳神経分泌細胞（cerebral neurosecretory cell）を含む血腔の軟組織（soft tissues of the hemocoel）を攻撃したが，外骨格キチン（exoskeleton chitin）と消化器系および気管系の内層は影響を受けなかった（Pathak & Kulshrestha 1998）．

真菌 *Metarhizium anisopliae* のさまざまな分離株が実験室でバイオアッセイされているが，チャバネゴキブリを効果的に防除できると証明されたものはない．チャバネゴキブリ防除する（図12.3）*Metarhizium anisopliae*（CEP085）の局所適用により，成虫と幼虫の有意な死亡率が得られた（$LD_{50} = 2.7 \times 10^5$ および 3.4×10^6 分生子/ml; Gutierrez *et al.* 2015）．しかし，この真菌はトウヨウゴキブリの成虫 *Blatta orientalis* にとって致死性はなかった．クチクラ中の特定の脂肪酸の存在が，東洋ゴキブリにおいて真菌の発芽が欠如することの説明として示唆されている．実験室研究では，EB0732株は幼虫を100％殺傷したが，死亡率には全体的な年令と性別の影響があり，メス成虫の殺傷率は低かった（Zhang *et al.* 2018a）．チャバネゴキブリ成虫は幼虫よ

図12.3　真菌 *Metarhizium anisopliae* に感染したチャバネゴキブリ
［出典：D.A. Reierson］

りも *Metarhizium anisopliae*（分離株 ESALQ1037）に対して感受性が高いことが判明した．この真菌はベイトとして与えられたときには効果がなかったが，強力な製剤では死亡する結果になった．胸部および腹部の分節間領域（intersegmental region）は，ゴキブリがこれらの部位を掃除するのが難しいため，分生子（conidia）にとって好ましい侵入部位である（Lopes & Alves 2011）．*Metarhizium anisopliae*（分離株 EAMa01/121-Su）の LD_{50} は 1.4×10^7 分生子/mL であった．LT_{50} 値は，4.2×10^8 分生子/m L について 14.8 日であった．曝露されていないゴキブリを曝露されたゴキブリと一緒に（10：1）に閉じ込めた場合，それまで曝露されていなかったゴキブリの 87.5% が死滅した．この真菌の亜致死量（sublethal doe）は，卵鞘の生産（oothecal production），孵化の可能性（hatchabilily）および幼虫の生産の減少を引き起こした．死体の共食い（Cannibalism of cadaver）も観察された（Quesada-Moraga *et al.* 2004）．

クロルピリホス，プロペタンホス，シフルトリンなどの殺虫剤と *Metarhizium anisopliae* の病原菌株（ESC-1）との組み合わせが試験されている．*Metarhizium anisopliae*（ESC-1）の病原性株はチャバネゴキブリに高い死亡率をもたらしたが，殺虫剤との組み合わせでは胞子の発芽を阻害しなかった．しかし，殺虫剤は真菌の成長と胞子形成に悪影響を及ぼした（Pachamuthu *et al.* 1999）．亜致死濃度の殺虫剤と *Metarhizium anisopliae*（ESC-1）の併用は，殺虫剤を併用した場合よりも毒性が高く，殺虫剤がゴキブリを弱らせ，真菌の活動を増加させる可能性があることを示唆している（Pachamuthu & Kamble 2000）．同様に，亜致死量のホウ酸に曝露されたチャバネゴキブリは，*Metarhizium anisopliae*（分離株 AC-1）に感染しやすかった．この組み合わせは相乗効果を示し，ホウ酸はゴキブリの死体からの真菌の増殖を妨げることはなかった（Zurek *et al.* 2002）．

Metarhizium anisopliae（AC-1）の胞子（分生子 0.4 g/m^2）およびホウ酸粉塵 0.05 g/m^2 に曝露したゴキブリ成虫は，28 日後にそれぞれ 92.5% および 38.5% が死滅した．この組み合わせにより，半数致死期間（LT_{50}）は 5 日となり，28 日目までに 100% の死亡率が得られた．この組み合わせは相乗効果があったが，その理由は不明のままである（Zurek *et al.* 2002）．同様に，*Metarhizium anisopliae* の胞子を局所適用後にイミダクロプリドベイトを食べたゴキブリは，ベイトだけを与えた場合よりも早く死滅した（Kaakeh *et al.* 1997）．

他の自然に存在する微生物も，真菌に対するチャバネゴキブリの感受性に影響を与える可能性がある．*Metarhizium anisopliae* に感染したチャバネゴキブリ集団の 80% は，すでに *Gregarina* spp. に感染していた．この感染により，幼虫と成虫の両方で高い死亡率が発生した．感染した成虫が *Metarhizium anisopliae* に曝露されると，

Gregarina spp. に感染したゴキブリよりも著しく早く死亡した（Lopes & Alves 2005）.

1,000 匹のチャバネゴキブリを 10 の異なる場所から野外収集したところ，いくつかの感染が認められた．1 匹の小さな幼虫は真菌 *Paecilomyces fumosoroseus* に感染し，3 匹のゴキブリは細菌 *Serratia Marcescens* に感染し，メス成虫はマーミス科の線虫（mermithid nematode）に感染していた．同様に，チャバネゴキブリに感染することが判明しているさまざまな真菌株が甲虫から収集された（Steenberg & Vagn Jensen 1998）.

線虫

いくつかの研究で，実験室環境で昆虫病原性線虫（entomopathogenic nematode）のゴキブリに対する評価をしている．ワモンゴキブリ（*Periplaneta americana*），トウヨウゴキブリ（*Blatta orientalis*），チャバネゴキブリ，チャオビゴキブリ（*Supella longipalpa*）が 50 万個の *Steinernema carpocapsae* を含む 1 m の深さの水に曝露された．閉鎖されたアリーナに放つとクロゴキブリ（*Periplaneta fuliginosa*），トウヨウゴキブリ，チャバネゴキブリ，チャオビゴキブリは曝露後 1 日以内に死亡した．ゴキブリが活発に毛づくろいし，線虫に接触しているのが観察された．オープンアリーナで曝露した場合，死亡までの時間は著しく長く，LT_{50} は 3.2〜11.4 日の範囲であった（Koehler *et al.* 1992）．*Steinernema carpocapsae* 堆積物に対するゴキブリ回避は，その密度が増加するにつれて直線的に増加した（Appel *et al.* 1993）．*Steinernema carpocapsae* の病原性は卵鞘の年令に関連しており，幼若線虫は完全に形成された卵鞘には侵入できなかった（Appel & Benson 1994）．卵鞘の実質的な感染の欠如は，野外での動物間流行を制限する要因になる可能性がある．

いくつかの種の昆虫病原性線虫（entomophthogenic nematodes）をチャバネゴキブリと比較した場合，線虫 *Steinernema carpocapsae* は，線虫 *Heterorhabdsis bacteriophora* よりも病原性が高かった（図 12.4）．*Steinernema carpocapsae* は，20℃（68℉）で幼虫を 100％ 殺し，25℃（77℉）で 72 時間で成虫を 100％ 殺した（Baker *et al.* 2012）．ゴキブリの死亡率は，アッセイあたり 25〜1000 匹の感染性幼虫 *Steinernema carpocapsae* の用量依存性（dose-dependent）であった．*Steinernema carpocapsae* は，ベイト製剤を介してゴキブリが接触するため，わずかに活性が高かった．同様に，チャバネゴキブリは，ほとんどのステージで摂取可能なベイトに混ぜた場合の方が，*Steinernema carpocapsae* の飛沫よりもより感受性が高かった（El-Kady *et al.* 2014, 2015）．対照的に，Maketon ら（2010）は，*Steinernema carpocapsae*（分離株 T1）は，1×10^6 個の感染性幼虫を含むキャットフード餌でチャバネゴキブリに対

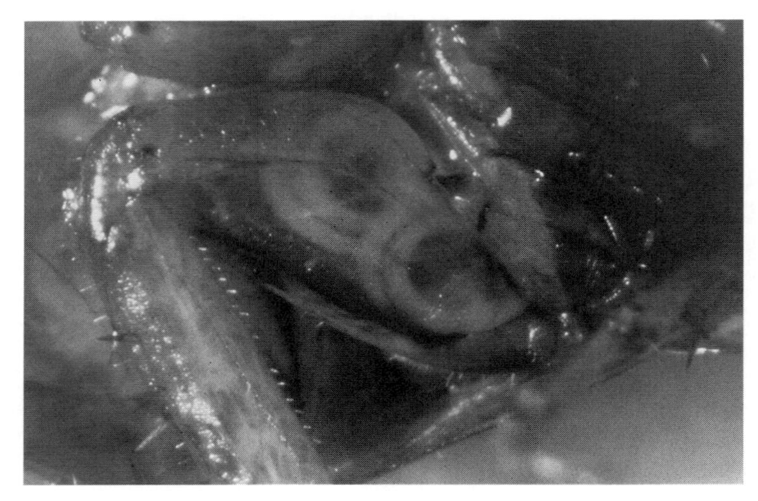

図12.4　チャバネゴキブリの脚内部の線虫 *Steinernema carpocapsae*
［出典：D.A. Reierson］

して致死的であった．

線虫を使った野外試験の報告はほとんど発表されていない．2×10^6 匹の線虫を含む12個のベイトステーションで，12週目に生息するアパートは57%減少した（Appel *et al.* 1993）．

斬新なアプローチ

エアーカーテン，家庭用洗浄液，電流，真菌病原体（fungal pathogen）はそれぞれ，ゴキブリ管理ツールとして考えられるものとしてテストされている．チャバネゴキブリに対して有効であることが証明されているものもあれば，作用が遅いものもあり，現場の条件下では効果が証明されていないものもある．

エアーカーテン

チャバネゴキブリのすべてのステージのものは，0.75～4.0 m/秒の空気速度によって忌避された．4.75 m/秒の空気の動きにより，模擬キッチンキャビネット内の好みの潜伏箇所からゴキブリが追い払われた（Appel 1997; Oswalt *et al.* 1997）．実験室での研究では，空気の移動は小型ファンで実現される．現場状況への適用性や有用性は実証されていない．この概念が，構造物内の壁の隙間，軒裏，その他の内部の隠れ家からのゴキブリを追い出すのにどのように変換されるかは不明である．

石鹸と家庭用洗剤

Dawn Ultra 液体食器用洗剤の 0.05% から 5.0% までの連続した希釈物を，すべてのチャバネゴキブリのステージに対してテストした（Suzmlas 2002）．より高濃度のものを噴霧すると，ノックダウンは即座に起った．3.0% 溶液は，72 時間で幼虫と成虫を 100% 殺した．この結果は，石鹸液が気門（spiracle）または気管（trachea）を塞いで窒息（asphyxiation）を引き起こしたという考えを裏付けている．ゴキブリは石鹸の泡を避ける．いくつかの食器用洗剤および家庭用洗剤が，チャバネゴキブリおよびワモンゴキブリの成虫に対して，接触スプレーおよび浸漬によって評価された（Baldwin & Koehler 2007）．浸漬により，すべての洗剤は致死濃度（LC_{50}＝0.54% 食器用洗剤）でゴキブリを殺すのに同等の効果があった．石鹸液は表面が乾いてしまえば残留殺虫力ないが，スプレーすればゴキブリ一匹一匹を素早く倒すことができた．1.4% の食器用洗剤をスプレー塗布するとチャバネゴキブリの幼虫と成虫の 94〜100% を殺すことができ，家庭用洗剤では 100% の致死率が得られる．ノックダウンは 30 秒以内に起こり，ゴキブリは回復することはなかった．家庭用洗剤はワモンゴキブリに対するスプレーとしては効果がなかった．ラウリン酸カリウムやラウリン酸ナトリウムなどの単一脂肪酸塩（Single fatty acids salts）は，どちらも液体石鹸の成分で，2% 溶液でワモンゴキブリの死亡率は 100%，チャバネゴキブリの死亡率は最大 95% であった（Baldwin *et al.* 2008）

これらの洗浄製品を衛生環境の向上と組み合わせることにより，チャバネゴキブリ対策の改善に役立つ可能性があり，センシティブな環境でのゴキブリ管理のための応急処置として使用できる可能性がある．

細菌

スピノサド（Spinosad）は，土壌細菌サッカロポリスポラ・スピノサ（*Saccharopolyspora spinosa*）に由来する天然物であり，昆虫に対して遅効性の毒素となり得るスピノシン A および D を含んでいる（Kollman 2002）．スピノサド化合物の局所適用は，チャバネゴキブリオス成虫に対して遅延毒性を示した．感受性株に対する LD50 は，24 時間後，48 時間後，および 72 時間後に，昆虫 1 匹あたりそれぞれ 494.3 ng，148.8 ng および 55.1 ng であった．野外および実験室の菌株は，72 時間の時点でスピノサドに対して同様の感受性（LD_{50}＝55〜91 ng/昆虫）を示した（Nasirian *et al.* 2011）．新たに生育したチャバネゴキブリ成虫に対するスピノサドの局所活性は，6 日目で成虫 1 匹あたり 429 ng であった．新たに羽化したメス成虫に致死量以下の用量を投与すると，産生される卵母細胞（oocytes）の数と基底卵母細胞（basal oocytes）のサイズが減少した．さらに，対照と比較して，産卵数が少なく，孵化数も少なかった．アセチルコリンエステラーゼ（AChE）とグルタチオン（GSH）は減少し，乳酸デスヒドロゲナーゼ（LDH＝lactate deshyrogenase）とグルタチオンS-トランスフェラーゼ（GST）は増加した（Maiza *et al.* 2013）．同様に，AchE活性は低下し，卵巣タンパク質の量も減少した（Tine *et al.* 2015）．スピノーサへの亜致死量の曝露により，チャバネゴキブリのメス成虫における4つの異なるクチクラ炭化水素の生成が減少した．処理されたメスからのクチクラ抽出物は，対照のメスからの抽出物よりも魅力的なオス成虫ではなかった（Habbachi *et al.* 2009）．スピノサドに対するチャバネゴキブリの幅広い反応を考慮すると，追加の研究が必要である．

銀ナノ粒子

ポリエチレングリコール溶液中で生成された銀ナノ粒子の局所塗布および経口摂取は，チャバネゴキブリに対して有毒であった．300 ppmの銀ナノ粒子を接触スプレー（contact sprays）すると，24時間での幼虫死亡率は63.3%であった．摂食研究では，300 ppmの銀ナノ粒子を含む餌を食べたゴキブリの86.7%が24時間後に死滅した．いくつかの予備的な生化学的研究では，アプリケーション後にAChE活性が増加し，アスパラギン酸アミノトランスフェラーゼとアラニンアミノトランスフェラーゼが処理後，減少したことが示された（AbdEL-Raheem & Eldafraway 2016）．

電気バリア

低電子密度（a low electron density）および電子温度（electron temperature）での非化学的誘電体バリア放電（non-chemical dielectric barrier discharge）は，ゴキブリ，アブラムシおよびコナカイガラムシに対して致死的であることが示されている（Bures *et al.* 2006）．99.9%のヘリウムを含むチャンバー内の電極の間に昆虫を保持した．チャバネゴキブリを含む昆虫を大気圧プラズマ放電に曝露すると，光屈性およびシグモトロピー応答（thigmotropic responses）の喪失が引き起こされ，作用部位が神経系および／または神経筋系であることが示唆された（Donohue *et al.* 2008）．この誘電体バリア放電は，検疫における昆虫の防除手段として提案されているが，建物内のチャバネゴキブリを防除するためにどのように開発されるかは不明である．

結　論

チャバネゴキブリは依然として公衆衛生上の重要な害虫であり，有意義な生物学的防除はほとんど進歩していない．都市環境における殺虫剤に対する国民の意識はかなり高まっているにもかかわらず，害虫駆除のための非化学的代替手段の進歩は限られている．

参 考 文 献

AbdEl-Raheem AM, Eldafrawy BM (2016) Efficacy of silver nanoparticles against German cockroach *Blattella germanica* (L.) (Dictyoptera: Blattellidae). *Academic Journal of Entomology* **9**, 74-80.

Ahmad A, Subramanyam B, Zurek L (2007) Responses of mosquitoes and German cockroaches to ultrasound emitted from a random ultrasonic generating device. *Entomologia Experimentalis et Applicata* **123**, 25-33. doi:10.1111/j.1570-7458.2006.00519.x

Appel AG (1997) Nonchemical approaches to cockroach control. *Journal of Agricultural Entomology* **14**, 271-280.

Appel AG, Benson EP (1994) Pathogenicity and limited transoothecal transmission of *Steinernema carpocapsae* (Nematoda: Steinernematidae) in adult female German cockroaches (Dictyoptera: Blattellidae). *Journal of Medical Entomology* **31**, 127-131. doi:10.1093/jmedent/31.1.127

Appel AG, Benson EP, Ellenberger JM, Manweiler SA (1993) Laboratory and field evaluations of an entomogenous nematode (Nematoda: Steinernematidae) for German cockroach (Dictyoptera: Blattelidae) control. *Journal of Economic Entomology* **86**, 777-784. doi:10.1093/jee/86.3.777

Baker NR, Ali HB, Gowen S (2012) Reproduction of entomopathogenic nematodes *Steinernema carpocapsae* and *Heterorhabditis bacteriophora* on the German cockroach *Blatilla* [sic] *germanica* at different temperatures. *Iraqi Journal of Science* **53**, 505-512.

Baldwin RW, Koehler PG (2007) Toxicity of commercially available household cleaners on cockroaches, *Blattella germanica* and *Periplaneta americana*. *Florida Entomologist* **90**, 703-709. doi:10.1653/0015-4040(2007)90[703:TOCAHC]2.0.CO;2

Baldwin RW, Koehler PG, Pereira RM (2008) Toxicity of fatty acid salts to German and American cockroaches. *Journal of Economic Entomology* **101**, 1384-1388. doi:10.1093/jee/101.4.1384

Brenner BL, Markowitz S, Rivera M, Romero H, Weeks M, Sanchez E, Deych E, Garg A, Godbold J, Wolff MS, Landrigan PJ, Berkowitz G (2003) Integrated pest management in an urban community: a successful partnership for prevention. *Environmental Health Perspectives* **111**, 1649-1653. doi:10.1289/ehp.6069

Bures BL, Donohue KV, Roe RM, Bourham MA (2006) Nonchemical dielectric barrier discharge treatment as a method of insect control. *IEEE Transactions on Plasma Science* **34**, 55-62. doi:10.1109/TPS.2005.863595

Condon C, Hynes HP, Brooks DR, Rivard D, McCarthy J (2007) The integrated pest management educator pilot project in Boston public housing: results and recommendations. *Local Environment* **12**, 223-238. doi:10.1080/13549830601183446

Davari B, Limoee M, Khodavaisy S, Zamini G, Izadi S (2015) Toxicity of entomopathogenic fungi, *Beauveria bassiana* and *Lecanicillium muscarium* against a field-collected strain of the German cockroach *Blattella germanica* (L.) (Dicytoptera: Blatellidae). *Tropical Biomedicine* **32**, 463-470.

Dingha BN, O'Neal J, Appel AG, Jackai LEN (2016) Integrated pest management of the German cockroach (Blattodea: Blattellidae) in manufactured homes in rural North Carolina. *Florida Ento-*

mologist **99**, 587–592. doi:10.1653/024.099.0401

Donohue KV, Bures BL, Bourham MA, Roe RM (2006) Mode of action of a novel nonchemical method of insect control: atmospheric pressure plasma discharge. *Journal of Economic Entomology* **99**, 38–47. doi:10.1093/jee/99.1.38

Donohue KV, Bures BL, Bourham MA, Roe RM (2008) Effects of temperature and molecular oxygen on the use of atmospheric pressure plasma as a novel method for insect control. *Journal of Economic Entomology* **101**, 302–308. doi:10.1093/jee/101.2.302

Ebeling W (1975) *Urban Entomology*. Division of Agricultural Sciences, University of California, Berkeley, CA.

El-Kady GA, El-Bahrawy AF, El-Sharabasy HM, El-Badry YS, El-Ashry RMA, Mahmoud MF (2014) Pathogenicity and reproduction of the entomopathogenic nematode, *Steinernema carpocapsae* (Wieser) in the German cockroach, *Blattella germanica* L. (Dictyoptera: Blattellidae). *Egyptian Journal of Biological Pest Control* **24**, 133–138.

El-Kady GA, El-Badry YS, El-Bahrawy AF, El-Sharabasy HM, Mahmoud MF (2015) Evaluation of entomopathogenic nematode, *Steinernema carpocapsae* against German cockroach, *Blattella germanica* (L.) under laboratory conditions. *Egyptian Journal of Biological Pest Control* **25**, 355–358.

Gold RE (1995) Alternative control strategies. In *Understanding and Controlling the German Cockroach*. (Eds MK Rust, JM Owens, DA Reierson) pp. 325–343. Oxford University Press, New York.

Gutierrez AC, Golebiowski M, Pennisi M, Peterson G, Garcia JJ, Manfrino RG, López Lastra CC (2015) Cuticle fatty acid composition and differential susceptibility of three species of cockroaches to the entomopathogenic fungi *Metarhizium anisopliae* (Ascomycota, Hypocreales). *Journal of Economic Entomology* **108**, 752–760. doi:10.1093/jee/tou096

Habbachi W, Bensafi H, Adjami Y, Ouakid ML, Farine J-P, Everaerts C (2009) Spinosad affects chemical communication in the German cockroach, *Blattella germanica* (L.). *Journal of Chemical Ecology* **35**, 1423–1426. doi:10.1007/s10886-009-9722-5

Hadlington P, Gerozisis J (1985) *Urban Pest Control in Australia*. UNSW Press, Sydney.

Heraganahally SS, White S (2019) A cost-effective novel innovative box (C-Box) to prevent cockroach infestation of continuous positive airway pressure equipment: a unique problem in northern tropical Australia. *American Journal of Tropical Medicine and Hygiene* **101**, 937–940. doi:10.4269/ajtmh.19-0434

Huang F, Subramanyam B (2006) Lack of repellency of three commercial ultrasonic devices to the German cockroach (Blattodea: Blattellidae). *Insect Science* **13**, 61–66. doi:10.1111/j.1744-7917.2006.00069.x

Huang YH, Wang XJ, Zhang F, Huo XB, Fu RS, Liu JJ, Sun WB, Kang DM, Jing X (2013) The identification of a bacterial strain BGI-1 isolated from the intestinal flora of *Blattella germanica*, and its anti-entomopathogenic fungi activity. *Journal of Economic Entomology* **106**, 43–49. doi:10.1603/EC12120

Kaakeh W, Bennett GW (1997) Evaluation of trapping and vacuuming compared with low-impact insecticide tactics for managing German cockroaches in residences. *Journal of Economic Entomology* **90**, 976–982. doi:10.1093/jee/90.4.976

Kaakeh W, Reid BL, Bohnert TJ, Bennett GW (1997) Toxicity of imidacloprid in the German cockroach (Dictyoptera: Blattellidae), and the synergism between imidacloprid and *Metarhizium anisopliae* (Imperfect fungi: Hypomycetes). *Journal of Economic Entomology* **90**, 473–482. doi:10.1093/jee/90.2.473

Kells SA (2018) Non-chemical control. In *Advances in the Biology and Management of Modern Bed*

Bugs. (Eds SL Doggett, DM Miller, C-Y Lee) pp. 257-272. John Wiley & Sons, Hoboken, NJ.

Kilic E, Güven Ő, Baydar R, Karaca I (2019) The mortality effects of some entomopathogenic fungi against *Helicoverpa armigera, Spodoptera littoralis, Tenebrio molitor* and *Blattella germanica. Kafkas Üniversitesi Veteriner Fakültesi Dergisi* **25**, 33-37.

Kinscherf KM, Steltenkamp RJ, Connors TF, Schal C (1996) Benefits of cleaning products containing the repellent methyl neodecanamide against *Blattella germanica* (L.). *International Pest Control* **38**, 88-91.

Koehler PG, Patterson RS, Martin WR (1992) Susceptibility of cockroaches (Dictyoptera: Blattellidae, Blattidae) to infection by *Steinernema carpocapsae*. *Journal of Economic Entomology* **85**, 1184-1187. doi:10.1093/jee/85.4.1184

Kollman WS (2002) Environmental Fate of Spinosad. <http: //Citeseerx.ist.psu.edu/viewdoc/download?doi=10.1.1.636.8198&rep=rep1&type=pdf>

Kulshrestha V, Pathak SC (1997) Aspergillosis in German cockroach *Blattella germanica* (L.) (Blattoidea: Blattellidae). *Mycopathologia* **139**, 75-78. doi:10.1023/A:1006859620780

Lonc E, Lecadet M-M, Lachowicz TM, Panek E (1997) Description of *Bacillus thuringiensis wratislaviensis* (H-47), a new serotype originating from Wroclaw (Poland), and other *Bt* soil isolates from the same area. *Letters in Applied Microbiology* **24**, 467-473. doi:10.1046/j.1472-765X.1997.00039.x

Lopes RB, Alves SB (2005) Effect of *Gregarina* sp. parasitism on the susceptibility of *Blattella germanica* to some control agents. *Journal of Invertebrate Pathology* **88**, 261-264. doi:10.1016/j.jip.2005.01.010

Lopes RB, Alves SB (2011) Differential susceptibility of adults and nymphs of *Blattella germanica* (L.) (Blattodea: Blattellidae) to infection by *Metarhizium anisopliae* and assessment of delivery strategies. *Neotropical Entomology* **40**, 368-374.

Maiza A, Aribi N, Smagghe G, Kilani-Morakchi S, Bendjedid M, Soltani N (2013) Sublethal effects on reproduction and biomarkers by spinosad and indoxacarb in cockroaches *Blattella germanica. Bulletin of Insectology* **66**, 11-20.

Maketon M, Hominchan A, Hotaka D (2010) Control of American cockroach (*Periplaneta americana*) and German cockroach (*Blattella germanica*) by entomopathogenic nematodes. *Revista Colombiana de Entomologia* **36**, 249-253.

Mallis A (1969) *Handbook of Pest Control*. 5th edn. MacNair-Dorland, New York.

McConnell R, Jones C, Milam J, Gonzalez P, Berhane K, Clement L, Richardson J, Hanley-Lopez J, Kwong K, Maalouf N, Galvan J, Platts-Mills T (2003) Cockroach counts and house dust allergen concentrations after professional cockroach control and cleaning. *Annals of Allergy, Asthma & Immunology* **91**, 546-552. doi:10.1016/S1081-1206(10)61532-3

Milner RJ, Pereira RM (2007) Microbial control of urban pests: cockroaches, ants and termites. In *Field Manual of Techniques in Invertebrate Pathology*. (Eds LA Lacey, HK Kaya) pp. 695-711. Springer, London.

Nasirian H, Landonni H, Aboulhassani M, Limoee M (2011) Susceptibility of field populations of *Blattella germanica* (Blattaria: Blattellidae) to spinosad. *Pakistan Journal of Biological Sciences* **14**, 862-868. doi:10.3923/pjbs.2011.862.868

Noureldin EM, Farrag HA (2008) The role of sanitation in the control of German cockroach (*Blattella germanica* L.). *Biosciences Biotechnology Research Asia* **5**, 525-536.

Oswalt DA, Appel AG, Smith LM II (1997) Repellency and perception of moving air by the German cockroach (Dictyoptera: Blattellidae). *Journal of Economic Entomology* **90**, 465-472. doi:10.1093/

jee/90.2.465

Pachamuthu P, Kamble ST (2000) In vivo study on combined toxicity of *Metarhizium anisopliae* (Deuteromycotina: Hyphomycetes) strain ESC-1 with sublethal doses of chlorpyrifos, propetamphos, and cyfluthrin against German cockroach (Dictyoptera: Blattellidae). *Journal of Economic Entomology* **93**, 60-70. doi:10.1603/0022-0493-93.1.60

Pachamuthu P, Kamble ST, Yuen GY (1999) Virulence of *Metarhizium anisopliae* (Deuteromycotina: Hyphomycetes) strain ESC-1 to the German cockroach (Dictyoptera: Blattellidae) and its compatibility with insecticides. *Journal of Economic Entomology* **92**, 340-346. doi:10.1093/jee/92.2.340

Pathak SC, Kulshrestha V (1998) Experimental aspergillosis in the German cockroach *Blattella germanica*: a histopathological study. *Mycopathologia* **143**, 13-16. doi:10.1023/A:1006993430806

Pereira RM, Oi DH, Baggio MV, Koehler PG (2017) Microbial control of structural insect pests. In *Microbial Control of Insect and Mite Pests*. (Ed. LA Lacey) pp. 431-442. Elsevier, Amsterdam.

Pietri JE, Tiffany C, Liang D (2018) Disruption of the microbiota affects physiological and evolutionary aspects of insecticide resistance in the German cockroach, an important urban pest. *PLoS One* **13** (12), e0207985 doi:10.1371/journal.pone.0207985.

Preigh MT (2015) Pulsing Electromagnetic Radiation at 50/60 Hz as a Pest Repellent in *Blattella germanica*. <www.csef.colostate.edu/2015CSEF/Preigh.pdf>

Quesada-Moraga E, Santos-Quirós R, Valverde-García P, Santiago-Álvarez C (2004) Virulence, horizontal transmission, and sublethal reproductive effects of *Metarhizium anisopliae* (Anamorphic fungi) on the German cockroach (Blattodea: Blattellidae). *Journal of Invertebrate Pathology* **87**, 51-58. doi:10.1016/j.jip.2004.07.002

Rust MK, Reierson DA (1998) The use of extreme temperatures to control urban pests. In *Temperature Sensitivity in Insects and Application in Integrated Pest Management*. (Eds GJ Hallman, DL Denlinger) pp. 179-200. Westview Press, Boulder, CO.

Rust MK, Daniel V, Druzik JR, Preusser FD (1996) The feasibility of using modified atmospheres to control insect pests in museums. *Restaurator* (*Copenhagen*) **17**, 43-60. doi:10.1515/rest.1996.17.1.43

Shahraki GH (2013) Evaluation of sanitation in an IPM program for cockroach infestation in housing. *Journal of Macro Trends in Health and Medicine* **1**, 58-62.

Shahraki GH, Ibrahim YB, Noor HM, Rafinejad J, Shahar MK (2010a) Biorational control programme for the German cockroach (Blattaria: Blattellidae) in selected urban communities. *Tropical Biomedicine* **27**, 226-235.

Shahraki GH, Noor HM, Rafinejad J, Shahar MK, Ibrahim YB (2010b) Efficacy of sanitation and sanitary factors against the German cockroach (*Blattella germanica*) infestation and effectiveness of educational programs on sanitation in Iran. *Asian Biomedicine* **4**, 803-810. doi:10.2478/abm-2010-0105

Steenberg T, Vagn Jensen K-M (1998) Entomopathogenic fungi for control of German cockroach (*Blattella germanica*) and other synanthropic cockroaches. *IOBC Bulletin* **21**, 145-150.

Suiter DR (1997) Biological suppression of synanthropic cockroaches. *Journal of Agricultural Entomology* **14**, 259-270.

Szumlas DE (2002) Behavioral responses and mortality in German cockroaches (Blattodea: Blattellidae) after exposure to dishwashing liquid. *Journal of Economic Entomology* **95**, 390-398. doi:10.1603/0022-0493-95.2.390

Tine S, Tine-Djebbar F, Aribi N, Boudjelida H (2015) Topical toxicity of spinosad and its impact on the enzymatic activities and reproduction in the cockroach *Blatta orientalis* (Dictyoptera: Blattellidae). *African Entomology* **23**, 387-396. doi:10.4001/003.023.0230

Tunaz H, Isikber AA, Pur HA, Kubiay MER (2017) Mortality effects of elevated temperatures on adult German cockroach, *Blattella germanica* (L.) (Dictyoptera: Blattellidae). *Journal of Nature and Science* **20**, 111-114.

Wang C, Bennett GW (2009) Least toxic strategies for managing German cockroaches. In *Pesticides in Household, Structural and Residential Pest Management.* (Eds CJ Peterson, DM Stout) pp. 125-141. American Chemical Society, Washington, DC.

Wang D, Wang Y, Zhang X, Liu H, Xin Z (2016) Laboratory and field evaluations of *Beauveria bassiana* bait against two cockroach species (Dictyoptera: Blattellidae, Blattidae) in Jinan City, East China. *Biocontrol Science and Technology* **26**, 1683-1690. doi:10.1080/09583157.2016.1234030

Wang C, Bischoff E, Eiden AL, Zha C, Cooper R, Graber JM (2019) Residents' attitudes and home sanitation predict presence of German cockroaches (Blattodea: Ectobiidae) in apartments for low-income senior residents. *Journal of Economic Entomology* **112**, 284-289. doi:10.1093/jee/toy307

Zeichner BC, Hoch AL, Wood DF Jr (1996) The use of heat for control of chronic German cockroach infestations in food service facilities: fresh start. In *Proceedings of the 2nd International Conference on Insect Pests in the Urban Environment.* 7-10 July, Edinburgh (Ed. KB Wildey) pp. 507-513.

Zeichner BC, Hoch AL, Wood DF Jr (1997) If you can't beat them, heat 'em. *Pest Control Technology* **25**, 20-22, 35, 117.

Zhang XC, Li XX, Gong YW, Li YR, Zhang KL, Huang YH, Zhang F (2018a) Isolation, identification, and virulence of a new *Metarhizium anisopliae* strain of German cockroach. *Journal of Economic Entomology* **111**, 2611-2616.

Zhang F, Sun XX, Zhang XC, Zhang S, Lu J, Xia YM, Huang YH, Wang XJ (2018b) The interactions between gut microbiota and entomopathogenic fungi: a potential approach for biological control of *Blattella germanica* (L.). *Pest Management Science* **74**, 438-447. doi:10.1002/ps.4726

Zukowski K, Bajan C, Popowska-Nowak E (1998) Evaluation of effect of *Metahizium anisopliae* on reduction of numbers of *Blattella germanica* L. *Roczniki Panstwowego Zakladu Higieny* **49**, 67-72.

Zurek L, Watson DW, Schal C (2002) Synergism between *Metarhizium anisopliae* (Deuteromycota: Hyphomycetes) and boric acid against the German cockroach (Dictyoptera: Blattellidae). *Biological Control* **23**, 296-302. doi:10.1006/bcon.2001.1012

第 13 章
集合住宅や業務用キッチンでの管理

Dini M. Miller, Judith B. Black and Changlu Wang

はじめに：総合的害虫管理

総合的害虫管理（IPM）には多くの定義がある．Robinson と Zungoli（1995）は，都市 IPM を「さまざまな化学的および非化学的方法を使用して，低レベルで害虫の個体数を管理する方法」と説明した．Bennett ら（2010）は，「都市部の総合害虫管理では，定期的なモニタリングを利用して，対策が必要かどうか，いつ必要かを判断する」と述べている．物理的，機械的，文化的，化学的，生物学的および教育的プログラムを採用して，許容できない被害や，迷惑を防ぐために害虫の個体数を十分に低く抑えることであるとしている．IPM の傾向は，効果的な害虫防除の方法論として，または責任ある環境管理のイデオロギーとして，利害関係者グループにより，異なって認識されている（Greene & Breisch 2002）．21 世紀の都市 IPM の焦点は，人間の環境中の大量の残留農薬を削減しながら，害虫の防除を達成することである．

複数の研究より，IPM は集合住宅におけるチャバネゴキブリ（*Blattella germanica*）防除においては従来の殺虫剤散布よりもはるかに効果的であることが示されている（Miller & Meek 2004; Wang & Bennett 2009; Wang *et al.* 2019b）．しかし，ゴキブリ管理における IPM の実施は依然として限られている．住民はゴキブリを殺すために殺虫スプレーに頼ることが多く，多くの害虫管理会社も依然としてカレンダーベースの殺虫剤散布を行っている．このカレンダーに基づいた定期的防除は非常に一般的である．ご想像の通り，これらは大量の残留殺虫剤の蓄積につながり（Wang *et al.* 2019c），そのあとには，チャバネゴキブリの集団抵抗性の発生をもたらしている．これが，低所得者用の集合住宅が，現在，非常に多くの慢性的な高レベルのチャバネゴキブリ汚染に苦しんでいるおもな理由の 1 つである．この章では，IPM プログラムにおけるさまざまな利害関係者の役割（stakeholder roles），効果的なチャバネゴキブリ IPM プログラムの実施方法，集合住宅や業務用キッチンにおける継続的な IPM の課題について説明する．他のタイプの施設（仮住宅，車両，その他の場合など）については，Koehler ら（1995）を参照にすること．

IPMの設計：一般的な考慮事項

ゴキブリはもはや単一の手順では防除できない．1990年代後半からゴキブリ防除に非常に効果的なベイト製品が利用できるようになったが，建物内でのゴキブリ管理を成功させるには，ゴキブリの生物学，環境の特性，処理方法のコストと利点およびIPMプログラムを，それぞれの状況に適合するようなカスタマイズとともに理解する必要がある．ここでは，これらの考慮事項について簡単に説明する．いくつかのトピックの詳細については前の章を参照のこと．

チャバネゴキブリの生態

チャバネゴキブリ管理プログラムには，ゴキブリの生物学についての十分な理解が必要である．住居では，ゴキブリは通常，食べ物や水が存在するキッチンやバスルームに生息する．商業施設ではキッチン，ロッカールーム，食品売り場，自動販売機コーナーなどで発見される．チャバネゴキブリは雑食性で，腐肉食性（omnivorous scavengers）である．彼らは人間の食物を摂食するのによく適応している．食料が不足すると，脱皮と繁殖が遅れる．食べ物が不足すると，石鹸などの家庭用品，接着用のり，歯磨き粉などを食べることもある．飢餓状態になると，共食いをし，お互いの翅や足を噛み合い，死んだ仲間を食べる．利用可能な食料源を減らすことは，自然の個体群の規模を制限し，殺虫剤処理の有効性を改善するのに役立つ（Schal 1988）．

チャバネゴキブリに水を与えないと3～12日以内に死ぬ可能性がある（Oswalt *et al.* 1997）．水源を除去または制限すると，ゴキブリの生息数と分布域は減り，ゴキブリ管理を長期にわたり成功を収めることができる．チャバネゴキブリは，観葉植物，水槽，ペットなどが存在すると，アパート内より多くのエリアに侵入する可能性がある．害虫管理の専門家（PMPs＝pest management professional）は，これらの状況を認識しておく必要がある．チャバネゴキブリは隙間や割れ目に隠れる．潜伏場所は，食料や水源などに非常に近い所にある．キッチンでは，ウォールキャビネットの後ろの隙間，シンクの下の水道管の周り，壁の穴などを隠れ場所として利用している．このような場所にゴキブリが隠れていると，見つけるのは困難である．ゴキブリは集団で集まる傾向があり，食べた後は同じ潜伏場所に戻ることがよくある．したがって，良好な管理結果を達成するには，これらの潜伏場所を特定して殺虫剤処理することが重要である．これは，ゴキブリ用ベイト剤を使用する場合には，特に重要である．

集合住宅では，建物内の構造上の特色により，ゴキブリが共用のパイプや廊下を通って隣接する住戸に拡散することがよくある（Owens & Bennett 1982; Runstrom &

Bennett 1984, 1990）．建築構造上，許可になっている場合には，週に最大30％はアパート間の移動が発生している場合がある．最近の研究では，高層マンションにおけるゴキブリの侵入には空間的な相関関係があることが判明している（Zha *et al.* 2018）．床，天井，または壁を共有するユニット，および互いに隣接するユニットは，両方とも感染している可能性が高いか，両方とも感染していない可能性も高い．建物全体に管理プログラムを実施すると，侵入の拡大を減らすことができる（Koehler *et al.* 1995）．しかし，複合施設内のアパートメントの5〜10％が，プライベートロック，立ち入り拒否，またはその他の理由によりアクセスできないケースは珍しくはない．したがって，これらのユニットでのゴキブリの侵入情報を入手し，侵入が見つかった場合はそれらを処理するために特別な努力を払う必要がある．アパートの共用部分も管理計画に含めるべきである．共用エリアには，ランドリールーム，コミュニティルーム，ボイラー室，ゴミ処理室，キッチン，スタッフオフィスなどが含まれる．

室内環境

チャバネゴキブリは，食料，水，潜伏場所，暖かさがある所などの屋内環境で繁殖する．環境条件は人間の活動によって操作されるため，チャバネゴキブリの管理では環境と人的要因の両方を考慮する必要がある．たとえば，寝室での飲食はゴキブリの侵入を促進する可能性がある．食べ残し，食べかす，ペットフードの存在する汚れた床や，キッチンカウンターは，ゴキブリにとって最適な生存環境となる．キッチンやバスルームの衛生状態が悪い家では，ゴキブリが発生する可能性は2.7倍高かった（Wang *et al.* 2009a）．ゴキブリ用の生息資源を削減するには，適切なハウスキーピングの実践方法を顧客に教育することが重要である．ゴキブリ管理プログラムを成功させるには，通常，建物の管理者，管理スタッフ，住宅の居住者間の協力が必要である．ハウスキーピング基準には，水漏れを速やかに報告または修理すること，床とキッチンカウンターを清潔に保っていること，汚れた食器を掃除し，食品，ゴミ，ペットフードなどを毎日取り除くこと，ゴキブリの侵入を建物管理者に報告すること，などが含まれる．

費用対効果

チャバネゴキブリは，審美的（aesthetic），経済的，医学的に重要な害虫である．ただし，チャバネゴキブリ管理の利点は，顧客や環境によって大きく異なる場合がある．不動産管理者は，害虫管理プログラムを選択する際に，これらすべての要素を考慮する必要がある．一般に，IPMプログラムの費用は住宅当局が現在害虫防除に支払っている金額よりも高額であるが，IPMははるかに優れた防除を提供し，ゴキブリアレルゲンを減少させている（Wang & Bennett 2009）．ゴキブリの数が少ない場合，居住者はゴキブリについて苦情をいわないかもしれないが，健康上のリスクや近隣のアパートに広がる可能性のあるゴキブリを減らすために，不動産管理者は侵入を迅速に排除するためのより効果的なプログラムを選択する必要がある．

IPM プログラムのセットアップ

優れたゴキブリ IPM プログラムには，ゴキブリの侵入を迅速に減少させ，または排除し，全体の侵入率を非常に低いレベルに維持するためのさまざまな方法と材料が組み込まれる必要性がある．建物管理者は，投資収益率が高く，居住者の健康が確実に保護されるように，害虫防除契約で基準を明確に指定する必要がある．これらの基準としては，侵入率（ゴキブリが発生しているアパートの割合），ゴキブリの駆除対象となる期間，またはゴキブリの目撃情報がない，などが考えられる．低所得地域では，害虫駆除サービスを受けているにもかかわらず，建物内のアパートの 20～50% にゴキブリが蔓延していることがよくある．このような高い侵入率は容認できず，より効果的な害虫防除サービスを利用して侵入率を下げる必要がある．

居住者と顧客の教育

建物内の一部の居住者は，ゴキブリの存在を気にせず，PMP に協力しないことがよくある．最近の研究では，インタビューを受けた住民の 15% は，ゴキブリが存在するにもかかわらず，一度もゴキブリに悩まされたことがないことが判明した（Wang *et al.* 2019a）．住民の忍耐度は，ゴキブリの存在とゴキブリの個体数に大きく関係している．協力を得るには，建物全体のゴキブリ管理プログラムの重要性について建物のスタッフや居住者とコミュニケーションをとることが不可欠である．キッチンの汚れ，ゴミの蓄積，水漏れ，壁の亀裂，キッチンの乱雑さ，特定の侵入エリアへのアクセスができない，サービスの拒否などはすべて，慢性的な侵入の原因となり，建物全体にわたるゴキブリ管理の取り組みを低下させる可能性がある．PMP はこれらの問題を解決するために住宅スタッフとよく調整する必要がある．

ベースライン侵入レベルの監視

害虫防除契約が確立されると，処理努力を効果的に導き，そのプログラムを評価するために，建物全体のモニタリングプログラムを実施することが重要である．住民へのインタビューは，侵入履歴や過去の防除方法に関する背景になった情報を得るのに役立つ．質問には次のようなものがある．

・過去１か月以内にゴキブリを見たことがありますか？
・どのくらいの頻度で見かけますか？
・どこで見つけますか？
・ゴキブリを駆除するためにどのような方法を使用しましたか？

インタビューでは，住民によるゴキブリの目撃情報は信頼できないことが多いということを認識しておく必要がある（Wang *et al.* 2019a）．粘着トラップは，ゴキブリの侵入レベルとその分布を推定するために使用する必要がある．トラップは一晩経過したのち，または，より長い間隔で検査ができる．トラップの数はアパートまたは業務用キッチンごとに記録する必要がある．

処理戦略の選択

◇ 環境の改変

最初の訪問では，ゴキブリの生息場所とゴキブリの侵入を促進する要因を特定するために，徹底的な目視検査を実行することが重要である．検査プロセスを支援するために，キッチンや家電製品を移動する必要がある．また，水道の蛇口やパイプの水漏れは，修理できるように文書化しておく必要がある．家電製品の周りやキャビネット内の食べ物の残骸，散らかったもの・ゴミは取り除く必要がある．壁の穴やユーティリティパイプの近くまたは壁のキャビネットの後ろの隙間などの構造上の欠陥は，これらの領域でゴキブリが見つかった場合は，密閉する必要がある．

◇ 非化学的方法

可能な限り，非化学的なアプローチを使用する必要がある．餌を付けた粘着トラップを多数設置し，掃除機をかけることで，低レベルの侵入なら十分に制御できる可能性がある．

◇ 化学的方法

ゴキブリを防除するには，非化学的方法に加えて，一部の殺虫剤製品を使用する必要がある場合とそうでない場合がある．最初の防除では，できるだけ多くのゴキブリの潜伏場所に対処する必要がある．殺虫剤または製剤の選択では，構造のタイプ，ゴキブリの侵入レベル，幼児やペットの存在，殺虫剤に対する顧客の感受性，および異なるクラスの殺虫剤のローテーションを考慮する必要がある．集合住宅の場合，多数の場所にジェル状のベイトを少量ずつ塗布するのが最も一般的な防除方法である．住民による大がかりな準備の必要性はない．ジェル状のベイトと無機粉剤の組み合わせは，集合住宅のゴキブリ防除には非常に効果的であることは判明している（Wang & Benett 2009; Wang *et al.* 2019b）．

◇ **事後の評価**

初期防除処理のあとは，侵入した建物に1〜4週間ごとに粘着トラップを設置し，部屋を検査し，顧客にインタビューすることによってチェックをする必要がある．また，業務用キッチンでは，集合住宅よりも頻繁なサービスが必要になる場合がある．さらに，ゴキブリを駆除するには再処理が必要になることがよくある．粘着トラップは，防除効果を評価するためのより信頼性の高い方法である．さまざまな場所で使用したトラップの数とゴキブリの分布を比較することで，PMPはどこを処理するべきか，平均的にどのくらいの資材を使用する必要があるかを決定することができる．高層マンション内のゴキブリが出没した107戸での処理に基づくと，ゴキブリを防除するには平均3回の処理が必要であった（Wang *et al.* 2019b）．1か月間ゴキブリが検出されなかった場合，毎月のサービスを四半期またはそれ以上の間隔に切り替えることもできる．

◇ **プロアクティブなモニタリング**

集合住宅の場合，新たな侵入を特定するために，粘着トラップを使用した建物全体の検査を6〜12か月ごとに実施する必要がある．このシンプルではあるが，非常に重要な手順により，新たな侵入したチャバネゴキブリの早期発見と治療が確実になり，近隣のユニットへゴキブリが拡散するリスクは軽減される．

住宅環境におけるIPM：管理の役割

チャバネゴキブリは人間の環境（アパート，レストラン，ホテル，オフィスビル，さらには養豚施設など）に生息することでよく知られているが，現代の殺虫剤が開発される前は，一戸建て住宅にも蔓延していた．DDTなどの化学的防除剤，それに続く有機リン系殺虫剤やカーバメート系殺虫剤は，人々がそれらを処理する余裕のある場所では，個体群を排除するのにかなり効果的であった．チャバネゴキブリの個体群は，これらの殺虫剤に対する抵抗性をすぐに獲得した（Rust *et al.* 1995，第11章も参照）．近年，これらの抵抗性の個体群はさらに蔓延しており，防除が困難になっている．2020年の時点で，ピレスロイド系殺虫剤（消費者用と商業用の両方）は発売から40年近くになるが，この殺虫剤クラスに対するチャバネゴキブリの感受性は過去10年間で大幅に低下している（Fardisi *et al.* 2019）．現在，家庭でのチャバネゴキブリの防除には，以前よりも多くの時間とより多くの殺虫剤が必要となり，（駆除どころか）個体数削減を達成するためにはより集中的な努力が必要となっている．時間と労力には代償が伴うため，チャバネゴキブリの防除には以前よりも費用がかかるようになった．裕福な人々は蔓延をなくすために必要なものはなんでも支払うことができるが，チャバネゴキブリは依然として低所得者向けの住宅施設を占有している人や，混雑した場所に住んでいる人々にとっては依然として害虫である（たとえば：寮，兵舎，難民キャンプ，学校，老人ホームなど）．

チャバネゴキブリは一戸建て住宅に侵入していた長い歴史があるが，これらの侵入については最近の科学文献では十分に文書化されていない．しかし，アメリカ，ノースカロライナ州の田舎で建設された（一戸建て）住宅でのIPMを評価する研究がDinghaら（2016）によって実施された．

一戸建て住宅におけるゴキブリの侵入が研究者によって研究されることはほとんどないため，この研究は貴重であった．対照的に，チャバネゴキブリの調査研究では，集合住宅施設が頻繁に使用されている．アメリカでは，政府補助の住宅が，チャバネゴキブリの生物学と行動，殺虫剤抵抗性，新しいゴキブリ防除製品や方法の有効性を研究するために都市害虫研究者によって使用される主要な環境資源となっている．集合住宅は，1970年代以来，IPMに関するほぼすべての研究のおもな場所であった．このため，この章では住宅環境におけるチャバネゴキブリの管理について議論する際，おもに集合住宅（マンション）で実施されているIPM研究に焦点をあてている．

なぜ集合住宅にこれほど多くの汚染が発生するのか？

多くの国では，都市部の貧困層の大部分が集合住宅に住んでいる．アメリカでは，この住宅は連邦政府によって費用または補助金が支払われている．これらの低所得者向け集合住宅施設は，長期にわたるチャバネゴキブリの侵入に対して特に脆弱であった．これらの害虫の蔓延の原因は人口密度と居住者の衛生概念の欠如であることが最も多いが，古い建物は配管や電気接続の共有によりチャバネゴキブリが部屋から部屋へ移動を容易にしている（Owens & Benette 1982; Kass *et al.* 2009）．したがって，アパートの個々のユニットを処理するだけでは侵入を排除することは困難な場合がある．さらに，政府の政策が効果的な害虫管理サービスの調達を妨げていることが多いということも認識することが重要である．

したがって，人的要因の組み合わせにより，低所得者が居住するこれらの集合住宅にチャバネゴキブリの個体数が数十年にわたって生息し続けることが可能となったのである．集合住宅における害虫管理はどのように実施されているのか，害虫防除に携わる関係者はさまざまな役割をよく理解する必要がある．

◇ プロパティマネージャー

アメリカでは，ゴキブリ管理はアパートの所有者や管理者が提供する一般的な害虫駆除サービスの一部である．害虫防除サービスは，契約した害虫管理会社，または害虫管理の訓練を受けているか，認定を受けていない社内スタッフによって行われる．

低所得者向けの公営住宅当局は通常，数百，場合によっては数千戸の戸数を管理しており，それらの物件に害虫駆除サービスを提供する責任を負っている．個々の住宅当局は独自の入札依頼書（RFB＝request for bids）を作成し，独自に害虫防除業者を選択する．したがって，住宅当局が（単一の州ではない場合でも）異なる工事計画をもつ異なる請負業者を雇い，サービスに対して異なる価格を支払うことは珍しいことではない．不動産管理者は害虫駆除の訓練を受けていないため，RFB で使用されている契約文言は意味不明であるか，非常に時代遅れのものである可能性があるため，アパート管理者や調達担当者が害虫管理の実践についてほとんど知らないことは PMP であればすぐにわかる．図 13.1 は，ゴキブリ，アリ，シルバーフィッシュ（シミ）などの屋内害虫を制御するために使用される殺虫剤の化学物質をリストした RFB を示している．「有機リン化合物（organic phosphates）」（おそらく有機リン系殺虫剤を指す）を含むリストであろう．しかし，アメリカ環境保護庁は，RFB が制定される数年前の 2001〜16 年に有機リン系殺虫剤の屋内使用を禁止している．契約書に記載されている 2 番目の化学物質は「カラメート（caramates）」（原文のまま）となっている．カーバメイトのことと思われるが，アメリカでは 2010 年以降，カー

2017 年 3 月

提案依頼書

ゴキブリ，アリ，シミの駆除に関する材料基準：

害虫駆除サービス 2017

材料基準と仕様：

一般的な材料基準：

使用する殺虫剤と機器は，家庭害虫駆除用に承認されており，環境保護庁の最新の登録番号をもち，ノースカロライナ州での使用が登録されている必要がある．化学物質は，ラベルに指定されている安全性と最大限の効果のために，製造元の推奨手順に厳密に従って使用する必要がある

ゴキブリ，アリ，シミの駆除に関する材料基準：

該当する害虫駆除方法に応じて，以下を組み合わせ，または単独で使用する必要がある．

- **有機リン酸塩**
- **カラメート**
- **無機物**
- **ピレストリンおよび合成ピレスロイド**
- **ベイト**
- **昆虫成長調整剤**

図 13.1　アメリカノースカロライナ州の住宅当局による害虫駆除サービスに関する提案依頼書．2017 年 3 月．禁止物質“有機リン酸塩”（原文のまま）および“カラメート”（原文のまま）の使用が指定されている

バメートの屋内使用も禁止されている．このRFBの著者は，関連する殺虫剤製品とその使用を管理する現在の連邦規制について十分な情報をもっていないようである．したがって，アメリカ住宅都市開発省（HUD）は，施設内でIPMによる方法を，しばしば提案しているが，RFBの書き方が非常に不十分であるため，そのような契約に入札する人は誰でも，住宅当局は，自分の会社が「IPMを行っている」かどうかさえ知らないことに気づくであろう．

◇ **政府**

アメリカHUDは，住宅コミュニティが施設にIPMを導入することを奨励している．ただし，害虫管理契約は「可能性のある」最も低い入札者に落札されることも求められる．契約の文言と「責任ある」入札者の定義は，各住宅当局の調達担当者に任されている（Miller & Meek 2004; Wang & Bennett 2009）．この「責任ある」という文言を使用したHUDの意図は，（管理者が「責任ある」という用語を定義できるようにすることで）住宅調達担当官が害虫管理会社をより柔軟に選択できるようにすることであったが，ほとんどの調達事務所はこれを知らず，単純に最も金額の下位の者を任命するだけである．入札者は，その州で認可の薬剤散布の認可および認定を受けていることが必要である．言い換えれば，自社の敷地に合法的に薬剤を散布できる入札会社ということになる．「責任ある」という用語は一般に「合法的」と同義語として解釈されるため，害虫防除請負業者を選択する際には最低入札価格がおもな考慮事項となる．

アメリカでは，不動産所有者は賃貸人に害虫のいない住宅を提供する責任がある．しかしながら，政府住宅で，不動産評価センター（REAC）の検査の対象となるのは，毎年または数年ごとだけである．REAC検査は，HUDが「安全な」，適切で手頃な価格の住宅を提供していることを確認することを目的としている．したがって，アパートに壊れた窓，挟まれる危険，照明の問題，または居住者に危険を及ぼす可能性のある，その他のメンテナンス上の問題があることが判明した場合，住宅当局はREAC検査で減点される（問題が修正されない場合は助成金が減額される可能性がある）．ただし，REACの検査官は，検査中（日中）にマンション内で生きたゴキブリを1匹，または死んだゴキブリ2匹（「汚染-infestation」と見なす）を発見した場合，減点するのはごくわずかである．同じアパートで16,000匹のゴキブリを見つけても，追加のペナルティ（減点）はない．したがって，現在のREAC検査等級システムに基づいて，アパート管理者が害虫管理の実践を改善しようとする意識（insentive）はほとんどない．

◇ **害虫防除業者**

入札プロセスの前に，害虫防除の営業担当者が建物の面積と各ユニットの寝室の数を計算できるように，施設の概略図を要求するのが一般的である．このデータ（各ユニットの平方フィート）に基づいて，各ユニットに必要な防除間隔（ほとんどの場合月次または四半期ごと）で，技術者がカバーしなければならない面積によって価格が決定される．ほとんどの場合，入札プロセスの前に，アパートの部屋をまったく訪問しないか，あるいは，代表的なアパートの部屋のみが訪問を受ける．その結果，多くの請負業者は，入札した時点では，その施工先が高レベルでゴキブリが蔓延していることを認識していなかったと不満を述べている．大規模な契約で入札する場合，委託を受けている害虫管理の営業マンは，競合他社に低価格で入札するインセンティブをもっている．そのため，1店あたりの価格を非常に安く提示することがある．それでもその住宅公社が4,000ユニットに関与する場合，全体の販売額は依然としてかなり高く，多額の手数料と毎月の販売実績を得ることができる．しかし，1店あたり2米ドル，3ドル，さらには6ドル（2020年）というアカウントの価格設定では，技術者をアパートのユニットの検査をするのに十分な時間を確保できない（より多くの害虫防除会社の損益分岐点コストは1分あたり1.50ドルである（2020年）が，必要な管理措置は実施しなくてはならない．不幸にも，アパートの管理者は技術者のための必要な時間を考慮していない．したがって契約価格では，害虫の防除ではなく，殺虫剤の散布に必要な時間が技術者に与えられているだけのことであるということを彼らは認識していない．また，サービス品質の文書化（処理前よりも処理後にゴキブリが少ないことの証明）は決して要求されていないことに注意することも重要である．RFBに「モニタリング」と記載されている場合，それは通常，粘着トラップの設置を意味する．しかし，モニタリングはゴキブリの個体数を定量化する手段ではなく，検出方法として考えられることがほとんどである．

ユニットあたりの価格が合理的ではない契約をした結果，販売利益の目標を達成するには，害虫技術者が毎月のサービス中に各ユニットに費やす時間はほとんどなく，アパートをスキップする必要さえ起こりうる．アパートの各ユニットが6米ドルで「販売」された場合，技術者は5分以内にユニットを処理しなければならないというプレッシャーにさらされている（1分あたり1.50米ドルのコストに基づく）．その方法でお客さんからある程度の利益を得ることができる．さらなる問題は，技術者は「生産性」（より多くの利益を得るために早く仕事を完了すること）で評価されるということである．したがって，彼らの目標は，各ユニットにできるだけ早く出入りすることであり，生息規模を評価したり，蔓延しているエリアを，蔓延していないエリアと異なる扱いをすることではない．各害虫管理技術者は生産ノルマを達成するために1日に数十から数百のユニットを処理することになっている．そのため，通常はすべてのユニットが同じ方法で扱われることになる．

これらの低入札契約が結果的には害虫防除ではなく，薬剤散布のみをもたらすことに疑問の余地はない．研究者らは，技術者がキッチンとバスルームに2つのジェルベイトを配置し，0.5 g未満のベイトを塗布するだけでアパートを管理していることを観察してきている．この「ユニット全体の処理」プロセスは完了するまでに1分もかかっていなかった．その後，技術者は次のユニットに進んでいった（Wang *et al.* 2019b）．

ニュージャージー州のニューブランズウィックでは，2人の技術者が40の異なる建物にある258戸のアパートからなるコミュニティに1日（1ユニットあたり4分未満）でサービスを提供したことが研究者によって判明した．ジェルベイト（60 g）が2本だけコミュニティ全体に配布された．しかし，研究者らが行った粘着トラップ調査によると，アパートの28％にチャバネゴキブリが発生していた．これは，生息しているユニットあたり適用されるベイトの量が1 g未満であったことになる（Zha *et al.* 2018）．

研究者らはまた，技術者にはその日に防除が予定されているすべてのユニットを処理する時間がない可能性があることも観察している．アクセスが困難なアパート，またはゴキブリの侵入について居住者から苦情がないアパートはスキップされる場合がある．2015年，リッチモンド（バージニア州）公営住宅公社のモスビー・コート・コミュニティでは，スポンサー付きの調査研究（Miller 未発表データ）で使用するために，最も感染が多い36戸を特定する目的で（一晩のトラップ捕獲数を利用して）粘着トラップを使用して一晩調査を行った．最も感染が多いユニットを特定したのち，研究者らは管理者から，前月に管理技術者ごとに契約によって提供されたデータシートを参照した．データシートによると，最も出没している36戸のうちチャバネゴキブリが発生したと記録されたのは2戸だけであった．

ベイト剤の使用（1ユニットあたり1～2個）は年々普及しているが，低入札請負業者の多くは依然として市場で最も古いスプレー式殺虫剤（ピレスロイド）製剤の一部を使用している．これは，これらの製品の購入と適用が最も低コスト（アパートメント1ユニットあたり0.03米ドル．Miller & Meek 2004）のためである．「総合（integrated）に」を目的とする場合，小さなベイトの配置または昆虫の成長調整剤，通常はGentrol Point Source（90.6％ S-ヒドロプレン，Zoecon Professional Products．アメリカイリノイ州シャンバーグ）も防除に含めることができる．しかし，スプレー製剤は依然として主要な防除用の製品である．残念ながら，過去数十年間に住宅オーナーや請負業者によって環境内にピレスロイド剤が何百回も散布されてきたため，公営住宅に生息するほとんどのチャバネゴキブリ個体群はピレスロイド系スプレーに抵抗性が見つかっている（Berkowitz *et al.* 2003; Williams *et al.* 2008; Fardisi *et al.* 2019）．

◇ **住民**

おそらく，低所得者向け住宅施設の各アパートで，毎月使用される殺虫剤量の大部分は，消費者用の殺虫剤製品が占めている．Miller 氏（未発表データ）は，バージニア州ホープウェル，バージニア州リッチモンド，メリーランド州ボルチモアの住宅施設で，現在，「評価に基づく害虫管理研究（assessment-based pest management study）」に参加しているほぼすべての集合住宅に存在する一連の消費者向け製品を撮影した（2020年）．Miller 氏は住民たちと話をした結果，彼らが自分たちで処理を行う全体的な理由は，害虫防除請負業者が適切な仕事をしていると信じていないからであることを発見した．住民は請負業者が殺虫剤を十分に散布していないと信じており，ベイトが効果的であるとは信じておらず，自分たちなら「毎日散布できる」，もっと良い仕事ができると信じていた（Wang *et al.* 2019a）．384人の住宅居住者を対象とした調査で，74% がゴキブリ駆除のために防除方法を自分で適用していることを認めたことが判明した．最も一貫して適用された防除方法は殺虫剤スプレー（55%）であった．

残念ながら，住民は自宅で殺虫剤を使用する場合には，常に誤用の危険が伴う．バージニア州ホープウェルでは，ある特定のコミュニティの HUD 住宅居住者の多くが，現在，チャバネゴキブリの防除のためにアセフェート粉剤（ヒアリの巣での使用が許可されている）を自宅で散布していた（Miller 未発表データ）．製品には屋内使用向けのラベルが貼られていないため，違法な用途となる．しかし，なぜゴキブリ防除用のヒアリ製品を使用しているのかと住民に尋ねると，その製品がとてもよく効くという話を近所の人から聞いたからというのが標準的な答えであった．

ほとんどの住民は，害虫駆除会社の努力よりも製品の結果に満足していると付け加えた．したがって，Schoelitsz ら（2019）によって述べられているように，公衆の認識に関する彼の調査では，「害虫と殺虫剤に関する（住民の）重要な情報源は，専門家ではなく友人や隣人であることが判明した」ということに疑問の余地はない．

住宅環境における IPM：オプション

集合住宅におけるチャバネゴキブリの蔓延率の高さに寄与する社会的，経済的，契約上の要因を包括的に理解することで，これらの要因をどのように変えることができるかに取り組み始めることができる．残念ながら，私たちは単に殺虫剤を散布するのではなく，チャバネゴキブリを排除するために害虫管理の取り組みに再度焦点をあてたいと考えている．

アパートの管理者が，処理の前後でゴキブリ生息数のレベルの文書化を要求することが最も重要である．入札プロセスの前に，粘着トラップを使用して汚染レベルを決定することは，ゴキブリの侵入の有無とその生息数レベルを決定するための信頼できるアプローチである（第 8 章を参照）．この初期評価は，必要に応じて個別の契約サービスとして販売もできる．

良い RFB 害虫防除サービスでは，請負業者に所定のゴキブリ防除目標を達成するように要求すべきである（たとえば，ユニットの 80% が 12 か月以内にゴキブリがいなくなることなど）．このアプローチでは，まず RFB が変更され，技術者が各ユニットで殺虫剤を散布するのにかかる時間ではなく，チャバネゴキブリの防除にかかるコストに基づいて決定される．契約した害虫管理者が，定期的に個体群を監視して，防除という目標に向けた進捗状況を確認したいと考えるのは理に適っている．理想的には請負業者はアパートの管理者に，処理効果の記録として，指定された間隔（たとえば 3 か月ごと）での夜間のモニタートラップに捕獲されたユニットごとの写真を提供することである．

すでに述べたように，現時点では，アメリカのすべての住宅当局は，害虫管理に関する訓練をほとんど，あるいはまたはまったく受けていないにもかかわらず，独自の契約書を作成する責任を負っている．アメリカの HUD にとって，チャバネゴキブリが排除されたことが証明された，科学に基づいた害虫管理契約文言を住宅当局に提供するように決定することは特に有用である．これらのモデル契約を使用すると，住宅管理者は有意義な RFB を発行できるようになる．2019 年の時点で，少なくとも 1 つのモデル評価ベースのゴキブリ契約の例が，バージニア工科大学と州立大学の都市害虫研究者によってアメリカ HUD に提供されている（Miller 未発表）．

IPM プログラムのメリット

過去 25 年間にわたり，学術研究者や PMP は，集合住宅施設からチャバネゴキブリを排除することを期待して，IPM プログラムで防除するための多くの新しい害虫管理戦略を評価してきた（Appel 1992; Miller & Meek 2004; Kass *et al.* 2009; Wang & Bennett 2009; Dingha er al.，2016; Miller & Smith 2020; Wang *et al.* 2019b; Zha *et al.* 2019）．これらすべての研究において，監視データは，これらの方法の多くを使用してチャバネゴキブリの個体数を急速に減少させ，さらには排除できることを示している．研究の大部分では，おもな防除方法としてゴキブリ用のベイトが使用された．チャバネゴキブリの個体群がピレスロイドに対して抵抗性をもっていることはよく知られているため，従来のスプレー式殺虫剤の散布は一般に使用されなくなった．さらに，多くのゴキブリ個体群は表皮貫通型抵抗力が低下しているため，処理した殺虫剤が乾燥するとすべてのスプレーした残留物への曝露は大幅に制限されている（Bull &

Patterson 1993; Valles *et al*. 2000; Wei *et al*. 2001; Chen *et al*. 2020）．これらの研究で使用された薬剤を使用しない防除方法には，粘着トラップ（一晩で大量のチャバネゴキブリを除去できる）による監視，掃除機をかけること，アパートの適切なメンテナンスについて住民と住宅スタッフを教育することなどが含まれている（Kaakeh & Bennett 1997; Abbar *et al*. 未発表データ）．

IPM vs 餌付けのみ

Wang と Bennett（2006）は，建物全体にわたるゴキブリ IPM プログラムの費用対効果を，ベイトのみのプログラムと比較して評価している．研究の開始当初，IPM プログラムでは，ゴキブリを忌避性のある殺虫剤を使用して隠れ場所から追い出し，それを掃除機で吸い取り，その後，ゴキブリが潜伏していたものを家庭から除去するという内容であった．ゴキブリ用ジェルベイトがおもな防除手段として適用され，ゴキブリ個体数の大きさを評価する（およびゴキブリを捕獲する）ために，モニタリング用トラップが使用された．さらに，住宅管理者にはゴキブリ訓練セミナーが提供され，居住者にはゴキブリの生物学とアレルゲン削減に関する教育プログラムと資料が提供された．衛生状態の評価が低いアパートの居住者には，散らかったものを減らしたり，ゴミや食べ物の残渣を除去したりすることに重点を置いたハウスキーピングコースに参加するよう求められた．16 週間後，ベイトのみのユニットのトラップの捕獲と比較して，IPM アパートのユニットではトラップへの捕獲数が大幅に減少した．IPM 実施ユニットでは，トラップによる捕獲数では 100％ 減少している．これはベイト処理のみのユニットの 94.6％ に比べ，大幅に減少している．IPM グループのサニテーション・レベルは，研究開始時の衛生レベルと比較して，29 週間後には大幅に改善された（著者らはこれがどのように測定されたかについては述べていない）．ベイトのみを使用したアパートの衛生状態は時間が経っても変化しなかった．29 週後には，IPM 学習をした所では 1 単位のみゴキブリ捕獲率が「高」レベルであった（ゴキブリ 12 匹以上）が，ベイトのみのプログラムの 5 ユニット（9 のうち）では，捕獲率が「高」であった．したがって，IPM プログラムはベイトのみよりも持続可能であると判断された．

コミュニティ全体の管理の費用対効果

2009 年，Wang と Bennett は，大学の研究者が開発した IPM プログラムと，契約している PMP との有効性を評価するために，低所得者向け住宅で，地域全体の別の調査を実施した．IPM プログラムには，地域スタッフと住民の両方に対するゴキブリに関する教育，その後のゴキブリの数を決定するための毎月のモニタリング，および防除用のゴキブリ用ジェルベイトとホウ酸ダストの適用が含まれている．大学の研究者が IPM を適用すると，PMP が処理したユニットよりも，はるかに早くトラップ捕獲数が減少することが判明した．12 か月目の終わりには，ゴキブリに侵されたユニットの数が両グループで 75% 減少した．研究者が処理したアパートの平均トラップ捕獲数は 99.6% 減少したが，PMP が処理したアパートのトラップ数は 98.3% であった．全体として，この研究は，特定の方法を使用する PMP が，IPM プログラムを適用した場合に大学の研究者と同じ結果を生み出す可能性があることを文書化したことになる．専門職の給与が 1 時間あたり 60 ドル，住宅局の職員が 1 時間あたり 19 ドルと仮定し，教育費を除くと，月平均のゴキブリ管理（資材費および人件費）コストは両グループで 1 アパートあたり 7.50 ドルであった．

ニュージャージー州の地域全体の IPM プログラム

2018 年には，もう一つのコミュニティ規模の IPM プログラムがニュージャージー州ブランズウィックの 40 棟の建物で実施された（Zha *et al.* 2018）．アパートの居住者全員に，ゴキブリの予防と制御に関する 1 ページの資料が配布された．続いてゴキブリ検査が行われた．感染レベルを評価するために，各ユニットに 6 枚のモニタートラップが設置された．トラップに 10 匹を超えるゴキブリが捕獲されたアパートでは，キッチンとバスルームにジェルベイトとホウ酸粉末の処理が行われた．ゴキブリが 10 匹未満のユニットには，元の監視用トラップ 6 枚と同じ場所に設置された 6 枚のトラップに加え，アパートの周囲の異なる場所に追加のトラップ 4 枚が設置された．侵入した各アパートを 2 週間ごとに訪問し，必要に応じて防除用ベイト剤を再適用した．ゴキブリがトラップに捕獲されなかった場合には，侵入を早く発見するためにトラップを設置したままにした．1 か月間ゴキブリがどのトラップにも捕捉されなかった場合，ゴキブリの駆除は行わないとした．ゴキブリ対策が施された 64 のユニットでは，すべてのユニットが 2 人の研究者によって施工された．7 か月間に処理された各アパートでは平均 37 g のベイトが使用された．研究者らはベイトを与え，ホウ酸を散粉し，あるユニットから次のユニットに移動するのに 11〜14 分かかった．全体として，64 の感染ユニットの侵入数は 9 週間で 87%，29 週間で 96% 減少した（Zha *et al.* 2018）．

ニュージャージー州のビル全体の管理

Wang ら（2019b）は，1 年間にわたり建物全体で，高層マンションのトコジラミ（*Cimex lectularius*）とチャバネゴキブリの両方に対する IPM プログラムの有効性を評価した．チャバネゴキブリ IPM プログラムの一部はラトガース大学の研究者によって実施された．このプログラムは，建物全体の害虫調査から始まり，その後，アパートへの最初の訪問時に各住宅居住者に対して2〜4分間の教育セッションを実施した（調査の最初の1か月間，居住者は151名）．さらに，16週間後には全居住者を対象にトコジラミとゴキブリに関する45分間の教育セミナーが，英語とスペイン語の両方で開催された．研究の開始時に，粘着トラップを使用してゴキブリの個体数を評価し，どのユニットに生息があるかを特定した．最初の防除として，研究者らはジェルベイトとホウ酸粉末の通常の処理を行った．適用されるベイトの量はトラップによる捕獲数に基づいており，適用場所は以前トラップが配置され，最も多くのゴキブリが捕獲され場所に基づいた．汚染されたすべてのユニットでは，個体群が排除されたと判断されるまで，4つの粘着トラップは継続的に配置された（2週間ごとに交換）．研究を始めた最初の7か月間は，2週間ごとに，その後は年間を通して月に1回，チャバネゴキブリのいた各ユニットを訪問した．全体として，建物のIPMプログラムの所では，最初の建物全体の検査で93件の生息が特定されたが，そのうち51%でチャバネゴキブリが6か月目の終わりまでに完全に駆除された．まだ生息していたユニットの平均捕獲数は2匹であった．12か月の終わりまでに，侵入があったユニットは23ユニットのみであり（これらのユニットのうち22ユニットでは，最初の建物全体の検査後に侵入が報告／特定された）．したがって，侵入の総数は75%減少した．比較すると，請負業者が実施する従来の害虫駆除方法で毎月処理された防除ユニットでは，わずか39%の削減であった．0か月目と6か月目に特定された107匹の生息ユニットに基づいて，1ユニットあたり平均24 gのベイトが適用された．

住宅におけるIPM

Dinghaら（2016）は，一戸建て（建売）住宅に焦点をあてた数少ない研究の1つとして，チャバネゴキブリIPMプログラムの有効性を評価している．この研究はノースカロライナ州の田舎の郡で実施され，2011年に害虫管理調査に参加したあとに，参加者が募集された．2011年の調査で，IPM研究に参加する意向を示した人には，参加を確認するために電話で連絡を行った．最終的に2年間の研究には6名の参加者がいたが，全員がノースカロライナ州フランクリン郡に住んでいた．研究者らはゴキブリの生息数を評価するために，粘着トラップとベイト付きの瓶トラップを使って6軒の家を調査している．評価の後にはIPMワークショップが行われ，住民はチャバネゴキブリの生物学的行動とゴキブリ防除のためのIPM戦略について学ぶことができた．サニテーション管理の重要性は，ワークショップと，研究期間中に研究者などが行った家庭訪問の両方で非常に強調された．この研究で使用された唯一のIPM制御方法は，乾燥ベイト製剤（0.03% フィプロニル）を含むベイトステーション（消費者向け）の設置であった．各キッチンに 10 個のベイトステーションが設置され，6か月後に新しいステーションと交換された．粘着トラップとジャートラップを使用した毎月のモニタリングにより，研究者は研究中に各住宅内の個体数の変動を観察することができた．ゴキブリ捕獲データは毎月収集され，分類された．トラップデータの評価に使用されたカテゴリーは，「PreIPM」（IPM 実施前），「IPM」，および「ベイト付け期間」であった．1 つ目は，住宅所有者が IPM 教育や治療を受ける前に，研究の開始時に採取されたトラップによる捕獲を含んでいた．

IPM 対代替治療法

◇ 学生寮における IPM と従来の防除法の比較

チャバネゴキブリ IPM プログラムも国際的な現場で研究されている（Noureldin 2010; Shahraki *et al.* 2011）．2011 年に，イランのヤスジ市の学生寮で IPM 調査が実施された．この研究では，居住者向けの教育プログラムに基づいた IPM プログラムののちに，感染した寮の部屋にジェルベイトを塗布した．この IPM 餌付けプログラムでは，適用後 4 週間以内に 15 部屋のすべてでチャバネゴキブリが防除された．対照とした，シペルメトリンのスプレー製剤を使用し，従来の防除法を受けた 12 部屋では，治療後 11 週間の時点でも平均 3.4 匹のゴキブリ捕獲率があった．この研究は，スプレーのみの使用と比較して，ジェルベイトの使用と居住者教育が優れた結果を生み出すことを示唆した．また，IPM プログラムの適用費用はスプレー適用より 363% 高いことも指摘されている（Shahraki *et al.* 2011）．

◇ IPM と住民によるサニテーション状態

劣悪な衛生環境がチャバネゴキブリに個体数の発達を促進する豊富な資源を提供していることに疑問の余地はないが，すでに定着しているチャバネゴキブリの蔓延を排除するためには住民のサニテーションは必ずしも必須ではない．いわゆる IPM プログラムの多くが，集合住宅（1 戸あたり 6 米ドル未満で適用された場合）で成功しなかった理由は，本当に不適切な扱いであるとして，居住者を責めてきた長い歴史のためであると考えられる．たとえば，害虫防除の技術者やアパートの管理人が，なぜこんなにの多くいるのかとの質問をされると，うまくいかないのは「居住者が清潔的でない」とすることはよくある．

この言い訳は非常に都合がよいため，住宅管理者は，害虫管理会社が実際にアパートのユニット内で何をしているか（またはしていないか）を疑問視したり，観察しようとすることはほとんどない．また，管理者には，実際に効果があるかもしれない「対策」（技術者の時間）に対して，より多くのお金を払うインセンティブはない．「住民が掃除をしない」ということは，他の場所ではまったく法外と考えられる害虫の状況を改善するために何もしないことに対する長年の社会的言い訳となっていた．この長年の言い訳は，IPMの基礎は害虫の評価ではなく，居住者の衛生管理（害虫予防の基礎として）であるという害虫管理業界の一般的な信念と相関している．これらの害虫の蔓延には，住民が非難されることが多いが，最近の研究では，住民がいかなる形でも防除努力に対し，貢献しなくてもチャバネゴキブリを防除できることが証明されている（Miller & Smith 2020; Rabito *et al.* 2017）.

◇ 低所得者向け住宅におけるIPMと毎月のスプレーおよび粉剤処理の比較

2004年，MillerとMeekはアメリカのHUD住宅局（バージニア州ポーツマス）で1年間にわたる研究を実施し，IPMプログラムの費用を，従来の殺虫剤処理の費用と有効性とで比較をしている．IPMプログラムは，粘着トラップで一晩監視し，次に掃除機をかけ（1回掃除），続いてゴキブリジェルベイトを塗布することから構成されていた．続いてゴキブリジェルベイトとGentrol Point Source®（昆虫成長制御装置〔IGR〕装置，90.6％ s-ヒドロプレン，Zoecon Professional Products，アメリカイリノイ州シャンバーグ）を配置した．

IPMプログラムは，殺虫剤スプレー（0.05％ β シフルトリン）とホウ酸ダストを適用し，より伝統的な治療法と比較された．研究者には害虫防除用の費用が支払われていないため，ポーツマスの住宅施設の管理者は，研究者が住民に掃除や防除の準備を依頼することを許可していなかった．したがって，研究者らは，ベイトの配置と競合させるために，複数の代替の食物と水分源が利用できるようにアパートに置く義務があった．驚くべきことに，実施前の衛生処理が不足していても，IPMプログラムの有効性はまったく低下しないことが判明した．実際，夜間のモニタリングにより，IPMユニットにおいては，夏の間，チャバネゴキブリの個体数があきらかに減少していることが記録された．これは，伝統的な処理が毎月適用されているアパートのユニットでの，記録された夏の間，トラップ捕獲量が3～4倍に増加したこととは大きく対照的であった（居住者は伝統的な処理である掃除や準備もしていなかった）.

◇ 低所得層のアパートでのゴキブリ駆除のためのベイト投与のみの場合

Wangら（2013）は，ニュージャージー州ニューアークの低所得者が居住する8棟のアパートで小規模な研究を実施し，ゴキブリの汚染を排除するためのベイトだけの有効性を実証した．6枚の粘着トラップを各アパートに1～8日間設置し，ゴキブリの初期生息数レベルを調査した．各アパートでの1日あたりの捕獲数の中央値は16匹（範囲：6～150）であった．ラトガース大学の研究者は，これらの生息に対処する単一の防除法として，Advionゴキブリジェルベイト（0.6％インドキサカルブ，Syngenta Crop Protection. アメリカノースカロライナ州グリーンズボロ）を適用した．各ベイトの配置サイズは約0.1 gとした．各アパートで使用されたベイトの量は18～

87gの範囲で，中央値は44gであった．各アパートの防除に費やした技術者の時間の中央値（各アパートの滞在時間×技術者の数）は23分であった．平均トラップ捕獲数は，治療後1週間，2週間，3週間，4週間でそれぞれ72%，88%，97%，99%減少した．8棟のアパートのうち，4週間たってもまだゴキブリが発生していたアパートは2棟だけであった．入居者の家事習慣に目立った変化はなかった．この研究では，ゴキブリの分布を監視するために粘着トラップを使用し，適切なベイトの配布を行うことで，各家のメンテナンスに住民の支援がなくても，ゴキブリを迅速に駆除または大幅に減少させることが可能であると実証された．

◇ 喘息患者のいる家庭でのベイトのみのゴキブリ駆除

2016年，ニューオーリンズの研究者グループは，小児疾患の原因となる喘息の誘引を除去する手段として，家庭内のチャバネゴキブリを防除しようと試みた（Rabito *et al.* 2017）．IPMはゴキブリ防除に推奨されるアプローチであるが，研究者らは費用がかかりすぎて実施が難しいと判断していた．したがって，研究者らは単一の介入方法，つまりジェルベイト製剤の適用をテストすることにした．102名の子どもたちがプログラムに登録され，目視検査と粘着トラップ（各家庭に18個のトラップが3日間設置された）を使用して，自宅にゴキブリが生息していないかの検査が行われた．ゴキブリがいると判断された家は，ランダム化対照計画（randomised control design）を使用して防除群と対照群に分けられた．ゴキブリ対策の介入を受けた家庭は，1年間にわたって1か月，3か月，6か月，9か月，12か月ごとに6回訪問を行った．適用されるジェルベイトの用量・用法は未だ指定されていなかったが，現場で観察し，トラップへの捕獲を評価した後，現場スタッフによって決定された．その後，各家庭訪問中に，繰り返し捕獲があった場合は，必要に応じてベイトが追加された．対照の家には3か月間隔でトラップを設置したが防除用ベイトは与えられなかった．この研究では，ジェルベイトの塗布により，生息の多い家からチャバネゴキブリが防除されたことも判明した．著者らは，「ゴキブリの防除は急速に達成され，年間を通してそれが維持された」と述べた．12か月の終わり時点では，試験を行った住宅区ではチャバネゴキブリの生息はすべて排除されたが，対照住宅区の22%にはまだ出没していた．この研究では，レベルは低いものの，対照住宅区でもゴキブリの生息が減少していることに注目したい．著者らは，これは住民が訪問前に家を掃除する傾向や，スプレー式殺虫剤を使用した住民自身のゴキブリ防除努力などの影響による可能性が高いと述べている．

◇ 低所得者向けアパートにおけるゴキブリ駆除のための餌の長期効果

2017～18年にかけて，チャバネゴキブリ防除のための評価ベース（assessment-based）の害虫管理プログラム（APM）の15か月評価が，ノースカロライナ州ロッキーマウント，バージニア州リッチモンド，バージニア州ホープウェルの3つの異なる住宅施設で実施された（Miller & Smith 2020）．住民には清掃や防除の準備をいかなる方法でも求めず，ゴキブリ対策として適用されたのはジェルベイトの塗布だけであった．研究の開始時に，アパートの各ユニットに3つの粘着トラップ（シンクの下に1つ，上に1つ，トイレの後ろに1つ）が設置され，翌日一晩のトラップの捕獲数が記録された．一晩のトラップの捕獲数を利用して，適用されるジェルベイトの量を決定した．各ユニットは，最初の1か月間は2週間ごとに，その後は30日ごとに捕獲された．ゴキブリに対する抵抗性やベイトへの嫌悪感が発現するのを避けるために，ジェルベイトを3か月ごとに入れ替えた．以下のようにジェルベイト量を30日ごとに適用した．

・500匹を超えるゴキブリ（3つのトラップ内）＝60 g のベイト（ベイトチューブ2本）
・ゴキブリ 100～499 匹＝ベイト 30 g（ベイトチューブ1本）
・ゴキブリ 50～100 匹＝ベイト 15 g（1/2 ベイトチューブ）
・ゴキブリ 1～50 匹＝ベイト 7.5 g（1/4 ベイトチューブ）
・ゴキブリ 0 匹＝ベイト 0 g

研究開始時の，夜間の平均トラップ捕獲数は，高レベル（155 超え）の捕獲ではゴキブリ 498 匹．中レベル（80～155）の捕獲で 132 匹，低レベル（80 未満）の捕獲で 26 匹であった．これらの平均は各住宅当局内で異なった．住民にはベイトを与える前に，ゴキブリの個体群に対し，掃除をしたり撹乱するようには求められていなかったため，研究者らは大量のジェルベイト（30 g または 60 g）を塗布する際には，食品調理時の表面汚染を避ける必要があった．1滴サイズのベイトを配置するというベイトメーカーの推奨は，効果を出すまでに時間がかかりすぎ，仕事で必要な利益を得ようとしている害虫防除技術者は決して適用しようとしなかった．したがって，ベイトの塗布をスピードアップするために，研究者らは，三角形に折り畳んだ 5×5 cm のワックス紙にベイトを塗布した（対角線に折り畳んだ Cut Rite® wax paper；Reyndds Consumer Products，アメリカ・イリノイ州レイクフォレスト）．ワックスペーパーへのベイト剤処理は非常に素早く塗布でき，冷蔵庫やストーブの後ろ，または食器棚の中にも置くことができた．ワックス紙の使用により，迅速な塗布，迅速なベイトの配置，および処理後のアパートからの古いベイトの残留物の迅速な除去も可能になった．ゴキブリはベイトをすぐに食べてしまうが，研究者らは，住民がベイトを与える前に，掃除をしない方が有利であると示唆した．なぜなら，ゴキブリは，配置前に静かにしておけば積極的にベイトを食べるからである．研究に参加した 65 のアパートでは，ゴキブリの数が最初の3か月（90日）以内に 90% 以上減少した．15 か月の研究中に，65 の試験ユニットの 75% からチャバネゴキブリの生息が排除された．

低レベルの侵入は，防除に最も時間がかかることが判明した．

各侵入レベルに適用されるジェルベイトの平均量は研究現場によって異なったが，平均すると，3 つの拠点すべての高レベルの生息場所では，研究期間中に平均 262 g のベイト（1 世帯あたり単位）が投与された．中レベル程度の生息には平均 83.7 g のベイトが与えられ，低レベルの侵入には平均 56.8 g のベイトが与えられた．これは，ゴキブリ捕獲器を使用して配布するベイトの量を決定し，モニタリングデータ（処理プロセス全体にわたる捕獲）が記録された最初の害虫管理研究である．

その結果は，住民による衛生レベルがもはや非難されたり，低レベルであるから防除が成功しないという言い訳はできないことを文書に残した．評価に基づく害虫管理 APM はチャバネゴキブリの蔓延をなくすために使用でき，住宅管理者や PMP が防除プログラムの有効性を評価するのに役立つデータを提供できるようになった．

住宅環境における管理：将来の展望

現時点で，アメリカの都市害虫研究者はアメリカ HUD と協力してモデル害虫管理契約を開発している．研究者らはまた，REAC の検査ガイドライン（inspection guidelines）を変更して，個々の住宅におけるチャバネゴキブリの生息密度を評価するためのモニタリングを含めるように取り組んでいる．粘着トラップによる監視は，実際のゴキブリの生息レベルを決定するために使用されるべきであり，状況を改善する必要があるように，減点ペナルティに関する文書（トラップの写真）を提供する必要がある．住民の清潔さが欠如しているということは，管理者にとって，大量のゴキブリの防除失敗の言い訳として利用できないことが APM（Assessment-based pest management）によって証明されたという事実により，この変更は特に時期を得たものであった．

非常に効果的なゴキブリ防除製品は入手可能であるが，集合住宅での蔓延は依然として非常に一般的であり，特に低所得地域では顕著である．「最低価格入札者」（低品質）の害虫防除サービス，住民のせいにすること，不適切な害虫駆除契約，監督の欠如，害虫防除の品質保証要求の欠如などが，チャバネゴキブリの個体数が数十年にわたって存続し続けてきたおもな理由である．新しい研究では，建物全体に IPM と APM を導入すると，集合住宅におけるチャバネゴキブリの侵入を大幅に削減し，さらには排除できることが実証された．防除後は，年に 1〜2 回，建物全体でチャバネゴキブリを積極的に監視することで，管理者は新たな再発や生息を検出できるようになる．契約した害虫管理プログラムが適切に実行されるようにするには，別の害虫監視サービスを使用するか，害虫駆除サービスの品質を監督するスタッフを配置することが必要である．

現在，アパートの建物にチャバネゴキブリが蔓延しているのは，政府の監督の欠如と，建物を建てる動機の欠如の両方が原因である．管理者は，より効果的な害虫管理契約を採用する必要がある．不動産管理者と政府機関はどちらも，屋内での健康リスクを軽減するため，契約慣行を修正してゴキブリの駆除に重点を置く必要がある．チャバネゴキブリの個体数は住民の協力がなくても防除はできる．しかし，アパートの管理者が成功するためには，殺虫剤の散布だけでなく，害虫の防除にも費用を支払う能力と意欲がなければならない．

業務用キッチンの管理

業務用キッチンにおける害虫管理の進歩は，新しい機器や材料の導入，IPMなどの概念の導入によって生み出された道をたどってきた（Tucker 2011）．初期のPMPは，塩素系，カーバメート，有機リン剤などの液体殺虫剤を圧縮空気を利用したスプレイヤーで散布する方法に大きく依存していた（Rust *et al.* 1995）．ゴキブリのベイト剤は，新しい殺虫剤を使用するために選択された製剤である（Gallagher 2019）．粉剤も長年にわたり人気のある時期はあったが，その使用は液体ほど一貫して主流ではなく，現在では一般的にベイトに取って代わられた．IGRは初期の害虫管理の専門家には利用できなかったが，現代のアプローチでは貴重なツールである．物理的防除の初期の形態（叩く，潰す，捕る）は進化し，現在では掃除機の使用がチャバネゴキブリの個体数を減らすための重要な方法となっている．

チャバネゴキブリへのアプローチは，入手可能な設備や材料に基づいて進化しており，ゴキブリが休んで致死量を吸収する材料を使用する方法から，ゴキブリが積極的に摂取する必要があるベイトを使用する方法へと移行している．致死量のベイトを正しく使用するには，チャバネゴキブリの行動と生態を十分に理解する必要がある．

たとえ単一の定義に同意できないとしても，害虫管理業界はIPMの概念を知っており，理解している（Forschler 2003）．IPMが商用クライアントの共感をどの程度明確に示すかは，業界の種類によって差がある．製薬工場などの高度に規制された施設の顧客担当者は，害虫管理プログラムにおける自分たちの役割を明確に理解しているが，レストランやホテルのキッチンマネージャーは，病院のように基本的なことに苦労したり，IPMでの役割に積極的に関与しないことを選択する可能性がある．アメリカ食品安全近代化法は害虫予防に焦点をあてており（食品医薬品局 2019），食品製造業界における害虫管理プログラムへの注目が大幅に高まっている．害虫管理業界を助けているもう1つの側面は，「ブランド保護」という用語の使用が増加していることである．ブランド保護はさまざまな方法で定義できるが，PMPがそれを定義する最も簡単な方法は，顧客の会社とPMPの会社の両方に対する評判の保護である．ソーシャルメディアは，悪いレビューや投稿がブランド（評判）に与える影響を認識している．

業務用キッチンでチャバネゴキブリ管理を成功させるには，コミュニケーションとパートナーシップが優先される場合にのみ科学に基づいたアプローチが効果的になる．害虫管理業界は，業務用キッチンにゴキブリ汚染の可能性がない環境を作り出すという使命を負っている．信じられないほどの殺虫ツールが入手可能である．しかし，不完全な世界（imperfect world）では，殺虫剤だけを使用して防除を達成することは不可能である．

業務用キッチンの課題

業務用キッチンの目標は，顧客のために高品質で安全な食品を，利益を上げて生産することである．彼らは，害虫の汚染が存在するリスクと，その汚染がソーシャルメディアに与える影響をはっきり認識している．上位2つのチャレンジは財政と期待（expectation）に関連している．

◇ 財務上の課題

多くの場合，業務キッチンのマネージャーにとって，食品のコストと人件費は，経理上ボーナスのカテゴリーになる（Talath Witharane，私信）（Deutsch 2017）．損益計算書（P/S）上，食品の原価ラインと害虫の侵入や製品への損傷により，影響を受ける可能性がある．業務上，これらが協力をしようという動機になっていることを願っている．仕事はサニテーション上のニーズによって大きく影響を受ける可能性がある．キッチンマネージャーにとって，自社のチームメンバーを使うよりも，PMPにお金を払って床の排水管を清掃する方が経済的に有利になる可能性がある．害虫管理サービスの経費は，別の損益項目（P/L）から支払われる．チャバネゴキブリ管理では，低レベルのサニテーションは，過小評価してはならない．アメリカに本拠を置く害虫防除会社Steritech Groupがサービスを提供する大規模なレストラングループで人件費を大幅に削減しところ，追加施工サービスのクレームで要施工がほぼ2倍に増えたことがあったという（Judith Black未発表）．キッチンマネージャーは，人件費を削減する必要があった場合，サーバー，食事の準備，調理人，またはサニテーション焦点を絞っていないだろうか？　仕事が同じかそれに近い場合，経費削減の最も簡単な方法はサニテーションのための労働である．しかし，ビジネスにとって最も混乱が少ないと思われるオプションでも，害虫に関係するマスコミ報道により大きな混乱が生じるリスクがある．その他の財務上の課題は，構築物の修復とメンテナンスに関連している．小規模な修正の場合，金銭的なことよりも時間的に問題になる可能性がある．ただし，これはPMPにとってはステップアップして仕事をする機会であり，必要なスキルセットをもっていれば報酬を受け取ることができる．壁の再建のような大規模な工事は財務上の支出が関係する場合がある．多くの企業は，次の会計年度に予算が立てられたあとにのみ大型の修繕を実施しがちである．すぐに実行することは不可能ではないが，害虫サービスや予算に影響を与えるこれらの大規模プロジェクトは，数か月間延期される可能性がある．サービスの頻度に関しても財政的な課題がある．業務用キッチンの最も一般的なサービス頻度は毎月である．ただし，都市環境などで非常に害虫の侵入が多い地域，またはアメリカ南部などの害虫の侵入が非常に多い地域の顧客には，月次よりも短い間隔で定期的なメンテナンスサービスが必要になる場合がある．

◇ 期待される課題

IPM的アプローチを使用する場合，建物の健全性とサニテーションの品質は明確な役割を果たす．これら2つの要素は通常では，PMPの制御できる範囲外である．さらに，キッチンマネージャーの責任に対するPMPの期待は間違っている可能性もある．構造や衛生設備の一部の側面は，キッチンマネージャーの制御範囲内にない場合がある．PMPは，敷地内で誰がなんの責任を負うのかを尋ねる必要がある．不動産は賃貸することができ，構造修理の責任は所有者または不動産管理会社にある場合もある．病院のキッチンなど，キッチンがより大きな組織内にある場合，たとえば床の排水管や蛍光灯器具の清掃の責任は保守部門にある場合がある．その他の詳細については，外部プロバイダーの責任となる場合がある．たとえば，ソーダ販売業者は多くの場合，害虫の食料源となる可能性のある有機物のゴミをソーダラインから遠ざける責任を負っている．

施設内のチャバネゴキブリの除去の可能性に関して，顧客の協力への期待は，関係が始まった最初から設定されるべきである．PMPと顧客とのパートナーシップは，仕事の中で最もやりがいのある部分でもあるが，最もストレスを感じる（frustrating）部分でもある．業務用キッチンでは，チャバネゴキブリの活動に対する許容はゼロであるが，これは従来からのIPMのゴールではない．伝統的なIPMは，害虫の数を抑制することを目的として農業で開発された．ゴキブリの活動ゼロを達成するには，PMPと顧客が協力する必要がある．PMPに支払う対価についての顧客はどこまで期待をしているかも，関係の開始時に設定する必要がある．長年の信じられてきたことは，PMPは殺虫剤を散布するために報酬をもらっているというものある（Robert Corrigan，私信）．この期待により，IPMの真の実行が妨げられている．PMPの仕事は，害虫の侵入を防ぎ，害虫の汚染を排除するための措置を講じることである．それを達成するには，殺虫剤に焦点をあてるのではない．複数の要素を組み合わせる必要がある．少なくとも，主要サービスのプロセスではない．

経営の成功を妨げる障害

状況を理解し，顧客との関係を構築することで課題を克服するのが最善ではあるが，障害がある場合は，障害によって生じるリスクを軽減するための措置を講じる必要がある．公営住宅や公共施設におけるチャバネゴキブリの管理や，障害になるものについてはかなりの量の研究が行われているが，来客用の食事を準備する業務用キッチンでの研究は不足している．理由は明白である．研究プロジェクト実施中に起こった緊急事態には，修復できない可能性のある発生があった場合，我慢できないのもあるためである．

◇ IPM の導入

顧客は，IPM 戦略に，要求される必要なパートナーシップの価値を認識していない可能性がある．公立の学校のキッチンでの研究では，IPM がチャバネゴキブリに対して従来の日常的な殺虫剤散布よりも効果的であることが実証されている（Nalyanya *et al.* 2009）．IPM の提供に必要なレベルのパートナーシップが達成されていない場合，PMP はビジネス上の決定を下す必要がある．顧客の助けなしで望ましい結果を達成できるか？　顧客に示された推奨事項に対し，顧客が参加してくれない場合，自社で対処できるのか？　PMP は顧客との取引を継続し，両方のブランドをリスクにさらすべきか，それとも喜んで顧客と手を切るべきだろうか？

この決定はケースバイケースで行う必要がある．顧客の協力を得る良いツールはベンチマーキング（benchmarking）である．同様の市場セグメント（クイックサービス，フルサービスなど）を匿名で相互に比較する（anonymously comparing）ことにより，成績の悪い企業が，競合相手に対して改善するためどのような行動をとると良いかを奨励することができる．チャバネゴキブリの問題を解決するのに必要な PMP の訪問回数，国または地域のアカウントで問題が発生している割合，解決に必要な製品の量は特に役に立つ．PMP によって行われた推奨事項の数，特に未解決または繰り返された推奨事項の数はどれくらいかなどである．

◇ 劣悪な衛生環境

業務用キッチンの劣悪なサニテーションは，IPM だけでなく多くの分野に影響を及ぼす．サニテーションが良くないと，食品の安全性，キッチン従業員とゲストの健康と安全が影響を受ける可能性がある．研究では，公営住宅の居住者によるサニテーションがなかったとしても，チャバネゴキブリ捕獲数の劇的な減少を達成できることが実証されている（Miller & Smith 2020）が，これが商業環境に反映される可能性は低い．たとえば，保健局の規制を満たすためには，適切なサニテーションを実施する必要がある．競合する食料源，殺虫成分をすぐに分解する可能性のある油脂などの層を減らしても，業務用キッチンにおける害虫管理プロセスに悪影響を与えることはできない．Miller と Smith（2020）は，衛生設備が実際にどの程度役立つかという問題を提起したが，商業環境に関連してこれらの発見を検証するにはさらなる研究が必要である．この研究のもう1つの側面は，結果が達成されるまでの速度である．公営住宅では，衛生設備を含むIPMプログラムが，チャバネゴキブリ管理の有効性とIPMの間に正の相関関係をもたらすことが実証されている（Nalyanya *et al.* 2009）．害虫管理サービスの範囲外の理由を含む多くの理由により，商業用キッチンの環境では衛生管理が顧客とPMPの両方の焦点になる必要がある．顧客が何をする必要があるかについて，明確な推奨すべき事項が必要であり，それらの事項がタイムリーに実行されたことを確認するためにクローズド・ループのフォローアップが必要である．クローズド・ループのフォローアップには，次の3段階のプロセスがある．

・PMPは，キッチンマネージャーがとるべき行動を推奨する
・キッチンマネージャーは問題を修正し，これをPMPに伝える
・PMPは問題が解決されたことを確認するためのフォローアップをする

たとえば，「床の排水溝をすべて掃除する」などの推奨は一般には正確ではなく役に立たない．チャバネゴキブリがいる排水溝はどれですか？　チャバネゴキブリが侵入すると繁殖する可能性のある条件を備えている床排水管はどれですか？　顧客は排水管の掃除方法を知っていますか？　一部の顧客は，「排水管の掃除」を漂白剤や熱湯を注ぐことを意味すると解釈している．排水溝の掃除はどのくらいの頻度で行うべきか？　PMPは顧客と協力して，床排水管や，害虫の誘致，繁殖，生息地となりやすいその他の領域の衛生標準操作手順（Sanitation Standard Operating Procedure）を決定するうえで支援する必要がある．

◇ 殺虫剤抵抗性とゴキブリ用ジェルベイトの嫌悪

あらゆる製剤中の有効成分に対する殺虫剤抵抗性とゴキブリのジェルベイトへの嫌悪感は，業務用キッチンにおけるチャバネゴキブリの効果的な処理の障害となる可能性がある（Gondhalekar *et al.* 2013; Silverman & Ross 1994）．これらの研究は，スプレーとベイトの両方による抵抗性管理を積極的に促進する必要性のあることを示唆している．抵抗性管理は，化学物質の色々なクラスをローテーションすることで実現できる．ジェルベイト嫌悪管理には，ベイトマトリックス（ベイトに使用する糖類・食品等）のローテーションが必要な場合がある．ローテーションは長期的に抵抗性選択圧力（resistance selection pressure）を最小限に抑えるために不可欠であることは判明している．その成功は，ローテーションに含まれる有効成分間の交差抵抗性プロファイルのより深い理解に依存している可能性がある（Fardisi *et al.* 2019）．化学物質

のクラスローテーションとジェルベイトマトリックスのローテーションは，その用途に最適な環境を確保することによって，より効果的になる．たとえば，サニテーションが良好な施設であることなどである．ジェルベイトの製造業者は，他の食料との競合を減らし，新たに塗布したジェルベイトの効果を高めるために，床のサニテーションを良好にし，古くなったベイトや乾燥したベイトを除去することを推奨している．古いベイトはパテ・ナイフやよく似た用具などで取り除くことができる．液体製剤の場合，正しい濃度と量を混合して適用すると，抵抗管理に役立つ．IPM は殺虫剤の使用の必要性を減らすために，複数の戦略，製品，サニテーションおよび構造問題に関して，顧客とのパートナーシップを利用することは，抵抗性の発生防止に対する優れた戦略である．

◇ **報酬**

害虫管理は，ビジネスになった科学である（Robert Corrigan, 私信）．そのためにはPMP が素晴らしい仕事をするうえでの障害は，ほとんどの場合，仕事のコストに関係しているといわなければならない．PMP の観点から見ると，これは徹底したIPM ベースのサービスを実施するには十分な時間を確保するために，適切にスケジュールを立て，適切な機器，資材，トレーニングを提供することを意味している．顧客の観点から見ると，これは，害虫管理を商品として捉えるのではなく，専門家として必要なスキルと PMP が費やした時間に見合った料金を支払うことを意味する．

業務用キッチンの経営戦略

業務用キッチンにおけるチャバネゴキブリ管理の基礎として IPM を使用することは，成功の基礎となる（Bennett *et al.* 1997）．この戦略に取り組むために解決する必要がある問題には，業務用キッチンのサービスを提供できる時間帯，サービスが必要な頻度，新規顧客の場合は希望を達成するために複数回のフォローアップが必要かどうかなどが含まれる．結果，施設が 24 時間営業である場合，別の障害が発生する．害虫管理の観点から，24 時間問題に対する最善の解決策は，施設が定期的に，業務時間中にクローズされることである．顧客がそれをしたくない場合は，サービス関係を開始する前に，害虫の活動状況により，必要に応じて，PMP の要請に応じて業務用キッチンを半分を定期的に閉鎖するという合意に達する必要がある．アカウントに定期的な閉鎖を求めるのは，殺虫剤散布に関係することだけではない．また，ストーブやその他の機器が使用されているときに施設を適切に検査することも非常に困難である．いずれの場合も，使用薬剤のラベルの指示に従う必要がある．サービスが営業時間内に実施されている場合，殺虫剤散布のオプションは限られている．

検査

徹底的な検査にはチャバネゴキブリの生態を理解する必要がある．PMPマネージャーは，効果的な検査を実行するためのスキルを身に付けるためには技術者を訓練する必要がある．彼らは割れ目や隙間を探し，ローチスポット（roach spot）の付いた集合場所を探さなければならない．お客様からチャバネゴキブリ出没の報告を受けた場合，そのゴキブリは，いまどこに潜伏しているのかの検討が効果的である．最も役立つ検査テクニックの1つは，長い間移動されていなかったものを移動させることである．シート・パン（sheet pan）は，調理台の一番下の棚に積み重ねられているが，少なくとも積み重ねられた一番下の棚に，長時間触れられないものが存在するのが一般的な例である．業務用キッチン機器には車輪が付いていることが多い．大きな機器を少し動かすと，見通しがよくなり，チャバネゴキブリが移動する可能性がある．技術者は天然ガスの配管にも注意する必要がある．硬い電線は，車輪付きの機器の移動を妨げる可能性がある．機器を移動できるようにするには，フレキシブルなガス・ラインが望ましい．懐中電灯は検査時の重要なツールである．一般的な指示は「明るい」懐中電灯を使用することであるが，業務用キッチンでは懐中電灯が明るすぎる場合もある．あちこちにステンレスが反射を生み，見づらくなるのである．1万5,000キャンドル・パワーまたは100 lm（ルーメン）を超える懐中電灯がお薦めである（Judith Black 未発表）．チャバネゴキブリの活動を発見する絶好の機会は，キッチンが停止中，清掃が行われている場合，施設に到着したときである．頭上の照明を点灯する前に，低照度または赤色光ライトで検査を行うと，潜伏箇所から出ているチャバネゴキブリを発見でき，どこへ逃げ込んでいるかを観察できる場合がある．暗くて静かな施設内を数分間歩くだけで，大きな成果が得られる可能性がある．

検定

業務用キッチンで珍しい昆虫が見つかることは滅多にない．したがって，虫の鑑定能力は博士号を取得した昆虫学者のスキルである必要はない．優れたハンドレンズ（最低10倍）と害虫管理フィールド・ガイド（National Pest Management Field Guide）アプリがあれば，検査する人は，どの昆虫が発見されたのか，それはチャバネゴキブリの成虫か幼虫なのかを特定することができる．正しい害虫の同定は絶対に必要である．伝聞は決してあてにすべきではない．PMPは業務用キッチンの顧客に昆虫同定の基本を教育し，目撃情報が発生したときに顧客が知識をもてるようにする必要がある．

監視

業務用キッチンにおけるチャバネゴキブリのモニターは，通常，粘着ボードや粘着トラップともよばれる昆虫モニター用品を戦略的に配置する方法で行われる．昆虫モニター用に特別に設計された粘着ボードは，使用するのに最もコスト効率が高く，ネズミ類用に設計された接着ボードよりも，チャバネゴキブリの潜在的な隠れ場所の探知には適している．業務用キッチンではレイアウトの違いにより，設置場所や設置数に標準的なルールはない．PMP は，設置されるモニターの「X」記号表示や施設内の汚染状況にコミットすることを避けるべきである．また，監視プログラムは動的かつ継続的（dynamic and continual）である必要がある．モニターを配置するときに従うべき一般的なルールは次のとおりである．

各サービスごとにモニタートラップを検査し，日付を記入する．一般的に，業務用キッチンではこれが毎月行われる．害虫が付着している場合は，必要に応じてモニタートラップを交換する．

- 害虫や害虫の痕跡を探すのではなく，モニタートラップを探すというワナに陥らないようにする
- 害虫が発生しやすそうな場所にモニタートラップを設置すること
- キッチンで最も可能性の高い場所は，暖かさと隠れ場所を提供するモーターハウジングなどのエリアと，ロッカールーム，私物保管エリア，乾燥保管庫などのあるエリアである
- 点検サービス中にゴキブリが出没するエリアがあれば，多数のモニターを設置する．顧客がゴキブリに気づく前に捕獲できることに留意すること
- 活動が見つかった場合に，追加のモニターを使用する．フォローアップサービス中に問題点を評価できるよう，初期サービスではより多くのモニターを使用する必要がある
- フォローアップサービス中は多数のモニターを設置する．定期サービスになると，モニターの数を減らすことができる
- 昆虫モニターの使用には2つの問題がある．トラップへのいたずらと一部の保健機関の態度である*訳者注

◇ 妨害

50個のモニターが配置されているのに，次回の訪問で5個しか見つからない場合は問題である．PMP は顧客がどのように業務を行うのかを学ぶ必要がある．どのよ

＊訳者注：ゴキブリの生息を行政担当者に見つかると数日間の営業停止になることがある．州や市により差がある

うに掃除をし，（物を運ぶ）カートはどこを走り，棚にどのように在庫を入れたり，積み降ろしたりするのか？　これらすべてのアクションおよびその他のアクションは，モニターの存続に影響を与える可能性がある．PMPは，ゴキブリを検出するのに最も適切な場所を考慮し，次回の清掃やその他の文化的慣行による妨害を受ける場所を避けるなど，モニターの設置場所を再検討する必要がある．次のサービスまで存続しない多数のモニタートラップより，少数のモニターを適切に配置する方が良いであろう．最適な配置は通常，キッチン・チームメンバーの視界から完全に外れた箇所にある．モニターの取り付けに使用される接着剤は，業務用キッチンの過酷な熱と湿気の中で機能しなくなる可能性もある．硬質プラスチックで覆われた昆虫用モニターは，監視が難しい場所で役立つ場合がある．

◇ 保健局部門

一部の管轄区域では，保健局の検査官が昆虫モニターにチャバネゴキブリを発見した場合，保健局が店を閉鎖させることがある．他の管轄区域では，昆虫モニタートラップはIPMプログラムの重要な要素とみなされており，チャバネゴキブリが1匹見つかった場合でも閉鎖の原因にはならない．

ただし，保健局が関与する害虫関連の事件が発生した場合，PMPは必要に応じて検査と処置を求められる．モニタートラップにチャバネゴキブリ（またはその他の害虫）が発見されると，操業停止が発生する可能性がある管轄区域では，モニターの使用に関してPMPとキッチンマネージャーとの間で緊張が生じることがよくある．私たちは，特定の立場を主張するつもりはないが，昆虫モニターを使用しない場合，より多くの時間を検査に割りあて，キッチンスタッフは一貫性のある質の高い文書を作成する必要があることや，モニターを使用しないとリスクがあることに注意すること．PMPにとっては教育関係を築くのに有利である．IPMプロセスに関する誤解を軽減するためにも地元の保健局と協力することは大切である．

物理的な除去

バキュームクリーナ（掃除機）は，生息の速効的削減の手段として，過去20年間でより一般的になった．バキュームクリーナで抵抗性を獲得したゴキブリはいない．業務用キッチンの環境では，ゴキブリと一緒に吸い込まれる湿った物質も処理できる装置を使用することが重要である．「殺害のスリルは捕獲の歓喜に取って代わられた」（'The thrill of the kill has been replaced by the rapture of the capture'）という格言は，政府サービス局のAl Green博士によるものだと考えられている（Frishman & Bello 2013）．個体数を即座に劇的に減らすことに加えて，殺虫剤の必要性が減るため，抵抗性の問題も防ぐことができる．

有利な条件

サニテーション，構造的欠陥，保管場所はチャバネゴキブリの蔓延を促進する3つの要因であることが知られている．チャバネゴキブリが餌も水も利用できないレベルまで業務用キッチンを掃除するのは，非常に難しい．ゴールはその状態にできるだけ近づくことである．業務用キッチンには，沢山の潜伏場所が作り出されている．よくある問題として，床と壁の接合部の隙間，壁紙シート間の隙間，床の隙間（grout）の損傷，湿気の漏れ，壁の穴，などである．このようなアイテムが圧倒的に多いと思われる場合は，PMP とキッチンマネージャーは計画を立て，必要なアクションに優先順位を付ける必要がある．

業務用キッチン施設でチャバネゴキブリの初期検査を行う際に尋ねるべきおもな質問は次のとおりである．納品はいつ行われますか？ それらはどのように受け取られますか？ 在庫と供給品はどのようにローテーションされますか？ それらは，どのように検査されますか？ チャバネゴキブリが持ち込まれる，侵入源と思われるこの原因について，知れば知るほど，潜在的なリスクを軽減するためにできることが増える．

私物保管場所も，業務用キッチンにチャバネゴキブリが侵入するおもな原因となっている．多くの施設ではロッカーを撤去し，そのような物品を保管するためのオープンスペースを指定する．施設のスタッフがこのシステムにどの程度準拠しているかを知ることは，潜在的な問題を特定するうえで重要である．

最後に，PMP から，どんなところから持ち込まれているかに関する報告があまりないことが，キッチンマネージャーからのおもな苦情である（Judith Black 未発表）．害虫の活動が見つかった場合，PMP はサニテーション，構造，保管などの広範なカテゴリーの中の少なくとも1つに関連する推奨事項を作成する必要がある．

対象となるアプリケーション

業務用キッチンでのチャバネゴキブリを管理するための優れた戦略は，ゴキブリとのさまざまな相互作用を可能にするさまざまな製品の使用に重点を置くことである．PMP はゴキブリを忌避剤（製剤または製品のいずれか）で，検査と防除が難しい領域に押し込むことは避けるべきである．空間スプレーとしても知られる煙霧は，チャバネゴキブリを調査や防除が困難な場所に押し込んでしまう．重要なのは，ゴキブリを殺すのに効果がないということである．空間，割れ目，隙間に定期的に煙霧すると，施設内でチャバネゴキブリの問題が発生し続けるという持続不能な状況（unsustainable situation）が生じる．薬剤の霧によりゴキブリはより遠くの地域に押しやられ，そこからすぐに元の潜伏場所に戻る．Actisol® マシンなどの装置を使用して隙間や割れ目にミスト処理する必要がある場合もあるが，それは稀であり，日常的に行うものではない．Actisol® マシンの使用は，単独（stand-alone）の処理とみなされるべきではない．

◇ **粉剤**

非忌避性の粉剤（non-repellent dusts）は一般に無機物，特にホウ素ベースの粉剤はチャバネゴキブリの防除に効果的である（Cochran 1995）．業務用キッチンの熱と湿気は，事前に処理した粉剤の有効性を妨げる可能性があるが，不可能な方法ではない．これらの製品は効き方（mode of action）が遅く，適用部位が限られていることに留意する必要があるが，忌避性がなく，持続性があるという利点がある．一部のホウ素ベースの粉剤は，屋内環境で数か月後に硬化層（hardened layer）を形成する．ゴキブリが頻繁に侵入する場合，キッチンの特に湿気の多い場所では再散粉が必要になる場合がある．

◇ **ベイト**

ジェル状のゴキブリ用ベイトはPMPに好まれる製剤であるが（Gallagher 2019），他の配合のベイトも除外されるべきではない．業務用キッチンでは顆粒状のベイトを適切に処理できる場所はほとんどないが，ジェル剤が適切でない場合は，容器入りベイトが選択肢となる．乾燥した流動性のゴキブリベイトは非常に効果的なツールであり，ホウ素ベースの粉剤の作用と非常によく似て，直接接触やグルーミングを通じてゴキブリに摂取される可能性が高くなる．ベイトの配合とその有効性については，第9章と第10章で説明している．

以下はすべて，実験室環境において，毒物の単純な摂取を超えて個体数制御の有効性を高めることが実証されている：食糞（Kopanic & Schal 1999），嘔吐物（Buczkowski & Schal 2001），有効成分の踏みつけ（trampling）および共食い（Gahlhoff *et al.* 1999）．これらが，野外条件下で個体数制御に大きく貢献できるかどうかは不明である．チャバネゴキブリにおけるジェルベイトの嫌悪（gel bait aversion）の可能性については，良い情報が入手可能である（Wang ら 2004）．ゴキブリ用のジェルベイトは非常に効果的であることが知られているが，コーキングスタイルでの使用はラベルの指示に反し，経費的に無責任で，小さな場所で使用するよりも効果が低い可能性がある．実験室条件での結果では，低密度（42 匹/m^2）では，推奨量の 30 mg 1 滴/m^2 を 1 滴適用できることを示している．生息密度が高い場合（208 匹/m^2 以上），同じ推奨量を 3 mg 数滴として適用すると，より効率的になる（Durier & Rivault 2003）．業務用キッチンにおける高，中，低の生息の定義は，害虫管理業界内だけでなく，業界とその顧客の間でも主観的な議論が続いているが，この研究の教訓は，生息が大規模であれば，より少量のベイトでその配置スポットをより多くすることである．小さいサイズのベイトポイントを多く配置することは最も効果的な方法である．しかし，使用するベイトの量は，ラベルの指示と，判明した生息レベルに従わなければならない．PMP は，次のサービスまでにベイトが不足しないように，十分なベイトを適用する必要がある．塗布量が不足しないようにすることが重要である．チャバネゴキブリが生息する割れ目や裂け目，およびゴキブリが潜伏場所から餌や水にアクセスする通路にジェルベイトを処理することは，インターセプト・ベイティングともよばれ，最も効果的な戦略である．

◇ IGR（昆虫成長制御剤）

IGR の有効性は 30 年以上前に実証されたが（Bennett *et al.* 1986），害虫管理業界はこのアプローチを採用するのがやや遅かった．しかし，現在 IGR は，ゴキブリに対して 3 番目に広く使用されている化合物である（Gallagher 2019）．幼若ホルモンの存在による妊娠中のメスの卵鞘の自然流産は，この治療の追加の利点である（Schal *et al.* 1997）．卵鞘をもたないメスは餌を求めて潜伏場所を離れるため，IGR を餌と組み合わせて使用するのは非常に役立つ．妊娠中のメスは潜伏場所に留まり，餌をあまり食べない傾向がある．

◇ 液剤残留散布

残効性のある殺虫剤の散布はベイト投与よりも時間がかからない．メーカーは製品が機能することを保証するために多大な研究時間と費用を費やしている．時間の制約があるため，技術者は希釈液剤の残留処理に過度に依存していることは容易に想像ができる．これらは業務用キッチンでチャバネゴキブリを管理するのに非常に便利なツールであるが，IPM プログラムの一部として適用すると最も効果的（そして費用対効果が高い）．IPM プログラムの一部として液剤残留処理を選択する際の 3 つの重要な要素は，忌避性，処理面，および微小環境（micro-environmental）である．

忌避性　最近開発された殺虫剤の多くは非忌避性であるが（pyrroles，neonicotinoids など），ピレスロイドなどの製品は，少なくとも湿った状態では忌避性となる傾向がある．殺虫剤が真の忌避効果を発揮するか，ゴキブリが有効成分の急速な中毒に対して劇的な生理学的反応を示すかは問題ではなく，結果は同じである．ゴキブリは処理場所から急速に遠ざかる．忌避効果がないと考えられている有効成分には，インドキサカルブ，ジノテフラン，クロルフェナピルなどがある．屋外のドアの敷居などでは，撥水性が必要な場合もある．キッチン内では，忌避性のある製品は害虫の移動を引き起こす可能性があり，害虫を目撃することが多くなる可能性がある．製品を選択する際，PMP はその忌避性を考慮する必要がある．元々忌避性のある天然物製品では，一部の製剤をマイクロカプセル化することにより，その忌避性の側面が制限されている．ただし，製品によっては濡れても撥水効果が持続するものもあるので，注意すること．

処理面　業務用キッチンでは，その処理面はさまざまであるが，最も頻繁に出会うのは，タイル，コンクリート，ガラス繊維強化プラスチック（FRP）パネル，ステンレス鋼である．どの製剤を使用するかの決定は，各表面におけるチャバネゴキブリに対する製品の利用可能性に基づいて決定する必要がある．製剤の選択は，多くの場合，有効成分の選択と同じくらい重要である．乳剤（emulsifiable concentrates）は目に見える残留物を残さず，非多孔質表面で，最もよく機能するが，水和剤（wettable powders），マイクロカプセル化剤（microencapsulated），および懸濁液（suspension）または固体懸濁液濃縮液（solid-suspension concentrates）は，基材に吸収されないため，多孔質表面にも最適である（Braness 2011）．近年では，メーカーはカプセル化またはポリマー結合などの新規な製剤の開発に注力している．これらの製品は，非多孔質表面でも優れている．

微環境要因　業務用キッチンは高温多湿で，チャバネゴキブリにとっては最適な環境となっている．部屋が比較的快適に見えても，微環境（micro-environments）では極端な熱と湿気が発生している可能性がある．PMPは，適用された殺虫剤液に影響を与える可能性のある日常活動中の影響と，各処理領域で製品がどのくらいの期間存続するかを考慮する必要がある．考慮すべき要素には，キッチンのそのエリアがどれくらい熱くなるか，処理後すぐにそのエリアを拭いてきれいにするかどうか，湿度が非常に高いかどうか，などが含まれる．

フォローアップ

追跡調査は，業務用キッチンにおけるチャバネゴキブリ対策のIPMプログラムで最も見落とされがちなステップかもしれない．PMPの検査能力と，適用される製品を信頼するのは当然のことであるが，何かを欠落した場合のブランドリスクは大きすぎるので，フォローアップ検査を省略することはできない（Hartzer 2019）．ベイトや粉剤などの製品が効果を発揮するまでの時間と，顧客の感性との間でバランスを取る必要がある．一般にチャバネゴキブリ防除のあと，7～10日間が適当である．最初の訪問時に遭遇した感染のレベルは，フォローアップサービスをどのくらいの速さで，どれくらいの頻度で完了するかについては主要な要素である．保健局の検査後に閉鎖された施設では，保健局が追跡調査に使用する検査技術の使用を含め，毎日以上の追跡調査が必要になる場合もある．

業務用キッチンでは，フォローアップは終着点――チャバネゴキブリの汚染を解決する必要がある．たった1匹のゴキブリが原因で保健所に閉鎖を命じられることもある．害虫管理業界でよくある間違いは，顧客が害虫の問題で電話をかけてきた回数に基づいて顧客満足度を評価することである．検査もせず，顧客と協力して状況を改善することも問題解決のための処置もせずに，単に顧客がさらなるサービスを求めないようにするために，迅速なフォローアップを実施することは，費用がかかり，不誠実であり，最終的にはキャンセルにつながる．PMP が排除という目標を達成するのに苦労している場合，次のことを行う必要がある．マネージャー，会社の技術チームメンバー，またはメーカーの技術担当者などに支援を求めること．防除対策なしで，何週間も追跡検査を繰り返すことは，PMP と施設の両方に損害を与える．

今後の展望

業務用キッチンにおけるチャバネゴキブリ管理の特効薬（silver bullet）は常に模索されているが，他の都市害虫と同様に，単一の材料や殺虫剤だけに依存しても管理技術として成功する可能性は低い．未来への道の第一歩は，業務用キッチンにおけるチャバネゴキブリ管理の古い方法の一部が，環境への責任や労働者と顧客の安全という今日の価値観と一致していないことを認識することである．Actisol® マシン，スペースフォガー（空間煙霧機），業務用キッチンでの液体の残効性殺虫剤の過度の使用などは新しいアプローチへの道を開くためには廃止されなくてはならない．企業の社会的責任（CSR＝corporate social responsibility）では，環境への責任と持続可能性を重視する傾向が高まっている．これらの CSR プログラムでは，広範囲にわたる大量の化学物質の使用が疑われる．幸いなことに，影響の少ない製品を対象とした用途は，煙霧などの古いプロセスよりも，実際には効果的である．将来の問題点は，抵抗性管理（Fardisi *et al.* 2019）とチャバネゴキブリ管理のビジネス面に関連するであろう．PMP は，殺虫剤を散布するためではなく，害虫の予防と管理のために支払われていることを受け入れる必要がある．商業環境における害虫の管理は，時間のかかる困難な作業である．課題に取り組み，障害を克服することは，害虫管理業界の重要な要素である．サービス技術者をより効率的かつ効果的にする製品と機器は，常に価値があるが，「考えることは未来である」ともいわれている（Corrigan 2018）．その意味で，問題になるのは，業務用キッチンにおけるチャバネゴキブリの効果的な管理に関して製品や設備は必ずしも不足しているというわけではない．将来的には顧客との関係，教育，プロフェッショナリズムに重点を置く必要はあるが，特効薬は大歓迎である．データは，業務用キッチンにおける害虫管理の顧客側とベンダー側の未来を推進する．同様の企業とのベンチマークは，顧客がチャバネゴキブリ管理への積極的なアプローチにどこへ投資するかを決定するのに役立ってくれる．

数年前，The Steritech Group は，害虫活動の特定の予測因子を，特定の施設に適用できるかどうかを判断するために，大規模なレストラングループに対して予測モデリング演習を実施した．降雨量，湿度，温度，地理的位置，建物の築年数，ロケーションマネージャーの在職期間，技術者の在職期間，独立型またはモールタイプの不動産などで考慮された．単一の予測因子または組み合わせは特定されなかった（Judith Black，未発表）．この時代においては，構造のせいで衛生状態が悪いと非難されることがよくあることを物語っていた．将来的には，業務用キッチンにおけるチャバネゴキブリの侵入を予測するために，より洗練された予測モデリングシステムが利用可能になる可能性がある．さらに，サービスの決定は，新しいデータ収集方法と，収集されたデータを解釈する診断ツールによって決定される．げっ歯類の遠隔監視は，現在利用可能であり，ハエやチャバネゴキブリなど，業務用キッチン内の他の害虫の遠隔監視も目前に迫っている．

結　論

チャバネゴキブリは，集合住宅や業務用キッチンなどで室内の主要な害虫となっており，今後も主要な害虫であり続けると思われる．アパートの建物ではチャバネゴキブリの蔓延が継続的に高い傾向にある．これには，建物内の住宅間でゴキブリが蔓延しやすいこと，一部の住宅の衛生状態が悪いこと，効果的な害虫管理方針や契約の欠如など，複数の理由が考えらる．業務用キッチンは，定期的な配達，スタッフ，来客などにより，ゴキブリの侵入や頻繁など，ゴキブリの侵入にさらされている．食品や食品廃棄物が常に存在し，ゴキブリが侵入すると，蔓延が発生する可能性がある．チャバネゴキブリの侵入を監視し，制御するための効果的なツールは数多くある．しかし，ゴキブリの管理を成功させるには，顧客，ビル管理者，PMP 間の協力が必要である．効果的なゴキブリ IPM プログラムには，トラップを使用した監視，検査，顧客からの意見が含まれる．施設によっては，環境を改善し，食糧と水源を減らすことが重要になる可能性がある．殺虫剤も対象を絞った処理が必要となる．

参 考 文 献

Appel AG (1992) Laboratory and field performance of consumer bait products for German cockroach (Dictyoptera: Blattellidae) control. *Journal of Economic Entomology* **85**, 1176–1183. doi:10.1093/jee/85.4.1176

Bennett GW, Runstrom ES, Wieland FA (1983) Pesticide use in homes. *Bulletin of the Entomological Society of America* **29**, 31–40. doi:10.1093/besa/29.1.31

Bennett GW, Yonker JW, Runstrom ES (1986) Influence of hydroprene on German cockroach (Dictyoptera: Blattellidae) populations in public housing. *Journal of Economic Entomology* **79**, 1032–

1035. doi:10.1093/jee/79.4.1032

Bennett GW, Owens JM, Corrigan RM, Truman LC (1997) *Truman's Scientific Guide to Pest Control Operations*. pp. 8-11. Advanstar Publishing, Cleveland, OH.

Bennett GW, Owens JM, Corrigan RM (2010) *Truman's Scientific Guide to Pest Control Operations*. 7th edn. Questex Media Group, Cleveland, OH.

Berkowitz GS, Obel J, Deych E, Lapinski R, Godbold J, Liu Z, Landrigan PJ, Wolff MS (2003) Exposure to indoor pesticides during pregnancy in a multiethnic, urban cohort. *Environmental Health Perspectives* **111**, 79-84. doi:10.1289/ehp.5619

Braness GA (2011) Insecticide and pesticide safety. In *Handbook of Pest Control: The Behavior, Life History and Control of Household Pests*. (Eds SA Hedges, D Moreland) pp. 1286-1289. Mallis Handbook Co., Richfield, OH.

Buczkowski G, Schal C (2001) Emetophagy: fipronil-induced regurgitation of bait and its dissemination from German cockroach adults to nymphs. *Pesticide Biochemistry and Physiology* **71**, 147-155. doi:10.1006/pest.2001.2572

Bull DL, Patterson RS (1993) Characterization of pyrethroid resistance in a strain of German cockroach (Dictyoptera: Blattellidae). *Journal of Economic Entomology* **86**, 20-25. doi:10.1093/jee/86.1.20

Chen N, Pei X-J, Li S, Fan Y-L, Liu T-X (2020) Involvement of integument rich *CYP4G19* in hydrocarbon biosynthesis and cuticular penetration resistance in *Blattella germanica* (L.). *Pest Management Science* **76**, 215-226. doi:10.1002/ps.5499

Cochran DG (1995) Toxic effects of boric acid on the German cockroach. *Experientia* **51**, 561-563. doi:10.1007/BF02128743

Corrigan B (2018) NPMA Bug Bytes. Episode 1: Bobby Corrigan, Rodents, and New York City. <https: //podcasts.apple.com/us/podcast /episode-1-bobby-corrigan-rodents-and-new-york-city/id1439215589?i=1000422129024>

Deutsch J (2017) Manager Bonuses Based on Profit. <https: //www.restaurantbusinessonline.com/advice-guy/manager-bonuses-based-profit>

Dingha BN, O'Neal J, Appel AG, Jackai LE (2016) Integrated pest management of the German cockroach (Blattodea: Blattellidae) in manufactured homes in rural North Carolina. *Florida Entomologist* **99**, 587-592. doi:10.1653/024.099.0401

Durier V, Rivault C (2003) Improvement of German cockroach (Dictyoptera: Blattellidae) population control by fragmented distribution of gel baits. *Journal of Economic Entomology* **96**, 1254-1258. doi:10.1093/jee/96.4.1254

Fardisi M, Gondhalekar AD, Ashbrook AR, Scharf ME (2019) Rapid evolutionary response to insecticide resistance management interventions by the German cockroach (*Blattella germanica* L.). *Scientific Reports* **9**, 8292. doi:10.1038/s41598-019-44296-y

Food and Drug Administration (2019) Food Safety Modernization Act: Rules and Guidance for Industry. <https: //www.fda.gov/food/food-safety-modernization-act-fsma/fsma-rules-guidance-industry>

Forschler BT (2003) Introduction to the symposium on IPM in urban entomology. *Journal of Entomological Science* **38**, 149-150. doi:10.18474/0749-8004-38.2.149

Frishman AM, Bello PJ (2013) *The Cockroach Combat Manual II*. Authorhouse, Bloomington, IN.

Gahlhoff JE, Miller DM, Koehler PG (1999) Secondary kill of adult male German cockroaches (Dictyoptera: Blattellidae) via cannibalism of nymphs fed toxic baits. *Journal of Economic Entomology* **92**, 1133-1137.doi:10.1093/jee/92.5.1133

Gallagher N (2019) State of the cockroach control market. *Pest Control Technology* **47** (July), 5 [Syngenta supplement].

Gondhalekar AD, Scherer CW, Saran RK, Scharf ME (2013) Implementation of an indoxacarb susceptibility monitoring program using field-collected German cockroach isolates from the United States. *Journal of Economic Entomology* **106**, 945-953. doi:10.1603/EC12384

Greene A, Breisch NL (2002) Measuring integrated pest management programs for public buildings. *Journal of Economic Entomology* **95**, 1-13. doi:10.1603/0022-0493-95.1.1

Hartzer C (2019) Controlling cockroaches often takes a different approach. *Pest Control Technology* **47** (July), 112.

Kaakeh W, Bennett GW (1997) Evaluation of trapping and vacuuming compared with low-impact insecticide tactics for managing German cockroaches in residences. *Journal of Economic Entomology* **90**, 976-982. doi:10.1093/jee/90.4.976

Kass D, McKelvey W, Carlton E, Hernandez M, Chew G, Nagle S, Garfinkel R, Clarke B, Tiven J, Espino C, Evans D (2009) Effectiveness of an integrated pest management intervention in controlling cockroaches, mice, and allergens in New York City public housing. *Environmental Health Perspectives* **117**, 1219-1225. doi:10.1289/ehp.0800149

Koehler P, Patterson R, Owens JM (1995) Chemical systems approach to German cockroach control. In *Understanding and Controlling the German Cockroach*. (Eds MK Rust, JM Owens, DA Reierson) pp. 287-323. Oxford University Press, New York.

Kopanic RJ, Schal C (1999) Coprophagy facilitates horizontal transmission of bait among cockroaches (Dictyoptera: Blattellidae). *Environmental Entomology* **28**, 431-438. doi:10.1093/ee/28.3.431

Miller D, Meek F (2004) Cost and efficacy comparison of integrated pest management strategies with monthly spray insecticide applications for German cockroach (Dictyoptera: Blattellidae) control in public housing. *Journal of Economic Entomology* **97**, 559-569. doi:10.1093/jee/97.2.559

Miller DM, Smith EP (2020) Quantifying the efficacy of an assessment-based pest management (APM) program for German cockroach (L.) (Blattodea: Blattellidae) control in low-income public housing units. *Journal of Economic Entomology* **113**, 375-384. doi:10.1093/jee/toz302

Nalyanya G, Liang D, Kopanic RJ Jr, Schal C (2001) Attractiveness of insecticide baits for cockroach control (Dictyoptera: Blattellidae): laboratory and field studies. *Journal of Economic Entomology* **94**, 686-693. doi:10.1603/0022-0493-94.3.686

Nalyanya G, Gore JC, Linker HM, Schal C (2009) German cockroach allergen levels in North Carolina schools: comparison of integrated pest management and conventional cockroach control. *Journal of Medical Entomology* **46**, 420-427. doi:10.1603/033.046.0302

Noureldin EM (2010) Integrated pest management (IPM) for German cockroach (*Blattella germanica* L.) in Jeddah province, Saudi Arabia. *Biosciences Biotechnology Research Asia* **7**, 657-665.

Oswalt DA, Appel AG, Smith LM II (1997) Water loss and desiccation tolerance of German cockroaches (Dictyoptera: Blattellidae) exposed to moving air. *Comparative Biochemistry and Physiology Part A:Physiology* **117**, 477-486.

Owens J, Bennett G (1982) German cockroach movement within and between urban apartments. *Journal of Economic Entomology* **75**, 570-573. doi:10.1093/jee/75.4.570

Rabito FA, Calson JC, He H, Werthmann D, Schal C (2017) A single intervention for cockroach control reduces cockroach exposure and asthma morbidity in children. *Journal of Allergy and Clinical Immunology* **140**, 565-570. doi:10.1016/j.jaci.2016.10.019

Robinson WH, Zungoli PA (1995) Integrated pest management: an operational view. In *Understanding and Controlling the German Cockroach*. (Eds MK Rust, JM Owens, DA Reierson) pp. 345-359.

Oxford University Press, New York.

Runstrom ES, Bennett GW (1984) Movement of German cockroaches (Orthoptera, Blattellidae) as influenced by structural features of low-income apartments. *Journal of Economic Entomology* **77**, 407-411. doi:10.1093/jee/77.2.407

Runstrom ES, Bennett GW (1990) Distribution and movement patterns of German cockroaches (Dictyoptera, Blattellidae) within apartment buildings. *Journal of Medical Entomology* **27**, 515-518. doi:10.1093/jmedent/27.4.515

Rust MK, Owens JM, Reierson DA (1995) *Understanding and Controlling the German Cockroach*. Oxford University Press, New York.

Schal C (1988) Relation among efficacy of insecticides, resistance levels, and sanitation in the control of the German cockroach (Dictyoptera: Blattellidae). *Journal of Economic Entomology* **81**, 536-544. doi:10.1093/jee/81.2.536

Schal C, Holbrook GL, Bachmann JA, Sevala VL (1997) Reproductive biology of the German cockroach, *Blattella germanica*: juvenile hormone as a pleiotropic master regulator. *Archives of Insect Biochemistry and Physiology* **35**, 405-426. doi:10.1002/(SICI)1520-6327(1997)35:4<405::AID-ARCH5>3.0.CO;2-Q

Schoelitsz B, Meerburg B, Takken W (2019) Influence of the public's perception, attitudes, and knowledge on the implementation of integrated pest management for household insect pests. *Entomologia Experimentalis et Applicata* **167**, 14-26. doi:10.1111/eea.12739

Shahraki GH, Hafidizi MN, Khadri MS, Rafinejad J, Ibrahim YB (2011) Cost-effectiveness of integrated pest management compared with insecticidal spraying against the German cockroach in apartment buildings. *Neotropical Entomology* **40**, 607-612.

Silverman J, Ross MH (1994) Behavioral resistance of field-collected German cockroaches (Blattodea: Blattellidae) to baits containing glucose. *Environmental Entomology* **23**, 425-430. doi:10.1093/ee/23.2.425

Tucker J (2011) Implementing structural pest management. In *Handbook of Pest Control: The Behavior, Life History and Control of Household Pests*. (Eds SA Hedges, D Moreland) pp. 1497-1515. Mallis Handbook Co., Richfield, OH.

Valles SM, Dong K, Brenner RJ (2000) Mechanisms responsible for cypermethrin resistance in a strain of German cockroach, *Blattella germanica*. *Pesticide Biochemistry and Physiology* **66**, 195-205. doi:10.1006/pest.1999.2462

Wang C, Bennett GW (2006) Comparative study of integrated pest management and baiting for German cockroach management in public housing. *Journal of Economic Entomology* **99**, 879-885. doi:10.1093/jee/99.3.879

Wang C, Bennett GW (2009) Cost and effectiveness of community-wide integrated pest management for German cockroach, cockroach allergen, and insecticide use reduction in low-income housing. *Journal of Economic Entomology* **102**, 1614-1623. doi:10.1603/029.102.0428

Wang C, Scharf ME, Bennett GW (2004) Behavioral and physiological resistance of the German cockroach to gel baits (Blattodea: Blattellidae). *Journal of Economic Entomology* **97**, 2067-2072. doi:10.1093/jee/97.6.2067

Wang C, Singh N, Cooper R, Scherer C (2013) Baiting for success. *Pest Control Technology* **41**(3), 60-64.

Wang C, Bischoff E, Eiden AL, Zha C, Cooper R, Graber JM (2019a) Residents' attitudes and home sanitation predict presence of German cockroaches (Blattodea: Ectobiidae) in apartments for low-income senior residents. *Journal of Economic Entomology* **112**, 284-289. doi:10.1093/jee/toy307

Wang C, Eiden A, Cooper R, Zha C, Wang D（2019b）Effectiveness of building-wide integrated pest management programs for German cockroach and bed bug in a high-rise apartment building. *Journal of Integrated Pest Management* **10**, doi:10.1093/jipm/pmz031.

Wang C, Eiden A, Cooper R, Zha C, Wang D, Reilly E（2019c）Changes in indoor insecticide residue levels after adopting an integrated pest management program to control German cockroach infestations in an apartment building. *Insects* 10.3390/insects10090304.

Wei Y, Appel AG, Moar WJ, Liu N（2001）Pyrethroid resistance and cross-resistance in the German cockroach, *Blattella germanica*（L）. *Pest Management Science* **57**, 1055-1059. doi:10.1002/ps.383

Williams MK, Rundle A, Holmes D, Reyes M, Hoepner LA, Barr DB, Camann DE, Perera FP, Whyatt RM（2008）Changes in pest infestation levels, self-reported pesticide use, and permethrin exposure during pregnancy after the 2000-2001 US Environmental Protection Agency restriction of organophosphates. *Environment Health Perspectives* **116**, 1681-1688.

Zha C, Wang C, Buckley B, Yang I, Wang D, Eiden AL, Cooper R（2018）Pest prevalence and evaluation of community-wide integrated pest management for reducing cockroach infestations and indoor insecticide residues. *Journal of Economic Entomology* **111**, 795-802.

用語集

英字

CRISPR-Cas9：狙ったゲノムの場所を改変できる技術で，細胞の中の核に含まれるDNAを切断する機能をもつ人工酵素Cas9で切断し，その部分の遺伝子の働きを失わせたり，別の遺伝子情報を挿入して遺伝子を改変する技術．［p. 307］

IgE 抗体：血液中や組織液中に存在する免疫グロブリンとよばれる抗体の一種．外部からの有害物の侵入を防御する．［p. 42］

RNAi 実験（リボ核酸干渉）：広範囲な細胞タイプにおけるタンパク質機能を解析するために遺伝子発現をノックダウンする手法．細胞の基礎生物学研究の強力ルーツ．［p. 307］

ア行

アレロケミカルとアレロパシー：植物のもつ天然の生理活性物質が他の生物に影響を及ぼす作用をアレロパシーといい，作用する物質をアレロケミカルという．［p. 1］

足根（tarsi）：昆虫のふ節（tarsus）の複数．［p. 159］

エンドトキシン（endotoxin）：グラム陰性菌の細胞膜の成分であるリポ多糖類で代表的発熱物質．［p. 41］

エンドサイトーシス（endocytosis）：細胞が細胞外の物質を取り込む方法の1つで，細胞が栄養や病原体神経伝達物質などを小さい袋に包み込み，細胞内に取り込むプロセス．［p. 114］

エメトファジー（emethophagy）：バクテリオファジーともいう．ウイルスの一種でタンパク質の外殻と遺伝情報を担う核酸から構成される．感染した細胞は細胞膜を破壊され，溶菌という現象を起こす．［p. 279］

オエノサイト（oenocytes）：昆虫のクチクラ膜は虫体内の水分の蒸散を抑えているが，その表皮細胞を合成する物質．脂肪の処理と解毒を担う．［p. 154］

オミクス研究（omics）：研究対象＋omicsという名称をもつ生物学の研究分野の非公式な総称である．たとえば，研究対象が遺伝子（gene）の場合は，ゲノミクス（genomics＝gene＋omics）という研究分野がこれにあたる．［p. 300］

カ行

環境マイクロバイオーム：土壌や水中，私達の体の表面や腸内に存在している微生物コミュニティのこと．多種多様な微生物から構成されており，適度なバランスを取り

ながら周囲の環境に影響を与えている．[p. 32]

感覚子（sensilia）：昆虫の体表などにある微小な感覚器のことで，刺激受容のために体壁が変化してできたクチクラ膜とこれに付着した少数の感覚細胞．[p. 155]

カドヘリン受容体（cadherin receptor）：カドヘリンは細胞表面に存在する糖タンパク質の一群で，細胞接着をつかさどる分子であり，動物の胚発生に重要な役割を果たす．[p. 308]

クチクラ：表面を構成する細胞が，その外側に分泌して生じる丈夫な膜で昆虫の場合は外骨格．[p. 34]

クレード（clade）：ある共通の祖先から進化した生物すべてを含む生物群のこと．[p. 67]

血腔（homocoel）：血液が自由に流れる組織と臓器のあいだの一連の相互に接続された空間．[p. 114]

呼吸商（respiratory quotient）：ある時間において生体内で栄養素が分解されてエネルギーに変換するまでの O_2 消費量に対する CO_2 排出量の体積比のこと．呼吸率，呼吸係数ともよばれる．[p. 78]

コホート（cohort）：共通した因子をもち，観察対象となる集団のことを指す．分析疫学における手法の1つであり，特定の要因に曝露した集団と曝露していない集団を一定期間追跡し，研究対象となる疾病の発生率を比較することで，要因と疾病発生の関連を調べる観察研究の一種である．[p. 104]

合成RNAサイレンサー（silencer）：サイレンサーは，リプレッサーとよばれる転写調節因子が結合するDNA配列である．DNAには遺伝子が含まれ，mRNA産生の鋳型となる．その後，mRNAはタンパク質へと翻訳される．[p. 125]

サ行

最終宿主（final host）：内部寄生虫が成体になったときに寄生する生物．中間宿主に対して最終宿主．[p. 38]

集団遺伝学（population genetics）：遺伝学の一分野で，進化機構の解明を目標に生物を個体としてではなく，集団として捉え，その遺伝を支配する法則を研究する学問．[p. 185]

社会的相互作用（social interaction）：個人（やグループ）間の動的に変化する一連の社会的行為で，その個人は相互作用のパートナーの行為への反応として自らの行為を変化させる．すなわち人々が状況に意味をもたせ，他者が意味しているものを解釈し，それに応じて反応する事象．[p. 71]

シークエンシング・プラットフォーム：遺伝子やRNAの配列を決定するための技術

基盤．［p. 113］

周栄養性マトリックス関連遺伝子（silencing of certain peritrophic matrix-associated genes）：周（囲）食マトリックスあるいは栄養周囲膜はほとんどの昆虫の腸の内側を覆う非細胞構造である．消化プロセスで重要な役割を果たし，病原体や毒素に対するバリアとして機能する．［p. 308］

スケーリング係数（scaling coefficients）：統計モデルや自然現象において重要な概念で，自然現象や社会現象の多くの形態を記述するために用いられる．［p. 85］

ステロール：シクロペンタノヒドロフェナントレン環（ステロイド骨格）をもつアルコールの総称．［p. 77］

蠕虫（ぜんちゅう）（helminth）：体が細長く蠕動により移動する虫（小動物）の総称．［p. 22］

セルカル環（cercal annuli）：バッタやコオロギなどの一部の昆虫に見られる尾のような構造を指す．昆虫が環境感知のために使用する尾状突起．［p. 71］

生殖細胞膜修飾（germ cell membrane modification）：生殖細胞は新しい個体を形成し，遺伝情報を次世代に伝える唯一の細胞で，この細胞の誕生に関与するシグナル機構の解明が研究中である．［p. 114］

精包（spermatophore）：精子の入った包み．精子鞘，精莢などともいう．［p. 158］

総合的害虫管理（IPM）：病害虫の防除に関し，利用可能なすべての防除技術を活用し，経済性を考慮しつつ，適切な手段を総合的に講じる防除手法．［p. 44］

相同体（homologue）：ある形態や遺伝子が共通の祖先に由来することで，外見や機能は似ているが共通の祖先に由来しない相似の対義語である．［p. 123］

創始者効果（founder effects）：隔離された個体群が新しくつくられる際，新個体群の個体数が少ない場合，元になった個体群とは異なる遺伝子頻度の個体群ができる．［p. 182］

ソース・シンク力学（source-sink dynamics）：生息地の質の変動が，生物の個体数の増減にどう影響するかの理論モデル．［p. 177］

タ行

ターガル腺（tergites）：昆虫の体の背面に被さる外骨格背板．［p. 68］

体温限界呼吸測定法（termolimit respirometry）：呼吸機能を評価するための検査法の一種．［p. 86］

貪食機構（phagocytic mechanism）：細胞がその細胞膜を使って大きな粒子（0.5 μm 以上）を取り込み，ファゴソーム（食胞）とよばれる内部区画を形成するプロセス．エンドサイトーシスの一種．［p. 114］

ナ行

内因性化合物（endogeneous compounds）：生物の自己調節や内部環境の維持に重要な役割を果たしている．たとえば，ホルモンや酵素は内因性の物質であり，体内で生成される．細胞内のシグナル伝達や代謝プロセスも内因性のプロセスに含まれる．［p. 72］

嚢胞（cysts）：分泌物が袋状に貯まる病態のこと．［p. 119］

ノトバイオート（gnotobiotic）：動物がいる環境に生存するすべての生物があきらかであるものを指す．無菌動物もノトバイオートの一種との考えがあるが，現在では無菌動物に既知の微生物を定着させた動物の意味が一般的である．［p. 119］

ハ行

ハイスループット・シーケンス解析（high-thraughput sequencing analysis）：所定の時間内に何百，ときには何千もの薬剤スクリーニングを高速に実行できるアッセイプロセス．［p. 116］

ブルックス・ダイアー規則（Brooks-Dyar Rule）：アメリカのコンピュータ科学者 Frederick P. Brooks, Jr. が 1975 年に発表した．“The Mythical Man-Month” で提唱した法則で，ソフトウェア開発における長年の経験から導き出した経験則を理論化した法則．新規に投入した人員が戦力化するまでには時間がかかる．人員が増えると一人ひとりにとって協力，調整する相手の数が増え，コミュニケーションにかかる時間，労力が増えること，タスクの分解には限度があり，人数が増えれば増えるほど全員に同じだけ作業を振り分けるのは困難になることの 3 つを挙げている．［p. 70］

尾毛（cercus）：ゴキブリの尾端の突起．尾角ともいう．［p. 71］

尾状腺（pygidial gland）：捕食者に対する防御物質を放射する器官．［p. 156］

ファーミキュート（firmicute）：細菌門の 1 つで，グラム陽性菌は *Firmicutes*（グラム陽性菌門）と *Actinobacteria*（放線菌）に大別される．［p. 121］

不連続ガス交換サイクル（DGC）：多くの昆虫が示す，気体交換の周期的パターンで，この現象では，昆虫は呼吸を一時的に止め，O_2 の取り込みを制限し，一定間隔で CO_2 を放出する．［p. 81］

ブラテラキノン（Blattellaquinone）：チャバネゴキブリが産生するメスの性フェロモン．［p. 163］

糞食（coprophagy）：仲間の糞を摂食すること．［p. 119］

偏性細胞内桿体（intracellular rods）：別の生物の細胞内でのみ増殖可能で，それ自身が単独では増殖できない微生物のこと．偏性細胞内寄生性微生物ともよばれ，この性質を偏性細胞内寄生性とよび，また，この中でとくに真正細菌のグループに属するものを偏性細胞内寄生菌とよぶ．生きた細胞を使用しないで人工的に単独で培養することができない．リケッチア，クラミジア，ウイルスがその代表例である．［p. 114］

ペリプラズム（periplasm）：グラム陰性菌において，細胞膜と細胞外膜の2枚の生体膜に囲まれた空間．［p. 114］

ベンチマーキング（benchmarking）：国や企業等が製品，サービス，プロセス，慣行を継続的に測定し，優れた競合他社やその他の優良企業のパフォーマンスと比較・分析する活動を指す．［p. 367］

ベイト嫌悪抵抗性（bait aversion resistance）：ゴキブリがベイト剤を嫌がって避ける現象のこと．［p. 309］

ベイジアン・ガウス混合モデル（bayesian gaussian mixture models）：クラスタリングの手法の1つで，ベイズ統計により分析．［p. 71］

ボルバキア菌：リケッチア目エールリキア科の属の1つで，節足動物やフィラリア線虫の体内に生息する共生細菌の一種で，昆虫ではとくに高頻度で発見される．［p. 126］

傍舌骨（paraglossa）：昆虫の舌の側面にある1対の膜状またはキチン状の突起．接触に重要な役割を果たす．［p. 157］

ボトルネック効果（bottleneck effect）：瓶の首の形のように生物集団の個体数が激減することにより遺伝的浮動が促進され，さらにその子孫が再び繁殖することにより，遺伝子頻度が元とは異なる均一性の集団ができることをいう．［p. 164］

マ行

マイクロバイオーム（microbiome）：土壌や水中，人の体表や腸内に存在する生物コミュニティのこと．健康や病気に影響を与える．［p. 79］

マイクロサテライトマーカー（microsatellite markers）：細胞核やオルガネラのゲノム上に存在する反復配列．遺伝子マーカーのこと．［p. 179］

マーク・リリース研究（**記号放逐法**）：個体群を構成する個体数を推定する方法の1つ．捕獲し，マークを付け，再度捕獲をする．［p. 72］

メタ分析（meth-analysis）：あるトピックに関する実験論文を集めて，それらをさらに分析すること．［p. 23］

メタ個体群構造（metapopulation structure）：局所的な集団が多数集まり，それぞれの集団は消滅を繰り返しながらも存続している個体群モデル．［p. 177］

妄想性寄生虫症（delusional parasitosis）：寄生虫や病原体が体に侵入しているとの妄想を強固にもつ精神障害．［p. 47］

ラ行

卵母細胞（oocyte）：雌性生殖細胞であり，減数分裂により卵細胞となり，後に卵子へ分化する．卵子が ovum（複数形：ova）なので混同に注意．［p. 103］

ランダム増幅多型 DNA（RAPD）マーカー（random amplified polymorphic DNA〔RAPD〕）：DNA の変異を検出するための高速な PCR ベースの方法．2つの研究室（Williams *et al.*, 1990；Welsh and McClelland 1990）が独自に開発した手法．［p. 180］

臨界熱最大値（CTMax）：特定の生物の熱耐性を推測するため使用されるおもな手法の1つ．［p. 86］

臨界熱最小値（CTMin）：特定の生物が生きていくための最低温度．［p. 87］

リポカリン（lipocalin）：通常8つのストランドからなる β バレルで構成され，細胞外に分泌されるタンパク質．疎水性分子と結合し，運ぶ働きをする．［p. 42］

ローチスポット（roach spot）：ゴキブリの糞や死骸などがこびり付き，汚れている箇所のことを指す．［p. 370］

索　引

■英字

■ア行

■カ行

■サ行

■タ行

■ナ行

■ハ行

■マ行

■ラ行

訳者紹介
平尾　素一（ひらお　もとかず）
環境生物コンサルティング・ラボ代表，技術士，農学博士.
京都大学農学部農芸化学科卒業後，松下電工(株)（現パナソニックホールディング）で防鼠剤等の研究・開発に従事．1984年環境生物コンサルティング・ラボを設立し，食品，医薬品，包材業界，ビル等の防虫・異物対策についての教育を多数行う．2016～20年まで（公社）日本ペストコントロール協会会長．現在名誉会長．2009年米国業界誌よりHall of Fame（殿堂入り）に日本人として唯一選出．2008年秋の叙勲で旭日双光章受章.

チャバネゴキブリ —— 生態と防除

令和6年12月10日　発　行

訳　者　平　尾　素　一

発行者　池　田　和　博

発行所　丸善出版株式会社
〒101-0051 東京都千代田区神田神保町二丁目17番
編集：電話（03）3512-3265／FAX（03）3512-3272
営業：電話（03）3512-3256／FAX（03）3512-3270
https://www.maruzen-publishing.co.jp

組版印刷・中央印刷株式会社／製本・株式会社 松岳社

ISBN 978-4-621-30997-1　C 3045　Printed in Japan